西方服饰史

[美] 萨拉·马尔基特　[美] 菲利斯·托托拉　著

周　瑾　曾丽萍　简　慧　译

SURVEY OF
HISTORIC COSTUME

SPM
南方传媒　广东人民出版社
·广州·

图书在版编目（CIP）数据

西方服饰史 / (美) 萨拉·马尔基特, (美) 菲利斯·托托拉著；周瑾, 曾丽萍, 简慧译. -- 广州：广东人民出版社, 2025.4. -- ISBN 978-7-218-17923-0

Ⅰ. TS941-091

中国国家版本馆CIP数据核字第2024ZU2495号

著作权合同登记号 图字：19-2024-192

本书简体中文版专有版权经由中华版权服务有限公司授予北京创美时代国际文化传播有限公司。

XIFANG FUSHI SHI

西方服饰史

[美] 萨拉·马尔基特　[美] 菲利斯·托托拉　著

周　瑾　曾丽萍　简　慧　译　　　　　版权所有　翻印必究

出 版 人：肖风华

责任编辑： 吴福顺

责任技编： 吴彦斌　赖远军

出版发行：广东人民出版社

地　　址：广州市越秀区大沙头四马路10号（邮政编码：510199）

电　　话：（020）85716809（总编室）

传　　真：（020）83289585

网　　址：http://www.gdpph.com

印　　刷：北京中科印刷有限公司

开　　本：787毫米 × 1092毫米　　1/16

印　　张：47　　字　　数：789千

版　　次：2025年4月第1版

印　　次：2025年4月第1次印刷

定　　价：398.00元

如发现印装质量问题，影响阅读，请与出版社（020-87712513）联系调换。

售书热线：（020）87717307

目 录 CONTENTS

第一部分
古文明时期
约前 3500—600 年

第二部分
中世纪
约 330—1500 年

第三部分
文艺复兴时期
约 1400—1600 年

第四部分
巴洛克和洛可可
约 1600—1800 年

第六部分
从20世纪到21世纪
1900—2020年

前 言 PREFACE

我们非常高兴能够推出《西方服饰史》第七版，该书作为介绍从古代世界到 21 世纪西方服饰的最畅销书籍，现已迎来出版 30 周年纪念日。

《西方服饰史》帮助一代又一代的学生、学者、博物馆专业人士和时尚爱好者了解了更多关于服饰、着装和时尚方面的知识，带领读者回顾欧美服饰五千年的时尚变革史。《西方服饰史》是为希望了解欧美服饰历史的读者编写的基础读物，因此它是读者今后深入探讨服饰的起点。我们没有试图调查世界各地的服饰这一庞大主题，我们的目的是呈现欧美服饰的概况。与此同时，我们也希望在篇幅有限的情况下，尽可能完整地展现这幅画卷。

特色

本书各章的编排一致，内容平行，为读者提供了一种系统的阅读和学习方式。每章都包含以下特点。

章节安排

我们必须在当时的背景下看待每个时代的着装。在每章开头部分，我们简要概述了与该章相关的主要历史背景知识，以帮助一些历史背景知识有限的读者阅读。

服装是人们日常生活中必不可少的一部分，因此，书中每一章都对当时人们生活的一些重要方面进行了说明。我们会讨论对服装风格产生影响的艺术、特定的个人、事件或社会价值观。织物生产、经销的技术和经济往往会影响着装，因此，我们会提及织物和服装制作技术的变革以及生产和经销经济体系的变化。随着时装行业变得越来越复杂，我们也将强调其组织和功能的变化。

在勾勒出时代背景后，我们还将介绍各个时期男性、女性和儿童服装的具体风格款式。所有章节的编排一致，内容平行，包括从内衣到配饰的所有服饰元素。这样，即使在本书篇幅有限的情况下，也可以描绘出一幅相当详尽的服饰史图卷。另外，每章都会对该时期鲜明的服饰主题进行总结。

插图

服装史在很大程度上是一部视觉史。本书 90% 的图片为彩色图片，剩下的黑白图片则是一些重要图片以及没有彩色图片的插图。

插图的说明文字帮助读者既可以识别服装的各个部分，提供当时的风格元素的名称，还可以为服装史学家提供了解这一时期服装性质的佐证。插图说明文字中的资料与书本正文内容同样重要，读者应与阅读正文一样仔细阅读。

服装版型概览图

服装版型概览图以清晰的线条呈现了当时的时装剪影和细节图。这些图片都是根据原始资料绘制的。我们选择使用不带颜色的素描图，是因为这些素描图相比照片更能让人清晰地了解服装结构。

全球联系

全球联系是一个具有特色的专题板块，介绍了一种文化中的物品如何影响另一种文化。通常，这些物品会对欧美服饰产生影响，但在少数例子中，读者也会看到相反的影响。这些照片是每章所讨论的时期内出现或使用的物品。我们制作这些专题板块是为了让读者意识到，无论现在还是过去，全球文化息息相关。通过展示跨文化影响下的图片和物品，让读者全面了解世界对西方服饰的影响。

时代评论

每章至少包括一个板块，用于再现该时代的资料中关于服装某些方面的评论。这些引用旨在让读者了解该时代人们对服装的态度以及描述。

现代影响

该板块描述了受该章节所研究时期的某些服饰影响而产生的最新时尚。

注释和参考文献

每章末尾列出作者引用的参考文献。

术语

历史上的服装参考书和资料（尤其是一些早期的资料，这些资料的实际记录混乱、矛盾且稀缺）在术语和内容上存在明显差异。我们试图提供尽可能准确的章末概览，希望能避免人们将风格起源的天方夜谭式故事作为事实。

在本书中，衣服（clothes）和服装（clothing）是同义词，指穿着的衣物。着装（dress）是一个统称，不仅包括服装和配饰，还包括个人外貌中可以做出的改变，如仪容仪表、发型、穿孔、文身装饰、化妆和喷香水等身体部位的管理。风格（style）是任何特定时期或文化的主要服饰形式。风格的持续时间可长可短。中世纪后期以后，"时尚"一词与风格同义，指持续时间相对较短的风格。

在博物馆领域工作的人士和许多研究历史服饰的学者都将"服饰"（costume）一词视为着装的同义词。一些学者更喜欢使用"着装"一词，因为对许多人来说，"服饰"一词指的是戏剧、舞蹈或化装舞会中穿的服装。

参考书目

书末的参考书目列出了许多有关历史服饰的书籍。此参考书目不包括涉及戏剧服装技术或服装社会文化方面的书籍。

本版新增内容

本版目标之一是完善具有历史意义的内容，并扩展与 20 世纪和 21 世纪相关的时装史内容。本版将 20 世纪和 21 世纪划分为几个十年，以方便教学和学习。《西方服饰史》现在多达二十三章，更加强调重大时尚事件，尽可能与时俱进，更贴近当今的时尚研究。

书中新增了更多的图片，对内容进行了适当的完善和扩充，每章都有一个总结性的服装版型概览图，并更新了"现代影响"、"全球联系"和"参考文献"。此外，我们在每章中加入了有助于学生学习的教学元素，如学习目标、问题讨论和练习，并在书末加入了全新的术语汇总表。

导 论

服装的多种用途

服装历史的主题

服装历史的资源

服装的起源

装饰品——从珠子项链到文身、服装、化妆品——通过装饰身体表达了人们的审美，揭示了某一特定时期和地区的社会和文化规范。在与服饰有关的书面记录出现之前，考古学证据是提供服饰信息的主要来源之一。我们从全球的考古发现中知道，装饰身体是人类的一种普遍行为或"冲动"，用以创造性地表达新奇和美。

珠子项链可能是拥有最丰富例证的早期服饰。考古学家在摩洛哥东部的一处石灰岩洞穴中发现了一些世界上最早的贝壳装饰品，这些装饰品可追溯到 11 万年前。在以色列发现的珠子项链大约可以追溯到 10 万年前，南非的在 7.2 万年前，黎巴嫩的在 4.1 万年前。从这些发现来看，珠子的制作显然是在不同文化中独立产生的。人们收集、交易这些珠子项链用来装饰和美化身体，珠子项链也因此具有了文化价值和意义。

由于织物经常会腐烂、降解，考古学家通过印在未烧制或烧制的黏土碎片、泥浆和石膏上的纺织品、纤维绳的印记来推测织物的可能用途，探寻有关技术和跨文化联系的问题。除了纺织品的印记，发现的带孔针也表明，梭织纺织品的生产已经存在了几万年。

我们已经在雕塑方面，骨头、犄角和鹿角上雕刻的人物方面，洞穴和岩石上的彩绘艺术方面发现了对人类的风格化描绘。尽管许多雕像（约前 2.5 万年）都未穿衣服，但有些似乎身着可能用纤维制成的服饰元素。帽状头饰、裙带、胸部上方和背部周围的饰带，这些暗示装饰是一种有目的、必要的行为（见图 0.1）。

这座维伦多尔夫的维纳斯（The Venus of Willendorf）雕像高不到 4.5 英寸（约 11.4 厘米），用手便可以轻松搬动，这表明其对旧石器时代的创造者和所有者的重要性。考古学家得出的结论是：帽状头饰似乎是按照螺旋式样，手工编织而成，像篮子一样。

目前，考古学家发现的最古老的纺织品纤维可以追溯至约 3 万年前。这些亚麻纤维是在位于欧亚交汇处的格鲁吉亚一处洞穴中发现的，这种纤维捻成的方式很复杂，向考

图 0.1 这尊维伦多尔夫的维纳斯雕像头上似乎戴着头饰或发网，制作年代约为公元前24000—前22000 年，1908 年发现于奥地利的旧石器时代晚期遗址。（图片来源：Ann Ronan Pictures/Print Collector/Getty Images）

图 0.2　在美国密苏里州中部的阿诺德研究洞穴发现的莫卡辛（moccasin）式软皮鞋。这双鞋可以追溯到公元前 8300 年，鞋内有草衬里。（图片来源：University of Missouri Museum of Anthropology）

古学家表明这些纤维是纺成的。这些纤维可能用于制作细绳、衣服和篮筐，它们被染成各种颜色，包括黄色、红色、蓝色、紫罗兰色、黑色、棕色、绿色和卡其色。

人们在美国密苏里州中部的阿诺德研究洞穴（Arnold Research Cave）发现了约公元前 8300 年的凉鞋和便鞋（见图 0.2）。这些鞋子的材料不同，风格各异，展示了各种工艺技术。不过，几乎可以肯定的是，人们穿鞋的历史比现存最古老的鞋子的时间还要久远。比如，在 4 万年前的人类化石中发现的小趾头弱化，就被认为是人类早期穿鞋的证据。根据视觉材料和手工制品的证据，人类最可能穿的是由毛皮、兽皮和植物纤维制成的衣服，这些材料以某种纺织结构连在一起。

在世界上某些地方，服装并不是生存必需品，但大多数文化都会使用某种形式的服装。心理学家和社会学家提出人类穿衣的四个基本动机：装饰、保护、礼仪和威望。在这四个原因中，装饰通常被认为是首要的。

大多数人类文明使用服装来表明身份地位，但这一功能可能是在人们首次使用服装之后才与之联系起来的。社会不同，对礼仪的定义明显不同，在一个地方是符合礼仪的行为，在另一个地方则可能相反。礼仪这一动机也可能是在服装被广泛使用后才开始与之联系在一起的。

对抗恶劣天气的身体保护是人类生存的必要条件，但人类似乎起源于气候温暖的地区，而不是苦寒之地。此外，藏身处和火也提供了温暖，来自不同地理区域的人对周围环境的温度反应也不同。

另一种保护可能与服装的起源和功能有关：一种超自然的保护，或使人类免受巫术危害的保护。在大多数文明中，人们都会佩戴幸运符和护身符。在公元前 2000 年左右的埃及古墓和公元前 3200 年的阿尔卑斯山脉冰川中发现了一些疤痕文身（scarification

的证据。在某些地区，用来保护生殖器免受生理和巫术伤害的围裙可能演变成了裙子或遮羞布（loincloth）。

认为装饰是人类使用服装的主要动机（即便不是最主要的动机）的理由令人信服。不是所有人都用服饰来抵御自然力量和"邪灵"，但用服饰来装饰身体的行为是普遍的。有些文化不存在与其他文化类似的服装，但所有文化中都存在某种相似形式的装饰。合理的结论是，装饰自我是人类的一种基本实践。装饰身体可能是从装饰自我中产生的，保护、礼仪和地位可能是精心设计复杂服装款式的重要动机。

服装设计的局限性

服装的设计也有其局限性。除了只用于仪式目的的服装外，服装都是功能性的：穿衣者要能够移动，能承受衣服的重量，并且在穿着衣服时能执行一定的任务。个人的工作职责直接影响着他能穿什么样的衣服：从事体力劳动的人和在电脑前工作的人穿着明显不同。

服饰穿着还有其他的限制。在大多数社会中，复杂的服饰是在演变中产生的。早期人类可能使用动物毛皮作为衣物。毛皮的悬垂特性不同于布料，因此对可以制成的服装外形有所限制。

人们一旦学会了纺纱和织布，便会将这些技术用于制作衣服。在20世纪人造纤维出现之前，人类只有天然材料可以利用。每一种材料都有其内在的特性，从而影响其所制成织物的特性。有些材料如树皮布，是由树木的内层皮制成的，相对较硬；其他纤维如棉花、羊毛或亚麻，则相对更有弹性。

居住在偏远地区的人们只能使用当地的材料。区域间的贸易使得材料在不同地方流转使用。丝绸在欧洲鲜为人知，直至基督教创立之初，罗马人才开始从印度和中国进口丝绸。欧洲北部气候寒冷，不适宜棉花生长，所以直到十字军从近东地区进口数量有限的棉织物后，棉布才在中世纪的欧洲为人所知。

如何谈论穿着

虽然身体装饰已经存在了一千多年，但描述它的术语却各不相同。"costume"一词通常为博物馆和研究人类穿着的历史学家所用。"dress"一词是指个人为装饰身体所做的任何事情，任何附着在身体上或放置在身体周围的东西。

服装一般通过立体剪裁或裁剪的方式制成。垂褶服装（draped dress）是通过将布料以各种方式——折叠、打褶、用别针别住或系上腰带——包缠身体形成的。垂褶服装通常宽松，可能是在人们学会织布以后发展起来的。

相比之下，兽皮或皮革的使用可能促进了裁剪服装（tailored dress）的发展。在裁剪服装中，布料或皮革剪裁后缝合在一起。它们比垂褶服装更贴合身体，也更暖和；因此，在气候凉爽的地区更有可能穿着裁剪服装。气候温暖的地区则适合穿垂褶服装。有些服装则结合了这两大特点。

技术对服装产生了重要影响。一些地区的纺纱和织布技术比其他地区先进很多。18世纪以后欧洲和北美的服装发生了许多变化，这些变化直接或间接地归功于机械化纺纱机、缝纫机以及美国成衣工业等方面的发展，由此产生的大规模生产可能有助于简化服装款式，加速时尚变化。

服装也受到风俗习惯的限制。"costume"和"custom"来源于同一词根。违反当地文化甚至社会经济阶层服饰习俗的人往往被认为离经叛道或反社会。即使后现代社会，着装规范仍然存在，尤其是在小群体内部。

历史学家威尔特斯（Welters）和利勒森（Lillethun）认为，时尚是"一群人在任何给定的时间和地点所采用的不断变化的服装风格"。时尚并不局限于服装，汽车、房屋或家具的设计，文学风格，度假目的地，都可以体现它的存在。时尚变化可以是引人注目的，也可以是隐蔽微妙的，可以根据文化、社会和时代的不同表达不同的含义。比如，19世纪法国女作家乔治·桑（George Sand）穿男性的服装，被认为是个"古怪的人"。20世纪早期，作家拉德克利夫·霍尔（Radclyffe Hall）等女性用男性的服装来表达性别身份。20世纪30年代，受电影产业的影响，当时女性穿的男用面料制作的宽肩男式夹克风靡一时，但女性穿裤子却饱受争议，不受欢迎。直到20世纪70年代，裤子作为女性在几乎任何场合下穿着得体的衣服才被广泛接受。

"时尚"一词在中世纪晚期是指一种风格或行为方式，当时西方男性的腹垫（peascod belly）或男紧身上衣（doublet）前襟的衬垫被称为一种新"时尚"。到20世纪初，服装开始大规模生产，特别是在美国，发展出一种复合型产业，将纺织品生产、服装设计、服装制造、零售分销和服装推广联系起来。这种时尚体系（fashion system）使得人们可以买到各种价位的时尚服装。因此，在20世纪和21世纪的大部分时间里，各种收入水平的男女都喜欢追随当前的时尚。所以，服装的历史就是时尚服装的历史。

潮流和一时的风尚也是时尚，但通常是短暂的或只受到小部分人的追捧。

服饰史的主题

主题（theme）是指一个反复出现或统一的话题或思想。人们可以识别与服装相关的许多主题。尽管主题的出现、发展以及对服装产生影响的方式因时代而异，但服装的主题研究法有利于不同历史时期之间的比较，并有助于理解风格是如何以及为何发展和变化的。

在回顾某个历史时期时，该时期的服装形式通常都是最为清晰的。

人类很少独居，而是经常聚集在社会群体中。个体间的互动对人们的着装有很大的影响。他们生活在一起，在许多层面上都有交流。

纵观历史，服装有许多社会用途。它被用来区分性别、年龄、职业、婚姻、社会经济地位、群体成员和个人所扮演的其他社会角色。

标明性别差异

在大多数社会中，服装最基本的一个习俗规定是男女着装不同。这种不同反映了文化对男女社会角色的认定。没有一种普遍的习俗能规定具体的男女服装形式。被认为适合的服装规范可能因文明或时间的不同而变得明显不一样。例如，从中世纪晚期到 20 世纪的西欧，裙装（除了苏格兰短褶裙这样的少数例外）被指定为女性服装，而马裤或长裤被指定为男性服装。

了解服装在反映性别方面的作用，需要了解在特定文化背景下男性和女性之间的关系，以及对待性别角色和男女服装的态度之间复杂的相互作用。

标明年龄

有时，服装可以反映出与年龄有关的变化。例如，在西欧和北美的欧洲人定居地，男孩和女孩在年幼时经常穿着相同，但一旦到了既定年龄，男孩和女孩的服装就开始有所区别。文艺复兴时期的英格兰将这一阶段的庆祝仪式称为"马裤礼"（breeching）——一个 5 岁或 6 岁的男孩收到属于自己的第一条马裤。

正如前面的例子，年龄分化可能是一种既定程序，但它往往不是一种仪式，而是为社会习俗中所接受的一部分。例如，在整个 19 世纪，幼年女孩穿的服装比她们青春期的姐姐要短。

标明地位

制服或特定的服装样式常常象征着职业身份。即使在今天的英国，律师出庭时也要戴假发。警察、消防员、邮政人员和一些神职人员的服装可能会表明他们从事的特定职业。有时，制服还具有实用功能，例如消防员的防水外套和防护头盔或建筑工人的安全帽。

表明职业身份的服装并不局限于制服。特别是在 20 世纪 50 年代和 60 年代，美国某些公司要求员工上班时要穿白衬衫，打领带，彩色衬衫是被禁止的。刚进入律师行业的年轻律师到男装店购买"一套律师装"时，会发现售货员明确知道他们想要什么。

人们可以从着装习俗看出婚姻状况。在西方社会，结婚戒指会戴在左手特定的手指上以表示婚姻状况。在美国宗教团体门诺派（the Amish）中，已婚男性留胡子，而未婚男性不留胡子。

在某些文化或某些历史时期，特定类型的服装仅限特定阶层和特定社会经济地位的人穿。这些限制有时被编入禁奢令（sumptuary laws），禁奢令限制人们使用或购买诸如服装、家居用品等奢侈品。在 14 世纪的英格兰，禁奢令根据社会地位规定了织物的类型、质量、颜色和成本。在古罗马，只有男性罗马公民才可以穿一种被称为"托加袍"（toga）的服装，这种服装表明了其社会政治地位。

确认团体成员身份

服装还可以用来确认一个人是否属于某个特定的社会群体。团体可以正式采用制服或徽章，并仅限其成员使用，就像共济会（the Masons）、圣地兄弟会（the Shriners）或宗教团体一样，比如现在的门诺派或 17 世纪清教徒的制服。有时候，群体认同也通过一种非正式的制服表现出来，比如属于同一小团体的青少年所穿的服装，或者 20 世纪40 年代早期某些年轻人群体穿的佐特套装（zoot suit）。

服装的礼仪功能

仪式是大多数社会和社会群体结构的重要组成部分。指定的服装样式通常是仪式的重要组成部分。社会学家所说的过渡仪式，是一种标志着个人从一个阶段过渡到另一个阶段的仪式。这时通常需要穿特定的服装。现代美国社会中存在一些特定服装，比如适合婚礼、洗礼、葬礼、服丧和毕业典礼时穿的服装。其他用于巩固团体的仪式，被称为"团体强化仪式"（rites of intensification），可能涉及特殊的服装。比如在墨西哥亡灵节这一天，所有年龄段的人都会把自己的脸艺术化地画成骷髅头，并穿上奇装异服；许多人还戴着贝壳，纪念已经过世的人。

增强性吸引力

服装也是增加性吸引力的一种方式。在一些文化中这点非常明显，服装重点突出女性的乳房或男性的生殖器。在很多时期，女性穿带衬垫的衣服让胸部显得更大，或者穿低领衣服让人们的注意力集中在胸部。有的时候，服装也会突出展示腰部、臀部或腿部。

拉沃尔还认为，性吸引力可能存在于服装的其他方面。他说，现代西方社会的男性，当他们成功富有时，就被认为具有吸引力。

服装的社交属性

前文对服装功能的讨论可以得出这样的结论：服装是一种社交手段。对于了解某一特定文化的人来说，服装是一种无声的语言。它告诉观察者一些相关的社会组织信息，揭示了社会的阶层分化——一个社会是否具有严格的阶级划分。例如，非洲阿善提（Ashanti）部落的政治领袖曾经穿着与众不同的服装以显示自己的特殊地位，任何穿着与国王相同织物图案的臣民都会被处死。相比之下，美国政治领导人的服装与其他大多数人的服装相差无几。然而，包括南希·里根（Nancy Reagan）在内的几位政界人士的妻子曾因在服装和配饰上的奢侈消费遭到抨击，因为这些服饰是大多数美国人消费不起的。

服装也可能体现社会组织的其他方面。宗教领袖所穿的服装可能将他们与礼拜者区分开来，也可能没有区别。另外，当男女的社会角色没有明确界定时，两性的日常服装可能就没有明显的区别。

服饰研究的信息来源

服装研究必须考虑到一个社会的社会经济结构、与服装有关的习俗、当时的艺术以及生产布料和服装的技术。为了获得这些信息，历史学家必须利用他能够获得的众多证据。这些关于服装的资料来源——服装研究中另一个不可缺少的主题，往往决定了我们对服装的了解程度，因此本书的每一章都会特别关注这一主题。

在某些时期，服装历史学家能使用的证据来源丰富，而在另一些时期则相对稀少。历史越久远，历史记载就越模糊、匮乏。在 16 世纪以前，主要的资料来源是雕塑和绘画，有时还有一些文字记录。虽然在古墓中也发现了一些织物或衣服的样例，但织物很少保存下来。考古证据通常局限于用贝壳等耐用材料制成的珠宝饰品，而不是织物或其他易降解物质。

文字记录丰富了视觉资料，特别是在一些视觉资料证据匮乏的时期。例如，研究古代服饰的人，尤其是研究古希腊和古罗马服饰的人，通常也会从研究这些时期的著作中受益。浪漫故事、戏剧、航海日志甚至法律都可以帮助历史学家拼凑出服饰时尚史。16 世纪印刷机发明后，有关欧洲服饰的文字和图片记录变得丰富起来，在 19 世纪达盖尔（Daguerre）银版摄影法广泛流行后，又增加了更多图像资料。自文艺复兴早期以来，织物和个人的服饰用品得到保存，尽管直到 18 世纪左右被保存下来的物品才逐渐增多。从 19 世纪早期到现在的许多服装都保存在博物馆的服饰收藏中。

为了还原某一特定时期服装的完整面貌，历史学家必须从所有可获得的资料来源中收集证据。这些资料必须与其他资料进行核对确认，包括文字和图片记录。即便如此，研究历史服饰的学生也应该意识到，要获得某一特定服装款式存在的准确日期，势必会遇到一些问题。

因为许多18世纪和更早时期的服装呈现都来自艺术作品，而一段特定时期的艺术惯例可能会影响所呈现的服装的准确性。例如，据说埃及艺术家描绘的穿紧身服装的女性实际上可能穿的是比较宽松的款式。像盖恩斯伯勒（Gainsborough）和伦勃朗（Rembrandt）这样的艺术家喜欢给穿奇装异服、坐着的人画像。一些早期历史场景的画作描绘的人物穿着艺术家想象的当时人们所穿的服装。法国画家以希腊和罗马历史为背景，描绘了大约1800个人物，这些人物穿着衣服，衣服的历史准确性各不相同。

有时，将一幅画归属于某个特定的国家或日期可能是错误的。此外，礼仪标准可能会影响对某些服饰的描述，例如内衣裤。因此，服装历史学家无法获得这些服装的外形记录。

即使查阅19世纪、20世纪和21世纪的时尚杂志，人们也必须记住，那些推荐的服装风格往往在当时并不一定真的被穿过。有一种假设认为女性会忠实地模仿时装图样，但杂志强调的是理想状态而不一定是现实。

文字资料有时也难以解释。具有某种含义的时尚术语在以后可能会有不同的含义。1800年以前，"普里斯"（pelisse）一词通常指一种带有毛皮装饰或衬里的室外服装。在19世纪，普里斯仍然是一种室外服装，但并不一定有毛皮装饰。一些术语的确切含义已经丢失。早期作家经常使用的颜色和织物的名称，已经不再被理解。

解释文字资料不能总是从字面上理解，这尤其适用于理解限制奢侈品消费的禁奢令。尽管这些法律可能传达了对社会阶层分化的某种态度，但上流社会并不总是准备遵守或强制执行这些法令。

即便是照片也必须以怀疑的眼光来看待，许多照片的年代并不可靠。人们通常会穿着他们最好的衣服来拍照，所以这些照片可能并不代表所有类型的衣服。时尚照片存在一些与展示推荐风格的时尚版画一样的问题。此外，拍照角度可能会扭曲服装的比例。

最后，人们必须带有某种程度的怀疑来看待实际存在的服装。某些服装物件的日期可能不准确。给服饰收藏家捐赠服装的个人可能会根据衣服主人生前最后几年的年龄来确定衣服的日期，而不是根据衣服实际被穿的时间。此外，一件衣服可能被改造过多次，因此很难确定准确的日期。

所以，确定历史服饰的年代需要各种确凿的证据来源。因此，人们可能会发现，在证据不足或证据缺乏的历史时期，关于历史服饰的著述存在差异。

章末概要

从以审美为目的的身体装饰，到传达地位、性别、身份等信息，着装告诉了我们许多个人和社会的信仰、资源和技术的信息。通过贸易和旅行，服装理念相互融合并演变出一种全新的服装形式。此外，服装的选择很少凭空存在，而是受到政治、经济和艺术变化的影响。

在有文字记录之前的年代，考古证据是有关服饰资料的主要来源之一。历史越久远，记载就越模糊、匮乏。需要记住的是，某些时期服装历史学家能使用的证据来源丰富，而另一些时期则相对稀少。在任何历史研究中，从多个角度收集资料都十分关键，因为偏见可能存在于任何类型的资料中，并可能对某个民族、某个事件和某段时期的记录产生负面影响。

问题讨论

1. 人们为什么穿衣服?
2. （用自己的话）解释"主题"在本书中的意思。
3. 请列出本章提出的五个主题，并用当前的时尚举例说明。
4. 本书如何定义时尚?
5. 如果你正在研究历史服饰，列出五种你可以参考的资料。

参考文献

Adovasio, J. M., Soffer, O., & Page, J.(2009). *The invisible sex: Uncovering the true roles of women in prehistory.* Walnut Creek, CA: Left Coast Press.

Craik, J.(2009). *Fashion: The key concepts.* Oxford and New York: Berg.

Crane, D.(2012). *Fashion and its social agendas: Class, gender, and identity in clothing.* Chicago, IL: The University of Chicago Press.

Hayward, M.(2009). *Rich apparel: Clothing and the law in Henry VIII's England.* UK: Routeledge.

Kvavadze, E., Bar-Yosef, O., Belfer-Cohen, A., Boaretto, E., Jakeli, N., Matshevich, N., & Meshveliani, T.(2009). 30,000 year old wild flax fibers. *Science, 325*(5946), 1359.

Laver, J.(1950). *Dress.* London, UK: Albermarle.

Marcketti, S. B., & Angstman, E. T.(2013). The trend for mannish suits in the 1930s. *Dress 39*(2), 135–152.

Mida, I., & Kim, A.(2017). *The dress detective*. New York, NY: Bloomsbury.

Tortora, P. G.(2015). *Dress, fashion and technology: From prehistory to present*. New York, NY: Bloomsbury.

Trinkaus, E., & Shang, H.(2008). *Anatomical evidence for the antiquity of human footwear from Arnold Research Cave, Missouri*. Science, 281, 72–75.

University of Oxford. "World's Oldest Manufactured Beads Are Older Than Previously Thought." ScienceDaily. ScienceDaily, 7 May 2009. www. sciencedaily.com/releases/2009/05/090505163021.htm.

Welters, L., & Lillethun, A.(2018). *Fashion history: A global view*. New York, NY: Bloomsbury.

第一部分

古文明时期

❀ 约前 3500—600 年 ❀

	前 3500—前 1900 年	前 2925—前 2575 年	前 2575—前 1500 年	前 1792—前 1750 年	前 1470 年—前 11 世纪	前 1000—前 600 年
时尚与纺织品	苏美尔城镇发展出精湛的纺织工艺和技术	紧身连衣裙和珠网罩裙（beadnet dress）			更复杂的裹身裙、珠宝和装饰	
政治与矛盾		埃及早期王朝下埃及和上埃及的统一	埃及古王国时期	埃及中王国时期 埃及人将政治和文化影响扩展到巴勒斯坦和尼罗河以南地区	埃及新王国时期	亚述人创造了第一个伟大的军事化国家，征服了埃及
装饰与美术		埃及工匠包括画家、雕刻家、织布工和宝石匠			雕像、浮雕墙和坟墓里的随葬品为历史学家提供了研究服装的证据	
经济与贸易	妇女在纺织品生产中发挥了重要作用		美索不达米亚人与印度河流域文明的人进行贸易	仆人、劳动者和农民是埃及社会赖以生存的基础		
技术与创意	美索不达米亚人建立了最早的城市 楔形文字的发展	象形文字的发展		汉谟拉比国王制定了法典	埃及人生产高质量的梭织布，并使用装饰性的镶饰、花边和流苏	
宗教与社会	埃及金字塔的建造	在埃及，装饰图案来源于自然界和宗教象征			上流社会的男女在社交聚会上着装华丽	

前 332 年	前 700 年之前	前 650—前 480 年	前 500—前 323 年	前 323 年之后	前 31—476 年
	上流社会的男女在社交聚会上着装华丽	上流社会的男女在社交聚会上着装华丽	上流社会的男女在社交聚会上着装华丽	这个时代的希顿不同于早期时期	古罗马帝国根据社会地位穿戴特定的服装
希腊人征服埃及		希腊古典时期	亚历山大大帝建立了一个古希腊帝国	希腊化时代	尤利乌斯·恺撒被刺杀（前 44 年） 罗马帝国分裂为东罗马帝国和西罗马帝国（395 年） 最后一位西罗马皇帝被废黜（476 年）
	荷马创作了《伊利亚特》和《奥德赛》		缩呢羊毛密度大，编织紧密 约公元前 450 年，雕刻家波利克里托斯发表了一篇关于雕刻比例的论文，很具影响力	艺术家们雕刻裸体或半裸的女性雕像，如米洛的维纳斯	罗马别墅内配有漂亮的家具和镶嵌画图案地板
		妇女在纺织品生产中起着重要作用	从波斯商人进口的中国丝绸同棉布进入希腊		大多数服装都是由商业机构制作的
			古典时期是希腊美术和应用艺术鼎盛时期		
	前 776 年，古代第一届奥运会在希腊举办	女祭司之职是希腊女性获得与男性平等地位的一个平台		妇女地位提高	罗马新娘的传统着装习俗包括戴面纱和使用橙花

西方文明起源于环地中海地区，这一地区产生了一系列文明，奠定了西方艺术、宗教、哲学和政治的基础。一些文明相互借鉴，如古希腊文明和古罗马文明；另一些文明，如古埃及文明和美索不达米亚文明，虽然有关联，却往着不同的方向发展。这些文明至今仍继续影响着 21 世纪的社会和时尚。

虽然每种地中海文明都有其独特的各式服装廓形，但可以确定，一些基本的服装类型为大多数地中海文明所共有。地中海地区拥有温暖的气候，在这里垂褶服装比紧身服装更加舒适。除了少数特例，服装由方形、长方形或半圆形的垂褶织物组成。这些垂褶服装可以进一步细分为遮羞布、裙子（skirt）、束腰外衣（tunic）、披肩（shawl）、斗篷（cloak）和面纱（veil）。遮羞布是用于遮盖生殖器的一段布。在古代，裙子从腰部或略低于腰部的地方松散地垂在身体周围。男女都穿裙子，且有各种长度。束腰外衣样式简单，一件式，通常在头部和肩部开口，呈 T 字形。束腰外衣的长度通常足以覆盖躯干，和裙子一样，有各种不同的长度。

长方形、正方形或椭圆形的织物常与裙子或束腰外衣搭配。这些披肩式服装变化丰富，从只覆盖上半身的布匹到包缠全身的大方形布，各种款式都有。系在或别在脖子处的方形织物，有点像现代的披肩，用作斗篷或在室外遮盖身体。比披肩或斗篷小的长方形面纱，用来遮盖头部，有时也遮住部分身体。几乎只有女性会佩戴面纱。当需要固紧垂褶服装时，就会用别针别紧或针线缝紧。考古学家用罗马词语"扣针"（fibula，一种古希腊和古罗马的搭扣）来称呼用于固定衣服的别针。

这些时期的术语可能会令人困惑，因为不同的地区使用不同的语言术语来表示，而现代人从未听过这些单词的发音，读者也不熟悉这些单词。因此，对服装的描述必须依赖于与服装最相近的现代等效词汇，以便读者能将不熟悉的术语与熟悉的术语联系起来。当术语被用于历史服装时，有时会产生误导性或令人混淆的含义。例如，现代的"裙子"是指女性的服装，然而古代男女穿的衣服都被称为"裙子"。因此，很多资料都将古代男士穿的裙子称为"短褶裙"（kilt），尽管"短褶裙"实际上是一个苏格兰词语，指男士穿的一种特定款式的短裙。出于这个原因，除了被吸纳进现代词汇体系中使用的古老词汇，如"托加袍"（toga，长袍，来自拉丁语）或"希顿"（chiton，长内衣，来自希腊语），笔者会选择使用最相近的描述服装廓形的等效现代词汇。

表 I.1 比较了每个文明时期及其存续时间。如表格所示，其中一些民族在同一时期达到了权力和发展的顶峰。一些民族兴盛后又衰败，同时新的势力中心悄然崛起。图 I.1 显示了最重要的古代文明的地理位置。

表 I.1 古代世界文明

时期	美索不达米亚	埃及	克里特岛	希腊	伊特鲁里亚	罗马
前4000—前3000年	苏美尔文明	埃及统一				
前3000—前2000年		古王国时期				
前2000—前1000年	巴比伦王国崛起	中王国时期 新王国时期	米诺斯文明	迈锡尼文明 迈锡尼人		
前1000—前800年	亚述帝国崛起			黑暗时期		
前800—前600年		埃及本土文明衰落	希腊文明	荷马时期	伊特鲁里亚文明在意大利中部兴起	
前600—前500年	新巴比伦时期					罗马的伊特鲁里亚王国
前500—前400年	波斯人征服中东			黄金时期		罗马共和国
前400—前300年	希腊化时代	希腊化时代		亚历山大大帝		
前300—前200年					伊特鲁里亚联盟结束	
前200—1年					罗马帝国	罗马帝国
1—300年	罗马帝国统治时期	罗马帝国统治时期	罗马帝国统治时期	罗马帝国统治时期		

图 I.1　地中海地区的古代世界文明分布

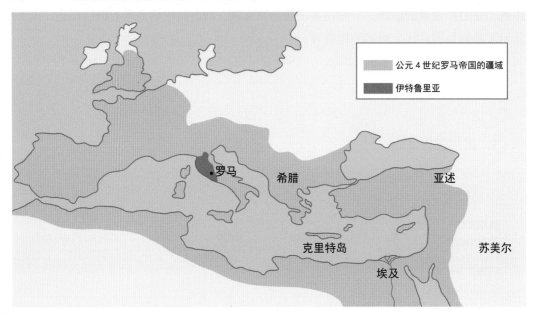

问题思考

学完第一部分的章节后，请回答以下问题。

1. 在古代，时尚变化是如何发生的？什么原因导致了变化？这些因素在今天仍然存在吗？

2. 描述古代服装是如何定义社会角色的。你会如何着装，以体现你在社会中扮演的角色？

第 1 章
美索不达米亚
和埃及文明

约前 3500—前 600 年

美索不达米亚和古埃及的纺织材料

织物特性与其在服装中的使用

美索不达米亚人和古埃及人服饰的异同

古埃及男性和女性外衣在剪裁和设计上的异同

古代中东服饰相关主题的资料来源

历史背景

学者们普遍认为，人类最早的文明发源于中东的"两河流域"（底格里斯河和幼发拉底河）的土地。美索不达米亚文明接近于现代的伊拉克国家领土。由于这两条河流的沉积，形成了肥沃的平原，农业和畜牧业生产的食物充足，人们在此基础上建立了城镇和城市，发展出复杂的社会组织。

最早的美索不达米亚文明起源于苏美尔，苏美尔人（前 3500—前 2500 年）在自己的家乡建立并发展了城邦。城邦是城市规划的首次创举，包括建造多层建筑、开发用于灌溉的运河系统，最为重要的是发明了一种书写形式。当时一些最早的文字（泥板上的刻痕）记录了商业信息，如羊群的规模和纺织品的生产速度。在苏美尔文明和巴比伦文明后期（约前 2500—前 1000 年），第一部书面法典（《汉谟拉比法典》）诞生，并且当时的数学水平就已经达到了欧洲文艺复兴之前的最高水平。亚述人（前 1000—前 600 年）创造了第一个高效的军事机构，包括一支庞大的常备军，装备了铁剑等高级武器，并将美索不达米亚的统治范围扩大到叙利亚、巴勒斯坦，甚至埃及。亚述人的残暴统治导致其迅速垮台。公元前 612 年，迦勒底人（Chaldeans）的军队摧毁了亚述的首都尼尼微（Nineveh），终结了一代帝国王朝的统治。

美索不达米亚服饰研究的信息来源

关于美索不达米亚服饰细节的证据主要来源于视觉资料。人们在印章（小的雕刻物，用于将标识压入黏土和蜡中）上发现一些对人的描述。这些印章刻有苏美尔神话的场景。现在还保存下来了一些壁画，以及当年信徒供奉在神庙里的一些小雕像——它们代表信徒本人，以使自己与神庙永久共存。对墓葬的发掘也提供了一些服饰印证。

织物和布料生产

美索不达米亚文明地区包括各种各样的景观和地貌，因此劳动力类型、资本投资和农业组织存在着种种差异。例如，羊群必须季节性迁移，而粮食作物则需要全年的长期储存和分配。地理差异也解释了气候变化，高海拔地区在一年中的某些时候需要保暖的衣物，而炎热的沙漠地区则不需要。美索不达米亚地区缺乏抵御入侵的天然屏障，外部侵略者在周期性侵入的同时，带来了新的思想和事物，融入当地文化之中，其中就包括服装类型。

美索不达米亚生产的主要产品是大麦、羊毛和油。生产的羊毛织物不仅供本地消费，而且还与其他地区进行贸易。亚麻在古代记录中偶尔会被提到，这是亚麻纤维的信息来源。尽管在发掘中发现有碎亚麻布片，该时代也存在熟练的亚麻织布工，但亚麻明显没有羊毛重要，记录中经常提及羊毛的价格。衣服、挂毯和窗帘都是羊毛做的。人们发现了一份合同，上面写明纺织工人的学徒期为五年，这与其他工匠的学徒期相比，无疑是特别长的。种类繁多的织物及其装饰相当复杂，因此织布工需要掌握一套复杂的制造工艺。

图 1.1 背带织机是一种早期的纺织技术。当纱线缠绕在腰部时，织布者可以通过改变位置来增加或减少所需的纵向张力。
（图片来源：De Agostini/Getty Images）

纺织历史学家和语言学家伊丽莎白·巴伯（Elizabeth barber）在描写古代女性工作的著作中指出，她们在美索不达米亚纺织品的生产中发挥了重要作用。女性似乎负责纺纱和织布，而男性则负责染色和整理工作（见图 1.1）。男性还负责长途跋涉进行纺织品贸易，而女性往往会监督当地的纺织品生产，并照料家庭附近的业务。

服饰的构成

◆ 服装

在这一时期的艺术展示中，男女的主要服饰都是裙子。起初，这些裙子可能是由带毛的羊皮制成的。一个希腊词语"羊毛裙"（kaunakes）就是用来形容这种羊毛或类羊毛织物的。裙子的长度各不相同，仆人和士兵的较短，而王室和诸神的则较长。裙子用来包裹身体，当织物末端足够长时，就将织物长出的一端向上穿过腰带，并绕过一侧的肩

图 1.2 美索不达米亚地区的苏美尔人祷告图，约前 2200 年。苏美尔人穿着一件羊毛裙，这是一种包缠式裙子，末端搭在左肩上。当时男女都穿同一种服装。（图片来源：Erich Lessing/Art Resource, NY）

膀（见图 1.2）。使用织布代替羊皮后，布料下摆处就会做成流苏，或者仿制成羊皮上的簇簇羊绒状。从发掘出的一个王后坟墓中的布料碎片显示，王后及其随从在死时穿着鲜红色的厚重羊毛织物。

腰带系在腰部以固定裙子，看上去又宽又软。

斗篷可能是用兽皮、织物或厚重毡布制成的，覆盖着上半身部分。

◆ 头发和头饰

在一些地中海文化中，包括早期美索不达米亚文化，人们会将头发剃光（见图 1.3）。这很可能是一种在炎热气候中避免害虫的方法，同时也能获得些许舒适感。壁画描绘中的美索不达米亚男性胡子要么剃掉要么留着。男女还可能把长发盘成发髻（chignon），即在脖子后面将头发盘成一个髻，用头带或亚麻垂纱头冠（fillet）固定住。头带是发带的另一种叫法。女性也可能将头发披散开垂到肩膀，用头带固定。士兵们戴着合适的尖顶头盔，头盔可能是用皮革做的。

◆ 珠宝

从考古证据来看，一些王室女性似乎戴着精致的黄金首饰。在乌尔城（Ur，活跃于约前 2600

图 1.3 最上面一排左边坐着的男性穿着羊毛裙，而其他大部分人物都穿着流苏裙。最底层的几个工人似乎穿着遮盖布或很短的裙子。（图片来源：CM Dixon/Print Collector/Getty Images）

年）的发掘中，发现了一顶美丽的黄金珠宝王冠（见图1.4）和大量的金耳环，王冠上还雕刻着精致的叶子和花朵。但之后的考古再没有发现过类似的物品，这一时期的艺术中也都没有相关的描绘。

后苏美尔人和巴比伦人的服饰：约前 2500—前 1000 年

服装风格的演变非常缓慢，苏美尔晚期和巴比伦早期的服装之间没有明显的区分。只是服装普遍变得复杂，虽然男性和女性的服装仍然有类似的元素，但有证据表明，男女服装的差异开始变得明显。人们继续穿裙子、束腰外衣，披肩的垂挂方式多种多样，由长方形或正方形织物编织而成。

图 1.4　普阿比王后的头饰（Headdress of Princess Puabi），苏美尔，前 2600 年。包括银色头饰与黄金饰品、天青色珠宝、贝壳和红色石灰石镶嵌。藏于伦敦大英博物馆。（图片来源：Universal History Archive/Universal Images Group via Getty Images）

男性服饰

◆ 服装

裙子、遮羞布和束腰外衣可能是穷人最常穿的服装。当时的贵族或神话人物都穿着垂褶服装（见图1.5）。苏美尔和巴比伦艺术中描绘的衣服表面光滑，没有褶皱，但这可能是一种艺术惯例。不仅梭织织物看起来没有褶皱，甚至连脸部、皮肤和手臂都光滑无痕，缺少细节的描绘。当时织物就有了流苏、机织镶边或刺绣镶边。

◆ 头发和头饰

在前 2300 年前，艺术描绘中的男性或剃光胡子或留着胡子，而后来描绘中的男性都留着胡子。他们的帽子像头巾一样，紧贴在头顶，有一个小帽檐或带垫的卷边（见图1.5）。

◆ 鞋类

当时人的脚通常裸露着，或者穿着凉鞋，在崎岖的地形中行走时，凉鞋可以保护脚部。考古学家发现了一只可以追溯到前 2600 年的皮革鞋黏土模型，鞋子有鞋舌，向上弯曲到足尖，足尖处有一个绒球。鞋子可能起源于会下雪的山区，美索不达米亚地区的

图1.5 拉加什（Lagash）城市统治者古迪亚（Gudea）的雕像，美索不达米亚的新苏美尔，约前2100年。图中展示的衣服很可能是用一块长方形布料包缠身体做成的。帽子紧贴头部，有一个小帽檐或带垫卷边。（图片来源：Prisma Universal Images Group via Getty Images）

鞋子可能就是从那里传来的。这种风格的鞋似乎具有一种仪式功能，专门保留在一位代表国王的英雄人物雕塑中。

◆ 职业服装：军装

从对军队和军事领袖的艺术描绘中，我们可以识别出士兵服装的元素。裙子很可能是用梭织织物做成的。下边缘仍然有流苏装饰。披肩和裙子搭配。披肩的中心横跨左肩，两端穿过胸部，然后在右臀部处打结。

士兵们戴着皮革或金属制成的头盔，有时有角形装饰。装备还包括凉鞋，当遇到崎岖地形时，他们就会穿上凉鞋。

女性服饰

◆ 服装

羊毛裙一度是女性的服装，但逐渐与宗教人物（女神、女祭司或次要的神）联系在一起。这一时期，服装要覆盖整个身体，而不是像早期那样只遮盖住一侧的肩膀。如今没有足够的证据可以确定服装的具体设计，但可能的服装组合是裙子与短披肩，或头部和肩部开口的束腰外衣组合。

历史学家认为，这种服装是用长方形织物或一端为弧形的长方形织物披挂在身体上形成的（见图1.6）。这个猜想的证据来源是雕像，如图1.7所示，雕像上显示的线条也可以看到拟设的服装结构。这座雕像的头饰是该地区的一种地域特色。除前额上的小部分外，这种头饰遮住了所有的头发。该女性雕像戴着一条紧贴脖颈的项链；最初雕像还戴着贵重金属或贝壳制成的耳环，这些耳环没能保存下来。

◆ 头发和头饰

发髻继续使用头带固定。在一些展品中，头发似乎被束在发网中。

◆ 鞋类

赤脚很普遍，富人会穿凉鞋。

图 1.6 巴比伦女性服装的复原图。服装是长方形垂褶织物。点 2 在前部中心，点 1 和点 3 置于手臂下，背面处 2—3 交叉在 1—2 上。点 1 和 3 拉过肩膀，在前面的两侧垂下。（图片来源：Courtesy of Fairchild Publications, Inc.）

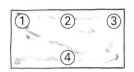

图 1.7 女性上半身雕像。她穿着图 1.6 展示的服装，脖子边缘和从肩膀处垂下的褶皱服装装饰着与流苏或刺绣相似的东西。她戴着一条由线绳串成的贴颈项链，从头饰边缘处可以看到她波浪状的头发。（图片来源：© RMN‑Grand Palais/Art Resource, NY）

◆ 珠宝

最常见的是一款由几枚金属戒指制成的紧身项圈式项链。考古学家还发现了被运到印度河流域的珠子项链（见"全球联系"）。

美索不达米亚人、后巴比伦人和亚述人的服饰：约前 1000—前 600 年

亚述人采用了巴比伦人的服装，因此在巴比伦晚期和亚述早期之间不存在明显的服装风格区分。服饰样式的变化一般是进化式的。在这些早期阶段，由于缺乏详细的资料，人们印象中的服装风格变化是缓慢发生的。

虽然亚述人的统治者采纳了巴比伦人的服装风格，但也增加了属于亚述人的装饰。在国

王和大臣的服装上，可以看到大量编织或刺绣的图案。通过贸易或战争进行的跨文化接触会引入新的风格理念或材质，从而对服装产生影响。尽管亚述人延续了穿羊毛服装的传统，但据说亚述王辛那赫里布（Sennacherib，活跃于前700年左右）将棉花引进到了亚述。亚述王说在他的植物园里栽有"长羊毛的树"，但没有确凿的证据证明亚述人使用了棉花。

男性服饰

◆ 服装

"束腰外衣"（tunic）一词原为拉丁语，融入英语后在服饰界广泛使用，之后成为一种在头部和肩部开口的T形服装的通称。巴伯认为，拉丁词"束腰外衣"来源于中东的"亚麻布"（linen）一词。她指出，最早的束腰外衣似乎由亚麻布制成，束腰外衣在一些地区最早是在羊毛开始使用后才出现的。伊丽莎白认为，亚麻布束腰外衣可能被用作衬里，以保护皮肤免受羊毛服装的刺激。

束腰外衣是古代文明中服装的重要组成部分。来自不同文明的束腰外衣在剪裁、结构、长度、合身程度上都有差异，如有无袖子及袖子的长度。束腰外衣可以由任何类型的织物制成，但当贴身穿时，更有可能是由亚麻布制作的。

在某一时期，亚述人用束腰外衣取代了巴比伦早期特有的裙子和垂褶服装。束腰外衣可能是一种更适合寒冷气候的紧身服装，是从附近山区居民的衣服中借鉴而来的（见图1.8）。

王室成员穿着及地的束腰外衣，披几条带流苏的长披肩。人们身上披的披肩展示了水平、垂直和对角线排列的流苏，十分复杂，限制了他们的行动。这些服装很可能是在国家正式场合穿的，而日常生活中即便王室也可能穿得比较简单。在描绘狩猎或战争的壁画中，国王服装上拖沓的垂褶织物很少。

在任何文明中，王室成员的服装都因其风格、昂贵的材质、精美的装饰或象征权力的特殊头饰、权杖而与众不同。皇室的服装通常遵循传统惯例，并不一定反映当时的风格。美索不达米亚艺术家描绘的国王服装似乎绘有刺绣图案，但有些人认为这些图案可能是编织而成的。祭司们决定国王在某一天穿的特定服装。亚述人认为，有些日子吉利，有些日子则不然；因此，祭司会指定吉祥日子的衣服，包括衣服的颜色和布料。在一些不吉利的日子里，国王则不能换衣服。

劳动阶级人民的束腰外衣上系着腰带，装饰较少，长度在膝盖以上。士兵们穿着长及膝盖的束腰外衣和盔甲。

◆ 头发和头饰

男性留着胡须，头发和胡须成小卷曲状，人们认为这是用卷发工具烫出来的。国王的胡子比其他男性的胡子长，并接有一节假胡子（见图 1.8）。下层社会的男性胡子和头发都比较短。

在众多帽子风格中，有一种无檐高帽，类似于土耳其毡帽（fez）或塔布什帽（tarbush），这是一种传统阿拉伯风格帽子，常见于西南亚和北非，形状像一个截顶的圆锥体。在亚述人的艺术中，这种帽子有时被描绘成顶部垂下宽织带的样子。国王戴的帽子更高更直，与之后几个世纪波斯王室和 20 世纪东正教神职人员戴的帽子类似。

◆ 鞋类

凉鞋的鞋底，根据使用情况的不同，会有厚有薄。艺术家描绘的闭合式鞋子，在凉鞋中则不怎么常见。骑马者会穿上高筒靴，这可能是士兵在抵御亚述军队入侵时穿的保护鞋。

图 1.8　亚述国王阿舒尔纳西尔帕二世（Ashurnasirpal Ⅱ，约前 883—前 859 年在位），留着当时流行的长发，蓄着胡须。在长束腰外衣外，他披着一条带流苏的披肩。左手握着权杖，象征着国王；右手握着镰刀，象征着亚述神话中的武器。（图片来源：Culture Club/Getty Images）

◆ 珠宝

人们戴耳环、手镯和臂章。珠宝上的装饰图案通常与织物上的图案相似。

职业服装：军装

士兵的服装包括一件短款束腰外衣、一件胸甲和一条宽腰带。这一时期的锁子甲（mail）可能是在皮革或厚布上缝上小金属片制成的。士兵的画像表明，有时锁子甲只覆盖上半身，而其他时候锁子甲会覆盖整件束腰外衣。头盔紧贴头部，在头顶后部有一尖顶。士兵还会穿凉鞋或高筒靴。

女性服饰

亚述人的艺术中很少发现女性形象。虽然苏美尔和巴比伦的女性地位相对较低，但当家庭从事纺织品商业生产时，妻子会积极参与。亚述人的法律剥夺了女性出庭做证的权利，并取消了古巴比伦时期对女性财产权的保护。历史学家认为这可能是新移民涌入的证据，他们的习俗不同于当地居民。

◆ 服装

女性穿的束腰外衣袖子比男性的要长一些。制作女性束腰外衣的织物装饰有精致的图案。女士们还披着带流苏的披肩。

◆ 头发和头饰

新人口涌入和对女性态度的变化可能影响了女性佩戴面纱的习俗。亚述人的法典中有佩戴面纱的记载。在亚述和巴比伦晚期，面纱是一个自由已婚女性的显著标志。奴隶和妓女不被允许佩戴面纱，而小妾只有在陪着正妻时才能戴上面纱。在一些艺术作品中，面纱悬挂在脸部任一侧的头发上，但显然在公共场合面纱是遮住脸部的。在中东的一些地区，这一习俗延续至今，尽管女性戴面纱的原因不再与婚姻状况相关，但可以看到的是，戴面纱已经成为该地区长期以来的一种传统。

发型变化很大。早期亚述女性的发型非常精致，后来发型简化成卷曲的齐肩发。

◆ 鞋类

凉鞋和闭合式鞋子都会出现在一些作品中。

◆ 珠宝

珠宝包括项链、耳环、手镯和臂章。

儿童服装

资料没有提供关于儿童服装的具体信息。孩子在家庭中处于从属地位。在巴比伦，家中父亲有权将子女卖为奴隶，或将子女交给债权人，作为偿还贷款的担保。儿童的服装可能极为简单，由最简单的服装组成：遮羞布、裙子或束腰外衣。上流社会中儿童穿的衣服可能与父母的一样。

埃及文明

几乎与美索不达米亚文明发展的同一时间，尼罗河流域的埃及文明、中国地区的文明、印度河流域的印度次大陆文明都发展了起来。与地理形式多样化的美索不达米亚文明不同，埃及是在尼罗河河谷的狭长地带发展起来的，每年泛滥的洪水提供了肥沃的土壤，两边的沙漠则保障埃及不受外族入侵。埃及受外界影响较少，政治和宗教传统保持了较大的连续性。

埃及文明从古王国时期到新王国时期持续了大约 3000 年。显而易见，有些服装风格从最早的时期一直延续到新王国时期的后期，此后新的元素开始流行起来。假发的长度、颜色和头饰的变化是时尚变化最明显之处。研究人员可以从艺术品、实物和文字记录中获取大量有关埃及人生活和服饰的证据。

社会结构

人们把埃及社会的等级制度比作金字塔形状。法老（世袭国王）位于金字塔的顶端。法老的副手和大祭司位于下一级。在他们之下是一群地位较低的官员，他们要么与法院相关，要么与乡镇和城市管理有关。

还有一些重要职位由书吏担任，如部门主管、簿记员、会计员、办事员和其他官僚。他们附属于法院、市政府、宗教组织和军队。这些职业为埃及社会人民提供了一种向上流动的途径。

艺术家和技艺精湛的工匠，如画家、雕塑家、建筑师、家具制造工、织布工和宝石匠，是书吏的下一等级。

仆人、劳动者和大量的农民耕种土地，为社会金字塔的上层阶级提供了农业基础。他们的服装简单，反映了他们较低的社会地位（见图 1.9 ）。

奴隶是外国俘虏，而不是埃及本地人。有些人，比如希伯来奴隶摩西，能够获得自由并上升到相对较高的地位，但这十分罕见。

图 1.9　埃及壁画，约前 1415 年。在图中，可以看到一个穿着紧身连衣裙（sheath dress）的女性；一些人上身裸露，穿着各种式样的缠腰布（schenti），缠腰布外面或底下的束腰外衣极薄，有各种长度；两个工人只穿着遮羞布。（图片来源：De Agostini/Getty Images）

◆ **上层阶级**

　　服装是用来划分社会阶层的，尽管大部分埃及服装都相对简单。布料的悬垂性、织物的质量以及是否佩戴昂贵的珠宝和腰带区分了上层阶级和下层阶级穿的服装。

　　上流社会的家庭住在装饰豪华的房子里。以今天的标准来看，虽然家具数量不多，但都用漂亮的镶嵌物和金属制品装饰。房子很宽敞，有精心打理的花园。

　　艺术家经常描绘新王国时期家里的社交聚会。男人女人在这些场合服饰奢华，身穿宽松打褶长礼服，妆容艳丽，珠宝和头饰耀眼（见图 1.10）。乐师、杂技演员和舞女载歌载舞，带来欢声笑语。客人的头上放有锥形香蜡（wax cone）。随着夜幕降临，这些香蜡融化流到假发上，在空气中散发出香气（见图 1.11）。

　　身处炎热的气候之中，清洁是舒适的前提。上层阶级的埃及人对个人清洁标准要求很高，每天要洗澡两次或两次以上。在某些时期，人们剃成光头戴假发，可能是为了保持头部清洁，远离害虫。在埃及艺术中，不同阶级在梳妆打扮上存在显著的差异。上层阶级对仪容仪表的要求更高。在一些画作中，工人的胡子凌乱，而上流社会的男性则把胡子刮得干干净净。

◆ 家庭

古埃及婚姻是一种民事契约，离婚很容易。尽管许多富裕的男性都至少几个妻妾，但多重婚姻并不普遍。有一些壁画展示了温暖亲密的家庭生活场景，父母关爱孩子，孩子们开心地玩着玩具。

埃及服饰研究的信息来源

◆ 埃及艺术

许多古埃及的建筑物已经不复存在，后人用石头建造了后来的建筑。巨大的金字塔和许多神庙保留了下来。在这些建筑中仍然保留了一些雕像和墙壁浮雕。对服装历史学家来说幸运的是，埃及艺术家描绘的是人们的日常生活场景，许多关于埃及服饰的信息都是通过这种艺术形式获得的。

艺术家描绘服装时可能并不总是绝对忠实。他们遵循严格的指导准则，控制重要人物雕塑和浮雕的比例。这些惯例源于埃及的计量体系。在浮雕和壁画中，传统的人物姿势是肩膀朝前，头和腿朝右或向左。衣服经常露出正面，而腿和脸则面向一侧。艺术作品中展示的服装形式可能落后于实际生活中穿着的服装形式，很多信息可能根本没有被描绘出来。

此外，艺术家也把地位较低的人身材描绘得比地位较高的人要小，因此这些地位较低的人物有时会被误以为是儿童。

◆ 随葬物品

埃及的艺术品、个人财产和实用物品的模型都保存在坟墓里。画家用现世的日常生活场景在坟墓墙壁上描绘来世的样子。他们认为，当死者在来世中醒来时，将会得到过上舒适生活所需要的一切。

如今那个时代的私人住房已经不复存在，因为房屋是用会被腐蚀掉的泥砖建造的。我们可以在壁画上看到家庭、工作场所和当时人们的活动，因为坟墓中的一些绘画确实画出了私人住宅。

20世纪20年代，图坦卡蒙法老的陵墓被发掘。考古学家发现了一个特别有价值的现象：许多法老坟墓里面的财宝都被洗劫一空，但这座公元前1350年的年轻法老的坟墓却在数千年的时间内未被打扰。

有时埃及古墓出土的服饰似乎在绘画或雕像中找不到对应物，比如在图坦卡蒙墓中发现的彩色服装和装饰精美的凉鞋。这些可能是仪式服装、特定的丧服或国王衣柜里实际的服装。

在古希腊和古罗马统治时期，艺术作品中的法老穿着古王国时期风格的服装，但记录表明，这一时期的统治者实际上穿着古希腊和古罗马风格的服装。妇女的基本服装之一是一件笔挺、合身的管状服装。绘画和雕像显示，这种衣服紧紧地包裹着身体，穿者几乎无法行走。但梭织织物不会这么紧贴身体，而且据研究所知，埃及人还没有开发出像针织一样能织出贴身布料的织布技术。因此我们可以假设，艺术惯例要求人物的服装要显得特别紧身。尽管有大量的证据和持续不断的研究，但我们对埃及服饰的了解仍然是不完整的。

图1.10 荷鲁斯之眼（eye of Horus）手环，前943—前922年，藏于开罗埃及博物馆。古埃及的珠宝和家具都展示了高超的技艺。（图片来源：Fine Art Images/Heritage Images/Getty Images）

◆ **装饰图案**

在任何历史时期，各种艺术形式都有一定的相似之处。在埃及，最明显的相似之处是装饰图案，这些图案大多源于自然界或宗教象征。神庙和墓室的装饰、家具、实用物品以及衣服上都有装饰图案，珠宝或衣服装饰品上也经常出现这些图案。

埃及人一贯信奉法术，他们相信在珠宝上画上代表宗教人物的符号，就能把神的积极品质传递给佩戴者。圣甲虫（scarab）是一种象征着太阳神和重生的甲虫符号，在当时是一种流行的图饰。

鹰经常作为太阳神的另一个象征出现。神圣的眼镜蛇，被称为"圣蛇像"（uraeus），象征着下埃及，而秃鹰则象征着上埃及。两者同时被运用到王室头饰和珠宝上，象征了法老统一了下埃及和上埃及。荷鲁斯之眼手环，装饰有一个风格化的人类眼睛图案，象征着月亮（见图1.10）。当地的莲花、纸莎草花和动物也会被转变成装饰图案。

工匠对服饰的贡献

工匠的技艺精湛。服饰史研究特别值得关注的是编织和珠宝制作工艺。

◆ **纺织生产与纺织技术**

尽管纺织品会由于氧化、高温、压力、潮湿和微生物的攻击而自然退化，但埃及的埋葬习俗加上炎热、干燥的气候使得大量资料得以保存至今，特别是王室和上层阶级的服饰资料。亚麻布是埃及人最常用的纤维，是一种用亚麻茎中提取的纤维制成的布料。

这种纤维称为"亚麻",直到它被提取出来用于纺纱后,才常被称为"亚麻布"。在宗教礼仪上,羊毛被认为是不洁净的,祭司到神庙或参加葬礼的访问者都不能穿羊毛制的衣服。公元前5世纪游历埃及的希腊历史学家希罗多德(Herodotus,前484—前425年)曾说过,羊毛只会用于制作一些外衣。直到公元4世纪,丝绸才在埃及广泛使用,这在目前讲述的时期之后。棉布也是在埃及政权衰落后才传入进来的。

亚麻很难被染成不会褪色的颜色,除非使用媒染剂固定颜色。在新王国时期之前,埃及的染色工明显不懂得使用媒染剂。因此,大多数埃及人的衣服都是用天然的乳白色亚麻布做的,或者被漂成了纯白色。当使用染料时,这些染料取自植物和昆虫,有红色、黄色、蓝色、棕色以及不同媒染剂的混合物。

在古王国时期纺纱和织造技术已经很发达。在古王国和中王国时期,埃及人使用水平落地的织布机来编织不同宽度的织物。织造由纵向(称为"经纱"[warp])和横向(称为"纬纱"[weft or filling])纱线交织组成。在织物的两侧,纬纱在织物上来回转动的地方称为"布边"(selvage)。通过打环或增加纱线,可以在布边织上装饰元素。在布料两端,也就是织布停下的地方,经纱的末端仍然保留着。这些可以剪掉,可以留作边饰,也可以绑成流苏。埃及织布工用这些装饰性的织边、边饰和流苏来装饰自己的衣物。

埃及富人在大庄园里种植亚麻,同时供应庄园所需的布料。由于没有货币经济,埃及人将纺织品作为一种货币,用于交易其他商品。男性加工亚麻茎,抽取其中的纤维。然后,女性将纤维纺成纱线,再将纱线织成布。男性做最后清洗和整理布料的工作,要么将布料煮开,要么在河里冲洗,因为鳄鱼会对陪伴母亲到河边的孩子构成巨大的生命威胁。

一些精致紧密的梭织织物,经纱数量高达160条,纬纱数量高达120条。19世纪和20世纪最精美的薄纱织物很少有经纱数量达150条、纬纱数量达100条的。

在艺术和实际的服装中都出现了打褶的亚麻织物。褶皱可能是在凹槽木板或其他表面制成的。将布料压入凹槽中,通过上淀粉浆或浆料来固定褶皱。褶皱有水平的、垂直的,也有人字形的,即先在一个方向打褶,然后将织物翻转,再往另一个方向打褶。

最早用织锦图案装饰的织物可以追溯到公元前1500年以后,而在一些壁画上也出现了一种新型织布机——立式织布机。巴伯认为这种新技术可能是由外国俘虏传授给埃及人的。虽然立式织布机没有取代老式的卧式织布机,但它们确实可能织造出更精美的图案织物。

图坦卡蒙墓中出土的物品包括用珠饰织物制的长袍、带有编织图案和刺绣图案的衣物以及嵌花的衣物。这些史前古器物说明当时的织物构造艺术就包括了珠饰、图案编织、刺绣和嵌花。

◆ 珠宝

埃及人珍视黄金首饰。埃及没有白银,必须从国外进口,因此银的使用受到了限制。虽然埃及人在第十八王朝以后才开始制造玻璃，但他们会使用碎石英玻璃、天然火山玻璃和进口玻璃制成的釉料。珍贵或次珍贵的宝石，如玛瑙、天青石、长石和绿松石，被镶嵌在彩色的大圆领、胸前饰品（pectorals，装饰性垂饰 [decorative pendant]）、耳环、手镯、臂章或头饰上。宗教符号经常出现在珠宝工艺中。考古发现证明了宝石匠的高超技术和个人珠宝饰品的广泛使用。

埃及服饰：约前 3000—前 300 年

服装可以表达个人与所在的自然和社会环境之间的关系。随着社会结构的演变，服装成为个人在视觉上展示权力、尊严或财富的一种手段。埃及的气候不需要衣物保暖，大多数服装都是片状织物，通常是方形或长方形的，从身上垂下并系紧。未加工的毛边布料被做成翻边和卷边。所有年龄段和阶层的服装廓形都相对简单，缝纫和加工量少。

服装表明社会地位的差异。这些明显的差异并不在于所穿的服装类型，而在于服装材质和个人拥有的服装数量。奴隶、农民和下层社会的人缺乏个人财富、权力和地位（因此他们不需要大量的服装），但是他们的服装在外形和结构上与上层阶级没有什么不同。表 1.1 概述了埃及各个时期所穿的服装类型。

表 1.1 埃及服装

时期	男性	女性
古王国时期（前 2575—前 2130 年）	布质遮羞布，包缠式短裙，长款窄围裙，长斗篷，腰带和背带，凉鞋	布质遮羞布，各种类型的围裹式裙子，包缠式紧身连衣裙，珠网罩裙，V 形领连衣裙，披肩和长斗篷，腰带和背带，凉鞋
中王国时期（约前 1938—前 1600 年）	布质和皮革遮羞布，各种长度的包缠式裙子，长而窄的三角形围裙，短款披肩和长斗篷，腰带和背带，凉鞋	布质遮羞布，各种类型的包缠式裙子，包缠式紧身连衣裙，珠网罩裙，V 形领连衣裙，披肩和长斗篷，腰带和背带，凉鞋
新王国时期（前 1470—前 11 世纪）	布质和皮革遮羞布，各种长度的包缠式裙子，分层的有腰带的包缠式裙子，三角形围裙，袋状束腰外衣，各种各样的打结式围裹斗篷，短款披肩和长斗篷，腰带和背带，凉鞋	布质遮羞布，各种类型的妇女家常服，包缠式紧身连衣裙，结构更加复杂的包缠式连衣裙，袋状束腰外衣，披肩和长斗篷，腰带和背带，凉鞋

资料来源：Based on data from Vogelsang-Eastwood, G.（1993）. Pharaonic Egyptian clothing. Leiden, The Netherlands: E. J. Brill, p. 180.

服饰术语

虽然埃及人有象形文字的书面语言，但无法确定埃及人给服装起的名称。服装历史学家已经为其中一些服装命名。在某些情况下，这些名称在某些方面与埃及文明相关联；在其他情况下，名称是根据服装的风格或功能命名的。在本文中，作者使用描述性的现代英语术语来表示服装名称。但也要提到那些经常出现在服饰史中的名称，这样读者在其他出版物中遇到这些词汇时就会知道是什么意思。

"流苏束腰外衣"（kalasiris/calasiris）一词说明了术语上的一些问题。读者可以在"时代评论1.1"中看到，希腊历史学家希罗多德提到过一种服装，他说埃及人称之为"流苏束腰外衣"。他则将其描述为一件带流苏的束腰外衣。许多服装历史学家用这个词来指代女式紧身服装，一些人则用它指代束腰外衣，还有一些人用它指代紧身连衣裙。

男性服装

◆ 遮羞布

亚麻布制的遮羞布可内穿也可外穿，形状像三角形尿布。衣服用绳子系在腰上，尽管有时腰部还缠绕着单独的腰带。遮羞布通常是工人穿的唯一的服装。也有一些皮

时代评论 1.1
希罗多德描述的埃及服装

希腊历史学家希罗多德曾到世界各地旅行，其中就包括埃及。以下是他对埃及人着装习惯的观察。

在其他国家，祭司都留着长发；在埃及，祭司都剃光头。在其他地方，哀悼近亲时剪短头发是一种习俗；而埃及人在其他任何时候都是光头，但当亲人过世时，他们就会将胡子和头发留长……

……埃及男性穿两件衣服，而女性只穿一件。（《历史》第二卷，第三十六章）

……他们穿亚麻布衣服，且特别注意卫生，总是洗得很干净……

……他们（祭司）的衣服都是亚麻布衣，鞋是纸莎草做的，不能穿其他材质做的衣服或鞋子……（《历史》第二卷，第三十七章）

……他们穿一件腿部有流苏的亚麻布束腰外衣，被称为"流苏束腰外衣"；在这外面，又穿上一件白色的羊毛外衣。然而，埃及的宗教禁止将羊毛制品带进寺庙或随葬。（《历史》第二卷第八十一章）

资料来源：Herodotus.（1942, trans.）. *The Persian wars* [G. Rawlinson, trans.]. © 1942 by Random House, Inc. Reprinted with permission of Random House, Inc.

革遮羞布的实例，这种遮羞布部分是整块皮革，但部分皮革被切割成许多细小的条状或孔洞，形成类似渔网的样式，整块皮革分布在腰部和臀部处，用于加固。这些皮革网状遮羞布通常被描绘为穿在布质遮羞布外的衣服。

◆ 围裙

围裙是单件衣物，用来遮盖生殖器，单独穿在裙子或其他衣服外，或穿在遮羞布外和裙子内。它们是将一块或多块布料绑在腰间腰带、吊带或带状物上形成的。尽管在受埃及影响的努比亚（Nubia）附近地区存在这样的实例，但在埃及并没有发现这种衣服的实际证据。在中、新王国时期的艺术作品中，男性尤其经常穿着裙子和大而突出的三角形围裙。由于还未发现这种衣服的实例，这些围裙到底是单件服装还是只是包裙的末端部分，至今仍没有答案。

◆ 包裙

在整个埃及历史上，包裙是男性的主要服装，它的长度、宽度和合身程度随时代和社会阶层的不同而不同。服装历史学家将这种服装称为"缠腰布"。其他人则用"短褶裙"（kilt）这个词来指称（短褶裙是苏格兰男性穿的短裙，一些作家用这个词来区分男性和女性的服装，女性穿的类似短裙则用"裙子"[skirt]一词指代）。在图1.9和图1.11中可以看到许多不同的男式裙子，可以识别以下变体：

◎ 在早期，裙子一般长及膝盖或更短，紧贴臀部。有些打褶，有些在身体前部有一条对角线，资料显示，这是通过绕织物一端实现的。没有发现弧形织物；然而，将方形织物的一端向上拉进腰部，就会形成弧状。因此，装饰效果似乎是通过打褶实现。

◎ 中王国风格的裙子变长，有的长及脚踝，短款则在工作时穿或者供士兵或猎人穿用。新王国时期有一种双层裙，内层不透明，外层透明。艺术描绘中展示了一些类似褶皱的东西。

◎ 新王国时期有一种百褶裙，短款的更贴身，长款则宽松些。一些裙子装饰有一种大的三角状饰片。

根据雕塑上服装褶皱的线条，我们也许能够了解这些织物是如何垂挂形成褶皱的。在某一款式中，织物似乎沿着长方向打褶，背部的褶皱水平排列，然后沿对角线向上拉至前面腰围处，最后将织物的两端系紧或绑在一起。这些织物从前部中间悬挂下来，形成一种褶皱垂布。

图 1.11　新王国时期的雕刻家阿普伊（Apuy）和他的妻子正在接受奉献物。男人和女人都穿着轻透的打褶亚麻长袍，领子为宽领，上面有珠饰；献上供品的人穿着豹皮和一条打褶亚麻布缠腰布；所有人都戴着假发，男性的假发比女性的短；他们在头上放有锥形香蜡；男女的指甲和脚趾甲都擦得锃亮，眼睛涂有眼影粉；男性穿着凉鞋。（图片来源：Rogers Fund, 1920. The Metropolitan Museum of Art）

◆ 上半身衣物

在早期的绘画中，我们可以看到人们在肩膀上系着豹皮或狮子皮。在后来的时期，织物取代了兽皮成为制作上衣的料子。穿兽皮的人是社会中最有权势的人物——法老和祭司（见图 1.11）。最后，人们甚至不再穿兽皮制的衣服，而是穿仿兽皮的布质仪式服装，布上绘有豹纹斑点。巫术信仰似乎是埃及人这样做的原因：他们相信，穿上凶猛野兽的毛皮，就能获得野兽的神奇力量。

在中王国和新王国时期，男性穿一件短款布质披风，披肩在前襟系紧。与披风类似，一条由宝石或半宝石做成的同心圆宽项链可以单独佩戴，也可以戴在亚麻布长袍、短款披风外，或者和胸甲搭配（见图 1.11）。无袖胸甲（corselet），可能是一种装饰性的盔甲，且要么无肩带要么用细小肩带吊着。

有时，描绘的男性会在上半身缠裹一些窄带子。缠裹的方式多样。肩带有时斜挎在一侧肩膀上，有时横跨两侧肩膀，有时也缠绕在腰部或胸部的不同位置。它们很可能是一件实用服装，用来防止汗水顺着身体流下。女性很少佩戴肩带，且通常只在进行体力活动，如跳舞或表演杂技时才会穿戴上。

◆ 束腰外衣

在新王国时期，大量的新元素融入服装，这可能与近东的跨文化接触、希克索斯（Hyksos）人的入侵或埃及帝国向埃及西部地区的扩张有关。

埃及的新王国时期出现了类似美索不达米亚的长款束腰外衣。正如壁画上描绘的，有带袖款和无袖款，通常用轻透的亚麻布制品制成。艺术作品中展示的是遮羞布或内穿的短裙，或裹在束腰外衣外的裙子。

◆ 长款裹身服

最早的围裹式服装出现在从古王国时期到中王国时期所有阶级的男性和女性的描绘上。后来，围裹式服装似乎只有女性、众神和国王会穿。图1.14描绘了织物各种可能的围裹方法。

在新王国时期，男性穿长而宽松的轻透打褶亚麻布服装（见图1.11）。从大多数描绘的作品中看不出这些服装的确切构造。人们提出了以下几种可能的搭配：

◎ 宽松的束腰外衣不系或系上腰带。

◎ 裙子搭配披风或披肩。

◎ 搭配围裹式披肩。

◆ 披肩和斗篷

男女性都会穿披肩，这种披巾由方形或长方形的织物制成，裹在上身，长度及腰。也许是为了保暖，更长的斗篷出现了。有些斗篷以各种方式缠绕在身上，而另一些则将斗篷末端系紧绑在一边的肩膀上。

女性服装

◆ 裙子

壁画中经常展示下层阶级女性工作时穿的裙子。这些作品中偶尔有奴隶和舞女不穿衣服的样子，或者用一块小垂布遮住生殖器，用窄腰带系紧（见图1.15）。

◆ 紧身连衣裙和珠网罩裙

服装历史学家用"紧身连衣裙"指代所有阶层女性最常穿的服装。这种衣服看起来就像一段紧密贴合身体的管状织物，从胸部上方或下方延伸至小腿肚或脚踝周围（见图1.12）。似乎通过一至两条肩带将其系在肩膀上。许多学者评论过这件衣服的紧绷性，并指出它过于紧身，不仅穿进去很难，而且行动也困难。

福格尔桑·伊斯特伍德（Vogelsang-Eastwood）很有说服力地论证了这件衣服很可

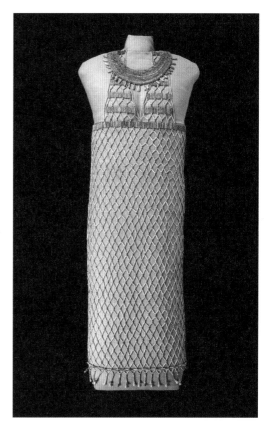

图 1.12 中王国时期（第十一王朝）的女孩陶像，穿着紧身连衣裙，彩陶色宽领。她带着一篮子祭品准备参加葬礼。贸易商品也经常由仆人携带。（图片来源：DEA A. JEMOLO De Agostini via Getty Images）

能是一件妇女家常服，且肩带是单独的衣物。作为证据，她指出虽然在任何考古挖掘中都没有发现紧身连衣裙，但在许多地方发现了与妇女家常服穿着模式一致的织物。这一论断也解决了衣服顶部位置不同的问题，因为织物可以从胸部上方或下方或腰部的任何位置开始包裹身体。单独的肩带也可以有多种穿戴方式。

　　学者们不确定用于装饰紧身连衣裙织物的技术，这些裙子经常带有精致装饰。有人猜测是印花图案、嵌花、皮革、羽毛、珠饰或织花图案。从图坦卡蒙陵墓发掘的证据中我们知道，当时珠饰技术非常发达。在同一墓穴中发现了一副梭织手套，上面的花样设计与许多紧身连衣裙上的相似。紧身连衣裙上的图案效果（见图 1.12），可以通过在围裹式连衣裙外穿上一件珠网罩裙来实现。在坟墓中也挖掘出了真实的珠网罩裙（见图 1.13）。

◆ 打褶和垂褶的包裹式长连衣裙

虽然男性和女性的打褶长袍初看很像，但仔细观察就会发现它们的悬垂和穿戴方式不同。有些款式会遮住胸部，有些则裸露胸部。这些是埃及女性穿的最复杂的服装。许多学者提出这些打褶服装可能是以围裹的方式穿戴，其中可能的穿戴形式见图 1.14b 和 1.14c。

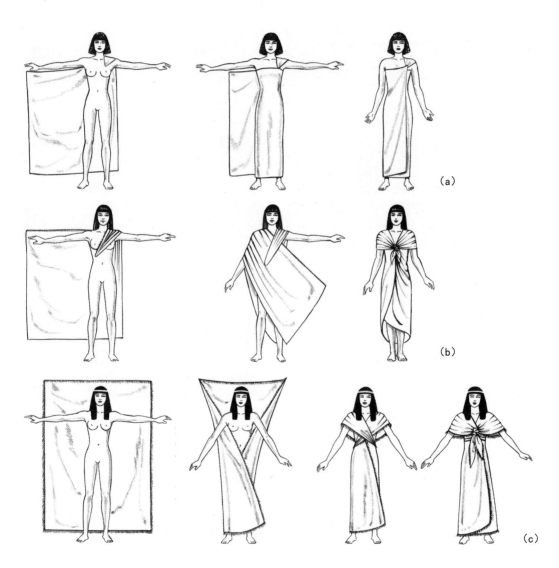

图 1.14　埃及围裹式服装可能的悬垂方式：（a）男性或女性围裹式服装；（b）和（c）两种制作女性垂褶长袍的方法。（图片来源：Courtesy of Fairchild Publications, Inc.）

图 1.15　描绘新王国时期（第八王朝）乐师的壁画。最左边和最右边的人物穿着紧身连衣裙，头上戴着锥形香蜡；长笛演奏者穿着卡拉西里斯裙。（图片来源：Image copyright © The Metropolitan Museum of Art. Image source: Art Resource, NY）

◆ 束腰外衣和 V 领连衣裙

　　女性和男性一样，都穿着宽松合身的束腰外衣。地位较低的女性，比如乐师，经常穿这些衣服（见图 1.15）。

　　在女性坟墓中发现的服装，有袖或无袖的 V 领连衣裙最多。这种裙子的简单无袖款最初在古王国时期出现，可能打褶，也可能素色无花纹。有袖款式更复杂，将管状裙子与肩部衣料相接。图 1.16 展示了这类裙子的两种例子。

　　男女性都穿着类似的披肩和斗篷。

　　多数埃及人的服装都是包缠穿法，因此腰带有助于固定衣服。作品中描绘的男女性都系着腰带，尽管男性似乎更常系腰带。保存至今的腰带有用

图 1.16　埃及的 V 领亚麻布连衣裙。（图片来源：The Petrie Museum of Egyptian Archaeology UCL, UC31182, UC31183）

绳子做的；或是素色亚麻织布，有时做有缘饰或流苏；以及精致的织绵或双层梭织织物。上层阶级的人穿白色亚麻布衣，系腰带，除了珠宝，男性的装饰性围裙是唯一的装饰品和彩色部分。

服饰与妆容

由于服装款式相对简单、织物颜色有限，服饰的装饰元素，如珠宝、鞋类、发型、化妆品、文身等格外引人注目。一些证据表明，埃及此时文身非常普遍，尤其在女性身上，已经在泥塑雕像和木乃伊上发现文身图样。最早的文身穿刺是抽象的几何形状。后来的文身通常是与宗教有关的图案或人物，特别是贝斯（Bes），他是保护家庭、妇女和儿童的家神。目前没有男性文身的证据。

◆ 头发和头饰

男人通常把胡子刮得很干净。然而，胡须是成熟和权威的象征，因此成年男性统治者、年轻的国王，甚至公元前 1500 年左右的哈特谢普苏特女王（Queen Hatshepsut）都留着胡须（至少在壁画和雕塑上是这样描绘的）。在某些时期，男性也会剃光头，女性剃光头不太常见，但也不是没有。

人们在光头或头发上戴假发。假发的形状、长度和编织方式因时代而异。昂贵一点的假发是用人的头发制成的，便宜一些的是由羊毛、亚麻、棕榈纤维制成的。大多数假发是黑色的，但也有蓝色、棕色、白色或一些镀金的假发。即使在假发相对较短的年代，女性的假发也往往比男性的长。她们的发型从简单的飘逸长发到留着复杂的辫子、卷发或盘发。人们戴假发可能是因为假发具有装饰效果，而且相比真正的头发，更容易做出复杂的发型。此外，在埃及炎热的气候下，有些人可能会觉得在光头或短发上戴假发既舒适又方便，同时也更容易避免头虱（见图 1.11 中的假发）。

埃及的头饰大多是仪式性或象征性的。

◆ 鞋类

只有地位高的人才能穿凉鞋，地位低的人则赤脚。凉鞋用灯芯草编织而成。一些王室墓葬品中的凉鞋装饰精致。穿着者的地位体现在卓越的工艺、增加的装饰和优质的材料上（见图 1.17）。

◆ 珠宝

新王国时期的礼服，珠宝或珠宝腰带是服装上主要的彩色部分。腰带和装饰性围裙通常是纯白色亚麻布衣上唯一的色彩。珠子项链、皮革制品、嵌花和织花布都可以用来制作华丽的装饰腰带和围裙，这些都是埃及服装不可或缺的部分。

镶着宝石的宽衣领遮盖了大部分胸部，并且在背后有一个用来平衡身前重物的平衡物。这些衣领出现在从古王国时期到新王国时期以及之后的艺术作品中。佩戴在脖子上的其他饰品有胸前饰品、单个护身符（amulet，戴在脖子上以驱除邪恶）或者镶有护身符的牌子。

人们在头上戴王冠（diadem）或用头带来固定鲜花。有些人用金属和抛光的石头代替花朵。人们会戴上臂环、手镯和脚镯，不过只有在新王国时期才会同时佩戴这些饰物。

耳环可能是希克索斯人对埃及服饰风格的又一贡献，在后期加入了埃及珠宝装饰行列。最初是女性佩戴，后来男性似乎也开始佩戴。在1977—1978年图坦卡蒙墓的文物展览中，有人认为耳环可能是年轻男孩的装饰物，但在成年后就不再佩戴。

图1.17 从左到右：后期王朝时期（第二十一王朝）的亚麻布披肩；新王国时期（第十七王朝）的帕子；儿童的亚麻布衣服，类似于后期王朝时代希罗多德描述的流苏束腰外衣；新王国时期儿童款凉鞋和成人款凉鞋。（图片来源：Image copyright © The Metropolitan Museum of Art. Image source: Art Resource, NY）

◆ 化妆品

从芳香护肤品的使用和对身体表面的细致护理，我们可以看出埃及人对皮肤护理的重视。纸莎草卷轴上记载着埃及人使用过的用白垩、盐和蜂蜜制成的磨砂和清洁膏。即使最贫穷的人也会在皮肤上涂抹面膜和香油，以保护皮肤免受烈日暴晒，防止蚊虫叮咬，并保持皮肤光滑。

男性和女性都会装饰眼睛、皮肤和嘴唇。通过脂肪或树脂基质中的氧化铁将黏土染红，并从中提取赭红颜料，用于给嘴唇和脸颊着色。人们会抛光手指甲和脚趾甲。指甲花染料（henna），一种红色的染料，用于染头发和涂指甲。人们在身上涂抹乳香、没药和杜松子等有香味的药膏或香水。

眼部涂料具有美容、象征和医用的功能。眼睛图画象征着荷鲁斯神的眼睛，人们认为这种图画具有强大的法力，而且眼睛周围的线条有助于保护眼睛免受刺眼阳光的伤害。一些文字记录记载了眼部涂料的医用处方。在古王国时期，绿色的眼部涂料占主导地位；在中王国时期，绿色和黑色眼部涂料都被使用；在新王国时期，黑色眼圈粉（kohl，由方铅矿制成，一种硫化铅）取代了绿色的眼部涂料。

儿童服饰

埃及画作中描绘的孩子一般都来自富裕家庭或王室。这些画作和埃及古墓中发现的大量玩具表明，孩子们受到关心和喜爱。男孩才能接受教育，富裕家庭的小孩会请私人教师，不太富裕的家庭则送小孩去神庙上学。下层社会的孩子会学习一门手艺，农民的儿子则和父亲一起在田地里劳作。

年幼的小孩穿的衣服很少。画作中的小男孩赤身裸体，偶尔会佩戴手镯或护身符；小女孩戴项链、臂环、手镯、脚镯，有时还戴耳环。一些图画显示女孩的腰部系有腰带（见图1.15）。开始上学后，男孩们显然要穿裙子或束腰外衣，下层阶级的孩子可能穿的是遮羞布。显然，女孩们在到青春期之前仍然不穿衣服，之后她们就会穿得像她们的母亲一样。

儿童有经过设计的特殊发型。在一些画作中，儿童的头发完全剃光；另一些则部分留着头发。没有剃掉的头发会做成卷发或编成辫子。法老的孩子留着与众不同的发型，被称为"荷鲁斯之锁"（lock of Horus）或"青春之锁"（lock of youth），在头部左侧留有一绺头发，编成辫子置于耳朵上。

职业服装与特殊场合服装

职业服装与埃及的基本款服装有一些细微的差别。

◆ 军装

古埃及的普通步兵穿一种短裙。在新王国时期描绘的作品中，步兵的裆部前面有一块硬挺的三角形垂布，可能是为了保护容易受伤的生殖器。士兵头上戴着用软垫皮革制成的头盔。他们也携带武器和盾牌。在一些图画中，带子撑起无袖胸甲。胸甲覆盖在胸部，一般认为是将亚麻布料先裁出身体形状，再在布料上缝上小块骨头、金属或皮革制成。画作中的大多数士兵都赤脚。

当法老上战场时，会穿上当时的典型服装，再戴上特殊的军衔徽章：一顶被称为"蓝色战争王冠"的特制王冠和假胡子。打仗时，国王会携带武器。战场上出现战车后，壁画中法老经常坐在战车上，战车前有一个仆人拿着法老的凉鞋。

◆ 宗教服装

祭司的服装与埃及普通阶层的人没有太大差别。描绘中的祭司通常是光头。祭司的标志之一是肩膀上披着真豹皮或仿制豹皮。

在埃及艺术中，男神和女神的装束同普通人一样，但会戴特殊的头饰或携带属于自己的神性符号。在新王国时期，女神穿旧式紧身连衣裙，经常出现在穿打褶长袍的普通人旁边。这可能是一种习俗，用服装来展示这些神，强调神的永恒。法老被认为是神，经常戴着代表神的特殊头饰或徽章出现。

◆ 乐师、舞者和杂技演员的服装

表演者，如舞蹈演员和杂技演员，经常裸体或只在腰间系一条带子。乐师，无论男女，都穿着当时比较简单的服装。在新王国时期，这种服装是宽松的透明束腰外衣或流苏束腰外衣（见图 1.15）。

章末概要

与美索不达米亚变化频繁的服装相比，埃及服装风格比较稳定，可能与一些主题有关，如伴随战争、外族入侵而来的政治冲突，特别是战争和贸易导致的跨文化接触。美索不达米亚在地理上更容易受到侵略或与商人进行贸易，因此服饰变化更频繁。而埃及在地理上比较孤立，只有在相对罕见的情况下才会发生重大变化，如在外族希克索斯入侵埃及并掌握政权后，采用了束腰外衣。

毫无疑问，社会阶层结构塑造了这些文明中人们的着装习俗。最明显的例子是上层阶级和下层阶级所穿服装在质量和种类上的差异，以及那些象征身份地位的物品，如头饰。然而，由于我们对这些时期社会生活的各个方面了解有限，我们无疑会忽略一些服装上的细微差别。

在埃及和美索不达米亚，自然资源和纺织生产的重要性显而易见。亚麻，一种在热带气候中生长的纤维植物，可以用来制作柔软、轻透、具有悬垂性的亚麻布织物，也是埃及文明历史上制作服装的主要材料。美索不达米亚的服装很大程度也在继续使用一种纤维——羊毛，用羊毛制作的织物比亚麻布制作的更大更暖和（在后来的时期，棉布和亚麻布似乎也被美索不达米亚人用于制作服装）。

埃及的服饰起源于男性简单的遮羞布或裙子，以及女性的直筒、紧身的包缠式裙子。纵观这一文明的历史，尽管这些服装廓形变得更加精致，装饰繁多，款式也变多，但是基本的服装审美偏好——衬托身体的自然曲线保留了下来。相比之下，美索不达米亚人的服装不是为了衬托身体，而是为了遮盖身体。早期的羊毛裙和遮住全身的服装，后巴比伦时期的垂褶风格，以及亚述国王穿戴的披肩，用层层的织物遮盖身体，掩盖了身体的自然线条。这些着装差异不仅因为地理或生态上的不同，也因为民族间不同的品位标准。埃及人喜欢生活和艺术中清晰明了的风格，而巴比伦人喜欢气派奢华的风格。这种奢华偏好反映在美索不达米亚风格中厚重的织物、丰富的图案和精致的流苏上。此外，出于道德原因考虑，人们对着装礼仪的不同看法也可能影响服装风格。

服装版型概览图
美索不达米亚和埃及的主要服装

苏美尔人：羊毛裙
（前 3300—前 2500 年）

巴比伦包缠式带流苏的服装
（前 2500—前 1000 年）

亚述帝国统治者
（前 1000—前 600 年）

埃及皇室男孩穿着垂褶裙、胸饰，
留着"青春之锁"发型（新王国时期）

埃及女性穿着垂褶长袍（左边，新王国时期）和紧身
连衣裙（右边，从古王国时期到新王国时期）

束腰外衣、腰带和装饰着
珠宝的衣领（新王国时期）

美索不达米亚和埃及服饰的遗产

亚述文明的衰落并没有完全抹去美索不达米亚服饰的痕迹。至少有一种服饰元素在该地区继续存在，并最终融入了世界其他地区的服装中。波斯人采用了亚述国王所戴的高冠头饰。传入波斯后，最终演变成东正教神父的服饰。

美索不达米亚服饰的某些其他元素不仅被苏美尔人、巴比伦人或亚述人使用，而且在整个近东地区也普遍存在，一直延续到近代。要求女性出门戴面纱的习俗就是一个例子。也有人认为（尽管没有文献记载），牧羊人和其他乡间人群穿着的羊毛裙可能融入欧洲艺术当中，象征着来自鲜为人知或遥远中东地区的民族。

古埃及的服饰在其被古希腊和古罗马统治后不久就消失了，尽管最后一位法老、埃及艳后克利奥帕特拉的正式肖像中穿的仍是埃及服饰。相反，埃及人先采用了古希腊风格，然后是古罗马风格。然而在一些事例中，古埃及的时尚已经影响了20世纪服装的风格。第一次是在1920年，图坦卡蒙国王的陵墓被发掘后，埃及风格的织物、珠宝和女装时尚在小范围内风靡一时。1977年和1978年，这个陵墓中展出的文物也促使时尚和珠宝设计师策划了一场以埃及为灵感的作品设计复兴活动。这也是一种短期时尚。个人时装设计师可能会在埃及服饰元素中找到灵感，正如在现代影响中的高级时装设计一样。

现代影响

古埃及服饰和装饰图案激发了当代时装设计师的灵感。珠网罩裙和艺术性眼妆是埃及服饰的标志，这套服装借鉴了古埃及使用黄金和凤凰状的奢华设计，明显体现了古埃及象征手法的运用。

（图片来源：Karwai Tang/Getty Images）

主要服装术语

护身符（amulet）

珠网罩裙（beadnet dress）

发髻（chignon）

无袖胸甲（corselet）

王冠（diadem）

荷鲁斯之眼（eye of Horus）

土耳其毡帽（fez）　　　　　　　　　媒染剂（mordant）

亚麻垂纱头冠（fillet）　　　　　　　胸前饰品（pectoral）

指甲花染料（henna）　　　　　　　　圣甲虫（scarab）

流苏束腰外衣（kalasiris/calasiris）　　缠腰布（schenti）

羊毛裙（kaunakes）　　　　　　　　紧身连衣裙（sheath dress）

眼圈粉（kohl）　　　　　　　　　　塔布什帽（tarbush）

亚麻布（linen）　　　　　　　　　　束腰外衣（tunic）

荷鲁斯之锁 / 青春之锁（lock of Horus/
lock of youth）

圣蛇像（uraeus）

锥形香蜡（wax cone）

问题讨论

1. 美索不达米亚和埃及的地理位置是如何影响各自文明中的服饰的？

2. 将美索不达米亚和埃及最重要的纺织品进行对比。这些纺织品的差异如何影响各自文化中主导的服饰风格？

3. 美索不达米亚和埃及服饰的剪裁和设计有什么不同？造成这些不同的原因是什么？

4 解释缺乏服饰资料会如何影响我们对美索不达米亚和埃及服饰的全面了解，并从每个地区举例说明。

5. 来自美索不达米亚和埃及旅行者的时代评论如何帮助我们了解这些时期的服装？请从每个文化中举例说明从时代评论中学到的关于服饰的东西。

参考文献

Abdel-Kareem, O., Zidan, Y., Lokma, N. & Ahmed, H. (2008). Conservation of a rare painted ancient Egyptian textile object from the Egyptian Museum in Cairo. *Preservation Science*, 5, 9–16.

Abdel-Kareem, O. (2012). History of dyes used in different historical periods of Egypt. *Research Journal of Textile and Apparel, 16* (4) : 79–92

Barber, E. J. W. (1996). *Women's work: The first 20,000 years*. New York, NY: Norton.

Costin, C. L. (2013). Gender and textile production in prehistory. In D. Bolger, *A companion to gender prehistory* (pps. 180–202). West Sussex, UK: John Wiley & Sons, Inc.

Mertz, B. (2008). *Red land, black land*. New York, NY: William Morrow.

Pointer, S. (2005). *The artifice of beauty*. CITY, UK: Sutton.

Tortora, P. G. (2015). *Dress, fashion and technology: From prehistory to the present*. London and New York: Bloomsbury Academic.

Treasures of King Tutankhamen. (1972). [Catalog of the exhibition of the British Museum]. London, UK: British Museum.

Vogelsang-Eastwood, G. (1993). *Pharaonic Egyptian clothing*. Leiden, The Netherlands: Brill.

第 2 章
希腊和罗马

约前 650—400 年

希腊和罗马纺织品制作、加工和整理过程

希腊人和罗马人的服装层次

希腊和罗马服饰中的身份象征

希腊和罗马服饰资料来源之间的对比

希腊和罗马影响后世服装风格的原因和方式

希腊文明

希腊文明有不同的时期，公元前 700 年之前黑暗时代相关的文字记录丢失，这一时期的政治史记载也不复存在。随着黑暗时代结束，希腊进入古风时代（约前 650—前 480 年），文化复苏，第一次出现了民主政府；然后步入古典时代（约前 500—前 323 年），这是古希腊史上的一个黄金时代，也是一个西方文明史上最富创造力的时代。希腊的影响力通过马其顿王国亚历山大大帝对其他地区的征服广为传播。亚历山大建立了一个西起希腊和埃及、东到印度洋海岸的马其顿帝国。帝国在他死后迅速瓦解，希腊的影响力日渐减弱，罗马的影响力却开始扩大。亚历山大死后的时期被称为希腊化时代（约前 300—前 100 年）。尽管希腊的政治影响力大大衰退，但其艺术和智慧在很长一段时间内仍继续影响着世界。不过，罗马逐渐取代了希腊，成为地中海地区的主导力量。

希腊的社会组织

在古典时代，女性处于从属地位，但从荷马的作品来看，她们与男性有着颇为开放、友好的关系。在古典时代，女性没有政治权利，对自己的命运几乎没有控制权，这是人们对当时女性地位的普遍看法。据说那时女性的一生都在某些男性的控制之下。即使寡妇或离婚女性拥有财产继承权，但也必须受她们最亲近的男性亲属的监督。

当时婚姻包办、一夫一妻制是主流。女孩在 14 岁左右谈婚论嫁，而男性通常在 30 岁左右。学者们认为女性的平均寿命约为 40 岁。无论在社交还是智力上，丈夫都不认为妻子与自己处于平等地位，也不与妻子一起出现在公共场合。妻子待在家里承担家庭内部的运转，负责照顾孩子和饮食起居。她们还通过纺纱、织布和制作衣服为家庭经济做出了非常可观的贡献。

学者们对女性在城市中外出的自由度有不同看法。目前的看法是，女性至少可以在家里以外从事一些活动。她们可以到镇上的喷泉取水、参加公共演讲、参观宗教圣地以及参与宗教节日活动。其中的一些活动男女都可以参加，但也有一些只限女性参加。她们可以拜访亲密的朋友，观看悲剧，但不能看喜剧，或许是因为喜剧表演经常会有淫秽内容。正如里德（Reeder）指出的：

> 在所有的户外活动中，女性应该是不显眼甚至隐身的，男性可能希望她在外出时穿上披风，戴上面纱，这样可以遮住一部分脸部和脖子。

这种做法可能是公元前 530 年左右从爱奥尼亚（Ionia）和近东传到希腊的，随同而来的还有爱奥尼亚式服装。这种面纱象征着妇女对丈夫的屈从。学者们在大量女性雕像中发现了这一习俗的证据，在这些雕像中面纱至少遮住了部分脸庞，在荷马等诗人的作品中也有这样的记载。

在希腊最大、最具军国主义色彩的斯巴达城邦，女性受到较少限制，这种状况令其他城邦的希腊人感到不安。历史学家普鲁塔克（Plutarch）形容斯巴达的女性勇敢无畏，并对她们公开谈论最重要的话题感到震惊。

女祭司一职是女性获得与男性平等地位的一个平台，虽然也有例外，女祭司只能主持女神祭祀，而男祭司则可以主持众神的祭祀。来自社会地位较高的富裕家庭的女性才有资格成为一名女祭司，而且有些职位是世袭的。祭司的职责是保护圣所，尤其是圣所里的圣物。女祭司必须为一些仪式用品付费，她们会参加游行。在一些画作中，女祭司手持盛有圣物的托盘，向女神供奉酹酒（见图2.1）。她们进行祈祷，并参加祭祀仪式和盛宴活动。

圣堂内铭刻着参加宗教仪式时的着装准则。这些准则不是共通的，是由当地发展出来的，而且宗教信仰不同，准则就会不同。许多圣所规定必须穿白色服装，因为白色代表纯洁。有些祭祀场地会限制服装的价格。点缀着花饰的紫色（仅限非常昂贵的织物）或黑色服装、凉鞋和戒指在一些地方是被禁止的。一些神庙会没收违反禁令的服饰。在艺术作品中，很难通过服装来识别女祭司，但她们携带的一些物品表明了她们的身份。特别是圣殿的钥匙这一物品。与现代的钥匙不同，这种钥匙是一个大、长、窄的金属物，有一个垂直转角，通常上面还会挂有一个圆形花环。

图2.1　图为公元前530年左右一个家庭进行祭祀活动的画面，女性穿着蓝色的女式紧身长袍，披着红色的斗篷；小男孩穿着类似大长袍（himation）的衣服。（图片来源：Athens, National Archaeological Museum/c Photo SCALA, Florence)

另一群不受已婚女性习俗约束的女性是妓女。最底层的妓女通常住在海港的妓院里。她们穿的衣服过于轻薄，以至于在文学作品的描述中经常以"赤身裸体"的形象出现。社会禁止女性裸体。等级高一些的妓女是"吹笛子的女孩"，她们用音乐和舞蹈招待参加聚会的男性，这种聚会的参加者一般都是男性。这些女性经常被描绘在花瓶画上，一些人穿着普通的衣服，一些人穿着特别的短款舞蹈服，另一些人则赤身裸体。最高级的妓女是"海泰里"（hetairi，字面意思是"同伴"），她们游走于男人之间，通常受到的教育比普通女性好，其中一些人凭借哲辩技能或文学成就而闻名，有一些人变得非常有名。许多妓女把头发染成金色（希腊女性的头发颜色主要是黑色）。法律似乎要求妓女穿特别装饰的袍衣，以同受人尊敬的女性区分开。

在希腊化时代，女性的地位似乎有所提高。艺术作品中的裸体女性变多，虽然女性不太可能在公共场合赤身裸体。在戏剧中，女性受到更加公平的对待，值得注意的是海泰里妓女对雅典人生活的影响减弱了。

希腊的织物和布料生产

纺纱和纺织被认为是适合王后和女神的职业（见图 2.2）。在荷马史诗《奥德赛》中，尤利西斯（即奥德修斯）的忠实妻子佩内洛普承诺，在她编织完寿衣后就为伊萨卡岛选出新的国王。她白天织布，到夜里就偷偷地把织好的部分拆开，以此来避免另嫁他人。

智慧女神雅典娜是雅典城和工匠的守护神，被认为是希腊神话中第一位使用羊毛的女性。雅典每四年举行一次纪念女神的宗教仪式。作为仪式的一部分，人们要列队走向神庙，将一件带有华丽图案的衣服——佩普罗斯圣袍（sacred peplos）——穿到女神雕像上。圣袍由两名女性编织而成，她们是从参加与雅典娜崇拜相关的生育仪式的女性中选出来的。

图 2.2　公元前 560 年，雅典女性（从左到右）正在准备羊毛、折叠布料、纺纱、用立式经纱加重织机织布，并对羊毛纤维称重。这些女性穿着古风时代合身的多利亚式长袍。（图片来源：Image copyright © The Metropolitan Museum of Art. Image source: Art Resource, NY）

在多山的希腊半岛上，人们从事牧羊活动。羊群提供了用来织布的羊毛。希腊人也使用亚麻布，特别是在公元前 6 世纪之后。亚麻布的使用似乎是从埃及经小亚细亚传入希腊的，特别是经由许多希腊人定居的爱奥尼亚地区传入。希腊使用的亚麻布大部分是从中东和埃及进口的。在古希腊后期，科斯岛以生产丝绸而闻名。一些学者认为，科斯岛生产的丝绸是用从织物上拆解的纱线织成的，这些织物经波斯从中国进口而来。但更有可能的是，这些丝绸不是用人工培育的蚕丝，而是当地野生蚕茧制作而成的。显然，棉纤维是由亚历山大大帝的士兵带到希腊的。他的军队在作战时也曾通过挥动丝绸制的旗帜来迷惑敌人。通过波斯商人进口中国丝绸大约也始于那一时期。然而，希腊人的衣服大多是由羊毛或亚麻布制成的。

希腊风格的视觉证据通常来自几个世纪以来颜色褪去的花瓶画和大理石雕像。因此，人们常常错误地认为希腊人衣服很少着色。用于给织物染色的颜料是从植物、矿物和贝类中提取的。在编织或刺绣过程装饰织物很普遍。希腊女性是很有天赋的织布工，她们擅长刺绣。

在希腊，织物的打褶技术得到发展，并出现了一些熨衣机，用于熨平织物和压褶。织物会用一种硫黄化合物的烟雾漂白。因为希腊的服装是在身体上悬挂形成，不是通过剪裁和缝制，所以布料可能是按照正确的尺寸织成的，不需要剪裁。

妇女制作了家庭成员的所有服装、床罩、靠垫和遮盖衣柜的布罩。妇女在家织布通常会完成除染色和缩呢（fulling）之外的所有步骤。缩呢是一种工艺，通过捶打、洗涤和收缩羊毛织物来产生密集、厚实的毛织品。染色和缩呢的过程会产生强烈、难闻的气味，而且需要保证足够的空间和充足的水源，因此不太适合在城市家庭内部制作。当纺织品进行商业性的生产和销售时，就会出现许多分工，包括梳毛工、亚麻布准备工、纺纱工、染色工、缩呢工，必要时裁缝还会做裁剪和缝纫的工作。纺织品和纺织工具的发展在传递知识、思想、符号、价值和时尚方面起到了重要作用。

希腊服饰研究的信息来源

希腊的雕塑和花瓶画为古希腊的服饰提供了证据。然而，这在古风时代早期的记录中并不明显。那个时代的艺术高度风格化（被称为"几何风格"），几乎没有提供有关服装的信息。古风时代晚期的雕像变得更有代表性，学者们可以对着装做出一些推断表述。后来的时代，特别是古典时代，在雕塑和绘画中出现了大量的服装。

希腊人发展了理想的人体形态和比例的概念。雕塑家波利克里托斯（Polyclitis，活跃于公元前 450 年前后）写了一篇有影响力的论文，论述了他对雕塑家采用的适当比例标准的看法——认为理想的身材比例是头身比为 1:7.5，臀线在身体中间往下的腕线处（手腕线过裆）。通过希腊的艺术作品可以知道，在之后的很长时间里，这一男女完美的身材比例持续影响着西方世界，成为古典时代的伟大遗产。

尽管希腊花瓶画和雕塑提供了大量关于服装构造的证据，但由于希腊艺术的惯例，提供的关于服装颜色的信息十分有限。希腊的大理石雕像曾经是彩色的，但颜色在几个世纪过后已然褪去。希腊花瓶画风格主要包括橘红色背景的黑色人物画、黑色背景的红色人物画及白色花瓶画，只有在这些花瓶上才能看到彩色。

据记载，约公元前720年，希腊男子开始参加裸体体育竞技运动。在希腊，体育比赛是宗教仪式的一部分，因此裸体运动员是在宗教背景下比赛的。此外，他们强调身体和灵魂的完美契合。大约在同一时间，即进入裸体体育运动后，艺术家们开始描绘男性的裸体。

但对女性裸体的描绘并没有随之而来。虽然在早前时期，理想匀称的女性身体清晰地呈现在轻柔飘动的服饰雕刻下，但只有斯巴达的女性才会参加体育竞技运动。女舞者和杂技演员至少会穿一件男式的三角形缠腰布（perizoma），通常还会用一条布带遮住胸部。公元前400年之后，人们对女性的态度似乎有所放松，艺术家雕刻了一些至今闻名的全裸或半裸女性雕像，如米洛的维纳斯。

希腊服饰：前650—前100年

束腰外衣被希腊人称为"**希顿**"。尽管最早期希顿给人的印象是一件在肩膀处缝在一起、穿在手臂下的服装，但后来的希顿不一定是缝制而成，经常是由一块矩形织物包缠身体制成，并用一个或多个扣针固定衣服（见图2.3）。希顿的多种变款一般是通过在希顿的不同部位佩戴腰带，或者在织物顶部进行一些对折，或者改变肩膀上扣针的位置来实现。

无论着装者是高是矮，覆盖全身的希顿尺寸大小一律一致。通过增加或减少布料翻折，可以很容易地调整衣服长度。希腊男性和女性会在希顿外穿上披肩或斗篷。有些外套是装饰用，其他则是很实用的。

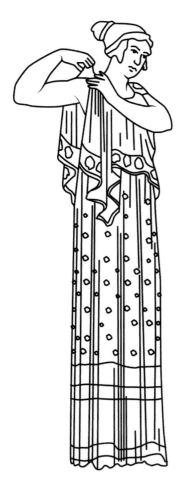

图2.3 希腊花瓶画，由托马斯·霍普（Thomas Hope）在18世纪创作。女人在肩膀上系着多利亚式希顿（Doric chiton）。注意她右肩垂下的布料末端的小重物。（图片来源：（Reprinted from Costumes of the Greeks and Romans by Thomas Hope with permission by Dover Publications, Inc.）

服饰构成

◆ 希顿

希腊的文学艺术表明，希顿随时间的推移发生了很多变化。表 2.1 总结了不同时期男性和女性穿的希顿类型的变化。

表 2.1 希腊男女性穿戴的希顿类型

服装样式名称	穿戴者	长度	合身度	织物	穿戴时期
男式紧身希顿（chitoniskos）	男性	通常短款，长及臀部和大腿处	贴身，造型类似女式紧身长袍	通常是有图案的羊毛织物	前 650—前 550 年
女式紧身长袍（Doric peplos，见图 2.1 和图 2.2）	女性	长及脚踝	贴身，用直的大头针固定在肩部	通常是有图案的羊毛织物	前 650—前 550 年
爱奥尼亚式希顿（见图 2.4）	男性 女性	有短款也有长款，长款长及地面	宽松，长袖，用许多小胸针固定在肩部	轻质羊毛或打褶亚麻布	前 550—前 480 年，前 480—前 300 年间不再流行
多利亚式希顿（见图 2.3）	男性 女性	短款，也有一些例外的长款	比爱奥尼亚式窄，无袖，用一根胸针（扣针）固定在肩部	羊毛、亚麻布或丝绸	前 400—前 100 年 前 450—前 300 年
希腊化式希顿（Hellenistic chiton，见图 2.5）	女性	长款	类似于多利亚式希顿，但是窄一点，经常在胸部下系腰带	轻质羊毛、亚麻布或丝绸	前 300—前 100 年
短希顿（exomis，见"服装版型概览图"）	工人阶级和奴隶	短款	固定在一侧的肩膀上	坚固、耐用的织物，可能是羊毛制成	各个希腊时期

希罗多德称，由于公元前 6 世纪初发生的一件事，古风时代的多利亚式服装不再被采用（见图 2.3）。据说，雅典妇女用她们固定服装的胸针扎死了一名战士，因为这名战

图 2.4　希腊艺术很少表现服装的颜色。图中一位身着金色爱奥尼亚式希顿（Ionic chiton）的女子肩上披着一件淡紫色的带褶外衣。（图片来源：The Bothmer Purchase Fund, Fletch Fund, and Rogers Fund, 1979. Metropolitan Museum of Art）

时代评论 2.1
希罗多德谈多利亚式希顿到爱奥尼亚式希顿的变化

希罗多德在他的《波斯战争史》第五卷中，讲述了雅典女性被要求改变服装风格的故事。

在一场战斗中，只有一名雅典战士幸免于难。当他带着灾难般的消息回到雅典时，那些被派遣出征的战士们的妻子都非常伤心，因为只有他在屠杀中幸存下来；于是她们围住那人，用固定衣服的胸针[1]扎他，每扎一下就问他把她们的丈夫留在哪里了——那人就这样被扎死了。雅典人认为妇女的这种行为甚至比战死沙场更可怕。但是他们不知道该如何惩罚这些妇女，于是改变了她们的服装，强迫她们穿上爱奥尼亚人的衣服。在此之前，雅典妇女穿的都是多利亚式服装，其形状与科林斯盛行的服装十分相似。从此之后，她们要穿亚麻布质束腰外衣，不需要佩戴胸针[2]。（《波斯战争史》第二册，第八十七章）

1. 这些胸针不像现代的胸针有安全扣，它们长而尖锐，像一把匕首。
2. 爱奥尼克式服装是用纽扣状的小扣针来固定的，扣起来后可能更像一个小的安全别针。后来多利亚式服装风格再度流行，但不再使用匕首状的别针来固定服装。

资料来源：Herodotus. (1942, trans.). *The Persian wars* [G. Rawlinson, trans.]. New York, NY: Random House. © 1942 by Random House, Inc. Reprinted with permission of Random House, Inc.

士带来雅典军队在战斗中几乎全军覆灭的坏消息。根据希罗多德的说法，爱奥尼亚式的服装没有使用这些锋利的大头针，因此被强制采用。后来希腊化时代风格的希顿比多利亚式或爱奥尼亚式的希顿更合身，通常在胸部下的高位处系上腰带，腰带由轻质织物制成，起到塑造出身体线条的作用（见图2.5）。

"时代评论2.1"包含了希罗多德对这一事件背景的描述。

图 2.5 《舞女》（*Dancing Lady*），希腊艺术家，约公元前 50 年。希腊妇女穿希腊式希顿，这种希顿通常在胸部下方系带，由轻质织物制成，可以塑造出身体线条。（图片来源：DEA BIBLIOTECA AMBROSIANA Getty Images）

◆ 大长袍

希腊人穿过的最大布料被称为"大长袍",这是一块包缠身体的大长方形布料(见图 2.6 和图 2.7)。这种衣服可以与美索不达米亚的围裹式披肩相媲美。艺术家描绘了各种各样垂挂大长袍的方法。最常见的穿戴方式似乎是把布料上角盖住左肩,然后大部分布料从背后包缠过来,穿过右臂,最后从左肩垂下或挂在左臂上。男女性都将大长袍穿在希顿外。哲学家和古老的神只穿大长袍,里面没穿希顿,这究竟是一种艺术惯例还是一种实际穿法尚不清楚。大长袍的流行可能与强调运动健身有关,因为它在运动中穿脱方便。在古风时代,大长袍由厚重羊毛制成,带有精致的彩色图案;在古典时代,则是由白色或未漂白的织物制成。

图 2.6 穿着大长袍的希腊男子。(图片来源:Ashmolean Museum/Heritage Images/Getty Images)

◆ 其他服装

三角形缠腰布,在希腊语中是遮羞布的意思,是一种男性服装,既可以当内衣穿,也可以在体育比赛中穿。希腊花瓶上描绘的女性上半身缠着束带。根据束带的穿戴位置,它们有的裹住胸部,有的则撑起胸部。斯塔福德(Stafford)认为,花瓶上画的女性运动员穿着束带和一件类似 21 世纪运动胸罩的衣服,这同一种名叫"古罗马内衣带"(strophium)的罗马服饰很相似。

女式方形外衣(diplax),妇女穿的一种小的矩形织物,穿在爱奥尼亚式希顿外,其垂挂方式与大长袍非常相似。带褶外衣(chlamydon)是一种更为复杂的女式方形外衣。

天气凉爽时,人们穿着各种款式的斗篷和披风。最显著的例子是男式优质短斗篷(chlamys),一种皮制或羊毛制的长方形斗篷,用别针固定在左肩或右肩上。男性将其穿在希顿外面,在旅行时还可以用作晚上睡觉时盖的毯子(见图 2.7)。

◆ 男性发型和头饰

在古风时代,男性留着长或中等长度的头发和胡子;而在古典时代,年轻男子留短发,不蓄胡须,年长的男性则留着长发和胡子。

图 2.7 公元前 5 世纪的希腊花瓶上（从左到右）画着一个穿着爱奥尼亚式希顿的女性，头上披着一条披肩；一个裸体的丘比特；一个穿着多利亚式希顿的女神；一个穿着爱奥尼亚式希顿的女性，头上罩着面纱，肩上披着一件斗篷；两个穿着男式优质短斗篷戴锥顶阔边帽的男人；一个穿着大长袍的男人。年纪大的男性都留着胡子；青年男性胡子刮得干干净净。（图片来源：Image copyright ©The Metropolitan Museum of Art Image source: Art Resource, NY）

艺术中展现的帽子主要包括贴身帽和锥顶阔边帽（petasos），通常与男式优质短斗篷搭配。它的宽边檐在夏天可以遮凉，也可以防止雨水从头上滴落。弗里吉亚垂尖无边帽（Phrygian bonnets）是一种无檐软帽，帽尖向前弯曲，虽然不是希腊风格，但却经常出现在绘画中——用以表明佩戴者是来自中东的外国人。这种帽子在中世纪以欧洲风格再次出现。

男人和女人都戴窄边毡帽（pilos），一种窄檐或无檐的尖顶帽。

◆ 女性发型和头饰

希腊人的发型多种多样，从梳理整齐的披肩长发到精致打理的用头带、围巾、丝带、金属带状头饰和帽子固定的发型。在古风时代，女性留着长发并在脸部周围卷起小卷。在古典时代，则在脑后把头发挽成结或盘成发髻。

一些绘画和雕塑中的女性头上戴着面纱，有时会将面纱放下来遮住脸庞。

◆ 鞋类

男女都穿凉鞋。男性也穿合脚的鞋子，脚踝高或及腿肚长，旅行或作战时会穿系带皮靴（见图 2.6 和 2.7）。

◆ 珠宝

女性比男性更常佩戴珠宝，包括项链、耳环、戒指、用于固定希顿的装饰别针和胸针。

◆ 化妆品

人们使用化妆品的证据来自文献资料和希腊花瓶上的绘画。希腊女性用朱砂给唇部和腮部上色。白垩、白粉、铅和鸢尾根被用于粉饼和香水中。"阿罗玛塔"（aromata）是一个希腊语词，代表了熏香、香水、香料，甚至是由芳香草药制成的药物。"时代评论2.2"转载了《伊利亚特》和《奥德赛》中描述女性服装以及化妆品和珠宝的段落。

清洁是对卫生和身体美的一种嘉奖，是文明社会的标志。除了用刮身板清洁身体外，还可以清洗衣服，甚至可以将衣服交给专业人士清洗。他们会使用强效的漂白剂、染料和其他化学物质来清洁和护理衣物。

时代评论2.2
荷马描述女性的着装

在《伊利亚特》中，荷马描述了女神赫拉如何装扮自己，以便说服宙斯做她想做的事。

她走向房间……进入房间后，她关上了那扇闪亮的叶子门，先用仙露（一种芳香物质）洗掉曼妙身体上的污渍，再给自己抹上甜橄榄油，橄榄油散发着香味……接着，她用手在不朽的头上梳好闪亮可爱的卷发，然后穿上雅典娜制作的长袍。这件长袍制作精良，布料光滑，上面有许多人物图像，用金色胸针固定在胸前，腰间系着带流苏的腰带。她在有耳洞的耳垂上精心戴上滴有三滴桑树汁的耳环，在众女神中熠熠生辉，甚是可爱。她用一层清新甜美的面纱遮住脸部，面纱就像阳光一样闪闪发光。在闪亮的脚下，她穿着一双美丽的凉鞋。[《伊利亚特》第14卷，第169,186行]

在《奥德赛》中，描述了希腊战士奥德修斯的冒险经历，那些认为奥德修斯已经死了的人开始追求佩内洛普，并给她送礼物。这些礼物包括衣服和珠宝。

……每个人都派了一个侍从去取礼物：阿尼诺斯（Aninoos），一件金光闪闪的宽大长袍，刺绣精致，用十二枚胸针（插在镀金的金属管里的别针）固定；欧里马科斯（Eurymakhos），一条金色项链，上面镶嵌着阳光般闪闪发光的琥珀；欧里达玛斯（Eurydamas）的手下带回了垂饰、三束暖光耳环，并从波利克托伯爵（Lord Polyktor）的儿子佩桑-德罗斯（Peisan-dros）的收藏中，找到了一条镶嵌着珠宝的带子，用来装饰她白色的颈喉。

资料来源：Homer.（2011, trans.）. *The iliad of Homer* [R. Lattimore, trans.]. Chicago, IL: University of Chicago Press.

Homer.（1961, trans.）. *The odyssey* [R. Fitzgerald, trans.]. Garden City, NY: Doubleday

儿童服饰构成

婴儿被裹在襁褓（swaddling clothes）里，戴着贴身的尖顶帽。到 19 世纪为止，将婴儿置于襁褓中是欧洲普遍使用的防止儿童四肢畸形的方法。因为希腊人强调身体的完美，他们可能也持有类似的信念。在一些婴儿画像中，有些婴儿没有用襁褓而是用宽松的布幔包裹着，他们可能是月数较大的婴儿。

有时绘画中小男孩没有穿衣服。学龄男孩穿短款希顿，腰带可系可不系。女孩穿希顿的方式与年长女性差不多，系腰带的方式也多种多样。男孩和女孩都穿大长袍，女孩穿在希顿外，男孩要么单穿，要么也穿在希顿外。

为了在户外得到保护，这一时期的艺术描绘出了一种小的长方形斗篷，扣子扣在右肩上。另一种保暖的衣服是带尖头兜帽的长披风，兜帽可以在前面闭合，也可以开一个开口，让头通过。

◆ 头发和头饰

婴儿和男孩都留着短发。年龄大些的女孩梳着和成年女性一样的发型。男孩和女孩都戴着平顶帽，帽檐上有一很厚的卷边。女孩也会戴一种高顶帽，帽檐平而硬。

◆ 鞋类

孩子们经常光脚。鞋类包括凉鞋和封闭的鞋子。

◆ 珠宝

孩子们佩戴耳环、项链和手镯，尤其是那些被认为能起到保护作用的动物形状的装饰物（见全球联系）。

全球联系

亚历山大大帝征服波斯帝国后，大量的黄金开始流通。为女性和儿童特别设计的时尚黄金首饰市场迅速发展起来，生产了各种各样的产品，包括耳环、项链、吊坠、臂章、大腿带、花环、王冠和其他精致的发饰。根据波斯时尚，手镯通常成对佩戴，上面绘有动物和植物图案的精美装饰，比如这只饰有翼狮鹫的纯金手镯。

（图片来源：DEA PICTURE LIBRARY/De Agostini via Getty Images）

职业服装与特殊场合服装

◆ 结婚礼服

希腊新娘的婚礼服装充满了象征意义（见图 2.8）。婚纱的局部用一种昂贵的染料染成了紫色，这种染料是从一种名叫"骨螺"的罕见软体动物身上提取的。新娘的腰带上系着一个双结，称为"新娘结"或"赫拉克勒斯结"（Hercules knot）。在新婚之夜解开这个结，既是新娘和新郎性结合的象征，也是必要的开端。新娘的面纱，要么是披在脑后的披巾，要么是单独的面纱，用从藏红花中提取的染料染成橘黄色。藏红花与女性有关，因为它是一种治疗月经问题的药物。月牙状头饰（stephane）或新娘王冠戴在面纱上。在婚礼仪式前和仪式中，新娘用面纱遮住脸，并在揭开新娘面纱这一仪式时被揭开，这时"揭纱"（anakalypteria）这一环节完成。在揭开面纱之前，新娘和新郎从未见面过，这一环节象征着新娘愿意接受新郎。

新娘和新郎都戴着月桂花环，这是一种宗教象征与神圣的关联，旨在赞美凡人的

图 2.8 画中女人正在准备婚礼。左边的侍从正把月牙状头饰或新娘王冠递给她。站在右边的新娘，腰间系着一条腰带，上面有一个新娘结，正在佩戴新娘面纱。（图片来源：Ashmolean Museum/ Heritage Images/Getty Images）

婚礼。新娘还穿着一种名叫"仙女鞋"（nymphides）的特殊凉鞋，并用精致的珠宝装饰自己。最后，新娘送给新郎一件她亲手纺织的束腰外衣。这件礼物可能象征着她掌握了一项重要的家庭主妇技能。

◆ 军装

在古风时代和古典时代，不同城邦的军事服装各不相同，但通常包括一些保护性服装，穿在束腰外衣外面。在古风时代，士兵穿着粗羊毛制成的斗篷。他们用金属板或圆盘制成护胸甲等装置来保护自己，这些装置装在胸甲织物上，由肩带支撑。头盔由皮革或青铜制成，下巴处有系带，高高的头饰，目的是让战士看起来更具威慑性。胫甲（greaves），是小腿处的皮革或金属保护物，同时宽金属腰带和盾牌提供了进一步的保护。

在古典时期，人们会穿着男式优质短斗篷。普通士兵的保护装备包括一种皮革胸甲（cuirass），这是一个现代术语，指一种覆盖在身体上的贴身胸甲——一种金属带子和胫

甲。全副武装的步兵穿着金属或皮革胸甲，腰部垂下一排皮革垂片，以保护下半身（见图2.9）。头盔无论有无羽冠，都有更长的部分来覆盖颧骨、鼻子、下巴和脖子，从而起到更大的保护作用。在这两个时代，男性要么光脚，要么穿着高筒靴。

◆ 戏服

戏剧在希腊具有重要的地位，并最终形成了一种传统戏服风格，通过衣服的风格，戏迷可以快速地识别角色。喜剧和悲剧中的所有角色都由男性演员扮演。悲剧演员戴悲伤面具和高高的假发，或绑着假发的悲伤面具，穿厚厚的平底鞋。国王、王后、众神、女神、喜剧人物、悲剧人物和奴隶都有特定的服装风格、特殊标志或颜色。

图2.9　希腊士兵穿着皮革胸甲和悬挂的皮革镶板。注意头盔的护面是抬起的。在使用时，这些面板会折叠下来，以保护侧面的脸。士兵腿上佩有胫甲。（图片来源：Reprinted with permission by Dover Publications, Inc.）

罗马文明

历史背景

古罗马帝国最终统治了环地中海和欧洲大陆的大部分地区。罗马人的服装在外形和构造上与希腊人的非常相似，但他们的服装融入了表明穿戴者地位的元素。

罗马社会富裕且复杂（见图2.10），然而频仍的战争对社会和经济形成巨大压力，导致社会冲突层出不穷。野心勃勃的将军们相互竞争，不停内战，尤利乌斯·恺撒最终胜出，成为终身独裁者。他在公元前44年被暗杀后，侄孙奥古斯都在其后的权力斗争中战胜了所有对手，于公元前27年成为第一位罗马皇帝。奥古斯都奠定了一个帝国的基础，这个帝国给地中海世界带来了200年的和平与繁荣。直到3世纪，罗马帝国开始衰落，昔日辉煌不再。帝国衰落的原因包括皇帝的性格缺陷、无政府状态下的军事内战、经济的衰败和社会的崩溃。日耳曼蛮族为寻找土地和供给而向帝国内部迁移，更加凸显出这些问题。

大约在公元325年，君士坦丁大帝在罗马帝国的东部建立了新的首都君士坦丁堡，即现在的伊斯坦布尔。这同时意味着西罗马帝国的衰落，帝国内外的每个集团都卷入进了各自的生存斗争之中。在西部，日耳曼蛮族开始建立自己的日耳曼王国。此时，东罗马帝国

富裕且安全无虞，逐渐发展成非常强大且具
有影响力的拜占庭帝国。

◆ 社会与着装差异

在帝国早期，罗马城的人口估计超过
100万，其中包括罗马公民、公民的家人、
奴隶和外国人。只有男性才能成为公民，
公民可以是富人、中产阶级或穷人。贵族
及其亲戚住在宽敞、家具齐全的房子里，
家中有仆人和奴隶（见图2.11）。不太富
裕和贫穷的人们居住在高层公寓里，那里
居住条件堪忧，房屋拥挤，采光差，通风
不良，经常有发生火灾的危险。

罗马人的衣柜相对简单。然而，人
们可以通过服装风格和使用的纺织品对他
们遇到的任何人进行等级、地位、年龄、
种族、阶级和性别的判断。根据邦方特
（Bonfante）的说法，"罗马人的着装通常
象征着等级、地位、职位或权威"。

尽管罗马人之间存在经济地位差异，
但罗马社会对男性的主要区分是公民和非
公民的身份。这种地位体现在明显的着装
上，男性公民有权穿托加袍，奴隶、外国
人和普通的成年女性则禁止穿这种衣服。
根据罗马文学资料，已婚的罗马妇女会穿
一件与众不同的服装——"斯托拉女衫"
（stola），当她的丈夫成为家庭中最年长的
男性或一家之主时，她就成为家中地位最
高的女性。在达到这一地位后，妇女开始
把头发梳成一种独特的"托托鲁斯盘辫"
（tutulus）。如果是寡妇，在丈夫死后至少
一年时间里，她都会穿着黑色的方斗篷。

皇帝及其宫廷成员处于罗马社会的最
顶端，以他们为首的上层阶级或多或少地

图2.10 罗马城开始时只是台伯河畔的一个小定居
点，后来发展成大都市。（图片来源：Araldo de Luca
Corbis via Getty Images）

图2.11 精致的床不但可以用来睡觉，也可以在
吃饭时用来斜倚着。（图片来源：Werner Forman/
Universal Images Group/Getty Images）

反映了当时宫廷的礼仪和习俗。上层阶级的男性通常有文武秩序之分。其中最重要的是元老院议员，其次是古罗马的骑士（被历史学家称为"骑士团"）。从罗马共和国时期开始，元老院议员就通过服装来区分彼此。元老院议员的束腰外衣（以及皇帝的）有宽大的紫色饰带，并穿过肩部垂直延伸到衣服前后的下摆。这些饰带被称为"克拉维斯饰带"（clavus），也被称为"紫色宽带"。此外，元老院议员们穿的鞋子系有鞋带，鞋带一直绑到膝盖处。骑士的束腰外衣饰有稍窄一点的紫色镶边，并戴着一个金戒指来表示自己的官阶。公元前 1 世纪结束后，所有贵族男性成员都要在束腰外衣上佩戴克拉维斯饰带，这已成为一种习俗。

表 2.2　各种类型的托加袍的外观和意义

托加类型	外观	意义
古罗马素白托加袍或古罗马成年托加袍（toga pura or toga virilism）	素白色、无装饰的羊毛袍服	普通男性罗马公民 16 岁以后穿的袍服
古罗马候选官吏白色托加袍（toga candida）	一件格外白的袍服	官吏候补者穿的袍服；"候选人"（candidate）一词源于这个术语
古罗马紫红缇边白托加袍（toga praetexta）	紫色宽边，2—3 英寸宽	贵族年轻的儿子(16 岁以下)和女儿(12 岁以下)，以及一些成年执政官和高级祭司穿的袍服
古罗马黑或茶色服丧托加袍（toga pulla）	黑色或深色的袍服	据说是在服丧时穿的袍服
古罗马金色刺绣红紫托加袍（toga picta）	金色刺绣紫色袍服	在特殊场合授予得胜的将军或其他在某些方面表现突出的人的袍服
古罗马多色条纹托加袍（toga trabea）	彩色条纹袍服	占兆官（预言未来的宗教官员）或重要官员穿的袍服

　　其他公民除了托加袍，不再佩戴任何特殊的标志物，尽管托加根据不同场合或指定人物有不同的类型（表 2.2）。外国人穿自己家乡的服装，奴隶穿束腰外衣。

罗马的织物和服装生产

　　在整个罗马历史上，羊毛是制作服装的主要纤维，其次是亚麻。从文学资料中可以清楚得知，到罗马共和国时期市场上已有各式各样的织物和成衣。旧衣服被裁成小块布料，做成斗篷或被子分配给奴隶。

　　亚麻或羊毛织物可能呈薄纱状或编织紧密，有些可能有柔软的绒毛或类似挂毯的编织。通过填充改变织物的构造，会影响服装悬垂、穿衣层次的方式。富裕的个人可以从埃及购买奢华的亚麻布制品。公元前 190 年左右，罗马著作中首次提到棉花，尽管它可能在更早的时候就已经进口。棉花经常和亚麻布混在一起制成一种织物，这种织物的垂褶效果比亚麻布好，在压制时会形成一个漂亮的、相当有光泽的表面。羊毛和棉花也会被混纺在一起。

到公元前 1 世纪末，丝绸已经为富人所拥有。丝绸从中国经印度北部进口而来，价格昂贵，通常与其他纤维，尤其是亚麻布，混合在一起。完全用丝绸制成的服装非常罕见，其价值以衣服本身的重量来衡量。

织物会被染成各种各样的颜色。在古罗马时期的小说《变形记》中，据说一个女奴可以用红腰带照亮她的亚麻布束腰外衣。在众多重要的染料中，最重要的是那些用于生产男式束腰外衣的克拉维斯饰带和某些托加袍的边饰所需的紫色染料。其他颜色来源于动植物，包括从菘蓝（woad）中提取的蓝色、靛蓝色或从茜草中提取的红色。

尽管女性与织物生产紧密相关，许多罗马妇女确实为家庭成员织布，但纺织业并不像在希腊那样是一种家庭工业。大庄园经常自己生产布料。大部分工作主要由女性在一个名叫"妇女内宅"（gynaeceum）的工坊里完成，她们中许多人是奴隶。大部分的纺织、染色和整理工作是在那里进行的，里面可能雇佣 50 或 100 名男女工人。这些"工厂"遍布整个帝国的许多城镇。织物和服装都是从罗马帝国的各个地方和帝国外其他地区进口的。有些城市尤其以生产某一类型的布料或衣物而闻名。人们认为来自摩德纳（Modena）的斗篷优于来自劳迪西亚（Laodicia）的斗篷，或者来自斯基提亚（Scythia）的束腰外衣优于来自亚历山大城的束腰外衣。

富裕家庭的服装可能是由家庭中的奴隶制作的，但有关罗马时代的贸易证据表明，当时也有一种繁荣的"成衣"商业。一本希腊拉丁语书中的一段对话反映了这些商店里人们讨价还价的习惯：

"我要去裁缝那儿。"
"这双多少钱？"
"一百迪纳厄斯（denarii，银币）。"
"防水的多少钱？"
"二百迪纳厄斯。"
"太贵了，就一百吧。"

人们指责裁缝根据季节的寒冷程度哄抬冬季服装的价格。

鞋匠之间的专业化程度显然非常高，鞋匠、靴匠、凉鞋匠、拖鞋匠和女鞋匠之间都有区别。珠宝行业的从业人员包括珍珠和钻石工匠、金银匠和戒指工匠。在罗马，每种工艺各自集中在城市的不同区域。

罗马服饰研究的信息来源

罗马服饰的信息来源于罗马艺术、文学和考古发掘。公元79年，罗马附近的维苏威火山爆发，庞贝古城和赫库兰尼姆古城被掩埋，其中就保存了许多非凡的文物。

希腊艺术家通常以奴隶身份被带到罗马工作。许多罗马雕像是早期希腊艺术家雕刻作品的复制品。因此，罗马艺术深受希腊的影响，人们有时分不清所描绘的人物是否为罗马人。另一方面，罗马的肖像雕塑（经常由在罗马工作的希腊雕塑家雕刻）强调的是一种现实主义，这是充满理想化的希腊雕塑作品的复制品所没有的。这些雕像大多是个人肖像，刻绘了罗马上层阶级人士的外表、发型和服装。

复杂精湛的绘画技巧也得到了发展。壁画，即石膏上的绘画，被广泛用于装饰建筑物内部，但这些艺术作品幸存下来的相对较少。发掘出的那些作品提供了一些罗马服装使用过的颜色证据，尽管艺术家在绘画中使用的颜料有限，或者可能已经褪色。镶嵌画是人们最喜欢的装饰建筑的方式之一，它是用小块彩色石头镶嵌出的图案。壁画也可以描绘人物。

文学作品，尤其是戏剧和讽刺作品，提供了服装的名称，对当时特定风格态度的观察，以及它们如何被购买、使用。

书面材料也揭示了一些关于罗马服装的不确定信息，特别是关于罗马妇女的服装。虽然一些作者提到了女性服装的特定元素，但视觉材料来源令人困惑，个别学者对其有不同的解释。

图 2.12 罗马男性和所有阶级的男孩都穿束腰外衣。对于工人阶级和穷人来说，束腰外衣应该是坚固耐用的织物。对于更富裕的人来说，服装版型可能与这位屠夫穿的衣服相似，但布料质量更高。（图片来源：DEA / A. DAGLI ORTI/De Agostini via Getty Images）

罗马的服饰构成

希顿的基本版型取自希腊人，罗马人称之为"束腰外衣"，其中反映了拉丁语名称和罗马人性格的元素（见图 2.12）。

在描述衣服的时候，罗马人将衣服区分为"穿戴式"（"因德图斯衬衣"[indutus]）和"包缠式"（"阿米克特斯罩袍"[amictus]）。因德图斯衬衣是穿在里面或贴身的衣服，阿米克特斯罩袍可能是外衣（如托加袍或大长袍）。

随着时间的推移，托加袍开始具有象征意义，使用也越来越受限制。罗马资料表明，最初男女都穿托加袍，男性把托加袍穿在遮羞布外面。到公元前 2 世纪，托加袍变成一种成年男性穿在束腰外衣外面的服装。1 世纪中叶颁布的法律规定，只有罗马男性公民可以穿托加袍。早期自由民的男孩、女孩都可以穿托加袍，即穿带紫色边饰的托加袍（古罗马紫红绲边白托加袍）；女孩在约 12 岁之前、男孩在 14 到 16 岁的青春期之前都可以穿，之后他们要穿上市民的“古罗马成年托加袍”（toga virilis）。在奥古斯都皇帝的时代，任何穿托加袍的成年女性都被认为是妓女，因不忠而离婚的女性也被要求穿上托加袍。具有特别用途的托加袍有独特的名称、形状、装饰模式、颜色和垂褶方式。

最早的托加袍，是一段披挂式的白色羊毛织物，大致呈半圆形，在弧形边缘有一条彩色饰带（见图 2.13），是后来各种托加袍风格的基础。到帝国时期，外袍的形状已经发生改变，垂挂方式也变得更加复杂。托加袍多了两个新特点。垂褶口（sinus）是皇室托加袍的一种褶皱，通过折叠衣服形成。把衣服折叠穿过背部时，会卷成松散的褶皱；从右臂下穿出时，褶皱松开，几乎垂到膝盖上，就像一条垂下来的围裙。在托加袍的第一次改变中，袍服变大，前襟敞开，垂褶口用作一种口袋，以携带东西（见图 2.14）。

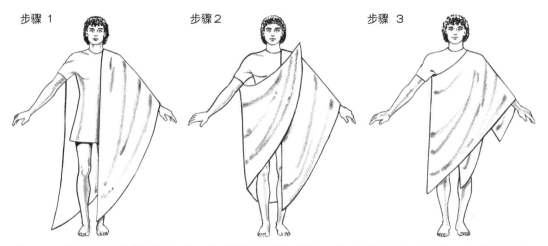

图 2.13a　早期托加袍的穿法步骤。第一步：将托加袍搭在肩膀上，点 1 在膝盖下方。第二步：点 3 穿过背部，从右臂下绕到左肩。第三步：点 3 穿过左肩和手臂，悬挂在左肩后方。点 1 被遮盖住，长袍的主体垂挂在身体前面。

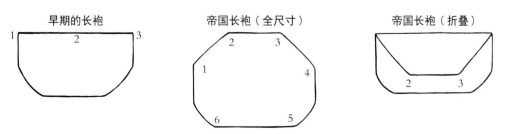

图 2.13b　皇室长袍垂褶的方式基本相同，除了身体前部多出的褶皱。（图片来源：Fairchild Books）

图 2.14　罗马人在束腰外衣上穿一件皇室托加袍。前面垂下的袋子是垂褶口袋。翁宝结是通过将侧边的部分垂褶拉到前面形成的口袋。脖子附近的深色区域可能是紫色的，表明他是一名治安官。（图片来源：PHAS Universal Images Group via Getty Images）

图 2.15　中间的罗马公民正在参加一场宗教仪式，按照宗教习俗将托加袍提到头上。束腰外衣上有条宽大的紫色克拉维斯饰带。两侧的人物代表家神。（图片来源：De Agostini/Getty Images）

图 2.16　带褶皱饰带的托加袍。（图片来源：Redrawn from The Arch of Constantine by Thomas Hope with permission by Dover Publications, Inc.）

另一个新特点是出现"翁宝结"（umbo，字面意思指突出部分）。翁宝结可能有助于固定托加袍的垂褶，但似乎最终变成了一种装饰元素。在进入一个神圣的场地前，人们有时会把背后的垂褶拉至头部，形成兜帽状（见图 2.15）。

　　人们需要谨慎恰当地分配长袍的褶皱以平衡整体织物。卡尔科皮诺（Carcopino）评论道：

托加袍是一种与世界主宰相匹配的服装，飘逸，庄重，动人，但它的穿戴方式过于复杂，过分强调褶皱效果。将托加袍穿出艺术性需要真正的技巧。在行走中，在激烈的交谈中，或者在拥挤的人群中，如果要保持托加袍的平衡，就需要不断关注袍服状态。

罗马帝国时期的大部分时间里，在觐见皇帝、罗马竞技场观看比赛以及任何公民以官方身份出现的场合，都要求穿托加袍。夏天穿这件厚重的衣服可能会热得不舒服。为了让托加袍维持白色，就需要经常清洗，这会导致袍服磨损过快。马提亚尔（Martial）是一位讽刺诗人，他经常抱怨总有一件破旧的长袍需要换掉。

因此，托加袍渐渐发展出一些轻便款式就不足为奇了。有一种称为"巴尔迪厄斯带"（balteus，一种腰带）的变体，在公元 2 世纪后发展起来。将右臂下的部分提高，并将顶部扭转成一种类似腰带的带子，消除腹部的翁宝结。带褶边托加袍（toga with the folded bands）就是从这种风格演变而来的。垂褶前后折叠，直到在半圆顶部形成一条褶皱织物带子。这些褶皱可能通过缝合或别针固定。当披在身上时，褶皱从胸部到肩膀形成一个平滑的对角线带（见图 2.16）。

在帝国末期，礼仪要求变得宽松，男性可以在重要场合随意穿托加袍以外的服装。许多罗马男性更喜欢希腊大长袍（拉丁语为"披肩带"[pallium]）的演变款，这是一种宽的长方形布料，披挂在肩膀上，身前交叉并用腰带固定。

罗马服饰：前 500—400 年

男性服装

在拉丁语中，遮羞布被称为"古罗马男用缠腰布"（subbligar），可能类似于希腊的三角形缠腰布，是中上层阶级男子的内衣和奴隶的工作服。

罗马款的束腰外衣长及膝盖，短袖，呈 T 形。束腰外衣作为上层阶级男子的内衣或睡衣；束腰的束腰外衣则是穷人日常的街头服装。到公元 1 世纪，发生了以下变化：（1）束腰外衣前面比后面短；（2）更短的款式是体力劳动者和军队的服装。

在寒冷的天气里要穿多层衣服，一层作为内衣（内穿式束腰外衣），一层作为外衣（高级束腰外衣）。那些对寒冷敏感的人在束腰外衣下穿两件内搭。据说奥古斯都皇帝会穿四层衣服。个人风格也会影响束腰外衣的穿法。罗马作家贺拉斯描述了两种极端的做法：马尔蒂努斯（Maltinus）将束腰外衣拖在身后，一扭一摆地行走；另一种做法则用束腰外衣吊起裆部，令人厌恶。

在公元 3 世纪，束腰外衣变长，盖住小腿，一直延伸至胫骨。这种长款的束腰外衣一直沿用到帝国末期，尽管军队和工人穿的是实用的短款束腰外衣。罗马公民必须穿托加袍，穿在束腰外衣外。

斗篷和披风是人们在寒冷天气时穿的户外服装，有的带兜帽，有的没有兜帽。各种资料来源中引用的最重要的斗篷是：

◎ **半圆羊毛斗篷**（Paenula）：一种厚重的羊毛斗篷，半圆形，前面没有开襟，带兜帽。

◎ **圆边长形斗篷**（Lacerna）：长方形，下角为弧形，带兜帽。

◎ **半圆斗篷**（Laena）：一圈布，折叠成半圆形，披在肩膀上，用别针在前襟固定。

◎ **连帽斗篷**（birrus/burrus）：类似于现代的防寒斗篷，剪裁宽松，开有领口。

◎ **古罗马将军用大斗篷**（paludamentum）：一种类似希腊男式优质短斗篷的白色或紫色大型斗篷，是皇帝或将军的服装。

女性服装

成年女性服装的个别服饰元素与希腊女性的相似，包括内衣、多层穿用的束腰外衣和外层披风。罗马文学资料提供了这些服装的拉丁名称，但要准确地说出这些服装的起源比较困难，学者们对女性服装的某些方面都得出了不同的结论。

女性的内衣包括一条遮羞布（被称为"古罗马女用缠腰布"[subligaria]）和一条缠在胸部固定乳房的"古罗马内衣带"。西西里岛的一幅镶嵌画中，女运动员穿着一套类似现代两件式的泳衣（见图2.17）。人们认为这些女性穿着古罗马女用缠腰布——

图2.17 参加体育竞技的女性穿的内衣很可能与罗马女性穿的一样。（图片来源：Andia Universal Images Group via Getty Images）

古罗马内衣带。为了重现罗马服装，高曼（Goldman）用一片狭长的织布进行了尝试。她发现：

> 这条布带最高效的利用方式是把它的两个下角从后面往前绕在身体周围，
> 这样每个长端部分就会在前面交叉，托起乳房。这些下角继续绕到背部两侧，
> 将它们塞在背部的衣带里，牢牢地固定住。

束腰外衣是罗马妇女的基本服装，其外观与希腊的希顿外衣十分相似。女性的束腰外衣长及脚踝。像男性一样，女性在里外都会穿上束腰外衣。在公共场合，内穿的束腰外衣是看不见的。这是一件睡衣，私下在家里单穿。

女式罩袍（palla）披在束腰外衣上（见图 2.18），是一件垂褶披肩（与希腊的大长袍相似）。作品中的女式罩袍，像托加袍一样，垂挂在身体上，随意地拉过肩膀，或者像面纱一样盖在头上。

在户外的时候，女性会用斗篷把自己包裹起来，包括在恶劣天气中旅行时穿的半圆羊毛斗篷。

文学资料表明，特别的服装与女性成年生活的不同阶段有关。婚后，罗马女性会在束腰外衣外穿一件斯托拉女衫并披上女式罩袍。当时没有年老之人专用的服装形式，尽管寡妇可能会穿一种独特的披风来遮盖头部，这种披风颜色鲜艳，被认为不适合老年人。

◎ **斯托拉女衫**：古罗马文学资料说，斯托拉女衫是一件属于自由民中已婚女子的服装。它和托加袍一样，也是一种象征地位的服装。斯托拉女衫很长，垂到脚上，可以在室内或室外穿，如果天气寒冷，可以在外面再披一件披风或斗篷（见图 2.19）。

◎ **女式罩袍**：在户外，女性穿一件宽大的斗篷。罗马主妇出门时，要用女式罩袍遮盖头部。和托加袍一样，女式罩袍不用别针固定，需要不断调整和注意服装。

◎ **羊毛发带**（Vitta）：一种用于扎头发的布带，是罗马主妇服装规定的另一元素。

◎ **托托鲁斯盘辫发型**：罗马家庭的妇女只有在丈夫成为

图 2.18　描绘了居家的罗马女性壁画。她们穿着各种颜色的束腰外衣，外面披着女式罩袍。（图片来源：DeAgostini/Getty Images）

图 2.19 罗马妇女的女式罩袍在肩膀处有褶皱状的结构。浮雕描绘的女性是莉薇娅·德鲁希拉（Livia Drusilla），奥古斯都皇帝的妻子。皇后服装上的褶皱可能比地位较低女性的精致。（图片来源：Erich Lessing/Art Resource, NY）

一家之长时，才能成为地位最高的女性。这种特殊地位通过一种特殊的发型表明，即托托鲁斯盘辫发型。这种发型可能是将头发梳至头顶，用羊毛发带包裹起来，形成类似伊特鲁里亚女性头饰同名的盘辫发型。

◎服丧披肩（Rincinium）：根据文献资料，寡妇会穿一件小披风作为头罩代替女式罩袍。黑色、深蓝色或灰色象征悲伤，肮脏的衣服也与罗马人的哀悼联系在一起。

◎托加袍：因为通奸而离婚的女性不能再穿戴斯托拉女衫和羊毛发带。相反，她会穿一件普通的托加袍。没有资料表明，一个因其他原因离婚的女性是如何穿着的。

配饰与妆容

◆ 头发和头饰

在罗马共和国时期，女性梳着柔和的波浪状头发。到 1 世纪末，发型变得复杂——几乎像建筑一样——由卷发、辫子和假发组成。印度人的黑色头发和北欧战俘的金色头发受到罗马人的喜爱。在罗马历史上的某些时期，妓女戴着金色假发，而在另一些时期，金发在受人尊敬和富有的女性中很受欢迎。假发为头发贸易商创造了一项利润丰厚的交易。

罗马作家嘲笑精心打扮头发的习俗。朱文纳尔（Juvenal）说："在她头上，头发层层叠叠，似有无数故事；站在她面前，你会认为她是安德洛玛刻人（Andromache）；而在她背后看，却没有那么高；你不会认为这是同一个人。"

在后来的帝国时期，女性的发型变得简单，她们把辫子或头发折起来，别在头顶上。

男性留着短发，由理发师整理。有时直发更受欢迎，有时则是卷发。想显年轻的男性会染头发。在共和党执政的年代，大胡子成为主流；之后，男性不再留胡子，直到哈德良统治时期，皇帝才开始蓄须。

没有锋利的钢制剃须刀，刮胡子是一种痛苦的经历，有时甚至非常危险。理发师若伤到客户，将会受到惩罚。一个手艺精湛的理发师生意会十分兴隆，而且会得到罗马诗人的诗歌纪念。男性的第一次剪头发是一种成年礼，通过宗教仪式来庆祝。剪下来的头发放在一个特殊的容器里，并献给诸神。

女性倾向于用女式罩袍或围巾盖住头部来代替戴帽子。她们会用头带和一些冠状头饰。男子的帽子样式有希腊的"锥顶阔边帽""兜帽""圆形帽""尖顶帽"等。

◆ 鞋类

男性和女性都穿凉鞋、靴子和长及脚踝的拖鞋状鞋子（"索库斯鞋"[soccus]）。

◆ 配饰

女性携带扇子和手提包。在竞技场上观看比赛需要遮阳，为了达到这一目的，女性戴宽檐帽或打直杆阳伞。

白色亚麻布手帕有不同的名称和功能。白麻布手帕（sudarium）是用来擦汗、遮脸或放在嘴前阻挡一些病菌的。白色亚麻手帕（orarium）是一种稍大一些的白麻布手帕，它是一种等级的象征，在帝国时代末期，上流社会女性会将其折叠整齐戴在左肩或前臂上。玛帕（mappa）是一种餐巾（应邀就餐的客人会自带餐巾）。

◆ 珠宝

妇女们戴着昂贵且制作精美的戒指、手镯、项链、臂环、耳环和王冠，以及一些便宜的款式。在众多珠宝中，男性只戴戒指。

◆ 化妆品和美容

根据讽刺作家的说法，男女都会大量使用化妆品。据说，女性会用铅美白皮肤，把嘴唇染成红色，将眉毛染黑。

而注重外表的男性会在脸颊上涂化妆霜，并在脸上贴一小块布遮住皮肤瑕疵。男女都使用香水，香水及其原料的贸易从英格兰扩展到欧洲，再到阿拉伯、非洲和中国。

人们经常光顾大型公共浴室，不仅是为了清洁和锻炼身体，也是为了社交和做生意。在某些时期，浴室按性别分开，另一些时期则通常为男女公用浴室。

"时代评论 2.3"介绍了罗马作家奥维德《爱的艺术》一书的节选内容。在节选内容中，他向男女提出了改善自己的外表以取悦异性的建议。

儿童服饰的构成

孩子们穿得很像同性的成年人：男孩穿短束腰外衣，女孩穿与斯托拉女衫相似的服装。起初，只有贵族家庭的孩子才能穿古罗马紫红绲边白托加袍，但到了公元前 200 年，法律规定所有自由出生的孩子都可以穿这种服装。当男孩长大到 14 至 16 岁时，他们不

时代评论 2.3
罗马诗人奥维德提出关于打扮和着装的建议

在《爱的艺术》一书中，罗马诗人奥维德就如何打扮和吸引异性提出了建议。

他建议男性：

不要用卷发器把头发卷起来，

不要用粗糙的浮石刮掉腿上的毛发，……

男性不应该太在意外表，忽略外表正在成为趋势。

保持身体干净，晒黑身体，

保持托加袍的合身，不让白色袍服沾上一丝污渍，

不要让你的凉鞋磨损，也不要让你的脚在鞋里松松垮垮地晃动，

保持牙齿干净，每天至少刷两次牙，

不要留长发，当你去理发时，选择最好的理发师，不要让他弄乱你的胡子，

剪短指甲，保持指甲干净，鼻子和耳朵里不要有毛发长出来，

保持气息甘甜，思想清净。

…………

——《爱的艺术》第一册，第 120—121 页及以后

对女性的建议：

……我不推荐穿带荷叶边的衣服，

不要用提尔人（Tyrian）染料染红的羊毛。当你有更便宜和更优的颜色可选择时——

你却只使用昂贵的颜色，那就太疯狂了。

有天空的色彩、天空中没有一片云彩的浅蓝色，

有金色羊毛的色彩，有波浪的色彩，涅瑞伊德女神（Nereids）服饰的色彩，

有黎明时分奥罗拉（Aurora）服饰的藏红花色光泽，各种各样的颜色：天鹅绒色、紫水晶色、翡翠色、桃金娘色，

杏仁色、栗子色、玫瑰色、蜡黄色、淡蜂蜜色——

颜色就像春天从新泥土中绽放的花朵，

当葡萄树的蓓蕾绽放，冬天已经消逝，

羊毛吸收了很多颜色，选择适合你的颜色——

并不是每一种颜色都能满足个人的不同需求。

如果你肤色白皙，深灰色是合适的颜色……

如果你肤色较暗，就穿白色衣服……

而且，我也不需要提醒你早晚要刷牙。

不用提醒你起床时该洗脸。

你知道该用什么来获得明亮的肤色——

再穿古罗马紫红绲边白托加袍，而开始穿古罗马素白托加袍。女孩们显然在青春期后就不再穿古罗马紫红绲边白托加袍。有些资料称，女孩在 12 岁之后不再穿这种袍服，也有人说是在 16 岁或结婚之后。

年轻的女孩可能会穿一种名叫"色帕伦服"（supparum）的衣服，或者带腰带的亚麻布衣，与有垂褶的希顿类似。这件衣服可以通过缩短褶皱，便捷变长。

婴儿被包裹在襁褓里。给一个男孩命名时，人们会把一个被称为"布拉坠饰"（bulla）的小盒坠饰佩戴在婴儿的脖子上。布拉由金、银、青铜或皮革制成，包含对抗邪恶之眼的魔力。在整个童年时期，男孩都会都戴着布拉坠饰（见图 2.20）。从婴儿到成年，女孩们的头发会编成辫子，并用羊毛发带绑着。

图 2.20 年轻的罗马男孩穿着古罗马紫红绲边白托加袍，这是一种青春期前男、女儿童穿的传统服饰。男孩们的脖子上挂着一个圆形布拉坠饰，是在婴儿时期为生而自由的男孩设计的，用来保护他们免受邪恶力量的侵害。（图片来源：CM Dixon Heritage Images Getty Images）

职业服装与特殊场合服装

◆ 军装

罗马士兵服装的一个独特元素是在束腰外衣外面穿胸甲。这种胸甲可能由皮革带、金属板制成，或者嵌在织物或皮革上的圆盘制成。一些胸甲在肩膀处铰接大型金属板，金属板会根据身体的形状进行塑模。从腰部处垂下一条长方形宽皮革带，覆盖下半身。胫甲保护腿部，头盔保护头部。

罗马帝国时期，士兵在寒冷的天气里会在束腰外衣内穿及膝的裤子。这些服装与西欧高卢人部落的服装相似。斗篷可以抵御恶劣天气。军官和普通士兵的服装是有区别的。军官们穿着阿波拉斗篷（abolla），这是一种系在右肩上的长方形褶布。和阿波拉斗篷一样，萨古姆（sagum）古罗马军大衣是一层厚厚的羊毛织物，通常是红色的。普通士兵穿这种大衣，在战争时期，罗马公民也穿这种大衣。"穿上萨古姆"这一短语的意思是"去打仗"。将军们离开罗马城参加军事行动时会穿上前文提到的古罗马将军用大斗篷，比军官或普通士兵的斗篷更大更厚。

军队的鞋子包括前面系带、覆盖脚踝以上腿部的靴子，凉鞋，还有露趾或不露趾的鞋子。

◆ 晚宴礼服

轻便长袍（synthesis）是一种轻便的服装，用餐时用来代替托加袍，因为当罗马人斜躺着吃饭时，托加袍太过笨重，不方便用餐。这件衣服有两部分，可能包括一件束腰外衣和一件肩衣，比如披肩带。拉丁作家说这种合成服颜色明亮且丰富多彩。

除了在农神节期间，合成服只有在家庭里面才会穿，不能穿到外面。农神节在每年的 12 月份，是公众节日。农神节的特点之一就是"一切颠倒过来"。例如，主人要服侍他们的奴隶，平日禁止的赌博游戏这时会被允许。在户外，穿合成服可能是农神节颠覆传统的另一个例子。

◆ 结婚礼服

罗马新娘服装引入了面纱和橙花等元素，这些元素成为婚礼的传统，直至现代还存在着。新娘的服装包括一件传统式样的束腰外衣，一根打结的羊毛腰带，藏红花色的女士罩袍和配套的鞋子，以及一个金属项圈。新娘头发上附着六个假发垫，假发垫用窄布带分开，在这之上戴着一层亮橙色的橘色新婚面纱（flammeum）。面纱遮住了新娘的上半部脸。面纱上套着花环，花环由桃金娘和橙花编成。

◆ 宗教服装

宗教服装与普通人的服装差别不大。"维斯塔贞女"是一群未婚女子，负责守护在维斯塔神庙里燃烧的圣火。她们戴面纱，在下巴处系紧，戴着六个假发垫，假发垫的佩戴方式同新娘头一样，用窄布带分开。占兆官会穿古罗马多色条纹托加袍。

服饰的变化

在罗马帝国的最后一个世纪，服饰的一些变化凸显了罗马对帝国边界的控制有所削弱。在整个罗马帝国时期，当地的、非罗马人的服装往往保留了下来，一些偏远地区的服装元素被纳入了罗马服饰中。罗马统辖的高卢人所穿的一种宽松、无腰带的束腰外衣，高卢斗篷和北方蛮族部落所穿的裤子就是这种趋势的例证。随着罗马人对各行省的控制下降，当地的服装风格与罗马服装逐渐融合。

在罗马，束腰外衣的一种新变体被采用，被称为"达尔玛提亚外衣"（dalmatic）。它比束腰外衣宽松，袖子长而宽。罗马公民越来越少穿托加袍。罗马帝国灭亡后，在束腰外衣外穿一件垂褶披肩的习俗在拜占庭帝国时期和中世纪早期的欧洲以一种改良的形式保存了下来。然而，比起托加袍，这件衣服更像是希腊的大长袍。

章末概要

大多数希腊服装的基础服装廓形是长方形。罗马的服装廓形较多，特别强调圆形或椭圆形款式。罗马服装风格与希腊风格不同，不是通过对单块布料的披挂、悬垂来创造服装廓形，而是更多地利用剪裁和缝纫，尽管在意大利地区的风格中也出现了垂褶元素。这种变化，特别是罗马人偏爱羊毛织物而不是亚麻织物的趋势，有助于解释希腊服装的自由飘逸与罗马服装的厚重多褶之间的风格差异。

罗马人使用的装饰和饰品更多，通常穿的衣服也多。气候可能是一个因素（意大利北部的气候比希腊凉爽），但这也反映了一种文化态度。罗马人不像希腊人那样喜欢裸露身体，也不喜欢穿太薄的衣服。

基于希腊希顿发展而来的服装体现了一些主题对服装的影响，如政治、跨文化等。爱奥尼亚式希顿的起源不在希腊地区，很可能是来自中东，被地中海东端的爱奥尼亚希腊人所采用。这种风格从爱奥尼亚传到希腊大陆，取代了多利亚式风格。波斯战争之后，人们对希腊历史产生了浓厚兴趣，而对中东风格有所贬低，显然这导致了人们对爱奥尼亚风格的排斥，而支持起多利亚风格，这也代表人们重新穿起古老、本土的多利亚式风格的服装。

罗马服饰主题可以归纳为对社会角色的描绘。在罗马人的服装中，我们发现了一些使用服装来区分个人和场合的证据。在此背景下，就餐时穿的特别服装（合成服），元老院议员和骑士的特别服装，罗马妇女的斯托拉女衫，还有各式各样的托加袍，每

希腊和罗马主要服装

女式紧身长袍
（约前 550 年）

爱奥尼亚式希顿
（约前 550—前 480 年）

多利亚式希顿
（约前 400—前 100 年）

大长袍

男式优质短斗篷和
锥顶阔边帽

短希顿

束腰外衣

托加袍

内束腰衣、外束腰衣和
女式罩袍

内束腰衣、斯托拉女衫和
女式罩袍

一种服装都有特别的含义。从童年时期到守寡期间，罗马人的服饰充满了明确的象征意义。

　　许多作家都评论过希腊和罗马在艺术和服装的某些方面存在相似之处。这些相似之处在建筑领域尤为显著。装饰图案经常出现在建筑物和服装上。多利亚式和爱奥尼亚式建筑物的石柱高而细长，表面有凹槽，与希腊人穿的打褶管状希顿相类似。罗马人的圆形衣服款式模仿了罗马的圆形拱门。

希腊和罗马服饰的遗产

　　就罗马服装而言，希腊服装可以说是亚历山大大帝死后6个世纪罗马化欧洲服装的基础。甚至可以说，在中世纪末期希腊服装仍然对服装的某些方面有所影响。此外，希腊对服饰的影响并不局限于与古典希腊共存的文明。在文艺复兴时期（15和16世纪）、新古典主义时期（18世纪）和帝政时期（19世纪早期），人们兴起了一波古典艺术元素复兴的浪潮。在这后期，人们将腰带系在胸线下形成一种高腰带穿戴方式，效仿了希腊化时代的希顿风格。这种被称为"帝国腰"的希腊风格在20世纪和21世纪的时装设计师中周期性地出现，其中许多人都是从各个历史时期的服饰中寻找设计灵感。在18世纪末的督政府时期，一种名为"提图斯"（Titus，一位罗马皇帝的名字）的发型与罗马公民的发型十分相似。女用内衣、婚礼礼服和晚礼服设计师似乎特别青睐希腊风格中柔软流畅的线条。

主要服装术语

希腊

揭纱（anakalypteria）

希顿（chiton）

带褶外衣（chlamydon）

男式优质短斗篷（chlamys）

胸甲（cuirass）

女式方形外衣（diplax）

女式紧身长袍（Doric peplos）

胫甲（greaves）

赫拉克勒斯结（Hercules knot）

大长袍（himation）

三角形缠腰布（perizoma）

锥顶阔边帽（petasos）

弗里吉亚垂尖无边帽（Phrygian bonnet）

窄边毡帽（pilos）

月牙状头饰（stephane）

罗马

巴尔迪厄斯带（balteus）

连帽斗篷（birrus/burrus）

布拉坠饰（bulla）

克拉维斯饰带（clavus）

扣针（fibula）

橘色新婚面纱（flammeum）

壁画（frescos）

缩呢（fulling）

妇女内宅（gynaeceum）

因德图斯衬衣（indutus）

圆边长形斗篷（lacerna）

半圆斗篷（laena）

古罗马将军用大斗篷（paludamentum）

白色亚麻手帕（orarium）

半圆羊毛斗篷（paenula）

女式罩袍（palla）

披肩带（pallium）

服丧披肩（rincinium）

佩普罗斯圣袍（sacred peplos）

古罗马军大衣（sagum）

凉鞋（sandalis）

垂褶口（sinus）

索库斯鞋（soccus）

古罗马凉鞋（solae）

斯托拉女衫（stola）

古罗马内衣带（strophium）

古罗马男用缠腰布（subligar）

古罗马女用缠腰布（subligaria）

白麻布手帕（sudarium）

轻便长袍（synthesis）

托加袍（toga）

托托鲁斯盘辫（tutulus）

翁宝结（umbo）

羊毛发带（vitta）

问题讨论

1. 描述希腊和罗马在纺织品生产、加工和染整方面的异同。

2. 评估古风时代、古典时代和希腊化时代希腊服饰的主要资料来源。关于希腊人对颜色的使用，服装历史学家是被如何误导的？

3. 举个例子来说明"罗马服装表明了穿着者的身份"。

4. 希腊男女的服装与罗马男女的服装有什么不同？

5. 为什么希腊风格和罗马风格持续影响了之后几个时期的服装？举一些例子说明这些影响。

参考文献

Bonfante, L. (1994) . Introduction. In J. L. Sebesta & L. Bonfante (Eds.) , *The world of Roman costume* (pp. 3–10) . Madison, WI: University of Wisconsin Press.

Carcopino, J. (1940) . Daily life in ancient Rome. New Haven, CT: Yale University Press.

Connelly, J. B. (2007) . Portrait of a priestess: *Women and ritual in ancient Greece. Princeton,* NJ: Princeton University Press.

Davies, G., & Llewellyn-Jones, L. (2017) . The body. In M. Harlow (Ed.) , *A cultural history of dress and fashion in antiquity* (pp. 46–69) . London: Bloomsbury.

Friedlander, L. (1936) . *Roman life and manners under the early empire* (Vol. 1) . New York, NY: Dutton.

Gleba, M. (2017) . Tracing textile cultures of Italy and Greece in the early first millennium BC. *Antiquity, 91* (359) : 1205–1222.

Goldman, N. (1994) . Reconstructing Roman clothing. In J. L. Sebesta & L. Bonfante (Eds.) , *The world of Roman costume* (pp. 213–237) . Madison, WI: University of Wisconsin Press.

Harlow, M. (2017) . Introduction. In M. Harlow (Ed.) , *A cultural history of dress and fashion in antiquity* (pp. 3–11) . London: Bloomsbury.

Hemmingway, C., & Hemmingway, S. (2007) . Hellenistic jewelry. Heilbrunn Timeline of Art History. The Metropolitan Museum of Art. Retrieved from https://www.metmuseum.org/toah/hd/hjew/hd_hjew.htm

Jones, A. H. M. (1960) . The cloth industry under the Roman Empire. *Economic History Review, 13* (2) , 183.

Lawler, A. (2010) . The pearl trade. *Archeology, 65* (2) , 46–51.

Pointer, S. (2005) . T*he artifice of beauty: A history and practice guide to perfume and cosmetics.* UK: Sutton Publishing Limited.

Reeder, E. D. (1995) . Women and men in classical Greece. In E. Reeder (Ed.) , *Pandora: Women in classical Greece.* Princeton, NJ: Princeton University Press.

Rudd, N. (Trans.) . (1973) . *The satires of Horace and Persius.* Baltimore, MD: Penguin Books.

Stafford, E. J. (2005) . Viewing and obscuring the female breast: Glimpse of the ancient bra. In L. Cleland, M. Harlow, & L. Llewellyn-Jones (Eds.) , *The clothed body in the ancient world* (pp. 96–110) . Oxford, UK: Oxbow.

Wilson, L. M. (1924) . *The Roman toga.* Baltimore, MD: Johns Hopkins Press.

第二部分

中世纪

❀ 约 330—1500 年 ❀

	约 330 年	4 世纪	6 世纪	7 世纪	8 世纪
时尚与纺织品	拜占庭风格的服装逐渐形成	服饰剪裁和装饰逐渐复杂			
政治与矛盾	君士坦丁堡成为东罗马帝国首都			教皇为查理曼大帝举行加冕礼	
装饰与美术	拜占庭艺术包括镶嵌画、象牙雕刻、泥金装饰手抄本或手绘和刻字		查士丁尼大帝统治时期，建造圣索菲亚大教堂于伊斯坦布尔		
经济与贸易	丝绸之路促进贸易发展和思想传播	城市和商业蓬勃发展	瘟疫影响人们的生活和商业发展。查士丁尼大帝统治时期（约 540 年），瘟疫席卷了欧洲、北非和亚洲的部分地区。		封建主义发展
技术与创意			丝绸生产过程的行业秘密从中国被私带到拜占庭		
宗教与社会	罗马皇帝君士坦丁皈依基督教	基督教教会服饰的发展		穆罕默德创立伊斯兰教	

11 世纪	12 世纪	13 世纪	14 世纪	15 世纪
服装开始变得更加贴身	欧洲引进的新纤维和织物包括丝绸、棉布、平纹细布等		裁缝的裁剪和缝纫技能增加 更加明显的时尚变化 纹章图案显示了与家庭、城镇和城市的联系	风格更加多样化；在不同的国家相同的服装有不同的名称
贝叶挂毯描绘了诺曼底公爵威廉入侵英格兰（诺曼底征服）和 1066 年的加冕礼		马可·波罗讲述到东亚旅行的故事	英法百年战争（1347—1453 年） 	大而坚硬的钢板逐渐取代锁子甲
	通风良好的城堡需要装饰性和功能性的墙壁挂毯来保暖 出现新的织物，比如天鹅绒 罗马式建筑的高度达到巅峰			手抄本描绘了人们的日常生活和服饰
		中东的许多新产品和新想法传到欧洲	贸易、商业和工业继续复苏	
对文学人物装束的描绘都力求时尚	引进卧式织布机		战争中开始使用火药和大炮	欧洲活字印刷术的第一份记录
教皇乌尔班二世宣布第一次十字军东征		第九次即最后一次十字军东征（1271—1272 年）	神职人员的服装根据地位进行区分，如主教、牧师、修士或修女	

对一些历史学家来说，时尚是普遍存在的，象征着人类对装饰的渴望，这种渴望甚至从最早时期的人类就开始存在。因此，时尚确实存在于欧洲的中世纪，正如文字记载显示的人们对珠宝、面料、剪裁和颜色不断变化的欲望和兴趣。在中世纪，风格是周期性的，受季节变化影响，人们在提高服装的形体吸引力上做了特别的努力。一旦有更加新颖的概念，风格就会发生改变。在中世纪，时尚变革不再只由上层阶级发起或局限于上层阶级。

在公元 13 世纪至 15 世纪的中世纪生活中，开放的阶级制度和模仿他人衣着的欲望（通常是追随上层阶级服饰时尚）等促进了时尚的发展。从农村地区迁移到城市的农民往往成为不断壮大的中产阶级的一部分。13 世纪至 15 世纪颁布的禁奢令限制人们在衣服和奢侈品上的消费，这是贵族徒劳尝试的证据，他们试图阻止日益富裕的平民篡夺他们认为属于自己的地位象征。

时尚传播还归功于另外两个条件。为了模仿上层阶级，模仿者必须有充足的财富负担时尚方面的消费。一个以商人和工匠为主的新兴富裕中产阶级正在形成。这一趋势增加了社会的流动性和人口的富裕程度。最后，频繁的贸易和旅行将时尚传播到各地。在中世纪末期，被称为"时尚"的现象已牢固建立，每种风格的时尚周期也越来越短。人们不再以风格谈论服装，比如延续了几千年的埃及风格。相反，在中世纪末期，人们以时尚论服装，这些时尚持续时间都不到一个世纪。

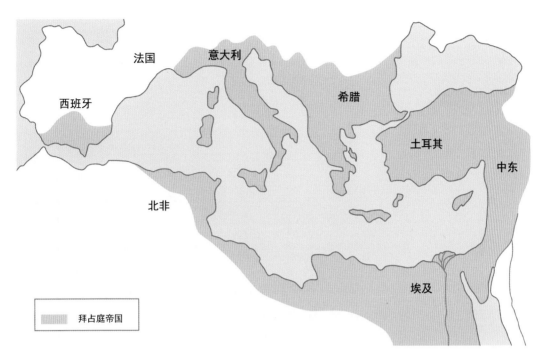

图 Ⅱ.1　这张地图显示了 6 世纪查士丁尼统治下拜占庭帝国的版图。（图片来源：Fairchild Books）

问题思考

学完第二部分的中世纪服饰后，回答以下问题。

1. 描述中世纪时期跨文化是如何影响时尚的。如今的时尚是如何传播的？与中世纪有何相似之处和不同之处？

参考文献

Heller, S. G. (2017). Introduction. In S. G. Heller (Ed.), *A cultural history of dress and fashion in the middle ages* (pp. 1–10). London: Bloomsbury

第 3 章
拜占庭帝国时期和中世纪早期

约 330—1300 年

跨文化对拜占庭服饰的影响

十字军东征给欧洲带来的新技术和新思想

中世纪早期的服饰表明社会阶层的方式

公元 5 世纪末西罗马帝国灭亡后，发展出了两种截然不同的文化。拜占庭是东罗马帝国的中心，位于西罗马帝国和东罗马帝国的交界处，对两者都产生了重要影响，从而使罗马服装风格中的东方装饰元素渐渐增多。在 5 世纪到 13 世纪之间，欧洲文化融合了罗马习俗、基督教会和罗马领土内的日耳曼蛮族的文化。拜占庭和中世纪的主要服装构成是多层次的束腰外衣搭配披风。日益复杂的剪裁和装饰，标志着时尚变革的速度越来越快。

330 年，君士坦丁大帝将罗马帝国的首都迁至拜占庭，更名为君士坦丁堡，这反映了西罗马帝国的衰落。帝国除发展出两支皇族谱系之外，还形成了两种文化。东罗马帝国人口众多，且更加富裕；地理位置也十分具有优势，既可以保卫帝国，又控制着贸易路线。由于地处地区中心位置，罗马城市易受攻击，并在 4 世纪末至 5 世纪被持续大规模迁移其中的日耳曼蛮族征服。

在整个中世纪，东罗马帝国（通常被称为拜占庭帝国）都在蓬勃发展，这部分归功于高效的官僚机构和坚实的经济基础。城市及商业繁荣起来，一直持续到 1453 年被奥斯曼土耳其人征服之时。

玛格丽特·斯柯特（Margaret Scott）指出，拜占庭帝国详细规定了个人的穿着，即如何穿和何时穿。根据这些规定或禁奢令，每个人的社会地位都对应着可以穿的衣服和颜色。在拜占庭艺术作品中，衣服颜色相同的人按照皇帝指定的位置站在一起。

拜占庭时期服饰研究的信息来源

拜占庭帝国的艺术作品是记载服装信息的主要载体。艺术家用镶嵌画或小彩石和玻璃设计装饰教堂，其中许多装饰保留到了现在，拜占庭服装上也有相似的图案和装饰元素。当时还掌握了许多其他特别技艺，例如象牙雕刻、泥金装饰手抄本、手绘插图和刻印字。拜占庭艺术及其服饰，展示了一种古典主义与中东地区装饰图案及形式风格的融合。

很多拜占庭艺术都包含了宗教主题。宗教艺术偏爱传统而非现实的人物形象展现，例如早期的拜占庭艺术家描绘的 4 世纪仍身穿罗马古典服装的传教士形象。这种传统在一定程度上延续了下来，以至于 8 世纪到 9 世纪的许多画像与早期艺术作品中的画像还很相似。拜占庭艺术的其他传统包括把基督描绘成国王，把圣母玛利亚描绘成王后，两者都穿着王室长袍象征他们的地位。就像福音传教士的画像一样，这些刻板画法一直保留到中世纪后期。人们需要仔细观察才能确定这些人物是否穿着同时期的服装。

从 12 世纪开始，行会及工艺记录、法律税收文件和家庭库存等相关记载的数量稳定增长，为历史学家提供了研究当时社会生产和分配的机会。

拜占庭时期的纺织生产与纺织技术

拜占庭人可以编织优质的纺织品。从 4 世纪到 6 世纪，亚麻布和羊毛是最重要的布料。丝绸生产是一项保密的技术，中国人是最先掌握这项技术的，后来是朝鲜人和日本人。渐渐地，丝绸的生产知识传播到了西方。在公元前 1 世纪之前，贸易往来将丝绸面料和一些生丝纤维运到了希腊和罗马，但丝绸生产的规模非常有限。拜占庭历史学家曾记录道，在 6 世纪，一对修士将蚕丝业的秘密透露给了拜占庭皇帝。据推测，这些修士将蚕卵放在竹筒内偷运出中国，并学会了如何饲养蚕。

从这时起到 9 世纪（西西里的希腊人也开始生产丝绸），拜占庭人开始为西方世界生产丝绸。皇帝对丝绸的定价极高，因此只有最富有的欧洲人才买得起这种织物。拜占庭人织的锦缎经常有源于波斯地区的图案，用复杂的编织图案表现基督教主题。当这些奢华的织物用于制作衣服或壁毯时，可能会用宝石或半宝石、小珐琅坠饰、刺绣和嵌花装饰（见"全球联系"）。

有资料表明拜占庭帝国时期的服装相当昂贵。当时的遗嘱显示服装通常会传给家庭成员、奴隶和家庭佣人。尽管资金限制了拥有服装的数量和质量，但非精英阶层的服装选择并不受制于当时严格的功利主义政策。

图 3.1　来自拜占庭的丝绸纺织品融入了常见的鸟类主题。（图片来源：De Agostini/Getty Images）

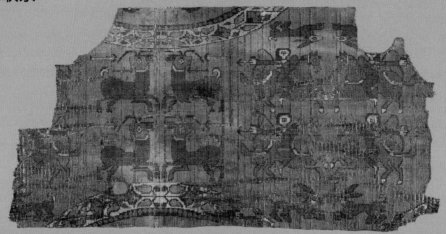

《猎人》，公元8—9世纪，中亚古索格代亚纳，复合斜纹丝绸，整体：22.00cm×41.80cm 。（图片来源：The Cleveland Museum of Art, Purchase from the J. H. Wade Fund 1974.98）

　　丝绸之路，始于约公元前200年，指一系列陆上和海上贸易路线。这些路线从中国穿越万里到达地中海和南欧。尽管"丝绸之路"一称是在19世纪创造的，但其他商品如黄金、香料和植物，以及技术、思想和宗教，都通过此路线传播。纺织品制造商和商人沿着丝绸之路建立了一些社区，他们制作的纺织品表明了各种图案和装饰细节的来源。这块丝绸碎片，可以追溯到8世纪到9世纪，保留了两排圆形饰物之间的区域。猎人的形象以拜占庭风格出现，而花卉装饰则让人联想到埃及亚历山大大帝时期的丝绸。圆形饰物的抽象风格表明其来源于古索格代亚纳人（Sogdian）或伊朗人。正是在这种纺织品中，我们清楚地了解到在丝绸之路上生产、运输和消费的国际商品的多样性。

拜占庭服饰：330—1453 年

　　拜占庭人早期和罗马人晚期的服饰几乎无法区分。君士坦丁大帝把首都迁到拜占庭时，罗马的行政官员随身将其服饰习俗也一并带至拜占庭。随着时间推移，罗马的影响逐渐减弱，拜占庭的影响开始占上风。托加袍的演变便是这一过程的例证。从3世纪开始，托加袍渐渐不再流行。到了4世纪，人们只有在国家重要官员（如皇帝和执政官）参与的庆典场合才会穿托加袍。最后，托加袍演变成一条窄窄的折叠布带，像往常一样包缠身体。最后，这条布带最终变成了皇帝饰有珠宝的窄围巾。

男性服饰

◆ 服装

男性的基本服装是束腰外衣（见图3.2）。短款束腰外衣的长度到膝盖以下，长款的到地面。长袖成为主要流行的款式。拜占庭艺术展示了穿长至膝盖以下的束腰外衣的查士丁尼大帝和其他官员（见图3.3）。在之后的几个世纪里，皇帝和朝廷重臣似乎都穿着长款的束腰外衣，其他人员则穿着较短的束腰外衣。

一些束腰外衣装饰有克拉维斯饰带（此时这些源于罗马的束腰外衣两侧的条纹已经成为装饰物，不再象征佩戴者的身份），圆形的图案被称为"圆形饰物"，而"装饰徽章"（segmentae）指矩形或星形的徽章似的纹样，装饰在束腰外衣的不同部位。

图 3.2　约 6 世纪至 7 世纪埃及拜占庭时期的束腰外衣。这件束腰外衣整体为红色，饰有彩色织锦图案，肩膀两侧有克拉维斯饰带，袖子和肩膀上都有圆形饰物，袖子上有装饰徽章。袖口和下摆有梭织装饰带。（图片来源：Gift of Maurice Nahman, 1912/The Metropolitan Museum of Art）

图 3.3　左边是两位男性，可以从斗篷开口处看到他们穿的短款束腰外衣。在右边，拜占庭西奥多拉皇后（Empress Theodora）穿着紫色方形大斗篷，紫色是皇室专用的颜色，她的女随从穿着彩色的锦缎，可能是用拜占庭丝织业生产的丝绸织成的。（图片来源：Universal History Archive/Universal Images Group via Getty Images）

图 3.4 君士坦丁九世·莫诺马科斯（Constantine IX Momomachus, 1042—1055 年在位）穿着一件镶着珠宝的精美服装，这由一块布满图案装饰的织物做成。皇冠上挂着一串珍珠。他留着大胡子，不像早期男性那样把胡子刮得很干净。（图片来源：De Agostini/Getty Images）

图 3.5 大天使米迦勒的珐琅画像，拜占庭风格，创作于约 10 世纪到 12 世纪或更晚。大天使披着一件镶有珠宝的镶宝石长披巾，或是一件长及脚踝的披肩带。（图片来源：Athens, National Archaeological Museum/© Photo SCALA, Florence）

　　富人的束腰外衣上装饰着垂直和水平的饰带，上面饰有精心编织的图案、刺绣、嵌花或宝石。在帝国早期，织物通常是素色的，工匠们用克拉维斯饰带、圆形饰物、装饰徽章和贴边来装饰织物。随着东方风格逐渐受到青睐，装饰图案遍布整件织物（见图 3.4）。工人则穿较短的束腰外衣，布料朴素，装饰较少，通常用腰带束起来，这样活动方便。

　　1000 年后，束腰外衣的廓形变得更加合体贴身。一般情况下，男性会穿两件束腰外衣：一种是袖子贴身的内穿束腰外衣，另一种是袖子短而宽的外穿束腰外衣。当外衣束上腰带后，一些布料会折在腰带上。织物有大面积的装饰图案，在下摆和袖子处有珠宝装饰带，脖颈处的抵肩宽且做有装饰（见图 3.4）。作为腿套穿的袜类（hose）通常是浅色的，有些装饰了带几何图案的横条纹。

　　披肩带，也被称为"镶宝石长披巾"（lorum），是一种又长又窄、镶满大量珠宝的披巾，可能是由有褶皱带的托加袍演变而来，这种披巾后来成为皇帝官方标志的一部分。皇后也有权穿这类服装。最初这种披巾披在肩膀上，置于身体前部，然后用一只手臂挽着，最后演变成一块头部开口的简单织物，有时开口裁有圆领状结构（见图 3.5）。

◆ 头发和头饰

从 4 世纪到 10 世纪，男性往往把胡子刮得干干净净（见图 3.3）。之后的时期，男性更有可能是蓄须的（见图 3.4）。男性戴弗里吉亚垂尖无边帽风格的帽子或圆锥形帽，以及一些不同款式的高帽，帽子的立式边沿会绕着头巾（turban），头巾平滑紧贴的帽顶，有的帽子后部有装饰流苏的柔软帽顶。皇帝戴宝石皇冠，皇冠上通常悬挂着一串串珍珠。

女性服饰

◆ 服装

在拜占庭帝国早期，女性继续穿罗马式束腰外衣和女式罩袍。宽大、带长袖的束腰外衣被称为达尔玛提亚外衣，装饰有克拉维斯饰带和装饰性徽章，逐渐取代了外束腰衣。女性在内束腰衣上穿达尔玛提亚外衣，袖子贴身。有一段时间，戴在头上的一种简单面纱取代了女式罩袍。最终，女式罩袍经改造后再次被使用，它包裹着身体，覆盖裙子的上部、上衣和肩膀的一侧或两侧（见图 3.6）。

尽管在 7 世纪及以后的艺术作品中偶尔会出现带贴肤长袖的外衣，但大多数女性都穿着双层束腰外衣。内束腰衣的袖子很长，贴身；外束腰衣的袖子很宽，裁剪较短，刚好能露出内束腰衣的袖子。贵族和富裕的女性通常穿由精致花纹织物制成的衣服，上面

图 3.6　拉文纳的圣阿波利纳鲁斯（St. Apollinarus）教堂的镶嵌画，描绘了 6 世纪的女性。她们每个人都穿着白色的内束腰衣，肩上披着白色的女式罩袍。（图片来源：Leemage/Corbis via Getty Images）

装饰着珠宝。这一阶层的女性还佩戴镶有珠宝的腰带和衣领（见图3.3）。

10世纪后，束腰外衣上的装饰增加，袖子风格也发生了变化，有宽宽的垂袖或嵌着长织物带的袖子，形成一种垂饰袖口。偶尔在绘画中出现的长及膝盖的长罩衫看起来像条裙子，尽管这可能只是一件特别短的束腰外衣。

◆ 头发和头饰

早期的一些作品中，女性头发从中间分开，前面柔和的波浪卷勾勒出脸型，剩下的大部分头发则梳到脑后或在头顶盘结。还有一些作品中，女性通常会把头发遮盖起来。

典型的发罩有从4世纪到12世纪出现的面纱和头巾式的帽子。头巾式帽子被描述成看起来像一顶被小轮胎包裹的帽子。皇后把皇冠戴在帽子上或头发上。皇室的皇冠上镶嵌着大量的珠宝和一串串珍珠垂饰（见图3.3）。

其他服饰

◆ 斗篷

上流社会的男性和皇后都穿方形大斗篷，用一枚珠宝饰针固定在右肩上。这种斗篷的特点是有一块大的方形装饰布，名叫"大方形织物"（tablion），颜色鲜明，位于胸前（见图3.3）。11世纪以后，上流社会的男性和皇室成员在户外不再穿方形大斗篷，而是穿系在前襟中的半圆形斗篷。

普通公民和除皇后以外的女性，穿一种简单的方形斗篷，这种斗篷取代了罗马时代带兜帽的半圆羊毛斗篷。7、8世纪以后，别在肩膀或前襟中间的半圆形斗篷开始流行。

◆ 鞋类

鞋匠经常制作敞开式鞋子，并用布料（包括丝绸）或皮革裁剪的装饰品来装饰鞋子。其他的装饰包括镶嵌小石子、珍珠、珐琅金属及刺绣、嵌花和雕绣。红色显然是皇后及其随从喜欢的颜

图3.7 6世纪上半叶拜占庭的镶嵌画。画中女子戴的精致王冠和衣服上用黑白相间的片状物镶边，暗示了珍珠饰品的存在。在项链和耳环中，蓝色玻璃代表蓝宝石。（图片来源：Harris Brisbane Dick Fund and Fletcher Fund, 1998；Purchase, Lila Acheson Wallace Gift, Dodge Fund, and Rogers Fund, 1999/The Metropolitan Museum of Art）

色。有些鞋子是系带的，有些则是在脚踝处扣鞋扣。在一些画作中，尤其是束腰外衣较短时，可以看到穿在鞋子里面的袜类。

穿靴子的似乎是男性，而不是女性。大多数靴子长度在小腿以下，尽管也有一些靴子从正面看高过膝盖，但在背面却低于膝盖。富人有一些专属的装饰风格。早期拜占庭帝国的军事人物穿着罗马式的露趾靴子，后来则穿封闭式靴子。

◆ 珠宝

不只是配饰，珠宝也是服装不可或缺的一部分。皇后在方形大斗篷或服装颈部戴镶着珠宝的宽大衣领（见图 3.3）。其他重要的珠宝饰品包括扣针、耳环、手镯、戒指和其他类型的项链（见图 3.7）。宝石匠精通黄金加工、镶嵌宝石、上釉和制作镶嵌物的技术。

中世纪早期与服饰发展有关的因素：900—1300 年

政治、社会和经济事件对服饰风格有着直接和间接的影响。服装原材料的可获得性、服装所处的社会阶段，甚至服装必须满足的实际需要，都在服装的发展中发挥了作用。

十字军东征

11 世纪，在教皇乌尔班二世的竭力号召下，欧洲列强对穆斯林发动了第一次十字军东征。伊斯兰教是穆罕默德于 7 世纪初在麦加创立的宗教，它激励着继任者将阿拉伯的贝多因（Bedouin）部落联合起来，形成了一股席卷中东的力量。阿拉伯军队占领了今天的伊拉克、叙利亚和巴勒斯坦，并占领了东至印度的领土。表面上，十字军东征的目的是为了将基督教世界的圣地从穆斯林手中解救出来，但实际动机却各不相同，从真正的宗教热情到为了牟取财富和权力的彻头彻尾的雇佣军行径都包含其中（见图 3.8）。

到 13 世纪十字军东征末期，许多新产品和新工艺被引进欧洲。十字军士兵从穆斯林那里学会了在纺织品上印染图案的技术，而这则是穆斯林从埃及的科普特人（Coptic）那里学习到的。十字军士兵带回了食物、香料、药物、艺术品和织物。人们开始采用新的织物，如平纹细布、麻纱和丝绸缎子，还有一种新的纤维植物——棉花。许多十字军士兵在往返作战的途中会在君士坦丁堡停留，从而延续了拜占庭帝国对西欧贵族服饰的深刻影响（见图 3.9）。这些跨文化接触并没有随着十字军东征的结束而停止。他们的贸易继续扩大，特别是意大利海港和中东之间的贸易。

图 3.8　对十字军的描绘。（图片来源：Fine Art Images Heritage Images Getty Images）

图 3.9　拜占庭风格在这幅镶嵌画中很明显。（图片来源：©De A Picture Library/Art Resource）

中世纪的城堡和宫廷

西欧地区由于受到不断的攻击，出于自身保护的需要，建立并发展了封建制度——中央政权消失了，在壮大军事力量中寻求到了安全保障。马镫的发明将人类和动物的力量结合在一起，使战士可以持剑或长矛在马上作战，从而彻底改变了战争。武士或骑士饲养马匹以备作战，他们中有的人成为封臣，围绕领主生活、工作，服务于领主。领主授予骑士封地，以换取其服兵役。伴随封地而来的是农奴，他们为领主和骑士耕种土地。在地方层面，领主和他的封臣执行现有的法律和秩序。理论上，封建君王是国内所有土地的拥有者和领主。封建领主和骑士在自己的土地上建造城堡，作为防御性场所和生活的家园。

起初，城堡是用来防御的木质结构，但到了 12 世纪，它们变得非常精致。由于外墙窗户没有玻璃，像开了洞一样的，城堡的保暖性很差，经常感到寒冷，冬天必须用一个大壁炉来取暖。因此，人们会多穿几层衣服并用兼具装饰物和功用性的壁毯来保暖。

毛呢服装不仅可以在冬季抵御寒冷，在夏季城堡潮湿、寒冷时也可以使用。按照现代的标准，当时的家具过于简单也不太舒适；然而，也有一些十字军士兵从东方带回豪华物品，如地毯、壁挂和坐垫等。尽管有了这些物品来改善，但仍是多层服装提供了最舒适实用的着装方式。

爵士制度和骑士制度，即训练骑士的体制，要求男孩不仅要学习战争的艺术，还要学习上层社会的礼仪和习俗。一般来说，为了这些训练，年轻的准骑士必须离开自己的家，到有权势的领主的城堡里居住服务。在公爵和国王的宫廷中，吸引了许多艺术家、诗人、游吟诗人、歌手、乐师及其他表演者。法国南部的宫廷尤其被视为艺术、音乐和文学表演的中心。此外，那里还成为一个展示时尚的舞台。

城镇生活

罗马帝国衰败后，许多曾经繁荣的城市中心人口严重减少。在 10 世纪和 11 世纪，城市生活恢复了生机。欧洲经济在农业、商品制造和贸易方面有所好转，因此在 12 世纪和 13 世纪，主要城市成为社会经济活跃的中心，吸引了越来越多的人口。居住在城镇的富商开始把自己打扮成贵族的样子。神职人员不赞成这种阶级差异的模糊，说"尽管耶稣基督和他的母亲是皇室血统，但从未认为富有的女性能戴丝绸、金银装饰的腰带"。

时尚变化的早期迹象

11—12 世纪，在一种新风格流行起来之前，大多数人会在相对较短的一段时间内接受各种风格的服饰。也就是说，他们参与了一种名为"时尚"的社会现象。海勒在 11 世纪的浪漫文学作品中发现了证据。这些书中的人物都明确表明，他们在努力追求时尚的外表。斯柯特认为，12 世纪的时尚研究是基于视觉证据和文学资料进行的。神职人员在这些资料中指责男性刮胡子、留长发，抱怨他们对个人外表过分关注和轻佻的风格（参见"时代评论 3.1"中一个修士关于服装的描述）。女性也因试图通过时尚的穿着来吸引男性而受到训诫。从文献证据中可以清楚地看出，裁缝需要经过特殊训练才能裁剪出复杂的服装风格，而且还提到以法国方式剪裁的服装，这可能是把法国作为时尚领袖的最早认可。在 12 世纪后期，新的织物出现——首次出现了"天鹅绒"（velvet）这个词。

织物生产

纺织制造业的组织结构在这一时期发生了重大演变。在中世纪早期，一般由妇女在罗马式工坊或在家生产大部分的纺织品。到了 1300 年，男性开始承担织布工作，女性则制作纤维和纺纱。染色和缩呢是家庭以外的专业工艺。奴隶制衰退和从农村向城市中心的人口迁移促成了这些变化。女性作坊消失，纺织品生产进入了家庭。以前从事农业的男性需要进入城市，接替女性的工作。

随着这些发展，技术也在改变。自 10 世纪以来，水力磨坊为缩呢工艺提供了动力。到了 12 世纪，一种允许织工坐着而不是站着的卧式织布机取代了立式织布机。卧式织布机有脚踏板，用于纵向移动纱线，还有一个叫作梭子的载体，用于横向移动纱线。在13世纪，纺车取代了古老的手工纺纱方法。这种机器显然是从印度经由阿拉伯地区和西班牙传入欧洲的。

到了12世纪，欧洲工匠已经建立了许多生产出口布料的中心。封建手工行会最初是在11世纪由商人建立的，他们想要阻止竞争商品的进口。当时，工匠们开始组建自己的行会。年轻男孩只有到行会当学徒，才能掌握一门手艺，成为一名工匠。行会规定了工匠的数量，并制定了质量标准、工资水平以及工作环境的设定。

纺织行会的成员可以雇佣他们的妻子和女儿来纺织。行会成员的遗孀可以继承丈夫的商业资产并成为行会的一员。然而，女性的薪资一直低于男性。

在欧洲纺织品贸易中，羊毛是一种特别重要的纤维。人们认为英格兰羊毛的质量最好。许多英格兰羊毛被出口到佛兰德斯，在那里熟练的织工用羊毛制成高质量的布料。然而，布商贩卖的绝不止羊毛呢布。亚麻是亚麻纤维的来源，整个欧洲都会种植亚麻，到了13世纪中期，丝绸生产已经成为意大利、西西里岛和西班牙的主要工业。棉花最初是印度的产品，后来经由摩尔人引入西班牙，被用来纺纱。

商人购买纤维原料，经过清洗和梳理，再卖给织布工。织布工的妻子用纺锤和捻线杆纺纱（13世纪以后，用纺车纺纱），织布工则在手工织布机上织布。对织物进行一些整理工作，如果纤维或纱线没有进行染色，那么染色可能会在织物上进行。在有些情况下，未经染色的织物会卖给意大利熟练的染色工，由他们对织物进行染色。

中世纪早期服饰研究的信息来源

欧洲经济觉醒的同时，在艺术方面也发生了显著变化。大多数公共艺术作品不仅仅用于装饰，还为了向不识字的群众讲述基督教信仰的故事。虽然一些传统流传了下来，例如早期几个世纪的艺术作品中描绘的基督、圣母玛利亚、天使和圣徒穿着刻板的服装，但也有其他因素导致艺术家将画中人物的服装描绘成与其同时代的服装。手抄本中的历法显示了平民在不同季节做的工作。13世纪以后，手抄本更多的是在城市作坊而不是在修道院生产，是由非专业的艺术家而不是修士创作。当时还有一些关于世俗主题的手抄本。有时候手抄本中的服饰是基于想象来绘画的，或是根据归来的十字军士兵做的服饰报告创作的。尽管具有这些局限性，学者们还是把这些艺术品作为12世纪和13世纪服饰的主要视觉证据来源。

重要的艺术形式包括雕刻在象牙和木头上的泥金装饰及具有人物插图的手抄本。10世纪和11世纪的罗马式建筑将雕刻家的作品作为重要的装饰元素。12世纪50年代之后，哥特式建筑开始取代罗马式建筑，一直到15世纪末都处于主导地位。哥特式教堂具有高耸的尖拱结构，装饰优雅，通过雕塑和彩色玻璃窗向信徒讲述故事。

中世纪早期的神职人员服饰

许多神职服装大多源自中世纪早期，这些服装到 20 世纪中期才成为罗马天主教主教、修士和修女的传统服装。

牧师的服饰

牧师和高级教会官员穿的教会服装从 4 世纪到 9 世纪逐渐发展起来。在 4 世纪以前，牧师没有专门的服装。在整个中世纪时期，对于居住在社区里的教区牧师，与其日常服装相比，他们的秃顶发型十分引人注目：有两种不同的发型，一种是将头顶剃光，然后在四周留一圈头发（见图 3.10）；另外一种是将前额到耳朵两边的头发剃光。

较高级别的神职人员在仪式场合或做礼拜时穿更有特色的服装。到 9 世纪，罗马天主教会确定了一部分礼仪服装（见图 3.11），如下文所示：

图 3.10　9 世纪晚期的泥金装饰手抄本，请注意其中牧师与众不同的发型。（图片来源：Rome, Basilica of San Paola fuirile Mura/© Photo SCALA, Florence）

教会披巾（amice）：裹在肩膀上的一条亚麻布，系在一起形成衣领，供做弥撒的牧师穿。

白麻布长袍（alb）：一种长款白色束腰外衣，窄袖，头部开口，系有腰带，这个名字来源于罗马的白色束腰外衣。

十字裙（chasuble）：半圆羊毛斗篷演变款。这种圆形的罗马斗篷，短袖，方便手臂活动，是神职人员的服装。一种 Y 形的刺绣饰边，被称为"刺绣饰带"（orphrey），从两侧肩膀延伸出去，并在十字裙前后形成垂直饰带。

圣带（stole）：做弥撒时披在肩膀上的狭长带子。

披肩带：教皇和大主教披的白羊毛窄带；高级神职人员佩戴时带子一端在前部，另一端在后部；这条带子从希腊的大长袍演变而来，它不再是原来的披肩形式，变

图 3.11　圣彼得的石刻浮雕，展示了牧师的服装，包括刺绣饰带、十字褡、圣带和白麻布长袍。（图片来源 V&A Images, London/Art Resource, NY）

成了一条狭窄的带子，是罗马和拜占庭风格演化大长袍的象征。

蔻普披风（cope）：游行时穿的一种宽大的披风。

天主教会在不同时期制定了根据神职人员的级别或仪式的重要程度对服装进行改动的规则，如衣服的颜色、裁剪、织物和装饰等。教会法鼓励神职人员（通过他们的衣着）"展示宗教仪式而不是豪华的服装"。

修道院服饰

在基督教会的历史中，很早就有离开尘世、献身祷告和约束自己的做法。4 世纪以后，一个完整社区的形成，通常以一位特别神圣的男性或女性为中心。这些修道院或女修道院不需要专门的服装，修士或修女们穿着和穷人一样的普通服装。尽管大多数人的服装随着时间推移发生改变，但修士和修女保留了各自原创的服装形式，从而与"尘世"区分开来。男女都穿宽松的长袖束腰外衣，衣长及地，系有腰带。衣服的颜色和剪裁因修道会不同而不同，但通常使用的颜色是棕色、白色、黑色或灰色。

修士的服装包括一顶头巾式兜帽（cowl），这是一顶附在束腰外衣上的兜帽，或者一件单独服装。修女们用面纱围住头部。一进入女修道院，女性就把头发剪得很短。有一些修女光着脚，大多数则穿凉鞋。最终，修道会之间的差别变得相当明显，甚至最漫不经心的观察者也能识别出个人所属的修道会。如今一些天主教修道会仍然穿着中世纪时期采用的服装。

欧洲服饰：10 世纪和 11 世纪

男性服饰

◆ 服装

贴身衣裤由衬衣和衬裤组成。衬衣有时被称为"宽松内衣"（chemise），是一种短

图 3.12 来自手抄本的插图，约 1050 年。右边的男性穿短束腰外衣和带吊带袜的袜类，在外面穿斗篷。束腰外衣的长袖翻折到手腕上，头戴弗里吉亚软帽式的帽子。插图上的女性穿着长款束腰外衣，用面纱遮住头发。（图片来源：The Morgan Library & Museum/Art Resource, NY）

图 3.13　12 世纪的手抄本，画上男性天使在左边，女性在右边。两者穿着外束腰衣，里面穿着颜色较浅的内束腰衣。天使披着一件开放式披风，女性披着一件封闭式披风，头上罩着浅色的面纱。（图片来源：The Morgan Library & Museum/Art Resource, NY）

袖亚麻布服装。衬裤名叫"宽松亚麻内裤"（braies），是一种宽松的亚麻布马裤，用腰带系在腰间（见图 3.18）。衬裤长短不一，从膝盖到脚踝的长度都有，用吊袜带使其贴紧腿部。

男性经常穿两件束腰外衣，一件穿在另一件上：一件内穿的束腰外衣和一件外穿的束腰外衣。虽然有时可以从服装下摆看到长度稍长的内束腰衣，但是两者衣长通常一样（见图 3.12）。

当外束腰衣较短时，其袖子几乎总是紧贴手臂。有时袖子延伸到手上，多出的袖子部分向后翻折，叠在手腕上方（见图 3.13）。长外束腰衣的袖子要么剪裁贴身，要么（更多时候）十分宽大，让内束腰衣的袖子露出来。

束腰外衣有圆形领口和方形领口，这些衣服通常在腰部系有腰带。最常用的布料是亚麻布和羊毛。穷人几乎只穿羊毛衣服，富人则会穿进口的丝绸。

束腰衣的长度和装饰表明了不同的社会阶层。富人的外束腰衣在脖子、袖子和下摆处装饰有丝绸刺绣带（见图 3.14）。贵族和神职人员在仪式场合穿飘逸的长袍。为了打猎和打仗，各个阶层的男性都穿实用的短款束腰外衣。

男式披风要么敞开要么封闭。开放式披风由一块固定在一侧肩膀上的织物制成（见图 3.12），而封闭式披风是一块有开口的织物，以让头部穿过（见图 3.13）。

图 3.14 中世纪欧洲上层阶级的服饰受到拜占庭风格的影响。左边第二个人物的束腰外衣上的刺绣带体现了拜占庭风格的影响，而其他人物则穿着各种内束腰衣和披风。（图片来源：The Morgan Library & Museum/Art Resource, NY）

10 世纪的披风通常是方形的；11 世纪，半圆形披风开始出现。在典礼活动中，处于重要政治或宗教地位的人会穿希腊的大长袍式垂褶披风。

◆ 头发和头饰

年轻人脸部干净，没有胡须，年纪大一些的男性留着胡子。头发从中间分开，自然直发或呈波浪状从脸两侧垂到颈背或以下。

除了在战争中佩戴的头盔，兜帽和弗里吉亚软帽式的帽子是主要的头饰样式。早在 11 世纪的艺术作品中，犹太男子就戴着小圆边的尖顶帽。这些帽子和胡子似乎是传统服饰的一部分，经西班牙或拜占庭传入了欧洲。

◆ 鞋类和腿部覆盖物

袜类由梭织布制成，按照腿部大小裁剪和缝制，末端到膝盖或大腿处。绑腿（leg bandages，也被称为"护腿"[gaiters]）是用亚麻布或羊毛制作的绑带紧紧地缠在高过膝盖的腿部，或者穿在袜类外，也可以单独穿戴（见图 3.12）。短袜更短，通常色彩鲜艳。一些袜口有装饰图案的袜子可能穿在宽松亚麻内裤末端外面，或在袜类外，或和绑腿一起穿。

靴子通常会进行装饰，靴筒可能短至脚踝，也可能长及小腿中部。在 10 世

图 3.15 12 世纪流行的束腰外衣，无论长款或短款，都更加贴身，而修士的服装则保留了早期的合身和特点。仆人们穿着短束腰外衣、袜类，上面套着短的条纹长袜和长及脚踝的鞋子。（图片来源：The Morgan Library & Museum/Art Resource, NY）

纪，平底尖头鞋就出现了。合脚的鞋子一般只到脚踝处，必要时用皮革或织物系紧（见图 3.15）。一些牧师穿着拜占庭式的拖鞋，鞋子的上表面剪得低于脚背。

女性服饰

在 10 世纪和 11 世纪，男性和女性的服装外形没有太大区别。

◆ 服装

女性穿着宽松的亚麻布衣服，非常贴身。这种衣服在法语中称为"宽松内衣"，剪裁较长，除此之外十分像男性的衬衣。

在这外面，女性穿拖地内束腰衣，袖子贴身，脖子、下摆和袖子上都有刺绣镶边。在最外层，她们会穿拖地的外束腰衣，袖子宽大，露出内束腰衣的袖子。通常外束腰衣会被拉高并用腰带束上（见图 3.13）。

在户外，女性要么穿开放式披风，要么穿封闭式披风。有些则是双层披风，内外呈对比色。冬季披风用毛皮做衬里。

◆ 头发和头饰

年轻女孩的头发松散、飘逸，没戴覆盖物。已婚（或年龄较大）的女性用面纱盖住头发，面纱拉到下巴以下，将脸部遮住，或者打开垂到脸的两侧，长度及胸部（见图 3.13）。富人用丝绸或细麻布面纱，下层社会的人则用粗纺亚麻布或羊毛面纱。

◆ 鞋类和腿部覆盖物

袜类系紧在膝盖周围。女性的鞋子与男性的相似。妇女也穿在脚踝系带的开放式拖鞋，类似牧师穿的鞋子。木屐是一种木制厚底鞋，穿在皮鞋外可以避免皮鞋被水、泥或雪弄脏。

◆ 珠宝

文字记录和一些视觉描述表明，富有的女性戴金发带和珠子项链、手镯、戒指和耳环。有时艺术作品中会描绘镶着珠宝的腰带（通常被称为"束腹"[girdle]）。

欧洲服饰：12 世纪

历史学家已经识别了几种风格变化。斯奈德（Snyder）在艺术作品中发现了三种服装类型：第一种是下层阶级男女所穿的束腰外衣，它变得比前一个世纪更贴身（见图

3.15）；第二种是紧身的连体服，斯奈德称之为"布里奥"（bliaut，见图3.16 中站在中间的男性），男女都穿；第三种是一种宽松上衣与裙子相连的套装，名为"布里奥紧身连衣裙"（bliaut gironé），仅上流社会的男女会穿。后两种类型的服装贴身，有许多垂直和水平的褶皱。这些衣服的系带有时会松开，露出里面赤裸的身体。13 世纪的神职人员颁布法令，禁止女性过度暴露身体。

沃（Waugh）在分析了一件现存的西班牙王子服装（可追溯到约1146 年）后得出结论，布里奥更贴合身体的原因是通过将靠近上身部分的接缝处弯曲来实现的。"三角布"（gores），或名"三角状楔形织物"（triangular wedges of fabric），用来创造裙子的丰满度和造型。

布里奥紧身连衣裙在裁剪上比早期的服装复杂，包括一条较宽的裙子，与一件单独的上衣相接。就像布里奥一样，裙子在两侧闭合，镶有花边。裙子和上衣在腰部以下相连。两者缝在一起，嵌入一个斜纹织物，可

图 3.16　1185 年之前的圣经手抄本中描绘了各种服装，包括穿着外束腰衣的女性（左侧），外衣裁有宽松的垂袖。内束腰衣的袖子在手腕处可见。最左边的女人披着一件封闭式披风；右边的则穿着开放式披风。面板中间的男性穿着一件布里奥，外披一件毛皮衬里披风。（图片来源：The Morgan Library & Museum/Art Resource, NY）

能是用于确保臀部的贴合程度。接缝用装饰带遮盖起来。然而，没有证据表明衣服是否上袖。紧身连衣裙由绸缎或天鹅绒等昂贵的面料制成，用金线刺绣，并用宝石装饰（见图 3.17）。

男性服饰

◆ 服装

对大多数男性来说，内束腰衣和外束腰衣仍然是基本的服装元素。然而在一些作品中，没有内束腰衣存在的证据。也许在某些情况下，他们只穿了一件束腰外衣。袖子款式多样化，主要的类型有：

图 3.17　罗马式建筑细节，12 世纪，法国。这款纤细的布里奥紧身连衣裙由一位代表着国王的人物穿着，套装从腰部到臀部设计贴身，细褶半身裙与上衣在臀部处相连。袖子略有垂饰。袖子和衣领均饰有边饰。（图片来源：Purchase, Joseph Pulitzer Bequest, 1920/The Metropolitan Museum of Art）

　　袖口装饰且翻边的紧袖；
　　肘长袖；
　　外束腰衣的袖子宽松，露出内束腰衣的紧袖；
　　袖子在肩部处裁剪贴合，沿手臂渐渐宽松，至袖口呈喇叭状。

　　男性继续穿披风、宽松的外衣，包括带兜帽的外衣。他们用圆形饰针系牢披风。

◆ 头发和头饰

　　大多数男性都会蓄须。头发的长度各不相同，但通常不会长至肩膀以下。牧师反对一些男性留长头发和蓄整齐的尖而短的胡子，一些批评家常常视这些男性为"娘娘腔"。

　　在户外，男人戴兜帽或小圆边帽（round hat），小圆边帽顶部有一小杆或小垂片。压发帽（coif），一种在下巴系紧，形状类似于现代婴儿软帽，在 12 世纪后半叶开始使用（见图 3.18）。

◆ 鞋类

　　裹腿的布条，可能从旧衣服裁剪而来，到小腿和脚踝处。人们继续穿和前一个世纪相似的鞋子和靴子。在 10 世纪就有人穿尖头鞋，12 世纪一些上流社会的男性也穿长尖头鞋（参见"时代评论 3.1"），有一位牧师反对新式服装和这种长鞋头的鞋子。

女性服饰

　　虽然下层阶级女性的服装变化不大，但上层阶级女性的服装发生了变化，女式宽松内衣、内束腰衣、外束腰衣都变得更加贴身。这一时期的一些雕塑作品刻画了布里奥紧身连衣裙，织物看似有打褶或刺绣或做有褶裥。

时代评论 3.1
12 世纪的时尚男服

奥尔德里克·维塔利斯（Orderic Vitalis）——一个在 12 世纪早期从事写作的修士——对当时的时尚风格不屑一顾。他在抨击这些新的风格时，给出了一种关于长尖头鞋起源的说法，这种鞋在整个中世纪期间曾周期性出现。

福克伯爵[1]的许多习惯是不道德和应受谴责的，甚至会引发疾病。伯爵的脚是畸形的，因此会穿一双又长又尖的鞋子来隐藏脚的形状，同时也能隐藏脚上长的通常被称为拇囊炎的赘生物。这在西部地区催生了一种新时尚，取悦了那些追求新奇事物的轻佻的人。为了满足这种需求，鞋匠将鞋子做成蝎子尾的形状，通常被称为"普利鞋"（pulley-shoes）。现在几乎所有的人，无论贫富都需要这种鞋子。在这之前，鞋头都是圆的且合脚，能满足高低阶层人员包括神职人员和普通人的穿着需要。但是现在，外行人开始炫耀这种典型的道德腐败……

鲁弗斯国王宫廷里一个不成器的家伙，罗伯特，是最开始把长长的"普利脚趾头"塞进鞋里的，然后用这种方式将鞋子做成羊角的形状……他的轻浮作风很快被大批贵族模仿，仿佛这是一项具有巨大价值和重要性的成就。当时，世界许多地方掀起了女性化时尚……他们拒绝正人君子的传统，嘲笑牧师的建议，坚持粗俗的生活方式和穿衣风格。他们将从头顶到前额的头发分开，像女性一样留着长而浓密的头发，喜欢穿长长的紧身内衣和束腰外衣……他们在鞋子的脚趾尖处塞进蛇形填充物，用欣赏的目光注视着这些蝎子状的鞋子。他们的罗布长袍和披风裙裾过长，走路时扫着满是灰尘的地面；袖子长而宽，无论做什么都会盖住他们的手；受到这些轻浮设计的阻碍，他们几乎不能快速行走或做任何有用的工作。他们剃光前额的头发，像贼一样；并让头部后面的头发留得很长，像妓女一样。到目前为止，忏悔者、囚犯和朝圣者通常都不刮胡子，他们留着长胡子，并以这种方式公开宣告他们的苦修、闭关或朝圣的情况。但现在几乎所有的同胞都疯了，留着小胡子……他们用热熨斗烫头发，用头带或帽子遮住头顶。很少有骑士在公开场合露出头部并按照使徒的训诫体面地剪发。

1. 福尔克·勒·雷钦伯爵（Count Fulk le Rechin）来自法国。

资料来源：Chibnall, M.（Ed. & Trans.）.（1973）. *The ecclesiastical history of Orderic Vitalis*（Vol.4）（pp. 187,189）. Oxford, UK: Clarendon Press.

◆ 服装

女性布里奥或束腰外衣的袖子比男性的长，剪裁也更夸张。一些插图里的袖子非常贴身，袖子末端是长长的垂饰或布带，一直垂到地板。如果同时穿内外束腰衣，内束腰衣的袖子通常是长而合身的，而外束腰衣的袖口，要么是垂袖，要么是有装饰带的宽阔袖口，要么是袖子顶部窄然后沿手臂逐渐变宽到袖口呈喇叭状（见图 3.16）。

图 3.18　约 1240—1260 年的手抄本插图。左下方的图显示三个人在收割小麦。右边的男性只穿着宽松亚麻内裤，戴一顶小小的白色压发帽。他的工友穿着束腰外衣或外套；左边的男性把外衣塞进腰带里，露出宽松亚麻内裤和袜类的顶部，其与宽松亚麻内裤紧紧相连。面板上部的女性穿（从左到右）：一件外套；一件无侧边外套（把外衣下端提起，露出带图案的长袜）；一件外套和一件披风。版面中间的两个女人戴着修女披巾。最右边的女性穿着一件毛皮衬里的披风。（图片来源：The Morgan Library & Museum/Art Resource, NY）

鲜兹女外衣（chainse）是上层阶级女性的另一种特别的外衣，布料可水洗，可能是亚麻布，长且可能打褶（见图 3.19）。作为一种室内服装，特别是在 12 世纪后期，鲜兹女外衣似乎是单独穿的，外面不穿束腰外衣，也可能是夏季穿的服装，因为它耐洗，面料很轻。

上层阶级的披风是一种长斗篷状的衣服，前面敞开，用一条长丝带系在正面任

图 3.19　图中皱褶织物制的服装（可能是一件鲜兹女外衣）在手臂下面的一侧有一排花边。（图片来源：The Morgan Library & Museum/Art Resource, NY）

一侧的扣子上。有些披风极其奢华。有一位诗人这样描述它："用印度的印花白布制成，上面织有或绣有动物和花朵的图案，一片式裁剪，毛皮衬里，散发着香味。衣领和镶边点缀着深蓝色和黄色的宝石，用珠宝扣子固定在肩膀上，扣子是用两颗红宝石制成的。"（摘自戈达德 [Goddard]1927 年的诗《罗马的特洛伊人》[Le Roman de Troie]）。

有些斗篷用毛皮做衬里或装饰。佩里森大衣（Peliçon）或佩里瑟大衣（pelice）是适用于各种毛皮镶边服装的术语，包括外套、内束腰衣和外束腰衣。

◆ 头发和头饰

上层阶级的女性把头发编成两条长辫或管状发辫，从脸的两侧垂下。这些辫子有时会垂到地上，当时的记录表明，人们为了达到这一时尚长度，还用上了假发。装饰性的丝带可能与辫子或辫子的末端交织在一起，辫子末端用珠宝扣子束紧。在头发上还会盖

图 3.20 手抄本插图，约 1230 年，插图上部是路易八世的王后布兰卡和她的儿子圣路易九世。王后穿着一件腋下裁剪宽松的外套，披着一件毛皮衬里的披风。路易九世穿一件袖子长而紧的外套，和一件无侧边外套，肘部以下的袖子十分宽松。他的披风前面戴着一枚饰针。插图下面的这本书的作者和抄写员都穿着无侧边外套。（图片来源：Roger Viollet Collection/Getty Images）

上一层宽松的面纱。

大多数女性会把头发全部遮起来，并用面纱紧紧地裹住头部，只把脸露出来。一种名叫"女式亚麻头饰"（barbette）的亚麻布从一侧太阳穴绕到另一侧的太阳穴，并与一种名叫头带的直立亚麻布条相接，在脖子和下巴处系好，非常像一顶盖在面纱上的王冠。另一种新时尚是修女披巾（wimple），一种用于遮盖脖子的白色亚麻布或丝绸围巾。头巾的中心置于下巴处，然后两端向上拉，固定在耳朵或太阳穴上方。修女披巾通常和面纱一起佩戴（见图 3.20）。中世纪以后，女性外出时不再穿戴修女披巾，它成为许多罗马天主教修女的服装的一部分，并一直延续到 20 世纪 60 年代。

欧洲服饰：13 世纪

服饰术语的问题

在中世纪后期的服装历史上，服装种类变得多样化。到了 13 世纪，这种变化趋势加快，给服装历史学家带来了术语上的困难。这一时期的书面记录中有大量关于奢华服饰的描述，但这些描述没有配上相应的服装或配饰插图。这些运用在服饰上的术语让读者仿佛走进了以一个由几种语言组成的术语迷宫，不能将其与确切的服饰物件联系起来。由于这些原因，在涉及中世纪后期的服装中，应用于特定服饰物件的名称，或术语的定义，可能会在教科书、服饰历史和期刊文章中有所冲突。而且现代英语词汇经常来自物品的早期名称，但在现代用法中通常与其原意明显不同。

男性服饰

整个 13 世纪，男性穿的服装与前一个世纪的服装具有相似的功能，然而用来描述这些服装的术语发生了一些变化。总而言之，男性穿及膝或更短的宽松亚麻内裤（马裤

[breeches]）和亚麻布衬衣（贴身内衣）。在这之上，他会穿上一件外套，在外套外再穿一件无侧边外套（surcote）。在寒冷的天气或在户外为了保护身体，他会再穿上另一件衣服，一般是一件剪裁合身的斗篷。

路易九世统治下的法国，宫廷开始强调质朴的服装。路易十分虔诚，是唯一一位被天主教会封为圣徒的法国国王。在其统治期间，宫廷服装变得更加简朴，禁止穿戴奢侈的服饰。

◆ 服装

上流社会的男性穿长外套，工人穿短的外套。有两种袖子最常被描绘出来：一种是长长的紧身袖子；另一种是在腋下剪裁宽松，沿手臂渐渐收紧，在手腕处变贴身的袖子，一些服饰资料称之为"马扎尔袖"（magyar sleeve，见图 3.20）。

对无侧边外套（最外层的束腰外衣）的描绘显示了服装剪裁的变化。有些无侧边外套是圆形领口或水平剪裁的宽领口，宽袖窿（衣服在宽袖窿下缝合紧密）。有的是半袖（袖长及肘），有的是六分袖（袖子为四分之三手臂长），有的是长袖，腋部宽大，逐渐收紧到手腕处（正如前面描述的外套的袖子一样）。

长的无侧边外套通常腰部开缝，方便骑行和做其他运动。即使短的无侧边外套和单

图 3.22　图为 1262 年后的手抄本插图。图中每人都穿着传统服装，右边女人把头发包在一个发网里，一根女式亚麻头饰饰带绕过她的下巴，将发网固定在头上。（图片来源：The Morgan Library & Museum/Art Resource, NY）

图 3.21　约 1240—1260 年的手抄本插图展示了各种服装，其中左下面和右上面展示了一种宽袖斗篷。（图片来源：The Morgan Library & Museum/Art Resource, NY）

穿的外套，也会在衣服前面开缝（见图3.21）。

在户外穿的一些斗篷和披风与无侧边外套之间的区别变得模糊。主要的户外服装包括开放式或封闭式的斗篷或披风。披在肩上、用链子或丝带系在胸前的披风仍然是上层阶级的象征。

男子带袖长外衣（garnache）是一种带袖的长斗篷，这种衣服通常有毛皮衬里或毛皮领，在腋下两侧敞开（见图3.22）。

带软兜帽外套（herigaut）是一种宽松的服装，袖子长而宽，前身肩膀下开有窄缝，手臂可以伸进衣服里，长宽袖则悬挂在后面。某些情况下会将袖口打褶或折叠以增加袖子的丰满度（见图3.21）；从描述来看，加德科斯外衣（gardcors）或加德科普斯外衣（gardecorps）似乎是同一种服装。

圆领斗篷式上衣（tabard）最初是一种短而宽松的短袖或无袖服装，是修士和下层阶级男子穿的衣服。在某些情况下，它通过缝合或用襻带在腋下固定。在后来的几个世纪里，这种服装成为军服或贵族家庭里仆人的服装（见图3.23）。圆领斗篷式上衣的装饰表明了穿衣者所效忠的领主。

一些宽大的户外服装做有缝衣缝（fitchets），或称"开缝"，在现代人看来与口袋类似，人们可以把手伸进去取暖，或者去拿挂在服装里面腰带上的钱包。

图3.23 图中跪着的天主教加尔都西会教士，穿着一件圆领斗篷式上衣，腋下用垂布闭合。（《跪着的天主教加尔都西会教士》，法国勃艮第的第戎，14世纪，大理石雕像，24.2cm×14.7cm×7.6cm。图片来源：The Cleveland Museum of Art, John L. Severance Fund 1966.113）

◆ 头发和头饰

头发长度适中，从头顶中间分开。年轻人的头发比长辈的短。如果蓄须，一般是短胡须。一种新型的封闭式军用头盔开始流行，这种头盔可以完全遮住脸部，如果留胡子的话，戴着就会不舒适，因此许多男性都没有留胡子。

最重要的头饰是压发帽和兜帽（见图3.21）。有些兜帽不再附在斗篷上。到13世纪末，兜帽也被称为"沙普仑头巾"（chaperone），变得更加贴合头部，有的帽后悬挂着长长的管状织物。法国人称之为"科尔内垂布"（cornette），英格兰人称为"尾状长飘带"（liripipe）。

到了13世纪，许多犹太人不再戴传统的犹太尖顶帽，服装与其他欧洲人也不再有明显的区别。由于对犹太人的偏见，天主教会的领袖颁布法令，要求犹太人的着装要能够清楚地表明身份，戴尖顶帽变成一种要求，而不是自愿的行为。许多艺术家为不识字的民众创作艺术品，他们使用尖顶帽子和胡须等符号来标识《圣经》故事中的犹太人物。在中世纪晚期，这种帽子逐渐不再被使用，然而反犹情绪仍在继续。在许多社区，犹太男女都被要求穿特殊的衣物或戴某种徽章。

◆ 鞋类

长袜类和短袜较为常见，连脚袜类的使用增加。人们穿的鞋子包括带扣或系带的封闭式鞋子、敞开的拖鞋、脚背敞开脚踝后有高位袢扣的鞋子，以及较少超过小腿高度的宽松靴子（见图 3.21）。

女性服饰

女性不穿宽松亚麻内裤，衣柜里的其他衣服则和男性的差不多：宽松内衣、外套、无侧边外套、户外穿的披风或斗篷。

◆ 服装

外套的袖子要么贴身，要么在腋下剪裁宽松。无侧边外套有无袖和有袖两种。有袖的无侧边外套袖子长度在肘部和手腕之间，通常裁剪宽松。无侧边外套的袖窿宽大，可以从袖窿处看见里面的外套（见图 3.21）。

到了 13 世纪末，更贴身的服装风格取代了圣路易时期被认为适宜的宽松围裹服装风格。有些女性系紧外套（内束腰衣）以突显身材，通过无侧边外套的宽大袖窿能窥见她们的身材。

不论在室内还是室外的仪式典礼上，上层阶级的女性都穿着敞开式披风。诸如 11 世纪和 12 世纪的斗篷仍在使用；在寒冷的天气，一些斗篷会缝上兜帽。女性偶尔穿带软兜帽外套，很少穿带袖长外衣，带袖长外衣多半是男性的服装。

◆ 头发和头饰

和以前一样，年轻女孩头部不戴遮盖物，成年女性则相反。长辫子（比如 12 世纪的那种）已经不再出现。面纱和发网盖住了头发。女式亚麻头饰、头带和修女披巾仍然保留，尽管有时它们是戴在发网上而不是面纱上（见图 3.21）。

◆ 鞋类

与前一个世纪相比，人们穿的鞋子变化不大。

配饰与妆容：10—13 世纪

配饰包括珠宝，钱包、皮包或其他携带贵重物品的袋子，以及手套。

在 13 世纪之前，只有贵族和神职人员才戴手套。国王有时戴镶宝石的手套。到了 13 世纪末期，男女戴手套似乎变得更加普遍。有些手套及肘长，有些则到手腕。据说一些女性戴亚麻布手套来保护手部免受太阳晒伤。

女用小包、小袋子或钱包挂在腰带上（很少挂在肩膀上），或者有时挂在外衣里面（可以通过开口或窄缝拿到）。

◆ 珠宝

珠宝很少出现在图画或雕塑中，在文学资料中有描述。最重要的物品是戒指、腰带、用来固定系紧披风缎带的扣环，以及圆形饰针——"费梅尔饰针"（fermail）或"阿腓舍饰针"（afiche），用于闭合外束腰衣、紧身束腰外衣或无侧边外套的顶部。

◆ 化妆品

十字军东征之后，人们开始广泛使用从中东进口的香水和药膏。在 12 世纪，英格兰上层阶级的女性会使用胭脂。如果进口胭脂是为了让英格兰贵族与法国、欧洲大陆上的英属领地保持紧密联系，那么可以肯定欧洲大陆上的人们也使用过它。同一消息来源还提到了染发剂和面霜。

图 3.24 锁子甲衬衫，15 世纪。这是锁子甲的典型结构。锁子甲是中世纪早期盔甲的主要形式，在中世纪晚期继续与金属板制成的盔甲结合使用。（图片来源：The Cleveland Museum of Art, John L. Severance Fund 1966.113）

军装

整本书都会讨论到军服和盔甲主题。下面只讨论这一主题的重点方面。

铠甲方面的权威专家布莱尔（Blair）提出，应该根据铠甲的结构进行类型划分：(1) 软甲，由未经任何特殊硬化处理的纫缝织物或皮革制成；(2) 锁子甲，由相连的金属环制成；(3) 金属盔甲、硬皮、鲸须（即人们常说的鲸骨）或牛角。第三类也可以分为大金属板，完全覆盖整个身体；固定在一起的小金属板，提供更加灵活的遮挡。

图 3.25　贝叶挂毯描绘的场景。（图片来源：Erich Lessing Art Resource, NY）

所有这三种形式的盔甲都在希腊和罗马军队中使用。在中世纪早期的欧洲，金属板式盔甲似乎还没有被使用过。布莱尔在一篇关于欧洲铠甲的长篇研究中写道：

> 大概可以肯定地说，在约 600 年到 1250 年期间，除了软甲外，人们还使用其他盔甲，但一百件中有九十九件是锁子甲。

在中世纪的欧洲，锁子甲是由金属圆环做成的，每个环与其他四个环相连接。

贝叶挂毯（Bayeux Tapestry）是最早也是最重要的关于中世纪盔甲信息的来源之一（见图 3.25）。这幅挂毯可以追溯到 11 世纪下半叶或稍晚一些，它不仅描绘了导致黑斯廷斯（Hastings）战役的事件，还描绘了战役本身。在挂毯上，许多人物穿及膝的锁子甲衬衫，这种衬衫的前面是分开的，以方便骑马。这种锁子甲衬衫被称为"锁子铠"（hauberk）或"重装锁子甲"（byrnie）。盔甲兜帽用来保护脖子和头部，这可能是一件单独的盔甲，但后来盔甲兜帽与锁子铠的主体合二为一，以最大限度保护颈部。一些人物还穿了护腿甲，或者叫"肖斯护腿甲"（chausses）。有些肖斯护腿甲只覆盖在腿前部，而其他的更像袜类一样装在腿部周围。在头和锁子甲帽上，武士会戴一个锥形头盔，头盔延伸出像金属条的部分，覆盖住鼻子。

在 12 世纪中期，男性开始在盔甲外穿无侧边外套（见图 3.26）。这种做法可能源于十字军东征时期，目的是为了保护金属盔甲免受地中海太阳的炙烤，这一习俗可能是模

图3.26 身穿锁子甲的士兵，外面还穿了件彩色无侧边外套。锁子甲覆盖了身体的所有部分，除了脸部以外。（图片来源：Image copyright © The Metropolitan Museum of Art. Image source: Art Resource, NY）

仿穆斯林士兵而来。在后来的时期，士兵们穿着饰有盾形纹章的无侧边外套，用以标识他们所属的部队。这是一个必要的措施，因为士兵的脸都被头盔遮住了。

在12世纪和13世纪，盔甲由锁子甲、护腿甲和护甲鞋组成，锁子甲有时很长，有时比较短。袖子覆盖到手上，形成一种连指锁子甲手套。整套服装重25磅（11.34千克）到30磅（13.60千克），穿在一件衬垫衣服上。在13世纪早期，出现了一种封闭式头盔。布莱尔将其比作现代焊工的头盔，但它是在后部封闭，有眼缝和呼吸孔，有点像头上戴着一个倒置的大罐子。在锁子甲外，压发帽和一顶衬垫小头盖帽用来保护头部免受锁子甲脊线的伤害。头盔佩戴起来很不舒服，只能在战斗中使用。在13世纪后半叶，头盔顶部会装上动物或鸟状的大冠用来识别骑士。

封闭式头盔使发型发生变化。男性的头发变得更短，而且修理干净，以避免在蓄满胡子或长发的同时戴上封闭式头盔所带来的炎热和不适。

普通步兵不穿锁子甲。他们的保护很可能仅限于加固的衍缝外套，比如穿在盔甲下面的服装，他们可能会在腿部加上衍缝防护。

到13世纪末，锁子甲开始向金属铠甲转变。

章末概要

在900年到1300年之间，服装逐渐从宽松合身的T型束腰外衣和宽松的披风演变为剪裁更复杂、更贴身的服装风格。随着中世纪的宫廷成为时尚生活的中心，特别的宫廷服装发展起来。宫廷的服装是用更昂贵的材料剪裁制成的，清楚地表明穿着者属于一个更悠闲的阶层。随着经济的发展，织物的生产和销售成倍增加，出现了新的布料类型。随着城镇中商人阶层的财富和人数增加，时尚服装不再只限于贵族阶层。

中世纪早期的风格可以概括为罗马风格与地方风格的结合。拜占庭的非罗马服装元素来自中东，而在欧洲，非罗马服装元素来自日耳曼服装。然而，在这两种情况下，服装的主要构成都是多层束腰外衣搭配某种款式的斗篷。拜占庭风格影响了欧洲上层阶级

服装版型概览图

拜占庭和中世纪早期的主要服装

拜占庭式有圆形饰物的束腰
外衣和披风，约6世纪

拜占庭式束腰外衣和方形大
斗篷，约6世纪

拜占庭男性服装，约11世纪

拜占庭女性服装，约11世纪

中世纪欧洲男性服装，约12世纪

中世纪欧洲女性服装，约12世纪

中世纪欧洲男性和女性服
装，约13世纪

被称为"加纳契"的外衣，
在13世纪和14世纪之间

被称为"赫利考"和"加德科斯"
的中世纪外衣，13世纪中叶

的着装风格。拜占庭丝绸销往欧洲，欧洲的统治者采用了拜占庭风格。通过效仿这种风格，统治者们将君士坦丁堡朝廷在财富和地位上的表现反映到自己的宫廷中。君士坦丁堡已成为当时最具文化修养的中心。

19 世纪经济学家托斯坦·凡布伦（Thorstein Veblen）在《有闲阶层论》（*The Theory of the Leisure Class*）中指出，服装是显示社会阶层的一种重要方式。他谈到人们通过炫耀性消费（conspicuous consumption），即通过购得的物品显示穿戴者的财富，以及"炫耀性休闲"（conspicuous leisure）来表现富裕。在 10 世纪到 13 世纪，上层阶级的男性穿长束腰外衣，下层阶级的男性穿短束腰外衣。这些衣服十分累人，让人连任何琐碎的工作都做不了。12 世纪女性的衣袖宽大，造成了行动上更大的限制。

拜占庭服装融合了丰富多彩的东方和罗马的服装风格，清楚地体现了跨文化影响的重要性。在拜占庭风格的装饰中，人们会发现服装上色彩鲜艳的刺绣和珠宝装饰与拜占庭教堂和艺术品上宝石般色彩鲜艳的镶嵌画相呼应。

政治冲突往往会带来跨文化接触。十字军从中东带回了新的纺织品和服装，以及对服装很重要的新技术，如棉花的种植和丝绸纤维的加工。

拜占庭时期和中世纪早期服装风格的遗产

中世纪早期的一些风格元素为 19 世纪到 21 世纪的时装设计师提供了灵感。中世纪风格的显著复兴包括胸前皱领和垂袖。在 20 世纪 30 年代和第二次世界大战期间，"马扎尔袖"重新流行起来，被称为"蝙蝠袖"或"多尔曼袖"（dolman sleeve）。在浪漫主义后期的克里诺林时期，垂袖再次出现。

中世纪服装风格的变化是渐进的。收入不多的年轻女子在结婚时穿的衣服，可能也会在多年后下葬时穿，或者在遗嘱中把它传给女儿。13 世纪末

现代影响

当代设计师的剪裁风格和服装长度与中世纪时期大不相同；然而，毛皮的使用，紧身袜类（如今被称为男士长裤）、胸前皱领和厚重羊毛面料是杜嘉班纳（Dolce & Gabbana）设计师 2014 年秋季男装系列的灵感来源。

（图片来源：Victor VIRGILE/Gamma-Rapho via Getty Images）

以后，这种做法就不太可能发生了。时尚正在快速变化，成为服装的一个重要方面，风格开始以一种令人眼花缭乱的速度变化多端。

主要服装术语

阿腓舍饰针（afiche）

白麻布长袍（alb）

教会披巾（amice）

女式亚麻头饰（barbette）

贝叶挂毯（Bayeux Tapestry）

布里奥（bliaut）

布里奥紧身连衣裙（bliaut gironé）

宽松亚麻内裤（braies）

马裤（breeches）

鲜兹女外衣（chainse）

沙普仑头巾（chaperon）

十字褡（chasuble）

肖斯护腿甲（chausses）

女式宽松内衣（chemise）

木屐（clogs）

封闭式披风（closed mantles）

压发帽（coif）

炫耀性消费（conspicuous consumption）

炫耀性休闲（conspicuous leisure）

蔻普披风（cope）

科尔内垂布 / 尾状长飘带（cornette/liripipe）

外套（cote）

头巾式兜帽（cowl）

费梅尔饰针（fermail）

封建制度（feudal system）

缝衣缝（fitchets）

护腿（gaiters）

加德科斯外衣 / 加德科普斯外衣（gardcors/gardecorps）

男子带袖长外衣（garnache）

束腹（girdles）

三角布（gores）

行会（guild）

锁子铠 / 重装锁子甲（hauberk/byrnie）

带软兜帽外套（herigaut）

袜类（hose）

绑腿（leg bandage）

镶宝石长披巾（lorum）

马扎尔袖（magyar sleeve）

锁子甲（mail）

披风 (mantle)

开放式披风（open mantles）

刺绣饰带（orphrey）

圆形饰物（roundels）

装饰徽章（segmentae）

蚕丝业（sericulture）

圣带（stole）

禁奢令（sumptuary laws）

无侧边外套（surcote）

圆领斗篷式上衣（tabard）

大方形织物（tablion）

秃顶发型（tonsure）

修女披巾（wimple）

冬季披风（winter mantles）

问题讨论

1. 从最贴近身体的那一层衣服开始到最外层，描述 10 世纪和 11 世纪男性和女性的服装，列出每件衣服的功能。

2. 从最贴近身体的那一层衣服开始到最外层，描述 12 世纪和 13 世纪男性和女性的服装，列出每件衣服的功能。

3. 拜占庭时期的服装有哪些组成部分既反映了罗马风格，又反映了中东风格？是如何体现的？

4. 在拜占庭时期，谁可以穿方形大斗篷和披肩带或镶宝石长披巾？这些限制说明拜占庭政治体系中的王后是什么角色？

5. 神职人员的服装有哪些方面是由罗马服饰演变而来的？修道院服装与神职人员的服装有何不同？为什么？

6. 十字军东征对中世纪早期服装的跨文化影响有何贡献？

7. 描绘或描述三种使用了本章介绍的服装元素的现代服装。你会如何让这些衣服变得更时尚？

参考文献

Ball, J. (2005) . *Byzantine dress*. New York, NY: Palgrave Macmillan.

Blair, C. (1972) . *European armour*. London, UK: Batsford.

Gies, C., & Gies, F. (1974) . *Life in a medieval castle*. New York, NY: Crowell.

Goddard, E. R. (1927) . *Women's costume in French texts of the 11th and 12th centuries*. Baltimore, MD: Johns Hopkins University Press.

Heller, S. G. (2007) . *Fashion in medieval France*. Rochester, NY: Brewer.

Izbicki, T. M. (2005) . Forbidden colors in the regulation of clerical dress from the Fourth Lateran Council (1215) to the time of Nicholas of Cusa (d. 1464) . In R. Netherton & G. R. Owen-Crocker (Eds.) , *Medieval clothing and textiles* (pp. 105–114) . Woodbridge, UK: Boydell Press.

Scott, M. (2007) . *Medieval dress and fashion*. London, UK: British Library.

Snyder, J. (2002) . From content to form: Court clothing in mid-twelfth-century northern French sculpture. In D. Koslin & J. E. Snyder (Eds.) , *Encountering medieval textiles and dress* (pp. 85–101) . New York, NY: Palgrave Macmillan.

Strand, E. A. & Heller, S. G. (2017) . Production and distribution. In S. G. Heller (Ed.) , *A cultural history of dress and fashion in the middle ages* (pp. 29–52) . London: Bloomsbury.

Veblen, T. (1953) . *The theory of the leisure class*. New York, NY: New American Library.

Waugh, C. F. (1999) . "Well-cut through the body": Fitted clothing in twelfth century Europe. *Dress, 26* (1) : 3–16.

第 4 章
中世纪晚期

约 1300—1500 年

中世纪晚期服饰资料来源的种类和质量

中世纪服装廓形的变化以及影响这些变化的社会因素

中世纪晚期男性和女性的服装风格的异同

中世纪晚期服饰为人所知的名称

欧洲中世纪晚期（1300—1500 年）的标志是贸易、商业和工业的复兴，促进了城市地区的繁荣和人口数量的增长。随着财富的增加，不仅王室和封建领主，富裕的城镇居民也能买得起一些奢侈品。纺织品成为一种重要的贸易商品。随着阶级差异减少，越来越多的人能够买到并穿上时尚服装，人们对时装的兴趣比以前更加明显。从这一时期起，时尚变化显著，变化速度加快。

历史背景

随着中世纪君主对政权实行集中统治，贵族和骑士的权力逐渐下降。14 世纪之前，封建主义开始衰落，因为国王找到了新的收入来源，即向城市和城镇征税。战争的变化也加速了装甲骑士的衰落。15 世纪，火药和大炮的出现（见图 4.1）使步兵比骑马的装甲骑士更具优势，同时也结束了中世纪城堡提供的安全保护。

当国王为王国制定法律和秩序时，贸易和商业仍在继续复兴，且更加资本主义化。商人阶级变得更有影响力，这使他们受到新统治者的欢迎。绝大多数人口由农民、临时工、磨坊主、面包师、牲口贩子和家庭佣人组成。在战争时期，他们的身份就会转变为国王的步兵。

图 4.1　对英法百年战争中大炮运用的描绘。（图片来源：De Agostini/Getty Images）

图 4.2　主教（左图）华丽的服装和修士（上图）颜色、剪裁简单，布料粗糙的服装。主教可以通过仪式上戴的法冠或头饰来识别。（图片来源：5.2a The Print Collector/Print Collector/Getty Images; 5.2b Universal History Archive/Getty Images）

　　城镇商业活动增加，吸引了大批寻找赚钱机会的农民进城。这些新的城镇居民，如果具备才华，并能抓住机遇，就可以提升自己的社会地位。因此，14 世纪中期以后，农村地区的人口开始下降。城市的人口越多，时尚传播的速度就越快，因为居民和来访的外国人可以观察和模仿最新的风格。人们可以向商旅购买时装、织物和装饰品，在城市中心可以向当地人购买，或者自己制作。

　　在 14 世纪早期，暴雨和寒冷天气破坏了农作物的生长，造成饥荒，人口数量因此减少。因饥荒而减少的人口又遭逢"黑死病"，这是一场于 1348 年席卷了整个欧洲的瘟疫，并在 14 世纪和 15 世纪反复发生。这种毁灭性的疾病夺去了欧洲三分之一的人口，劳动力变得稀缺，这为下层工人提供了新机遇。

　　中世纪后期的社会可以分为三个阶层：贵族、商人和农民，神职人员是一个独立的群体（见图 4.2）。

　　勃艮第公爵的宫廷以其华丽的服装而闻名。公爵及其家人、侍从所穿的服装在这一时期的编年史中有详细的描述，并由当时的艺术家加以绘制。"大胆"菲利普（Philip the Bold）公爵穿的一些服装反映了勃艮第服饰的昂贵。他的一件猩红色男紧身上衣据说装饰着 40 只用珍珠拼成的羔羊和天鹅图案。

　　当时甚至头饰也可能相当极端。1420 年，一份关于"好人"菲利普（Philip the Good）服装的清单提到一顶饰有孔雀羽毛、花朵和金片的丝绸制帽子。14 世纪末，勃艮

图 4.3　15 世纪的婚宴。新娘站在桌子中间，穿着王室女性的传统服装；坐在她旁边的女性戴着高高的"尖塔垂纱女帽"，穿着典型的 15 世纪晚期女式长袍。侍者身穿宽肩夹克和袜类，脚穿长尖头鞋。主持婚礼的男性年纪比较大，穿着比较保守的衣服和一件短奥布兰袍（houp-pelande）。（图片来源：Heritage Images/Getty Images）

第女性采用了一种高大、夸张、尖顶状的高帽，一些服装历史学家称之为"汉宁垂纱女帽"（hennin，即尖塔垂纱女帽，见图 4.3）。"汉宁"一词源于一个古老的法语单词，意为"不便"，当然一顶一码高的尖顶帽子肯定是个相当麻烦的东西。一些作者认为"汉宁"并不是一个时尚术语，而是用来嘲笑这种极端风格的词。禁奢令规定了这些帽子的尺寸大小。公主可以戴一码高的尖顶头饰，而贵族女士戴的帽子不能超过 24 英寸高。尖塔垂纱女帽可能是受奥斯曼土耳其女性的高顶头饰、勃艮第和法国尖顶头饰的影响发展而来的。

勃艮第公爵及其随从会前往欧洲其他地方参加王室婚礼、葬礼、会议和其他活动，因此其他欧洲人会效仿他们服饰的风格。这类旅行也意味着勃艮第服装是用从欧洲各地进口的织物制成的。他们的存货清单上有来自意大利的丝绸、佛兰德斯的羊毛和德国的毛毡。

这一时期服装的色彩和华丽不仅源于色彩鲜艳、头饰奇特的王室服装，也来自从属的贵族和仆人的服装。国王、公爵和封建领主开创了向家中男女赠送罗布长袍或服装的惯例。法语中表示"分发"意思的是"交付"（livraison）一词，分发的物品被称为"利

全球联系

日本的家族纹章或徽章，与欧洲纹章产生的时间大致相同。纹章可能起源于衣服上用来区分个人或表示所属家族的织物图案。由于封建主义在西欧和日本盛行，因此这两个相距遥远的地区发展出一套相互独立却相似的世袭象征体系并不令人惊讶。与欧洲一样，日本纹章在盔甲被淘汰后保留了下来，并在今天广泛使用。

（图片来源：Werner Forman/Universal Images Group/Getty Images）

图 4.4　虽然这幅画描绘的是第一次十字军东征的人物，但从左边的男性穿的杂色服，右边的女性穿的奥布兰袍和戴的头饰，可以确定这幅画创作于 15 世纪。（图片来源：© DeA Picture Library/Art Resource, NY）

弗里服"（liveree），在英语中被称为"利弗略制服"（livery）。最后，这个词开始用来指仆人的特殊制服。然而，在 14 世纪和 15 世纪，不仅是仆人，宫廷官员、王后或公爵夫人的侍女也穿利弗略制服。侍女虽然服从王后或公爵夫人的意愿，但并不是仆人，而是作为王后的侍从生活在宫廷的出身高贵的女性。

　　分发的服装上装饰着与贵族或其家族相关的纹章（heraldic devices）或特殊图案和符号（见图 4.4 及"全球联系"）。为了创造出独特的图案，人们把不同颜色的织物缝在一件衣服上。以这种方式装饰的衣服被称为"多彩服"（mi-parti）或"杂色服"（parti-colored），甚至有些异色袜类一只就有四种不同的颜色。这些划分可以反映家族之间的婚姻关系，甚至代表一个城市的颜色。异色效果也运用到了男女服装上。

商人阶级的服饰

　　商人形成了一种中产阶级，他们不是贵族，但比农民富裕得多。商人的妻子管理家庭，不用自己做家务。如果她要符合该阶级的女性行为标准，那么她应当举止谦虚谨慎，不能穿奢侈的服装。一个被称为"巴黎老爷子"（The Goodman of Paris）的老丈夫娶了一个 15 岁的妻子，他给妻子写了一本指导手册，教她如何管理家庭，其中甚至还包括了一些食谱。"时代评论 4.1"中，就是这位老人给妻子在户外穿着和举止提出的建议。

然而，并不是所有的商人都同意这位丈夫的说法。一些商人通过给自己和妻子穿奢华的服装来炫耀财富。这一时期颁布了大量的禁奢令，证明富裕市民越来越倾向于模仿贵族的穿着。禁奢令试图规定哪些人可以穿戴哪些面料、毛皮、颜色和装饰品。例如，从大约 1450 年英格兰国王爱德华四世时开始，就颁布过一套禁奢令，其内容就是针对不同的人，根据他们的财产和等级（地位），规定他们可以穿的奢侈服饰，并警告说违反禁令将导致整个国家走上毁灭、陷入贫困的严重后果。然而，人们依然经常违反禁奢令。根据 15 世纪早期的诗人克里斯汀·德·皮桑（Christine de Pisan）的描述，农民的妻子经常打扮成工匠妻子的模样，伯爵夫人则效仿王后的打扮，人们经常穿高出自己等级规定的服装。

农民的服饰

中世纪绘有插图的祈祷书通常描绘的是工作中的农民（见图 4.5）。丈夫和妻子肩并肩地在地里干活——播种、收割、剪羊毛等。妇女还会在家里照料孩子，准备简单的食物。房子一般有两三个房间，家具包括实用的桌子、长椅或凳子、柜子或橱柜和床。

农民们日常穿朴素实用的衣服，很像中世纪早期男性的服装：一件自家制作的束腰外衣，束有腰带，御寒的长袜和斗篷，以及木屐或厚重的靴子，夏季防晒的帽子或冬季防寒的兜帽是工作日穿的服装。农民的妻子在紧身上衣外穿一件长袍，搭配一条宽松适度的裙子。之后会穿上围裙防止衣服沾上污垢。裙子可以塞进腰带，露出里面的女式宽松内衣，特别是在野外工作时，长裙会妨碍行动。

尽管大多数农民是贫穷的，生活拮据，但也有比较富裕的，甚至非常富裕的。当然，穷人只能穿粗布，这些布料要么没有染色，要么用现成的天然染料染色，如蓝色染料菘蓝。在节日场合，农民穿的服装在剪裁上多少有些富人服装时髦线条的影子。

图 4.5　农民在收割粮食，上层阶级在一旁观看。来自一本描述农业技术的手抄本插图，法国，约 1470 年。（图片来源：The Morgan Library & Museum/Art Resource, NY）

织物和裁缝

虽然纺车逐渐取代了纺锤和捻线杆，但织布技术并没有发生重大改进。中世纪早期的纺织制造业继续加速发展，"包买"（putting out）制度成为纺织业正规的运营方式。商人成了纺织工人的中间人：他把纤维卖给工人，买回成品布，再把布卖给漂洗工，然后再买回来。商人安排工人给织物染色，然后将最后的成品卖给在贸易博览会上展出织物的代理商。

裁缝要经历一段漫长而严格的学徒期后，才能熟练地制作服装（见图 4.6），诸如套袖、斜切袜类和通过三角布拼接织物的发明让紧身衣的制作成为可能。人们会裁剪和缝制复杂的服装，这种服装样式易于辨认，也会在追求更时尚的外观时抛弃这些服装。裁缝越来越多地使用纽扣，这让穿脱紧身衣变得容易。

各门类工匠各司其职：裁缝制作服装，专业内衣生产商制作修女披巾和面纱，靴匠、鞋匠制作靴子、鞋子。随着新元素的出现和现存风格变体的增加，除服饰外，头饰、配饰和其他装饰物也在加速变化。

图 4.6　14 世纪后期的一家裁缝店里，挂着五颜六色的帽子、袜类和织物。中间的裁缝正在检查顾客的衣袖。另外两个坐着的工人正在缝衣服。（图片来源：Snark/Art Resource, NY）

材料和颜色的多样性十分可观。织物从土耳其和巴勒斯坦进口，在欧洲各地交易。皮草既可用作装饰，也可用作衬里。法国国王"高大者"腓力（Philip the Tall）不太铺张浪费，但他在三个月内用了 6364 张灰色松鼠皮给自己制作毛皮长袍。

服饰研究的信息来源

艺术史料

研究这一时期的服装历史学家可以获得的资料来源比早先时期更丰富多样。世俗的浪漫故事和宗教作品，如《圣经》和祈祷书，都是手写而成，并配有色彩鲜艳的微型彩绘插图。这些微型画从日常生活角度描绘了浪漫故事、《圣经》或教会历史的场景。不幸的是，这些平面艺术作品往往只能展示服装的正面。艺术家也可能用衣服来展示人物的性格，例如有美德的人会穿过时的衣服，罪恶的人穿高级时装等。

哥特式教堂外立面上的石雕、贵族的墓葬、教堂的彩绘木雕都展示出服装的立体形态（见图 4.7）。然而，人去世后建造坟墓的情况也很普遍。

现存的服装和编织挂毯是另一种服装史料来源。不幸的是，这一时期的衣物只有少数留存下来，比如 14 世纪下半叶

图 4.7　法国兰斯的哥特式建筑入口。（图片来源：Courtesy Vincent R. Tortora）

法国贵族布洛瓦的查尔斯（Charles of Blois）穿的棉夹衣（pourpoint，一种男式夹克）或大约 1476 年勃艮第公爵"大胆"查尔斯穿过的夹克。

文献史料

在法国和英格兰，王室每年都会盘点礼物清单或购买服装。这些清单描述了制作服装所用的织物及成本。历史学家通常可以从这些名单中确定某种风格出现的时期。正如道德家和神职人员对男女服装的谴责一样，遗嘱和婚礼合同里也有关于服装的描述。

许多 14、15 世纪的文学作品保留了下来（其中许多作品仍有待翻译成现代英语）。这些作品有时会提到服装，提供有价值的信息，特别是与服装有关的态度或习俗。乔叟的《坎特伯雷故事集》详细描述了上、中、下层阶级的衣着——每个朝圣者的经济和社会地位都可以通过对衣服的材质、颜色、图案和装饰的描述传达出来。例如，对商人的描述是这样的："他戴着一顶佛兰德斯比弗帽，他的靴子抠地很紧。"

1450 年，约翰·古腾堡（Johann Gutenberg）发明了西方活字印刷术，对历史产生了深远的影响。在此之前，所有书籍的制作都必须通过手工刻字或手工印刷完成，这是一个费力且昂贵的过程。新的印刷方法大大降低了书籍制作的成本，书籍更容易买到，阅读书籍的人也因此变得多起来。西方活字印刷术的发明为大批量生产书籍奠定了基础，增加了时尚和其他信息的传播（见图 4.8）。

相似的术语被用在不同的服装上，因此服装名称的确切含义仍然存有疑问。判断书写材料的年代也可能是个问题，因为一些作者会大量地借用一个半世纪以前的原作内容进行书写。

时尚变革明显

虽然人们可以在中世纪早期看到富人追赶时尚风格的例子，但到 15 世纪末，主要的服装风格周期性地发生变化，那些有能力追赶时尚变化的人穿着当下流行的

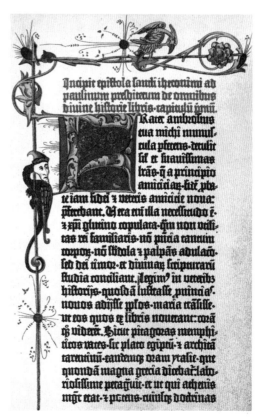

图 4.8 古腾堡《圣经》中的一页。（图片来源：Photo12/Universal Images Group via Getty Images）

服装，这些都变得明显。服装的细节处于不断变化的状态，而服装廓形的大改动大约每 50 年才发生一次。

14 世纪的服饰

在 14 世纪的前 40 年里，男性的服饰风格和前一个世纪的差不多。这些是宽松亚麻布衬衣（见图 4.20）和亚麻内裤之类的内衣物，以及带外套（内束腰衣）的无侧边外套（外束腰衣）。1340 年左右，男性的服饰风格发生了显著变化。短裙一向是农民服饰的一部分，现在则是各阶层男性的时尚单品。许多早期服装（棉夹衣、柯特阿迪外衣 [coat-hardie]、奥布兰袍）经过修改后有了新的样式并开始被人们使用。

男性服饰

◆ 服装

棉夹衣也被称为"男紧身上衣"或"基蓬衫"（gipon）。这种紧身上衣无袖，前襟有填充物，起源于军队的服装。在世纪之交之后，普通士兵只穿有衬垫的衣服作为盔甲，比如在盔甲下增加衬垫或者在盔甲外穿上衬垫的衣服。1340 年左右，男性开始穿一种有袖的棉夹衣作为平民服装，搭配一副袜类。

有袖棉夹衣穿在衬衣外面，裁剪紧贴，衣服的前部用系带或紧密排列的纽扣闭合。系带或领结以小金属尖端或"针点"（points）结束，缝在棉夹衣的下侧。这些点将袜类与棉夹衣相连接；这样，衣服就相接有序（pour les points），或"按点排列"。

棉夹衣的领口是圆形的。袖口贴着手臂，并在手腕处装有纽扣（见图 4.9）。棉夹衣和其他服装的特点是圆袖（set-in sleeve）。早期的束腰外衣被裁剪成 T 形，袖子是服装主体的延伸部分。为了在穿盔甲时保持腋下的宽松度，袖子必须分开裁剪再缝到束腰外衣上。这些圆袖使得手臂的运动更灵活，在战斗和生活中都是一个优势。根据范布伦（van Buren）的说法，因为制作棉夹衣的布料比以前的外套和无侧边外套少，因此棉夹衣可以更加详细地展示昂贵的织物。

一开始，棉夹衣穿在另一件衣服下，不系腰带，但在 1350 年以后，棉夹衣经常被穿在最外面，并且系着腰带。14 世纪下半叶，棉夹衣变得越来越短，几乎不能覆盖臀部。有些袖子长及指关节处。在英语中，"男紧身上衣"取代了 1400 年后的"棉夹衣"一词。穿着守旧的男性会继续在长外套上穿无侧边外套。

柯特阿迪外衣穿在棉夹衣外，衣身合体，长度较短，无袖或有袖。康宁顿（Cunnington）提供了有关 14 世纪上半叶英格兰柯特阿迪外衣的全面描述。腰间合身，开合有扣子；腰下呈宽松裙状，前部打开，通常及膝长。袖子是柯特阿迪外衣的主要特

图 4.9 画面上描绘了短男紧身上衣和棉夹衣，展示了来自奥地利施蒂利亚州的《基督受难》（The Passion of Christ）的细节，约 1400 年。从左到右的第二个人穿着杂色服，用系带系紧。右边的一个男性袜子还没穿上，露出了宽松亚麻内裤。他的男紧身上衣纽扣解开着。（《基督受难记》双联画，奥地利施蒂利亚州，15 世纪，木板上的金箔蛋彩画，45.7cm×27.0cm。图片来源：The Cleveland Museum of Art, Mr. and Mrs. William H. Marlatt Fund 1945.115）

点。袖子前面长及肘部，后面则悬挂短垂布或长布带。人们通常在柯特阿迪外衣的臀部位置上系腰带（见图 4.10）。长腰带末端以垂饰结束，短腰带是由带装饰扣的金属板制成的。14 世纪下半叶，纽扣从脖子做到下摆，而不是从脖子延伸到腰部，而且衣服长度变短。肘部处的垂布变长变窄。

衣服的边缘、袖子的垂布，甚至帽子，通常剪裁成尖的或方的荷叶边，这被称为"剪边法"（dagging）。剪边的图形甚至可能与树叶相似，比如橡树叶。剪边法适用的材料包括丝绸、毛皮、杂色拼接织物，甚至皮革镶边（见图 4.11）。那个时期的德育作家，如威廉·兰格伦（William Langland）在 1378 年左右的《农夫皮尔斯》（Piers Plowman）中谈到"那些热爱世俗和购买剪边法服装的人"时，把剪边法与轻浮联系在一起。

1359 年，法国王室的服装采购清单中首次提到了奥布兰袍。这种服装传到英格兰似乎稍晚一些。很明显，奥布兰袍源自穿在棉夹衣外的男子家居便服，肩膀处合身，之后衣身变宽，成深管状褶皱或打褶，再用腰带固定住（见图 4.11）。奥布兰袍是由四块长布料缝合在两侧、前部中间和后部中间处缝制的衣服。底部的接缝有时会留一段空隙形成通风口。这种风格特别适合用厚织物制作，如天鹅绒、缎子、花缎、锦缎和羊毛织物。奥布兰袍经常是饰有毛皮装饰的，款式有短款、长及大腿款或长款（在仪式场合中穿）。一种长及小腿肚的奥布兰中长外衣在 15 世纪出现。大多数款式都有高立式衣领，环绕着脖子。衣领边缘可能做有剪边法，或异色内衬。奥布兰袍最初的袖子是漏斗形的，上边缘到手腕处，下边缘最长的一直垂到地面。袖口也可以做剪边法或者或异色衬里。

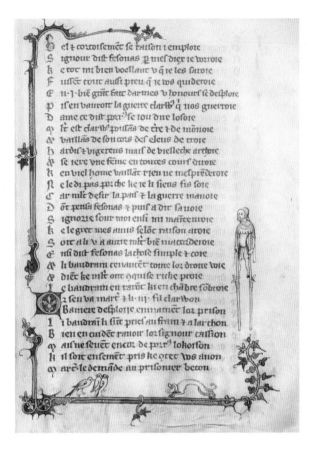

图 4.10 踩着高跷的男性穿着一件柯特阿迪外衣，头上戴着一顶沙普仑头巾，带有长长的利瑞皮普垂布，垂在后背。手抄本插图中经常用游玩场景或生活中其他方面的有趣人物来装饰，比如这个踩高跷的男性。（图片来源：The Morgan Library & Museum/Art Resource, NY）

在户外，人们继续穿着男子带袖长外衣、带软兜帽外套以及各式斗篷和披风。出现了几种新的款式，包括豪西外衣（houce）或豪斯外衣（house）。据法国人描述，这是一件宽裙大衣，有袖子，有两个扁平的舌形翻领。它似乎是男子带袖长外衣的法式变体，也有舌形垂布（见图 4.12）。另一种新款式是紧身胸衣（corset）或圆披风（round cape），在右肩上用扣子固定在右肩上，右手臂能自由行动，有的用链子或丝带在前部中间扣紧。圆披风的长度从大腿中间到覆盖全身的都有。有些披肩前襟是排扣。在 14 世纪中叶以后，许多齐肩长的短披肩的边缘做有剪边法。

◆ 头发和头饰

头发长度适当，在耳朵下面。男性通常将脸部刮得很干净。在 14 世纪上半叶，帽子的样式几乎没有改变。压发帽依然存在。沙普仑是一件连兜帽披肩，挂着细长的布带，长布带被称为尾状长飘带、科尔内垂布或女式长披肩（tippet，见图 4.10）。这一风格及其变款一度十分流行。新的变款包括一种圆形低冠帽，帽子前端的帽檐细长而尖，以及一种圆顶高冠帽——帽檐小而卷或者往上翻。

在 14 世纪下半叶，帽子的样式变得更加多样化和富有想象力，一些帽子上装饰着锦缎、花色帽穗和羽毛装饰。通过改变佩戴方式，沙普仑转变成头巾似的风格。脸部开口的部分在头部周围，披肩在一边，尾状长飘带在另一边，这两者都可能打褶或绑在不同的位置。

◆ 鞋类

袜类在颜色上可以与其他衣服形成对比，两条腿也可以穿不同颜色的袜子（见图

图 4.11 所罗门教的王室信徒。图中有各式奥布兰袍，最左边的奥布兰中长外衣（衣服长度到小腿肚），中间的剪边法袖子的款式，还有大型的袋形袖。最右边的男性似乎穿着一件毛皮衬里胡克服（huke）。（图片来源：The Morgan Library & Museum/Art Resource, NY）

4.9）。有时人们穿皮革底的连脚袜，代替穿鞋。下层社会的男性穿长筒袜，长度到膝盖或小腿以下。

　　鞋子完全覆盖了脚或直接用带子缠在脚踝上。在 14 世纪末，人们又开始穿一种细长的、夸张的尖头鞋，称为"普廉尖鞋"（poulaine）或"裂纹鞋"（crackowe，见图4.13）。法语名称来自波兰，英文名称来自波兰当时首都克拉科夫的名称。尽管这一时期所有的鞋子都是尖头造型，但只有贵族和富人才穿这种夸张的鞋子。正如一位作家所说，"裂纹鞋代表着一种等级徽章，这标志着这个人日常生活中不需要从事体力劳动"。法国人、英格兰人、葡萄牙人和西班牙人都效仿了这种风格，但它从未在意大利大肆流行。到 1410 年，普廉尖鞋已经过时，但到该世纪后期，这种风格重新流行起来。

　　紧靴和宽松的靴子长度从脚踝到小腿长的都有，骑行穿的靴子长度达到大腿。由于天气街道变得泥泞时，工人阶级的男性会穿木屐。

图 4.13　皮革普廉尖鞋，制作于 1370—
1500 年。鞋头可以通过塞满苔藓或羊毛
来保持形状。（图片来源：V&A Images,
London/Art Resource, NY）

◆ 配饰

除了柯特阿迪外衣的腰带外，有些腰带还挂着匕首或用来携带珍贵物品的口袋（见图 4.14）。现在所有阶级的人员都戴手套，手套经常做有翻边，一些更加精致的则有刺绣。

女性服饰

◆ 服装

女性穿的衣服有很多层。最贴近身体的是亚麻布内衣；接着是一件合身的长袍，之后再穿一件合身长袍。服装的面料通常更丰富，设计也更具装饰性。在这基础上，还会再披一件斗篷或披风。相似的服装因产地不同而有不同的名称。14 世纪上半叶服装的变化主要集中在衣服的合身程度，衣服在上半身与躯干紧密贴合，下半身则向外展开，形成一条宽松的裙子（见图 4.14）。外层的束腰外衣或无侧边外套是有袖或无袖的。

到 14 世纪下半叶，女性露出了肩膀和领口。一种传统的法国王室女性服装形成。从那时起直到中世纪末期，在绘画或雕塑中，这种服装的穿戴者是法国王后或公主。服装的主要特点是：

◎ 长袍（gown），裁剪合身，长长的紧袖。

◎ 无侧边外套，低领口，露肩，衣服下边缘为圆形镶片，法语中指"胸饰"（plastron）或胸布，延伸到臀部，是裙子与一条环绕臀部的宽带连接的地方。

◎ 裙子，又长又宽，要提起来才能行走。

◎ 一排垂直的装饰胸针，被称为"本赞特装饰"（benzants，黄金制成的饰品），装饰在胸部前襟（见图 4.15）。

14 世纪以来，女长袍的袖子样式发生了变化。在 14 世纪早期，外束腰衣的袖子比内束腰衣更窄更长。大约在 1300 年，艺术家记录了外束腰衣的袖子微微加宽，袖子以

图 4.14　《做弥撒的巴特勒家族》（*The Butler Family at Mass*），约 1340 年，展示了这一时期夫妻的典型穿着——毛皮装饰的紧身服装。男子的腰带上插着一把短剑。主持弥撒的高级神职人员穿着当时的宗教服装。（图片来源：Photo Acquired by Henry Walters）

小尖端结束。随着时间的推移，这些尖端逐渐变长，最终形成"女式长披肩"，或狭长的袖子延伸部分，经常在带灰白图案的白鼬毛皮衣服上出现。白鼬毛皮是一种松鼠毛皮。

　　女性也穿奥布兰袍和柯特阿迪外衣。不过，直到 1387 年后女性才开始穿奥布兰袍，并在 15 世纪得到充分发展。这些女式奥布兰袍通常前身直至脖子都是封闭的，衣身很长，在胸部下系腰带。英格兰和意大利版本的女柯特阿迪外衣领口低而圆，袖子到肘部并垂下一段花边或织物长饰带，称为"垂襟"（lappet），有的袖子做有不同颜色的衬里（见图 4.16）。

　　披风、斗篷和带软兜帽外套能够保暖。冬天的衣服常做有毛皮衬里，尽管禁奢令试图根据人们的社会地位规定可以用于衬里或装饰的毛皮种类。例如，白鼬皮毛和一种类似白鼬皮毛的"白貂皮"（lettice）是专为贵族女性所用的，而下层阶级只能使用狐狸、水獭和兔子的皮毛。王室女性在国事场合穿仪式用的披风，通常敞开或在胸前扣着。

◆ 头发和头饰

　　发型和头饰最初的设计在宽而不在高。女性的头发通常遮盖在面纱下或用发网罩住。如果看得到头发，头发一般是编成辫子，或者盘绕在耳朵周围（14 世纪上半叶），或者留着与脸的垂直方向平行排列的发型（见图 4.14 和 4.15）。

　　在 14 世纪上半叶，带头带的女式亚麻头饰逐渐被淘汰。修女披巾继续被使用了一

图 4.15　1388 年的手抄本插图，中间人物是英格兰的伊莎贝尔王后，她穿着传统的王后服装：紧身外套外穿无侧边外套。紧身上衣上有胸饰或胸布，装饰着垂直排列的胸针或本赞特装饰。在左边，国王理查二世从作者那里收到了一份诗人弗罗瓦萨特（Froissart）编年史手稿的副本。伊莎贝尔的兄弟、法国国王查理六世向伊莎贝尔王后和爱德华王子致意，王后牵着爱德华王子的手。爱德华王子穿着像成人。伊莎贝尔王后身后的人物穿着一件长奥布兰袍，袖子极长。插图中的其他男性穿着各种式样的男紧身上衣和长袍。（图片来源：The Morgan Library & Museum/Art Resource, NY）

段时间，但到 14 世纪末，只有寡妇和宗教成员才会佩戴。头带变得更窄，系在一个称为"饰网"（fret）的发网上。

面纱通常用头带或花冠固定，不像早期那样包裹紧密。有一款面纱的特点是在靠近脸部的部分打褶，在脸的顶部和两侧形成一个框架。王室女性的金属头带，做成小王冠或王冠的形式（见图 4.16），是各种面纱的重要配饰。1372 年的法国王后库存中拥有 60 个这样的花冠。在旅行和户外活动时，女性会戴与男性类似的带边帽或兜帽。

◆ 鞋类

长筒袜到膝盖处，并在膝盖处系紧。虽然女鞋与男性的相似，但女鞋的鞋头没有像男性一样拉长，大部分隐藏在长裙下面。

◆ 珠宝和配饰

具体的珠宝包括项链、手镯、耳环、戒指、装饰胸针、珠宝腰带、纽扣和披风扣。富有的女性还会戴手套。

◆ 化妆品和美容

14 世纪晚期，宽而高的额头成为一种时尚，可以通过修剪眉毛和前额周围的头发获得。虽然染发并不常见，但有些人会把头发染成金色，偶尔也会有关于"脸部彩绘"的记载。薄荷和没药制成的漱口剂用来治疗口臭甚至牙龈疾病。在"时代评论 4.2"中，意大利作家萨凯蒂（Sacchetti）对 14 世纪的时尚颇有怨言。

15 世纪的服饰

本节描述的 15 世纪风格代表了欧洲北部地区，特别是法国和英格兰的服装风格。

法国和英格兰的风格各不相同。这些差异不仅由于英格兰的织物种类

图 4.16　约 1400 年，所罗门接见希巴女王的手绘插图。（图片来源：Mansell/Mansell/The LIFE Picture Collection via Getty Images）

较少，还在于这两个国家社会组织的差异。法国宫廷和勃艮第附近的宫廷为服装展示提供了舞台，这在英格兰是没有的。埃文斯（Evans）指出，英格兰保持着较低的奢侈标准，因为上层阶级的生活是建立在乡村的城堡生活基础上，而不是建立在温莎或威斯敏斯特的宫廷上。英格兰的时装给人印象不太深刻，变化速度也比较慢。

男性服饰

◆ 服装

1410 年之后，棉夹衣被穿在内衬衫外、夹克下。普尔波万夹克是 15 世纪时被称为"达布里特"（doublet）的男紧身上衣。上衣很短，很少有到大腿处，有些时候会延伸到腰部以下一点。棉夹衣的袖子和衣领经常是唯一能观察到的部分。这种情况下，袖子和衣领是用装饰性的织物制作的，而普通的、不太昂贵的织物则用于制作服装的其他部分。15 世纪末出现了可拆卸袖子。

覆盖身体下半部分的袜类几乎整体都暴露在外面。袜类有了新的结构，可与现代紧身裤媲美。人们会在裤子胯部缝一个布袋用于容纳生殖器，名叫"兜裆布"（codpiece），用系带穿过男紧身上衣下边缘和袜类上边缘的一系列小孔眼将两者系紧。系带由皮革制

14 世纪的时尚

意大利作家萨凯蒂描述了 14 世纪末期的时尚。

还有什么比穿着这种袖子或他们更愿意称为大麻袋的衣服更可怜、更危险、更无用的时髦呢？他们每次举起酒杯或喝一口酒时，都会弄脏袖子和桌布，因为他们经常弄倒桌上的酒杯。许多年轻人也穿着这种宽袖，但更糟糕的是，甚至连吃奶的婴儿也在穿这种衣服。女性戴兜帽，穿斗篷。大多数年轻人外出时不穿斗篷，留着长发；他们只需放弃马裤，接着就能放弃任何他们可以脱掉的衣物。真的，这些服装如此无用，放弃它们很容易。他们穿着紧身长筒袜，手腕上挂着许多织物。袖子厚重，他们用来做手套的布料比做兜帽的要多……上帝给了我们自由的双脚，然而许多人却不能行走，因为他们的鞋尖太长了。上帝创造了有关节的腿，但许多人用绳子和鞋带把腿绑得僵硬，几乎无法坐下。他们的身体缩得紧紧的，胳膊上缠着一绺布，脖子缩在兜帽里，头缩在一种睡帽里，整天都觉得他们的头好像被锯掉了。描述女性的服装远没有尽头，考虑到她们从头到脚的奢侈服装，以及她们每天如何上屋顶装扮头发，有些人把头发做得卷曲，有些人则做得平滑，有些人则漂白头发，所以她们经常死于感冒。

资料来源：Ross, J. B., & McLaughlin, M. M.（1977）. *The portable medieval reader*. New York, NY: Penguin Books, pp. 168-169.

成，皮革上有朴素的或装饰性的金属尖端。

在 15 世纪前三分之二的时间里，奥布兰袍一直是男性的重要服装。15 世纪中叶以后，在英格兰则被称为长袍或罗布长袍。这个词经常在查理七世统治时期出现，查理七世于 1461 年去世。但 1470 年后法国的王室账目中就再没出现过这个词了。

奥布兰袍贴着肩部穿，从肩部往下衣身宽松。从 1410 年到 1440 年，服装有各种宽松度，在衣服的前面、后面和侧边间隔地打等量的褶皱（通常是两个）。1440 年以后，衣服的宽松度集中表现在前面和后面；衣服的两侧不打褶。虽然奥布兰袍前部封闭，但一般看不到系带或扣子。图 4.11 中的奥布兰袍展示了长款到大腿中部的变短款式（奥布兰中长外衣，见图 4.17）。

袖型有宽敞开放式也有做袖口的。开放式的款式包括宽漏斗形袖子（1450 年以前一直很时髦）和素色圆柱形袖子，通常用异色织物做衬里，并向上翻折。封闭式的款式包括"风笛袖"（1410 年后非常流行），在肩膀处开始变宽，在拉紧的袖口下形成一个宽松的袋式垂袖。垂袖流行于 1445 年以后，小的褶皱增加了袖帽的高度。袖子有些收窄，沿着手臂到手腕逐渐变细，垂袖在手腕处要么宽松要么收紧。穿戴者将手臂穿过肘部上方的开口，然后袖子的其余部分垂在手臂后面。冬天穿的奥布兰袍做有毛皮衬里。装饰从剪边法到刺绣都有。这些服装都是由彩色的、有图案的梭织织物制成的。

15 世纪早期，短款奥布兰袍或另外一种被称为"夹克衫"（jacket）的短上衣逐渐取代了柯特阿迪外衣（见图 4.18）。在15 世纪上半叶的英格兰，"夹克"和"柯特哈迪"这两个词是互换使用的；1450 年后，"柯特哈迪"一词不再使用。在法国，"普尔波万"这个词仍然用来指代英格兰人所说的"夹克"。

15 世纪的夹克衫在功能上与现代的西服夹克有些相似（但剪裁不同），不过男性通常会将其与袜类搭配，而不是长裤。除了披风或斗篷，夹克衫是穿在上身的最外层的衣服。夹克衫最受欢迎的长度是刚好覆盖臀部。在其他款式中，裙子长及大腿中部。虽然短的奥布兰袍不再流行，但夹克衫仍然是必不可少的服装。

夹克衫的前后都有垂直褶皱，肩膀处衬有垫子。夹克衫通常没有衣领，脖子处呈圆形但脖子前后呈浅 V 形，或者剪裁成深 V 形直至腰部，再用系带固定在一起。

夹克衫的袖子样式很多。在各种各样的袖子类型中，有从肩膀处逐渐收窄到手腕的袖子、在手腕处聚集成腕带的宽松袖子、袖口翻折的宽松管状袖子，以及垂袖。到 15 世纪末，人们可以通过袖子上的部分切缝（slashes）看到男紧身上衣或衬衫的内袖（见图 4.18）。

虽然在外观上类似于短奥布兰袍，但是夹克衫上衣与奥布兰袍的结构不同。夹克衫的腰部有一条接缝，将上衣和裙子部分连接起来，这是奥布兰袍所没有的，而

图 4.17　1435—1440 年的挂毯。男款奥布兰中长外衣展示了各种各样的袖子结构，包括那些开缝的袖子，手臂可以放在窄缝里，让袖子垂在后面。女式长袍上有 V 形翻领。男女服装上都可以使用有精致图案的织物。（图片来源：CM Dixon Print Collector Getty Images）

图 4.18　这幅 1480 年的法国手抄本插图描绘了各个阶层男性的穿着。左下角的士兵似乎穿着带衬垫的夹克上衣。罪犯在处决时只穿了宽松亚麻布内衣。时髦的绅士穿着裁剪风格多样的长袍和夹克衫。（图片来源：The Morgan Library & Museum/Art Resource, NY）

图 4.19 扬·范·艾克（Jan Van Eyck）创作的意大利阿尔诺菲尼及其新婚妻子的肖像画，展示了勃艮第佛兰德斯的时尚。阿尔诺菲尼穿着一件皮毛衬里的胡克服。在画的最左边有一双木底鞋放在地板上。（图片来源：Universal History Archive Universal Images Group via Getty Images）

且夹克衫下面的裙子从臀部开始就变得宽大了。

斗篷或带兜帽的宽松披风是工人主要的户外服装。上流社会的男性喜欢胡克服。像外套和无侧边外套一样，最初穿在盔甲外。造型似圆领斗篷式上衣，肩部合拢，两侧开缝。短款的胡克服在前部开有窄缝，方便骑行。胡克服穿时可以不系腰带、系腰带或将腰带穿过身前然后在身后垂着，胡克服在 20 世纪上半叶比在 20 世纪下半叶更流行（见图 4.19）。披肩和与夹克衫长度相当的各种短披肩也是男性户外服装的一部分。

◆ 头发和头饰

男性留着一种经常被服装历史学家描述为"碗状短发"（bowl crop）的发型，因为它的形状很像一只碗倒扣在头顶上。在此发型下，男性把脖子上的毛发刮得干干净净。15 世纪中叶之后，短发型有所改变，1465 年之后更长的发型取代了短发型，类似于现在的"侍童式发型"（pageboy，直发末端向下翻卷）。脸部一般都刮得很干净。

压发帽逐渐消失，但神职人员和医学等职业人员还会佩戴。除了在乡下，披风式兜帽已经过时，尽管许多帽子灵感来源于沙普仑帽和尾状长飘带。"塔糖帽"（sugar loaf hat）因其与生产和销售糖果的方式相似而得名，通常戴在头顶中央（见图 4.25）。帽子由织物、稻草和毛皮制成。

◆ 鞋类

大多数男性更喜欢穿袜类来遮住腿部。连接式袜类占主导地位，但单独的袜类也继续被使用。用皮革鞋底制成的连接式袜类在室内和室外都可以穿。袜子通常染以明亮的颜色，多数都染成异色（见图 4.9）。

绘画中显示的袜类可能非常贴合腿部，但这种描绘可能是一种艺术惯例，因为这一时期的袜类是由梭织布（通常是羊毛）制成的，剪裁偏向获得更大的弹性。袜类在背面缝起来。直到 16 世纪，针织袜类才取代了梭织布袜类。早在 1519 年，英格兰城市诺丁汉就有针织长筒袜的记录，但最古老的长筒袜针织工行会直到 1527 年才在巴黎成立。下层社会的男性穿长及膝盖或小腿的长筒袜。

鞋类头部都是尖尖的，有些带有夸张或细尖的鞋头。整个 15 世纪，鞋子的长度有增有减。在最初的十年里，鞋子虽然有着尖尖的鞋头，但相对较短；15 世纪中叶以后，细尖的普廉尖鞋被重新使用，一直到 1480 年左右，鞋型开始变圆。长而尖的鞋头通常塞有填充物，变得坚硬；有些尖鞋头甚至卷了起来。和 14 世纪一样，这种极端的风格仅限于富人。在鞋子侧边系带或搭扣可以使鞋子更合脚。

木底鞋（pattens）是一种木制厚底鞋（上层阶级有时用皮革制作），通过系带固定在鞋子上，以便在恶劣的天气中保护鞋子。日常穿着中，靴子紧贴腿部，长至小腿处，并用鞋带系紧或用搭扣扣紧。15 世纪上半叶，人们在骑马时穿的长靴长至大腿，靴子顶部做有外翻边，15 世纪下半叶成为普通人的时尚装束。

◆ 配饰

配饰包括珠宝衣领、剪边法、口袋或钱包、手套和装饰性腰带。15 世纪上半叶，腰带是男性最重要的财产之一，剥夺男性的腰带象征着对男性的一种羞辱。15 世纪下半叶，腰带不再是服装中必不可少的一部分。礼仪书籍会告诉人们恰当的打扮和得体的举止。

女性服饰

因为风格变得更加多样化，相同的服装在不同的国家有不同的名称，术语变得有些混乱。和以前一样，女性倾向于穿亚麻布内衣和一到两层的外衣。

◆ 服装

女性穿在最里面的衣服在英语中被称为"司马克罩衫"（smock）或直筒式衬衣（shift），在法语中被称为"女式宽松内衣"（见图

图 4.20　一幅罕见的描绘了穿宽松亚麻布内衣的男女人像，保存在一件 1550—1575 年间的挂毯上。女子的女式宽松内衣在脖子和袖窿处都有刺绣，男子的服装则在袖窿处刺绣。（图片来源：Image copyright © The Metropolitan Museum of Art. Image source: Art Resource, NY）

4.20）。在奥地利东蒂罗尔的伦伯格城堡，来自因斯布鲁克大学的研究人员发现了四种与现代文胸相似的亚麻纺织品。根据研究人员的说法，中世纪的文字资料有时会提到"胸部用的袋子"，或者"有袋子的衬衫"。放射性碳定年法表明这些衣服可以追溯到 15 世纪。

女式奥布兰袍一般都很长，腰带束在略高于腰线的地方。肩线柔美自然，但其他方面的裁剪与男式奥布兰袍的相似。这些服装的衣领风格包括高立领（通常在前面打开，形成一种状如翅膀的效果），或者是在圆形或 V 形领口周围的翻盖式平领。袖子的变款包括异色内衬或毛皮内衬、垂到地面的大型漏斗状袖子；风笛袖（bagpipe sleeve）；素色管状袖在袖口翻折，以显示异色翻边；或者垂袖，通常是管状的。

英格兰人用"长袍"来形容女性的服装，法国人把这种衣服叫作"外套"。人们有时会穿两件长袍，一件穿在另一件上。长袍也会与无侧边外套一起穿。在英格兰，人们的穿衣风格通常不像法国那样暴露，女性穿带女式长披肩或饰有狭长织物带的柯特阿迪外衣。法国上流社会的女性穿低领长袍，突出腹部、乳房和斜肩的紧身上衣和宽松的长裙（见图 4.22）。孕妇的造型很常见，通过强调体型和与肚子相适应的过量织物来表现。服装的袖子从肩膀到手腕可能都很贴身，除此之外，垂袖十分宽松，呈漏斗状。

长袍的式样是在 15 世纪下半叶发展起来的。柔软而丰满的褶皱取代了僵硬的管状褶皱，这种管状褶皱不再出现在女性服装上。紧身上衣演变成深 V 形，有时延伸到腰部，有时未到腰部。V 形边缘翻折成翻边衣饰（revers，把镶片翻折露出底边）。翻边衣饰通常做有异色衬里或毛皮衬里。裙子很长，有裙裾，女性走路时必须把裙子提到前面，防止踩到裙身。裙子边沿通常是用做翻边衣饰的织物制成。V 形深度一般要达到能够在紧身上衣放入遮胸小布片或胸兜。腰间围一条宽而硬的腰带。

这些服装的早期式样中，紧身上衣的剪裁柔和丰满，并用腰带别住（见图 4.23）。随着款式的发展，剪裁变得更加合身，紧身上衣也更加贴合身体（见图 4.24）。当 V 形翻边衣饰是从肩膀处开始时，女性会披挂一块透明的亚麻织物，并在领口、肩膀和后背处用扣针将其固定在服装上。如果仔细观察这个时期的一些佛兰德斯肖像画，你会发现艺术家经常暗示这种织物的存在，有时还会在紧身上衣前面描绘出扣针。

洛克服（roc）是一种宽松的长袍。这种式样比较少出现，在佛兰德斯人和德国人的绘画中似乎最为常见。紧身上衣的领口呈圆形，在上衣前后的正中间有一连串的碎褶或褶皱。这件衣服不系腰带，用柔软的织物制成，宽松地垂到地面。袖子要么长而紧身，要么是短袖。如果是短袖，这件长袍就会穿在一件长袖的内衣外。虽然这件长袍经常出现在西欧的绘画中，但很少有服装历史学家会讨论它。甚至连"洛克"这一名称也可能是惯用术语"佛若克外衣"（frock）的另一种形式。

天气不好时人们会穿带兜帽的斗篷。开放式披风通常穿在配套的长袍外面，用缝条在前面系紧。

图 4.21 布兰袍的正面和背面。在法国布尔日大教堂的雕像上，可以清楚地看到长袍的褶裥、敞开的垂袖和宽大的腰带。（图片来源：Courtesy Vincent R. Tortora）

图 4.22 在这个订婚场景中，新娘穿的是当时常见的低领紧身衣。跪着的女子穿着一件柯特阿迪外衣，短袖上垂下白色毛皮制的女式长披肩。新娘的后面和最右边的女子穿着较为保守的奥布兰袍。（图片来源：Buyenlarge/Getty Images）

◆ 头发和头饰

　　未婚女孩、新娘和加冕典礼上的王后可以露出头部和头发。所有其他可敬的成年女子都用头巾遮住头部。通过拔掉头发形成的高而平滑的额头仍然很受欢迎；因此，当时流行的奇特的头饰边缘处几乎看不到头发。在画作中描绘有头发时，一般出现的都是金发和红发女子。

　　在 15 世纪上半叶，头饰很宽。各种结构的装饰被放置在头上，包括一种帽状网，覆盖头部，并延伸至头部两侧以支撑脸部两边的卷发。无论是内部还是外部支撑，头饰通常有衬垫，像两个角一样。面纱经常覆盖在整个头饰上。

图 4.23　与图 5.11 所示 15 世纪下半叶的式样相比，1449 年左右的女式长袍在剪裁和合身程度上呈现出细微的变化。后来的式样裁有贴身的袖子，裙子不太宽松。这幅图中，珠宝商的服装剪裁简单，没有过多装饰，与顾客时髦的皮草镶边夹克衫形成鲜明对比。（图片来源：Fine Art Images Heritage Images Getty Images）

在 15 世纪下半叶，头饰变得更高，也更奇特。头饰的大小和形状不等，从四五英寸高的平顶或高顶无边帽，到后来被称为尖塔垂纱女帽的足有一码高的大型锥形尖顶帽（见图 4.25）。后一种款式的帽子仅在法国和勃艮第地区使用。头纱的理想状态是透明薄纱状的，用扣针别在头饰上。

◆ **鞋类**

长筒袜穿到膝盖处，系在腿上。鞋子合脚。虽然鞋头是尖的，而且有些长，但是女性的鞋子没有采用一些典型男性鞋子那样的夸张细尖鞋头。天气不好的时候，女性会穿木底鞋（见图 4.19）。

图 4.24　15 世纪下半叶穿着各种风格服装的女子。这些服装，包括宽松的长袍、经常出现在佛兰德斯或德国绘画中的洛克服。其中两位人物将长袍的裙摆提起，这样可以露出底下异色织物制成的衬裙。（图片来源：Fine Art Images Heritage Images Getty Images）

图 4.25　手抄本插图描绘了 15 世纪下半叶男女的头饰。中间的女子戴着一顶高而尖的尖塔垂纱女帽，最右边的女子戴着一顶布尔雷帽。底排中间的男子戴着一顶塔糖帽。（图片来源：Bildagentur-onlineUniversal Images Group via Getty Images）

◆ 配饰

配饰包括珠宝、手套、口袋、钱包和束腹腰带。领口变低，项链愈发重要。

14—15 世纪的儿童服饰

有证据表明，在整个中世纪，除了婴儿时期，儿童都穿着和成人一样的时装。婴儿从头到脚包裹在亚麻布制的襁褓里。人们相信襁褓可以防止孩子在长大时变畸形。

在最初的四五年里，男孩女孩都穿着宽松的长袍。王室孩子的服装都是用精心装饰的昂贵布料制成的。当孩子们长大到可以离开儿童房并参与到家庭工作或其他活动时，他们会被打扮成小大人的模样（见图 4.15）。

男孩的束腰外衣通常比成年男性的短一些，当然，除了在男性夹克衫变得极短的时期。女孩们总是穿着长袍。

女孩和妇女在着装上的主要区别在于头饰方面。年轻姑娘结婚前外出时不用遮盖头发。

过渡仪式的服装

许多社会为重要的过渡仪式指定了专门的服装。在西方社会，这些仪式通常与宗教仪式有关，如洗礼、婚礼和葬礼。婴儿的洗礼是大多数基督徒的孩子经历的第一个仪式。从清单中可以看出，人们在洗礼中使用了特殊的亚麻布面纱，尽管其确切用途尚不清楚。在中世纪后的几个世纪里，富裕家庭和上层阶级家庭可能会用毛皮镶边的披风包裹新生儿。皮蓬尼尔（Piponnier）和马内（Mane）指出，没有与婚礼相关的专门服装；婚礼中珠宝更重要，尤其是腰带、戒指和胸饰（胸针）。在一些地区，新娘似乎一直穿着红色服装（见图 4.3 中的新娘，该图描绘了婚礼宴会的场景）。

直到 15 世纪末期，丧礼的仪式变得更加固定和复杂后，才有了专门的丧礼服装。到了 14 世纪中期，黑色（或指当时的深褐色或深棕色的布料）在当地被认为是悲伤的象征。以前，人们只需要穿一件深褐色的衣服和一件带有黑色兜帽的普通颜色服装。吊唁者不需要长期穿着黑色或深褐色的服装。14 世纪的一位母亲在儿子去世后穿黑色衣服，当时是秋天，但到了第二年春天，她就又穿上了色彩鲜艳的服装。

然而，寡妇的服装受传统的束缚较多。在 15 世纪，俗世中的女性放弃了修女披巾，寡妇戴面纱成为一种传统。失去亲友的妻子也会避免使用明亮色调的服饰，她们在日后的生活中经常采用紫罗兰色和灰色等色调。

人们认为男性在服丧期间穿短的棉夹衣或夹克衫是不合适的，此时穿的罗布长袍必须是黑色长款。在法国，男女都要穿带兜帽的长斗篷服丧。大人物的仆人在主人过世后会收到这些黑色服装，仆人会穿上它们为主人服丧。

职业服装与特殊场合服装

学生服

中世纪末期，一些过去的时髦服装变成了职业人士或特定人群的传统服装。在 15 世纪，学生仍然穿着外套和无侧边外套，尽管当时已经不再流行这些服装。多年以来，这类长袍的变款流传下来，仍然是学生和教师在毕业典礼上穿的正式学术服装。

军装

在 14 世纪和 15 世纪，由大型坚硬金属板制成的盔甲逐渐取代了中世纪早期的锁子甲。这一转变首先是腿部、肘部和膝盖处坚固金属防御物的发展。到了 14 世纪 30 年代，士兵们普遍采用了这些防御物。随后，保护躯干的坚固装甲开始发展。这是一种内衬金属板的布料或皮革服装，被称为"板甲服"（coat of plates）。

大约在 1350 年，骑士在穿盔甲前，会先穿上紧身的衬衫、宽松亚麻内裤和袜类。骑士的胳膊和腿被金属保护物覆盖。然后，他会穿上一件名叫"软铠甲"（gambeson）的棉甲，再穿上锁子甲（或者被称为"短鳞甲" [haubergeon] 的锁子甲）。接着是板甲服，最后外面是一件无侧边外套，束腰，佩有剑带。作战时，骑士会戴上头盔和一副金属手套或防护手套。

板甲服，实际上是一种金属板衬里的紧身无侧边外套，前面敞开并用搭扣固定。正如尼克尔（Nickel）指出：

> 在金属板盔甲出现之前，骑士用他们的左
> （盾）面朝向敌人。甚至在盾被抛弃之后，这种做
> 法仍在继续；骑士也经常在左侧用长矛和剑冲击
> 敌人。为了使出这些重击，左板必须与右板重叠。

他总结道，将男士夹克衫左侧部分扣在右侧上面的做法可能源于这种服装结构。

到了 1400 年，头盔的形状变得更圆。头盔仍然覆盖着整张脸，但通常有一个铰接的面罩：一种可以打开的面罩。擅长制造盔甲的工匠根据各自的技术，制造了各种式样的头盔。盔甲在尺寸、形状和各部分的构造上也存在明显的局部差异（见图 4.26）。

胸甲和后背甲用来保护胸部和背部，从盔甲到完整的装甲服装，这是一个合理的设计，可以用来保护身体的所有区域。直到 15 世纪下半叶，盔甲都是穿在短鳞甲外面的，当时锁子甲被加固的外衣取代——一种用锁子甲制作衬垫的外衣，穿在没有被保护到的身体部位。

大约在 1420 年以前，锁子甲外面通常会穿一件无袖衬垫夹克衫。但从那以后，士兵就很少在"白色"锁子甲或高抛光的金属锁子甲外穿衣服，除圆领斗篷式上衣或胡克服外。士兵可以通过圆领斗篷式上衣或胡克服的颜色或装饰来识别穿戴者身份。

图 4.26　全套铠甲，德国，15 世纪。在没有金属板覆盖的地方起保护作用的是锁子甲。（图片来源：Rogers Fund, 1904/The Metropolitant Museum of Art）

服装版型概览图
中世纪晚期的服装

约 1300—1340 年

男性：外套和无侧边外套，除军人外都穿长款。女性：长款外套和无侧边外套。男女服装基本没有差异。

约 1340—1400 年

男性：短款、紧身的服装（棉夹衣、男紧身上衣），搭配袜类。长款服装，如奥布兰袍，仍然会用于某些场合。女性：紧身长袍。男女服装差异明显。

约 1300—1340 年

女性：无侧边外套，穿在合身长袍外。男性：柯特阿迪外衣是工人的重要服装。

约 1400—1450 年

男性：短上衣（男紧身上衣、夹克衫），与袜类搭配。这些服装还在继续变短，有的只到腰部。

约 1400—1450 年

奥布兰袍有长款、及小腿肚长款和短款。女性开始穿奥布兰袍。柯特阿迪外衣不再流行。

约 1400—1500 年

女性：合身的长袍。男女服装差异明显。款式的具体细节仍在继续变化。

约 1450—1500 年

女性：V 领长袍十分流行，变得更合身，紧身上衣更加贴身。宽腰带。整体款式没有太大变化，除了一些合身程度、剪裁上的细节变化。

约 1450—1500 年

男性：夹克衫与袜类搭配，肩部变得异常宽大。长袍也有宽大的肩部。

章末概要

男女服装的新廓形，以及男女服装之间更多的区别突显了性别差异。在 14 世纪初，男女都穿外套和无侧边外套，尽管合身程度不同，但基本结构差异不大。到了 14 世纪下半叶，男性开始采用短款服装，穿棉夹衣和袜类。这些款式从军装演变而来。与女性飘逸的长袍相比，男性服装体现了男女之间的社会角色差异——男性外出劳作，女性居家服务。许多历史学家指出，中世纪晚期的女性失去了在中世纪早期所享有的许多经济和社会特权。在早期，由于许多女性早逝，育龄女性对社会的贡献更大。

中世纪晚期的一个重要主题是时尚，因为 14 世纪和 15 世纪的服装款式变化迅速，是该时期的标志。从男性穿的各式服装可以看出人们愈加重视时尚服装，首先是外套和无侧边外套，然后是柯特阿迪外衣或棉夹衣，接着是长款或短款的奥布兰袍，最后则是夹克衫（见"现代影响"）。女服方面，相似的时尚变化先是体现在长袍和无侧边外套上，然后是柯特阿迪外衣或合身长袍，再是奥布兰袍，最后是 15 世纪下半叶的高腰带合身长袍的流行，以及头饰风格的大量变化。

中世纪后期经济的变化增强了人们对时尚服装的兴趣。经济繁荣使得越来越多的中产阶级，尤其是商人阶层，能够购买时尚服装。社会阶层的主题表现为贵族想要将自己与新兴富人阶层和下层阶级区分开来，他们颁布禁奢令来限制人们穿戴奢侈的服装，但历史学家认为这些法律往往被人们所忽视。贸易增加是这一时期经济更加繁荣的原因之一。贸易将世界各地的织物引入西欧的人口聚集地。这些织物种类繁多。由于能够买到这些织物，这一时期上层阶级服装精致华丽的造型成为可能。

纺织制造业的变化不仅使纺织贸易更加繁荣，而且也让时尚原材料变得多样化。裁缝具备了裁剪和缝制越来越复杂服装的技能。

现代影响

托里·伯奇（Tory Burch）2014 年秋冬系列女装与中世纪晚期的男装更相像。衣服为对襟式样，长及大腿，荷叶边袖口，配一条金色腰带，让人联想起 14 世纪后期的男性服装。马匹的纹章图样也让人联想到中世纪时期。

（图片来源：Giannoni/WWD/© Conde Nast）

中世纪晚期服装风格的遗产

　　早期风格的复兴有时是为了陈述一种哲学理念,而不是要精确再现早期风格的服装。19世纪下半叶,就有几个艺术家团体试图重新引起人们对中世纪风格的兴趣。这些艺术家认为中世纪时期服装的制作工艺要优于维多利亚时期。他们试图复现自己认为的早期优秀服装设计,在中世纪和文艺复兴服装风格的基础上设计非常宽松的服装。

　　20世纪的时装设计师经常在早期的服装风格中寻找设计灵感。紧身裤是20世纪后期风格中与中世纪服装相似的例子,它做外衣穿,经常与长毛衣或夹克搭配。20世纪40年代的帽子设计师以中世纪的兜帽为基础进行设计创作。异色设计,在20世纪末和21世纪被称为色块,周期性地出现在设计师的作品中。

主要服装术语

风笛袖(bagpipe sleeve)　　　　　　奥布兰中长外衣(houppelande à mi-jambe)

本赞特装饰(benzant)　　　　　　　胡克服(huke)

碗状短发(bowl crop)　　　　　　　夹克衫(jacket)

板甲服(coat of plates)　　　　　　垂襞(lappet)

紧身胸衣或圆披风(corset/round cape)　白貂皮(lettice)

柯特阿迪外衣(cote-hardie)　　　　　利弗略制服(livery)

裂纹鞋/普廉尖鞋(crackowe/poulaine)　多彩服/杂色服(mi-parti/parti-colored)

剪边法(dagging)　　　　　　　　　侍童式发型(pageboy)

男紧身上衣(doublet)　　　　　　　木底鞋(pattens)

饰网(fret)　　　　　　　　　　　胸饰(plastron)

佛若克外衣(frock)　　　　　　　　针点(points)

软铠甲(gambeson)　　　　　　　　棉夹衣(pourpoint)

基蓬衫(gipon)　　　　　　　　　　翻边衣饰(revers)

长袍(gown)　　　　　　　　　　　洛克服(roc)

短鳞甲(haubergeon)　　　　　　　圆袖(set-in sleeve)

尖塔垂纱女帽(hennin)　　　　　　　塔糖帽(sugar loaf hat)

纹章(heraldic devices)　　　　　　女式长披肩(tippet)

豪西外衣/豪斯外衣(houce/house)　　菘蓝(woad)

奥布兰袍(houppelande)

问题讨论

　　1. 14和15世纪服装的主要资料来源是什么?为什么服装历史学家获得的这些时期的资料比中世纪早期的资料更多?现有资料的优势和劣势是什么?

2. 仔细考虑中世纪后期服装的变化，解释廓形的变动和细节部位的变化之间产生的频率差异。

3. 是什么原因使中世纪晚期服装的性别差异比中世纪早期更加明显？

4. 服饰的名称通常与它们的功能、外观或其他特征有关。列出一些具有这些特点的14、15世纪的服饰名称，并描述它们与功能、外观或其他特征的关系。

5. 经济学家托斯坦·凡布伦认为，通过"炫耀性消费"（即穿戴显著的昂贵衣服）和"炫耀性休闲"（穿着表明一个人不需要辛勤工作），服装成为一种显示身份地位的方式。有哪些14、15世纪的服装体现了"炫耀性消费"和"炫耀性休闲"？

参考文献

Chaucer, G. (1903) . *Canterbury Tales*. New York, NY: Thomas Y. Crowell & Co.

Cunnington, C. W., & P. Cunnington, P. (1952) . *Handbook of medieval costume*. London: Faber and Faber.

Friedman, J. B. (2013) . The iconography of dagged clothing and its reception by moralist writers. In R. Netherton & G. R. Owen-Crocker (Eds.) , *Medieval clothing and textiles* (pp. 139–160) . Woodbridge, UK: Boydell Press.

Gies, F., & Gies, J. (1994) . *Cathedral, forge, and water wheel*. New York, NY: HarperCollins.

Hogarth, F., & Pine, L. G. (2019) . Heraldry. Retrieved from https://www.britannica.com/topic/heraldry /The-scope-of-heraldry

Inal, O. (2011) . Women'sfashions in transition: Ottoman borderlands and the Anglo–Ottoman exchange of costumes. *Journal of World History, 22* (2) , 243–272.

Jirousek, C. (1995) . More than oriental splendor: European and Ottoman headgear, 1380–1580. *Dress, 22* (1) , 22–33.

Medieval lingerie discovered. (2012). *iPoint—University News*. Retrieved from http://www.uibk.ac.at/ipoint/news/2012/buestenhalter-aus-dem-mittelalter.html.en

Nickel, H. (1991) . Arms and armor from the permanent collection. *Metropolitan Museum of Art Bulletin, 49* (1) .

Netherton, R. (2005) . The tippet: Accessory after the fact? In R. Netherton & G. R. Owen-Crocker (Eds.) , *Medieval clothing and textiles* (pp. 115–132) . Woodbridge, UK: Boydell Press.

Piponnier, F., & Mane, P. (1997) . *Dress in the Middle Ages*. New Haven, CT: Yale University Press.

Pointer, S. (2005) . *The artifice of beauty: A history and practical guide to perfume and cosmetics*. Charleston, SC: History Press.

Scott, M. (2011) . *Fashion in the Middle Ages*. Los Angeles, CA: Getty Publications.

Van Buren, A. H. (2011) . *Illuminating fashion: Dress in the art of medieval France and the Netherlands, 1325–1515*. New York, NY: Morgan Library and Museum.

第三部分

文艺复兴时期

约 1400—1600 年

	15、16 世纪	15 世纪晚期	约 1500 年	1509—1525 年
时尚与纺织品	文艺复兴时期的肖像画是了解服装的资料来源	作家推荐黑色作为宫廷服装的颜色 威尼斯女性的服装与意大利其他地方的风格不同	中世纪服装风格的转变 	西班牙服装风格影响了整个欧洲，查理五世被选为神圣罗马帝国的皇帝（1519 年）
政治与矛盾	美第奇家族在战争与和平年代统治着佛罗伦萨 			亨利八世成为英格兰国王（1509 年） 苏莱曼大帝开始统治奥斯曼帝国（1520 年）
装饰与艺术	在美第奇家族的赞助下，艺术繁荣发展 	米开朗基罗出生（1475 年）		列奥纳多·达·芬奇在法国逝世（1519 年）
经济与贸易	大航海时代 威尼斯是与亚洲贸易的主要港口		意大利的纺织品制造技术生产出精美的丝绸织物，这些织物流通于整个欧洲	
技术与创意		列奥纳多·达·芬奇出生（1452 年）		
宗教与社会	宗教人士主张对穷人行善			马丁·路德开始与罗马天主教会辩论，印刷术刺激了宗教改革运动（1517 年）

1525—1550 年	1553—1575 年	1575—1600 年	1603 年
法国的凯瑟琳·德·美第奇将意大利风格带到法国宫廷（1547年）		流行在腰部周围放置衬垫，使腰部以下的裙子变得更宽	
亨利八世去世，他的儿子爱德华成为爱德华六世（1547年）	伊丽莎白一世在玛丽·都铎去世后继位（1558年）	西班牙人失去了对荷兰的控制 纳瓦拉的亨利成为法国国王亨利四世（1589年）	英格兰伊丽莎白一世逝世（1603年）
	米开朗基罗逝世（1564年）	莎士比亚开始创作戏剧（1588年）	
葡萄牙水手开启欧洲与日本的首次接触（1543年）			
尼古拉斯·哥白尼出版了《天体运行论》（1543年）			
	爱德华六世逝世，信奉天主教的玛丽·都铎继位（1553年）		

文艺复兴大约始于14世纪中叶的意大利，一直持续到16世纪末。确定艺术和服饰时期的年代必然具有主观性，因此在本书中1400—1600年被划定为文艺复兴时期。虽然这种划分是区分不同时期的有用工具，但引领意大利文艺复兴风格首次繁荣的思潮和艺术趋势实际上出现在14世纪前，也就是中世纪晚期。服装和艺术时期不仅没有整齐、明确的时代划分，而且在世界上不同的地方，开始和结束的时间也不同。当欧洲其他国家沿着中世纪衍生的政治、经济和艺术路线进一步发展时，一种新的生活观念在15世纪的意大利开始出现，并从那里传播到欧洲的其他国家。

文艺复兴时期的艺术、建筑、纺织品、服装、音乐、文学和哲学风格继续影响着西方文化。莎士比亚和克里斯托弗·马洛（Christopher Marlowe）的戏剧仍在上演，博物馆庆祝文艺复兴时期的绘画，音乐会演奏文艺复兴时期的音乐，文艺复兴时期的纺织品设计经常出现在挂毯、家具装饰织物或墙纸设计中。文艺复兴时期的家具和建筑风格重新流行，这种复兴仍会继续下去。"文艺复兴人"这个词仍然用来指那些有教养、有学问、有天赋的人。

图III.1　这个盒子制作于1560—1570年间，装饰着丰富的刺绣和用银镀金线制作的梭编蕾丝。（图片来源：V&A Images, London/Art Resource, NY）

问题思考

完成第三部分各章节的学习后，回答以下问题。

1. 第5章展示了服装日益国际化的方式。描述使得这种跨文化影响发生的具体传播形式和技术。

2. 装饰艺术和国际影响对文艺复兴时期的服装尤为重要。艺术的哪些方面影响着当今时尚？如何影响当今的设计师和消费者？

第 5 章
意大利
文艺复兴时期

约 1400—1600 年

"文艺复兴"的定义以及文艺复兴对服饰的影响

经济发展、纺织品生产和购买行为对意大利服饰的影响

意大利文艺复兴时期服饰资料的种类和质量

意大利文艺复兴时期工人阶级和上层阶级着装的异同

意大利文艺复兴时期服饰受到的外国影响

历史背景

在文艺复兴时期，意大利不是一个国家，而是一个由许多小城邦组成的地理区域，大多数城邦都由一位有权势的君主统治。这些君主有时是古代贵族家族的成员，有时是雇佣军领导（雇佣军事指挥官接管他们所保卫的城邦的政权），有时是富裕商人家族的成员。这些商人在政治上和经济上都取得了领导地位。

幸运的是，许多统治者都会委托艺术家创作艺术品作为一种展示财富的方式，这样就促进了艺术的发展。他们穿着奢华昂贵的衣服，而描绘或雕刻他们肖像的艺术家将这些衣服的细节展现得淋漓尽致。

文艺复兴时期的意大利人口分为贵族、商人、工匠和艺术家、城镇劳动者和乡村农民。有些家庭拥有来自土耳其或俄国的奴隶，大多数是从事家务的女性。

在大多数意大利城邦中，贵族家庭中的男性构成了统治阶级。然而在一些地区，商人获得了巨大的权力和政治控制权，他们通常会通过与贵族家庭结亲来获得更多的尊敬。在这些家庭中，由儿子继承家族财产。即使女孩没有兄弟，她也只能得到家族财产的一小部分，而大部分财产则要传给她的叔伯。家庭会为适婚女儿准备足够多的嫁妆上，以此让女儿嫁个好人家。当一个家庭生了很多女儿时，她们中的一些会被送到不需要嫁妆的修道院去。像卡特琳娜·斯福尔扎（Caterina Sforza，约 1463—1509年）这样的女性，她统治并保卫了弗利镇，先后抗击了刺杀丈夫的刺客及其他敌人，这是文艺复兴时期社会框架之内的一个例外。

在一些城镇，即使富有的商人也被认为地位低于贵族，但在佛罗伦萨和热那亚则不是这样，那里的统治家族都是商人。商人的儿子接受教育，最终会接管家族生意。很多家族生意都与纺织工业有关——纺织、染整或布料贸易。甚至连银行家最初也是布料贸易商。

工匠生活得很好，比无一技之长的劳动者要幸运，后者往往难以养活自己和家人。处于社会底层的是农民，他们作为佃农耕种地主的土地。他们不仅要依赖天气，而且生产生活也时常被军队破坏，这些军队为争夺某个城镇而不断地破坏农村。

尽管经济困难，许多下层社会的人在衣着上还是试图模仿上层社会的人。在英格兰、法国、西班牙和意大利等地，曾颁布过大量的禁奢令。一位文艺复兴时期的作家总结了绅士的得体行为："每个人都应该根据自己的年龄和社会地位得体着装。如果他不这样做，这将被视为对他人的蔑视。"禁奢令规定了个人可以获得的服装数量，以及可以使用的布料和装饰类型。虽然禁奢令没有持续对实际着装产生多大影响，但它们确实指出了服装能够体现身份地位的作用。

意大利文艺复兴时期的纺织业

文艺复兴初期，意大利纺织品在整个欧洲被广泛使用。生丝经热那亚和威尼斯从亚洲进口，以供应主要的纺织中心城市博洛尼亚、佛罗伦萨、热那亚、威尼斯、米兰和锡耶纳。在 16 世纪，丝绸织造在佛罗伦萨、里昂、图尔以及德意志地区发展起来。羊毛和丝绸是意大利的主要织物。丝绸、羊毛、棉花和亚麻布用于制作意大利的服装。

一份对 1400 年左右普拉托市的羊毛贸易组织的描述中简要概述了当时的纺织品生产系统。企业家提供资本并控制生产。洗涤工和梳棉工为其准备纺纱的纤维。那些纺纱线的人将准备好的纱线放进织布机，而织布工几乎都是在家工作的女性。染布工是布料行会的成员，受企业家的控制，而完成缩呢、剪裁、修补和折叠的整理工有自己的车间和工具，更加独立。

尽管没有多少文献证据存在，但大多数学者都认为，15 世纪意大利丝绸织物装饰复杂性的增加表明，大约在这一时期丝绸织布机有了改进。文艺复兴时期的画家描绘了许多逼真的奢华织物，人们通过画作就能分辨出织物是缎子、割绒面料、素色天鹅绒或锦缎。这些织物特别适合制作意大利文艺复兴时期的时装，这些时装具有近乎雕塑般的线条。随着不同的行会和贸易聚集在一起，不同的城市因各自的奢侈品而闻名。这些织物中有许多仿制中国、印度或波斯风格的花样和装饰图案，反映了意大利和亚洲之间密切的贸易往来。一些文艺复兴时期的画家被认为曾做过纺织品设计，其他画家则描绘过纺织品的设计草图，将其融入绘画中。

服装制造与购买

户主负责家庭成员的服装，家庭成员通常包括为户主效力的骑士、乡绅、青年侍从、马夫和男仆。女主人必须为她的侍女提供衣服。"意大利套装"（guardaroba）由三件衣服组成：两层室内服装和一件户外披风。每年，意大利的中产阶级家庭都要订购一套新套装。

富人向制作男女服装的裁缝或制作男性紧身上衣的服装制造商订购衣服。14 世纪，裁缝的技能有所提高，掌握了用纽扣闭合服装的技术。客户通常会向裁缝提供面料和装饰物，并说明想要的成衣。

不太富裕的人可能会在家中自制服装，也可能从二手商店或从市场和街道上的卖家那里购买旧衣服。有一些成衣被售卖，包括帽子、手套、亚麻布内衣、颈部服饰和帕特丽特遮胸小衣（partlets，低领袒胸服 [décolletage] 上的遮盖部分），以及珠宝和帽子。服装由于昂贵、有价值且实用，容易遭到偷窃，一些"钓鱼者"会把长杆伸进商店的窗户或门里偷取服装，或从外面晾洗衣服处偷拿。

跨文化影响

在欧洲及世界其他地区进行探险的先驱者及非专业人员，通过印刷出版与服饰相关的书籍，对遇到的异族人进行描述。服装的选择和差异成为这一时期旅行报道的一大特色。尽管他们生活在一个联系日益紧密的社会中，但这些观察家仍常常用自己的道德规范衡量其他人的不同穿着。威廉·哈里森（William Harrison）教士在他的《英格兰描述》（*Description of England*）一书中说道，英格兰人的服装被土耳其人、摩尔人、法国人、西班牙人和"野蛮人"的服装风格所扭曲，甚至丧失了人性。北方文艺复兴时期的荷兰学者德西德里厄斯·伊拉斯谟（Desiderius Erasmus）曾开玩笑说，可以通过一个人的服装来判断他是从国外回来的，因为其着装已经从一个荷兰人变成了法国人。

跨文化接触对时尚产生的最明显的影响可能是上述的精致丝绸织物，这些织物很可能是从亚洲进口的丝绸织物的仿制品。在意大利文艺复兴时期艺术家描绘的肖像画中经常出现的头巾式帽子便是一个例子，这种风格是源自土耳其统治地区（见"全球联系"）。

全球联系

几个世纪以来，奥斯曼帝国的苏丹穆罕默德二世戴的中头巾一直是欧美服饰长达几个世纪的灵感来源。女性的蜂窝状头饰出现在意大利文艺复兴早期的艺术作品中。从威尼斯、热那亚等港口出发的意大利商人来到奥斯曼帝国港口一定看见过这种头巾，因为这是中东男性服装的一种重要元素。为穆罕默德二世画肖像的威尼斯画家真蒂莱·贝利尼（Gentile Bellini）等文艺复兴时期的画家也曾到过中东为奥斯曼帝国的统治阶层创作肖像画。头巾一度被认为是一种流行的头饰风格，后来又不时地出现，成为经典头饰。

（图片来源：DeAgostini/Getty Images）

服饰研究的信息来源

文艺复兴时期的画家以写实的手法作画，这种手法也表现在描绘服装上。艺术家不仅会展示衣服的外部褶皱和悬垂性，还会描绘三角形插片、穿鞋带用的孔眼，甚至一条不合身的袜类上的褶皱。然而，从文艺复兴时期艺术家描绘的某些宗教人物身上服装中得出关于服装的结论时就需要小心谨慎了——圣母玛利亚几乎总是比其他女性穿得更保守，不太时尚，天使们经常穿着文艺复兴风格的希腊希顿外衣。

书面文件，如信件、日记和个人财产清单（如嫁妆），揭示了人们通常拥有的服装数量和种类。第一批关于服饰的书籍是在 16 世纪印刷的。一些书籍描述了当时的服装，

时代评论 5.1
文艺复兴时期得体的宫廷服装

在 1528 年出版的《宫廷》（*The Courtier*）一书中，作者巴尔达萨雷·卡斯蒂里奥内（Baldassare Castiglione）指导读者在文艺复兴时期的宫廷中应如何着装，并指出着装在给人留下印象方面的重要性。

我希望服装在各方面都不要太极端，就像法国人的服装有时过于膨大，德国人的服装有时过于紧身，但意大利人可以修正这两种风格，使它们以一种更好的形式出现。此外，我更喜欢服装显得庄重一点，不要过于浮华。因此，我认为黑色比其他任何颜色都更讨人喜欢；如果不是黑色，那么至少是暗色系的颜色。我指的是普通服装的颜色，因为鲜艳的颜色更适合盔甲，也更适合时髦艳丽、装饰性的节日服装，这些都毫无疑问；在公共场合，如会演、比赛、化装舞会等，也是如此。这类服装如果这样设计的话，就会营造出一种活泼、勇猛的气氛，非常适合战场和比赛。至于其他方面，我希望我们的侍臣在着装上表现出西班牙民族一贯的庄重节制，因为外部事物往往体现了内心事物。

……我认为这在衣着上是很重要的，我希望我们的侍臣着装整洁讲究，端庄且优雅，而不是女性化的或虚荣的时尚。我也不希望人们过分关心某个部分，正如我们看到的大多数人，他们花很多心思打理头发，却忘记了其他事情；有人关注牙齿，有人关注胡子，有人关注靴子，有人关注软帽，有人关注压发帽；因此，他们身上那仅有的些许优雅仿佛是从哪里借来的，其余缺乏品位的着装倒是被认为是他原本的样子。我建议侍臣们要避免这种情况。我还想说的是，他们应该考虑自己想要什么样的外表，希望别人如何看待他，然后进行相应地着装，并确保着装帮助他得到未曾听过他说话或看过他做事的人的重视。

我不是说……仅依靠服装就对人的性格做出绝对的判断，或者男性的言行没有服装重要，但一个男性的着装确实显示了他本人的喜好、想法，虽然有时可能会误导人……

资料来源：Castiglione, B.（1959/1528）. *The book of the courtier*（C. S. Singleton, Trans）. Garden City, NY: Anchor Books. pp. 121, 122–123.

图5.1　15世纪上半叶意大利男女的服装。画中左下角的女性人物穿着奥布兰中长外衣，袖子长而宽松，用异色织物做衬里，袖子边缘做有剪边法。她们戴着高而圆的蜂窝状头饰，这种头饰深受15世纪20年代意大利女性的喜爱。右边和上方是两个穿着有宽松垂袖的及膝夹克衫男性。图片其余部分的男性穿着时尚的服装，穿着各种款式的相同风格夹克衫，戴着各种时尚帽子。修士、牧师和修女都穿着典型的宗教服装。天使穿着源自古希腊和古罗马风格的宽松的束腰外衣。（图片来源：Rogers Fund, 1906/The Metropolitan Museum of Art）

以及一些历史上重要的和外国的服饰，学者们认为这些对服装的描述是不准确的，甚至可能是虚构的。"时代评论 5.1"中有一段对服装的同时代评论。除了服装的图案和如实表现的雕塑，一些实体服装也保留了下来。

1400—1600 年的服饰构成

男性服饰：1400—1450 年

15 世纪上半叶的意大利服装与 1300—1500 年期间欧洲其他地方的服装有许多相同的特点，也有一些不同之处。

许多男紧身上衣与袜类搭配，长及膝盖，不像西欧的那样短。胡克服穿在男紧身上衣外面。无论长短，大多数奥布兰袍都做有漏斗状的宽袖或垂袖。尽管意大利风格的鞋子是尖头的，但它们没有欧洲其他地区那样尖得极端。头发剪短，但是碗状发型在意大利似乎还没有被采用（见图 5.1）。

女性服饰：1400—1450 年

许多女式奥布兰袍有剪裁奇特的袖子。和欧洲其他国家一样，意大利女性流行露出高额头，但与其他国家的女性相比，意大利女性不会完全遮住头发。在 15 世纪中前期，意大利女性的头饰风格是一种大而圆形的蜂巢形帽（beehive-shaped hat，见图 5.1）。这些头部覆盖物与穆斯林头巾相似，可能是受到中东风格的影响。

大约在 15 世纪下半叶初期，意大利服装和西欧服装开始相互背离，16 世纪初出现明显的差异。在法国和佛兰德斯经常穿的 V 领翻边宽领长袍和高高的尖塔垂纱女帽都没有流传到意大利。奥布兰袍被新的、不同的意大利风格款式取代，尽管意大利款式也存在明显的地区差异，尤其是在威尼斯地区。

男性服饰：1450—1500 年

从 1450 年到 1500 年，意大利男性服装的组成部分对我们来说并不新鲜。它们包括亚麻布衬裤、衬衣、搭配袜类的男紧身上衣和外穿的夹克衫。在意大利语中，男式衬衫和宽松亚麻布内衣是一样的，被称为"卡米契亚衬衫"（camicia）。意大利款式在风格上与同时期其他地区的服装有些不同，也有些相似之处。

图 5.2 这名工人为了能行动方便，将夹克衫解开，并褪下袜类。在夹克衫里面可以看到卡米契亚衬衫，在衬衫下的臀部，可以看到短衬裤。宽松的袜类长及膝盖以下，然后在袜类外穿上鞋子，鞋子（可能是皮革的）一直到脚踝处。（图片来源：Arezzo, Church of San Frencesco/© Photo SCALA, Florence）

◆ 服装

衬衫作为贴身衣物穿在最里头，在最外层衣服的边缘或开口处可见。下层阶级男性有时只穿衬衫和衬裤做苦工（见图 5.2）。衬衫由粗糙亚麻布制成，适合下层社会的男性，上层社会的男性则使用精细柔软的亚麻布。袖子和衣身部分一片式剪裁，用"三角形衬料"（gussets，小三角形织物）嵌在袖子下，方便活动。长度有到腰部、臀部或膝盖以上的。该衬衣可以防止外衣被汗水弄脏，人们穿着厚重的外衣时感到更舒适。

男紧身上衣从腰部到臀部以下的长度都有。在较长的男紧身上衣中，有时裁有小裙子。四个接缝（正面、背面和两侧）可以实现紧密贴合（见图 5.3）。男紧身上衣（和夹克衫）通常有一个特别的领口处理，显示了意大利裁缝的高水平技能。在衣服前面，领口似乎没有衣领。在衣服背面中间裁有一个深 U 形开口。在这个 U 形开口中插入一个弯曲的 U 形布片，布片顶部是直的边缘。最后，形成一

图 5.3 各种不同款式的夹克衫、男紧身上衣和袖子。左边的人穿着一件带合身袖的暗红色男紧身上衣，外面是一件绿色夹克衫，垂袖。男紧身上衣的袖子在背面接缝处开衩，开衩的边缘用饰带系在一起。他的卡米契亚衬衫开口处有一条白色细线。他身后的人穿着一件深色男紧身上衣和一件胡克式夹克衫，束有腰带。男紧身上衣的袖子到肘部处的部分是宽松的，袖子在肘部处收拢，与紧贴身体的袖子下部接合，袖子下部用一排小组扣闭合。从井里钻出来的男子穿着一件夹克衫，宽松的袖子收拢以贴合手臂尺寸，逐渐收窄到手腕处。站着的男子在灰色男紧身上衣外面穿了一件胡克式夹克衫。他戴的扁平圆边帽是这个时代的典型帽子，是所有男性的标配。（图片来源：Arezzo, Church of San Frencesco/© Photo SCALA, Florence）

个远离颈部的颈部边缘，一个平滑无褶的男紧身上衣背部，从腰部到颈部都没有运用捏褶或褶裥。

袜类与男紧身上衣系在一起，要么是分开的两片，要么在裤裆处缝在一起。工人和士兵一般穿男紧身上衣和袜类。到 15 世纪末，时髦的年轻人开始穿男紧身上衣和袜类，不再穿外夹克衫。大多数袜类仍然是由梭织织物制成，斜切剪裁。将袜类系带与男紧身上衣系紧，会形成一个平滑的合身的连接部分，但妨碍了身体活动。文艺复兴时期的画家描绘的参加体力活动的男性经常把系带松开，袜类则松垮地挂在身上（见图 5.2）。

大约在 20 世纪中叶，夹克衫十分合身。夹克衫连接着喇叭形裙子，从腰部一直延伸到臀部下面。在 15 世纪下半叶，夹克衫通常在肩膀和上胸部分剪裁合身，抵肩打满褶皱。腰围

图 5.4　《三博士之旅》（*Journey of the Magi*）局部，贝诺佐·戈佐洛（Benozzo Gozzolo），约 1460 年，美第奇王子随行的弓箭手穿着一件绿色的打褶夹克衫。在夹克衫的领口处可以瞧见他的衬衣，还穿着起皱的杂色袜类。
（图片来源：Florence, Palazzo Medici-Riccardi/© Photo SCALA, Florence）

上方蓬松，束有腰带（见图 5.4）。在 15 世纪末，无袖夹克衫看起来很像胡克服，在肩膀处缝合，腋下张开。这种款式的夹克衫宽松，打褶，腰带束或不束都可以。

袖子是意大利风格的特色之一。袖子的结构可能相当复杂。在 15 世纪下半叶，袖子变得更加合身，可以识别出来的袖子类型似乎也有所变化。15 世纪初，袖子被裁成两段。其中一段从肩膀到肘部宽松，还有些蓬松；另一段从肘部到手腕十分贴合手臂。稍晚一些，一片式袖子在肩部宽松，然后逐渐收窄到手腕。甚至在后来，为了更加贴合手臂，袖子整体变窄。如果袖子太紧，就不方便移动，于是会留下一个或多个开口，通过这些开口可以看到里面的白色衬衫长袖。为了便于行动，在衣服的不同的地方会有开口，或者在肘部后面裁出水平接缝（见图 5.3）。

袖子可以缝进男紧身上衣或夹克衫的衣身，也可以绑在袖窿里。然后，将卡米契亚衬衫的织物从饰带之间的开口拉出，形成服装切缝装饰效果。这类袖子可以拆卸下来，成为多件衣服的袖子。

夹克衫的垂袖通常不具备功能，纯粹是装饰性的，更多地出现在正式场合的服装中。带有垂袖的夹克衫穿在男紧身上衣外面，这样男紧身上衣的袖子就可以露出来（见图 5.4）。

图 5.5 《圣安东尼将他的财富分给穷人》（*Saint Anthony Distributing His Wealth to the Poor*），萨塞塔（Sassetta），15 世纪中前期。在这幅画中，穿着长袍、衣衫褴褛的穷人和穿着时髦的毛皮镶边服装的圣徒形成鲜明的对比。孩子穿着成人式服装，不过男孩的裙子比较短。（图片来源：Image courtesy of The National Gallery of Art, Samuel H. Kress Collection. 1952）

国家官员和律师所穿的礼袍（ceremonial robe）通常是穿在男紧身上衣和袜类外面的全长袍，夹克衫是第三层外衣。长袍大部分都做有垂袖。

为了户外使用和保暖，男性穿前开或闭合的披风。披风完全覆盖在夹克衫上，长度与夹克衫的长度相匹配。披风通常有毛皮装饰或异色衬里（见图 5.5）。

◆ 头发和头饰

年轻男性的头发长度适中或稍长，从前面的耳朵下方到大约背面肩膀处逐渐变短。头发可以是直发也可以是卷发。年长的男性把头发剪短。男性一般不留胡子。

在绘画中可以看到各种式样的帽子，包括头巾式、无檐筒状式、柔软或硬无边帽（toque）、翻边软顶或圆顶帽和窄帽。

◆ 鞋类

15 世纪末，尖鞋头开始变圆。当时，皮革鞋和连袜裤是最受男士欢迎的搭配。鞋子十分合脚，开口高度在脚背和踝骨以下。靴子通常是在恶劣天气或骑马时穿的，做有翻边袖口，长度到小腿中部。

女性服饰：1450—1500 年

在意大利文艺复兴时期，女性最常见的服装组合是穿一件女式宽松内衣，外面再穿一件连衣裙，最后是最外层的外衣。在女性服装中，也有大量只穿女式宽松内衣和外衣的着装实例。

图 5.6　意大利女性（约 1450—1465 年）穿着文艺复兴时期色彩丰富、可能是丝绒织物制成的服装。她们的头饰比西欧人的简单。（图片来源：Rogers and Gwynne Andrews Funds, 1935/The Metropolitan Museum of Art）

图 5.7　婴儿出生后的家庭场景，女性穿着各种式样的服装。右数第二位女性穿着简单的连衣裙，披着披风，头上戴着白色面纱。在她的左边是一位时尚主妇，在锦缎披风内穿着一件金色长袍，可以从领口和袖子末端看到里面的金色长袍。从左往右第三个人物是一位年轻女子，穿着一件时髦的蓝色锦缎红花长袍。通过袖子的窄缝可以看到肘部处和手臂下半部分的卡米契亚衬衫。她的粉色锦缎无袖外长袍在侧边打开。手上拿着一块手帕。头发没有遮盖，染着时尚的金色。房间里的其他女性都穿了两层长袍，母亲除外——她穿着朴素的蓝色长袍，领口处可以看到卡米契亚衬衫。奶妈坐在中间，衣服正面全敞开着，方便给婴儿喂奶。在最左边坐着的人物，在手臂下方可以看到用来系紧衣服的饰带。她也穿了一件卡米契亚衬衫，袖子开缝，肘部下方宽松。披风从肩膀滑落到地上，披风的衬里与里面的长袍袖子相匹配。她戴着一顶透明的小帽子，表明她的身份是个年轻主妇。最右端的一位女性，依照习俗带来了佛罗伦萨的水果和葡萄酒作为礼物。（图片来源：Picturenow/Universal Images Group via Getty Images）

◆ 服装

女式宽松内衣或卡米契亚衬衫，是用亚麻布做的。亚麻布的质量随穿着者的身份变化。裁剪的宽松程度与织物的重量相关：剪裁越宽松，织物就越轻薄。卡米契亚衬衫长度及地。袖子一般都很长，有些是连肩式剪裁（接缝在手臂下方延伸到颈部，而不是在袖窿里）。在 15 世纪末期，卡米契亚衬衫领口大部分作为长袍的领口边缘展示出来，并增添精致刺绣、绲边、缩褶绣（smocking）或镶边。虽然卡米契亚衬衫是一种内衣，但在一些绘画中，农妇会穿着卡米契亚衬衫在田地里干活。显而易见，在炎热的天气里，女性在自己房间里也会穿卡米亚契衬衫。

上流社会的女性大量使用华丽的织物制作服装，使相对直线剪裁的服装呈现出华丽的外观。通过对卡米契亚衬衫、连衣裙和外衣的层层细致处理，并为每一层服装选择对比鲜明的织物，从而获得丰富的装饰效果。

没有搭配外衣的连衣裙通常从肩膀到下摆是直线剪裁，在肩部做有一个合身、抵肩式的结构，在胸线上方展开的部分打满褶皱或褶裥。这些长袍一般都束有腰带（见图5.6）。长袍有时也可以是连接在一起的紧身上衣和百褶裙。这些裙子一般通过系带的方式在前面封闭，有时会在侧边封闭（见图 5.7 左下角的女士）。

在 15 世纪中叶，领口通常呈圆形，但剪裁相对较高。到 15 世纪末，领口变低，一些领口呈方形而不是圆形，或者用饰带将深 V 处固定在一起，露出女式宽松内衣的上半部分。

当服装为两层时，穿在里面的衣服通常是缝制在一起的紧身上衣和裙子。衣服十分合身，可以从领口、袖子或外衣的腋下看到里面的衣服。外面的衣服通常裁剪似男式胡克服，也就是无袖，在肩膀处缝合，腋下打开以展示里面的服装（见图5.7）。

女性袖子式样与男性的相似。最常见的款式是肘部以上宽松、肘部以下贴合的袖子，带有展示卡米契亚衬衫开口的紧袖（见图5.8）或垂袖（见图5.6）。

户外穿的披风包括开放式和封闭式两种款式，通常用对比鲜明的织物做衬里，有时会与所穿服装相匹配。一些女性披着一件纯粹装饰性的披肩，系在衣服肩部（但不覆盖肩膀或上臂），形成长长的拖裾。

◆ 头发和头饰

意大利和西欧的头饰有很大区别。西欧女性把头发遮起来，而意大利女性则精心梳理头发，头发精心打理，戴一个具有象征性的头巾，在头部后面嵌一个珠宝发网或一个透明的小面纱（见图5.7）。年轻的女孩发型比较简单，多为披肩式长发。女性在脸的两侧分别留有一绺松散的卷发，然后将其余的头发挽成圆发髻或编成长辫子，或者是辫子、发圈和卷发的精心组合（见图5.8）。

◆ 鞋类

在绘画中很少见到的女性的鞋子，女鞋似乎与男鞋的剪裁相似。

◆ 珠宝

技艺精湛的宝石匠用宝石、珍珠、金和银创造了一些杰作。他们制作项链、耳环、胸针和引人注目的发饰。其中一种特别流行的方法是把金属链或珍珠链戴在前额上，并在前额中心部位镶上珠宝装饰。这条链子被称为"费隆妮叶额饰"（ferroniere，以达·芬奇的肖像画《费隆妮叶夫人》[*La Belle ferronnière*] 命名，画中人物佩戴此种额饰）。

16 世纪的服饰构成

意大利服装的独特性一直保持到 16 世纪中期，之后由于西班牙和法国占领了意大利的大部分地区，服装风格深受这两个大国的影响。威尼斯仍然是独立的，威尼斯人穿着一些独特风格的服装。

男性服饰

◆ 服装

白色亚麻布卡米契亚衬衫的领口和袖口通常做有刺绣。一种黑白相间的西班牙刺绣，特别流行。

男性在卡米契亚衬衫上外穿一件非常合身的男紧身上衣，有时不再穿夹克衫，以形成一种极窄的廓形。这种风格一直持续到第一个十年结束后不久，之后男性的男紧身上衣变得更宽松，尽管宽松度不如法国、英格兰或德国。有些衣服的领口为深方形，以展示有刺绣的卡米契亚衬衫。与欧洲其他地区相比，装饰性长嵌缝，有时是从衣服的窄缝拉出的异色蓬松织物，相对克制。有些夹克衫的袖子很短，刚好在肩线以下，正好使得夹克衫和男紧身上衣的袖子形成对比（见图 5.9）。袜类与男紧身上衣连接，通常带有一个独特的、塞有填充物的兜裆布。

连接式袜类上的兜裆布是使得袜类合身，便于男性"方便"的实用创造。但是到了 1500 年，兜裆布已变得非常庞大，成为一种非常明显的男性服装特征。兜裆布有各种

图 5.8 《比安卡·玛丽亚·斯福尔扎画像》（*Bianca Maria Sforza*），安布罗吉奥·德·普瑞迪斯（Ambrogio de Predis），约 1493 年。头发用珠宝装饰的头巾覆盖，但比西欧人露出更多的头发。她的额前固定着一条深色费隆妮叶额饰。白色卡米契亚衬衫的蓬松部分通过袖子和紧身上衣的饰带开口处，以及紧袖背面，两侧系带系在一起的地方展示出来。一条细黑线从脖子后延伸至领口下方，这可能是卡米契亚衬衫织物的边缘，这种织物非常精细，看起来像是透明的。（图片来源：Image courtesy of the National Gallery of Art, Widener Collection）

图 5.9 《洛多维科·卡波尼画像》（*Portrait of Lodovico Capponi*），阿格诺罗·布龙奇诺（Agnolo Bronzino），16 世纪中期。贴身的黑色夹克衫前襟用一排纽扣扣紧。夹克衫的袖子刚好在肩膀下方，男紧身上衣的袖子刚好可以露出来。卡米契亚衬衫的衣边在手腕和脖子周围可见。桶形连袜裤（trunk hose）的顶部缝有一个显著的兜裆布。（图片来源：VCG WilsonCorbis via Getty Images）

图 5.10 《一个年轻女人和她的小男孩》（*A Young Woman and Her Little Boy*），阿格诺罗·布龙奇诺，约 1540 年。这名女子穿的红色锦缎连衣裙领口露出了大部分的卡米契亚衬衫，衬衫做有装饰性的刺绣。在女子的手腕处可以看到卡米契亚衬衫袖子的末端。头巾式头饰在当时特别流行。她手里拿着一副手套，在这一时期，手套上通常喷有香水。（图片来源：Image courtesy of The National Gallery of Art, Widener Collection）

款式，包括从向上的曲线造型到椭圆形的袋子。这已经超越了实用主义，象征着男性的阳刚之气和生育能力（见图 5.9）。兜裆布在 16 世纪后期消失了。

◆ 头发和头饰
男性再次开始蓄须。

女性服饰

◆ 服装
卡米契亚衬衫有时裁剪得高，从长袍的领口露出（见图 5.10）。有时这个高度刚好在领口边缘形成一个小镶边。卡米契亚衬衫经常做有刺绣或有装饰物，有时会在领口处做小褶边。

裙子廓形变宽且蓬松（见图 5.10）。紧身上衣变得更加硬挺，反映出西班牙对意大利风格的影响越来越大。方而宽的低领占主导地位。袖子变宽，通常袖子顶部是宽松、膨大的泡褶（puffs），大约从肘部到手腕的部分则紧贴。许多服装有泡褶和切缝装饰。在 16 世纪初，腰身直线剪裁。随着时间的推移，服装前襟部分逐渐出现受西班牙影响的 V 形服装。

◆ **头饰**

头巾变得非常流行（见图 5.10）。头巾的风格源自土耳其人的头饰，反映了意大利与奥斯曼土耳其人之间的贸易往来。

15—16 世纪的男女服饰地域差异

意大利虽然存在地域差异，但基本的服装廓形（如穿衣层数、结构工艺等）是相似的。服装差异在威尼斯的服装上体现得最为明显，特别是与那些受佛罗伦萨影响的地区的服装相比时。

独特的威尼斯女性服饰

15 世纪的威尼斯女性穿的长袍腰身正好在胸部下。与其他地区相比，织物似乎较轻沉重，不太硬挺。在整个意大利和西欧，人们都穿软木高底鞋（Chopines），但去过威尼斯的游客称，威尼斯人穿的鞋子特别高。女性将头发染成浅金色（见图 5.11）。女性画像还展示了她们穿着衬裤和一些服装，这些服装在几个世纪后才在欧洲的其他地方普遍流行。

到了 16 世纪后半叶，威尼斯风格的长袍一般都有正常的背部腰身，前面呈深 U 形。女性把头发梳在前额上方，形成一对"小角"。这种风格也出现在欧洲其他一些地区，但似乎在威尼斯最为极端。软木高底鞋越来越高。

图 5.11 卡巴乔（Carpaccio）画中的威尼斯女性穿着典型的高腰威尼斯女服。头发是时髦的金色。（图片来源：Alinari Archives CORBIS Corbis via Getty Images）

在"时代评论 5.2"中，记载了一位在 16 世纪游览威尼斯的旅行者对威尼斯女装风格的描述。

时代评论 5.2
威尼斯女性的服装

16 世纪末，一个名叫维尔蒙特（Villemont）的法国人在游览威尼斯时，描述了威尼斯女性夸张的穿衣风格。

她们的金发大部分都很漂亮地垂在前额上，绑成两只角的形状，半英尺高，除了自己编得迷人的辫子，不用任何铁丝或其他东西支撑，……女性看起来比男性高一英尺，因为她们踩着用皮革覆盖的多层木底鞋，木底鞋至少有一英尺高，所以她们走路时，必须由一个女性搀扶着，另一个女性托起裙裾。……但是罗马人、米兰人、那不勒斯人、佛罗伦萨人、费拉拉人和其他意大利女性都比较端庄保守，因为她们的木底鞋没有那么高，而且也不露乳房。

资料来源：Morse, H. K.（1934）. *Elizabethan pageantry*. New York, NY: Studio Publication, p. 19

图 5.12　16 世纪的威尼斯总督戴着传统的头饰，穿着金色的总督织锦长袍，披着貂皮披风。他坐在两个裹着头巾的波斯大使之间。在文艺复兴时期，头巾对意大利的头饰产生了影响。（图片来源：DEA PICTURE LIBRARY/Getty Images）

独特的威尼斯男性服饰

15 世纪威尼斯男性的服装都有围腰，前面呈 V 形，位于腰部或背面稍低于腰部的位置。长束腰外衣比夹克衫更受欢迎，但也有人穿夹克衫。

到 16 世纪，威尼斯男性的服装和意大利其他地方的男性服装一样，受到了西班牙和法国风格的影响。

威尼斯的官员服饰

威尼斯最高等级的官员（总督）和世袭的贵族统治阶层穿着传统的宽袖罗布长袍，袖子越宽，级别越高，颜色因级别和职务的不同而不同。总督的头饰戴在压发帽上，形状有点像弗里吉亚垂尖无边帽，头饰后面有一个硬挺的尖端（见图 5.12）。直到 18 世纪，威尼斯贵族才放弃了这些服饰。

儿童服饰

关于圣母玛利亚和婴儿时期的耶稣的众多画作证实，孩子们一旦脱离襁褓，就会开始穿上与成年人相似的衣服。在一些画中，幼年的耶稣基督穿着一件卡米契亚衬衫，在另一些画中则穿着宽松的内束腰衣和外束腰衣。幼年时期的男孩穿裙子，大一点的男孩穿男紧身上衣、夹克衫和袜类。小女孩穿着和年长女性相似的服装（见图 5.13）。

图 5.13 文艺复兴时期的赞助人经常委托艺术家描绘他们的家庭。在这里，穿着时髦的米兰斯福尔扎家族（约 1490 年）成员跪在圣母玛利亚、幼年耶稣基督和穿着各种宗教服装的圣徒前面敬拜。即使处在襁褓中、戴帽子的婴儿也在跪拜祈祷，对于如此年幼的孩子来说，这是一个不可能的姿势。（图片来源：DeAgostini/Getty Images）

意大利文艺复兴时期

男性：1400—1450 年

男紧身上衣和袜类。

女性：1400—1450 年

奥布兰袍和合身长袍。

男性：1450—1500 年

带短裙的夹克衫，搭配袜类。

女性：1450—1500 年

单层或双层穿的长袍。

男性：1500—1550 年

衣服变宽，经常装饰有泡褶和切缝。

女性：1500—1550 年

宽松的长袍，袖子蓬松；有泡褶和切缝装饰。

男性：1550—1600 年

服装廓形变宽，夹克衫轮廓硬挺，泡褶和切缝装饰增加。

女性：16 世纪末

西班牙风格的影响越来越多地体现在硬挺的紧身上衣，V 形腰身上。

章末概要

文艺复兴时期是一个伟大探索的时代，也是服饰发生巨大变化的时代。服装的生产和销售比以往任何时候都更普遍。我们可以在意大利织布工生产的精致锦缎、漂亮的割绒面料和其他装饰华丽的纺织品上看到来自东亚的图案设计，也可以在服装的个别配饰上看到比如意大利女性喜欢的穆斯林头巾式头饰。

这些服装是在一种新的、独立的艺术、文学和哲学精神在意大利传播的时候发展起来的。此外，经济变化使一些权势家族应运而生，其中许多为商人，达到了可以购买奢侈服装和配饰的社会阶层水平。这些资料可以轻易地通过纺织品生产行业获得，这是意大利文艺复兴时期服装的一个重要主题。

文艺复兴时期的艺术作品值得注意，因为画家最初参与了纺织品设计及选美、戏剧表演的服装设计。作为资料来源，艺术作品也为服饰史做出了十分重要的贡献。艺术家描绘了不同社会阶层所穿服装的实际结构和日常生活的细节。

意大利文艺复兴服饰风格的遗产

意大利文艺复兴时期的纺织品设计不仅对高档服装产生了持久的影响，而且对室内设计的织物也产生了持久的影响。意大利文艺复兴时期的织布工因之而闻名。福图尼（Fortuny）是 20 世纪早期的一位纺织品和时装设计师，他的许多纺织品设计都是基于这些织物设计的。

在文艺复兴时期的肖像画中经常出现的费隆妮叶额饰，在 19 世纪的浪漫主义时期和克里诺林时期再次出现，21 世纪也偶尔出现过。

软木高底鞋不再惹人注意，但厚底式鞋子又出现了（见"现代影响"）。它们在第二次世界大战、20 世纪 60 年代、90 年代和 21 世纪初的复兴最为引人注目。

现代影响

威尼斯的软木高底鞋有非常高的厚底，可以视为 2014 年这款厚底鞋的先例。

（图片来源：Karwai Tang/WireImage/Getty Images）

主要服装术语

蜂巢形帽（beehive-shaped hat）

卡米契亚衬衫（camicia）

礼袍（ceremonial robe）

软木高底鞋（chopines）

费隆妮叶额饰（ferroniere）

意大利套装（guardaroba）

三角形衬料（gussets）

泡褶（puffs）

切缝（slashes）

无边女帽（toque）

问题讨论

1. 为什么学者们将这一时期称为文艺复兴时期？解释这一时期思想和艺术的发展是如何印证这一名称的。

2. 将意大利文艺复兴时期上层阶级男性、女性的着装和获取衣服的方式与工人阶级及贫穷男性、女性着装和获取衣服的方式进行对比。

3. 意大利文艺复兴时期服装的研究资料有何优势，存在哪些不足？

4. 外国元素如何影响 16 世纪的意大利服装？

5. 比较一下 15 世纪下半叶意大利和西欧的服装。描述一些 16 世纪相同地区的服装的相似和不同之处。

参考文献

Currie, E. (2017). Introduction. In E. Currie (Ed.), *A cultural history of dress and fashion in the renaissance* (pp. 1–18). London: Bloomsbury.

Frick, C. C. (2002). Dressing Renaissance Florence. Baltimore, MD: The Johns Hopkins University Press.

Gage, J. (1968). *Life in Italy at the time of the Medici*. New York, NY: Putnam.

Vincent, S. (2017). Production and distribution. In E. Currie（Ed.）, *A cultural history of dress and fashion in the renaissance* (pp. 37–56). London: Bloomsbury.

第6章
北方文艺复兴

约 1500—1600 年

技术发展与人们穿着变化之间的联系

北方文艺复兴时期的服装名称

内衣结构与男女服装廓形的异同

跨文化接触影响服装的方式

旅行的增加给欧洲的服饰带来了跨文化地域的影响，而贸易和战争带来的财富则使宫廷成为服饰时尚变化的中心。书籍印刷开始出现并迅速发展，其中一些描绘了遥远国度的服饰。

时尚资讯的传播

文艺复兴的艺术和哲学精神逐渐转移到阿尔卑斯山北部的欧洲。不同国家之间的王室联姻是时尚资讯在欧洲不同国家传播的一个因素。这些婚姻通常是为了巩固两个国家之间的联盟。新娘从自己的国家嫁到另一个国家，置备的大量嫁妆内就包括时装，并有一群穿着时髦的侍女陪嫁。毫无意外，婚姻促进了时尚的传播。

国家间王室成员的联姻只是时尚资讯传播的一种方式。传播的其他方式包括服装和织物的进口、描绘服饰的书籍以及旅行者带回的有关外国服装风格的信息和服装。探险家建立了通往亚洲遥远地区的航线，并到达了欧洲人以前不知道的美洲大陆。越来越多的人进行旅行，对欧洲的服饰产生了跨文化的影响，贸易和战争带来的财富则使宫廷成为展示时尚变化的中心。相较于时髦的服装，农民更倾向于使用功能性和简单的服装，但上层社会人士的服装多少有些国际化风格，这些服装主要的廓形和特征有大量的相似之处。与此同时，独特的当地风格经常传播到国外，正如这首 16 世纪的诗歌所证明的那样：

> 看到一个富有成就的骑士，
> 世界上出现了时尚的人类。
> 走在大街上，他谈吐幽默，
> 穿着法式男紧身上衣和德式袜类；
> 拿着皮手筒，披着斗篷，戴着西班牙帽，佩着托莱多刀，
> 衣服上有意大利轮状皱领，鞋是佛兰德斯人做的。

来自中东的跨文化影响

16 世纪早期，法国国王王弗朗西斯一世出于政治上的考虑，与奥斯曼帝国的苏丹苏莱曼结盟。于是，来自中东的外交官、商人和旅行者带回的服装风格理念便传入了欧洲宫廷。1486 年，第一本展示中东风景和服装风格的旅行图书出版了。

土耳其人被视为凶狠的异族。芭蕾舞、假面舞会和戏剧中常常出现土耳其人的角色（见图 6.1），但通常以贬损的方式来描述他们。尽管如此，土耳其人的服装仍吸引了许多欧洲人，尽管直接对时尚产生的影响似乎有限。1510 年，英格兰埃塞克斯伯爵出席了一场宴

会，穿着一种被称为"土耳其式时尚"的服装。他穿着涂有金粉的罗布长袍，戴着一顶金色卷边的深红色天鹅绒帽子（可能与穆斯林头巾相似），携带着两把弯刀（可能是土耳其弯刀）。有一幅英格兰亨利八世肖像画，画中亨利八世似乎穿着土耳其式罗布长袍，一些研究人员认为，这种服装被称为"罗帕长袍"（ropa），是一种宽松的外衣，源于中东风格。

图 6.1　苏莱曼大帝，旁边有两个侍从。（图片来源：Universal History Archive Universal Images Group via Getty Images）

纺织技术的变革

在 16 世纪，纺织技术改进不大。踏板驱动纺车与绕线粗纺装置（bobbin–and–flyer mechanism）相结合，使纺纱变得更容易。一些资料认为这是列奥纳多·达·芬奇的发明，另一些资料则认为他只是将自己看到的机器描绘下来而已。这种装置省去了每纺完一段纱后停下来绕纱的工序，从而加快了纺纱的速度。一位德国发明家将其改进，并于 16 世纪中期用于纺纱生产。

约 15 世纪以后手工编织才在欧洲出现。到了 16 世纪后半叶，这种机器被用来制作长筒袜。1589 年，发明家威廉·李（William Lee）申请长筒袜针织机专利时，伊丽

全球联系

折扇起源于中国，后来传入日本等国。在 16 世纪，这些新颖的器具作为送给欧洲君主的礼物从日本传入欧洲。与亚洲有贸易往来的欧洲公司首先把它们带到巴黎和法国宫廷，之后到英格兰。在英格兰，在描绘伊丽莎白女王的绘画中，她经常手持这种代表身份的新时尚产品。

（图片来源：© RMN–Grand Palais/Art Resource, NY）

图 6.2 16 世纪晚期的女式宽松内衣可能来自威尼斯。这件白色亚麻布衬衣绣着薰衣草丝线和金线。请注意，这件女式宽松内衣刺绣设计的位置与图 6.13 中女式宽松内衣领口和袖子上的刺绣设计类似。（图片来源：Gift of Mrs. Edwin O. Holter[Sarah Sage], 1941/The Metropolitan Museum of Art）

莎白女王拒绝了，因为她担心这会导致手工编织者破产，所以李把这项发明带到了法国，针织机在法国得到了应用。针织袜类比梭织材料制成的袜类更加贴身。

16 世纪的装饰技术

制作装饰织物的新技术在 16 世纪开始流行起来。人们不仅在外衣上做刺绣装饰，内衣上可见的领边和袖口也有，比如衬衫和女式宽松内衣（见图 6.2）。西班牙刺绣是一种特别流行的产品，起源于西班牙，风靡整个欧洲。这种刺绣用精致的白色亚麻布制成，用黑色丝绸绣出精致的图案，通常用于男式衬衫和女式宽松内衣的颈巾和手腕上。

各种意大利绘画和雕刻技术也被采用。丝线运用于织物、刺绣，继而扩展到更广的范围上。雕绣是在实心布料上刺绣，然后切出装饰物之间的布料制成。另一种称为"方网眼花边"（filet 或 lacis）的装饰技术，工匠在网眼背景上进行刺绣。雕绣和方网眼花边都被认为是花边的前身。

花边制作可能起源于 16 世纪初之前的欧洲。花边不同于任何雕绣或方网眼花边，因为它完全由丝线编织构成，不需要任何底布。花边有两种类型：针绣花边，似乎起源于意大利，梭编蕾丝可能起源于尼德兰地区。针绣花边是将基本丝线按某种图案排列，然后通过一系列复杂的小针脚将这些基本丝线钩织制成。

梭编蕾丝也叫枕结花边，通过将盘绕在线轴上的丝线缠绕或打结，创造出复杂的图案。制作这些花边的丝线可以是细线亚麻、丝绸、棉花。16 世纪后半叶，花边几乎普遍用于装饰男性和女性的服装（见图 6.8 和 6.10）。

服饰研究的信息来源

艺术史料

艺术是研究 15 世纪人们服装穿着的主要资料来源。雕像、绘画和挂毯随处可见，人们可以从中获取有关上流社会服饰的丰富信息。许多有关服饰的书籍得到出版，然而这些书籍往往将准确和不准确的图画混在一起，必须谨慎对待。

文献资料和肖像画

比起之前的时期，学者们可以找到更多 16 世纪的财产清单和其他文献记录。这些记录可以证实或补充肖像画提供的证据，并提供有关内衣织物种类的信息，这些信息单单通过观察肖像画是分辨不清的。书面证据尤其重要，因为肖像画通常是根据画中人物的社会地位、财富、年龄、性别、声誉、个人历史、宗教等复杂的视觉符号来解读的。文艺复兴时期的艺术家常常需要平衡现实主义和理想化创作，前者创作出可辨认的肖像画，后者创作出被画人想要描绘的理想形象。奥格斯堡的施瓦茨创作的"第一本关于时尚的书籍"对服装历史学家来说有着极其重要的意义。施瓦茨与艺术家合作了 40 多年，积累了 75 张羊皮卷，内有 137 幅他自己创作的图画，这些图画详细描述了时尚、他的体重和外表的变化，以及对实现社会流动性的尝试。

服装历史学家也有机会了解更多 16 世纪遗留下来的服装。本章的插图提供了一些例子。这些资料对了解服装的构造和裁剪的细节有很大的帮助。

16 世纪的男性服饰

16 世纪，服装风格变化的速度继续加快。该世纪男女服饰经历了三个不同的阶段。在每个阶段，风格都明显不同于前一阶段。同时，每一阶段女性和男性的服装是不一样的。此外，配饰和内衣的款式变化不如服装整体廓形的变化大。基于这些原因，本章对服饰的细节概述如下：在这三个阶段中，我们将先讨论男性的服装，然后是女性的服装，最后是男女的配饰。

男性服装的风格可以概括为三个阶段，即从中世纪风格向文艺复兴风格过渡的早期阶段（约 1500—1515 年）；第二阶段集中在 16 世纪 20 到 40 年代，这一阶段德国对服装的影响强大（约 1515—1550 年）；最后一个阶段，西班牙的影响占主导地位（1550—1600 年）。

在整个世纪里，男性穿的是早期宽松亚麻内裤演变而来的裤子，英格兰人倾向于称"长衬裤"（drawers）。

1500—1515 年

白色亚麻布衬衫裁剪宽松，收褶圆领口或方领口。领口通常装饰有刺绣或雕绣。衬衫有连肩袖（raglan sleeves）。

男紧身上衣和袜类系在一起，上衣长及腰部。袜类固定在一件衣服里，前面有一块兜裆布。某种款式的男紧身上衣（在英格兰也被称为"男式紧身上衣"[paltock]），在前襟裁有深 V 形，有时在深 V 形部分插入异色填充物（或三角胸衣 [stomacher]，见图6.3）。饰带可以用来合并敞开的服装部位，也可以将袖子固定在合适的位置。在意大利服装风格中，衬衫的袖子从袖子的开口处宽松垂下。

夹克衫有时穿在男紧身上衣外，两者长度相同，外形与上衣相似。它们要么有袖子，要么没有袖子。在英格兰，"坎肩"（jerkin）一词在 1500 年后被用作夹克衫的同义词。从当时的插图很难辨认，男性的外套是男紧身上衣还是夹克衫，特别是在上衣流行之后。

贝斯底裙（base）是单独的短裙，在平民服装中搭配夹克衫或男紧身上衣，在军用服装上则搭配盔甲。贝斯底裙由一系列硬挺、有衬的三角布（楔形布片）制成，直到16 世纪中叶，一直存在于平民服装中，而在军服上存在的时间更长（见图6.3）。这个术语可能源于其位于夹克衫的下部或"底部"。这个词似乎已经被用于指服装的下半部分，也可以指 16 世纪早期流行的单独裙子。一些盔甲套装的金属表面模仿贝斯底裙制成。对于男性来说，盔甲融入当时的时尚并不罕见。

长袍或罗布长袍是一种长而宽松的服装，有着巨大的漏斗状袖子或垂袖，衣服的前面是分开的。服装前襟贴边由异色织物或毛皮制成，织物或毛皮向后翻转形成装饰性宽翻边衣饰。年轻更时尚的男性则穿至臀部以下的短款长袍。长袍穿在男紧身上衣或夹克衫外面（见图6.3）。这种服装似乎是典型的西欧风格，在意大利风格中没有十分符合的服装。在意大利艺术家卡巴乔的画作《接待英格兰大使》（*Reception of the English ambassador*）中，通过长袍可以清楚地辨认这些大使。这幅油画以威尼斯为背景，可追溯至 16 世纪上半叶。

图6.3　这幅《女士与三个追求者》中，两个比较显眼的追求者中一位穿着一件宽翻领短夹克衫，配一条短裙或贝斯底裙，另一位穿着一件罗布长袍。两人的发型都是流行的直发风格，并戴着法式圆盆帽（French bonnet），鞋头宽阔呈圆形。女士穿着一件宽袖长袍，典型的方形领口，戴着一顶有垂饰的压发帽，垂饰垂在脸的两侧。《女士与三个追求者》，约 1500 年。法国，16 世纪，棕色钢笔画（棕色背景，带有黑色笔迹），23.0cm×19.3cm。（图片来源：The Cleveland Museum of Art, John L. Severance Fund 1956.40）

图 6.4 德国萨克森公爵亨利和他的妻子梅克伦堡的卡特琳娜，后者穿着 1500 年左右典型的德国风格服装。公爵所有的衣服都有长嵌缝装饰。卡特琳娜穿的长袍，袖子的肘部处有蓬松的嵌缝装饰，袖口延伸至手部。她的金项链和带羽毛的帽子也是典型的德国女性服装。（图片来源：DeAgostini/Getty Images）

圆形斗篷正面敞开，背面开衩，便于骑马。穿在男紧身上衣和袜类外，用于户外保暖。

1515—1550 年

早期的服装风格廓形相对纤细，第二阶段则强调服装结构中庞大蓬松的部分。服装用装饰性的长嵌缝或杂色方格布（panes，窄布片）装饰，这些嵌缝或方格布下面是异色衬里（见图 6.4）。

有一种说法认为这些嵌缝起源于战场。据说，一支打完胜仗的瑞士军队衣衫褴褛，把从敌营里抢来的彩色丝绸织物塞在破烂不堪的衣服里保暖。据推测，这种即兴的时尚被大众接受并模仿。无论真假，瑞士和德国士兵的制服确实是用多色织物制成，并装饰有各种切缝、长嵌缝、长方格布和薄纱。尽管德国对意大利的服装风格影响没有那么明显，但几乎所有的男性服装上都能看到这些特征。这些衣服可能也有实用价值，人们在举起和挥舞沉重的武器时不会破坏衣服的接缝。

衬衫、男紧身上衣、夹克衫变化不大，但前文提到的开衩装饰明显增加。一些男紧身上衣和夹克衫与多片裙一起裁剪，而不再与单独的贝斯底裙搭配。有些男紧身上衣没有袖子；有些有宽大的 U 形或 V 形领口，领口下面经常可以看见宽领、男紧身上衣和衬衫的一部分。贝斯底裙仍与盔甲搭配。最外层的衣服袖子剪裁宽松，通常从袖窿到肘部是蓬松的，从肘部到手腕则更贴身（见图 6.4）。

男性通过把袜类系在男紧身上衣上，防止滑落。一些袜类被分成两部分：上层袜（upper stocks）和超膝袜（nether stocks），它们被缝在一起。兜裆布是缝在上层袜前部的织物袋，用于容纳生殖器，有时为突出这部分会进行一些填充。虽然上层袜、超膝袜仍在流行，但上层袜（也作马裤）最终演变出一种单独的服装，剪裁比超膝袜宽松。马裤样式包括到膝盖处的紧身长马裤，到臀部的马裤以及宽松丰满型的马裤。这

图 6.5 英王亨利八世穿着一件有嵌缝装饰的男紧身上衣，泡褶织物从这些嵌缝拉出，可以看到贝斯底裙前裆处的兜裆布，外面穿一件毛皮装饰的短款罗布长袍。（图片来源：Popperfoto via Getty Images/Getty Images）

些样式可能是拼接而成，在拼缝下是异色织物。

长袍或罗布长袍在剪裁和装饰上的细微改动使得衣身变宽，宽翻边衣饰演变为衣领。袖型包括无袖，但做有宽松的深袖窿，用异色织物做衬里，并且袖窿翻折，以展示里衬。其他款式的袖子包括有切缝装饰的蓬松短袖（见图 6.5），或拼缝袖，或长垂袖。

1550—1600 年

到 16 世纪中叶，肩膀的宽度变小，在这一世纪剩余的时间里，人们可以看到服装的肩部宽度逐渐变小，臀部的宽度则逐渐增大。第三阶段初期，出现了一种新的服装组合，男性不再穿短夹克衫或加裙式长夹克衫和袜类。取而代之的是由上层袜和超膝袜演变成的一种宽大、加衬垫的马裤（被称为"桶形连袜裤"），与超膝袜相连（见图 6.6）。或者单独的马裤和袜类一起穿，用吊袜带固定。兜裆布在 16 世纪中叶以后逐渐过时。

大约在 16 世纪中叶，男式衬衫的小方领在男紧身上衣的领口处展示出来。接着，衬衫的领子变成了小褶边，最后演变成一种单独的服装部件——轮状皱领（ruff），与衬衫分离开。轮状皱领很宽，上浆，经常做有花边，成为 16 世纪下半叶最典型的服装特征之一，并一直流行到 17 世纪前几十年（见"时代评论 6.1"）。

男紧身上衣的颈部裁剪得很高，有各种各样的形状和织物整理。腰部下方有一排被称为"皮卡迪尔垂布"（pecadils）的方形小垂布（见图 6.6）。袖子加了衬垫，按手臂形状剪裁，但随着时代的发展，袖子逐渐变窄。直到 1600 年，袖子不再加衬垫，变得非常贴身。衣服的腰身在背后与自然状态的腰线一致，但在前面聚集到一点，且有突出形状的衬垫。到了 1570 年，衬垫数量增加，男紧身上衣前面尖点十分明显，也因此又被称为"腹垫"，看上去很像雄孔雀开屏时鼓起的胸部（见图 6.6）。

夹克衫的形状与男紧身上衣相似，穿在上衣外面。夹克衫通常有蓬松短袖或无袖，手臂上装有皮卡迪尔垂布，这样男紧身上衣的袖子就成为最外层的袖子。

马裤属于单件衣服，和独立的长筒袜一起穿。马裤包括紧身的款式，上宽下窄、长至膝盖的"威尼斯式马裤"（Venetians），以及宽大丰满的"宽马裤"（open breeches，

时代评论 6.1

清教徒对 16 世纪时尚的看法

　　菲利普·斯塔布斯（Philip Stubbes）是伊丽莎白时代的一位清教徒作家，他在 1583 年出版了《论英格兰的虐待》（*Anatomy of Abuses in England*）一书。他在谴责当代时尚的长文中，对轮状皱领（属于他那个时代一种重要的时尚）和制作轮状皱领的各种织物进行了讨论。

　　　对于男性的轮状皱领，斯塔布斯说：

　　男性服装的轮状皱领大得不顺眼，用麻纱、漂白亚麻布、细麻布，或者其他花钱能买到的上等布料制成。有的轮状皱领有四分之一码深，有些更大，很少比这小；轮状皱领离脖子有整整四分之一码（甚至更多）远，它们挂在肩膀点上而不是面纱上……这些魔鬼先是……发明这些巨大的轮状皱领。……支撑巨型轮状皱领的某种拱或支柱是被一种他们称为淀粉浆的液体物质。魔鬼驱使人们洗涤、晾干轮状皱领。晾干后，领子变得僵硬、挺立，环绕着脖子。另一种支柱是为支撑轮状皱领这一目的制作的金属丝架，用金线、细线、银线或丝线缠绕在支柱上，魔鬼称其为"撑领架"（supportasse），也叫"轮状皱领撑架"（underprop）。这些撑架置于轮状皱领下、脖子周围，以支撑整个框架和轮状皱领的主体，保持轮状皱领挺立、不下垂。

　　　对于女性的轮状皱领，斯塔布斯说：

　　女性的轮状皱领和围巾都很大，由漂白亚麻布、细麻布、麻纱等布料制成。因为最粗的线要比头发丝细，为防止领子掉落，对领子涂抹浆料，进行上浆……之后，她们细心地擦干领子，涂上条纹，轻轻拍打、擦拭，再戴到她们漂亮的脖子上。（斯塔布斯描述了轮状皱领的款式）三到四个小轮状皱领分级放置，一步步将一个置于另一个之下，最终所有小轮状皱领都置于魔鬼轮状皱领下面。这些裙子，有巨大的轮状皱领，长且垂地，打褶，饰满了奇怪的纹章……裙子要么镶满金线、银线，要么绣着价格昂贵的丝绸花边，用针线绣成，点缀着太阳、月亮、星星和其他许多稀奇古怪的图案，闪闪发光。一些裙子的镂空花边，一直绣到轮状皱领中间，有的绣有镶珍珠的花边，还缠着其他华而不实的装饰。轮状皱领有时被固定在耳朵上，有时被挂在肩膀上，如同风车的风帆在风中飘动，每个人都用愚蠢的撑架来自娱自乐。

资料来源：Stubbes, P.（1877）. *Phillip Stubbes's Anatomy of Abuses in England in Shakespeare's Youth A.D. 1583.*（F. J. Furnivall, Ed.）. London, UK: New Shakespeare Society.

见图 6.7）。

　　桶形连袜裤有几种形状。瓜形、桶形连袜裤通常是用杂色小布片拼做的，衬垫很厚，长度一般到臀部或稍低一点的部位。它们与南瓜的形状十分相似（见图 6.6）。另一些桶

图 6.6 阿朗松公爵（Duc d'Alençon）赫拉克勒斯·弗朗西斯王子（Prince Hercule-François）画像。公爵穿着宽松、带兜裆布的瓜形拼缝桶形连袜裤。夹克衫的高领上围着一圈小皱领，呈时髦的豌豆荚形状，腰下一排皮卡迪尔垂布。帽子呈船形，上面装饰有珠宝饰带，插着一根羽毛。短披风做有毛皮衬里。（图片来源：Image courtesy of The National Gallery of Art, Samuel H. Kress Collection）

形连袜裤则是从细腰部开始逐渐蓬起，在大腿中部束紧，这也就是裤子结束的地方（见图 6.7）。这种类型的裤子可能被叫作"宽大马裤"（galligaskins）或"宽腿短裤"（slops），一种在时髦宫廷圈子外用途有限的裤子。这种裤子由短裤部分，不比臀部周围的垂布长多少，和十分紧身的袜类搭配（见图 6.8）。

桶形连袜裤和男紧身上衣都用厚重的短亚麻纤维填充物（bombast）填充，一般由羊毛、马毛和称为"短纤"（tow）或"粗硬麻布"（bran）的短亚麻布制成。由于人们过度使用短亚麻纤维填充物，一位编年史家讽刺道，男性把他的床上的所有用品和桌布都塞进了桶形连袜裤里，因此英格兰议会大厦必须扩建，以容纳穿着笨重桶形连袜裤的议员们。

"紧身半截裤"（canions）是从桶形连袜裤的末端到膝盖或略低于膝盖的延伸部分，颜色要么与桶形连袜裤相同，要么形成对比。紧身半截裤与底部的独立长筒袜系在一起（见图 6.8）。

长筒袜通常与桶形连袜裤、紧身半截裤一起穿，而不是与拼接长裤类搭配。长筒袜和袜类的制作方式包括剪裁、缝制或编织。有关编织的文献出现在 1530 年左右。

16 世纪中叶以后，更短或更长的户外披风基本取代了前面提到的长袍。短披风剪裁宽松，在肩部成喇叭状向四周展开。

16 世纪的女性服装

在古典时期和中世纪时期，贴身衣物可以保暖，并保护皮肤不受穿在里面的服装的伤害，同时防止这些服装被汗水弄脏。到了 16 世纪，贴身衣物的功能发生了变化——这种变化始于前几个世纪，但在 16 世纪尤为明显。

贴身衣物何时开始具有塑形作用还不完全清楚。紧身上衣的前身可能是受中世纪时期束紧的外套启发。到 17 世纪，这种衣服在英国称为"紧身褡"（stays）。早些时候，它被称为"两片式胸衣"（pair of bodys），因为它被裁成两部分，用饰带或狭带固定在身体前后。这种衣服不仅可以作为内衣，有时也可以当外衣穿。

博物馆里还能找到一些 16 世纪钢制或铁制的紧身胸衣。这些要么被认为是塑形的服装，要么是这个时期之后制作的奇异服装。

图 6.7　缎子质地的切缝马裤，约 1600 年。（图片来源：V&A Images, London/Art Resource, NY）

没有证据表明这些铁质紧身胸衣是不是时髦的服装。紧身褡似乎与前面描述的款式相同：布质，形似内穿紧身上衣，前面、后面或前后两面用饰带系紧。插骨（busk）使紧身褡变硬，由长而平整的木料或鲸须制成，被缝进一个或多个套管中，以支撑紧身褡。长袍上设计的 V 形部分被称为"三角女胸衣"，位于胸衣延伸至腰部或以下的部位。可拆卸插骨可以放进缝在三角女胸衣背面的口袋中。

塑造并支撑外层服装的形状是贴身衣物的另一种功能，也是 16 世纪女性服装中一个特别重要的元素。从拱形裙撑（verdugale）开始，到臀围撑垫，再到巨大的轮式裙撑（wheel farthingale），贴身衣物从此成为塑造西方服装形状的重要元素。

图 6.8　1581 年的版画。男子都穿着腹垫和轮状皱领。左边的男子穿着非常宽大的威尼斯式马裤，左数第二个和最右边的男子穿着短裤，与长袜类相连，左数第三个男子穿短裤搭配紧身半截裤。版画创作者布鲁恩·迪安弗斯（Bruyn D' Anvers）认为他们是西班牙人。（图片来源：Courtesy of Fairchild Publications, Inc.）

1500—1530 年

女性服装的第一阶段是中世纪风格的过渡阶段。

女式宽松内衣仍然是穿在最里面的衣服，衬衣外穿朴素的长袍——暗淡的颜色成为主流。上衣紧身。裙子长而宽松，从腰部优雅展开，前摆垂至地面，后面则拖着长长的裙裾（见图 6.3）。女性穿单件连衣裙，或者由外衣和衬裙组成的两层服装。

如果穿了两件服装，外层裙子的前摆可能会卷起来，同底层裙子形成对比。外长袍的裙裾通常装饰有衬里。裙裾用纽扣或别针固定在腰部后面，以展示衬里织物。

大多数裙子的领口是方形的，可以看到女式宽松内衣的边缘，或者在裙子前面或前后都开一个更小或更大的 V 形开口。通过系带将 V 形开口绑在一起。

袖子款式包括光滑的紧身窄袖，做有装饰性袖口；宽松的漏斗形袖子，做有对比鲜明的衬里，以及垂袖。穿两层服装时，内穿衣服的袖子通常贴身，最外层衣服的袖子大而宽松，呈漏斗状或者垂袖。

在典礼场合，开放式披风用链子或穗带系紧。对于普通的户外服装，女性穿长而宽松的斗篷。

德国：1530—1575 年

尽管 16 世纪的服装已经变得更加国际化，某一国家的风格经常占主导地位，但仍然存在地区差异。这在 16 世纪上半叶的德国女性服装风格中尤为明显（见图 6.4）。

在这一世纪下半叶，德国风格受到西班牙的影响，失去了许多独特性。16 世纪上半叶的服装风格有以下特点：柔和的褶裥裙与紧身上衣缝合在一起，胸衣的领口较低，呈方形或圆形；领口通常不会裸露着，经常由女式宽松内衣填满；紧身上衣装饰精致或做有刺绣；袖子紧身，紧绷的水平布带与蓬起的宽松部分交替出现；袖口延伸到手腕上方的一个点（在同一时期，这种袖子确实出现在其他西欧国家，但它本身可能起源于 15 世纪下半叶意大利风格的袖子。在意大利，女式宽松内衣会通过紧袖的开口蓬松地露出来）。

头发通常束在一个网里，再戴一顶饰有羽毛的宽边帽子。金项链和宽大的白色硬立领是重要的身份象征。

其他欧洲国家：1530—1575 年

第二阶段的女性服装，除德国外都受到了西班牙风格的影响（见图 6.10），而这一时期的男性服装风格则更受德国风格的影响。直到 16 世纪下半叶，男性服装才展现出受西班牙影响的风格。西班牙风格的一个重要影响是人们更倾向穿深色的服装，尤其是黑色。

1530 年后女性服装的变化表明了风格是逐渐演变的，而不是突然改变的。

服装的构造发生了重大变化。女性不再穿内、外服装，而是穿衬裙（petticoat，一种底裙）和外衣。整套服装的廓形与沙漏形状相似。紧身上衣的腰身逐渐变窄。裙子逐渐扩展成倒锥形，裙子前面有一个倒 V 形开口（见图 6.9）。

紧身上衣和裙子缝在一起。紧身上衣变得窄而平整且僵硬，前面的腰身呈拉长的 V 形。一条镶着宝石的华丽腰带勾勒出腰身的轮廓，长腰带从紧身上衣前部的凹陷处沿着长袍前襟中心线几乎一直垂到地板。

起初，大多数领口都是方形的。后来人们更喜欢封闭式服装风格。这些服装的领口是封闭式的，有立领、翼领，或者用女式宽松内衣填满领口，在喉咙处收口，最后做有小褶边。在轮状皱领演变的阶段，中等大小的轮状皱领与贴身高领搭配（见图 6.10）。

袖子的众多变化首先出现在人们采用前面描述的德国和意大利风格袖子的早期，随后开始发展出其他款式。许多袖子在肩膀处很窄，然后沿手臂逐渐扩展成一个大而宽的方形袖口，袖口向后翻折。这种袖口通常由毛皮或与衬裙相配的厚锦缎制成。

可拆卸的假袖可能被缝在袖口内侧，用杂色方格布和切缝装饰，通过切缝可以看到亚麻布女式宽松内衣，或者如果女式宽松内衣装饰华丽，那么在袖口下端会露出女式宽松内衣的袖子（见图 6.11）。

另一种风格是肩部蓬松，贴紧手臂，长至手腕的袖子。虽然其他地方也流行这种风格，但在法国尤其受欢迎。一种相对简单的袖子是从肩膀到手腕处都很宽松，在手腕处有一个束袖口。有些袖子非常复杂，尤其是西班牙宫廷中的袖子，因为这些袖子是紧袖、宽袖和垂袖的组合体（见图 6.10）。

袖饰是通过裁剪、装饰织物，用"金属饰针"（aiguillettes，镶珠宝的小型金属饰品）固定杂色方格布制作。有时会在紧身上衣和袖子的缝合处放有棉卷织物，以隐藏将二者固定在一起的系带。

裙子变得更硬。许多裙服长及地板，没有裙裾。尽管衬裙与裙服是分开的，但通过裙子前面的倒 V 形开口可以看见衬裙，衬裙成为整套服装不可或缺的一部分。衬裙通常由华丽的、装饰性的织物（通常是锦缎或天鹅绒）裁剪而成。衬裙的背面被裙子下摆盖住，这就使得衬裙的前面部分用昂贵的布料制作，而后面的则可以用轻盈价廉的布料来制作。

喇叭状的锥形裙需要一些刚性线条来支撑。在西班牙，"拱形裙撑"或"西班牙式裙撑"（Spanish farthingale）可以提供这种支撑效果。拱形裙撑是一种由鲸须、藤条或松紧钢丝制成的结构，从腰部到地板，裙撑的宽度逐渐变大，缝在衬裙或底裙里。以前，裙撑是西班牙加泰罗尼亚地区传统服装结构的一个可见部分，最初是缝在裙子上的。英格兰编年史作家称，国王亨利八世的第一任妻子阿拉贡的凯瑟琳在 16 世纪初从西班牙来到英格兰时就穿着这样的裙子，然而当时这种裙子被认为是一种异国非典型的风格。

罗帕长袍是一种起源于西班牙的服装。它是一件外穿长袍或无侧边外套，无袖，或者是以下袖型之一：蓬松的短袖或肩部蓬松、手臂贴身的长袖。罗帕长袍从肩膀上垂

图 6.9 16世纪30年代之后的穿衣风格。女式宽松内衣的褶边袖口在袖子末端可见。可拆卸的大型内袖与衬裙的织物相配。喇叭形裙子由一个拱形裙撑撑起。这幅画作由一位不知名的艺术家创作，描绘的是公主时期的伊丽莎白女王。（图片来源：VCG Wilson Corbis via Getty Images）

图 6.10 在16世纪（约1584年），西班牙风格影响了整个欧洲，其特征是僵硬的服装，通常为黑色或白色，做有精致刺绣和花边。（图片来源：Bequest of Harry G. Sperling. 1971/The Metropolitan Museum of Art）

落，无束腰，呈 A 字形，及地。有些款式前面是封闭的，但大多数是敞开式，用来展示里面的裙子。一些研究人员认为，这种服装起源于几个世纪前占领西班牙的摩尔人，它具有中东卡夫坦长袍的宽松特点，可以看作是中东对欧洲风格影响的另一个实例（见图6.12）。

服装构成：1575—1600 年

16 世纪末期最先变化的是裙子的形状，裙子顶部变宽（见图 6.13）。与锥形西班牙式裙撑不同的是，裙子腰部周围会放置卷垫，使裙子腰部以下变得更宽。英国人将这些垫子称为"臀围撑垫"（bum roll），"bum"是英语中指代臀部的俚语。为了获得比臀围撑垫更好的支持效果，使裙子变得更宽，一种改良的裙撑出现了。这些裙撑不再是用鲸须、藤条或松紧钢丝一层一层往下变宽地缝进帆布裙，而是从顶部到底部直径一致的圈环。用钢丝或藤条把最上面的环系紧在腰带上，这种裙撑被称为轮式裙撑、鼓式裙撑或法式裙撑（见

图 6.11 《年轻女士的肖像》(*Portrait of a Young Lady*),佛兰德斯,约 1535 年。我们可以看到一件有精致黑色刺绣的女式宽松内衣,衣领和袖子下端的刺绣清晰可见。袖子在肩膀处贴合,底部变得宽大。小压发帽上装饰着珠宝。背后的头发用一个深色的、可能是天鹅绒的头巾包裹着。(图片来源:The Jules Bache Collection, 1949/The Metropolitan Museum of Art)

图 6.12 《帕尔马的玛格丽塔肖像》(*Portrait of Margaretta of Parma*),安东尼斯·莫尔·范·达索斯特(Anthonis Mor van Dashorst),16 世纪下半叶。这位女士穿着一件西班牙风格的无袖 A 形及地长袍。可能是女式宽松内衣上的小褶边延伸到高领上,并从袖口露出。压发帽的前端微微下垂。(图片来源: John G. Johnson Collection, 1917/Philadelphia Museum of Art)

图 6.13,6.14,6.15)。

　　这一时期,意大利和西班牙都没有使用这种风格的裙撑,相反,人们使用老式的沙漏形西班牙式裙撑腰间突出的地方放置一些小卷垫。轮式裙撑本质上是一种西欧风格,西欧的一些女性仍在继续使用西班牙式裙撑,或在裙子腰部垫稍宽的臀围撑垫,或用小型轮式裙撑。

　　轮式裙撑外的裙子有非常大的裙摆,裙子要么裁开,然后四周缝进一个连续的布片,要么在前摆或两侧打开,里面穿着相配的衬裙。有时会在裙子上系上一条与裙撑撑条一样宽的褶边。为了避免与裙子宽度相比,身体显得过短,袖子更加蓬松也更高。紧身上衣前面的三角女胸衣被拉长,在腰部呈深 V 形。其他增高的方式是穿高立领、梳高发型。

　　16 世纪晚期和 17 世纪早期,西班牙女性的裙子上通常做有横向褶,对其功能有各种不同的解释:横向褶可能是为了在裙子下摆磨损时留有足够的布料修补裙子,也可能是为了让女性坐下时能将裙子弯曲,从而适当地遮住腿部。

图 6.13 伊丽莎白公主，后来的波希米亚女王，罗伯特·皮克（Robert Peake）绘。公主穿着轮式裙撑，裙撑外的裙子前下摆打开，但看不到里面的衬裙。腰部周围缝着与裙撑一样宽的褶边装饰。脖子上是立式花边轮状皱领。头发梳得很高，缀满了珠宝饰物。（图片来源：Gift of Kate T. Davison, in memory of her husband, Henry Pomeroy Davison, 1951/The Metropolitan Museum of Art）

轮状皱领变得非常宽，用轻透的亚麻布或花边制成，必须由"撑领架"（见图 6.16）支撑或上浆固形。制作轮状皱领的方法包括将织物带或花边的一端按脖子尺寸进行压褶，形成一个深褶边，或者通过将圆形花边层层叠起形成。有些轮状皱领只是简单的扁平圆形花边片，没有厚度或褶裥，更像一个宽领。敞开式轮状皱领，几乎是衣领和轮状皱领相互交叉，高高地立在头部后面，固定在前面的宽方领口上（见图 6.13）。在 18 世纪和 19 世纪，复兴的这种风格的衣领被称为"美第奇衣领"（Medici collar），以法国美第奇王后凯瑟琳和玛丽的名字命名。她们在位时期，这种风格很受欢迎。

"海螺壳饰纱"（conch）是一种几乎透明的装饰纱，非常精细，以至于在一些肖像画中几乎看不见它。海螺壳饰纱裁剪宽松，从肩部到地板，像披风一样披在肩上。在脖子后面，海螺壳饰纱与翅膀状的结构连接在一起，像高领一样立在脑后。一些作家认为海螺壳饰纱作为寡妇的服装有一定的意义，这在法国可能是真的。然而在英国，它似乎更广泛地作为一种纯粹的服装装饰元素，如伊丽莎白女王的面纱，她从未丧偶（见图 6.15）。

16 世纪的配饰与妆容

许多配饰风格的变化与整体廓形的变化并不完全一致。因此，关于男女配饰的讨论并没有划分阶段，而是以整个世纪为背景进行讨论。

图 6.14　1582 年，在法王亨利三世的宫廷里，女性使用裙撑，男性穿带轮状皱领的夹克衫、马裤和袜类参加舞会。（图片来源：RMN–Grand PalaisArt Resource, NY）

男性的发型和头饰

在 16 世纪初，男性留着齐发，长度不一，从耳朵下到肩膀处，然后在额头上留有刘海。在时髦的帽子中，有一种形状似圆盆的帽子，帽檐向上翘起。有些款式会在帽檐上装饰图案。这种帽子有时被称为"法式圆盆帽"（见图 6.3）。男性也会戴便帽或发网，将头发束在头部附近，然后在上面戴一顶帽子，盆状帽顶，宽帽檐，帽檐一度向上翘起。许多帽子上装饰着羽毛。

1530 年后，蓄须成为一种时尚，头发也被剪短（见图 6.5）。帽子款式包括一种中等大小、带小边檐、装饰着一根羽毛的平顶帽，还有一种装饰着羽毛的贝雷帽式款式。

16 世纪中叶以后，男性头发留得更长，蓄须和小胡子仍然很流行（见图 6.8）。帽顶越来越高，有些比较柔软，有些轮廓僵硬。帽檐往往很窄。这种高顶窄边帽子被称为"卡波坦帽"（capotain），这种风格一直流行到 17 世纪（见图 6.6）。帽子的装饰物包括羽毛、彩色穗带和珠宝。

女性的发型和头饰

已婚和成年女性遮盖头发的习俗仍然存在。最重要的头巾之一是压发帽——一种白色亚麻布或装饰性织物制成的帽子，通常有长垂带或短方形（或尖端）延伸部分垂到耳

图 6.15 伊丽莎白女王戴着海螺壳饰纱，头上戴着薄纱头饰，肩上披着珍珠镶边的披风。花边轮状皱领是敞开的，戴在精心装饰的织锦服装上。右手拿着一把羽毛扇子。（图片来源：duncan1890/DigitalVision Vectors/Getty Images）

图 6.16 图中的轮状皱领用撑领架支撑着，撑领架用于固定轮状皱领。（图片来源：Courtesy of Fairchild Publications, Inc.）

朵下面，覆盖两侧脸部。压发帽的形状有圆形、心形或拱形——一种像尖拱的英格兰风格。女性在压发帽上别上一条长 40 英寸、宽 4 英寸的布带。布带两端要么垂在脸的两侧，要么被做成装饰性的褶皱。其中一些布带后面附有半圆形织物兜帽。随着时代的发展，压发帽的位置越来越靠后，露出了更多的头发。装饰性盖帽戴在压发帽顶部，有一些则用珠宝或金属网装饰（见图 6.9）。

16 世纪后三分之二的时期，女性显露的头发越来越多。头发从前额向后梳，在脸周围略微蓬起，然后在脑后盘起来。发型开始出现地域差异。法国女性把头发梳起来，借助两边的小衬垫，形成一个心形状，以修饰脸型。英国女性模仿女王的红色头发，将头发染色，因此宫廷中的女性将头发染成红色、赤褐色和各种深浅不一的金色，十分时髦（在伊丽莎白女王统治末期，她的头发变得稀疏，因此需要戴一顶红色假发）。为了平衡轮式裙撑的宽度，女性通过把头发梳高，并用珠宝饰品来增加自身的高度（见图 6.13）。

16 世纪末流行的帽子一般都很小，高帽顶，窄帽檐，并饰以羽毛。女性还戴宝石网饰和帽子。

鞋类

除了少数例外，男性和女性流行的鞋类款式相似。男性因为经常在外，男鞋的风格往往更夸张。随着时代的发展，方头鞋变得越来越大，尤其是男鞋。到了 16 世纪中叶，玛丽一世为英国女王的时期，鞋子变得太过宽大，以至于通过了一项法律，将鞋子的宽度限制在 6 英寸以内。装饰包括将蓬松织物从开口拉出的切缝装饰。19 世纪的服装历史学家称这种鞋子为"鸭嘴鞋"（duckbills），因为它们的形状很像鸭子的嘴。

在 16 世纪下半叶，鞋头仍然是方形的，但宽度变小，鞋子也更符合脚的形状。这个时期鞋子也有切缝装饰，但拼色衬里取代了蓬松织物，脚弯曲时就可以看得到。

在男女穿的鞋中，有一种叫"穆勒鞋"（mules）的拖鞋。有些鞋子做有鞋舌，鞋带（被称为"拉契特鞋带"[latchets]）从鞋舌两边穿过系紧，覆盖在鞋舌上面。男女穿的高跟鞋最早出现在 16 世纪 70 年代的某个时间段，鞋跟高约 1 英寸。有时人们会在鞋头装饰丝带花结，或者嵌上装饰性的石子。

只有女性才穿在脚踝处系带的低切式拖鞋和软木高底鞋。这种高跟厚底鞋最早出现在意大利，随后在欧洲其他地区流行开来。

在户外骑马时，人们会穿靴子。

珠宝

尽管在 16 世纪上半叶，王室成员和富有的男女大量使用珠宝进行装饰，但在这一世纪下半叶，男性减少了对珠宝的使用。男性并没有放弃佩戴首饰，而是佩戴数量变少，首饰也变得低调。女性则继续佩戴大量的奢侈珠宝。男性戴着镶宝石的宽领，领子与衣服不是一体的，而是一个独立的圆环，由装饰片拼接而成。男性和女性都戴着用金子或其他贵重金属制成的项链，项链盘绕在脖子上。载着金、银和新型宝石的船只将美洲的财富带到了欧洲。女性戴吊坠项链。

珠宝几乎可以装饰服装的任何部分。男女性都把胸针别在帽子、兜帽和衣服的其他部位。在那个时代，人们戴着大的、带花边的轮状皱领，有些看上去像蜘蛛网，女性将蜘蛛形状的珠宝饰针别在轮状皱领的皱褶上。金属饰针是一种镶着珠宝的金属尖针，固定在用来系紧杂色方格布或长嵌缝的饰带上，也可以戴在帽子上。袖扣是一种小型珠宝饰针，将袖子的拼接部分固定在一起（见图 6.5）。

耳饰在一些国家中很受欢迎，这些时期人们的头发和头饰不会盖住耳朵。在一些画作中，女性经常戴有耳饰，偶尔也有男性佩戴。戒指十分流行。宽大的袖子会遮住手镯，因此人们不怎么佩戴手镯。

有些珠宝只由女性佩戴。法国女性佩戴费隆妮叶额饰，但这种额前装饰品在英格兰不是特别流行。16 世纪 20 年代后，带长穗带的珠宝腰带在女性中变得流行起来，穗带垂在前面。穗带上挂着珠宝流苏、香盒（pomander）、钱包或镜子之类的东西。

其他配饰

男女都会携带钱包，通常挂在腰带上。中下层阶级的人使用皮包。富人的钱包上装饰着刺绣、珠饰、金属工艺和珠宝。

最早的扇子是将方形刺绣织物固定在木棍上制成的。后来的扇子包括饰有鸵鸟或孔雀羽毛的装饰木棍和圆形折扇。

男女都携带手帕，戴手套。时髦手套的袖口通常都有装饰物。

女性在户外骑马时都戴着面罩，以保护皮肤免受日晒。在戏剧制作中，一些业余演员也会使用面罩。

化妆品

许多化妆品都是由具有潜在危险的化学物质制成的，比如用于美白用的汞盐。人们将口红涂在嘴唇和脸颊上，也使用香水。清教徒谴责这些"恶习"，预言人们在来世将为对虚荣做出的让步付出沉重代价。菲利普·斯塔布斯（Philip Stubbes）在 1583 年写道：

图 6.17　《爱德华六世小时候的肖像》（*Portrait of Edward VI as a Child*），小汉斯·霍尔拜因（Hans Holbein the Younger），约 1540 年。小王子穿着当时的迷你版成人服装，一件刺绣衬衫，在脖颈和袖子处可见。帽子和袖子上装饰着金属饰针。虽然下半部分的衣服看不见，但很可能王子在小小年纪就开始穿长裙了。（图片来源：Image courtesy of The National Gallery of Art, Andrew Mellon Collection, 1937）

> 必须承认，用人工颜料和非自然的油膏在脸上染色和粉饰是对上帝的冒犯，也是对陛下的不敬……它们（人造颜料）是魔鬼的意图，将可怜的傻瓜们困在地狱之网中。

16 世纪的儿童服饰

16 世纪，儿童仍然延续着穿与成人相同服装款式的习惯。年幼的孩子无论是男孩还是女孩，在五六岁之前都穿裙子，之后男孩会穿男紧身上衣和袜类，以及当时流行的任何男性服装。他们甚至还要戴巨大的轮状皱领，活泼好动的孩子穿着显得特别笨拙。王室儿童穿着用精致、昂贵的丝绸制成的锦缎服装（见图 6.17）。穷人和中产阶级的孩子穿得相对简单，就像中下层成年人比上层阶级的成年人穿得更简单一样。

章末概要

16世纪的服装风格越来越国际化，时尚也变得越来越重要。时尚风格往往起源于某个国家，沟通交流成为传播时尚信息的重要手段。婚姻、探险和印制书籍都能传播新的时尚信息。国家在该世纪时尚界的影响力与其声望的得失息息相关。在16世纪上半叶，德国和意大利是时尚的领导者，随着西班牙的崛起，它接过了引领时尚的大旗。到该世纪末，西班牙对时尚的影响力下降，正如西班牙的政治力量也在减弱一样。

新技术促进了服装的发展。花边制作技术的发展提供了重要的装饰手法，针织技术也有助于制作更加贴身的长筒袜。

16世纪服装的遗产

起源于16世纪的大量服饰细节已经成为之后几个世纪代表性服装设计的一部分，例如轮状皱领（见"现代影响"）和敞开式立领（后来被称为"美第奇衣领"）。从16世纪开始，每个世纪至少会再一次地使用裙撑，用以支撑裙子。这些衣服的准确形状各不相同，但一旦人们接受可以用裙箍或裙撑塑造裙子形状这一基本观点，会周期性地出现。

（图片来源：FRANCOIS GUILLOT/AFP via Getty Images）

主要服装术语

金属饰针（aiguillettes）
贝斯底裙（bases）
短亚麻纤维填充物（bombast）
臀围撑垫（bum roll）
插骨（busk）
紧身半截裤（canions）
卡波坦帽（capotain）

海螺壳饰纱（conch）
长衬裤（drawers）
鸭嘴鞋（duckbills）
法式圆盆帽（French bonnet）
宽大马裤（galligaskins）
坎肩（jerkin）
拉契特鞋带（latchets）
美第奇衣领（Medici collar）

北方文艺复兴

男性：约 1500—1515 年
男紧身上衣与袜类系在一起，袜类穿在夹克衫和短裙下面。

男性：约 1515—1550 年
服装变宽，且可能做有泡褶、长嵌缝或拼缝。马裤与超膝袜分离。

男性：约 1550—1600 年
男紧身上衣和及腰长夹克，夹克窄肩，做有宽轮状皱领。裤子更多的是宽松桶形连袜裤。

女性：约 1500—1530 年
紧身上衣通常做有方形领口和长袖。裙子很长，宽松，拖地。与中世纪晚期的款式相像。

女性：约 1530—1575 年
德国风格。紧身上衣，泡褶袖，泡褶交替出现，与褟襥裙搭配。

女性：约 1530—1575 年
西欧国家漏斗形长袍，上衣僵硬紧身，搭配倒锥形裙子。袖子大而宽松，领口通常为方形。

女性：约 1575—1600 年
裙子顶部变宽。紧身上衣延长，呈倒锥形，轮状皱领变得异常宽或高。

超膝袜（nether stocks）

宽马裤（open breeches）

两片式胸衣（pair of bodys）

男式紧身上衣（paltock）

杂色方格布（panes）

腹垫（peascod belly）

皮卡迪尔垂布（pecadils）

衬裙（petticoat）

香盒（pomander）

罗帕长袍（ropa）

轮状皱领（ruff）

宽腿短裤（slops）

西班牙式裙撑（Spanish farthingale）

紧身褡（stays）

三角女胸衣（stomacher）

撑领架（supportasse）

桶形连袜裤（trunk hose）

上层袜（upper stocks）

威尼斯式马裤（Venetians）

拱形裙撑 / 西班牙式裙撑（verdugale/Spanish farthingale）

问题讨论

1. 追溯 16 世纪长筒袜制造业的发展。为什么这一发展是必要的？长筒袜的合身度是如何变化的？

2. 将男性马裤和女性裙子的廓形风格与塑造这些形状的技术联系起来，并比较它们在 16 世纪的变化。

3. 服装通常以其外形或功能或穿戴位置来命名。三角女胸衣、贝斯底裙、腹垫、轮状皱领、臀围撑垫、鸭嘴鞋的起源可能是什么？

4. 找出三种不同的服装，并分析这些服装上的跨文化影响。

参考文献

Chamberlin, E. R. (1969) . *Everyday life in Renaissance times*. New York, NY: Putnam.

Hayward, M. (2017) . Textiles. In E. Currie, *A cultural history of dress and fashion in the Renaissance* (pp. 19–36) . London: Bloomsbury.

Reynolds, A. (2017) . Visual representation. In E. Currie, *A cultural history of dress and fashion in the Renaissance* (pp. 153–173) . London: Bloomsbury.

Rublack U. & Hayward, M. (2015) . *The first book of fashion*. London: Bloomsbury.

St. Clair, A. N. (1973) . *The image of the Turk in Europe* [Exhibit catalog]. New York, NY: Metropolitan Museum of Art.

Stubbes, P. (1877) . *Phillip Stubbes's anatomy of abuses in England in Shakespeare's youth A.D. 1583* (F. J. Furnivall, Ed.) . London, UK: New Shakespeare Society.

Tortora, P. G. (2015) . *Dress, fashion, and technology: From prehistory to the present*. London: Bloomsbury.

第四部分

巴洛克和洛可可

约 1600—1800 年

	17世纪初	1607—1625年	1626—1682年	1689—1700年	1714—1820年	1715—1750年
时尚与纺织品	襁褓：2—3个月大的婴儿服装 		路易十四要求在宫廷中穿奢华的服装（1660年）			
政治与矛盾		路易十三成为法国国王（1610年）	英国恢复君主制（1660年） 路易十四将法国宫廷移至凡尔赛宫（1682年）	奥斯曼帝国开始解体		路易十四逝世，路易十五（路易十四曾孙）成为法国国王（1715年）
装饰与艺术			伦勃朗逝世（1669年）		英国乔治国王时代开始	洛可可风格盛行
经济与贸易	印度次大陆成为英国东印度公司贸易中心	英国在新大陆建立第一个永久定居点：弗吉尼亚州的詹姆斯敦（1607年） 第一批非洲奴隶运往美洲大陆				
技术与创意	经过改进，手工提花织机可以织出更复杂的图案					
宗教与社会		幼年时代的饰带说明童年是人生中一个截然不同的阶段 朝圣者在马萨诸塞州的普利茅斯建立定居点（1620年） 		威廉和玛丽通过《宽容法案》给予持不同政见的新教徒信仰自由	英国社会各层阶级人士活动集中于温泉、游乐园和剧场等场所	

1770—19 世纪 80 年代中期	1745—1760 年	1761—1775 年	1776 年	1778 年	1789 年
	蓬巴杜夫人成为路易十五的情人并影响了法国宫廷的艺术和时尚（1745 年）				服装风格忠实地体现了法国大革命的影响
		路易十五逝世，路易十六继位（1774 年）	美国独立战争爆发		法国大革命开始 乔治·华盛顿当选美国第一任总统
新古典主义风格盛行 庞贝古城和赫库兰尼姆古城遗址的发掘促进了新古典主义的复兴	莫扎特出生（1756 年）				
		印度进口纺织品的竞争刺激纺织技术进步			
		詹姆斯·哈格里夫斯发明珍妮纺纱机（1764 年） 理查·阿克莱特发明了水力纺纱机 詹姆斯·瓦特获得蒸汽机专利（1769 年）		启蒙时期作家、哲学家和历史学家伏尔泰逝世	
		玛丽·安托瓦内特因未能遵守宫廷礼仪而不受贵族欢迎			

从艺术史的角度看，启蒙运动时期的风格包括巴洛克风格、洛可可风格及最早的新古典主义风格等。在时装和织物上，这些风格涉及不同的织物设计、制作服装的首选纤维和织物以及喜爱的颜色。生产和消费这些商品的人们的生活也发生了巨大的变化。

巴洛克风格通常可以追溯到 16 世纪末至 18 世纪中叶，强调奢华的装饰，线条自由流畅，服装式样平整，有花边装饰。巴洛克风格服饰追求富丽堂皇和气势雄伟胜过雅致精美。

斯奎尔（Squire）提道：

> 一些绘制时装图样的艺术家，他们在时装画中画下女子行走时提起外层裙子的特征，用以突出繁复蓬松的打褶装饰，这些装饰物深受诸如远在罗马的贝尼尼（Bernini）等艺术家的喜爱。画中的人物姿态肯定不是偶然的，而是一个时代的无意识精神体现——努力形成一种在生活各方面都可以识别的风格。

大约从 1720 年到 1770 年，洛可可风格取代了巴洛克风格。洛可可风格服装的规模比巴洛克风格的小，柔媚细腻，以 S 曲线和 C 曲线、花纹、漩涡状花饰、巧妙运用中国及古典甚至哥特式的线条为标志。洛可可风格反映在当时的时装上：圈环裙的弯曲边饰、裙装精致的蕾丝和花朵装饰、女性喜欢的柔和娇嫩的颜色以及饰有精致洛可可刺绣的男士马甲。

18 世纪最后阶段，人们对古典主义风格的兴趣重燃。新古典主义风格表现在 18 世纪下半叶的建筑、绘画、雕塑、室内设计和家具上。直到 18 世纪最后十年的督政府时期，古典主义风格对服装的影响才明显起来。

尽管与东方的陆路贸易已经存在了几个世纪，但海上商船运输在 17 世纪才开始扩张。1615 年，东印度公司将第一批棉织物和靛蓝从印度运往英国，从而带动了对廉价耐洗的服装和家具布料的需求。在欧洲，棉织物很快受到了欢迎。轧光印花棉布（Chintz）是进口织物中特别重要的一种。17 世纪印度的轧光印花棉布是一种手绘或印染的棉织物，有时布面光滑。东方设计是时尚的，既符合现实又充满想象，这些在印度的轧光印花棉布织物设计上得到了体现。轧光印花棉布最初作为桌布和床单使用，到 17 世纪下半叶，轧光印花棉布作为服装面料的需求大量增加。彩色印花平布在英国也颇受欢迎。"平纹白布"（calico）一词最初指印度加尔各答生产的高质量印染棉织物。后来，这个词被广泛用于指一系列各种颜色和品质的印染棉织物（见图 IV.1）。

妇女高价购买品质优良的平纹麦斯林纱（muslin）或薄纱织布，这些织布产自孟加拉，在 18 世纪末 19 世纪初大受欢迎。这种织物的柔软性和悬垂性对 18 世纪末期妇女服装风格的改变做出了重大贡献。尽管英国议会制定了一系列保护国内贸易的法律，但英国与印度的棉织物贸易仍在增长。在英国，对棉织物的大量需求致使走私与规避法律的行为变得十分普遍。

自中世纪以来，时髦行为在西欧变得越发明显。但是大部分时尚参与者都是富裕的精英阶层，包括王室及其宫廷中的贵族、专业人士和富裕商人。麦肯德里克（McKendrick）信服地指出，18 世纪消费社会诞生后，所有这一切都在英国发生了变化。

随着人们对东印度公司进口的廉价棉织物的需求增加，扩大消费者需求的经济利益变得显而易见。消费革命的参与者来自社会各阶层，他们拥有购买非必需品的能力。

英国的阶级结构比欧洲其他地方更紧凑、更开放，工资高，大部分人口居住在伦敦市中心，零售业大肆兴起促进了消费者需求的增加。"追求时尚"的欲望为商业利益所利用。

虽然麦克·肯德尼克等人关注的

图 IV.1 17 世纪，英国东印度公司开始以印度次大陆为中心进行贸易。（图片来源：Rogers Fund, 1930/The Metropolitan Museum of Art.）

是英国社会，但可以肯定的是相似的行为模式在当时也已经流行到美洲殖民地。法国保持了在服装时尚创新的领先地位，但直到法国大革命之后，社会各阶层人士才开始参与时尚。

消费者革命和日益商业化的生产加速了时尚变化，催生出多种服装风格。18 世纪的作家惊叹新时尚的引入速度之快。时尚术语大量涌现，也为新风格的激增提供了更多证据。

为引起消费者对新风格的兴趣，时尚信息被传播和宣传给更多的人。人们可以购买到时装图纸，其中有许多是手工着色的。巴黎裁缝制作的时尚布娃娃从 14 世纪开始就存在了，但这些布娃娃最初只在精英阶层中流传。在 18 世纪的英国，花 2 先令可以观看时尚布娃娃，7 先令可以租用，这样做可能是为了更准确地仿制时尚布娃娃的服装。一种更便宜的时尚布娃娃变体是纸娃娃，自带衣橱，只要几便士就能买到。

到 18 世纪末，时装商业化完全确立。在整个西欧和北美，大部分人穿着时尚服饰，追随潮流趋势。但也有例外，比如保持地域民俗服饰的农民、对自己的着装没有选择权的奴隶及穷人、宗教团体中的一些宗教派别等。

问题思考

学完第四部分的各个章节后，回答下面问题。

1. 第 7 章和第 8 章详细介绍了启蒙时代服装的广泛信息来源。这些来源是什么? 它们如何证明该世纪时尚变革加速?

参考文献

Mathiassen, T. E. (2017) . Textiles. In P. McNeil, *A cultural history of dress and fashion in the age of the Enlightenment* (pp. 23–44) . London: Bloomsbury.

McKendrick, N., Brewer, J., & Plumb, J. H. (1982) . *The birth of a consumer society: The commercialization of eighteenth century England. Bloomington*, IN: Indiana University Press.

Squire, G. (1974) . *Dress and society: 1560–1970*. New York, NY: Viking Press.

第 7 章
17 世纪

约 1600—1700 年

历史背景

17 世纪欧洲列强（法国、英国和西班牙）的统治阶级开创并延续了这个时代的时尚潮流。其他国家统治着意大利半岛，将半岛分成了几个小型的政治单元，这些政治单元也跟随了时尚潮流。从西班牙独立出来的荷兰富裕繁荣，人们有足够的财力购买时髦的服装。当一个国家获得经济和政治上的优势时，他们选择的时尚往往会为大多数人所追随。

在 16 世纪晚期，矫饰主义风格取代了文艺复兴时期的艺术风格。矫饰主义风格强调宗教主题的写实，这些宗教绘画旨在唤起观看者的情感。这种风格是文艺复兴时期的风格和巴洛克风格之间的桥梁。17 世纪的意大利艺术家引领了从矫饰主义到富有活力的巴洛克风格的艺术转变，巴洛克风格从欧洲中南部传播到西欧。艺术风格的变化对服装的款式和装饰也产生了影响。

17 世纪的社会生活

一个人的社会地位往往通过服装或明显地或微妙地展示出来。在阶级分明的社会里，一个人的着装习惯是其社会地位的外在标志。

法国宫廷

路易十四确立了绝对君主制并设定了绝对奢华的服装风格，整个欧洲都在效仿这些风格（见图 7.1）。凡尔赛宫的侍臣要么住在王宫，要么住在附近自己的房子里。除了王室成员的住所外，宫廷内的住所既不宽敞也不豪华。国王起床后，穿衣洗漱都由足够等级的侍臣侍候。国王先穿上马裤，再穿上由在场最高级别的侍臣递上的衬衫，最后用浸透了稀释酒精的香味棉布擦拭脸部。因为用水洗在当时被认为是危

图 7.1　路易十四身着王袍。（图片来源：adoc-photos/Corbis via Getty Images）

险的，所以沐浴十分罕见。在其余时间里，国王的生活依旧是仪式化的，一成不变。宫廷礼仪规定了每个人的活动。

为保持在宫廷中露面，贵族需要置备各种昂贵的服装，储备在宫廷中生活的资金。服装是贵族的主要支出项目之一。当时的一位作家圣西蒙（St. Simon）写道，他在自己的服装上花费了 800 金路易（louis d'or，法国 1641—1795 年间的金币名），而他的妻子为了勃艮第公爵的婚礼在服装上花了大约 4000 金路易。显然，并不是所有的衣服都如此奢华，也不应该认为一两件衣服的费用就高达这个数字。一场隆重的婚礼活动需要更换各种不同的服装。

英国贵族

在查理一世统治时期的英国，宫廷的地位不如他的儿子查理二世统治时期那样重要。17 世纪上半叶，英国大部分地区都是乡村，许多贵族生活在乡村庄园里。住在乡村的议员前往伦敦参加议会，议会结束后便返回家中。其他议员住在伦敦或其他镇上。在英国内战结束后和英国共和国时期，生活继续以乡村地区为中心。查理二世继承王位后，上层阶级的社会生活中心向宫廷转移，使伦敦成为社会的时尚领袖。英国内战时期，查理二世到法国寻求庇护，他观察了法国最新的时尚风格，回到英国后，法国宫廷的风格对英国产生了极大的影响。

荷兰上层阶级

荷兰在贸易上获取的利益造就了一个繁荣的中产阶级。有些人拥有数量惊人的服饰，比如一个阿姆斯特丹富人家庭的女儿，据说其嫁妆包括了 150 件女式宽松内衣和 50 条围巾。

北美殖民地

在新英格兰早期的清教徒定居者中，你可能会发现很少有人对时尚感兴趣，他们的生活条件比较艰苦，居住在简陋的临时住所中，直到 1660 年这些临时住所才被长久居所取代。这一时期人们的遗嘱反映出有些房子设备齐全，而有些则装修简陋。

一张 1690 年左右运往新英格兰的英国货物发票上列了许多时尚饰品和制作西服和裙装的织物。货物清单上的物品包括男士和男孩用的毛毡和海狸呢帽、头发粉、穿衣镜、假发、羊毛袜、帽子、流苏、蕾丝、腰带、包头巾和芳坦鸠头饰（fontange，时尚发型支撑物），以及各种各样的织物。与英国居民相比，殖民地开拓者能够自由支配收入，在购买和展示纺织奢侈品的时间上与英国居民相差不大。正如格林（Greene）在书中引用的，"卡罗莱纳的当地人由于追赶潮流而过着入不敷出的生活"。乔治·鲍尔温（George Corwin）上尉是马萨诸塞州塞勒姆的商人，在他的大衣柜里有一件镶有银色蕾丝的布外衣，一件天鹅绒外套，以及一些如金色手套、刺绣或流苏手套、银色帽带和银头手杖等配饰。宗教和世俗的领袖都不赞同这种"花式织物"。雕绣、刺绣、绣花帽、领饰（宽圆花边领 [bertha]）和头巾（head rails）属于禁奢令禁止穿戴的物品，轮状皱领、海狸呢帽和齐肩卷发也在其中。曾有一位牧师剥夺了他侄子的继承权，因为侄子留着时髦的长发。虽然有这些禁令，但是人们仍然会选择忽视而不是遵守。

独特的服装传统

尽管时装风格变得更加国际化，但一些独特的服装传统仍在发展。英国清教徒的服装反映了他们的精神和政治观念。保守主义和抵制变革可能导致了西班牙独特的服装风格。

清教徒服装

研究英国清教徒和骑士派（或保王派）内乱的历史学家经常暗示这两个党派穿着明显不同。实际上，清教徒的服装与平民相似，派别间的差异主要体现在上层阶级的服装风格上。清教徒反对过度装饰和不合身份的服装。然而，骑士和他们的淑女则强调艳丽动人的奢华服装。

清教徒的服装经常被描述为"忧郁的颜色"，一般理解为单调乏味。富裕的清教徒穿戴的服装质量优良，但在装饰和颜色选择上比骑士要克制。追随清教徒事业的士兵将头发剪短，避免留骑士派的精致卷发，因此获得了"圆颅党"（Roundheads）的绰号。

图 7.2 《伊丽莎白·弗雷克夫人和婴儿玛丽》（*Mrs. Elizabeth Freake and Baby Mary*），佚名艺术家，1674 年。这些马萨诸塞州的定居者在别人为其绘画时身着颜色轻盈明亮的衣服，与清教徒单调而暗黑的服装形成对比。（图片来源：Worcester Art Museum[MA], Gift of Mr. and Mrs. Albert W. Rice, 1963.134）

骑士派或保王派倾向于戴饰有羽毛的宽檐毡帽，清教徒更喜欢圆锥形毡帽，但在帽子上，两个党派都不追求奢华。清教徒妇女和骑士派妇女穿着相似，每天都穿着围裙，但是清教徒妇女的围裙通常比较朴素。

1620 年，新英格兰的清教徒定居者在航行时带上了当时英国流行的服装。和英国的教士一样，新英格兰的教士强调内敛简约的服装风格。尽管有教士的告诫以及存在时尚信息远隔大西洋的时间差，这些殖民开拓者仍然试图跟上欧洲的主流时尚（见图 7.2）。

西班牙服装

尽管西班牙是 16 世纪后半叶西欧主要的时尚领袖，但到了 17 世纪初，西班牙的服装风格开始落后于其他国家。西班牙人比其他国家的人保守，这种保守主义保留了轮状皱领和西班牙式裙撑或拱形裙撑，即使在欧洲其他国家摒弃这些服装风格后也依然如此。

甚至连西班牙的披头纱巾（mantilla）——一种盖住头发的面纱，与传统的西班牙服装相关，是中世纪时期一种小型的女士披风——也保留到了之后的时代。西班牙十分重视传统习俗，根据妇女已婚、未婚或丧偶的情况规定纱巾的长度。有些地区要求未婚女性外出时遮住自己的脸，这种做法可能源自中世纪长期占领西班牙的摩尔人传统。

图 7.3 《穿粉色衣服的玛利亚·玛格丽塔公主》（*The Infanta Maria Margarita in Pink*），布面油画，迭戈·委拉斯开兹（Diego Rodriguez de Silva y Velazquez），1599—1660 年。玛格丽塔公主穿着西班牙宫廷风格的西班牙公主裙撑。（图片来源：The Print Collector/Getty Images）

17 世纪，西班牙人有一项值得注意的服装实践，即采用一种过时的服装风格，有点类似于法国的鲸须裙。在 17 世纪 20 年代后，这种风格在欧洲其他地区已经过时，而富裕的西班牙女性直到 17 世纪中期才开始流行这种风格。西班牙人将这种风格称为"西班牙公主裙撑"（guardinfante，见图 7.3）。这种裙子比法式鲸须裙撑更椭圆，裙子两边的宽度也更大。紧身上衣有长而宽的巴斯克垂片（bask，紧身上衣在腰线以下的延伸部分），向下延伸至宽裙的顶部。紧身上衣的肩线通常是水平的，类似于当时欧洲其他地区的服装领口。袖子宽松，裁有缺口以展示里面的衣物，最后袖口收紧。女性穿上这些服装后，还会穿木制或软木底的高底鞋，在某种程度上拉长身形。并不是所有的西班牙女性都会穿这些过于宽大的裙装，这主要是宫廷服装的特色。不太富裕的女性经常在裙子腰部周围放一些衬垫，让裙子稍微宽松一些，以便于日常工作。

西班牙男性的服装风格变化也比较缓慢。与欧洲其他地区的男性相比，西班牙男性服装保留轮状皱领和桶状连袜裤要更久一些。然而，男性的服装风格从来没有像女性一样存在显著的地区差异。到1700年，西班牙人重新进入欧洲主流时尚圈。

纺织品与服装的生产和购买

机器设备逐渐改进。手工提花织机可以织出纹饰富丽的精美丝绸面料，由一个小男孩或者小女孩坐到机器顶部，根据织布者的指令手动升降纱线来创造和织出图案。手工拉花织机可能是中国发明的。到中世纪晚期，意大利开始使用拉花织机，到1600年每当要织出复杂图案的丝绸面料时，手工提花织机就会派上用场。因此，在17世纪欧洲纹饰富丽的丝绸面料随处可见，颇受欢迎。

1684年，暹罗大使拜访了路易十四的宫廷，他们的衣着华丽，据说这些服装引起了"暹罗风"模仿热潮。"暹罗风"仿制品由丝绸和棉布制成，上面有彩色条纹。在17世纪最后几十年里，上等的英国羊毛织物的受欢迎程度胜过丝绸，这种时尚远传至埃及。

上层阶级雇有专业的裁缝为他们定制服装（tailor-made），而下层阶级则由家庭妇女制作。尽管女性经常做一些精细的装饰物手工缝纫活，但大部分专业的裁缝都是男性。1675年之后，女性开始进入服装专业领域。一群法国女裁缝申请建立女性裁缝公会来制作妇女的服装，这一申请得到了批准。霍兰德（Hollander）认为这一结果第一次对两性设计和制作服装的方式进行了区分，这种区分深刻地影响了接下来两个世纪时尚的特点和声誉，这种差异至今仍然存在。

服饰研究的信息来源

艾琳·里贝罗（Aileen Ribeiro）一直认为，直到17世纪，"没有什么可以替代亲自观察时髦人士的穿着"。从17世纪后期开始，时尚交流以版画的形式呈现。在巴黎工作的法国版画艺术家创作了几万幅版画，描绘了17世纪晚期（一直到18世纪）的服装和时尚。版画中的人物呈现了丰富多彩的社会经济阶层，从农民到王室，包括贵族、富人、军人、艺人。值得一提的是，这些版画包括艺术版画，以呈现静态的服装和时尚或者展示新的变化的服装款式为特点。因此，我们需要审慎对待版画里的这些服装，因为这些版画可能更像现代时尚杂志里的照片，呈现的不是日常的服装风格。

除了版画、绘画、包括纺织品和服装在内的物质文化、小说、诗歌和戏剧提供了丰富的服装视觉和文学描述（有时有所夸大）。根据安妮·霍兰德（Anne Hollander）的说法，"17世纪晚期的一些画家描绘了一些为表演穿上历史性或者戏剧性服装的人物，他们不是根据动作或激情来选择适当的服装"。虽然从17世纪留存下来的服装比此前要多，但这些服装往往比平常穿的衣服更奢侈。正如麦克尼尔（McNeil）引述的，身无分文的莫扎特写信给他的父亲，"穿着黑色衣服你可以去任何地方"，因为"这是平日的衣服，同时也是礼服"。除了受委托的艺术作品外，服装也经常在个人的回忆录和信件中提及，增加了研究17世纪着装实践材料来源的深度和丰富性。

17 世纪的男性服饰

17世纪前二十年的男性服装保留了16世纪下半叶服装的主要元素。在这二十年里，主要的服装元素有衬衫、紧身上衣、夹克或无袖背心（坎肩）和桶形连袜裤或马裤，称为"威尼斯式马裤"（膝下束紧的宽大裤子）。桶形连袜裤变得宽松而饱满，长度及膝。然而到了17世纪30年代末，一种不同的风格出现了，这是男性服装风格三个独特阶段的第一个阶段。

在17世纪及之后几个世纪里，出现了大量服装款式的变体和用于描述覆盖腰部以下服装的术语。表7.1描述了这些变体和术语的发展历程。

1625—1650 年

◆ 服装

衬衫不再是内衣，而是一个服装整体中必不可少的一部分，剪裁宽松，材质是白色亚麻布，男式大翻领（falling band，常缀有花边）代替了轮状皱领。衬衫袖口和领口经常装饰有蕾丝或雕绣。

男紧身上衣穿在衬衫外面，下边（通过蕾丝）系着马裤。男紧身上衣款式不断演变，腰线都设置在解剖学意义上的腰线上面，包含腰部以下的短垂片，这是从16世纪演变而来的早期款式。新的款式拥有裙状的延伸部分，能够盖住臀部（见图7.4和7.5）。一些男紧身上衣上面有缝或开衩，透过这些可以看到里面的衬衫或彩色衬里（见图7.4）。

及膝马裤从腰部开始一直到膝盖，剪裁宽松或相对较紧，到膝盖处逐渐变细。在裤子的底端装饰丝带或花边（见图7.4和7.5）。

在室外时，男士会穿上经常带有宽领的披肩或斗篷。有一种披肩可以变成外套。大

图7.4 凡·戴克创作的吉斯公爵亨利的画像。公爵身穿男紧身上衣，里面穿着一件白色衬衫，可以透过上衣的前襟和袖子的开衩看到。领子是男式大翻领，袖口缀有蕾丝和刺绣。马裤长度过膝，底部蕾丝与其高筒靴相接。公爵有一缕头发留得比其他部分长，用丝带系着，名叫"爱情锁"（love lock）。他拿着一顶带有羽毛的宽檐帽，手臂上搭着一件斗篷。（图片来源：Image courtesy of The National Gallery of Art, Gift of Cornelius Vanderbilt Whitney, 1947）

型长斗篷将两边肩膀都包裹住，而环形披风只穿戴在一边的肩膀上，经常用线绳穿过宽领下方系紧。在法国，这种斗篷被叫作巴拉格尼斗篷（balagny cloaks），取自一个很受欢迎的军事英雄之名。开索克外衣（cassocks/casaques）是袖子裁剪宽松的外套，宽度覆盖全身，长及大腿或以下。

表7.1 描述男性裤装类型的术语（16—19世纪）

术语	术语起源	使用时期	描述/说明
马裤	有可能源自"braies"一词（braies 萨克森语指口袋似的宽松衬裤，长及膝盖，用亚麻布做成）	1570年开始使用该词；直到17世纪20年代，在英国马裤取代了宽大短裤	两条裤腿里外都有接缝，挂在腰部，有各种宽松程度；该词现在仍被使用，不过形状和剪裁随时间而变化
宽腿及膝裤（slopp，也可拼为 sloppe）	似乎起源于荷兰；最后该术语含义发生改变，用于指任何现成衣服	从16世纪到19世纪	似乎用于指长度及膝的宽松裤子；荷兰人一般会穿宽大的马裤
衬裙式马裤/莱茵伯爵裤（petticoat breeches/rhinegraves）	形状如裙，因此取名为"衬裙式马裤"	1658—1680年	宽松，形状似裙的分衩服装

长裤 （trowsers / trousers）	来源不确定，似乎源自爱尔兰用于描述类似马裤类服装的术语	17世纪是水手服装，18世纪的美国可能把马裤作为一种保护性服装；从19世纪到现在一直是一种时尚服装	最初为水手穿的长度及膝的裤子；之后变长且相当宽松；18世纪，一般是劳动者的工作服装，长且宽松；19世纪，则是现代一般意义上的裤装
窄裤 （pantaloons）	源自威尼斯的圣庞大良教堂（St. Pantaleon），之后以一位意大利连环画人物"庞塔龙"（Pantalone）的名字命名，他经常穿着长及脚踝的马裤或宽大长裤	18世纪晚期的平民服装；早期是军队服装	从腰部到脚踝一片式剪裁的裤子；在各个时期，根据腿部剪裁紧身或宽松；19世纪，"pantaloons"和"trousers"这两个术语有时会互换使用
裤子 （pants）	"pantaloons"的简略形式，在美国更常用	19世纪至今	现代与"trousers"替换使用
工装背带裤 （overalls）	来自穿这件衣服来遮盖或保护其他服装的做法	18世纪至今	穿在外层；宽大长裤有时用作保护性外穿服装。早期，工装背带裤和宽大长裤的区别不明显；后来工装背带裤多出了一块护胸；"bib"和"overalls"最终用来指工作服装
骑马用厚布 / 皮质胫甲 （sherryvallies）	可能源自波兰，一种类似"察拉维"（szarawary）的服装	美国独立战争时期，约1776—1830年	一种骑马者穿在宽大长裤或长裤外面的腿套，在腿的外侧用纽扣扣上
束膝灯笼裤 （knickerbockers， 经常简称为 "灯笼裤" [knickers]）	这个术语用于描述纽约最初的荷兰定居者的后代，也指宽松的及膝裤，长度到达膝盖	该术语源自19世纪中期，一直沿用至今	宽松肥大的马裤，在膝盖处结成一簇；19世纪初至40年代的运动服装；也是青春期前男孩的服装；人们偶尔会重新穿戴这种风格服装；也是越野滑雪穿的服装

资料来源：Information derived from Murray, A. 1976. "From Breeches to Sherryvallies." Dress, Vol. 2, No. 1, p. 17.

◆ 头发和头饰

大多数男性梳着卷曲的长发。胡子修剪至一个点，胡子大而卷曲。法国和英国男士留有一缕比较长的头发（"爱情锁"，见图7.4），头戴饰满羽毛的宽檐大帽子（见图7.4和7.5）。

◆ 鞋类

鞋子和靴子都有高跟和直板鞋底（straight soles），没有根据左边或右边的脚型制作鞋板。在高跟鞋出现之前，鞋子根据左脚或右脚形状制作。当鞋子开始有高跟时，

图 7.5　亚伯拉罕·博斯（Abraham Bosse）创作的《舞会》（*The ball*）。这幅画描绘了 17 世纪三四十年代男女的时尚装束。注意右边前景中的绅士披在肩膀上的斗篷式外套。（图片来源：Historical Picture Archive/CORBIS/Corbis via Getty Images）

鞋匠发现很难制作出同时满足高跟和适合左右脚型两个条件的鞋子，因此直到 19 世纪早期一直制作的是直板鞋底。也是这个时候，适合左右脚型的鞋子再次出现。一些靴子和鞋子带有防护外底（slap soles），平展的鞋底只附在鞋的前端。穿戴者走路时这些鞋底便会拍打地面。这是为了防止鞋子或靴子的高跟陷入柔软的地面（见图 7.5 前景中的男人）。

　　最重要的两种鞋是长至膝盖的靴子，在膝盖处与马裤相接（见图 7.5），开口大，脚背系着鞋带的鞋子。直到 17 世纪 30 年代，鞋头都是圆的；之后鞋头变为方形，系着超大玫瑰花结，在高高的方形鞋舌上缀有蕾丝装饰（见图 7.5）。袜类和长筒袜长度及膝，穿在鞋子或靴子里面。

1650—1680 年

◆ 服装

　　男紧身上衣的改变使得衬衫越发可见且重要。衣领和两条胸前饰带成为衬衫的一部分或者独立的部分。这些在门襟上扩大形成围兜状的、通常有花边装饰的结构。1665

年以后，长亚麻领带成为衣领的替代品。

男紧身上衣在腰部以上几英寸处变短，剪裁成直筒，没有贴合身形。尽管其袖子一般只到手肘处，但仍然有一些无袖的款式（见图7.6和7.7）。

及膝长的马裤要么短而直或蓬松肥大在膝盖处打结。一种可以替代的款式是衬裙式马裤（petticoat breeches）或莱茵伯爵裤（rhinegraves）。这些马裤实际上是一种开衩裙，就像现代的裙裤一样，剪裁宽松，使其看起来像是一种短裙（见图7.6）。这些马裤流行于1650—1675年，其发源地尚不确定，但"rhinegraves"这一词可能表明其起源于德国。马裤下摆上宽松的褶边称为"宽靴饰边"（canons）。

◆ 背心

最终演变成三件套服装的原型一般认为是查理二世于1666年引入英国宫廷的一种服装。实际上，该服装包括过膝的外套和同样长度的背心或马甲，穿在紧身的马裤外。衬裙式马裤是当时的主流款式，过于宽松，不能与背心和外套搭配。

同时代人称之为"背心"（vest），用来描述一些裁剪相似的波斯服装，它被认为是东方服装的先例。这位国王违背了自己永远不会改变这种风格的承诺，在他的余生里再没穿过这种衣服。但到1680年左右，在衬衫和马裤外面穿长外套和长款背心成

图7.6 图中人物穿着衬裙式马裤或莱茵伯爵裤风格的裤子（流行于1650—1680年），这种裤子剪裁宽松，有着裙子的外形。他的上衣偏短，露出了一大块白衬衫。（图片来源：Kuchta, 1990）

图7.7 《撞柱游戏》（A Game of Skittles），彼得·德·霍赫（Pieter de Hooch），1665年，布面油画。荷兰男人穿着衬裙式马裤和长度及腰的夹克，里面穿白色衬衫。右侧的男人在膝盖处穿有一对"宽靴饰边"，饰有宽松的褶边。值得注意的一处是妇女穿的裙子有白色亚麻布方形领口。（图片来源：Cincinnati Art Museum, Gift of Mary Hanna, 1950.19）

时代评论 7.1
查理二世与英国背心

关于查理二世引进英国宫廷男士服装新风格的评论

1666 年塞缪尔·皮普斯（Samuel Pepys）的日记

10 月 8 日

昨天，国王在会议上宣布他决定设计一款服装样式，即一件背心，此后将永远不会改变。我对这件背心了解不多；但是这是为了教导贵族节俭，这会进行得很好。

10 月 13 日

去白厅（White Hall），约克公爵也来了……他们刚狩猎回来。于是我站起身来，看到他正在穿衣服，试穿国王推出的新样式——长款背心。下周一，甚至整个宫廷都要永久地穿上它。国王说这是他永远不会改变的一种时尚。

10 月 15 日

这一天，国王穿上了长款背心，我看到了几位上议院和下议院的议员也穿上了，都是些大人物。他们穿的是一件贴身的开索克外衣，黑色布质，里面镶着粉白相间的丝绸，外面穿着一件外套，腿上系着一条鸽子腿一样的黑色缎带。总之，我希望国王能够坚持穿下去，因为这是一件非常精致漂亮的衣服。

1666 年约翰·伊夫林（John Evelyn）的日记

10 月 18 日

去宫廷。这是陛下在波斯款式之后第一次庄严地穿上东方款式的背心，将男紧身上衣、僵硬的轮状皱领、八字带以及斗篷换成合适的服装，这些服装包括：束腹或布带、鞋带、系在鞋扣上的吊袜带。其中一些装饰着珍贵的宝石，这些已成为法国宫廷永久不变的装饰，也是这些导致国家开支巨大，人民谴责之声不断。因此，许多朝臣和绅士拿出金子打赌，陛下不会坚持这个决定（即从此以后只穿这种服装）。以前，我曾痛斥过国王的不坚持以及深受法国宫廷时尚的影响。因此，我还描述了波斯服装的美丽和实用，就像国王陛下现在穿的衣服一样。我给这本小册子取名为《泰拉诺斯》（*Tyranus*）或《风尚》（*Mode*），并把它交给国王。我不能把这种快速发生的变化归咎于这次谈话，但我不得不注意到这是一种特性（巧合）。

10 月 30 日

去伦敦我们的办公室，国王陛下把整个宫廷的人都召来了，我穿上了所谓的背心、外袍和束腰外衣。这是一种优雅而有男子气概的着装，合适又舒服，我们实在不可能把虚荣的风格（法式风格）长久地保留下去。

资料来源: Pepys, S. (n.d.) . *Diary and correspondence of Samuel Pepys, F.R.S.: Secretary to the admirality in the reigns of Charles II and James II* (Vol. 2) . New York, NY: National Library Company, pp. 467, 471, 473.

De Beer (Ed.) . (1955) . *The diary of John Evelyn, Vol. 3: Kalendarium, 1650–1672*. New York, NY: Oxford University Press

图 7.8　图中男性的长款背心穿在比其稍长的外套下，马裤几乎看不到。这款长背心可能源于查理二世 1666 年推荐的款式，这套三件套服装被认为是现代三件套西装的原型。（图片来源：The New York Public Library/Art Resource, NY）

为英法男士服装的基本样式。"时代评论 7.1"再现了对国王的背心的反映和评论（见图 7.8 和"全球联系"）。

◆ 户外服装

户外服装包括斗篷或披肩，以及大衣，剪裁宽松，有些版型长及膝盖，遮住了下面的服装。

◆ 头发和头饰

一些男性剃光头，戴上长而卷曲的假发，其他人则将自己的头发梳成长长的卷发风格。在英国，不同风格的帽子表明了佩戴者的政治立场。宽檐低顶、饰有羽毛的帽子属于英国骑士派或英国王室的支持者；卡波坦帽，高顶窄檐，与反对国王的清教徒联系在一起。男性在室内、室外和教堂里都戴着帽子。

全球联系

这件衣服，以"国王的背心"而闻名，据说是波斯统治者送给英王查理二世的礼物。君主之间互送衣物是十分常见的事情。这件丝质外衣被认定是 17 世纪波斯国王的所属物，上面绣着植物、花朵和动物的图案。如果有一件与此相似的外衣，那么这件服装可以视为现代三件套西装元素的起源。三件套西装款式是由 1666 年深受查理二世喜欢的服装演变而来的。

（图片来源：The New York Public Library/Art Resource, NY）

◆ **鞋类**

鞋子有着精致的玫瑰花结、丝带，搭扣也有边饰。时尚服装一般搭配鞋子，靴子则在骑马或坏天气时穿。长筒橡胶套鞋（galosh/golosh）在现代记录里是指平底套鞋，有外包头，用于固定鞋子。人们通常认为这是路易十四统治时期的风格，但是红色高跟鞋和平底鞋的使用时间最早可以追溯到 1614 年。在 17 世纪末期到 18 世纪，这种风格的鞋子在法国和英国宫廷里非常流行。

1680—1710 年

◆ **服装**

衬衫的式样与 17 世纪初的差不多。衣领取代了克拉瓦特饰巾（Cravat），这是一种与领带分离开来的长而窄的围巾式领巾（见图 7.8）。如果一位"奶油小生"（dandy）戴着长款的克拉瓦特饰巾，人们会说"他的饰巾都垂到腰部了，布料都足够为驳船做帆了"。

及膝大衣取代男紧身上衣成为外衣。这种衣服被法国人称为瑟尔图特外衣（surtout）或扎斯特科普外衣（justacorp），被英国人称为"开索克外衣"。这类外衣有合身的直袖，可反转袖口，前襟有一排直扣，将马裤和背心完全遮盖住（见图 7.9）。

图 7.9　1681 年托马斯·艾沙姆（Thomas Isham）爵士婚礼服装。男士外套加长到覆盖住及膝马裤。（图片来源：V&A Images, London/Art Resource, NY）

到 17 世纪后期，背心和马甲这两个术语可以互换使用。这些衣服与外套的剪裁相同，但稍微短点，不那么宽松。1700 年前，大多数衣服都是有袖子的，之后出现了一些无袖的衣服。这些外套和马甲可以说是由英王查理二世引进的背心发展而来的。

与早期剪裁相比，此时的马裤不那么宽松，长度及膝。

◆ **头发和头饰**

假发变大，头顶上堆起一些头发。有些假发会撒上一些粉末使其变白，但大多数都是自然色的。

由于戴着大大的假发，帽子变得有点多余，人们通常将帽子夹在胳膊下而不是戴着。人们经常看到帽檐在一个或多个点上翻起或翘起的扁平帽子，尤其是在三个点上翘起形成三角形状的帽子。19 世纪作家将其称为翻边三角帽（tricorne），然而这个词在 17、18 世纪并没有出现过。

◆ 鞋类

风格与 17 世纪初相似。一般鞋子比靴子更受欢迎。鞋扣可以从一双鞋换到另一双上，价格可能相当昂贵。17 世纪后期，人们骑马时穿的高而硬的皮革靴子被称为"夹克靴"（jack boot，过膝长筒靴），靴子很重。及膝长筒袜是和马裤搭配穿的。

17 世纪的女性服饰

轮式裙撑在 17 世纪的前几年仍然十分流行。然而逐渐地这种裙撑的前摆变平，服装的整体线条变得柔和。领口低而圆。在西班牙和荷兰，三角女胸衣变长，有僵硬的骨架，呈 U 形。长袍两侧保持宽松。袖子为多层袖，悬饰袖里边有一层合身袖。轮状皱领变得越来越大（见图7.10）。

虽然西班牙宫廷还流行着裙撑，但其在欧洲其他地区已经过时。大约在第三个十年末，服装完成了向新风格的转变。

1630—1660 年

◆ 服装

穿在最里面的服装仍然是白色亚麻布制的女式宽松内衣。一般来说，长袍由紧身上衣和裙子在腰部缝制而成，腰部略微提高。从前襟中间位置打开的长袍是几

图 7.10　凡·戴克创作的《意大利侯爵夫人热那亚贵妇肖像》（*Portrait of a Genoese Noblewoman, an Italian Marquise*）。服装具有西班牙和荷兰在 17 世纪前几十年的特色。（图片来源：Fine Art Images/ Heritage Images/Getty Images）

层衣服中的一层。长袍穿在内穿紧身上衣外面，这一种僵硬的骨架式衣服，像紧身胸衣一样，在前襟有一个长长的 U 型三角女胸衣，将长袍的上半部分填满（见图 7.11）。

裙子是穿在长袍下的单独服装，当长袍下摆敞开时可以看到前面，行走中需要提起外裙时也看得到。即便长袍的前身部分没有敞开，女士们仍然要穿第二层裙子或衬裙。法国人将外层裙子称为莫带斯特外罩裙（modeste），底层裙子称为衬裙（secret，见图7.12）。

夹克衫可以代替长袍和裙子搭配。这些紧身上衣缝有短的小垂片（巴斯克紧身胸衣 [basque]），延伸到腰部以下。在家里穿的夹克衫通常是绗缝的，比时装更宽松合身，没

图 7.11 艺术家彼得·保罗·鲁本斯（Peter Paul Rubens）创作的他妻子穿婚纱的画像（1630 年）。蓬松的藕节袖是这条裙子的焦点，下半身是白色底布的金色织锦裙。（图片来源：PHAS/Universal Images Group via Getty Images）

图 7.12 温斯劳斯·荷勒（Wenceslaus Hollar）创作的《戴面罩和皮手筒的女士》（*Lady with Mask and Muff*）。这位女士将外裙（莫带斯特外罩裙）往上提露出里面的衬裙。她携一只大毛皮手筒，戴着面罩。温斯劳斯·荷勒，波希米亚人，活跃于伦敦，1607—1677 年。《戴面罩和皮手筒的女士》是 1640 年《英国妇女着装习惯》（*Ornatus Muliebris Anglicanus*）时装蚀刻版画集里的一幅。尺寸：134mm×70mm。（图片来源：The Fine Arts Museums of San Francisco, Achenbach Foundation for Graphic Arts, 1963.30.17838）

有复杂的多层袖子结构（见图 7.13）。

那个时期的作家把这种拼接打结成一串泡泡状的时髦袖子称为"藕节袖"（virago sleeves，见图 7.11）。

领口往往较低，有的呈 V 字形，有的呈方形，还有的是水平状。男式大翻领已经取代僵硬的轮状皱领，男式大翻领的领子从脖子斜向肩膀，或者用细绳系在下巴的宽领。还有大围巾。水平领口通常有一个宽而平的衣领，在今天的时尚术语中被称为宽圆花边领（见图 7.2）。

披风裁剪宽松，平整的翻盖式衣领，偶尔有毛皮衬里，在户外时穿。

◆ 头发和头饰

女士们把头发分在耳后，在脑后把头发盘起来或挽成一个发髻。前面的头发在脸周围卷成卷发。尽管人们通常会在室内外戴帽子，但女性有时也会不戴。帽子款式包括骑士派宽檐帽（见图 7.13）和圆锥顶翻边高帽，这种帽子经常戴在贴身的白色小帽或压发帽上。兜帽在户外时穿戴。

◆ **鞋类**

鞋子外形与男性的鞋子相似。在恶劣的天气里，有鞋头、脚背带的无跟木底鞋可以保护鞋子在潮湿的街道不被弄湿。

1660—1680 年

女性穿的内衣是女式宽松内衣和衬裤（不要与可见的、装饰性的外穿衬裙或裙子混淆）。在欧洲大陆，女性穿长裤已有一段时间，但在英国还没有女性穿。通常女式宽松内衣的边缘在外衣领口和袖口隐约看得见。

女性外袍的轮廓和形状也发生了改变。紧身上衣变得长而窄，腰身细长，前襟有一个 V 形点。厚重的缎纹织物一直是正装时尚面料的首选。柔和的色彩在绘画中占主要地位，但这个时期的实际织物色彩是鲜艳的（见图 7.14）。

图 7.13 凡·戴克创作的《亨利埃塔·玛丽亚王后与杰弗里·哈德森爵士》（*Queen Henrietta Maria with Sir Jeffrey Hudson*）。王后穿了一件 1625—1660 年间款式的夹克衫，夹克衫上的小垂布到腰部以下。（图片来源：Image courtesy of The National Gallery of Art, Washington, 1633, Samuel H. Kress Collection）

领口通常是宽边蕾丝领或亚麻带领，被称为"女式花边大翻领"（whisk）。领口往往开得低且宽，呈水平状或椭圆状（见图 7.14）。大多数袖子从肩膀处裁剪，沿臂膀裁出泡泡状袖子，一直到手肘处。一些裙子垂落到地板上，裙摆紧闭；另一些则在前摆处打开，往后收紧呈蓬松状或在臀部卷起来。长袍的装饰物通常是一些沿着前襟的皱褶或珠宝纹路或在接缝线处装饰穗带。

1680—1700 年

◆ **服装**

内衣仍然和前二十年的一样。长袍的风格发生了变化。

领口处露出的胸部变少，愈加呈方形，这可能是由于德曼特侬（De Maintenon）夫人的影响。她是一位保守的寡妇，据说在 1684 年与法国国王路易十四秘密结婚。

图 7.14　加布里埃尔·梅苏（Gabriel Metsu）创作的《入侵者》（*The Intruder*）。画中间的女士只穿着睡衣。她的缀有饰带的外裙搭在画前景中的椅子上，还有其标志性的荷兰毛皮镶边的天鹅绒夹克。头上戴着一顶亚麻布睡帽。她刚脱掉露脚背的鞋子，放在地板上。坐在窗边的女士穿着一件和椅子上那件夹克类似的外套。（图片来源：Image courtesy of the National Gallery of Art, Andrew W. Mellon Collection）

紧身上衣前襟看得见紧身胸衣。它们装饰华丽，在腰部以明显的 V 形结束。单独的三角女胸衣可以绑或系在紧身胸衣的前面，丰富裙子外观。

　　裙子有好几层，通常很重，需要借助鲸须、金属或编织物来支撑。罩裙（overskirt）在前面有开襟的设计，裙子会用复杂的布料堆叠起来，后面拖着长长的裙摆。从打开的前襟可以看到里面的衬裙，衬裙装饰着刺绣、褶边和其他装饰物品（见图 7.15 和 7.16）。

　　一种女性服装的新样式出现了。衣服不再是将紧身上衣和裙子分开裁剪，再缝合在一起，而是把紧身上衣和裙子从肩膀到下摆一体式裁剪。这种衣服被称为"曼图亚裙"（mantua / manteau），一般被认为是从中东长袍引入欧洲的服装样式。然而，最后演变出的服装与人们一开始想象的大相径庭。曼图亚裙穿在紧身胸衣和衬裙外，前后宽松。对于便装来说，它是宽松的（这种风格的初衷被认为是为女性提供较为宽松的服装），但对于更正式的穿着，披风一般打褶来贴合身体的前后部，配有腰带。前面的裙边有时被拉到后面固定，形成垂褶效果（见图 7.17）。

　　在户外，长短披风仍然占主导地位。女式外套的裁剪与男式上衣相似，是骑马或散步时穿的。长而宽的围巾围在肩膀上，还有垂饰或及腰的短披风。

图 7.15　杰拉德·泰尔博赫（Gerard ter Borch）创作的《妇女肖像》（*Portrait of a Woman*）。描绘的是 1660 年之后的荷兰妇女：她敞开的裙摆展示了里面装饰精美的衬裙；前襟的饰带是这一时期女性服装的典型特征。（图片来源：The Cleveland Museum of Art, The Elisabeth Severance Prentiss Collection 1944.93）

图 7.16　画中坐着的女性，穿着垂裙罩裙，裙子前面敞开着，露出一条淡紫色的裙子，裙边有装饰性的镶边。缎带边三角女胸衣与裙子相得益彰。头上梳着高高的蕾丝装饰的芳坦鸠头饰。（图片来源：© RMN-Grand Palais/Art Resource, NY）

图 7.17　曼图亚裙和用金线织锦织成的衬裙；手工提花织机的改进使欧洲人能够模仿复杂的亚洲设计。（图片来源：The Cleveland Museum of Art.The Elisabeth Severance Prentiss Collection 1944.93）

◆ 头发和头饰

在头顶梳起高高的头发，脑后和两侧留着长长的卷发。女士们在头发顶端放置了一个装置，它由一系列的褶边制成，用金属丝支撑，在法国被称为"芳坦鸠头饰"，在英国和美洲殖民地被称为"克莫德头饰"（commode）。这种头饰的最初版本，经过约三十年的演变，形成一种用小蝴蝶结把头发绑在前面的模样。最终，演变成一种精致的高高的头饰，头饰前面是三层或四层蕾丝，背面有大量的褶皱和蝴蝶结（见图 7.16）。据说这种头饰是以路易十四的一个情妇命名的：在一次王室狩猎期间，她头发凌乱地出现在树林中，用蕾丝吊袜带绑着头发，也因此促成了她与国王的爱情。她被认为是开启这种时尚的第一人（见"时代评论 7.2"）。

◆ 鞋类

鞋子的形状发生了变化，鞋头变得更尖，鞋跟变高而窄窄。鞋匠用织锦和装饰皮革制作时尚的鞋子。虽然男士用搭扣来扣上鞋子，但女士倾向于用系带系紧，因为搭扣可能会扯到裙子或衬裙。

芳坦鸠头饰流行的起落

下面一系列引用摘自写于法国宫廷的信件和英国报纸《旁观者》(*The Spectator*),这些引用提供了一种头饰兴衰起落的当代描述。这种头饰在法国被称为芳坦鸠头饰,在英国被称为克莫德头饰。

1687 年 6 月,凡尔赛宫。听说您梳着带丝带的发型,我并不感到惊讶——就像在座的每个人一样,从小女孩到八十岁的老太太,都梳着这种发型,区别在于年轻人的发饰颜色鲜艳,老年人的发饰则颜色较暗或者呈黑色。我不梳这种发型的原因是,白天我不能在头上戴任何东西,晚上我觉得丝带的沙沙声太吵了;我永远也睡不着,所以我放弃这种时尚了。

1688 年 1 月 26 日,凡尔赛宫……宫廷里没人戴着披肩式三角薄围巾。头饰梳得一天比一天高。今天吃晚饭时,国王告诉我们一个名叫阿拉特(Allart)的人,是这里的理发师,给全伦敦的女士们都梳了高高的头饰,这些头饰太高了以至于女士们坐不进去轿厢。为了追寻法国时尚不得不把发型做得高高的。头饰向前弯曲,不像以前那样直立。

1695 年 12 月 11 日,凡尔赛宫。我们现在不再梳非常高的发型,虽然还是很高,但没有以前那么高了。对这种头饰征税不是真实的,一定是有人开玩笑地编了个故事。

英国报纸《旁观者》对已经过时风格的评论:

1711 年 6 月 22 日,星期五。在自然界中,没有什么能比女人的头饰更变幻莫测了。在我的记忆里,我知道头饰的流行在三十年内上下变化。大约十年前,女性把头发梳得非常高,以至于部分女性比男性看起来高得多……而现在,女性偏向把头发梳得低矮、美丽。我记得有几位女士,她们曾经将头饰梳到近七英尺高,现在却流行梳着五英尺高的头饰……

显然,这种风格首先在英国发生了改变。圣西蒙在他的《路易十四宫廷回忆录》(*Memoires of the Court of Louis XIV*)中描述了英国什鲁斯伯里公爵夫人对这种风格的反应,这段回忆根据他在 1713 年做的笔记写成(圣西蒙在 1739—1751 年间根据他所写的笔记撰写了回忆录)。

不久,她就说女士们的发型十分可笑——确实,因为她们戴着铁丝、丝带、假发,外加各种各样的装饰物,头饰有两英尺多高。每当移动时,整个"建筑"都会晃动,这种不适非常明显。国王在细节上非常专制,讨厌这种时尚,尽管他希望十多年来人们一直穿着它。

但一个古怪的外国老人以惊人的速度让女士们梳起了她认可的发型。那些梳着夸张高度的头饰变得扁平。新的头饰风格更简单,更实用,极度合适,一直保留到现在。

资料来源: Forster, E. (Trans.) . (1984) . *A woman's life at the court of the Sun King. Letters of Liselotte von der Pfalz, Elizabeth Charlotte, Duchesse d'Orléans, 1652–1722.* Baltimore, MD: Johns Hopkins University Press, pp. 47, 48, 71.

Norton, L. (Ed. & Trans.) . (1984) . *Historical memoirs of the Duc de Saint-Simon. Vol. II, 1710–1715* (Shortened version) . New York, NY: McGraw-Hill, p. 284.

软拖鞋（pantofles）是一种没有后跟的拖鞋或便鞋，尽管人们穿了整个世纪，但在这一世纪末才变得特别流行。这个词来源于希腊语"pantophellos"，意思是"软木"。很明显，这种无背拖鞋的最早款式是用软木鞋底制成，用作套鞋。到了 17 世纪，鞋底用皮革制成，也可以在室内穿。

有些羊毛或丝织袜子是用机器或手工编织的，带有针织或刺绣装饰。

17 世纪的配饰与妆容

配饰

服饰的配饰、化妆品的使用不像服装一样可以简单地以时代划分。此外，有些物品男性女性都会用。基于这些原因，以下部分概述了 17 世纪男女在配饰、珠宝、化妆品和美容方面的主要趋势。

其中更广泛使用的配饰有：

◎ 男女手套，手套上有时会喷上香水。

◎ 男女随身携带的手帕和钱包。

◎ 用珠饰皮革或刺绣制成的钱包。

◎ 女式扇子，一般是羽毛扇或折叠式扇子。

◎ 用丝绸、天鹅绒或缎子做的手筒，毛皮，或女士携带的毛边织物。

◎ 面罩，女性为了保护脸部不受天气影响，或是为了调情不被认出来而戴的。

◎ 围裙，妇女做家务时穿，用来保护里面的衣服（使用棉布或亚麻布制成），也是时髦服装（丝绸或蕾丝制成的服装，并有大量刺绣装饰）上一个吸引人的配饰。

珠宝

男人会戴项链、垂饰、吊坠、戒指，20 世纪上半叶还会戴耳环。女人会戴项链、手镯、耳环和戒指。他们还会在腰间用链子绑着镜子和香丸（pomander balls）。香丸是一种香料小球，装在苹果状的盒子里，盒子上有装饰和小孔。"pomander"源于法语单词"pomme"，意思是"苹果"。

化妆品和美容

女士和一些男士会使用化妆品。香水喷在人和衣服上。铅制的梳子用来染黑眉毛。美容品和粉末用来给脸上色。一些女性把嘴唇和指甲涂成红色。莎士比亚多次提到香水和化妆品，认为化妆品容易用过头而降低效果。

贴片（patches），小的织物形状，粘在脸上以掩盖脸上的瑕疵或斑点。贴片甚至贴在脸的不同边来表明政治上的忠诚，而且还被贴在不同位置以显得时髦，如眼角、鼻头和嘴角。女士在夜间敷面膜来保护皮肤，使皮肤变得柔软细腻，去除皱纹。1660年到1700年，一些女性用一些鼓腮物（plumpers）——丰满的小蜡球，使得脸部呈时髦的圆形。

17 世纪的儿童服饰

几个世纪以来，孩子一旦离开褓褓，他们就会穿上与他们所在地区和阶层的成年人同样风格的服装。从16世纪开始，这种情况在小男孩身上发生了改变，但小女孩的衣着仍未发生改变。幼儿时代的男孩穿的不是同他的长辈一样的衣服，而是与姐妹们的一样，他的姐妹们装束得像小女人。之后男孩会穿上一件长袍，长袍开襟，用扣子扣紧。因此，男孩的服装穿着顺序是：首先是褓褓，然后是裙子、长袍，最后是围裙。在大约三四岁时，男孩会穿上长袍；六七岁时，他在着装上开始显现成年男性风格。路易十三在七岁时第一次穿上了紧身上衣和马裤。在英国，一个小男孩收到属于自己的第一条马裤，被称为"马裤礼"，这是一件值得所有家人和朋友庆祝的事情。

从16世纪末开始，在上流社会为儿童设计特定的服装变得普遍，这与人们开始认为儿童是人生的一个独立阶段的想法相吻合。早期的凡尔赛风格保留在儿童服装中。孩子们戴的婴儿帽与中世纪的压发帽几乎一模一样。男孩的长袍和女孩的连衣裙在肩膀处系着一条从后面垂下来的宽宽的缎带。许多作家认为这些缎带是引导绳（leading strings），用来帮助孩子学习走路时保持直立的姿势，引导绳会保留约两年的时间。和"童年丝带"（ribbons of childhood）相比，引导绳很窄，看着像绳子。它们可能是一种风格化或紧缩化的悬挂式袖子，是中世纪服装的一部分（见图7.18和7.19）。

儿童服装配饰

◆ 初生婴儿用品

对于 17 世纪的婴儿来说，初生婴儿用品包括褓褓、围嘴、帽子（也叫"比晶童帽"[biggin]）、衬衫、手套和袖子，以及英国人称之为"燕尾布"（tailclouts）或"尿布"（nappies）的衣物，美国人称之"diapers"，源于"尿布织"（diaper weave），是一种织法，用亚麻布料织成密集的格子图案。这种布料经常被用作尿布，通常由未漂白的亚麻布制成。

◆ 褓褓

婴儿在出生后的头两三个月被裹在褓褓中，用亚麻布带紧紧包裹，以限制婴儿的活动（见图 7.20）。当这些带子取下后，会用粗绳或棉质材料替代，紧紧地绑在婴儿身体周围。这些被称为紧身搭（stays）、紧身带（staybands）或卷绷带（rollers）的条状物可能是为了防止脐疝或改善直立的姿势。

◆ 洗礼服饰

受洗仪式是婴儿出生头一年中最重要的事情。洗礼时的长袍和配饰与后来几个世纪的基本没什么不同。英王查理一世受洗时穿的衣服被保存了下来，包括前襟敞开缝有交叉衩的汗衫、捆绑腹部的带子、围嘴、一顶小帽和一件洗礼绣花长袍。

◆ 外袍

不能走路的婴儿穿长袍，这种长袍名叫"婴儿罩衣"（carrying frocks）。学会走路的孩子穿较短的连衣裙或行走罩衣（going

图 7.18 《荷兰全家福》（*Dutch Family Portrait*），雅各布·奥克特维尔德（Jacob Ochterveldt），1664 年。蹒跚学步的孩子，可能是一个男孩，站在母亲身边，戴着一项名叫"布丁帽"的衬垫保护软帽。母亲在长裙外面穿一条连胸围裙（pinafore）。跪坐在地板上的女孩后背上缝着"童年丝带"。站着的大一点的男孩穿着当时成年男子穿的衬裙式马裤。被抱着的小女孩穿着成人样式的裙子，戴着一项白色帽子。（图片来源：Gift of Robert Lehman/Wadsworth Atheneum Museum of Art）

图 7.19 1690 年后男孩或女孩服装的前后视图，袖子背面缝着"童年丝带"。（图片来源：Division of Home and Community Life, National Museum of American History, Smithsonian Institution）

图7.20　在乔治·德拉图尔（Georges de La Tour）的一幅画中，一个17世纪的新生儿被襁褓包裹着。（图片来源：Imagno/Getty Images）

frock）。在17世纪，围裙或连胸围裙取代了围嘴。"连胸围裙"一词源于将这种衣服固定在长袍前襟或前部的做法。手帕有时称作"儿童小手帕"（muckinder），别在连衣裙前部以提供进一步的保护（见图7.18）。

为了保护头部，学步的幼儿在学习走路时可能会摔倒，他们会戴上一种叫作"布丁帽"（pudding）的特制衬垫软帽。

在一些17世纪的肖像画中可以看到男孩的另一种服装形式。五岁到七岁的男孩有时穿着17世纪上半叶的马甲和长而宽的碎褶裙，介于成人服装与儿童服装之间。

◆ 珊瑚牙戒指或项链

绘画中经常描绘出婴儿或幼儿脖子上戴着银或金首饰，上面缀有小珊瑚片。早在古罗马时代，珊瑚就被认为具有驱邪的魔力。它的表面凉爽、坚硬，能让婴儿磨牙，以减轻出牙的痛苦。

章末概要

17世纪表明了贸易和国际联系的重要性。著名的英王查理二世背心和17世纪晚期的曼图亚裙可能源于中东，轧光印花棉布和印花白布从印度传到欧洲。这些是贸易产生的跨文化影响的例子。

铜版画、印制插图和肖像画记录了时尚的变化。这促进了时尚在欧美的传播和流行。由于这种传播媒介的扩展，时尚服装的印制图像和图画变得容易获得，因此风格也更容易改变。历史学家还把物质文化、纺织品和时尚娃娃作为研究17世纪服装的丰富资料。

社会阶层和社会结构决定了个人和群体的着装。例如，英国清教徒避免穿奢华的服装，而西班牙的传统主义和严格的社会习俗导致了上层阶级和下层阶级在服装上存在明显的社会差异。与此同时，服饰的地域差异依然存在。西班牙宫廷的服装，沿袭16世纪后期的风格长达五十多年，是最明显的本地风俗服装的例子，但意大利人、荷兰人、法国人和英国人喜欢的风格也可以被识别出来。

17世纪服饰风格的遗产

17世纪的肖像画，尤其是佛兰德斯画家安东尼·凡·戴克和荷兰画家约翰内斯·维米尔的肖像画，对18世纪的绘画风格产生了重大影响。目前尚不完全清楚这些影响在多大程度上仅限于化装舞会上的奇装异服，或仅是肖像画中人物的服饰。

19世纪80年代，英国诗人、剧作家奥斯卡·王尔德引进了以"骑士派"服装为基础的齐膝马裤、宽领、长卷发等着装风格。王尔德审美圈之外的成年人虽然从未采用这些风格，但它们是一种名为"小公子方特勒·罗伊"（Little Lord Fauntleroy）男孩套装的基础，这个名字取自当时流行的儿童读物。

17世纪的领带经常出现在后来的几个世纪。在整个19世纪至20世纪前期都可以见到环状皱领、立式蕾丝领和宽边蕾丝领这些服装部件（见"现代影响"）。

现代影响

2009年迪奥的高级时装系列的设计师约翰·加利亚诺（John Galliano）的设计灵感来源于弗米尔的绘画和17世纪佛兰德斯女性的乳白色衣领和袖口。

（图片来源：Antonio de Moraes Barros Filho/WireImage/Getty Images）

主要服装术语

巴拉格尼斗篷（balagny cloaks）
巴斯克紧身胸衣（basque）
比晶童帽（biggin）
宽靴饰边（canons）
婴儿罩衣（carrying frocks）
开索克外衣（cassocks/casaques）
克拉瓦特饰巾（cravat）
手工提花织机（draw loom）
奶油小生（damdy）
男式大翻领（falling band）
芳坦鸠头饰（fontange）
长筒橡胶套鞋（galosh）
行走罩衣（going frocks）
西班牙公主裙撑（guardinfante）

头巾（head rails）
夹克靴（jack boots）
引导绳（leading strings）
爱情锁（love lock）
披头纱巾（mantilla）
曼图亚裙（mantua/manteau）
莫带斯特外罩裙（modeste）
儿童小手帕（muckinder）
软拖鞋（pantofles）
贴片（patches）
衬裙式马裤/莱茵伯爵裤（petticoat breeches/rhinegraves）
连胸围裙（pinafore）
鼓腮物（plumpers）
香丸（pomander balls）

巴洛克风格

男性：1600—1620 年
短而宽松的桶形连裤裤，搭配男紧身上衣，夹克衫或坎肩。

男性：1625—1650 年
衬衫，男紧身上衣，在腰部以垂布或裙状布片结束，与及膝马裤搭配。

男性：1650—1680 年
衬衫，及腰男紧身上衣和及膝马裤，马裤或直筒或宽松，在膝盖处束起。

男性：1680—1710 年
裙子，及膝背心和及膝外衣，外衣遮住及膝马裤。

女性：1600—1630 年
裙子前部平坦，两侧宽松彭起。紧身上衣有一延长的 U 形胸衣，袖子结构复杂。

女性：1630—1660 年
低领紧身上衣，袖子做有泡裙和杂色方格装饰，有一 U 形胸衣。腰身稍微提高。裙子前部敞开以展示里面的衬裙。

女性：1660—1680 年
延长的紧身上衣在前襟底部有一个 V 形尖点。裙子前部要么紧闭，要么打开以展示里面的衬裙。

女性：1680—1700 年
紧身上衣前襟敞开，以展示里面的装饰性三角女胸衣。厚重的拖尾裙需要支撑。这种新剪裁方式的衣服被称为曼图亚裙。

布丁帽（pudding）

童年丝带（ribbons of childhood）

衬裙（secret）

防护外底（slap soles）

直板鞋底（straight soles）

瑟尔图特外衣 / 扎斯特科普外衣（surtout/justacorp）

紧身搭 / 紧身带 / 卷绷带（stays/staybands/rollers）

燕尾布（tailclouts）

翻边三角帽（tricorne）

背心（vest）

藕节袖（virago sleeves）

女式花边大翻领（whisk）

问题探讨

1. 西班牙上流社会男女的服装与其他欧洲国家有什么不同？找出造成这些差异的原因。

2. 在英国内战期间，清教徒和保王派成员的服装有什么不同？造成这些不同的原因是什么？

3. 概述 17 世纪英国和北美殖民地服饰的不同之处。

4. 找出 17 世纪儿童和成人服装的异同点。

5. 历史学家研究 17 世纪的史料的优势和局限性是什么？

参考文献

Aries, P. (1962). *Centuries of childhood: A social history of family life*. New York, NY: Knopf.

Cumming, V. 1985. A visual history of costume: The 17th century. New York, NY: Drama Books.

Davis, E. (2014). Habit de qualité: Seventeenth-century French fashion prints as sources for dress history. *Dress 40* (2), 117–143.

Dow, G. F. (1925). *Domestic life in New England in the seventeenth century* [Lecture]. Opening of the American Wing of the Metropolitan Museum of Art. New York, NY.

Edwards, R., & Ramsey, L. (Eds.). (1968). *The connoisseur & complete period guides*. New York, NY: Bonanza.

Greene, N. (2014). *Wearable prints, 1760–1860*. Kent, OH: The Kent State University Press.

Hollander, A. (2002). *Fabric of vision: Dress and drapery in painting*. London: Bloomsbury Visual Arts.

Hollander, A. (1994). *Sex and suits*. New York, NY: Knopf.

Huck, C. (2017). Visual representations. In P. McNeil, *A cultural history of dress and fashion in the age of the Enlightenment* (pp. 161–184). London: Bloomsbury.

Kuchta, D. M. (1990). "Graceful, virile and useful;" The origins of the three-piece suit." *Dress, 17,* 118–126.

Montgomery, F. (1984). Textiles in America, 1650–1870. New York, NY: Norton.

Pointer, S. (2005). *The artifice of beauty: A history and practical guide to perfumes and cosmetics*. United Kingdom: Sutton Publishing Limited.

Ribeiro, A. (2005). *Fashion and fiction: Dress in art and literature in Start England*. New Haven, London: Yale University Press.

第 8 章
18 世纪

约 1700—1790 年

影响 18 世纪服装时尚的事件和人物

贴身衣物和女性服装廓形变化之间的联系

法国、英国和美洲殖民地的服饰受到社会生活影响

富人和工人阶级的服饰中炫耀性消费的元素

让 – 雅克·卢梭对儿童服装的建议

在路易十四的统治下，17世纪的法国宫廷极大地影响了艺术和时尚，这一主导地位持续到18世纪。在这一世纪的后半叶，精致、多曲线的洛可可风格取代了巴洛克风格，接着紧随这些风格的是人们重新对古典感兴趣后的新古典主义时期。国际贸易使欧洲服饰受到亚洲的影响，采用了中国丝绸和印度棉布。纺织技术的进步预示了工业革命的到来，而美国独立战争的胜利使其脱离英国的统治，并对法国大革命的爆发产生重要影响。

18世纪的法国社会

法国引领了时尚、文学、装饰艺术和哲学风向。法语成为欧洲的官方语言，受到王室和贵族的青睐。正如坎贝尔·克里斯曼（Campbell Chrisman）所说，"时装是法国国内主要的出口产业，以巴黎为中心，吸引着来自世界各地的客户、工匠、材料和灵感"。

蓬巴杜夫人是法王路易十五公开的情妇，在路易十五统治期间对服装和艺术风格产生了重大影响。她的赞助确保了艺术家和工匠的成功。作为回报，对方以她的名字命名各种领域内的物件款式，如扇子、发型、连衣裙、盘子、沙发、床、椅子、丝带，以及她最喜欢的瓷器上的玫瑰图案。

在路易十六统治时期，宫廷影响有所下降，很大程度上是因为玛丽·安托瓦内特王后认为法国的宫廷礼仪令人窒息。宫廷礼仪规定，当王后早上起来后，需要有一个人把女式宽松内衣递给她，另一个人负责衬裙和裙子。但如果这时有一个地位更高的人进入房间，这项任务就必须交给对方。在一个寒冷的冬天，王后改变了这一过程，接下来的事件（由她的侍从描述）发生了：

> 王后一丝不挂，正要穿上女式宽松内衣。我把衬衣展开着。侍女进来后，急忙脱下手套，拿起女式宽松内衣。有人在敲门，门打开了：德·沙特尔公爵夫人走了进来。她脱下手套，过来拿那件女式宽松内衣。但是侍女没有递给她，而是递给了我，我把它递给公爵夫人。接着又有人敲门，进来的是普罗旺斯伯爵夫人。德·沙特尔公爵夫人把那件女式宽松内衣递给了她。王后双臂交叉抱在胸前，脸色冷冰冰的。伯爵夫人见她脸色冰冷，便放下手帕，戴上手套，递上女式宽松内衣时拂过王后头上，弄乱了王后的头发。

王后放弃了传统的宫廷礼仪，这一行为加剧了王室与古老且守旧的贵族之间的紧张关系。此外，在法国经济困难时期，王后挥霍无度：她购买大量珠宝，平均每年订购150条裙子；她追求新奇，从不在公共场合穿同一件衣服。

图 8.1 年轻的玛丽·安托瓦内特王后穿着时尚服装参加狩猎等活动。（图片来源：Fine Art Images/Heritage Images/Getty Images）

有一段时间，玛丽·安托瓦内特搬出了凡尔赛宫，在小特里亚农宫（Petit Trianon）生活，这是一座位于凡尔赛宫附近的小城堡（见图 8.1）。在这个模拟乡村的城堡里，她和她的宫廷宠臣扮演着乡下人，使农民风格的服装和帽子开始流行。王后穿的任何衣服都会立即出现在时尚版画中，通常都带有"王后风格"的标签。"时代评论 8.1"描述了宫廷生活中的服装。

时代评论 8.1
宫廷服装

法国贵族杜宾夫人在回忆录中描述了她 1787 年入宫时穿的服装。

我是在周日早上做完弥撒后入宫的。我穿得像"英格朗军团"（engrand corps）的一员，也就是说穿着一件没有肩部的特殊的紧身上衣，背面缝有花边，接缝处足够窄用来系上花边，胸衣底部有四英寸宽，可以看到一件质地优良的女式宽松内衣，透过衣物可以很容易看到穿戴者的肤色。这件女式宽松内衣有袖子，但是只有三英寸长，而且肩膀露在外面。从手臂的上端到肘部，垂着三四条金色荷叶边。颈前部光着。我的颈部装饰着七八排大钻石，那是玛丽·安托瓦内特王后好心借给我的。紧身上衣的前部也镶着一排排钻石，头上更是镶着大量的钻石，有的成串，有的成白鹭状（羽毛）。

礼服本身非常可爱。由于我还在服丧期，所以衣服是全白的，裙子上绣着珍珠和银线。

资料来源：Harcourt, F. (Trans.) (1971) . *Memoirs of Madame de la Tour du Pin: Laughing and dancing our way to the precipice.* New York, NY: McCall, p. 69.

18 世纪的英国社会

与法国相比，英国社会对宫廷的关注度较低。伦敦是时尚生活的中心，但小城镇和乡村庄园也有自己的社会阶层结构，人们对时尚服装也感兴趣。各省向年轻男性提供的学徒机会显示出服装、时尚相关职业的多样性：布料商、衣领制造商、皮革制造商（鞋匠）、手套工、蕾丝制造商、亚麻布制造商、曼图亚裙制造商（裁缝）、佩鲁克（蓬松假卷发）制造商、裁缝、织布工、羊毛梳理工、羊毛缠绕工和羊毛布料商。

根据所穿衣服在一天中的时间段或适合的场合，时髦服装被分成了几个类别。男性服装分为便服、休闲服、礼服（白天或晚上穿的稍微正式的服装）和大礼服——最正式的晚礼服。男士的睡袍不是现代意义上的睡衣，而是在室内穿的晨袍（dressing gown）或宽长袍（banyan）。还有一件防粉末围裹式外套（powdering jacket），在给假发上粉时穿上它可以防止粉末掉到衣服上。

女性在家里穿的衣服称为便服、日装或晨装。骑马服或定制服装称为"女骑装"（habit）。在户外穿的不是外套而是衬裙。今天这种衣服被叫作大衣，当时的女性称之为"厚重长大衣"（greatcoat）。尽管到 18 世纪末，她们穿着被 19 世纪的时尚杂志叫作"巴斯尔臀垫"（bustle）的东西，但当时她们称之为"假臀垫"（false rump）。

富人起床很晚，吃完早餐后（穿着睡袍）在家接待他的朋友；下午，一个人去受欢迎的场合或商店，之后去吃晚饭；晚饭后，去看戏或到咖啡馆去。夏天，他可能去时尚的度假胜地——温泉疗养地，治疗真实或想象中的疾病。一个非常注重衣着的人被称为"花花公子"（beau, coxcomb 或 fop）。在 18 世纪的下半叶里，受到法国和意大利风格影响的男性被称为"马卡鲁尼俱乐部成员"（macaroni），这个名字来源于一家由对欧洲大陆文化感兴趣的年轻人组成的俱乐部。他们穿着彩色丝绸、最新廓形的花边外套，戴着时髦假发和帽子。当英国人谈起扬基·杜德尔·丹迪（Yankee Doodle Dandy）把一根羽毛插在帽子上，并称它为"马卡鲁尼"时，他们是在评论他试图显得时髦的行为。

时髦的女士早晨都斜躺在床上会见宾客。晚起的女士需要几个小时穿衣服。她们下午要么拜访朋友，要么喝茶；下午 4 点左右吃晚饭，到了晚上就打牌、跳舞。

富有的贵族和中产阶级——英国社会中日益壮大的一部分——紧跟时尚潮流。他们去温泉浴场度假，去其他许多地方，在那里中产阶级的男女可以观察到着装和家居装饰的最新风格。社会各阶层的人在户外游乐场和剧院里交际游玩。商人的富家千金嫁入上流社会家庭也并不罕见。

18 世纪的美洲殖民地

1775—1783 年的美国独立战争从英国解放了十三个殖民地。在法国，美国独立战争是一个分水岭事件，引起了一阵命名热——以美国的城市和爱国者命名纸牌游戏、舞蹈、时尚和发型。

居住在城镇和附近地区的美国人主要进口英国商品，并追随欧洲时尚，其中许多源自巴黎。有些衣服是进口的；其他的则是在殖民地通过模仿时装版画或时装娃娃（被称为"时尚娃娃"[fashion baby]）展示出的样式来制作，这些版画和娃娃是巴黎制造的。

美国的贵格会教徒像英国教士一样，穿着有点不同于其他人群。贵格会男教徒戴着素色帽子，不戴假发；女教徒戴的帽子形状简单，后来被不加装饰的系带软帽取代。到了 18 世纪末，一些贵格会信徒放弃了他们独特的服装。

工人阶级的服装是为了方便而设计

图 8.2 短衫是一种罩衫，和衬裙一起穿，衬裙此时更可能被称为裙子。短衫是典型的 18 世纪末 19 世纪初工人和奴隶阶级的日常女装。（图片来源：Courtesy of the Colonial Williamsburg Foundation）

的。女性在女式宽松内衣外面穿一条衬裙和一件长至臀部的短衫（short gown），类似夹克或罩衫。她们会搭配一条耐用的围裙，在脖子处添一块手帕，以及戴上一顶盖住头发的帽子（见图 8.2）。

农民和工匠在马裤外穿宽松的长罩衣，夏天穿粗布制的，冬天则是羊毛制的。这些衣服要套头穿，用绳子系在脖子上。工人经常在工作罩衣外系上皮围裙。在偏远地区，有些人承袭了部分美洲原住民风格的服装。上身穿一件宽松的罩衫，或是一件带流苏的鹿皮或粗布衬衫。美洲原住民风格的鹿皮绑腿是在穿越树木繁茂的地区时穿的。用浣熊皮、狐狸皮、熊皮或松鼠皮制成的紧贴头部的帽子，通常有一条长长的、垂在后面的尾巴。

服装和纺织品的生产和购买

任何一件纺织物制成的服装都必须经过许多工序。18 世纪的纺织纤维可能是从植物（棉花或亚麻）或动物（羊毛或丝织品）中获得的。一旦获得这种纤维，就必须将其

图8.3 进口的洛可可风格图案的优质低成本棉纺织品非常流行。这对欧洲纺织业产生的消极影响推动了工业革命，使纺织业机械化，并降低了纺织品制作成本。纺织品和壁纸也印上了类似的洛可可风格的图案。（图片来源：Rogers Fund, 1962/The Metropolitan Museum of Art）

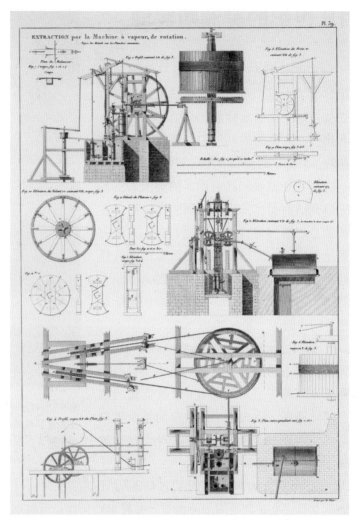

图8.4 蒸汽机为用于制造纺织品的新型机械设备提供所需的动力。（图片来源：SSPL/Getty Images）

纺成纱线，以便织成布。在哪里以及如何执行这些步骤取决于自然资源和可获得的技术以及劳动者的技能。

纺织技术的进步

纺织制造技术在18世纪迅速发展。织造速度的提高意味着织造者消耗纱线的速度加快。发明家在探索快速纺丝方法的过程中，创造了许多机械化纺丝装置。1800年，蒸汽机（见图8.4）和水力被用来运行这种新机器。在这些技术进步中棉织品获益最多，因此相比从前以较低价格就能获得棉织物。这一价格刺激了棉织物的使用。19 世纪，这些技术进步的应用扩展到其他纤维的纺织。

家庭与工厂生产的布料

欧洲纺织厂生产的纺织品带有精致和复杂的图案。美洲殖民地是英国制造商的一个重要市场，他们把漂亮的布料卖给富裕的殖民者，把劣质廉价的布料卖给不怎么富裕的人。虽然英国为了保护本国工业禁止进口亚洲纺织品，但强大的英国贸易公司并未被禁止向殖民地销售亚洲产品。然而，美洲殖民者被禁止购买法国纺织品。在美国从英国独立出去后，这些限制被解除。

大多数生活在美国农村地区或小城镇的贫困家庭都自己生产纺织品，尤其是亚麻或羊毛制成的纺织品。专业织工也会生产布料。有些人会挨家挨户去织布，其他人则拥有自己的店铺。

服装制造及销售

男裁缝为男性制作西装和外套、女裁缝为女性制作服装的体制已经建立完善。到了18 世纪，富人的衣服都是由专业的裁缝为他们制作的。成衣的数量虽然有限，但仍然够用。

在穷人看来，穿衣服都是个问题：乡下妇女可以纺毛线和做衣服，但在城里要花高价才能买到衣服。W.H. 赫顿（W. H. Hutton）在自传中描述他花了两年时间才攒够钱来买一套好衣服。不幸的是，这套衣服还被偷了，他又花了五年时间攒钱买了一套新的。盗窃衣服很常见。一些小偷甚至非常用心，在马车后部凿洞，通过洞口抓住乘客的假发把它偷走。

穷人向商人购买衣服，商人从富裕家庭的仆人手里购买二手衣服，仆人经常把扔掉的衣服卖给他们。在一些城镇成立了"马裤俱乐部"，俱乐部成员交纳一笔小钱来建立一项共同基金。当资金足够多时，就会抽取一个人的名字，抽到的人会得到一条马裤。俱乐部继续运作，直到每个成员都得到一条马裤。

服装风格

18 世纪的风格与 17 世纪的一样，反映了欧洲与东亚贸易的增长。源于国外的特别服装，比如男士便服和女式曼图亚裙相对罕见，但是东方纺织品非常重要——亚洲丝织锦缎和花缎，印度的轧光印花棉布、平纹白布和平纹细布，欧洲模仿这些织物制成了漂亮的服装。

在 18 世纪末期，英国男女服装风格对巴黎时尚产生了重大影响。在女性服装方面，"英国狂"（Anglomania，对英国事物狂热追求的法国人）表现为对简单风格、英国人的女骑装、从英国人骑马服演变而来的大衣（这种骑马服被称为"骑装式女外衣"[redingote dress]）的追求。法国人模仿英国人衣服剪裁的式样，除了参加宫廷活动要具备的功能外，他们都穿着简单、没有装饰的套装，并促进了一种休闲服装模式的形成。在"时代评论8.2"中，路易－塞巴斯蒂安·梅西耶（Louis-Sébastien Mercier）取笑英国狂和当时法国人过度的穿着打扮。

时代评论 8.2

英国狂在法国

梅西耶略带戏谑地劝告同胞放弃英国风格，重归法国风。

现在英国的服装十分流行。你可以看到富人之子、贵族年轻子弟、售货员——他们都穿着同样的衣服：剪裁贴身的长大衣、厚袜子、泡式宽大硬领圈，头上戴着帽子，手里拿着骑马用的鞭子。然而，即使打扮成这样，这些绅士中却没有人横渡过英吉利海峡，也没有人会说英语。……不，不，我的年轻朋友。再次穿上法式服装吧，戴上花边，穿上绣花马甲、花边大衣；给头发上抹上最新的香粉；把帽子夹在胳膊底下，在巴黎这是专为它设计的最自然的地方，同时戴上两只配有短链的怀表。

店主们挂起"这里说英语"的牌子。卖柠檬水的小贩甚至迷上了潘趣酒（一种英国饮料），把它写在橱窗上。我们的这些花花公子穿着英国的大衣和三件套斗篷；小男孩剪着圆形发型，不卷曲也不抹粉；年长的男性走路时是英式步态，肩膀稍微有点圆；我们的女性购买伦敦来的头饰。温森斯（Vincennes）的赛马场仿照纽马基特（Newmarket）而建。最后，我们的舞台表演着莎士比亚戏剧，杜西斯（M. Ducis，一位法国诗人）说的"戏剧十分押韵"仍然令人印象深刻。

资料来源：Mercier, L.-S. (1933). *The waiting city: Paris 1782–88*. H. Simpson (Trans.). Philadelphia, PA: Lippincott, pp. 29-30.

服饰研究的信息来源

博物馆藏品中有许多这一时期的服装。大多数情况下，这些都是上流社会的服装。

18 世纪的肖像画是极好的服装资料来源，除非艺术家将肖像画重点放在永恒存在而不是时尚服装上。一位英国著名的肖像画家约书亚·雷诺兹爵士（Sir Joshua Reynolds）说要"轻视时尚"，并"劝告年轻艺术家要超越时尚"，建议年轻艺术家"把衣服从当代时尚转变成一种永久流行的时尚，这样我们对已有的时尚就会很熟悉，对它就不会有任何鄙视的想法"。他敦促艺术家不要理会所有当地的和临时的装饰，而只关注那些无处不在、总是相同的一般习惯。

在 18 世纪初，有更多的观众可以接触得到更多表现平凡主题的绘画作品。金属、木刻版画、单独印刷或书籍插图开始作为消费品进行交易——不仅展示了当时人们的着装，还展示了人们的日常生活。

18 世纪 70 年代，法国开始出版时尚杂志，与时尚版画或独立的服装书籍不同，它们不定期出版，直到法国大革命爆发为止，出版频率越来越高。早期时尚杂志的目标受众是一小部分精英，但它们可能会有更广泛的受众，正如《新时尚杂志》（*Magasin des modes nouvelles*）指出的那样，"如果店员、搬运工或仆人偷走了杂志，我们就不得不提供两次杂志服务，这是不公平的"。

18 世纪的男性服饰

衬裤、衬衫、马甲、外套、及膝马裤、袜类、鞋子是男性服装的主要元素。在一些场合，男士们会戴上帽子、假发以及其他配饰，并穿上户外服装。尽管服装元素在整个世纪保持不变，但其线条的风格在上半叶和下半叶却有所不同。

在 18 世纪大多数时期，内衣类服装大致保持不变。衬衫被归为内衣类服装。

衬裤是穿在马裤下面贴着皮肤的裤子，功能上相当于现代的内裤。衬裤长至膝盖处，腰部用细绳或纽扣系紧，细绳或纽扣由白色亚麻、棉或羊毛制成（见图 8.5）。

衬衫样式与前几个世纪相差无几，领口和袖子末端都有荷叶边。衣领和克拉瓦特饰巾通常由白色的棉布或亚麻布制成。在 18 世纪上半叶，衣领周围绕着一层领圈。颈巾或克拉瓦特饰巾绕在脖子上，在下颌处打结，遮住衣领。在该世纪下半叶，领圈变长，演变成缝在衬衫上的衣领。司坦克领巾（steinkirk）是克拉瓦特饰巾的一种。在寒冷的天气里，一些男性会在衬衫外面或里面加穿一件马甲，有时穿在衬衫外的马甲会缝上一个可见的衣领，其他纯粹保暖的实用服装则被隐藏起来。

图 8.5　18 世纪英国内衣类服装（衬裤），质地为法兰绒，具有保暖功能。（图片来源：Gift of Richard Martin, 1996/ The Metropolitan Museum of Art）

18 世纪中叶

"礼服"和"大礼服"的分类取决于该服装的正式程度。礼服外套、马裤和马甲通常由较少装饰的织物制成，大礼服则由精致锦缎制成，饰有漂亮的刺绣和花边。

到 1700 年，17 世纪 80 年代的服装特点是在直线剪切的基础上增加一些丰满度。大衣长及膝盖，直到 1720 年左右，扣子都是扣到下摆的；1720 年以后，则只扣到腰部（见图 8.6）。硬衬里布露出大衣下摆。通常腰部以下的侧缝开着，以便放剑。口袋通常开在臀部水平线上，袋盖是荷叶边形状。

直到 18 世纪 30 年代，大多数袖子的袖口是系上去的，呈蓬松状，袖口要么封闭要么在背面敞开。长及肘部的袖口被称为"靴筒式袖口"（boot cuffs）。另一种款式的袖子没有袖口，背面开衩，露出衣袖的褶裥饰边。

图 8.6　图中丝绸套装（同料同色的一套西服）展示了袖子和长马甲的袖口结构，是 18 世纪上半叶的服装特征。（图片来源：V&A Images, London/Art Resource, NY）

马甲依照外套线条剪裁，长至膝盖。有的马甲裁有袖子，有的没有。马甲的颜色和面料通常与外套相匹配。在家里，男性一般在衬衫外穿上无袖马甲，不再穿外套，以此作为休闲装或便服。

马裤宽松度剪裁适当。臀部剪裁十分宽松，并束在腰带上，整体松松地系在腰部以下。由于马裤齐膝，通常外套合上时几乎看不见，马裤前部用纽扣扣住。1730 年以后，在腰部系上宽下摆（fall）和方形的中间翻盖。

佛若克男式礼服大衣（frock coat）剪裁比礼服大衣更宽松、更短，衣领是平翻领。1730 年以后，人们认为男式礼服大衣适合乡村的穿着打扮，1770 年以后，它们也被接受作为更正式的服装。男式礼服大衣上没有刺绣，通常由斜纹哔叽布料、毛绒或硬织布等织物制成（见图 8.7）。

正如许多服装术语的起源一样，佛若克男式礼服大衣的起源也并不明晰。在用于指称前面提过的大衣款式之前，"frock"一词曾被用来指其他服装——女性的内衣类服装、牧师的长袍、儿童的衣服、宽松的骑马服等。西班牙牧羊人穿的是一种宽松的、可水洗的亚麻布外衣，似乎是从西班牙经由荷兰传到英国的。在英国，工人和农民会穿这种外

图 8.7　三位绅士穿着非正式的男式礼服大衣，图画背景为乡村。右边的绅士手里拿着一顶三角帽，在鞋子外穿了一双长及膝盖的裤腿套（spatterdashers）或护腿。（图片来源：Gift of Junius S. Morgan, 1887/The Metropolitan Museum of Art）

衣，称为长罩衫（smock frock）。这一直是英国农民穿用的服装，直到 19 世纪，当时经常用一种刺绣装饰长罩衣，这种刺绣现在被称为"缩褶绣"。鉴于大多数用"佛若克"（frock）一词指称的服装都是宽松版型，因此"男式礼服大衣"一称可能是由于服装的宽松合身性而产生的。

白天穿的套装和外套或不太正式的晚装的制作面料包括平纹布、机织羊毛、丝绒、天鹅绒和丝绸，丝绸包括有花边或毛皮装饰的缎子。正式的晚礼服通常由金银丝布、锦缎、花边天鹅绒等材料制成。马裤的布料采用结实的梭织布、长毛绒或制作休闲服装的斜纹哔叽；丝绸、缎子或天鹅绒用于晚装；还有骑马用的皮革，尤其是鹿皮裤。外套不必和马裤或马甲搭配。如果这三件衣服都是用同一种布料做的，那这套衣服就名叫"同料同色西服"（ditto suit，见图 8.7）。

18 世纪中叶后服饰的变化

在 18 世纪下半叶，外套不再过于蓬松，侧面褶皱消失，前襟向两侧翻开。到 1760 年，出现了一种窄的直立领。服装廓形变窄，袖子变长，通常开有袖口（见图 8.8）。

图 8.8 在这套服装中可以看到 18 世纪下半叶流行的短马甲和立领风。（图片来源：Gift of Junius S. Morgan, 1887/The Metropolitan Museum of Art）

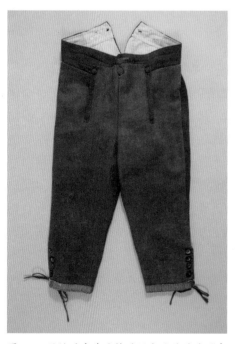

图 8.9 男性的齐膝马裤的闭合处被称为"宽摆"（fall）或"袋盖"（flap）。（图片来源：Gift of Junius S. Morgan, 1887/The Metropolitan Museum of Art）

马甲都是单排扣或双排扣，无袖，变得更短。因为外套是敞开着穿的，所以马甲的面料成为人们关注的焦点，在制作马甲时会更多地用上锦缎或缀有精致刺绣的丝绸。马裤变得更加合身，主要用宽摆或袋盖系紧（见图 8.9）。

1730 年以后，克拉瓦特饰巾逐渐被斯托克领巾（stock）所取代，这是一种亚麻方巾，折叠形成一个高领圈，然后用硬麻布加固，在脖子后面系紧。通常会在司托克领巾的前部的蝴蝶结上系上一段黑色丝带。

直到 18 世纪中叶，外穿的披肩或斗篷剪裁宽松，并在平领下的脖颈处打褶。18 世纪中叶以后，厚重长大衣剪裁宽松，有宽下摆，衣长在膝盖以下。外套袖子一般裁有袖口。有些外套衣领多达三个，宽大、翻领、状似披风，三个衣领重叠，上面的比下面的短。

在整个 18 世纪，人们在家时穿着休闲服或便服这样舒适宽松的服装，诸如睡袍、晨衣、便服、印度睡袍（Indian gown）或宽长袍（见"全球联系"）。这些便服中包括一种宽松的晨袍，这种晨袍在该世纪早期较为流行。另一种比较贴身，类似于男士的外套，袖子是缝上去的（见图 8.10）。这些基本样式都可能有其他变体。宽长袍的首选织物包括印花平纹白布；丝质花缎、锦缎、丝绒、塔夫绸或缎子，还有精纺毛纱和方格光面呢（光滑的羊毛精纺织物，有同色凸起条纹）。

这一时期的著作表明，这些服装既可外穿也可做居家服。许多男性让画家画肖像画时都穿着这些漂亮服装。这些衣服似乎源自剪裁宽松的亚洲服装，它们的命名（如印度长袍、宽长袍）就反映了起源地。这些服装是亚洲及中东地区对 18 世纪的欧洲时尚产生强烈影响的又一个例子。

全球联系

宽长袍是全球联系的一个真实例子：18世纪荷兰的男士服装，用来自中国的丝绸制成，以满足欧洲人对洛可可式装饰面料的需求，这种剪裁与中东地区男性服装相似。在18世纪，中国织工使用复杂的手工提花织机生产带有图案的纺织品，欧洲贸易公司知道他们的客户想要这种纺织品。

（图片来源：[Purchased with funds provided by Suzanne A. Saperstein and Michael and Ellen Michelson, with additional funding from the Costume Council, the Edgerton Foundation, Gail and Gerald Oppenheimer, Maureen H. Shapiro, Grace Tsao, and Lenore and Richard Wayne（M.2007.211.797）/LACMA]）

图 8.10　三件宽长袍和三顶睡帽。从左至右：1770—1790 年，英国用东印度织物制造的轧光印花棉布，带花边刺绣亚麻布睡帽；锦缎制带花边的宽长袍（约1760 年），棉绣帽；粗印花棉质宽长袍和白色亚麻帽。（图片来源：Catharine Breyer Van Bomel Foundation Fund, 1978/The Metropolitan Museum of Art）

◆ 头发和头饰

大多数买得起假发的男人都会戴假发。假发有多种风格。直到 18 世纪 30 年代，诸如 17 世纪的披肩假发（full-bottomed wig）才受到人们青睐。从 18 世纪 30 年代开始，把头发从前额直梳到脑后并微微卷起来变得流行起来。这种风格在法国称为"前卷曲假发"（toupe）或在英国称为"刘海"（foretop，图 8.12）。1750 年以后，发型开始变高，18 世纪 80 年代开始变宽，与女性的发型相似。

其他流行的款式包括带发辫（queue）的假发（假发后面有一绺头发或辫子）、棍辫式假发（club wigs）和凯托根假发（catogans）——将这种辫子盘起来在中间绑住，形成

图 8.11　穿着 18 世纪早期服装的男女。男性戴"披肩假发"。虽然白色的结婚礼服还未成为一种习俗，这位 1729 年的新娘却穿着奶油色的缎子和金色布料制成的礼服。（图片来源：Buyenlarge/Getty Images）

一个头发圈（见图 8.13）。

　　假发的颜色多样，但人们更喜欢戴上撒有香粉的假发与正式礼服搭配。假发是用人的头发、马毛或山羊毛制成的。

　　假发的流行使得帽子的重要性下降。三角帽是最常见的帽子款式，其他的则是名叫"折叠三角帽"（chapeau bras）的扁平大帽子。它不是戴在头上，而是夹在胳膊下。双角帽大约出现在 1780 年。在 19 世纪，三角帽被服装历史学家命名为"翻边三角帽"，而两角帽被命名为"翻边双角帽"（bicorne）。三角帽和骑师帽是骑马时戴的，18 世纪70 年代以后，现在被称为"高筒礼帽"的帽子则称为"圆边帽"。

　　男性在家时戴帽子不戴假发。帽子最常见的两种样式：一种带有帽顶，帽檐扁平，向上翘起，紧贴着帽顶（见图 8.10）；另一种帽顶没有明显形状，帽檐绲边，有点像头巾。

◆ **鞋类**

　　长筒袜很长，高于膝盖。18 世纪 70 年代及之后，男性想要让小腿显得时尚可能会穿上人造牛皮靴（artificial calves），将衬垫绑在长筒袜或腿上。

图 8.12　1777 年的一幅讽刺画讽刺了那个时期的发型。（图片来源：Fine Art Images/Heritage Images/Getty Images）

图 8.13　音乐神童沃尔夫冈·阿玛多乌斯·莫扎特（Wolfgang Amadeus Mozart）在欧洲宫廷表演。虽然莫扎特还是个孩子，但在这样的表演中，他穿着成人服装，甚至梳着发辫。（图片来源：Imagno/Getty Images）

　　直到 1720 年，鞋头都是方形的（square toes），有高跟，还带有很大的方形鞋舌。后来的鞋型变圆，鞋跟也不再那么高。18 世纪末的年轻人用"square toes"形容年长、传统和保守的男性，意为"老派的人"，正如今天的年轻人用"古板"（square）一词称呼保守的男性一样。

　　鞋舌底部装有装饰扣。1750 年之前和 1770 年之后，红色高跟鞋在宫廷和时尚男士中都很受欢迎。拖鞋和礼服鞋有低跟和平底之分。

　　当人们穿着结实的鞋子外出时，可以在鞋子外穿上裤腿套（也叫"鞋罩"[spats] 或护腿）。这些单独的保护性覆盖物从膝盖下某个点延伸到鞋顶，以保护腿部（见图 8.7）。

　　人们骑马、旅行和狩猎时会穿各种尺寸和形状的靴子，这些靴子军人也会穿。靴子不是为室内穿而设计的，往往耐用且实用。长筒靴由硬皮革制成，长及膝盖，用来保护骑马者的腿。人们也会穿软质皮革和靴筒较低的靴子，一些模仿赛马靴的风格，其他模仿军靴风格。

◆ 配饰和珠宝

　　男性用的配饰包括皮手筒、手杖、手表、皮夹和装饰过的鼻烟壶等，鼻烟壶用于盛放烟草粉末，这些东西能被人吸入。他们会佩戴戒指，有时还戴胸针，鞋子上的鞋扣镶有珠宝。

◆ 化妆品和美容

男性会使用化妆用粉和香水。大多数男性都将胡子刮得很干净。

18 世纪的女性服饰

18 世纪女性服装的外形是由各种内衣类服装决定的。在第 7 章中描述的细长紧身上衣和后部蓬松的裙子，这些服装廓形一直延续到 1720 年左右（见图 8.11）。宽型裙撑最早于 1720 年在英国使用，稍晚一些时候法国也开始使用这种裙撑。从 18 世纪 20 年代末到七八十年代，裙撑都是日常服装的一部分。

法国人称裙撑为"篮式裙撑"（panniers），有些裙撑确实会产生将篮子置于臀部两侧的视觉效果；然而，这个术语源自篮子是由柳条制成的这一事实。在英国，它们更可能被称为"裙撑"（hoops，见图 8.16b）。

女士们的裙子太宽，有时不得不侧着身子进入房间。桌面和其他家具的边缘都围了一圈小围栏，以防茶杯和艺术品被裙子从桌上扫到地板上。有些篮式裙撑是铰接的，必要时可以折叠起来放在胳膊下方便移动。

漫画和文学资料中满是对女士这类"令人发指"的穿着风格的嘲讽。康宁顿（Cunnington）刊印了这些言论：

> 1711 年的旁观者："裙撑是用来让我们与他人（比如男性）保持距离的。"
> 1717 年，《周刊》（Weekly Journal）呼吁女性"在这些机器式的裙装中找寻一种可以忍受的便利"。
> 《索尔兹伯里日报》（The Salisbury Journal）注意到，摇曳的裙撑露出了脚踝和腿，并责备女士们把衬裙做得太短，"八码宽的裙撑很不得体地露出女式的吊袜带系得有多紧"。

在 1720—1780 年间，裙撑的形状发生了变化，因此它所支撑的衣服廓形也发生了变化。虽然所有阶级都在穿裙撑，但并不是每个女人都会穿。在 1770—1780 年间不太正式的英国风格中，臀垫和巴斯尔臀垫取代了裙撑，成为支撑式服装。然而即使在法国大革命之后，法国人在礼仪场合仍然穿着有裙撑的法式礼服（见图 8.16a）。即使在裙撑完全过时的时候，它们仍被保留在英国宫廷规定的正式服装中。

女性穿的内衣类服装有女式宽松内衣、衬裙和前面提到的裙撑。衬裤还不怎么普遍。

女式宽松内衣贴身穿，长度及膝，剪裁宽松，领口处镶有花边。外衣的领口处经常镶有这种花边。衬衣的袖子宽松，长至肘部，但没露出来。

女式宽松内衣外、裙撑内的衬裙下面剪裁笔直，由织物制成，包括麦斯林纱（一种普通的精细白色亚麻织物）、麻纱（通常带有纵向纹路或花纹的棉布）、法兰绒（一种表面有绒毛的柔软羊毛）或平纹布（彩色的印度印花棉布）。冬天，衬裙经常填充垫料以保暖。

紧身胸衣一般被称为紧身褡，由粗糙的布料制成。除非紧身胸衣设计时是作为服装的可见部分，否则前部的服装布料通常会遮盖住胸衣，一般都看不到。紧身胸衣的前面和背部由鲸须撑起。尽管有些系带在前面和后面，但大多数都在背部，矮胖和怀孕的妇女，有时会添加侧边系带（见图 8.12）。一些服装前

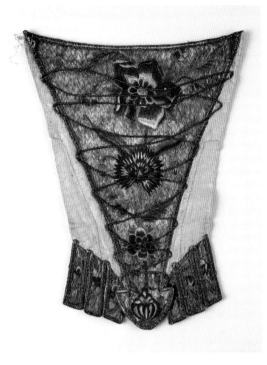

图 8.14　绣花丝缎三角女胸衣，约 1740 年。这些用于装饰 18 世纪服装前部的三角女胸衣，刺绣华丽，可拆卸，可与不同的服装搭配。（图片来源：Purchase, Irene Lewisohn Trust Gift, 1984/The Metropolitant Museum of Art）

图 8.15　1831 年穿着各式风格礼服的女性。两个坐着的女性穿着合身的宽松女袍。背对观察者站着的女性似乎穿着法式礼服。（图片来源：Christophel Fine Art/Universal Images Group via Getty Images）

图 8.16a 18 世纪中期的法式长礼服，用带花纹图案的丝绸制成。（图片来源：FRANCOIS GUILLOT/ AFP/Getty Images）

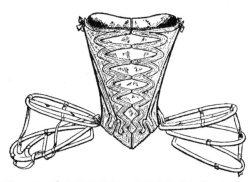

图 8.16b 宽大的裙子由一种篮式裙撑支撑，如图所示。（图片来源：Courtesy of Fairchild Publications, Inc.）

部的结构能够放入 V 形装饰性三角女胸衣（见图 8.14）。"无插骨紧身胸衣"（jump）一词指的是在家穿的宽松、无鲸须支撑的紧身上衣，用以缓解穿紧身胸衣的压力。

为裙子塑形的裙撑的结构与 16 世纪的法式裙撑很相似。从 1710 年左右开始，裙撑呈圆锥形，是用鲸须缝进硬质衬裙里做成的，越接近地面，圈环越大。18 世纪 20 年代，裙撑的形状开始变圆，似圆屋顶；18 世纪 30 年代，裙撑逐渐变得前后扁平，左右横宽是最受喜爱的形状；到了 18 世纪 40 年代，这种形状达到最大的宽度。一些裙撑宽度达到了 23、24 码，这种宽裙撑风格一直延续到 18 世纪 60 年代。

最早的裙撑是用鲸须做的。随着这种风格的延续，裙撑有了金属丝制裙撑、篮子状柳条裙撑，女性人手一条。一些金属环或鲸须环被缝进衬裙里，另一些则用带子绑在一起被做成框架，系在腰部（见图 8.16b）。有些紧身上衣缝进太多鲸须，使得紧身裙变得多余，女性因此就不再穿紧身裙了。

1715—1730 年

◆ 外衣

礼服和两件套服装的前部或中间开襟打开或紧闭。礼服或宽松或合身。宽松女袍（Sacque）、巴坦特宽松袍（battante）、沃朗特宽松袍（volante）和无袖宽袍（innocente）都是指没有腰带，衣服从肩膀垂至地板的宽松礼服。礼服背部和前面肩膀处有打褶，宽松女袍穿在圆顶状裙撑外，前襟紧闭或者打开，穿在紧身胸衣和衬裙外面（见图 8.15）。从路易十四去世到路易十五成年期间，僵化的宫廷礼仪要求有所放宽。宽松合身的礼服有时被用来证明礼仪要求已不太严格。

其他重要的服装款式还包括佩坦勒尔外衣（pet en l'air）和曼图亚式长袍。前者较短，长及臀部，搭配一条单独的褶裥裙子，而后者则从肩部到下摆一片式裁剪，前后合身。这些礼服在英国比在法国更流行。许多礼服前面是打开的，衬裙露在外面。有时衬裙通过绗缝的方式制作。

◆ 头发和头饰

芳坦鸠头饰被相对简单的发型取代，这种头饰在 1710 年左右就过时了。头发波浪状地披在脸周围，卷成小卷或圆发髻，绑在头顶朝后的方向。另一种发型是在脸周围把头发梳成长卷发或波浪状。女士和男士一样，在正式场合也会给头发上粉。

人们在室内、室外都戴着帽子。女性在室内戴垂饰片居家帽（pinner）。这种帽子呈圆形，帽檐有单或双褶边，平戴在头上。茉柏罩帽（mob caps）也在室内穿戴。这些帽子后有高高鼓起的帽顶，宽而平的帽檐包围着脸。蕾丝装饰被大量使用。长长的花边饰带或织物飘带（垂饰）从帽子边缘垂下或系在下巴下方。在户外时，白色室内帽可以戴在其他帽子下面。在户外，女士们用兜帽遮住头，或者戴窄檐小草帽或丝绸制帽子，饰有窄丝带花边。

1730—1760 年

◆ 服装

两种新的服装款式取代了宽松女袍。法式礼服于 18 世纪 30 年代引入法国，其背部长而宽松，打褶，与紧身上衣搭配，穿在三角女胸衣和衬裙外。背面从肩部到下摆一片式剪裁（见图 8.16a）。英式礼服前面剪裁贴身，背部与宽裙缝在一起，接缝处有许多碎褶布料。裙子前面通常是打开的，以展示里边的衬裙，裙子由用衬垫制成的篮式裙撑或其他材料制成的裙撑支撑。法式礼服在法国更受欢迎，英式礼服则在英国更受欢迎，尽管这两种风格在英、法及英属美洲殖民地都流行着。"华托背"（Watteau back）一词与 19 世纪的法式礼服相关，这种礼服宽松合身，背部打褶，当时类似的款式再次流行起来。

"华托背"在 18 世纪还不被使用。华托是 18 世纪的一位画家，他经常描绘穿着这种礼服的女性。

　　大多数礼服的紧身上衣和裙子都是敞开的，这样可以展示装饰性的三角女胸衣和衬裙（见图 8.14）。三角女胸衣呈三角形，缝有襻带，整个三角女胸衣固定在紧身上衣或紧身褡上。有些三角女胸衣用刺绣装饰，其他的则用丝带（梯状蝴蝶结饰带 [eschelles]）或大量的人造花或花边装饰。正式礼服和衬裙经常用同一种布料制成，使它们看起来像是一件单独的衣服。极宽的裙子有效地展示了大礼服（full dress）上精心设计的图案织物。"时代评论 8.3"描述了 17 世纪 30 年代英国宫廷所穿的服装饰物。

时代评论 8.3
1738 年和 1739 年精致的英国时装

　　玛丽·格兰维尔（Mary Granville）对 1738 年和 1739 年英国宫廷服饰同时期的描写，让我们得以一窥这一时期英国上流社会奢华的服饰。关于 1738 年的情况，她在 1739 年 1 月 23 日给妹妹的信中写道：

　　我一生中从未见过这么多没有任何花哨装饰的华丽服装。亨廷顿夫人（Lady Huntington）的装束是最奇特的，是我必须先描述的：首先，她穿着黑色天鹅绒衬裙，衬裙上有用绳绒线做的刺绣，刺绣图案是一个大型石头花瓶，里面装满了开在坡道的花朵，几乎覆盖了整条衬裙；花瓶中每朵花之间有一个金色贝壳的图案，还有非常丰富的浮雕叶饰。礼服用白色缎子制成，缀有绳绒线刺绣和金线装饰。袖子上没有花瓶图案，但下摆处绣有两三个；这是一件穿着十分吃力的华服，这种式样与其说是一位女士的服装，不如说是一架灰泥楼梯——投下的是每位女士负重行走的影子……

　　关于 1739 年的情况，她在 1740 年 1 月 22 日给妹妹的另一封信中写道：

　　……戴沙夫人（Lady Dysart）穿着一件猩红色缎子礼服。饰面（镶边）和饰带（装饰带）都绣着金线和各色刺绣。衬裙质地为白色缎子，上面绣着同样的刺绣，非常漂亮……公主的服装包括白色缎子质地的衬裙，饰面和饰带上覆盖着一层华丽的金线网，上面绣着原色花朵。她的头上戴着饰有珠宝的王冠，待人总是和蔼可亲。……贝德福德公爵夫人（Duchess of Bedford）的衬裙是绿色的棱纹绸（peau desoie）……缀有大量刺绣，由金线、银线和其他一些颜色丝线绣成；图案有贝壳、珊瑚、玉米、矢车菊和海草等花饰。除了花和珊瑚，所有刺绣品都是金线、银线钩织的。礼服通体是白色的缎子，上面镶着金色镶嵌饰面，饰带和裙摆同衬裙的花纹一样有大量的刺绣，许多人穿着不同颜色的礼服和衬裙。男性穿得同女性一样华丽。……巴尔的摩勋爵穿的是浅棕色混银色的衣服，外套衬里是貂皮做的。

资料来源：Delany, M. (1861) . *The autobiography and correspondence of Mary Granville, Mrs. Delany* (Vol. 2) . London, UK: Bentley.

这些礼服的领口通常很低，呈方形或椭圆形。袖子长及肘部以下，以一层或多层褶裥饰边（被称为"多层蕾丝袖口"[engageants]）装饰。

当服装由单独的上衣搭配衬裙或裙子时，裙子剪裁宽松且有篮式裙撑支撑。时尚上衣包括短宽松女袍或佩坦勒尔外衣、夹克（法语称"卡萨昆短上衣"[casaquin]），与紧身上衣贴合，从腰部呈喇叭形展开，几乎盖到膝盖。袖子贴身，袖口小，可翻折（翻折袖口）。

◆ 头发和头饰

发型在 1750 年开始发生变化，当时把头发从脸部往后梳，梳得光滑且高，在头顶盘一个圆发髻，或者在脑后编成辫子。另一种是梳紧密的卷发，称为"羊毛头"（tête de mouton）。卷发就像是绵羊卷曲的毛皮一样。

室内戴的帽子基本没有什么变化。在户外，女性要么戴一顶又大又平的草帽，低帽顶，宽边檐，称为"牧羊女草帽"（berere），或者戴一顶在帽檐处系带的牧羊女帽（shepherdess hats）或三角帽，骑马时戴一顶前面有尖顶的黑色天鹅绒骑师帽。

1760—1790 年

◆ 服装

1770 年后，法式礼服有所改良，篮式裙撑被臀部衬垫取代。通过口袋缝将大量的织物拉出，这样成束的织物通过口袋悬挂起来形成拖尾。到 1780 年，法式礼服不再流行。英式礼服的腰围位置略有改动，紧身上衣变得宽松，之后一直维持到 18 世纪 80 年代（见图 8.17）。18 世纪 70 年代末，裙子的丰满度从两侧转移到臀部，女士们在后腰间系上假臀垫以使裙子后部变得蓬松。同时代的参考资料表明，假臀垫是用软木或其他轻型缓冲材料填充的。1777 年的《伦敦杂志》（*London Magazine*）向准新郎发出了这一警告：

> 让新娘的礼服卷到臀部两侧，鞋子高得不能走路或蹦跳，
> 把这可爱的人儿打扮得漂漂亮亮，让软木刀为她裁一个臀垫。
> 当你凝视克洛伊女神的时候，你的品位将消失，生活的魅力也不再有。
> 但千万别脱掉她的衣服，因为没了紧身褡，你会发现妻子不再是原先的她。

在 18 世纪 70 年代末和 80 年代，一些裙子变短，露出脚踝以上的腿（见图 8.18）。许多礼服款式包括波兰式连衫裙（polonaise，大约在 1770—1785 年流行），是一种没有腰缝的外衣或夹克衫。大多数波兰式连衫裙在领口前面的中心位置开始倾斜，形成一个倒 V 形，让礼服的一侧可以远离身体，从而创造出宽松、合身的效果。裙撑或巴斯尔臀垫支撑着裙子（见图 8.16b）。在接下来的时期，"波兰式连衫裙"一词将被广泛用来指任何蓬松

图8.17 斯蒂芬·斯劳特（Stephen Slaughter，英国画家，1697—1765年）创作的《年轻女子与仆人》（*Young Woman with Servant*）。站着的女人穿着一件英式礼服，腰部贴身。坐着的女子戴着牧羊女帽。她的三角女胸衣上装饰着一层叫"梯状蝴蝶结饰带"。（图片来源：The Ella Gallup Sumner and Mary Catlin Sumner Collection Fund/Wadsworth Atheneum Museum of Art）

或穿在衬里外的罩衫。其他常见的礼服有紧闭的长袍或圆礼服（round gown），也就是说，长袍的前襟一直紧闭。骑装式女外衣类似于前襟紧扣的厚重长大衣或英国宽领或翻领骑马外套。宽松连衫裙（chemise à la reine）是一种白色的平纹细布礼服，类似于当时的内穿女式宽松内衣，但与女式宽松内衣不同的是，宽松连衫裙裁有腰线，在腰部缝了一条柔软的打褶裙。这种服装是用从印度进口的非常昂贵的平纹细布制成的，是19世纪初服装风格的先驱（见图8.19）。

时尚两件套由裙子和合身的长夹克，即卡拉科夹克（caraçao）组成。卡拉科夹克与前面提到的卡萨昆短上衣的剪裁风格、英国男士骑马服式的夹克相似。卡拉科夹克（见图8.20）与男式帽子搭配。

◆ 头发和头饰

发型的尺寸达到极端（见图8.21）。

18世纪60年代，女性的头发梳得很高，脸部周围做成发卷。这变成了一种鼠尾草式卷发，平贴在头上，拂过耳朵。18世纪70年代，当羽毛、珠宝、丝带以及几乎任何女性可以放到头上的东西作为装饰物出现在头发上时，高耸发饰的规模达到了极端。1768年，《伦敦杂志》谈论了"一英尺高的高塔式发型"。18世纪80年代，头饰变低，但美洲豪猪发型（hedgehog）仍保持着蓬松卷发，绑起来的长发辫垂在背上（见图8.19）。

在室内，当头饰过大时，小型家居帽（day caps）就用不上了，尽管一些茉柏罩帽为适应高发型而改大。在户外，兜帽要做得足够大以遮住头发。比如，折篷式女兜帽

图8.18 18世纪，柔和、浅色、带花朵图案的丝质锦缎是更广泛用于女性服装的面料之一。这种蓬松的环状罩衫被称为波兰式连衫裙。（图片来源：Gift of heirs of Emily Kearny Rodgers Cowenhoven, 1970/The Metropolitan Museum of Art）

图8.19 安托万－洛朗·拉瓦锡（Antoine-Laurent Lavoisier）和他的妻子，1788年，由雅克－路易斯·大卫绘制。拉瓦锡夫人穿的是一件麦斯林纱宽松连衫裙，她梳着刺猬发型（à la herisson）或"美洲豪猪发型"。（图片来源：Fine Art Images/Heritage Images/Getty Images）

图8.20 黄色缎子质地的卡拉科夹克和配套衬裙，约1775年。此时，"衬裙"一词可能指外穿的裙装，也可能是内穿衬裙。（图片来源：Image copyright © The Metropolitan Museum of Art. Image source: Art Resource, NY）

（calash/calech），兜帽由一定数量的半箍每隔一定距离缝入制成。这些箍支撑着兜帽，以避免压坏发型，不使用时可以折叠起来。其他帽子戴在高高的头饰上。女性会把装饰着大量花边、丝带、羽毛和花朵的大型帽子平戴在头上，或者当美洲豪猪发型变得较扁平时，帽子会以一定角度戴在头上。

图 8.21　由法国资助部分资金的美国独立战争给漫画家提供了一个机会，他们画巨型头饰的讽刺画讽刺法国时尚同时也起到支持美国独立战争的作用。（图片来源：Fine Art Images/Heritage Images/Getty Images）

18 世纪的配饰与妆容

◆ 户外服装

斗篷剪裁宽松，与宽裙搭配。外衣长短不一，有些为长衣，有些则只到腰部或臀部。一些斗篷还带有兜帽。制作斗篷的面料有天鹅绒和羊毛，在寒冷的天气用毛皮镶边，在温暖的天气则用丝绸或其他轻质面料（见图 8.22）。在裙撑风格过时后的二十年里，人们一直在使用与厚重长大衣一样剪裁的外套，尽管这种外套更修身。

其他户外服装包括大围巾、披肩和外套，这些服装袖子或有或无，可以覆盖住身体上部、肩部或较小部分的上臂。窄毛皮或羽毛片状物像现代的披肩一样，被称为"女式长披肩"，披在肩膀上。

◆ 鞋类

长袜由棉、羊毛或丝绸针织品等织物制成，长至膝盖，用吊袜带固定。

鞋子尖头状，高跟，有鞋舌和系在脚背上的"鞋带"。拖鞋（穆勒鞋）很受欢迎。19 世纪 80 年代末，中国对欧洲鞋子的影响明显体现在拖鞋上，这种拖鞋的鞋跟很小，低跟，鞋头可后翻，用一根细绳套在鞋的顶部，固定在脚上。18 世纪的所有装饰艺术明显受到了亚洲的影响，男性礼服和织物装饰最为明显。

图 8.22　18 世纪的绸缎质斗篷。棕色皮手筒可以使手保持温暖。（图片来源：V&A Images, London/Art Resource, NY）

木屐或木底鞋是一种保护鞋子免受潮湿和泥泞地面影响的套鞋，由相应的或其他织物制成，鞋底是结实的皮革，拱形结构，脚背上系有鞋带，以固定木屐。农村里的人们套着木屐或金属鞋垫将鞋从泥里抬出来。

◆ 配饰

手部的穿戴物品包括手套、露指手套（mitts）和手筒。手套通常延伸到肘部。露指手套是手指没有遮盖的手套。手筒在18世纪70年代以前都很小，后来变大，通常是用羽毛、织物或毛皮制成的，而且一般有配套的披肩。

衣服上还没有缝制口袋。相反，人们在袋子上缝上丝带系在腰间，可以从裙子的细缝里伸进去。1760年以后，一些女性除口袋外还会携带小包。

其他的配饰还有各种大小和形状的折扇、阳伞和装在木棍上的黑色面具，将这些棍子举在脸前，可以遮住整张或半张脸。人们经常戴着这些面具参加舞会。

◆ 珠宝

比较常佩戴的珠宝是项链，经常与耳环、金色怀表、珠宝发卡、饰有珠宝的鞋扣搭配。时髦的项链包括珍珠项链、链条、小盒式吊坠、垂饰和十字架。

◆ 化妆品和美容

人们用胭脂将嘴唇、脸颊和指甲涂成红色。清晰的眉毛很时髦，可以用剪刀或镊子修剪，也可以用软铅制的眉刷把眉毛涂黑，再用接骨木果染色。补丁和鼓腮物仍然存在。一些著名的香水品牌都起源于18世纪。霍比格恩特（Houbigant）成立于1775年，是法国人、英国人和俄国人最爱的香水品牌。到晚上，人们把面霜涂到布带上，然后缠在头上以去除皱褶。女士们用一种由米粉、面粉、淀粉、白铅和鸢尾根混合而成的洗涤球代替肥皂。铅可能会对皮肤造成伤害。房间散布着百合花发出的淡淡香味。

18世纪的运动服饰

男性没有穿特制的骑马服或狩猎服，而是穿着男式礼服大衣、马裤（大概率是鹿皮制的）和高筒靴。18世纪末，高筒礼帽成为男性骑马服的一部分。

女性骑马服由衬衫、马甲、外套和裙子组成，与男性的日常着装风格相似。上衣和马甲长及膝盖，直到20世纪中叶，衣长缩短，变得更加宽松，呈喇叭形。18世纪末，厚重男式长大衣的多种变款出现了。女性戴三角帽或黑色天鹅绒骑师帽，还有用于骑马或赛马时戴的高顶窄檐帽。

到了18世纪，英国的男女在海里洗澡，一些书信和雕刻可以证明在专门的区域有过裸泳。然而在大多数度假胜地，人们都穿着一种专门的服装：棕色亚麻上衣和衬裙，或者宽松的法兰绒长外衣。直到 1800 年以后，海水浴才在美国流行起来，但人们认为在水疗中心和温泉里洗澡有益于健康。据说玛莎·华盛顿（Martha Washington）的一件蓝白格子泳衣留存到了现在。它的剪裁类似于女式宽松内衣，尽管袖子更窄，领口更高。铅盘用亚麻布包着，贴在长袍的下摆附近，可能是用来在沐浴者下水时保持长袍的位置。

男人打网球，女人很少打网球。在英国，人们也打高尔夫球和板球。人们也滑冰，但没有为这些活动开发特殊的服装。

18 世纪的儿童服饰

18 世纪上半叶

婴儿们裹在襁褓里。从婴儿长大到六七岁后，男孩和女孩开始穿裙子。六七岁以后，男孩和女孩穿着成人风格的服装（见图 8.23）。直到 1770 年，年轻的甚至青春期的女孩衣服上仍戴着儿童时期的饰带。

18 世纪下半叶

服装风格，尤其是儿童的，不同于以前或当代成人的服装。法国哲学家让－雅克·卢梭经常因发起这一服装改良而受到赞扬。他在著作中强调改变当前服装式样的重要性，以便提高儿童穿衣的舒适度。艺术家约书亚·雷诺兹（Joshua Reynolds）的画作可能起到了将这种风格从英国传播到欧洲大陆的作用，因为他喜欢画穿着朴素的孩子或让孩子穿上自己收藏的服装，这些服装不一定是真正的街头服饰的一部分。

从印度进口的平纹细布也对童装产生了影响。这种透明的白色织物起初非常昂贵，艺术家喜欢为富裕阶层的儿童画画，因为他们穿着柔软、打褶的服装（见图 8.24）。

卢梭的建议与以往的做法相比是具革命性的。简而言之，他为儿童着装制定的服装标准包括：

1. 婴儿"不需要帽子、绷带、襁褓"。他建议用宽松的法兰绒裹身衣（wrappers），既不要太厚，以免察觉不到孩子的动作，也不要太热，让孩子感受不到周围的空气。

2. 对于年龄较大的孩子，不要穿会阻碍孩子四肢活动的衣服。他们正在长大，不需要紧身的衣服，也不用系腰带。

3. 让孩子尽可能久地穿着佛若克外衣（裙子）。

4. 给孩子们穿亮色的衣服。他说："孩子最喜欢明亮鲜艳的颜色，也更适合这些颜色。"

图 8.23　日常家庭群像。画中的孩子穿着一件英式礼服。母亲穿着夹克，还没有整理头发。父亲穿着宽长袍配上一件马甲，戴着扑粉的假发。（图片来源：The Print Collector/Getty Images）

图 8.24　18 世纪晚期的儿童。女孩穿着白色的薄纱连衣裙，男孩穿着肋形童装。（图片来源：The Print Collector/Getty Images）

5. "就是要穿最朴素、最舒适的衣服，就是那些使他最自由的衣服。"

虽然儿童服装没有做到卢梭推荐的标准，但在 18 世纪下半叶确实有了显著的改善。卢梭最激烈的言论之一是关于褴褛对婴儿的伤害。无论是否受到卢梭言论的影响，在 18 世纪末，至少在英国和美国，人们已经基本放弃这种做法了。

六七岁以下的幼儿通常穿的是连衣裙或长袍。1780 年后，7 岁或 8 岁以上的男孩穿长直筒裤、白衬衫，衬衫上开有宽领，领边打褶，在简化版的成人短款夹克或裁至腰部的夹克上开双排扣。这种服装被称为"肋形童装"（skeleton suit，见图 8.24）。

男孩们是如何开始穿裤子的还不大清楚。在成人世界，裤子是 17、18 世纪意大利喜剧演员和 18 世纪城市工人穿的服装。英国水手似乎是最早穿长裤的英国群体。裤子最早可能是男孩为模仿水手而穿的一种服装。

女孩们穿着简单的直筒连衣裙，材质通常为白色平纹细布。人们稍微提高了礼服的腰线（见图 8.24）。户外，女孩穿着长或短的斗篷。在室内外，人们可以戴着小小的白色亚麻茉柏罩帽。在肖像画中，有些小女孩戴着与成年女性相似的装饰性大帽子，但这可能是画家的做法，而不是当时的穿着惯例。11 或 12 岁以后，男孩和女孩开始穿成人服装。

洛可可风格

男性：1700—约1750年

衬衫、马甲和外衣，长度刚好到膝盖下方，下摆宽松；及膝长马裤代替宽松马裤。

男性：约1750—1800年

服装线条窄。短马甲底下穿衬衫；外衣变得修身，敞开式，边角向两侧开。马裤变紧身，长度到膝盖。

女性：1700—1715年

延续1680—1700年的风格。

女性：1715—1730年

长袍从肩部到地面要么宽松，要么紧身。裙撑支撑起大大的裙摆。

女性：1730—1760年

敞开式紧身上衣，带有装饰性的三角女胸衣。裙子变得十分宽阔。有着宽松后背的长袍被称为"法式礼服"；如果是紧身的，则是"英式礼服"。

女性：1760—1790年

臀垫取代裙撑，支撑裙子，裙子宽度变小。裙子的宽度逐渐转移至后面。

章末概要

在 18 世纪服装的背景下，社会角色和阶级结构显得非常突出。19 世纪前的服饰史关注的主要是富裕阶层的服饰。博物馆里保存的图片和服装证明了对上层阶级服饰关注的倾向。不太富裕的人们和仆人的服装简单实用，服装剪裁反映了一些普遍的时尚线条。服装风格的差异也强化了社会中普遍存在的阶级差异。贵族仆人的服装非常华丽，这是一种荣耀的体现，仿佛仆人如果穿着不得体就会有损主人的身份。

奢华的 18 世纪服装体现了"炫耀性消费"或"展示财富"的原则，即通过拥有和展示贵重物品来显示自己的财富。富裕的休闲时间或表明一个人不需要工作，从高大的头饰和宽大的篮式裙撑的不便性上便显而易见，因为佩戴者不可能被指望能做什么富有成效的工作。尽管布料制造技术的进步开始影响精细织物的生产，但是制作男性和女性服装仍需要大量的手工劳动者，这不仅显示了服装所有者的财富，而且也表明从事缝纫和刺绣的低收入男女工人随处可见。不同社会经济阶层所穿服装的面料和做工质量的差异显而易见。

国际贸易和跨文化对服装的影响不仅表现在一些鞋子的风格和男性的长袍或礼服上，而且也表现在印度轧光印花棉布、平纹细布的使用和织锦、锦缎的设计上。美国男性穿的流苏鹿皮衣服表明美洲印第安人的服装正在影响美洲殖民者的穿着。

卢梭的作品增强了社会对儿童的关注，在儿童服装改变的同时，社会对待儿童的态度似乎也开始改变。养育孩子的方法和儿童服装方面展现的更大自由性，显示了值得注意的相似之处。

18 世纪服饰的遗产

18 世纪过去很久之后，蓬巴杜、波兰式连衫裙、华托背、翻边三角帽和翻边双角帽才被赋予服装专业名称。这些术语至今仍在使用，这也是服装式样流传下来的证明。蓬巴杜夫人的发型在美发界占据了一席之地，在 20 世纪 30 年代末的爱德华时代和第二次世界大战期间尤其引人

现代影响

设计师约翰·加利亚诺为迪奥设计了1998 年春夏时装系列。他的设计灵感来自18 世纪精心装饰的宽下摆礼服，裙子的形状是由篮式裙撑撑起来的。

（图片来源：The Print Collector/Getty Images）

注目。华托背描述的是法式礼服背部的式样，在之后的几个时期里，礼服背部经常是这种式样。波兰式连衫裙在裙撑和巴斯尔臀垫流行的时期再次大受欢迎，并被用作婚礼和舞会礼服，尽管有时裙身模拟了穿裙撑的效果，而不是真正穿了两层裙子（见"现代影响"）。男性从19世纪初开始就放弃了翻边三角帽和翻边双角帽，但女性帽子设计师一直沿用了这种样式。

主要服装术语

英国狂（anglomania）

人造牛皮靴（artificial calves）

花花公子（beau/coxcomb/fop）

牧羊女草帽／牧羊女帽（bergere/shepherdess hat）

翻边双角帽（bicorne）

靴筒式袖口（boot cuff）

巴斯尔臀垫／假臀垫（bustle/false rump）

折篷式女兜帽（calash/calech）

卡拉科夹克（caraçao）

卡萨昆短上衣（casaquin）

折叠三角帽（chapeau bras）

宽松连衫裙（chemise à la reine）

棍辫式假发／凯托根假发（club wig/catogan）

同料同色西服（ditto suit）

晨袍（dressing gown）

多层蕾丝袖口（engageants）

梯状蝴蝶结饰带（eschelle）

宽下摆（fall）

时尚娃娃（fashion baby）

男式礼服大衣（frock coat）

披肩假发（full-bottomed wig）

大礼服（full dress）

厚重长大衣（greatcoat）

女骑装（habit）

美洲箭豪发型（hedgehog）

裙撑（hoop）

印度睡袍／宽长袍（Indian gown/banyan）

无插骨紧身胸衣（jump）

马卡鲁尼俱乐部成员（macaroni）

茉柏罩帽（mob cap）

穆勒鞋（mules）

篮式裙撑（panniers）

佩坦勒尔外衣（pet en l'air）

垂饰片居家帽（pinner）

波兰式连衫裙（polonaise）

防粉末围裹式外套（powdering jacket）

发辫（queue）

骑装式女外衣（redingote dress）

圆礼服（round gown）

圆边帽（round hat）

宽松女袍／巴坦特宽松袍／沃朗特宽松袍／无袖宽袍（sacque /robe battante, robe volante, or innocente）

短衫（short gown）

肋形童装（skeleton suit）

长罩衫（smock frock）

缩褶绣（smocking）

裤腿套／鞋罩／护腿（spatterdashers/spats/gaiters）

司坦克领巾（steinkirk）

斯托克领巾（stock）

羊毛头（tête de mouton）

华托背（Watteau back）

问题讨论

1. 许多事件和女性个体在 18 世纪的不同时期都很重要。蓬巴杜夫人和玛丽·安托瓦内特王后是谁？为什么她们对时尚和历史很重要？美国独立战争和英国狂如何影响时尚？

2. 内衣类服装是如何影响 18 世纪女性服饰的外形的？

3. 为什么研究 18 世纪的服装比研究早期的服装容易？

4. 解释在法国、英国和美洲殖民地，社会生活如何影响人们在一天中不同时间和特殊场合所穿服装的选择。

5. 18 世纪，富人阶层和工人阶级在服装结构和消费上存在哪些差异？

6. 哲学家让 – 雅克·卢梭如何影响 18 世纪下半叶的儿童服装？他的建议是什么？

参考文献

Chrisman-Campbell, K. (2015) . *Fashion victims: Dress at the court of Louis XVI and Marie-Antoinette.* New Haven and London: Yale University Press.

Cunnington, C. W. & Cunnington, P. (1957) . *Handbook of English costume in the eighteenth century.* London, UK: Faber and Faber.

Levron, J. (1968) . *Daily life at Versailles in the 17th and 18th centuries.* New York, NY: Macmillan.

Pointer, S. (2005) . *The artifice of beauty: A history and practical guide to perfumes and cosmetics.* United Kingdom: Sutton Publishing Limited.

Reynolds, J. (1891) . *Sir Joshua Reynolds' discourses.* Chicago, IL: McClurg.

Rousseau, J. J. (1933) . *Emile.* London, UK: J. M. Dent.

Van Cleave, K., & Welborn, B. (2013) . "Very much the taste and various are the makes:" Reconsidering the late-eighteenth century robe a la polonaise. *Dress, 39* (1) : 1–24.

第五部分

19世纪

❀ 约 1800—1900 年 ❀

	1789—1800 年	1800—1810 年	1811—1920 年	19 世纪 20 年代	19 世纪 30 年代
时尚与纺织品	法国大革命之后出现了极端的时尚	拿破仑即位，约瑟芬加冕为皇后（1804 年） 约瑟芬皇后喜爱昂贵的印度披肩	男性更倾向于穿着长裤而非马裤		时装版画出现在美国第一本时尚杂志《戈迪的女士之书》上
政治与矛盾	法国废除君主制（1792 年） 法国实行"恐怖统治"（1793—1794 年）		威尔士亲王以摄政王身份为饱受疾病折磨的父亲乔治三世代理国务（1811—1820 年）		维多利亚女王在英国即位
装饰与艺术	新古典主义风格影响着美术和应用艺术	英国国王乔治四世在位期间是乔治王时代的延续		维多利亚时代的人们较青睐富丽堂皇的家具 早期的装饰风格在维多利亚时代复兴	
经济与贸易		"路易斯安那州购地案"为美国定居者开放了西部土地（1803 年）			美国南方依赖被奴役的工人种植棉花
技术与创意	工业革命 技术促进欧洲纺织品产业发展 伊莱·惠特尼发明了轧棉机，用于从棉花中分离棉籽（1793 年）	在英国，摄政时期的建筑以庄重、对称、大量使用古典圆柱为特点		路易·达盖尔拍出了世界上第一张摄影照片	
宗教与社会		美国梅森·迪克森线（南北分界线）以北地区废除奴隶制（1804 年） 简·奥斯汀描绘英国社会的小说《傲慢与偏见》出版（1813 年）			欧洲移民和美国人口都参与了西进运动

19 世纪 40 年代	19 世纪 50 年代	19 世纪 60 年代	19 世纪 70 年代	19 世纪 80 年代	19 世纪 90 年代	1899—1902 年
佩斯利细毛披巾（paisley shawls）成为一种户外时装 在萨特的磨坊发现的金子引发了淘金热，蓝色牛仔裤开始流行	查尔斯·沃斯在巴黎开设高级时装店（1858 年）		阿尔伯特亲王去世后，维多利亚女王在之后的统治期间都身着丧服	新艺术风格发展发展起来并影响着时尚	《时尚》（Vogue）杂志开始出版（1892 年）	
维多利亚女王与阿尔伯特亲王成婚 美国吞并了德克萨斯 法国进行革命，路易·拿破仑·波拿巴当选法国总统（1848 年）	路易·拿破仑·波拿巴任法兰西第二帝国皇帝	亚伯拉罕·林肯当选为总统（1860 年） 美国爆发内战 林肯被刺杀（1865 年） 尤利西斯·格兰特当选总统（1868 年）并在四年后连任（1872 年）		詹姆斯·加菲尔德总统遇刺（1881 年），切斯特·阿瑟和格罗弗·克利夫兰相继当选美国总统		美西战争爆发；美国吞并夏威夷州 英国与南非爆发布尔战争
			马克·吐温出版了讽刺小说《镀金时代》（1873 年）	吉尔伯特和沙利文轻歌剧为艺术领域的唯美主义运动做出贡献		
		美国向俄国购买阿拉斯加（1867 年）	工艺与美术运动发展（19 世纪 70 年代至 1920 年）		克朗代克出现淘金热（1896 年）	
埃利亚斯·豪发明了锁缝式缝纫机	金属加工技术的改进促成了裙撑装的大规模生产 艾萨克·辛格成功推销了他的缝纫机	埃比尼泽·巴特里克为第一种带尺寸的服装纸样申请了专利 横跨美国大陆的洲际铁路竣工（1869 年）	以蒸汽为动力的机器可以同时切割多层布料 印象派在"独立艺术家沙龙"中展出作品		西格蒙德·弗洛伊德发表了关于精神分析的论文	
《女权宣言》发表，纽约州塞内卡·福尔斯市呼吁为女性投票（1848 年） 	时髦的红色加里波第衬衫兴起，庆祝意大利的统一	美国国会通过《莫里尔法案》，建立"赠地学院"（1862 年） 《解放黑奴宣言》结束了美国的奴隶制度（1863 年）	参与体育运动的女性人数增加（1863 年） 黄石国家公园成为美国第一座国家公园（1872 年）		1890 年人口普查显示，美国有 145 个宗教派别	

对欧美地区而言，19 世纪是一个伟大的世纪，世界瞬息万变，万物日新月异，服装也因此产生了巨大变革。

法国大革命 1789 年爆发，之后成立的法兰西共和国很快落幕，拿破仑·波拿巴建立的法兰西第一帝国登上了历史舞台。他重建王室，巴黎因此成为王权和时尚的中心。

在英伦三岛，由于国王乔治三世精神失常，国家由威尔士亲王乔治以摄政王的身份代为统治。在他周围聚集起了一个男女混杂的时尚圈，他们引领着上层阶级的时尚潮流。1837 年，时年 18 岁的维多利亚女王即位。她在位期间，大不列颠不断扩张版图，成为大英帝国，她的统治时期也一直到 1901 年（因去世）才终结。她带来的影响极其深远，以至于她所在的 19 世纪常被称为维多利亚时代。

由于新疆域的开拓，美国的 19 世纪可谓是向西扩张的时代。1800 年，美国总共统领 16 个州，所有州都位于密西西比河以东。经历过一场血腥的南北战争（1861—1865 年）之后，美国成为拥有 45 个州的联邦国家，统治范围从大西洋延伸到了太平洋。这个领土不断扩张的国家为开启新人生提供了广阔的机遇，因此吸引了上百万的移民，尤其是欧洲移民。1865—1930 年，共有 3300 万移民前往美国，为其带来独特的文化遗产，并且让声势浩大的西部扩张运动成为可能。南北战争结束后，最大规模的移民来自西欧和南欧。而在 19 世纪 70 年代，移民主要来自奥匈帝国、意大利和俄国。随后，南欧和东欧移民（包括犹太人、波兰人和意大利人）定居在东部城镇，其中有很多人在矿井、磨坊和工厂工作，成为无须掌握任何技能的劳工。

欧洲人抵达美洲之后，当地土著居民获得了新的纺织品、服装和诸如珠子、缎带之类的装饰材料，并将这些元素融入自己的服装当中。与此同时，欧洲定居者发现，土著居民所穿的一些服装十分适合当地的气候和地理环境，契合这个对他们而言崭新的世界，因而他们反过来也借鉴了对方的服装元素并加以改造。

尽管夏威夷群岛上的土著居民自 1778 年以来一直和西方贸易商保持着交流往来，对西方纺织品已经司空见惯，但直到 1820 年美国公理会传教士到来后才对岛上居民的服装产生了持久影响。在美国的帝政式服装风格上，夏威夷土著采用了宽松的及地长裙样式，上身是高领长袖的上衣抵肩（见图 V.1），这种被称为荷璐扣长袍（Holoku）的服装成为夏威夷服饰的传统式样之一。1820 年，传教士还将另一种女式宽松内衣送给了夏威夷的女性，即后来广为人知的慕慕裙（mu'umu'u，意为剪去多余的布料）。这类服装原本是游泳以及睡觉时的穿着，后来演变为街头穿搭。

始于 18 世纪的工业革命在 19 世纪加速发展，因此人们能以较低成本扩大商品生产规模。尽管通常伴随着苦不堪言的工作，但是对大多数人而言，这确实最终提高了他们的生活水平。

工业革命催生了工厂制度，要求农村人迁移到城镇中，而城镇居民并没有准备接纳这些农村人。工业变革造就了许多工人的悲惨与苦难，他们被迫在没有安全保障的环境中长时间工作，而只领着微薄的薪水。

最常受到虐待的工人是女性和儿童，以及缺乏劳动技能的人群，甚至那些在家工作的人也会受到剥削。在一起欺诈案中，雇主声称工人的缝纫技术不够好，拒绝支付工资，结果他却将这些所谓已经损坏的衣服熨平、分类并包装出售。对于工业资本家而言，工业化带来的却是财富和奢侈享受。英国维多利亚时代早期也见证了中产阶级不断壮大、在社会中占据日趋重要地位的局面。

图 V.1　图为 19 世纪 90 年代拍摄的夏威夷乌兰妮公主的照片。照片中她穿着传统的夏威夷服装荷璐扣长袍，这种服装源自 1820 年左右美国传教士在夏威夷所穿的帝政式服装。（图片来源：Courtesy of Hawaii State Archives）

从印度进口的亚麻麦斯林纱质量上乘，它最早出现在 18 世纪末柔软的女式宽松内衣中，后来也仍在继续使用。这种白色麦斯林纱上，有时会增加印花或者刺绣，在 19 世纪的前二十年得到广泛应用。这种进口布料造价十分昂贵，不久之后欧洲制造商就开始生产更为便宜的仿制品。克什米尔开司米披巾（Kashmir shawl）就是这一生产过程的极佳成果之一。

印度男性所穿的披肩产自克什米尔地区（今位于南亚次大陆北部），是用山羊绒（cashmere）编织而成。从 17 世纪晚期开始，这些披肩融入了一种装饰性图案，据说是源于一种"巴旦"（boteh）印花图案，是海枣树幼芽的一种风格化表现。

尽管造价十分高昂，但是人们很快对这种风格产生了浓厚兴趣，欧洲制造商也开始模仿这些披肩的设计，只是并非用山羊绒制作，而是选择了丝绸以及成本相对较低、质感略为粗糙的羊毛。这类服饰的传统设计和命名也经历了种种变化。

苏格兰小镇佩斯利开始大量生产披肩。这种披肩的装饰图案（图案一直呈松果状，而非传统风格的棕榈形状）与佩斯利的纺织厂密不可分，因此这种图案逐渐以"佩斯利花纹"（paisley）之名为人们熟知，而披肩本身通常被称为"佩斯利细毛披巾"，即使并非产自佩斯利的纺织厂，也常用这个名字命名。

克什米尔开司米披巾或佩斯利细毛披巾的流行持续了大约一个世纪。虽然最流行的图案、装饰和偏好的颜色都会随着时间而改变，但是其基本风格在 19 世纪仍有很强的生命力。

到 19 世纪，俄国、英国和美国十分重视与日本的贸易。美国海军迫使日本终结其闭关锁国的政策。日本签署了不平等条约，并且向美国及之后的英国、俄国和荷兰开放港口。不久之后，外国商人开始在日本港口城市经商办厂。

最先从贸易开放中获利的一批日本产业中，就包括了丝绸业。日本大规模采用了西方工业技术，生产出的丝线比其他亚洲竞争者更为均匀、质地更优。因此，日本很快占据了欧美国家丝绸市场的主要份额，到 19 世纪末，日本的纺织品在出口市场中占主导地位。

19 世纪下半叶，日本艺术很快对欧洲美术和装饰艺术产生了重大影响。艺术家通常会让自己笔下的人物以身穿日本和服、执日本和扇的造型出现（见图V.2）。然而直到 20 世纪初，人们才发现亚洲服饰对西方女性服饰的剪裁和风格产生了重大影响。

19 世纪中期的女权主义者曾将宪法剥夺女性权利的行为视为政治压迫，此时也开始将流行时尚认为是专制，于是在服装改革方面进行了多次努力。第一次改革是妇女政权论者在 1851—1854 年进行的尝试，其设计的布鲁姆套装（bloomer costume）——在长裤（女式灯笼裤）外套上一条蓬松的短裙，但是这只受到少数人的追捧。然而，女性参与体育活动的服装却保留了类似的风格，

图 V.2　詹姆斯·艾博特·麦克尼尔·惠斯勒（James Abbott McNeill Whistler，1834—1903 年）等艺术家所绘的人物肖像通常会穿着受亚洲风格影响的服装。这幅 1864 年的绘画名为《来自瓷器之邦的公主》，并且刻画了屏风、扇子、瓷器、长袍和地毯等，绘画的灵感都源自亚洲的装饰图案。藏于美国华盛顿特区弗里尔美术馆。（图片来源：Fine Art Images/Heritage Images/Getty Images）

比如 1865 年瓦萨学院增加的体育课程所穿着的服装——泳衣。

尽管女权主义者放弃了女短灯笼裤（bloomers），但是她们对服装改革必要性的信念却没有动摇。她们强调内衣款式的改变，将矛头对准了紧身胸衣的危害以及过多过重的内衣对身体的损害。

从 19 世纪 60 年代的拉斐尔前派艺术家开始，到 70 年代和 80 年代的唯美主义服饰，再到世纪之交的工艺与美术运动中的"理性 – 艺术服装"，服装改革者认为唯美主义服饰或艺术服装具有更为宽松、褶饰更少、胸衣紧绷感减少的特点，比时装款式更为健康。

尽管男性和女性具有不同的身体特征，但直到法国大革命时期，两者的服装风格都是同样华丽而精致。然而，工业革命引起的男性职业变化，让这一状况发生了改变。

质量上乘的男性服饰，精髓在于其剪裁，而非装饰。服装选择的多样性减少了，装饰也随之减少。但是如果认为男性服装风格中不存在时尚的变化，那就是与事实不符的。虽然这些风格的改变越来越不明显，但是依旧在发展。相较之下，女性服装的变化则更为突出，更为张扬。

问题思考

1. 请举例说明，技术、政治变革、经济和艺术对男性、女性和儿童时尚造成的影响体现在哪些方面？

2. 哪些因素可能会导致 20 世纪服装发生巨大变化？

参考文献

Arthur, L. (2010) . Hawaiian dress prior to 1898. *Encyclopedia of world dress and fashion* (Vol. 8) . Oxford, UK:Berg.

Cunningham, P. (2003) . Reforming women's fashion, 1850–1920: Politics, health, and art. Kent, OH: The Kent State University Press.

Hapke, L. (2004) . *Sweatshop: The history of an American idea.* Piscataway Township, New Jersey: Rutgers University Press.

第 9 章
督政府时期及
帝政时期

1790—1820 年

男性和女性时尚的变化及其与政治事件的联系

欧洲人和美洲土著从彼此服饰中吸收和改造的元素

国际贸易对时尚带来的积极影响

帝政时期的服饰中哪些方面恢复了早期风格

女孩和男孩服饰的异同对比

在 1790—1820 年间的大部分时期，拿破仑·波拿巴担任法国皇帝，统治着整个国家。新古典主义时期在建筑、美术和装饰艺术方面的影响一直延续到了 19 世纪，古典服饰明显影响了时尚和艺术的发展。法国大革命后男性服装发生了根本性改变。由夹克、背心和长裤组成的简单深黑色套装取代了精致的织锦缎和绣花缎套装、马甲和及膝马裤。而另一场革命——工业革命——所引起的技术进步为纺织品生产带来了巨大变化。

历史背景

督政府时期（1790—1800 年）爆发了法国大革命，随后督政府建立，该政府是由五人执政的行政机构。督政府统治结束后迎来了帝政时期，大体上与拿破仑·波拿巴担任法国国家元首的时期一致。事实上，该时期的名字就来源于拿破仑所处的时代——拿破仑帝国时代。

法国大革命期间的女性服装轮廓与革命前的相比，并未发生翻天覆地的变化。风格已经简化了许多，英式风格十分流行。类似于农民和工薪阶层妇女所戴的领巾广受欢迎。公民通过展示代表革命的红、白、蓝三色来宣示自己的革命激情。这些流行的颜色常常出现在服装当中。帽子和衣服上通常会缀有红、白、蓝色的花朵或者丝带。从 1793 年 9 月 21 日起，佩戴三色帽徽成为强制规定。

男性服装具有多种象征意义。革命中最显而易见的标志就是"红帽子"（bonnet rouge），又名"自由红帽"，以及无套裤者（sans culottes）制服。"套裤"即法语中的"及膝马裤"。数代以来，劳动阶级的男子皆穿长裤，而贵族和富人则穿及膝马裤。因为支持革命的工薪阶层男性都穿长裤，因此"无套裤"指的就是"非及膝马裤"。"无套裤"制服的其他部分还包括卡曼拉拉夹克（carmagnole）——一种深色短夹克，材质是羊毛或者布料。它与臀部齐长，背部颜色较深，剪裁极像罩衫。长裤的材质或与之相同，或用红白蓝三色斜条纹布制成。在这套衣服上还加了一件红色马甲和一双称为"木屐"或"木鞋"的木头底质鞋，以及一顶农民所戴的红色羊毛软帽（即"红帽子"，见图 9.1）。

"红帽子"成为"法国大革命"的代名词。革命者似乎认为古希腊和古罗马人所戴的帽子"是自由的象征，是所有憎恶暴政的人的呐喊"。事实上，在中世纪，就有人戴上类似形状的帽子，以此来庆祝学徒制的结束。到了 16 世纪，许多人才将其视为法国工薪阶层或者农民的一般装束。无论这种帽子是何来源，它都成为一种广泛使用的象征，革命者带着红帽子出席各大政治会议。

时髦的男性放弃了及膝马裤，转而穿上了长至脚踝的紧身长裤——"窄裤"。他们选择这种裤子，是为了避免被误认成时下不得人心的贵族。同时，这些窄裤与宽松肥大的无套裤几乎没有相似之处。

大革命期间引发的激情，随着"恐怖时代"的结束和督政府的建立开始逐渐冷却。此

图 9.1　图为 1789 年法国的一次庆祝活动中，在种植"自由之树"时所聚集的人群。其中包括（从左到右）军人和身着革命色彩的市政官员；一身革命者代表装束的男子，戴着红色自由之帽，身穿卡曼纽拉夫克和长裤；佩戴革命色丝带的女子。（图片来源：Leemage/Corbis via Getty Images）

时，法国的女性服装的轮廓线条发生了根本性变化。一种被认为最早出现在英国的新风尚开始流行。这种服装风格基于古希腊的样式和剪裁，衣袖设计较少，有的甚至无袖，领口低而圆，腰际线较高，裙子可直接垂到地面。服装常用柔软贴身的布料，如麦斯林纱或亚麻布。很多服装都十分轻薄，在这些服装里面，一些女性除了女式宽松内衣外，几乎不穿内衣，更不穿紧身胸衣。其他人则十分大胆地穿上了粉色紧身衣，凸显一种性感。

斯蒂尔（Steele）认为这种风格源于法国大革命前贵族女性所穿麦斯林纱质地的女式宽松内衣，从新古典主义复兴中的装饰艺术和美术，以及古希腊和古罗马人对哲学和政治的热衷中，也能窥探出该风格的雏形。男性服装的基本构成与大革命前相似：一件合身外套、一件马甲和一条及膝马裤。时尚界的极端主义者被人们赋予了一种新名字："时髦女郎"（Merveilleuses）或者"有风度的女子"（marvelous ones），指的是那些影响了最为极端的督政府风格的女性，她们的服装采用了最轻薄的面料，裙尾带着长长的飘逸拖裙，个别领口会剪裁至腰际，再配上巨大而夸张的骑师式帽子；被称为"奇装男子"（Incroyables）或"惊世骇俗之人"（incredibles）的男性，他们穿着肩部宽松的马甲，过于紧身的马裤，领巾（或"领带"[neck-ties]）和衣领牢牢遮住下巴，以至于人们会怀疑这些人是否能听到或理解他们说的话。不管男性还是女性，都故意顶着一头蓬乱的发型（见图 9.2）。

图 9.2　图为称之为"奇装男子"和"时髦女郎"所选择的极端时尚，包括夸张的服装和发型。（《妙不可言的巴黎》[*Incroyable et Merveilleuse in Paris*]，路易斯·利奥波德·布瓦伊 [Boilly, Louis Leopold, 1761—1845 年]，1797 年，布面油画。图片来源：Private Collection/Archives Charmet/Bridgeman Images）

帝政时期确立后，督政府执政期间男女所穿的基本款式仍在流行，但极端的裸体风尚以及"时髦女郎"和"奇装男子"风格却消失不见了；拿破仑略为保守，认为更为极端的风尚是一种道德败坏。这位皇帝试图重现旧政权的典雅。他的皇室，尤其是他的第一任妻子约瑟芬皇后，为时装展示提供了舞台（见图 9.3）。拿破仑试图通过刺激对国内商品的需求，鼓励法国工业发展，此时开始出现了更多精致的面料和款式。他限制了国外布料的进口，尤其是印度的麦斯林纱以及印花棉。从印度进口的披肩曾经是一种时尚单品，但是拿破仑停止了它们的进口，下令在法国仿造。但约瑟芬皇后仍旧背着他进口自己所穿的披肩。1809 年，她那硕大无朋的衣橱中拥有 900 多件连衣裙及 60 条山羊绒披肩，变相刺激了法国工业的发展（见图 9.4）。

拿破仑自己也有一个巨大的衣橱，可通过他命令属下清点衣柜的信件了解一二。参见"时代评论 9.1"。

时代评论 9.1
拿破仑的衣橱

1811 年 8 月，拿破仑写给宫廷大总管杜洛克将军的信中提及了他的衣橱，并附上了他希望订购物品的完整清单。

"通知雷穆萨男爵，他将不再负责我的衣橱，我已褫夺其衣橱总管之衔。在找到接任者之前，你须代行其职责……"

"将物品列出清单：确保物在其位，并仔细核对……务必使裁缝人尽其才，勿让预算超支。每有新衣送至，需亲自交付予我，以察是否合身；合适则买下。将此诸多安排定为章程，以便我任命下任衣橱总管之时，他有规可循……"

皇帝衣橱估算清单

制服和军大衣

1 件带肩章等的掷弹兵军服（1 月 1 日）。

1 件带肩章等的近卫猎骑兵的军官上衣（4 月 1 日）。

1 件带肩章等的掷弹兵军服（7 月 1 日）。

1 件带肩章等的近卫猎骑兵的军官上衣（每件燕尾服须保质 3 年）（10 月 17 日）

2 件狩猎服：一件用于骑马，采用圣休伯特风格，另一件用于射击（须保质 3 年）（8 月 1 日）

1 件便服（须保质 3 年）（11 月 1 日）

2 件男式礼服大衣：一件为灰色，另一件为其他颜色（于每年 10 月 1 日供应，须保质 3 年）

马甲和马裤

48 条价值 80 法郎的马裤和白色马甲（每周供应，须保质 3 年）

晨袍、窄裤和汗衫

两件晨袍，一件絮棉填充（5 月 1 日），一件为天鹅绒质地（10 月 1 日）。

两条窄裤，一条絮棉填充，一条为羊毛材质，供应方式相同（晨袍和窄裤须保质 3 年）

48 件价值 30 法郎的法兰绒汗衫（每周一件，须保质 3 年）

贴身亚麻织品

4 打衬衫（一周一打）

4 打手帕（一周一打）

2 打领巾（两周一次）

1 打黑色衣领（每月一个），须保质 1 年

2 打毛巾（两周一打）

6 顶马德拉斯棉布睡帽（两月一个），须保质 3 年

2 打价值 18 法郎的丝质长袜（两周一双）

2 打袜子（两周一双）

（所有亚麻织品，除黑色衣领和睡帽以外，须保质 6 年）

鞋类

24 双鞋子（两周一双，须保质 2 年）

6 双靴子，须保质 2 年

头饰

每年 4 顶帽子，以配各类燕尾服

杂项

瘦身的混合香料、古龙水等

需清洗亚麻织品和丝质长袜

需结算各类费用

（未经陛下批准，不得使用任何物品）

资料来源：Reprinted from Thompson, J. M.（1934）. Napoleon self-revealed. Oxford, UK: Blackwell。

图 9.3 约瑟芬皇后是一位时尚领袖。她加冕时的礼服为流行的帝政样式（高腰线），配以精心制作的金色刺绣天鹅绒拖裙，头上戴的是一顶珠宝皇冠。（图片来源：DEA/E. LESSING/De Agostini via Getty Images）

英国

在英国，乔治三世的统治时期从1738 年持续至 1820 年。他作为一名善良虔诚的信徒，崇尚简朴的生活，在位期间文治武功显赫一时，但他从 1776年开始目睹了英国失去美国的殖民地。由于患上遗传性疾病卟啉病，他不时会丧失行动能力，1810 年后便无法再统治全国，他的儿子威尔士亲王只能以摄政王身份为他代行权力。在摄政时期（1811—1820 年），热衷追求女性的摄政王主持修建了英国宫殿，并引领了社会时尚潮流——他最爱的消遣可能就是寻欢作乐，其聪明才智和优雅举止为他

图 9.4 图为穿着 19 世纪早期典型服装的约瑟芬皇后。她斜靠在她非常喜爱的一条进口印度披肩上。（图片来源：Erich Lessing/Art Resource, NY）

赢得了"欧洲第一绅士"的美誉。因此，王宫成为英国的时尚中心。

乔治三世在位的大部分时间里，英国和法国都处于战争状态。1805 年，法国舰队兵败特拉法尔加（Trafalgar），从此英国不再担心法国入侵。1815 年，拿破仑在滑铁卢战败，和平终于随之而来。

帝政时期初期，英法两国女性的着装风格有所不同。法国人开始收紧服装的轮廓，不再采用高腰身的款式，而英国人却在腰际线下加上一圈软垫填充物，为裙子勾勒出丰满圆润的线条。这些服装的差异可能是因为战争限制了两国之间的贸易与思想交流。一两年后，英国的服装也将衣身线条收紧，变得与法国服装类似。

美国

美国边境的持续扩张使得当地土著居民和欧洲居民接触频繁。许多美洲土著居民将贸易中获得的玻璃珠等商品添加到自己的服装上。欧洲定居者也会对土著服装的某些配饰进行改造，这是文化融合的又一个例证。

这种因交流产生的服装很长一段时间内都在沿用。比如欧洲人会买卖彩色条纹镶边地毯（即所谓的"印度地毯"[Indian blankets]），加拿大境内的美洲土著似乎将这些地毯裁剪成了外套，并在外套底部镶上彩边。而农村居民和加拿大军方采用了这种外套，并剪裁成和当下及后续时期类似的时装。随着时间的推移，加拿大和美国的户外运动中都会用到这种保暖的连帽外套。

美洲土著居民的鞋类，即靴子和莫卡辛软皮鞋（moccasins，阿尔冈琴语中"鞋子"或"鞋类"单词的英语表达），也被欧洲定居者采用（见"全球联系"）。加拿大境内的定居者发现，当地人用来制作这些鞋子的柔软鹿皮和驼鹿皮极易损坏，不适合日常穿着。因此，这些定居者转而用更结实的农场动物的毛皮来制作衣物。

美国大多数服装的风格与欧洲相似。进口的时装版画为人们提供了巴黎和伦敦时尚潮流的相关信息。

全球联系

北美土著服饰兼具装饰性与实用性。鹿皮为人们穿过林地提供保护，比硬皮革更具弹性。土著居民选用天然材料着色的豪猪棘刺来装饰他们的鹿皮衣。在欧洲人将彩色玻璃珠作为贸易商品后，当地居民很快就熟练地将这些装饰物融合到极具舒适性的莫卡辛软皮鞋上。莫卡辛风格的鞋子已经成为一种经典的款式，如今已风靡全球。

（图片来源：Ralph T. Coe Collection, Gift of Ralph T. Coe Foundation for the Arts, 2011/The Metropolitan Museum of Art）

艺术和服装风格

人们对古典艺术的浓厚兴趣始于 18 世纪下半叶，到帝政时期仍在持续甚至加速发展。拿破仑在古罗马帝国遗迹众多的意大利采取了军事行动；政治上强调古希腊和古罗马的共和理念复兴，这些因素都引发了这种热情。法国艺术家在巨型油画上描绘古代历史事件，当时的建筑强调古典风格，拿破仑带上曾绘制埃及文明遗迹的艺术家随军远征，与此同时家具和设计领域开始受到埃及的诸多影响。

哲学家、律师和政治领袖发现可以通过古代文献来发展他们的思想。古典文明唤起了艺术界的复兴，也同样带来了新的女性服装风格中古典元素的再现。这些服装诠释了"黄金时代"中希腊女性的穿着款式，雕像遗骸和希腊花瓶画都展示了这些早期风格。古希腊古罗马的雕像自诞生以来已经过去数个世纪，它们逐渐褪色，变为全白，导致人们常误认为古典服饰皆为白色。

忽如一夜春风来，帝政风格席卷而来。这种新风格的画像同大革命前夕的画像相比，可以看出明显的差异。在某些方面，大革命"对于已经逐渐形成的风格而言，起到了催化剂的作用，但由于政治的影响，这些风格便成为焦点"。不难看出，这些风格在其风靡之时都带有政治理想的显著印记。它们明显是从希腊和罗马风格中汲取了灵感，并且充分证明了一种政治理想的崛起——一种人们认为源自古典时期的理想。

男性服装改革

男性服装的变化不太明显，但是比女装变化更持久。尽管男性服装的构成（外套、马甲、马裤或者后来的长裤）和线条轮廓都没有发生根本性变化，但是绚丽的颜色、繁复的装饰以及奢华的布料都不复存在。里贝罗有效总结了政治革命对男装的影响：

> 在 18 世纪的大部分时间里，男人和女人的衣着都和谐统一，他们对色彩、精美设计和华贵面料的喜爱颇为一致。法国大革命带来的影响之一就是服装有了性别上的区分。男性装束变得设计简约，色彩素净，也不加装饰。它象征着庄重以及对奢侈的漠视——这是共和国经济紧缩政策的基本要素；这种实质上的统一强调平等的革命理想。

男士服装越来越偏向于素净，而英国在这种潮流上可谓是先驱。很长一段时间以来，英国的服装摒弃了庄重严肃、阶级分明的特点，变得更加注重平等。英国的男装裁缝享有很高的知名度。在英国的摄政时代，摄政王最看重的朋友"花花公子"乔治·布鲁梅尔（George Brummel）便是男性时尚的引领者。布鲁梅尔穿着考究。他穿着剪裁精美的燕尾服，配上亚麻材质的衬衫和领巾，整个人显得干净整洁。他是摄政时代"时髦男士"的化身，穿着得体，在上流社会中出入自如，妙语连珠。在失宠于威尔士亲王前，布鲁梅尔开创了服装新风尚。

服装和纺织品的生产与购买

借工业革命的余威，纺织业加速发展起来。轧棉机（1794 年获得专利）深深影响了美国南部的棉花生产（见图 9.5）。原棉的年产量在 16 年内从 200 万磅增长到惊人的 8500 万磅。尽管轧棉机减轻了去除棉籽工人的劳动量，但是仍需奴隶来种植和采摘棉花。1790 年美国有 6 个奴隶州，到 1860 年发展成了 15 个，几乎每三个南方人中就有一个是奴隶。人们对棉花的需求与日俱增，尤其是在工业革命的其他发明问世之后，比如纺棉和织棉的机器，以及运输棉花的汽船。到 19 世纪中叶，美国的棉花产量占世界棉花产量的四分之三，其中大部分运往英国及其殖民地，当地会将棉花制成布料。

法国人约瑟夫·玛丽·雅卡尔（Joseph Marie Jacquard）根据中国早期的手工提花织机的原理设计出了机械化的提花机，用于生产大型花纹织物。1801 年，雅卡尔制成的提花机具备自动上下移动经线来构成图案的功能。

大多数女装和以前一样，都是在家里自制或由女裁缝制作的。19 世纪 20 年代的裁缝逐渐开始生产现成和定制的男装。基德韦尔（Kidwell）和克里斯特曼（Christman）在 1827 年的一则广告中引用了对波士顿惠特马什（Whitmarsh）的一段描述，"他不断出售高级成衣，从 5 件到 10000 件，覆盖了绅士衣橱所囊括的每种衣物"。

服饰研究的信息来源

在帝政时期，有相当数量的现存服装可供研究。但在使用这些材料时，有些事项必须引起注意。博物馆中收藏的现存服装之所以能够保留下来，通常是因为服装布料上佳，不容易被丢弃，并且也不一定是所处时期最具代表性或最具吸引力的服装。

从个人服装中能看出衣物构造和布料的详细状况，但是很难从中看

图 9.5　图为轧棉机原型。该机器可自动从棉花分离出棉籽，从而加快棉纺织品的生产。（图片来源 Bettmann/Getty Images）

出人们完整穿上服装的效果。在贴身衣物外面穿上服装，辅以配饰、头饰和妆容，最终才能形成整体造型。其他诸如绘画、素描或者时装版画等资料来源，可以提供更多相关信息。

督政府及帝政时期的服饰

女性服饰构成

女性服装和男性服装相比，样式更为复杂，也更容易发生变革。

◆ 日常服装

督政府时期，走在时尚前沿的法国女性已经不再穿紧身胸衣，最多只将轻薄的女式宽松内衣作为贴身衣物。但是普通的法国女性并没有摒弃紧身胸衣，而是把它套在由棉或亚麻制成的女式宽松内衣上，贴身穿着。这种女式宽松内衣从脖子到膝盖为笔直剪裁，袖子很短，嵌入腋下的三角形衬料中；带有方形衣领，且领口很低。紧身胸衣，通常被称为束腰，整体呈一泻而下的剪裁，不具腰部曲线，同时将乳房向上托起。据说女性还会使用蜡或棉做的假胸。一位怨愤的恋人在 1800 年的英文期刊《神谕》（*The Oracle*）中哀叹：

> 我的迪莉娅铁石心肠，我真希望我把她忘了！
> 既然整个乳房都是棉花做的，怎能指望她的心能坚定不移呢？

虽然衬裤对于英美来说是新事物，但欧洲大陆的女性开始穿衬裤的时间似乎要早得多，材质多为棉布或亚麻质地。从帝政时期开始，衬裤成为女性贴身衣物的基本组成部分。与现代内裤不同的是，这种衬裤通常在裤裆处有开口，这为女性提供了便利，而这一点十分重要——在女性身着笨重长裙时也能方便。

一些女性会在女式宽松内衣外面套上衬裙。美洲的贫穷妇女和非洲奴隶经常穿着衬裙和短袍作为她们的街头服装。连衣裙的下摆仍然较窄，贴身衣物也是按照直线裁剪。在帝政时期末期，随着下裙不断加宽，女式宽松内衣和衬裙的宽度也都有所增加。

白色灯笼裤（Pantalettes）是一种直筒型的白色衬裤，下摆饰有几排蕾丝花边或褶裥，很快在 1809 年左右流行起来。这种时尚不再属于成年女性，而在年轻女孩中流行起来，自此到接下来的一段时期她们都会穿这种裤子。

在帝政时期的最后几年，女性会在后腰处的裙子里放置一圈像裙撑一样的软垫填充物。受这种服饰影响形成的弯腰曲身行走的步伐，被称为"希腊式伛步"（Grecian bend）。

连衣裙通常呈管状，其腰际线正好位于胸部下方，下裙可以垂到地面。这种服饰必须采用柔软轻薄的面料，以达到直线形剪裁效果，更加凸显身材的丰满。下裙后方有一小部分聚在一起的布料，这是 18 世纪后期臀部丰满的特征。到 1812 年左右，裙长开始变短，拖裾逐渐消失，裙子带不带拖裾都可以。

一些连衣裙会将正面开衩，以便露出精致华美的衬裙——并非贴身衣物，而是比较显眼的衬裙。这种款式通常在晚间穿着。而前面不带开衩露出衬裙的日常礼服或者晚礼服被称为圆礼服（见图 9.6）。束腰裙会在较短（长度在及臀到及踝范围）的宽松束腰外衣或外裙里加上一条打底裙。

罩裙或称"高腰连衣裙"（high stomacher dress），其样式十分复杂，连衣裙上身只缝在裙子背面。侧面的前缝在腰下几英寸处留有开口，裙子腰部前配有一条带子或者细绳。女子将衣服从头部套入，把胳膊伸进袖子里，然后把腰部的细绳像围裙一样系在背后。连衣裙上身通常有一对缝在胸部的襟布，用来支撑胸部。上身外衣像披肩一样围在胸前，在打底衫（也称"女骑装衬衫"[habit shirt]）的前面系紧或者用纽扣扣上。

上述连衣裙的低胸领口有圆领和方领两种。高领口通常呈较小的轮状皱领或褶边，或用一根抽带系在脖子上。

这些连衣裙最常见的袖型是短袖、泡褶或紧身袖（见图 9.2 和 9.5）。有时，这些短袖会用轻薄透明的套袖罩住。长袖分为紧身袖和宽袖两种。一些长的宽袖会被箍成几节泡褶（见图 9.12），另一些则在肩部带有泡褶，袖子的其余部分紧贴手臂（见图 9.3）。

轻薄的棉麻混纺平纹棉布和柔软的丝绸最适合做成这些款式。督政府时期，样式简单、颜色纯白、不加装饰的希腊式长袍非常受欢迎。随着帝政时期的到来，粉彩色调或带有各种精致刺绣的白色更常为人使用。

◆ 户外服装

披巾、披肩、斗篷和披风都是人们在户外的穿着，但这些服饰在冬天提供的保护作用相对较少。督政府时期大肆传播的一场流感被戏称为"布衣热"（muslin fever），因为人们只穿上轻薄的麦斯林纱连衣裙，而裙子外面几乎没有任何外套。术语"披风""斗篷"和"披肩"可以互换使用。

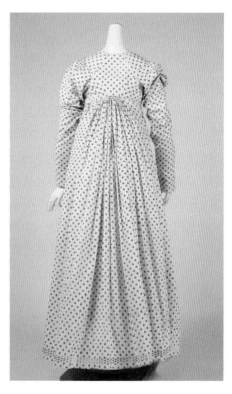

图 9.6　图为 1800 年的印花棉质的圆礼服。（图片来源：Purchase, Irene Lewisohn and Alice L. Crowley Bequests, 1983/The Metropolitan Museum of Art）。

图 9.7 图为 1815 年左右男子所穿的燕尾服和女子所穿的"斯宾塞短夹克"。（图左来源：DEA /BIBLIOTECA AMBROSIANA /Getty mages；图右来源：Time Life Pictures/Mansell/The LIFE Picture Collection via Getty mages）

斯宾塞外套（spencer）是一种短款夹克（男女都可以穿），男士的短夹克长度在腰部左右，女士的则短至胸前。这种夹克分带袖和无袖两种，颜色通常与衣服的其他部分形成对比，在户内和户外皆可穿着（见图 9.7）。关于这种服装来源的故事至少有三种不同的版本：第一种是据说斯宾塞男爵曾和朋友打赌，称他能在两周内开创一种新时尚，并且最终他赌赢了——原来斯宾塞当场减掉了自己燕尾服的后摆，自此引领了一种新潮流；第二种是和斯宾塞男爵参加的一次聚会有关，据说当时他站得离篝火太近，燕尾服的后摆被点燃了，他将火扑灭之后便减掉了烧焦的衣服后摆，从此成为一种新的服装潮流；还有一种是说斯宾塞男爵在赛马时发生了事故，从马上摔了下来，他的燕尾服后摆被扯掉了，由于不想中途退赛，他就索性穿着那件变短了的外套继续比赛。这些故事中可能有一个是真的，也可能都是杜撰的。

女式皮衬里长外衣（pelisse）和现代标准长度的外套相似，是按照典型的帝政样式制作的。在冬季，尤其是选用丝绸或棉花材质制作女式皮衬里长外衣时，通常会加上能够保暖的内衬（见图 9.8）。

◆ 发型和头饰

人们从希腊雕塑中找到了发型的灵感，头发一般向后梳拢，将卷发扎起垂在脑后或盘起来，而脸侧的垂发梳成柔软的小卷。发型还有其他样式，包括较短的卷发——"断头台发型"（à la victime）或"提图斯发型"（à la Titus）。前者是指法国大革命期间即将被送上断头台的受害者所剪的短发发型，后者指的是古罗马雕像所刻画男子形象中的短发。

帽子的样式有骑师帽，尤其是骑马时所戴的赛马骑师帽。骑马曾是为数不多的女性可以参与的运动之一。头巾在拿破仑入侵埃及之后越发流行起来。古希腊和古罗马所带来的影响在小型布帽中体现得淋漓尽致，这种帽子和古典时期的军用头盔十分相似。

无边系带式女帽（Bonnets）的帽顶有用布料制成的，也有用秸秆编织的。无边女帽（toque）是帽顶较高的无帽檐礼帽，而吉卜赛帽（gypsy hat）的帽顶较低，帽檐宽度适中，穿戴的时候将帽檐外侧的丝带系在下巴下方。女性会戴小型的薄纱帽或者蕾丝帽，这类帽子被称为家居帽，是室内所戴。帽子不仅适用于外出，晚间的一些活动，比如看歌剧或者参加舞会时，也可以戴上帽子。

◆ 鞋类

与连衣裙或者女式皮衬里长外衣颜色相搭配的鞋子，通常是由皮革、天鹅绒或者绸缎制作而成。这类鞋子都没有后跟。随着平底鞋的再次流行，又出现了贴合双脚的不同鞋底样式。有些拖鞋的系带纵横交错，从腿部一直缠绕延伸到膝盖下。

短靴的长度可到小腿。靴子在侧面用鞋带或纽扣系紧，或者在背面用鞋带系紧。天气恶劣时，女人会穿着木底鞋——在鞋子上绑着木质或者钢制的鞋底。

◆ 配饰

手套的材质一般是皮革、丝绸或者网状织物。在穿短袖连衣裙的时候会配上长手套，长度可以到上臂附近或者肘部以上。

收口网格包（reticules）又名"必需品"（indispensables），是一种小型的手拎包，通常顶部有一根抽绳。在早期裙子膨大的时候，人们会在裙子下面配上口袋，用来装小型的个人物品。帝政时期的服装轮廓变得修长纤细，使得衣服口袋不再实用，所以收口网

图9.8　图为帝政时期人们最爱穿的户外服——女式皮衬里长外衣，通常会为了保暖加上衬垫，并且和连衣裙一样都具备帝政样式的高腰线。（图片来源：Gift of Mrs. Lillie Neustadt, in memory of Mrs. Hilda Neuhaus, mother of the donor, 1952/The Metropolitan Museum of Art）。

图 9.9　图为 19 世纪的男装，不再有多种颜色。因此，领部饰物变得更加重要，图中能看到硬挺的白色衣领和精心系好的黑色领巾。奴隶无论男女，自 1804 年在北方各州获释后便都穿上了时装。（图片来源：Image courtesy of National Gallery of Art）

格包取代了口袋。一些人觉得这种配饰很好笑，并将其戏称为"现眼包"（ridicule）。

其他的可随身携带的饰品还有大型手筒，通常由毛皮、天鹅绒或者布料制作而成；阳伞，大小适中，有些呈宝塔形状；以及扇子和装饰性的手帕。

◆ 珠宝

比较流行的珠宝包括项链、耳环、戒指、别在裙子上的小型怀表以及胸针，一些胸针还可以起到束衣收腰的作用。人们会将手镯戴在上臂，模仿古希腊和古罗马雕像和装饰瓶画上所描绘的戴法。

男性服饰构成

◆ 服装

由亚麻布或棉布制成的衬裤和 18 世纪的样式相似。衬衫剪裁宽松，为纯棉或亚麻质地，立领较高，衣领可以延伸到脸颊。衬衫的正面通常会镶着褶裥或带有褶边。男子会在衬衫领口处戴上领巾（将大型方形织物折叠起来，在脖子上缠绕数圈后系在脖子前的饰品）或斯托克领巾（用搭扣扣住或者系在脖子后面的硬挺颈带，见图 9.9）。

图 9.10　图为 1808 年的一男两女。右边的男子穿着一件燕尾服、一件马甲，脖子上系着一条白色领巾。两位女士穿着白色的帝政式亚麻长裙，双手戴着手套。其中一名女子还披着披巾。原图为 1808 年 5 月里德（W. Read）在酒吧为《美丽世界》（Le Beau Monde）或《文学与时尚杂志》（Literary & Fashionable Magazine）创作的版画。（图片来源：Hulton Archive/Getty Images）

男性套装的组成部分是一件外套、一件马甲（穿在外套下面）以及一条马裤或长裤。"正装"（正式场合）和"便装"（稍微休闲的场合）通常只在面料、纽扣和配饰的颜色或质量上有所不同。套装的三个组成部分极少数会颜色相同；一般而言，颜色都会相差较大，通常为浅色和深色相对，明亮和柔和相对。服装面料用的是羊毛，但是质量和重量有所不同。在正式的场合，尤其是法国或者英国的宫廷晚宴中，装饰华丽的天鹅绒和丝绸织物才是得体的穿着。

外套的正面长度通常在腰部附近，背面有两种设计，一种是从腰部逐渐往后呈曲线勾勒出两条燕尾，下摆略高于膝盖；另一种是在正面有一个切口，在与衬衫不相贴的地方形成一个圆形或方形的空间，燕尾就从切口最边缘的位置开始延伸（见图9.10）。外套的衣领通常带有一个领嘴，位于领口和驳头的相连处。一些外套还会用上天鹅绒面料的领子。外套的系扣方式分为单排扣和双排扣两种。衣服口袋位于燕尾下摆或腰部的褶裥中，有些外套还缝上假的口袋襟布。

男性穿上外套时，人们视线所及只有无袖马甲的正面，因此，马甲的背面材质一般是或纯棉或亚麻布料或马甲内衬的布料。衣领通常为立领，一些衣领的剪裁使得上下边缘呈阶梯状，或者说呈"梯形"。扣上外套时，在底部可以看到马甲会露出两英寸左右，而从外套敞开的领口中只能看到马甲的微小边缘（见图9.11）。有时人们为了保暖会同时套上两件马甲。

1807年左右，马裤开始大范围流行。马裤的长度可以及膝，而长裤一般长至脚踝（见图9.11）。这一时期的"窄裤"通常是指和长裤相比更加紧贴大腿的裤子，有紧身、松紧适中以及宽松三种样式。特别宽松的长裤是基于俄国士兵的制服制作而成，时尚出版物将其称之为"哥萨克裤"（cossacks）。紧身的窄裤或长裤都有脚背带，用以防止裤脚滑到腿上。长裤在法国大革命期间成为时尚界的宠儿，但在大革命之后就被时尚领袖们再次厌弃。直到1807年后长裤重新登场，再次成为人们可接受的流行款式。

◆ 户外服装

寒冷天气时，男性所穿的厚外套或厚

图9.11　到了1820年，蓝色燕尾服配长裤的穿着更为普遍，及膝马裤却不再受到广泛欢迎。图中男子长裤用鞋下的一根带子固定住。颈间系着一条黑色领巾。（图片来源：Catharine Breyer Van Bomel Foundation Fund, 1981/The Metropolitan Museum of Art）

大衣都比较宽松，有单排扣和双排扣的样式，长度也分及膝和及地两种。有些男性会在肩上披着一个或多个披风。斗篷不再流行，但有时人们去旅行时也会穿上。

斯宾塞外套这种上衣男式和女式都有，但男性常用西服代替这种外套。

◆ 晨袍（宽长袍）

晨袍或称宽长袍，长度通常及膝，裁剪成宽松的喇叭状，是用装饰性的锦缎或羊毛、棉花或丝绸织锦等面料制成。在18世纪和19世纪早期，这种服装不仅限于"居家"的穿着，还可作为街头或者办公室的装束。

◆ 发型和头饰

男性会留短发，将面部胡须剃得干干净净，不过络腮胡略长。

时下盛行的帽子样式是圆顶高礼帽（top hat），帽顶较高，也有稍低的帽顶；帽檐大小中等，侧面略微卷起，前后两边都向下凹。双角帽是一种两头尖的帽子，戴的时候可以横向佩戴（两个尖角朝向左右），也可以纵向佩戴（尖角朝向前后）。晚间时会将佩戴的双角帽平放夹在手臂下，这时帽子就被称为可折叠三角帽（chapeau bras，法语意为"手臂用的帽子"）。帽子的材质通常为丝绸、毛毡或海狸皮。

◆ 鞋类

在早期，鞋子是用装饰性的搭扣扣起来的，后来可以系在鞋子前面的绳带取代了搭扣。鞋子的鞋跟低而圆润，鞋尖部呈圆形。法国大革命可能是搭扣终结的原因之一，因为革命时的某个口号是"推翻贵族鞋扣"。

许多靴子样式都是以军事英雄或著名的陆军部队命名的（例如拿破仑靴、威灵顿靴、布吕歇尔靴、哥萨克靴和黑森靴）。真正的军靴膝筒前端很高，可以盖住膝盖，后端呈圆形，长度低至膝盖以下，这样膝盖就可以轻易弯曲。其他靴子款式还有翻折靴，鞋内带有与鞋面色彩迥异的衬里。短靴则通常穿在紧身长裤外面。

◆ 配饰

男性的手套较短，由棉花或者皮革制作而成。手提的配饰包括手杖和小型带柄视镜（quizzing glasses）——一种置于手柄之上并能戴在脖间的放大镜。当时一些作者声称，小型带柄视镜的流行，导致一些时髦人士为了证明自己确实有购买眼镜的需要，会通过手术让视神经萎缩。但这无疑有些夸大其词，通常只是用来说明流行或时尚的影响力。

◆ 珠宝

男性佩戴珠宝数量有限，主要由戒指和美观的怀表表链饰物组成，偶尔装饰性胸针也会出现在衬衫或领巾上。

◆ 化妆品

一些非常注重时尚的男性会用胭脂来让自己显得有气色，会漂白自己的双手，还会大量使用古龙香水。

帝政时期的儿童服饰

◆ 女孩服饰构成

裙子的剪裁样式与成年女性的相同，但小女孩和青春期女孩的裙子都要短一些。外出时，女孩们会在裙子下面套上白色灯笼裤，穿上女式皮衬里长外衣，披着披肩（见图9.12）。

◆ 发型和头饰

尽管女孩们的穿着风格简单自然，但青春期时还是采用了时髦的成人风格，尤其是希腊风格。最流行的帽子样式是无边系带式女帽。

图9.12　图中描绘的是一个大家庭，孩子们的衣服随着年龄的变化而变化：年龄最小的男孩穿着一件长裙；一个稍大点的男孩在长裤外面穿了一件长款外套；年幼点的女孩穿着短裙配白色灯笼裤；年龄较大的女孩穿着典型的帝政式裙子，但裙子长度略短于母亲的长裙，后者长可及地。（图片来源：Owned by National Gallery of Denmark, SMK）

◆ 鞋类

女孩们穿着皮革或布料制成的拖鞋或软靴。

◆ 男孩服装构成

从婴儿期到四五岁时，男孩们都穿着连衣裙，下裙样式与小女孩的相似，但是通常长度会更短一些。到了四五岁后，他们一般会在裙子下面套上长裤。六七岁之后，男孩们会穿上"肋形童装"——由一件带有褶边衣领的宽松衬衫以及一条及踝的高腰长裤组成，裤子通常扣在衬衫上。这种款式在小男孩中非常受欢迎。男孩到了十一二岁后，衣着就和成年男性一样。天气寒冷时男孩们会穿上厚外套。

◆ 发型和头饰

男孩们可以留长发，也可以留短发。

◆ 鞋类

男孩们通常穿拖鞋或者软靴。

服装版型概览图
督政府时期与帝政时期

男性服装：
1790—1807 年

上身为衬衫和马甲（长度在腰际以下），外面搭配燕尾服，下身为及膝马裤或长裤。

男性服装：
1807—1820 年

男性更倾向于穿长裤而不是及膝马裤。其他方面变化不大。

女性服装：
1790—1800 年

高腰、柔软的褶饰裙，轮廓线条较为紧窄。袖子往往较短，领口较低。

女性服装：1816 年

随着时间的推移，袖子和领口出现变化，裙子下摆逐渐加宽，腰际线不断上升。

章末概要

在本章所述的年代之初，法国的政治冲突可以通过服饰加以体现，而随着革命进程加快，服饰便具有公开表达政治主张的功能。革命派将贵族的及膝马裤换成了长裤，并戴上"红帽子"，女性则用革命的色彩装饰自己的服装。在督政府执政期间，人们对古希腊和古罗马共和国政治理想的兴趣渐浓，而古希腊和古罗马的古典风格随之也在女性服饰中复兴。

复古风格的白色软麦斯林纱的出现，与贸易和跨文化交流的进程相关，而这反过来又与技术相互影响。18世纪从印度带到欧洲的棉织物在19世纪初被欧美制造商大量仿制。

轧棉机加快了纤维和布料生产的发展。然而，这种产量的剧增是用奴隶的血汗换来的，既有悖于道德也违反了职业规范。服装反映了社会分工的巨大变化。督政府和帝政时期的男女服装与18世纪的穿着截然不同。男性接受长裤取代及膝马裤的地位，代表了曾经与工人阶级男性联系在一起的时尚取得了成功。此外，在19世纪前20年里，上层阶级男性已经接受了相对暗淡的颜色和素净的面料；而从19世纪余下的时间一直到20世纪，人们所青睐的长裤时尚仍未过时，并且长裤的制作继续沿用同种颜色和面料。相较于男性服装，女性的穿着采用了更多装饰性的面料、更加绚烂缤纷的颜色以及多样的风格细节。这种时尚在接下来的几个时间段依旧流行。

帝政式服装的遗产

从某种意义上说，后续时期中帝政式女性服装的复兴，是复兴风格的再度盛行。帝政风格的灵感来源于古典风格。然而，随着时间的推移和时尚的演变，这些风格形成了非常鲜明的特点。所谓的帝政式高腰女装在1910年左右复兴，在

1960 年之前再次复兴。在 20 世纪 90 年代，随着以简·奥斯汀所著几部小说为剧本而拍摄的电影风靡一时，设计师们再次复兴了帝政时期的服装风格。当代设计师在选择自己的服装风格时都会将帝政式高腰纳入他们的考虑范围（见"现代影响"）。

在夏威夷群岛，第一批美国传教士的帝政时期服装经过改造，成为荷璐扣长袍。这种仍旧存在于夏威夷的服装便是帝政风格的直接产物（见图 V.1）。

主要服装术语

提图斯发型 / 断头台发型（à la victime/ à la Titus）

红帽子（bonnet rouge）

卡曼纽拉夹克（carmagnole）

可折叠三角帽（chapeau bras）

哥萨克裤（Cossacks）

家居帽（day cap）

吉卜赛帽（gypsy hat）

女骑装衬衫（habit shirt）

高腰连衣裙（high stomacher dress）

荷璐扣长袍（holoku）

奇装男子（Incroyables）

时髦女郎（Merveilleuses）

莫卡辛软皮鞋（Moccasins）

布衣热（muslin fever）

白色灯笼裤（pantalettes）

窄裤（pantaloons）

女式皮衬里长外衣（pelisse）

带柄单眼镜（quizzing glasses）

收口网格包 / 必需品（reticules/indispensables）

无套裤汉（sans culottes）

斯宾塞外套（spencer）

圆顶高礼帽（top hat）

问题讨论

1. 探究法国大革命期间政治和政治冲突对服饰的影响。例如，服装是如何用来直接表达政治立场的？战争期间服装是如何间接表达政治主张的？

2. 对比帝政时期和 18 世纪的男装风格，帝政时期的男装发生了哪些重大变化？

3. 夏威夷土著接受的是哪些欧洲的服装元素？这些元素是如何经过改造的？欧洲人喜欢什么样的美洲土著居民服饰，这些服饰又是如何发生改变的？

4. 国际贸易是如何为特定的时装和配饰出现提供条件的？指出一些具体例子并解释其缘由。

5. 在帝政时期，女性的服装轮廓是如何变化的？这些变化对内衣和配饰有什么影响？

6. 男孩的衣服和女孩的衣服有什么不同？是什么时候开始两者有不同的？在儿童发育的哪个阶段，他们的服装与成人的服装有不同之处？有哪些不同之处？请描述这些差异，并阐述其重要性。

参考文献

Cunnington, C. W., and Cunnington, P. (1979) . *Handbook of English costume in the 19th century*. Boston, MA: Plays Inc.

Kidwell, C., & Christman, M. (1974) . *Suiting everyone: The democratization of clothing in America*. Washington, DC: Smithsonian Institution Press.

National Archives. (No date) . Eli Whitney's Patent for the cotton gin. Retrieved from: https://www.archives.gov/education/lessons/cotton-gin-patent

Ribeiro, A. (1988) . *Fashion in the French revolution*. London, UK: B. T. Batsford.

Steele, V. (1988) . *Paris fashions: A cultural history*. New York, NY: Oxford University Press.

Tortora, P. (2015) . *Dress, fashion, and technology*. London: Bloomsbury.

第 10 章
浪漫主义时期

1820—1850 年

浪漫主义艺术和文学表达与某些特定的服饰风格之间的联系

浪漫主义时期服饰的信息来源

女性服装轮廓发生的重要变化及变化内容

男女服饰的变化对比

奴隶的服装及其表明地位的方式

"浪漫主义"（Romantic）这个术语指的是 1820—1850 年间的文学、音乐、绘画艺术和服装等领域，主要表达一种激情、感伤和思绪。早期在服装、室内设计和建筑方面的风格复兴反映了人们对历史的强烈兴趣和高度重视。此时人们很容易便能从女性杂志上获取时尚相关的信息，手绘彩色版画也对时下的风尚进行了描绘。精密纺织机器的出现，使得蕾丝得以大规模生产，因此这种装饰织物价格低廉，也容易获得。男性可以买现成的服装，但大多数女性的服装仍是家里自制或由女裁缝制作而成。

历史背景

艺术和文学领域的浪漫主义是对 17 和 18 世纪的古典风格做出的正式回应。中世纪和文艺复兴时期的事件成为大众热点，对瑰丽想象和不寻常事物的热爱成为社会主流，浪漫主义运动中的各位作家据此创作了大量历史小说。

1820 年后，艺术中的浪漫主义元素开始出现在世代流传的女性服饰中。领口褶边、费隆妮叶额饰（在前额中央缀着一颗宝石的短链）或早期服饰中的袖子样式再次出现。在化装舞会上，红男绿女都装扮成过去的人物。浪漫主义诗人的代表拜伦勋爵对具有异国情调的服装颇有研究，因此一些男性服装的款式就以他的名字命名。流行的颜色被赋予了浪漫的名字，如"废墟之尘"或"埃及大地"。1848—1849 年法国革命后，浪漫主义在法国开始衰落。

法国波旁王朝的复辟（以及浪漫主义作家提出的历史决定论）促成了早期君主制时期风格的复兴，也引发了人们对化装舞会的兴趣。

1824 年，路易十八的弟弟继承王位，即查理十世。这位国王缺乏政治判断力，妄图恢复王室的专制主义，导致 1830 年 7 月爆发了革命。这场革命的领导者是由具有浪漫主义反叛精神的狂热分子组成的联盟。他们通过参与政治行动、穿着工人阶级服装来表示对王权的反抗。他们刻意穿着不同于那些时髦男性的服装，并且拒绝僵硬的衣领以及领巾装饰。

美国同时期开始了西部扩张。1845 年，美国吞并得克萨斯；之后美墨战争爆发，新墨西哥州和加利福尼亚州被割让给美国。

19 世纪中叶，棉花种植业成为美国南方各州经济的主要来源。棉花带来了极高的经济利润。正是由于棉花对南方经济的重要性，奴隶制得以保留。南方将棉花和奴隶制联系在一起，而这种情形将南方与北方割裂开来。

到了 1840 年，路易斯安那州和亚拉巴马州近一半的人口以及密西西比州的过半人口都是奴隶。据 1860 年的人口统计，南方各州约有 3521111 名奴隶，而边境州（特拉华州、马里兰州、肯塔基州和密苏里州）共有 429401 名奴隶。然而，南方近四分之三的家庭没有奴隶，绝大多数奴隶主也只拥有少数奴隶。奴隶们不仅要在田里照料棉花作物，而且还要作为熟练的工匠在纺织厂、矿场和烟草厂工作。奴隶为南方的社会、经济和工业发展做出了巨大贡献。

奴隶制的存在引发了人们的广泛质疑。废奴主义者强烈反对奴隶制。1840年，当地废奴主义团体领导了后来那场两百万人参与的运动，成为运动的核心人物。他们反对奴隶制，拒绝承认任何一种将奴隶制视为合法制度的法律，并且不断宣传奴隶制的残酷。最终，废奴主义者说服了许多北方人。他们都认为奴隶制极不道德，所以无法接受它成为美国的一项永久制度。

废奴主义者试图利用道德信念和政治影响去终结奴隶制。他们不赞成使用武力，但是他们在将奴隶制罪行公之于众这方面所做的努力，帮助北方人为这场分裂国家的可怕斗争（1861年爆发的南北战争）做好了思想准备。还有一些废奴主义者是为妇女权利而战（见图10.1）。

图 10.1　图为伊丽莎白·凯蒂·斯坦顿（Elizabeth Cady Stanton）和苏珊·B. 安东尼（Susan B. Anthony）在纽约州塞尼卡福尔斯领导的集会上发表了《女权宣言》，该宣言于 1848 年提议赋予妇女选举权。（图片来源：Bettmann/Getty Images）

1823 年，美国提出门罗主义政策，宣告欧洲国家不得再在美洲开拓殖民地。尽管美国人从欧洲获得了政治独立，但是大部分美国人沿袭了起源于国外的服装时尚。

女性社会角色和服装样式

浪漫主义诗人经常着重刻画为爱而死的少女形象，抑或因冷漠无情而使恋人心如死灰的姑娘。根据一项对 19 世纪女性的分析，身体健康显然是不符合大众审美的。于是女性的眼睛下方加上了黑眼圈，脸上大量涂抹用淀粉制作的扑面粉，塑造出面色苍白的形象。此外，人们对中产阶级女性怀有很高期望，希望她们成为完美的女性。由于工业化和工作地点日益远离住所，女性的角色越来越局限于家庭。生活条件宽裕的女性活动受到严重限制。家庭成为娱乐活动的中心，富裕的女性充当了丈夫家中的女主人。为了扮演好这个角色，她们需要大量的时装来装扮自己。她们会监督仆人做好所有的家务活。那些穿着 19 世纪 30 年代和 40 年代最时髦的长袍、双肩露出、衣袖收在肩膀下的女性是无法将双臂举过头顶的，也几乎无法从事任何体力劳动。女性更倾向于掌握诸如缝纫、刺绣、蜡制模型、素描、在玻璃或瓷器上绘画，或装饰其他功能性物品的技能。出身富裕的女性会请女装裁缝到家里来缝制更为繁复的服装。

然而，工人阶级家庭出身和来自农村地区的妇女，以及新时代女性，却要从事各种各样的辛勤劳作。她们的服装不会碍手碍脚，样式更具实用性，而且使用的是价格较为低廉的面料。即便如此，她们的服装还是遵循了该时期服装的基本风格和线条轮廓（见图 10.6 ）。农场的女性和新时代女性将浪漫时期的无边系带式女帽改造成了阔边遮阳女帽，这种实用的遮盖物可以保护面部和头部免受烈日的灼烤。

服装和纺织品的生产和购买

机织纺织品生产方面的技术进步在该时期已经发展成熟。生产蕾丝的机器设备已经逐步精细完善。到了 1840 年左右，大多数传统手工制作的蕾丝图案都可以用机器制作完成，并且分为窄幅和宽幅两种，从而可以用相对较低的成本获取蕾丝镶边和面料。19世纪 40 年代的另一项技术进步是开发了一种可以制作无缝圆袜的电动针织机。

服饰研究的信息来源

时尚信息的主要来源之一是女性杂志，其中有记录了大量时下风尚的专题。这些期刊 18 世纪末出现在欧洲，载有最新流行的手绘彩色版画，以及对版画的描述。19 世纪美国主要的时尚杂志是《戈迪的女士之书》（ *Godey's Lady's Book* ）以及《彼得森杂志》（ *Peterson's Magazine* ），分别于 1830 年和 1842 年开始出版。从 19 世纪 30 年代至今，时尚杂志提供了时下公认为（或者至少说宣传为）最新时尚的信息。作为提供时尚信息的主要渠道，这些杂志也表现得相当出色。

英国和美国的杂志对版画的描述通常都强调了一点，它们是"巴黎的最新时尚"。这些描述中充斥着法语短语，以及服装或面料的法语名称。历史学家在将时装版画作为时尚信息的来源时，必须记住一点：时装版画代表的是"被推荐的"（proposed）风格，而这种风格可能并不一定能成为主流时尚。此外，时装版画的制作手法是用水彩在雕刻的图画上着色。用这种方式做出的效果便与画家用油画表现出的截然不同，因此版画能提供的有关面料质地甚至服装类型的信息远远不如油画所能展现的。

时装版画的色彩可能也会误导人们。有关时装版画的描述中提到的颜色有时会不同于版画本身所展现的。受雇来为这些版画手工上色的人在一种颜色用完之后，可能会用其他颜色代替。

19世纪40年代也标志着肖像摄影的开始。法国的路易斯·达盖尔完善了他的摄影过程（见图10.2），使得个人以坐姿接受银版摄影立即成为一种时尚。这些照片不仅记录了人们真实的穿衣风格，还可以用来将理想化的时装版画与艺术家所作的真实服装绘画进行对比。自1849年该摄影法在美国确立以来，已经出现了大量记录服装的摄影材料。

1820—1850年间留存下来的服饰与早期相比更加丰富，虽然数量最可观的服装往往是婚服、舞会礼服和其他特殊场合的着装。留存的日常服装、男装和童装数量极少。

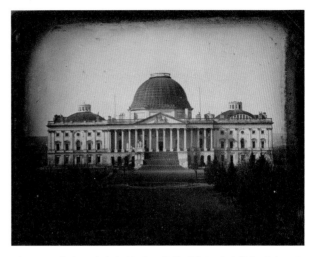

图10.2　这些照片上拍摄到了穿着"最好的服装"的个人和家庭，以及1800年11月开放的美国国会大厦，这不仅仅成为个人参加庆典的印证，也是游客绝佳的纪念品。（图片来源：John Plumbe/Stock Montage/Getty Images）

浪漫主义时期的服饰

女性服饰构成：1820—1835年

1820—1825年这段时期是帝政风格向新兴的浪漫主义风格转变的过渡期之一。服装的腰际线位置逐步发生改变。到了1825年，逐渐下移的腰际线已经从刚至胸部以下到自然腰线数英寸以下的位置（见图10.3）。除了腰际线位置的改变，1825年左右的女性服装已经发展出了十分膨大并且仍在膨大化的衣袖，出现了裙摆越来越宽、裙长越来越短的多褶裙（见图10.4）。

◆ **服装**

女性的贴身衣物包括女式宽松内衣、衬裤、束腰以及衬裙。女式宽松内衣较为宽松，长度大约及膝，通常带有短袖（见图10.5）。女性的衬裤样式没有发生巨大变化，并且各个社会阶层的女性都越来越倾向于穿上这种服饰。由于裙子的线条轮廓更加强调细腰，因此束腰长度变短，并且会系得很紧以收拢腰部。人们会套上多层衬裙来支撑越来越宽大的裙子。巴斯尔臀垫是系在背面腰部的小型衬垫，一般用羽绒或棉布填充，用在臀部将裙子撑开（见图10.5）。

图 10.3　图为 1823 年的晚礼服，展示了从帝政风格过渡到早期浪漫主义风格的主要变化部分。腰际线略为降低，裙子更像钟形，下摆周围增加了装饰，袖子也开始变得膨大。（图片来源：Reprinted from Ackerman's Repository of the Arts with permission by Dover Publications, Inc.）

图 10.4　图为 1830—1835 年的女式印花棉质连衣裙，采用了半羊腿袖的设计。（图片来源：Brooklyn Museum Costume Collection at The Metropolitan Museum of Art, Gift of the Brooklyn Museum, 2009; H. Randolph Lever Fund, 1971）

　　时装杂志经常根据一天的不同时间或当天的不同活动来介绍服装。因此，时装版画上通常载有"晨礼服"（Morning dresses）、"外出服"（Day dress）、"散步服"（walking dresses）或"逛街服"（promenade dress）、"马车礼服"（carriage dresses）、"晚宴服""晚礼服"或"舞会礼服"等标题。"晨礼服"通常是正式程度最低的服装，一般由亚麻类织品制成，如白棉或细亚麻，并且带有蕾丝或褶边装饰。"常礼服""逛街服""散步服"以及"马车礼服"通常难以区分，尤其是在夏天。

图 10.5　图为 1829 年的一幅漫画，画中一名女子拿着一个被称为"巴斯尔"的羽绒臀垫，这种臀垫可以套在及地长裙之下。从图中能够明显看到好几层衬裙。（图片来源：Print Collector/Getty Images）

日间礼服的腰际线较低、袖子蓬大、下裙宽松，在身前或身后系紧。这些礼服没有拖裾，领口样式各不相同，多呈 V 形。另一些领口较高，几乎抵到喉咙，领口末端带有较小翻领或者褶边。褶裥型领口带有各种不规则的褶痕。开领一般是用白色亚麻布或棉布进行填充。

在 19 世纪 20 和 30 年代，许多连衣裙上身的正面和背面都有从肩部延伸到腰部的宽 V 形翻边。颜色相衬或带有白色刺绣的宽型披肩领也很受欢迎。

袖子的样式极为多样。时尚期刊为展示的各种袖子款式取了许多不同的名字。以下是坎宁顿（Cunnington）确定的主要袖型：

◎ 曼丘洛装饰袖（mancherons）：肩部膨大，下接长袖，袖口在腕部收紧；其他的则由小型泡褶组成，外面套上一件轻薄套袖；有时也会在肩部加上装饰性的肩襻。

◎ 玛丽袖（Marie sleeve）：腕部膨大，但是其他部分会用丝带或布条箍成几段（见图 10.6）。

◎ 半羊腿袖（demi-gigot sleeve）：肩部到肘部膨大，从肘部到腕部收紧，在腕部外通常还会有袖子延伸部分（见图 10.4）。

◎ 羊腿袖（gigot sleeve）：也被称为"羊腿形袖"（leg-of-mutton sleeve），肩部膨大，从肩部到腕部袖子形状逐渐缩小，于袖口部收紧（见图 10.9）。

图 10.7　女式皮衬里长外衣所带的巨大袖子就被称为"蠢人袖"，因为它们类似于用来限制精神病患者施暴的袖子。（图片来源：Courtesy Vincent R. Tortora）

图 10.6　图为浪漫主义时期流行的"玛丽袖"袖子样式，它是在泡褶的基础上，用数条丝带或布条将整个衣袖箍成一节一节，使得衣袖紧贴手臂。（图片来源 V&A Images, London/Art Resource, NY）

◎ 蠢人袖（imbecile/idiot sleeves）：从肩膀到手腕都十分膨大，于袖口部收紧
（见图 10.7）；之所以会取这个名字，是因为这种衣袖和当时的约束服（用于束缚精
神病人的服装）的衣袖结构相似。

该时期服装的腰际线一直保持笔直的线条，腰部系有带扣的腰带或饰带，直到
1833 年之后开始在腰部前方使用 V 形针点。裙子的长度也在不断变化。最初裙子很长，
裙尾在脚尖位置，后来在 1828 年左右开始变短。从 19 世纪 20 年代末到 1836 年，裙
子的长度在脚踝附近或略高于脚踝；然后在 1836 年，裙子的长度再次变长，裙尾可至
脚背。1821—1828 年，裙子会用三角布将整个臀部束紧，下裙逐渐向外展开，裙摆变
得更加膨大（见图 10.3）。1828 年后，裙子从臀部开始变得更加膨大，在腰部收拢或者
形成褶裥（见图 10.4）。

女式皮衬里长裙（Pelisse-robe）是指根据户外穿着的女式皮衬里长外衣改造而成的
日间连衣裙。它是一种外套连衣裙，用纽扣、缎带从正面收紧，有时也会用暗钩和扣眼
将衣服系上。

日间连衣裙最常用的面料有麦斯林纱、印花棉布、印花丝毛料、美利奴羊毛
（merinos，羊毛的一种）和上等亚麻布。

晚间的着装和日间服装在细节上有所不同，但是基本的线条轮廓没有差别。晚间礼
服的领口更低，袖长更短，裙长也更短。在 19 世纪 20 年代，领口通常为圆形、方形以
及椭圆形；到 19 世纪 20 年代末以及 30 年代，领口变为露肩型（见图 10.8）。晚间礼服
的布料通常为绸缎或者较为柔软的薄纱，以及用膨大衬裙撑起的蝉翼纱。

◆ **服装的配饰**

许多单独的衣物可以用作服装的配饰。通过变换这些衣物的形式，同一件衣服可以
呈现不同的造型。

填充衣领（filler），也被称为领布（chemisette）或装饰衣领（tuckers），用于
拉高日间连衣裙的领口位置。它们是与裙子分开的，因此可以穿在不同的连衣裙上
身中。而一直从肩膀向下延伸到胸部位置的露肩型宽领，被称为细长披肩（pelerine），
尤其受到女性欢迎（见图 10.9）。三角形披肩式领子（fichu pelerine）是由细长披肩
演变而来，它有两条较宽的镶边或垂饰，沿着连衣裙正面向下延伸，并从腰带下面
穿过。

其他广受青睐的配饰还有桑顿领巾（santon）——披肩上的丝质领巾，以及卡内祖
上衣（canezou）。在一些时装版画中，卡内祖上衣看起来像小型的无袖斯宾塞外套，套
在连衣裙上身外；而在另一些版画中，则是和细长披肩一样的服装。

图 10.9　图为女式皮衬里长外衣和连衣裙，它们的颜色都是该时期时尚评论员所称的"琥珀色""杏色"或"柠檬色"。细长披肩带有白色刺绣，是这一时期服装的典型特征。它的形状与女式皮衬里长外衣的衣领相衬。黄色连衣裙的衣袖即羊腿袖。（图片来源：DAY COAT, 1830, silk brocade, velvet, Cincinnati Art Museum, Gift of Mrs. Chase H. Davis, 1957.513）

图 10.8　图为 1830—1835 年流行的晚礼服，一般很短，可以露出双脚和脚踝，下摆周围通常缀有大片的带衬镶边，腰部围有一条腰带，露肩型领口边缘有蕾丝花边或带褶的宽圆花边领。女性晚上会披着精心打理过的卷发，戴上羽毛、丝带或其他镶边装饰的宽边帽。（图片来源 University of Washington Libraries, Special Collections, UW28379z）

◆ 发型和头饰

一般而言，女性的头发都是从前额中央分开的。在 19 世纪 20 年代早期，女性前额和鬓角周围的头发都有严密的卷发，脑后的头发则绾成一个结、圆发髻或垂下的发卷（用于晚间）。1824 年以后，人们又在头部加上了精心制作的假发环或假发辫。1829 年左右，出现了一种被称为"阿波罗结"（à la Chinoise）的发型，将头发向后和侧边梳，并在头顶绾成一个结，前额和鬓角两侧的头发则为发卷。

家居帽是成年女性外出时的穿着。这些帽子是由白棉、亚麻或者丝绸制成的，通常带有蕾丝花边或者缎带镶边。帽子通常为阔边，帽顶高而圆，带有大型羽毛和蕾丝饰物。其他的帽子样式还有无边系带式女帽，帽檐将脸部周围圈住，下端用带子在下巴处打结。无边系带式女帽中的一种是卡波特带褶女帽（capote），带有柔软的织物帽顶，帽檐边质地较硬。

女性会使用很多头发装饰物，如珠宝、龟甲梳、缎带、花朵和羽毛等。在晚间，她们更喜欢戴发饰而不是帽子，有时也会戴贝雷帽和头巾。

女性服饰构成：1836—1850 年

◆ 连衣裙

连衣裙的线条轮廓逐渐变得越来越修长纤细。袖子形状也发生了变化，人们将它比作开始放气的气球。尽管膨大的袖子并没有完全消失，但是在 1840 年前这种蓬松感就越来越不明显了，袖子变得越发紧窄，越发贴近手臂。与此同时，裙子的长度也增加了。因此，服装的质感发生了细微的变化，从轻盈变得厚重，几乎呈下垂状（见图 10.10 和 10.11）。连衣裙上身长度通常在腰部附近，可能位于胸前的位置，在身前或身后用扣钩、纽扣或系带束紧。虽然连衣裙的样式主要是一件式的，但也有上衣和下裙分开这种两件式的裙子。一种流行的款式是仿男式马甲的紧身短马甲式胸衣（gilet corsage）。法语术语经常出现在时装版画或女性杂志对时尚的描述中。"Gilet"在法语中是"马甲"的意思，而"corsage"则是"连衣裙上身"的意思。

1838 年以后，大多数的衣袖位置较低，可露出肩膀。这一时期的主教袖（bishop sleeve）是由肩部的一排垂直褶裥制成的，这些褶裥在手臂上方形成了柔软膨大的衣袖，腕部的袖口打褶后紧贴手臂。1840 年左右，主教袖开始广受欢迎。"蓬松式"（en

图 10.10　图中这件衣服可以追溯到 1832 年，是一名小女孩的母亲手工制作而成。这件印花棉质连衣裙带有半羊腿形衣袖，宽而浅的领口，高裙腰上方为呈尖角状的上衣抵肩。（图片来源：In the permanent collection of the Textiles and Clothing Museum, College of Human Sciences, Iowa State University, Ames, Iowa, Bob Elbert photo [992.2.336]）

bouffant）或"木屐状"（en sabot）衣袖向外膨大化的程度相似，只是收紧的部位不同。这种衣袖结构演变出了一种新的样式，即"维多利亚袖"，在肘部处带有泡褶。有些收紧的衣袖在肘部上方缀有装饰性的褶边，有些衣袖上增加了短套袖，还有些的肩膀处带有肩襻。早在19世纪40年代出现了一种新的衣袖款式，在肩部处收紧，从肘部到小臂正中间逐渐变得蓬松，呈漏斗状或钟形。宽大的袖口里一般会缝上棉质或亚麻质地衬袖，这种衬袖缀有白色蕾丝花边或者刺绣镶边，可以脱下来清洗。

下裙的形状（无论是和连衣裙上身连在一起还是单独存在）十分膨大，而这种膨大状会在腰部以打褶的方式收拢。裙装结构的创新始于1840年，包括裙摆边缘的穗带镶边（可以防止磨损）以及在裙子上缝的口袋。在此之前，口袋都是独立于连衣裙而存在，一般系在腰部，而现在可以将手伸进裙缝处形成的口袋中。

图10.11　对比左边1837年的裙装和右边1842年的裙装，可以发现女性裙装的剪裁和线条之间的明显差异。（图片来源：Purchase, Irene Lewisohn Bequest, 1986/The Metropolitan Museum of Art）

镶边的类型包括褶裥饰边（ruchings）——带褶或起褶的条状织物，即荷叶边、扇形饰边和棱纹织物。许多时装版画展示的及地长裙都带有一排、两排或多排荷叶边。这些版画上的服装款式不一定都代表了当时普通女性的着装。例如，尽管19世纪40年代的时尚杂志展示的裙子装饰物包括前襟的垂直镶边，以及裙装周围的水平镶边，但大多数现存的服装系列都几乎不带这种装饰。

晚礼服的线条轮廓和常礼服的相似。晚礼服的领口通常为横跨胸口的露肩"一"字领，或者在胸口带有下倾弧度的"大圆领"（en coeur）。许多礼服都带有宽圆花边领，即领口周围宽而深的衣领。

一些礼服的外裙会在前面开衩或是蓬起，面料一般为丝绸，尤其是云纹织物、蝉翼纱和天鹅绒。晚礼服的镶边范围更为广泛，最受欢迎的镶边装饰就是蕾丝花边、丝带和假花（见图10.12）。

◆ 发型和头饰

女性头发一般从中间分开，平整地梳到鬓角，在两鬓呈悬垂的腊肠状卷发，或者发辫，或者两鬓带有覆在耳朵周围的发环。脑后的头发会盘成一个圆发髻或者假髻。

成年女性在室内仍会戴上白色的棉质或亚麻质小帽子。一些帽子会坠着长长的飘

图10.12　图为1845年的晚礼服，领口为大圆领（胸口中间有一个下倾弧度），其边缘带有大型蕾丝宽圆花边领。这件缎质礼服的下裙缀有两条宽的蕾丝荷叶边。此时的技术已经发展到可以用机器和手工两种方式制作蕾丝花边。（图片来源：DeAgostini/Getty Images）

带。主流的帽子样式是无边系带式女帽，既有实用型也有装饰型，还加上了遮阳网，以防止烈日直接照射到户外工作的女性脸上。这些帽子都是用棉布或亚麻布制成的，脖子后面带有巴佛蕾遮阳荷叶边（bavolet）或褶裥装饰，以免阳光直射到脖子上。女性一般会在时髦的无边系带式女帽的帽顶底部接上面纱，面纱既可以悬挂在帽檐上，也可以掀开置于帽顶。

时尚的无边系带式女帽样式包括丝绸帽（drawn bonnet），由同心圆状的金属、鲸须或藤条制成，表面覆盖着一层丝绸；卡波特带褶女帽（帽顶柔软，帽檐坚硬），以及将脸部圈起来的小型女帽。而在晚间，比起帽子，人们更爱用头饰。

其他女性服饰与妆容：1820—1850 年

尽管在1820—1836年和1836—1850年，女性服装的线条轮廓表现出了巨大差异，但其他服装的结构差异却没有那么复杂，也没有那么明显。因此，要探讨诸如户外服装、鞋类和配饰一类的服装结构，可以将两段时间合并在一起来看，即1820—1850年这整段时间。

◆ 户外服装

女式皮衬里长外衣一直遵循着裙装和衣袖的基本线条轮廓，直到19世纪30年代中期（见图10.11），这种外套被各式各样的披肩和披风所取代，后者不论白天黑夜都可以在户外穿戴。

自从机织披肩面世使得披肩价格更为低廉后，人们就经常穿着这类非手工披肩。直到1836年左右，及地的披风占领了主要市场，后来披风的长度也缩短了。晚礼服采用了更奢侈、更华美的面料，如饰有穗带的天鹅绒或绸缎。

该时期有关披风的时尚术语迅猛增长。女性杂志中常见的一些术语包括：

◎ 披风（mantle）或披肩式斗篷（shawl-mantle）：一件短衣，高度类似于披肩和短外套的混合体，前襟两侧各自垂下一个尖角。

◎ 细长披肩式斗篷（pelerine-mantlet）：带有一个较深的披风领，覆盖范围超出肘部；前襟的垂饰长且宽，通常系在腰带上而非腰带下。

◎ 连帽长斗篷（burnous）：一种大型的披风，长度为披风的四分之三，带有一个兜帽，该服饰的名字和样式来源于居住在中东沙漠地区阿拉伯人所穿的类似服装。

◎ 女式紧身上衣（paletot）：长度大约及膝，有三个开口和开衩设计，可容手臂穿过。

◎ 带袖外套（pardessus）：一种用于描述任何一种有固定腰围和袖长、长度为披风一半到四分之三的户外服装。

◆ 鞋类

通常而言，长筒袜是用棉、丝绸或精纺羊毛针织而成。在19世纪三四十年代，晚上很流行穿黑色丝质长筒袜。

大部分的鞋子都是拖鞋样式的。19世纪20年代末，鞋头样式开始略呈方形。到了19世纪40年代末，人们开始穿非常袖珍的高跟鞋。黑色缎带拖鞋似乎在1840年前占据了主要地位，同时丝带凉鞋和白色缎带晚会用长靴也出现了。

天气寒冷时，女性会穿着带有布质护腿（覆盖在鞋上部和脚踝部分的衣物）的皮鞋或靴子，护腿颜色通常与鞋子相称。19世纪40年代末推出了橡胶靴或橡胶套鞋。

全球联系

这是一件19世纪的山羊绒披肩，它是在印度由手工编织而成的，为一位重要人物而准备。由于披肩是从一家欧洲贸易公司进口，因此价格十分昂贵。这种披肩在欧美可以作为女性的户外服装，可以很方便地披在宽大的裙子上。来自苏格兰佩斯利的织工模仿了披肩的镶边设计——灌木图案，在那里可以用提花织机生产价格更加便宜的佩斯利细毛披巾。佩斯利小镇的名字也广泛应用于称为"佩斯利"的经典图案。即使披肩不再流行，这种图案也会运用到其他服装上。

（图片来源：The Elisha Whittelsey Collection, The Elisha Whittelsey Fund, 1962/The Metropolitan Museum of Art）

◆ 配饰

女性在白天和晚间都会戴上手套。白天戴的手套较短，是由棉花、丝绸或者小山羊皮制作而成，而晚间的手套较长。直到 19 世纪 30 年代，晚间的手套才开始变短。有些手套只覆盖手掌和手背，而让手指露在外面，这种剪裁的手套被称为露指手套或无指手套。

随身携带的配饰包括收口网格包、手袋、钱包、扇子、手筒和阳伞等。当帽子的形状足够大时（19 世纪二三十年代），随身携带的阳伞通常是不会打开的。19 世纪 40 年代的阳伞较小，包括带折叠手柄的马车阳伞（carriage parasol）。

◆ 珠宝

在 19 世纪二三十年代，女性会戴着带有盒式吊坠、香水瓶或十字架的金项链。腰链（chatelaine）是一种装饰性的链子，系在腰部，上面坠有剪刀、顶针、纽扣钩和小折刀等有用的物品。其他广泛使用的珠宝还有胸针、手镯、臂环和吊坠耳环等。

19 世纪 30 年代，人们会用一小绺头发或一条天鹅绒丝带串上十字架或穿孔珍珠挂在脖子上，称为珍珠饰品（jeanette）。到 19 世纪 40 年代，女性戴的首饰越来越少。她们会将怀表挂在脖子上或放在裙子腰带上的口袋里。由于受到浪漫主义和维多利亚女王漫长哀悼期的影响，衣服和珠宝用于表示哀悼的场合越来越多。用煤玉（一种木化石）、珍珠（象征眼泪）、黑色珐琅以及逝者头发制成的珠宝，一般用于表达悲伤，也是身份地位的象征。

◆ 化妆品与美容

人们会用淀粉制作的扑面粉来打造苍白憔悴的面部妆容，但是他们认为比较明显的胭脂或是其他妆面是不得体的。

男性服装构成：1820—1840 年

虽然男性服装在色彩和装饰上变得更加克制，但是在剪裁和款式上的一些微妙细节表明了当时的男性想追随时代潮流的心理。用于描述男性衣橱的时尚术语种类，和用于女性的一样呈大幅增长的趋势。

男性所穿贴身衣物的种类没有发生巨大变化。一些男性会使用紧身胸衣和衬垫来塑造时尚的服装线条轮廓（见图 10.13）。

衬衫是深领的款式，衣领较长，可以翻折下来盖住脖子周围的领巾或领饰。男性白天穿的衬衫前襟带有翻折的嵌入物；而晚间的衬衫则嵌入褶边。衣袖常带有翻边，用纽扣或袖扣收紧。穿上衬衫后，男性一般会配上颈巾（一种通常呈黑色的宽型装饰性围巾，形状固定，在脖子后面系紧），或领巾（将方形织物沿对角折成长条状，系在脖子上，最后系上蝶形领结或花结）。

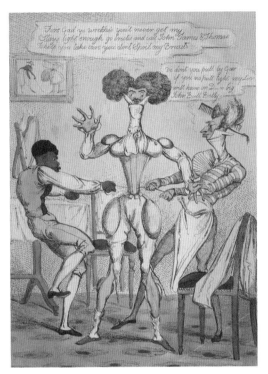

图 10.13　图为 1822 年《完美男士》（*Monsieur Belle Taille*）的漫画，描绘了一些男性为了使穿着紧跟时尚所需的装饰材料：肩部、胸部、臀部和小腿上的衬垫，以及紧身胸衣。（图片来源：Rogers Fund and The Elisha Whittelsey Collection, The Elisha Whittelsey Fund, 1969/The Metropolitan Museum of Art）

图 10.14　从左到右分别为：穿束腰长上衣套装（tunic suit）的男孩，上衣带有宽大的半羊腿袖，下身穿的长裤套在上衣之下，颜色与上衣对比鲜明；穿着男式礼服大衣、戴着圆顶高礼帽，套着长裤的男子；身穿骑马外套、及膝马裤和靴子的男子。（图片来源：Courtesy Vincent R. Tortora）

　　外套、马甲和长裤是套装的组成部分。燕尾服和男式礼服大衣是最常见的外套类型（见图 10.14 和 10.15）。男式礼服大衣演变出了一种"军用"的男式礼服，是供平民所穿，但是带有明显的军事风格。这种外套一般带有翻驳领或者立领，没有驳头，而骑马服的领子和翻领都特别大。

　　男性在外套或西装外套里至少会套上一件——有时甚至是多件马甲。这样搭配是为了让马甲只在外套的边缘露出。马甲是无袖的，要么是直的立领，要么是小的翻驳领，领口和驳头之间没有领嘴。领子的翻折线一直延伸到第二个或第三个马甲纽扣。单排扣和双排扣马甲都有市场，不

图 10.15　在所有的男装单品中，马甲是最有可能展现明亮气质的一种服饰。左边的男子在晚间服装外面套上一件晚礼服斗篷，并带有一个可折叠三角帽。右边的男子穿着男式礼服大衣，手中拿着圆顶高礼帽（1834 年，意大利时装版画）。（图片来源：Courtesy Vincent R. Tortora）

过在 19 世纪 20 年代，单排扣风格主要用于外出穿着。晚间马甲为白色或黑色，通常由天鹅绒制成（见图 10.15）。19 世纪 20 年代超时尚的英国"时髦人士"所穿的马甲，颜色便与深色晚礼服套装对比鲜明。

"长裤"和"窄裤"这两个术语的用法可以互换。大多数裤子都是紧身的，带有一条脚踝系带或开衩以便在脚踝处束紧（见图 10.14 和 10.15）。19 世纪 20 年代，在服装的每一部分都使用不同的颜色，或者至少是相同颜色的不同色调，成为一种时尚。

男性服装构成：1840—1850 年

西装的组成部分（西装外套、马甲和长裤）发生了一些变化。西装外套的款式通常是燕尾服或男式礼服大衣。燕尾服分为单排扣和双排扣两种类型。双排扣外套的翻领较大，单排扣外套的翻领较小。衣领的剪裁位置很高，可延伸至脖子后，翻转的领子与驳头相连，形成 V 形或 M 形领嘴。

在 1832 年以前，西装外套的衣袖剪裁样式都是袖窿处较为蓬松，逐渐往袖窿的开口处收紧，并在连接处形成一个小型泡褶。19 世纪 40 年代，这种袖窿收紧的样式消失了，衣袖与袖窿更加自然地融为一体。最流行的男士外套在肩部和胸部带有衬垫，增加的宽度可突出男子窄腰，有时也能展现束腰设计。1837 年左右，人们不再使用这种厚重的填充物。

男式礼服大衣作为一种比燕尾服更为休闲的服装，其设计更加贴合人体。它的领口、翻领、衣袖设计以及胸部和肩部的衬垫都和之前的描述相同，但是在腰部加上一条向四周展开的下裙，长度及膝（1830 年以后，下裙稍微短了一些）。1830 年后，男式礼服大衣逐渐成为日间穿着，燕尾服则更多作为晚间礼服。人们更喜欢将男式礼服大衣作为"便装"或者休闲服装。外套的腰围变得更长，下裙变得更窄更短，衣袖的袖窿也越来越贴近手臂，袖口不再收紧。

新的外套款式包括骑马服（riding coat），或称紧身大衣（newmarket coat），它不同于燕尾服的一点是，这种外套的

图 10.16　图为佩斯利涡旋花纹图案织物，在 19 世纪得到广泛使用。用这种图案制成的服装涵盖范围极广，从女性的佩斯利细毛披巾到男性的晨袍。本图所示的服装大约在 1845 年左右。（图片来源：Image courtesy of National Gallery of Art, Given in memory of the Reverend William Lawrence by his children）

剪裁从腰部以上逐渐向臀部倾斜，而非在身前有一个方形的开口。这种外套款式为单排扣，有的腰部有接缝，有的则没有。外套带有侧褶，而背部没有开衩。前襟的收口相当笔直，呈曲线的外套背面长度在腰部略往下处，竖立敞开。领口和翻领较小，口袋的位置很低，有的带有前襟，有的则不带。

马甲的长度开始增加，在前襟形成了一个尖角，称为轻骑兵前部衣角（hussar front）。马甲翻领变窄，翻折角度变小。然而，到了 19 世纪 40 年代末，翻领再次变宽，有时会翻过领口和驳头的边缘。婚礼所穿马甲为白色或米色。晚间马甲由丝绸、缎子、天鹅绒和羊绒制成。

到了 1840 年，马裤仅限于运动着装，而举行仪式时所穿的礼服和长裤则用于日常穿着。"长裤"（trousers）这个名字逐渐取代了"窄裤"（pantaloons）这个词。裤门襟收紧的款式取代了长裤的拉绳收紧款式。

晨袍多采用明亮的颜色，可以在家里穿着，尤其是早晨。这种服装剪裁与帝政时期的风格相比，没有发生明显变化（见图 10.16）。

其他男性服饰：1820—1850 年

◆ 户外服装

19 世纪 20 年代后，斯宾塞外套不再流行，但许多其他服装与帝政时期的服装样式十分相似，包括：

◎ 厚重长大衣：大衣的一般称呼（见图 10.17）。这种外套有带翻领和无翻领两种，分为单排扣和双排扣的，长度通常到脚踝，衣领的翻折线很深。

◎ 箱式大衣（box coat）：大型的宽松外套，肩部带有一个或多个开口（在 19 世纪 40 年代，这种大衣可能被称为马车大衣 [curricle coat]）。

同时发展出了一些新的专有名词：

◎ 男式宽外衣：源于 19 世纪 30 年代的术语，它所代表的服饰风格随着时间逐渐发生变化。当时该术语指的似乎是一种单排扣或双排扣的短大衣，带有较小的平驳领和翻领。有时有腰缝，有时则没有。

◎ 软领长大衣（Chesterfield）：又名切斯特菲尔德大衣，以切斯特菲尔德六世伯爵的名字命名，他在 19 世纪三四十年代对英国的社会生活产生了巨大影响。这个词最早出现在 19 世纪 40 年代，用于单排扣或双排扣的大衣，但是双排扣的大衣与这个词的关系更为密切。这种外套没有腰缝，没有侧褶，背面有一个较短的开衩，通常带有一个天鹅绒质地的衣领。

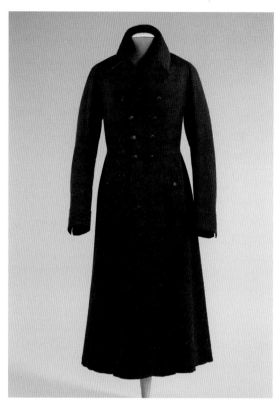

图 10.17 图为 19 世纪 30 年代的大衣。注意袖口的宽松和袖窿与身体的紧密贴合，这些特征在 19 世纪 40 年代消失了。（图片来源：Brooklyn Museum Costume Collection at The Metropolitan Museum of Art, Gift of the Brooklyn Museum, 2009; Brooklyn Museum Collection）

◎ 麦金托什防水外套（mackintosh）：一种用橡胶制成的防水外套，剪裁样式像一件短而宽松的大衣。这种新服饰是以发明者查尔斯·麦金托什（Charles Mackintosh）的名字命名的。他也设计过防水斗篷和男式宽外衣。这些早期的麦金托什防水外套并没有得到普遍认可，而防水服装在 19 世纪 50 年代再度流行，并在 19 世纪八九十年代受欢迎程度达到顶峰（Shephard, 2012）。

披风斗篷最常用于晚间穿着（见图 10.15）。披风的剪裁设计中带有三角布，颈部和肩部位置都很贴合人体，既有较大的平驳领，也有半立领。有些披风的肩部有多个开口。在该时期末，晚间披风变得更加精致，许多披风的衣袖较大，前面有开衩，袖子可以像中世纪的悬垂袖一样悬垂在手臂后面。披风的长度各不相同。在 19 世纪 30 年代末和 40 年代，人们晚上所穿的披风是一件较短的蓬松圆外套，即所谓的"西班牙斗篷"，衣领里衬为丝绸质地，颜色对比鲜明。

◆ 发型和头饰

大多数男性留着略松散的卷发或波浪形头发，长度从短发到适中不等，脑后的头发剪短。1825 年左右，胡须重新流行起来，刚开始是留有一小撮连鬓胡，后来蓄须的人越来越多。

圆顶高礼帽不管在白天还是夜间，都是最重要的发饰。根据形状上的细微差异，人们给礼帽取了不同的名字。圆顶高礼帽的帽顶呈圆柱体，高度和形状有所区别，从看起来像倒置的罐子到顶部呈轻微外凸曲线的管状体。帽檐很小，有时侧面会向外翻起。折叠式大礼帽（gibus hat）是一种可折叠的圆顶高礼帽，通常在晚间使用。帽子里装有弹簧，这样帽子就可以折叠起来放在胳膊下。19 世纪 20 年代末，圆顶高帽（Derby hats，美式）或圆顶礼帽（bowlers，英式）开始流行。这些帽子的帽顶呈坚硬的圆碗状，帽檐很窄。人们喜欢在运动时戴上帽子。

◆ 鞋类

大多数长筒袜都是用精纺、棉或丝绸织成的。鞋子为方形鞋头，鞋跟较低。19 世纪 30 年代，人们开始穿着一种用三四个孔眼将鞋带系在前面的鞋子。正装鞋在脚背上方有开口，并用丝质蝴蝶结系紧。靴子是骑马时必不可少的装备。最早的橡胶靴底大约制造于 1832 年。到了 19 世纪 40 年代，橡胶靴、橡胶套鞋和松紧带便鞋已经面世。

卧室的拖鞋是在家里的穿着。女性杂志经常将亲手制作的针绣花边拖鞋视为送给男士的礼物。

用结实的布料制成的护腿，可以在遇到恶劣天气或者狩猎时加在鞋子上，人们称之为"裤腿套"或"鞋罩"。运动时所穿的鞋类长度在膝盖以下，日常鞋的长度都在脚踝附近。19 世纪 40 年代，人们发明了弹性护腿。

◆ 配饰

男性最重要的配饰是手套，日间手套通常由鹿皮、小山羊皮革、精纺羊毛或棉布制成，夜间手套为丝绸或小山羊皮质地。吸鼻烟（一种被吸入的烟草）的男子会随身携带手帕，因为吸入鼻烟会让他们打喷嚏。下雨时男性会使用手杖和雨伞。

◆ 珠宝

男性佩戴的珠宝很少，基本上只有领带别针、衬衫前襟所佩戴的胸针、手表、镶有珠宝的衬衫纽扣和饰扣、装饰性的金表链和怀表等物品。

儿童服装

18 世纪末到帝政时期的儿童似乎已经摆脱了既难受而又笨重的服装，这是因为成年女性的服装相对简单，以及人们倾向于让孩子穿着比起成年服装更为宽松的服饰。

在浪漫主义时期，儿童服装在一定程度上又恢复成原先基于成人时尚那种不太舒适的服装。在这一时期，时装版画中的男孩和女孩的服装都和版画中成人时尚的服装惊人相似。绘图中强调了男性和女性的细腰，而孩子们的腰围同样非常小。在女性衣袖极其膨大那段时期，绘图中的小女孩和小男孩服装也都带有笨重的巨大衣袖（见图 10.18 和 10.19）。

◆ 女孩服装

女孩的服装和成年女性的服装一样，但长度更短，领口较低，衣袖也较短。在裙子下面，女孩会套上白色蕾丝花边的衬裤，或者脚饰带（leglets）——一种绑在腿上的半长灯笼裤。

女孩们在户外会戴上某种帽子、无边系带式女帽或者笔挺的亚麻帽。

图10.18 图中小女孩穿着一件类似19世纪30年代早期成年女性的连衣裙，衣袖十分膨大，并且戴着一条红色珊瑚项链。该时期孩子们经常佩戴珊瑚首饰和磨牙环，因为人们认为珊瑚能给佩戴者带来好运。（图片来源：Geoffrey Clements/Corbis/VCG via Getty Images）

图10.19 到1839年，成人和儿童的服装风格都发生了变化，他们的风格再次与成年女性的相似，衣袖的蓬松设计现在集中在手臂下方。最左边那个穿绿色衣服的小孩可能是个小男孩，因为他所穿的衣服为深色，手里拿着一把锤子。他的头发也比他的任何一个姐妹都短。（图片来源：Gift of Edgar William and Bernice Chrsler Garbisch/The Metropolitan Museum of Art）

◆ 男孩服装

在五六岁之前，大多数男孩都穿着裙子，之后才开始穿长裤。男孩们像成年男性一样，会穿套装。肋形童装是帝政时期遗留下来的服装，在1830年前被广泛接受。伊顿套装（Eton suit）由一件单排扣短夹克上衣组成，长度齐腰。夹克的正面为方形剪裁，翻领较宽，领子向下翻折。伊顿套装搭配了一条领带、一件背心（或马甲）以及一条长裤。这种款式源于英国伊顿公学的男生校服，并且这个套装几乎没有发生太大变化，在19世纪接下来的时期一直作为年轻男孩的基本服装款式。

束腰长上衣套装由一件紧贴腰部的夹克组成，腰部和一条带有褶裥或打褶的宽松下裙相连，裙子的下摆在膝盖处。它的前襟扣得很紧，通常带有一条较宽的腰带。这种套装通常会和长裤搭配（见图10.14），三到六岁的小男孩所穿的一些服装，是由束腰夹克和带有褶边的白色衬裤构成。

夹克和长裤的剪裁样式，都和成年男性的一样。但是，男孩们不会穿着男式礼服大衣或者连衣裙外套。

◆ 鞋类

男孩和女孩都会穿及膝靴。相较于男孩，女孩更常穿拖鞋。两者都穿着白色棉质长筒袜。

美国黑人奴隶的服装

在现存的绘画中对奴隶的描绘较少，而且这些描绘往往反映了创作这幅画的个人对黑人奴隶制度的支持或反对。一些奴隶可能穿过的服装得以保存下来，人们对此也进行了研究。

报纸上关于逃跑黑人奴隶的通告详细描述了他们的穿着（参见"时代评论10.1"）。口述历史是在20世纪30年代从以前的奴隶那里获取的。一些以前的奴隶、奴隶主和游览过美国南部的人都以日志的方式将这段历史记录了下来。从这些不同的来源，研究者收集了一些信息，并且随着研究的进展，肯定还会发现更多的信息。

时代评论 10.1
逃跑奴隶的服装

内战前对非裔美国人所穿衣服的描述，无论是奴隶还是自由人，都很少见。有一个途径能够找到有关他们服装的当代记录，那就是报纸。逃跑奴隶的主人或监狱官员在逮捕了他们怀疑是逃跑奴隶的人之后都会在当地报纸上发布通告，上面通常会描述那些奴隶所穿的服装。

华盛顿特区的半周报《环球报》（Globe）会定期刊登被捕奴隶的通告。下面就是一个类似的通告，可以提供有关服装描述出现的背景。

1831 年 10 月 12 日
告示

1831年9月17日，华盛顿特区华盛顿县监狱收押一名逃犯，为一名黑人男子，自称雅各布·约翰逊（Jacob Johnson）：他身高5英尺5英寸，在犯案时身穿一件上好的外套（roundabout，即夹克），下身为窄裤，并称自己为自由人；他肤色较浅，鼻子右边有一颗黑痣；上唇和下巴上留着浓密的黑色胡须；方形大脸，和他说话时他脸上会露出愉快的表情，年龄在37岁左右。请上述黑人的主人主动提供线索，证明其身份并将其带走，否则将根据法律规定，将其出售以支付关押等费用。

以下是从《环球报》中的其他类似公告中引用的一些描述：

1831 年 7 月 16 日：

"……逃跑后身穿一件旧的淡褐色大衣，下身为深色的窄裤。"

1831 年 8 月 10 日：

"她逃跑时身穿一件浅色的印花布连衣裙。"

1831 年 9 月 14 日：

"逃跑时身穿一件灰色弗吉尼亚薄毛呢（Grey Virginia Cassimere，是一种中等重量的斜纹羊毛织物）紧身上衣，一条黑色拉蒂内特（Black Ratinett，一种廉价、粗糙的精纺羊毛布料）窄裤和一顶旧毛皮帽。"

1831 年 9 月 21 日：

"……逃跑时身穿亚麻质地窄裤、家居外套和背心、戴着一顶黑色帽子，十分破旧。"

　　大多数奴隶主每年向奴隶发放两套服装。一套用于温暖的季节，一套是在寒冷的季节所穿。而他们通常实际发放的是制作衣服的材料。一名种植园主在他冬季所写的日记中记下了这些数额："6 码羊毛织物、6 码纯棉纱卡织物（后来成为陆军和海军夏季制服的面料）、一根针、一束线和二分之一打纽扣。"然而，收集到的其他信息表明，这些数额并不普遍。据一名来自北卡罗来纳州的奴隶托马斯·琼斯（Thomas H. Jones）所称：

　　　　（主人）每年会一次性将衣服分发给他的奴隶……奴隶们完成了种植园的重活后，必须自己缝制衣服。除了每年供应的衣服材料之外，奴隶们可能还需要其他的衣服，因此他们不得不靠额外的工作来获得，或者干脆不穿。

　　布料的质地一般是粗织毛糙的，样式朴素，要么是家纺的，要么是从罗得岛州和欧洲的制造商那里购买的，这些制造商为奴隶提供的都是最便宜、最廉价的布料。正如桑德斯（Sanders）所说："奴隶们被奴隶制的世界所同化，他们因为外表肤色遭遇剥削和统治，并沦为商品。"

　　在房屋内工作的奴隶通常会穿着更为时尚的服装（见图 10.20），甚至可能是白人奴隶主的旧衣服。没有人会浪费精力关注农场工人服装的风格细节。织物通常是不染色的，除非穿衣者自己能够用天然染料将织物染色。奴隶的账目中提到了必须购买的靛蓝染料、树皮、毒藤、漆树等其他植物制成的染色材料。

　　坦贝格（Tandberg）将女性奴隶的服饰描述为两种类型。一种是一件连衣裙或者长袍，以及一件样式简单、无袖无领的连衣裙上身，下面与下裙相连。另一种则包括半贴身的连衣裙上身，带有圆领（有时还有附加的领子）和宽松的长袖，以及一条带有褶裥的裙子。一些图片显现了这种连衣裙的缩略版，它穿在下裙外面，与短礼服非常相似。

被奴役的男性则穿着宽松的衬衫，剪裁的样式越简单越好，尽可能不需要缝补，再

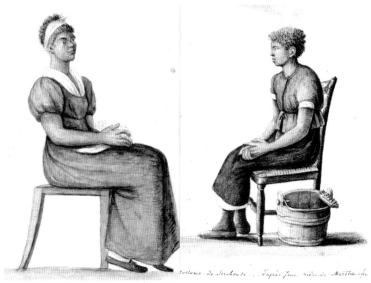

图 10.20　1807—1822 年，被奴役妇女的画像展示了个人根据自身在家庭中的地位从而获得了不同类型的服装。左边的厨师穿着一件样式简单但又不乏时尚的连衣裙。右边的女清洁工则穿着短袍和下裙，即做苦力的女性所穿的一类服装。（图片来源：http://www.nyhistory.org Photography © New York Historical Society）

图 10.21　图为美国内战期间刚从奴隶制中解放出来的男子和女子。图中的女性穿着类似，都是样式简单、无任何装饰的一体式棉质连衣裙，这种剪裁样式在 1848—1865 年间成为最流行的款式。所有人都佩戴着头巾。男性服装样式则较多，从西服到衬衫和长裤，有时还会搭配背心。（图片来源：Collection of the J. Paul Getty Museum, Los Angeles, California, Henry P. Moore, "Slaves of General Thomas F. Drayton," 1862）

套上宽松的窄裤或者较短的马裤。孩子们穿着一种较长的衬衫。不止一份日记记录表明，小女孩们有时可能会有连衣裙穿，也有一些证据发现，密西西比州的一个种植园里保存了一些男孩的窄裤和无袖衬衫。

奴隶们会在任何合适的时机装饰他们的服装，并尽力让这些服装充满个性。鲍姆加滕（Baumgarten）指出，为了做到这点，奴隶们会按照自己的风格剪裁衣服，并将其染色，制作出一些自己的衣服；还会用得到的小费和靠出售他们种植的农产品赚来的钱拿去购买另外的衣服或配饰。显而易见，他们做出这些努力，都是为了追随当时的潮流。据报道，曾经被奴役的男性和女性讲述了19世纪50年代末，在圈环裙成为一种时尚时，当时的女性是如何紧跟时尚的。有些人似乎是用葡萄藤或柔韧细薄的树枝做成裙撑，或者用硬纸来支撑裙子。

即便如此，奴隶们也不可能积极自由地参与到时尚的演变进程之中。他们的服装通常都是表明其身份地位的象征（见图10.21）。逃离到北方，尤其是加拿大，可能会带给他们自由。逃跑的奴隶知道，他们必须穿得像自由人一样，才能避免追捕。因此，他们通常会在逃亡之路上带着更为时髦的服装，可以用来自己穿着或出售。一旦获得自由，他们就会装扮成美国同胞的样子。

服装版型概览图
浪漫主义时期

男性服装：1820—1840年 穿着衬衫、齐腰的马甲和长裤，搭配男式礼服大衣或燕尾服，后者可能带有窄紧的腰线，以及略微膨大的袖口。

男性服装：1840—1850年 衬衫、马甲和长裤，搭配燕尾服作为礼服，搭配男式礼服大衣可作为日常穿着。外套的下摆稍微变窄；腰际线下移。

女性服装：1820—1835年 腰际线更接近人体腰部，下裙变得更宽、长度更短，可以露出脚踝。衣袖可能变得更大。

女性服装：1836—1850年 垂坠感更强的膨大裙子长度可触及地板。腰际线在腰部附近。肩部线条降低，衣袖更为紧窄。

章末概要

文学作品，连带着视觉艺术，引起了人们对历史上诸多风格的广泛兴趣，促成了这些风格的复兴。这很好地证明了一点，即服装和美术发展两者之间的关系。政治也引发了人们对历史的兴趣，因为法国君主制已经恢复，而法国民众至少在一段时间内对以前的几位君主交口称赞，如17世纪的亨利四世。一些具有某种特征的服装能够让人回想起过去的历史，如悬垂的衣袖、领口褶边和蕾丝花边立领等。

在这一时期末，一种新的传播媒介——摄影——发展势头迅猛，使得有关服装的各种信息来源大量增加。刊登时尚新闻和载有手绘时装版画的女性出版物数量也不断增加。

从时装版画中可以清晰看出，浪漫主义时期就是服装演变的时期，它带来了另一个永恒的主题——时尚。对于女性而言，这种演变过程就是腰际线的逐渐变化过程，从帝政式的高腰逐渐移到稍微往下的位置，再到人体的自然腰部位置，最后在这个时期末又回到自然的腰部位置。衣袖也在逐年发生变化，最初是逐渐膨大化，直到达到衣袖形状的最大尺寸，然后这种膨大的衣袖开始塌陷，同时这种蓬松样式的位置逐渐往手臂方向下移（见"现代影响"）。衣裙长度逐渐缩短，然后又像之前一样逐渐变长。

男性服装风格变化及演变发展和女性的相似。男性外套的下摆变得越来越大，后来又逐渐变短。男式礼服大衣的下摆先是变宽，后期又变得越来越窄。与此同时，在19世纪初就有的性别差异仍在持续：男性服装的颜色和风格比较柔和，而女性的风格则更为花哨奇特。

现代影响

这件亚历山大·麦昆（Alexander McQueen）于2013年秋季设计的礼服采用的是巨大的泡褶短袖，与浪漫时期服装中的衣袖相似，后者可能为这种细节设计提供了灵感。麦昆这样设计衣袖样式，是为了可以露出肩膀，而在更保守的浪漫主义时代，这种样式是不被接受的。

（图片来源：Giannoni/WWD/© Conde Nast）

在这一时期末，已经形成了一种新的时尚造型，它与 19 世纪 20 年代早期的服装形成了鲜明对比。

浪漫主义时期服装风格的遗产

女性服饰中的浪漫时期风格融合了早期的一些服装元素。即便如此，这个时期的一些独特元素于 19 世纪后期也再次出现。羊腿袖首次出现在浪漫主义早期。它在 19 世纪 90 年代得以复兴，但是它的形状与 19 世纪 30 年代的样式并非完全相同。20 世纪 80 年代末，许多婚服都采用了这种巨大的羊腿形衣袖。

宽圆花边领是 19 世纪 40 年代的领口样式，一直沿用到 19 世纪五六十年代，然后消失在人们的视野。它在 20 世纪四五十年代再次复兴，尤其是用于晚间的穿着。

主要服装术语

阿波罗结（à la Chinoise）

巴佛蕾遮阳荷叶边（bavolet）

宽圆花边领（bertha）

主教袖（bishop sleeve）

圆顶礼帽（bowler）

箱式大衣（box coat）

连帽长斗篷（burnous）

卡内祖上衣（canezou）

卡波特带褶女帽（capote）

马车礼服（carriage dress）

马车阳伞（carriage parasol）

腰链（chatelaine）

软领长大衣（chesterfield）

马车大衣（curricle coat）

外出服（day dress）

半羊腿袖（demi-gigot sleeve）

美式圆顶高帽 / 英式圆顶礼帽（derby hat/bowler）

丝绸帽（drawn bonnet）

伊顿套装（Eton suit）

三角形披肩式领子（fichu pelerine）

填充衣领 / 领布 / 装饰衣领（filler/chemisette/tucker）

折叠式大礼帽（gibus hat）

羊腿袖（gigot/leg-of-mutton sleeve）

紧身短马甲式胸衣（gilet corsage）

轻骑兵前部衣角（hussar front）

蠢人袖（imbecile/idiot sleeve）

珍珠饰品（jeanette）

脚饰带（leglets）

麦金托什防水外套（mackintosh）

曼丘洛装饰袖（mancherons）

披风 / 披肩式斗篷（mantle/shawl-mantle）

玛丽袖（Marie sleeve）

佩斯利细毛披巾（paisley shawl）

女式紧身上衣（paletot）

带袖外套（pardessus）

细长披肩（pelerine）

细长披肩式斗篷（pelerine-mantlet）

女式皮衬里长裙（pelisse-robe）

逛街服 / 散步服（promenade dress /walking dress）

褶裥饰边（ruching）

桑顿领巾（santon）

束腰长上衣套装（tunic suit）

问题讨论

1. 服装与美术和应用艺术发展之间的关系贯穿于整部服装史。请描述艺术领域的浪漫主义运动是如何反映在浪漫主义时期的服装之中的。

2. 19 世纪 30 年代后，有关服装信息的各种来源为服装历史学家提供了比早期更为丰富也更加准确的服装风格信息，请对这些来源进行说明，并比较这些来源的优势和局限性。

3. 对时尚发展的描述通常为不断演变进化，而非根本性改变。请描述 1820 年至 1850 年间女性服装的逐渐演变过程，尤其是裙摆、腰际线位置、衣袖形状和裙子形状等方面的变化。同时需注意服装中变化更为彻底的地方。

4. 在浪漫主义时期，男士外套线条轮廓的变化与女士连衣裙的变化是如何同时发生的？

5. 根据现有的资料来源，你会如何概括美国黑人奴隶的着装？什么样的信息不容易获得？

参考文献

Baumgarten, L. (2002) . *What clothes reveal: The language of clothing in colonial and federal America.* New Haven, CT: Yale University Press.

Cunnington, C. W. & Cunnington, P. (1970) . *Handbook of English costume in the 19th century.* London, UK: Faber and Faber.

Foster, H. B. (1997) . *New raiments of self: African American clothing in the antebellum south.* New York, NY: Berg.

Harris, S., & Garvey, E. (2004) . *Blue pencils hidden hands: Women editing periodicals, 1830-1910.* Boston: Northeastern University Press.

Sanders, E. (2011) . Female slave narratives and appearance: Assimilation, experience, and escape. *Clothing and Textiles Research Journal, 29* (4) : 267–283.

Hunt-Hurst, P. (1999) . "Round homespun coat & pantaloons of the same:" Slave clothing and reflected in fugitive slave advertisements in Antebellum Georgia. *The Georgia Historical Quarterly, 83* (4) : 727–740.

Severa, J. (1995) . *Dressed for the photographer, 1840-1900.* Kent, OH: The Kent State University Press.

Shephard, A. (2012) . Waterproof dress: Patents as evidence of design and function from 1880 through 1895. *Clothing and Textiles Research Journal, 30* (3) :183–199.

Tandberg, G. G. (1980) . Field hand clothing in Louisiana and Mississippi during the ante-bellum period. *Dress, 5,* 90.

Tanner, L. A. (2014) . Chained to the land: Voices from cotton and cane plantations: From interviews of former slaves. Winston-Salem, NC: John F. Blair Publisher. Warner, P. C. (1986) . Mourning and memorial jewelry of the Victorian Age. *Dress, 12* (1) : 55–60.

Warner, P. C. & Parker, D. (1990) . Slave clothing and textiles in North Carolina, 1775–1835. In B. M. Starke, L. O. Holloman, & B. Nordquist (Eds.) , *African American dress and adornment: A cultural perspective.* Dubuque, IA: Kendall/Hunt.

第 11 章
克里诺林时期

1850—1870 年

技术对于克里诺林时期服装时尚的重要性

克里诺林时期裙子线条轮廓的变化

服装改革的定义以及引入这一理念的结果

高级定制在法国的起源和发展

克里诺林时期的女性和儿童服装受到军事风格的影响

这一时期的名字来源于克里诺林笼式裙撑（cage crinoline），一种用于女性裙装内部支撑的装置。女权主义者倡导并鼓励服装改革，并与废奴主义者一起合作，试图终结美国的奴隶制。美国内战的爆发使得国家南北分裂对峙。缝纫机的发明被认为是军服制造业一大利好，在战争结束之后，缝纫机便取代了费时费力的手工缝制。1858 年，第一家法国高级时装店"沃斯时装屋"（House of Worth）开业；在加利福尼亚州的淘金热期间，蓝色粗斜纹棉裤（又名 Levi's，李维斯牛仔裤）成为男性所需的耐用长裤，并且广受欢迎。摄影技术的进步为人们提供了同时期有关时尚的记录，并且得以永久保留。

历史背景

随着女性裙摆不断变宽，她们开始套上一层又一层绷紧的衬裙。1856 年 9 月，《彼得森杂志》的一名编辑称赞 18 世纪的圈环裙得以复兴，延续了这些庞大宽松的裙子式样：

> 毫无疑问，如果要穿上数条宽松膨大的裙子，就需要用一个轻型的裙撑让它们鼓起来，这种方式比直接套上半打浆洗过的细亚麻布衬裙要健康得多。直到最近一段时期，这种做法才开始流行起来。医生们现在一致认为，女性身体不健康的一个重要缘由就是之前穿的裙子过于沉重。而裙撑就完全避免了这种对身体的损害。此外，如果裙撑的位置调整得当，裙子的外观也会变得更加轻盈、更加优雅。

沃斯与巴黎高级时装

圈环裙的发明者——或者更确切地说，选择复兴这种裙式的人（因为这种裙子曾在 18 世纪早期和 16 世纪出现过，且样式几乎相同）目前尚不清楚。许多消息来源都认为这一现象的出现应源于查尔斯·弗雷德里克·沃斯（Charles Frederick Worth），但没有证据表明这种说法的可靠性。他是一名英国人，可以称之为法国高级时装的创始人。当时沃斯身上只有 117 法郎，不谙法语，只身来到巴黎，在布料厂工作。在他作为一名员工在"盖奇林时装屋"（Maison Gagelin）工作时，他会让自己性感迷人的法国妻子穿上他亲自设计的服装。不久之后，就有顾客上门，要求沃斯为他们设计他妻子的同款服装。1858 年，沃斯建立了自己的公司。为了获得有影响力女性的赞助，他将自己的设计呈给了波琳·冯·梅特涅公主（Princess Pauline von Metternich）——作为奥地利大使的妻子，她以巴黎时尚界领袖的身份出现在拿破仑三世的宫廷中。公主礼服的成功帮沃斯赢得了欧仁妮皇后（Empress Eugénie）的青睐。很快，所有的巴黎时尚人物都光顾了他的高级时装店（见图 11.1）。

　　沃斯为世界上最受尊崇的女性设计过
服装，也为最臭名昭著的女性服务过。他
的顾客范围之广，从尊贵的维多利亚女王
到有名的妓女科拉·珀尔（Cora Pearl）。
他将自己的设计批发出售，供国外的裁缝
和商店进行样式改造。沃斯的天赋才能中
有一个独特点在于他的巧妙构思。在他所
设计的服装中，每个部分都能与另一部分
互换。例如，每个衣袖都可以和不同的连
衣裙上身搭配，不管上身有多少件；而连
衣裙上半身也都可以和裙子搭配，裙子的
数量也不会影响搭配的效果。

　　沃斯一直作为一名服装设计师在工
作，直到 19 世纪 80 年代退休；之后，他
的两个儿子继承了他的事业，接手管理他
打造的时尚帝国。自从沃斯开设了高级时
装店以来，服装设计师的数量就不断增加。
沃斯的两个儿子将这家时装店打造为巴黎
高级时装公会（Chambre Syndicale de la
couture Parisienne），一个延续至今的高级
服装设计师组织。尽管在 20 世纪二三十年
代沃斯时装屋地位不复从前，这家店也在
第二次世界大战的摧残下关闭歇业，但是
印有沃斯名字的香水至今仍在出售。

英国

　　对英国而言，最理想的女性形象就是
一位贤妻良母。他们找到了这种形象的完
美典范——年轻的维多利亚女王。1840 年，
她嫁给了来自德国的阿尔伯特亲王，成为
一位沉稳得体的母亲楷模。她在位时，将
幸福温暖的家庭氛围传播给了民众，而这

图 11.1　沃斯创作的设计图样被来访巴黎的富有女
性购买，她们来自世界各地。之所以盛传一定要
拥有这样一件礼服，是因为沃斯的顾客包括了维
多利亚女王和欧仁妮皇后。（图片来源：Brooklyn
Museum Costume Collection at The Metropolitan
Museum of Art, Gift of the Brooklyn Museum, 2009;
Designated Purchase Fund, 1987/The Metropolitan
Museum of Art）

种影响力是她之前那些统治英国的君王所欠缺的。

在 19 世纪中叶，英国经济繁荣发展，不断增加进出口，扩大钢铁生产规模，促进工业发展。其他国家并非只眼红英国的工业发展，也试图复制英国的成功。1851 年，英国在海德公园一座精心设计的大型玻璃建筑中举行了"万国工业博览会"，7000 多名英国展品制造商在这里展示了他们的成果，这些展品成为维多利亚时代发展进步的证据，而这场展览也成为展现英国辉煌的最佳里程碑。

法国

在巴黎从 1830 年和 1848 年的两次暴力革命中恢复过来后，沃斯一举成名，使得巴黎成为欧洲的时尚中心。1852 年，经过精心策划的选举，法国同意建立法兰西第二帝国，自此法国重新获得了欧洲的领导地位，巴黎再次成为欧洲之都。据法国周刊《艺术家》(*L'Artiste*) 的编辑所言，成为一名巴黎人只有两种方式：一种靠出身，一种靠穿着。欧仁妮皇后负责以杜伊勒里宫为中心的巴黎社交生活。皇帝、皇子、公主、政治家和他们的夫人们露面时所戴的珠宝，所穿的服装都代表了巴黎最前沿的时尚。蒙面舞会再次风靡一时，女士们则有机会展示她们那些新颖奇特的礼服。

尽管路易·拿破仑居住的华丽宫廷是实行旧君主制以来最为辉煌艳丽的一个，但他本人是一个保守而简朴的人。早上，他会穿着深蓝色的外套，里面一件马甲，套上灰色长裤。"荣誉军团"(Legion of Honor) 的勋带，一枚军事奖章，就是他佩戴的所有权威的象征。在晚上的音乐会和正式晚宴上，他穿的是当时经典的晚礼服：一件燕尾服、一条黑色及膝马裤、一双丝质长袜。在庆典活动中，他穿着将军制服，束腰外衣上佩戴着几枚勋章和十字架。

路易·拿破仑的妻子欧仁妮·德·蒙蒂霍 (Eugénie de Montijo)，出身西班牙贵族家庭，她年纪比拿破仑小得多，且容颜十分美貌（见图 11.2）。尽管在国家重大仪式上，欧仁妮皇后会盛装出席，但她不愿轻易接受时兴式样，即便在新时装已经普遍流行之后。在家中，她总是穿着一件素净的黑色连衣裙。欧仁妮也会追随时尚，但她并非一位时装设计师。

四份裁缝设计的服装式样精确测量了皇后的体型等相关数据，它们一共有两个用途。首先，制作出服装式样之后，裁缝们无须让欧仁妮皇后再试穿每件衣服。其次，在皇后选定了当日所穿的服装后，她会穿上选好的服装式样，连同服装的其他部分，通过电梯从皇后的化妆间天花板上的开口降下。

要成为宫廷宴会的宾客或皇家住宅的主人之一，需要一个相当大的衣橱。一位美国的社交名媛曾有幸接待过一次皇室成员的访问，她在描述这次为期一周的访问时提及了着装："我一共换了差不多 20 件礼服，包括 8 件日间礼服（算上我的旅行套装），狩猎

图 11.2　欧仁妮皇后前后簇拥着一群美丽淑女。皇后和周围的王室成员都穿着时下最流行的服装，其中许多是沃斯设计的，后者被公认为巴黎的首位时装设计师。（图片来源：Buyenlarge/Getty Images）

时所穿的绿色布质连衣裙——这是他们告诉我必不可少的，还有 7 件舞会礼服，以及 5 件茶会礼服（tea gown）。"

美国

　　克里诺林时期刚好是美国内战爆发的时期。当时美国人口的数量约为 2300 万，其中过半的人口居住在阿勒格尼山脉以西，移民人口占总人口的 12%。1850 年，有 141 个城市的居民超过 8000 人，占总人口的 16%。

　　在工业革命影响下，磨面机器和工厂的年产量已经超过了农产品的总价值。制造业集中在东北部各州。此外，高速公路遍布，河流、运河和铁路网交错纵横，将整个国家连接在一起。到 1870 年，一条横贯大陆的洲际铁路将美国东西部连接起来。

　　尽管教育仍旧以私立学校为主，但是公立学校教育已经奠定好了基础。1862 年，国会通过了《莫里尔法案》（*Morrill Act*），建立了高等教育的"拨赠土地"制度。这些新建立的学院旨在重点实行更为实用的教育，尤其是在农业和工业两方面。除此以外，这些学校是男女同校的，因而让女性在"家事学"方面做好了知识储备，这门学问后来也被称为家政学。

女权运动已经兴起，在与反奴隶制运动和禁酒节欲运动结盟之后，可能会获得更大的动力。女性的生活仍旧受到诸多法律的限制和社会的束缚。她们对财产没有合法控制权，也没有投票权；直到1850年，一些州甚至还允许丈夫用"合理的工具"殴打妻子。

在内战前的美国，宗教有着强大的影响力；一些宗教的表现形式体现了人们对乌托邦社会的强烈向往，并且这些社会群体中的一部分有自己的着装形式。纽约州"奥奈达教派"（Oneida Community）的女性穿着紧身胸衣、宽松的长裤和一条长度在膝盖稍微往上位置的裙子，这身服饰和布鲁姆套装十分相似。

淘金热与李维斯牛仔裤

1848年在加利福尼亚州的萨特磨坊中发现金子后，接下来的两年里超过4万名淘金者来到该州。那些发现了潜在商机的企业家也纷纷来到这里，准备销售矿工所需的商品。被称为"李维斯牛仔裤"的服装就是这些商品之一。之前，矿工们经常抱怨他们的裤子在采矿这种艰苦的工作下穿不了多久，口袋很容易磨损。一位名为雅各布·戴维斯（Jacob Davis）的裁缝便在口袋上打上铆钉，可以增加口袋的牢固度，他改良的这种蓝色粗斜纹棉裤十分畅销。由于戴维斯不想花钱为这项设计申请专利，于是一家布料供应公司的老板李维·斯特劳斯（Levi Strauss）申请了这项设计的专利，并开始供应这种粗斜纹棉裤。矿工们十分喜欢这种裤子，并且向其他人介绍称"是李维专为我们制作的裤子"，因此经常与蓝色牛仔裤同义的"李维斯牛仔裤"一词诞生了。"蓝色牛仔裤"（blue jeans）这一通用术语源于这些工作裤所用面料的颜色和名称，最后简称为"牛仔裤"（jeans）。牛仔布是一种厚重的斜纹棉织物，非常像粗斜纹棉（denim）这种面料，是用靛蓝染料染成深蓝色，这种颜色的色牢度（颜色的耐用性）非常高。值得注意的是，这场淘金热缔造了以男性为主的城镇，因为"居住在女性稀缺的环境中，成千上万的年轻男性努力经营着他们的社交、性生活和家庭生活"。因此，社会上出现了大范围的跨性别行为，包括男扮女装。

蓝色牛仔裤成为农民、牛仔和劳工的基本工作服。如今，李维斯（Levi's）成为产品的商标，与之相关的服装特色也在逐渐增加：1873年，在裤子后面的口袋上增加了用橙色针线缝合的双曲弧形设计；1886年，增加了两个公司专用商标的皮革贴片；1922年，增加了皮带环；1936年，在裤子后面的口袋上增加了红色标签商标；1937年，在裤后口袋增加了隐藏式铆钉。1954年，一些牛仔裤的款式增加了拉链。自1850年开始至今，李维斯牛仔裤一直是服装的重要组成部分。

美国内战及其服装

围绕奴隶制问题产生的国家分裂局面在南北战争时期恶化到难以收拾的程度，造成了这场美国历史上最为血腥的斗争。内战给美国的社会生活、政治制度和经济发展带来了广泛而深远的影响。这场斗争中止了国家分裂，终结了奴隶制度。它以牺牲各州为代价，加强了中央政府的统治地位，各州不再是自愿组成的联盟，如今已经同属于一个国家。这场内战还加速了机械化和工厂制度的普及。1860—1865 年，缝纫机的数量成倍增加。战争期间，随着技术的发展，鞋帮可以用机器缝在鞋底上，因此鞋子的产量也得以增长。

内战对西方时尚在美国国内的延续几乎没有造成直接影响，但是生活在战火硝烟中的南方女性，却不得不依靠自己的创造力来紧跟时尚潮流。由于南部的港口一直处于联邦舰队的封锁下，南方无法再从国外进口货物。此外，国内主要的纺织品制造商都位于北方，因此即使是国内生产的货物，南方也无法获得。同样，出版发行时尚杂志的地方也都集中在费城和波士顿等北方城市。

对一名南方女性而言，战争的第一年几乎没有造成任何困难，因为"我们大部分人手头都有大量的服装储备"。但是刚开始时南方女性会不断将她们不想要的衣服捐赠出去，但后来却开始后悔，一直在思考自己"怎么会愚蠢到送出那些几乎没怎么穿过的衣服"。她们不禁感激裙子和衬衫的流行，她们用围巾、罩裙或披肩就可以制成；至于紧身衣袖，她们可以从前几年十分流行的宽松袖子上裁剪制成。

位于南方的女性不得不缝补自己的衣服，用从旧衣服上剪下来的碎布作为补丁。通货膨胀带来的恶劣影响更是雪上加霜。女帽制造商花费 150 美元购买一顶旧的天鹅绒软帽，然后将其翻新，并以 500 美元一顶的价格出售。在战争的最后一年，1000 美元一顶帽子的价格都算不上离谱。"时代评论 11.1"重印了一份扩展摘录，摘录来自一名南方女性的叙述，内容是关于南方女性因北方封锁了南方港口而在服装方面遇到的诸多问题。

男性和女性会通过多种方式宣布他们的政治理念和道德信仰，包括横幅、丝带、徽章和旗帜等，以及将有用的物品出售给逃跑的奴隶和新近获释的奴隶。

缝纫机的改良

缝纫机的第一批专利是在 19 世纪 40 年代获得的。但是公众对这款新设备的反响并不热烈，因为它的成本相对较高，单价至少需要 100 美元。1857 年，一名弗吉尼亚的农场工人詹姆斯·吉布斯（James Gibbs）设计了一种更简单也更便宜的缝纫机，他的市场售价约为 50 美元。伊莱亚斯·豪（Elias Howe）在 1845 年和 1846 年为缝纫机申请了专利。但设计出了最为成功的缝纫机之一的是发明家艾萨克·辛格（Isaac Singer），他同时也是一位机械师、一位失业的演员。辛格的缝纫机成为最先在流水生产线上生产的家用机器之一，在生产线上，使用的都是可互换的零件。因此，辛格缝纫机可以大规模生产，从而大幅降低缝纫机的价格。

　　辛格还率先使用了创新的销售方法。他将自己的缝纫机陈列在精心设计的展厅里进行展示，年轻的女性销售员不仅会在厅内介绍缝纫机，还会指导购买者如何对机器进行操作。辛格以分期付款的方式将他的机器卖给女裁缝：先付 5 美元订金，其余的则按月实行分期付款，并附有利息。为了吸引有声望的女性购买缝纫机，辛格以半价将他的缝纫机卖给了与教会有联系的缝纫协会，希望会里的每个成员不久后都能自己购买一台。辛格的公司也允许顾客在购买新缝纫机时，可以凭借旧缝纫机获得 50 美元的信贷。

由于美国内战，缝纫机的用途显得举足轻重。战争的爆发立刻引发了大量对成衣制服的需求：北方的联邦军队每年要消耗超过 150 万件制服。这样大的数量，只有通过缝纫机来实现（见图 11.3）。尽管豪最终赢得了对辛格的专利侵权诉讼，但是辛格高超的销售技巧和促销手段依然让自己取得了更大的成功。

内战期间，联邦军队一直在收集美国男性身材体型的数据。这些数据对于民用服装的制造商而言十分有用，可以在内战后发展成衣服装业。缝纫机成为发展成衣

图 11.3　缝纫机证明了自身的价值，它不仅提高了联邦军队士兵制服的生产速度，而且减轻了女性为家庭缝制服装的工作量。（图片来源：Frederick Lewis/Archive Photos/Getty Images）

业必不可少的一环。如果没有缝纫机的发明，国家就不可能生产足够数量的服装，来满足日益增长的美国人口的基本需求。

女裁缝，尤其是那些服装制造商雇佣来在家里做计件工作的人，很快就见识到了缝纫机速度提高所带来的好处。最初主要是在一些简单的物品上节省时间：男式衬衫、罩裙、印花布连衣裙。这些都是首批大规模生产的产品。

后来缝纫机主要用于生产成年男性和男孩的套装与外套。在 19 世纪 60 年代，一件顶级的外套若是手工连续缝制需要六天，而如果借助缝纫机，时间可以压缩到三天。

通过利用缝纫机来取代手工缝纫，制造商能以较低的成本大规模生产现成的女性斗篷以及圈环裙。缝纫机上的各类附件也使得机器可以轻松地在布料上增加穗带、横裥和褶边等装饰，而这些附件装置的用途也在不断增加。

服装改革的早期尝试："布鲁姆"套装

19 世纪 40 年代晚期，支撑裙子所需的衬裙数量不断增加，不仅让人体感到不适，而且也让女性行动不便。美国女权主义者组成的一个团体将自己对女性权利的热情投入

到服装改革中，她们认为目前的服装是一种束缚，也不具有实用性。据女权运动的领导人之一露西·斯通（Lucy Stone）所称，"女性被套上了枷锁，她们的服饰是一种极大的阻碍，让她们无法从事任何能让她们在金钱上（财务上）独立的事业。"

伊丽莎白·史密斯·米勒（Elizabeth Smith Miller）曾在欧洲的疗养院看到女性在短裙下套着土耳其裤（Turkish trousers，土耳其裤的裤腿宽松，在脚踝处收紧）。她不仅采用了这种款式，而且在拜访自家表妹即女权主义领袖伊丽莎白·凯蒂·斯坦顿时就穿着这种服装。后来，斯坦顿、斯通、苏珊·B.安东尼和阿米莉亚·布鲁姆（Amelia Bloomer）也都采用了这种风格。尽管布鲁姆并非这种服装的创始人，但服装的确是以她的名字命名的。1851年，她在自己编辑的一本杂志上提到过这种服装，并且大力提倡，甚至在演讲时也是穿着这种装束（见图11.4）。

布鲁姆套装的构成是一条裤管宽松而脚踝处收紧的长裤，以及裤子外面套上的及膝短裙。这种风格不仅仅在美国出现，德国、英国、荷兰和瑞典等国家也能看到这种服装。英国漫画家会在幽默讽刺杂志《笨拙》（Punch）中对这种风格进行夸张的描绘。

没有参加女权运动的女性很少会穿布鲁姆套装。这种服装引发了众人嘲笑，也让一些女权主义者明白一个道理，强调服装只会适得其反。在圈环裙大为流行之际，布鲁姆发现克里诺林笼式裙撑是一种"舒适而实用的服饰"，她和其他人一起，愿意放弃之前的布鲁姆套装，但是长裤的剪裁式样仍旧以"布鲁姆"为名。一些女性的贴身衣物也有相似的剪裁，因此也被戏称为"布鲁姆"，该术语现在适用于任何裤管宽松而裤脚收紧的裤子。

女子的体育运动与服装

布鲁姆套装作为时装只是昙花一现，但是它确实在女性的运动服装中保留下来。19世纪60年代，一本大获成功的书籍《成年男性、女性和儿童的新体育运动》（New Gymnastics for Men, Women and Children）中就对一种女子运动服表示了支持，这种服装由土耳其

图11.4　图为阿米莉亚·布鲁姆所穿的"布鲁姆套装"。这幅当代的绘画是根据银版摄影法拍下的布鲁姆本人而完成的。（图片来源：Hulton Archive/Getty Images）

裤和超短裙组成。

这一时期的女子神学院或者大学各学院都包括了健美操等锻炼项目。1863 年，曼荷莲学院（mount holyoke college）将超短裙和土耳其裤作为体育教学的着装标准。在历史悠久的服装系列中，一些泳衣似乎也模仿了布鲁姆风格的设计，裙子带有衣袖和腰带，长度在脚踝以上。裙子下面套的是及地衬裤，十分沉重，和裙子也不搭，被水浸湿后会显露出来。

服饰研究的信息来源

许多服装收藏都包含大量源于这一时期的服装。女性杂志会定期刊印手绘的时装版画，并刊载相关描述。因此，时装历史学家可以从中挖掘大量有关这一时期时装的详细信息。

摄影技术的应用已经十分普及，因而很少有家庭没有同家里的成员一起拍过照片，并世代流传（见图 11.5）。"肖像名片"（carte de visite）和其他肖像照片（仅黑白色）展示了数千人的服装选择。然而，肖像名片可能有失真的成分，无法展现贴身衣物的样式，也很少能够展现人们冬季的户外服装或工装。

尽管摄影越来越流行，但是肖像画和其他绘画仍然是 19 世纪服装的重要来源，因为它们记录下了服装的各种颜色。印象派画家与描绘现代城市生活的其他画家一起，对时装加以利用，将其作为一种有效的营销策略。

商业和政府作为其他的信息来源，也能为历史学家提供丰富的信息。美国的人口普查记录了 19 世纪 50 年代后的就业信息。城市商业目录通常包括了职业，也会提供与女性和男性在缝纫、剪裁、服装制作中的角色的相关信息，甚至还有最终的服装行业中他们所扮演的角色。账簿等商业记录让人们有机会去判断服装生产和销售方面的规律变

图 11.5　图中的女性生活于 1866 年左右，身穿一件带有夹克式衣袖的一体式连衣裙。宽松的下裙镶有穗带装饰，在纤腰处打褶收紧。下方的裙撑将裙子撑出膨大的形状。她头上梳着当时典型的发型，头发从中间分开，明显拢在脑后的发网中。她的丈夫穿着一件男式礼服大衣，马甲前襟处可以看到他的表链，鞋子的鞋跟很高。这对夫妇的照片是在他们婚礼当天所拍摄。（图片来源：Washington State Historical Society）

图 11.6 克里诺林时期服装风格的线条轮廓是通过使用裙撑来实现的。织物和装饰物中会出现一些更鲜艳的颜色，通常是因为人们越来越多地使用苯胺染料，该颜料最早在 1856 年合成。（图片来源：EVENING DRESS, 1856 - 1858, silk; Cincinnati Art Museum, Gift of Mrs. Jesse Whitley, 1964.281a - b）

化，从中分析每日、每个季度或者每年的变动。专利——记录了该时代的发明，能够展现服饰、配饰甚至女性月经类产品方面的创新，但是无法提供实际生产或使用的相关证据。

克里诺林时期的服饰

女性服装的基本线条轮廓（同样也包括五六岁以下的儿童和六岁以上的女孩）在紧身胸衣的支撑下，上身会紧贴腰部收紧，然后刚到腰部往下的位置裙摆便会变宽，形成一个完整的圆形或圆顶形状。袖窿的接缝则位于人体肩部以下、手臂上方的位置（见图 11.9c 和图 11.9d）。服装使用的面料十分挺括，以确保有足够多的身体部位来提高裙子的膨大程度，即使裙内还套有一个裙撑进行支撑。丝绸通常用于制作质量更为上乘的服装，其中有很多是塔夫绸，尤其是带有方格和条纹图案的丝绸（见图 11.6）以及呈混合色或者彩虹色的织物，它们的制作方法都是在经纱中织出一种颜色，在纬纱中织出另一种颜色。可水洗的棉或亚麻一般用于制作日常服装（很少得以保存下来）、贴身衣物和大部分的儿童服装。羊毛织物出现在女性的日常服装和正式礼服以及男性的套装中。男性、女性和儿童的外套通常都是羊毛面料。此外，还有一种极具吸引力的丝绸和羊毛混纺面料，质地较为透明，干净轻薄，名为巴雷格沙罗（barege）。

1856 年，第一批人造苯胺染料成功合成。第一种被制成的染料为颜色艳丽的品红色调名为苯胺紫（mauve），但是其他颜色的染料也很快发展起来。这一技术的进步不仅扩大了染色织物的范围——不只局限于如今随手可得的织物，而且增加了织物的鲜艳程度（见图 11.6）。

虽然了解线条轮廓和服装细节有助于确定历史服装的年代，但有时研究服装本身也会找到有关日期的线索。例如，在这一时期及之后，男性的马甲或长裤可能会增加搭扣设计，用于调整服装的合身度。其中一些搭扣上标明了专利号，甚至还有专利授权日期。其他用于收紧服装的饰物，如扣钩、扣眼、按扣和部分纽扣都标有专利号。有了这些专利号，研究人员就可以确定专利授权的日期，以及最早的服装生产日期。

女性服饰

选择贴身衣物时，女性会穿上女式宽松内衣，在紧身胸衣和裙撑下身着衬裤。她们会在裙撑顶部套上一件衬裙。贴身衣物通常为棉质或者亚麻质地。女式宽松内衣为短袖，长度及膝，裙身较短，形状宽松，且不带多余的装饰。衬裤也为及膝长度，裤边缀有横裥、蕾丝花边或刺绣镶边。在冬天，一些女性会穿着彩色的法兰绒衬裤用于保暖。

女性会在紧身胸衣外面穿上贴身背心（camisole）或胸衣罩（corset cover，见图11.7b）。这种齐腰服饰的制作适合女性身材，衣袖较短，前面用扣子扣紧。紧身胸衣的制作方法不再像以前那样大量使用鲸须，而是采用三角布，并且嵌入具有弹性的衬料。在采用了克里诺林裙撑之后，紧身胸衣的长度变短了，因为没有必要再限制臀部的形状。当克里诺林裙撑的尺寸变小时，紧身胸衣也会变得更紧。人们越来越少提及"束腰"，而"紧身胸衣"一词则被更广泛地使用。

人们将一系列鲸须或钢制（1857年后）裙撑缝制在布条上或布质裙里，制成圈环裙或者当时所称的"克里诺林笼式裙撑"（见图11.8）。裙撑的形状随着时装线条轮廓的变化而变化，19世纪50年代的裙子轮廓是圆形的，而在19世纪60年代裙子的前面略为平坦，后面则更为膨大。在裙撑上通常会加上一条饰有蕾丝花边、刺绣或小型褶裥的衬裙。冬天为了保暖，人们可以多添几件法兰绒或絮棉面料的衬裙。

日间连衣裙（见图11.9）通常有三种：一种是一件式的，连衣裙上身和下裙在腰

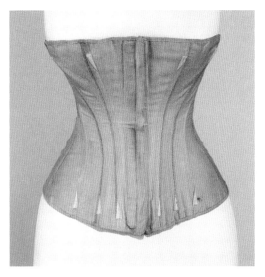

图 11.7a　紧身胸衣通常是棉质的，为了做成理想的形状，胸衣上还嵌入了鲸须。采用了克里诺林裙撑之后，紧身胸衣的长度变短了，因为没有必要再限制臀部的形状。当克里诺林裙撑的尺寸变小时，紧身胸衣也会变得更紧。人们越来越少提及"束腰"，而"紧身胸衣"一词则被更广泛地使用。（图片来源：Brooklyn Museum Costume Collection at The Metropolitan Museum of Art, Gift of the Brooklyn Museum, 2009; Gift of E. A. Meister, 1950）

图 11.7b　图为女性在紧身胸衣外面所穿的贴身背心，或称胸衣罩。这种齐腰服饰的制作适合女性身材，衣袖较短，前面用扣子扣紧。（图片来源：12.7b Gift of Mrs. L. Gordon Campbell, 1950/The Metropolitan Museum of Art）

图11.8　裙撑为漫画家提供了再好不过的讽刺素材。图a表明马和骑马者都可以被同一条裙子盖住（摘自《笨拙》或《喧闹的伦敦》，1858年11月）。图b指出了公共交通对穿裙撑女士带来的危害。（图片来源：12.8a The Cartoon Collector/Print Collector/Getty Images; 12.8b. The New York Public Library/Art Resource, NY）

部缝合在一起；一种是公主风格，无腰线接缝；还有一种是两件式，由两件相配但可以分开穿的连衣裙上身和下裙，而这也是越来越多人的选择。紧身胸衣的造型通常是通过背部的曲线接缝和正面的捏褶来实现的。袖窿位置放得很低，位于手臂之上，而低于人体的自然肩线，也就是人们所称的"落肩"式。丝绸或羊毛质地的紧身胸衣通常用棉或亚麻织物做衬里，偶尔也会将一些鲸须片缝在接缝处。

　　独立式连衣裙上身是日间着装，通常长度到腰围附近，在上身正面或背部用纽扣或扣钩、扣眼系紧。一些上身的剪裁类似夹克的式样，带有延伸部分的连衣裙上身又被称为巴斯克紧身胸衣，腰部以下的部分向四周展开。1860年之前，巴斯克紧身胸衣的做法通常是对连衣裙上身进行裁剪，让它的长度盖过腰部。后来，人们会将单独的几片碎布缝在连衣裙上身的腰部位置。有些紧身衣延伸到腰部以下约6英寸，甚至是腰部四周，其他的紧身衣则前短后长。

　　连衣裙的领口很高，没有附领，通常缀有斜裁绲边。通常与日间连衣裙搭配的都是可拆卸、可清洗的衣领和袖口（见图11.9）。许多衣袖的袖口是敞开的，搭配有可拆卸的蕾丝花边或麦斯林纱衬袖（法语称呼，一些时尚杂志称之为"多层蕾丝袖口"）。照片和时装版画中通常会描绘各类袖子的样式。钟形衣袖的肩部较窄，肩部往下逐渐加宽，袖口位于肘部和手腕之间（见图11.9a）。宝塔袖（pagoda sleeves）的肩部很窄，在袖口处突然变得膨大，形成喇叭状。这种衣袖有时会前短后长。有些袖子由两层褶边组成，第二层褶边的长度可以到手臂往下四分之三处。19世纪60年代，袖子经常在袖口处收紧（见图11.9d和11.9e）。收拢式衣袖演变出了很多种样式，包括在袖窿处打褶，用腕带将衣袖的蓬松感收拢的衣袖；紧贴手腕，袖窿上缀有肩襻的衣袖；以及从肩膀到手腕

图 11.9　克里诺林时期的肖像照片。前两位人物，即上面的图 a 和 b，穿着缀有荷叶边的敞开式衣袖。左边的女性戴着雪尼尔花线女式束发网，右边的女子戴着一顶小型的亚麻帽。右上角的年轻女子（图 c）服装带有夹克式衣袖，袖根处用肩襻装饰。在左下角的女性（图 d）和孩子（图 e）的照片中，可以清楚地看到她们裙子下面的裙撑的轮廓。右边的女性（图 f）在脸畔处留着香肠状卷发，或者说垂下的长卷发。她头上戴着一顶小帽子，帽子上悬挂着丝质飘带。图中的所有人物都把头发梳成中分。除了小女孩，所有人都穿着可拆卸的白色衣领。（图片来源：Photographs from the author's collection）

由一节一节泡褶组成的袖子。夹克式衣袖的制作方法与男士外套衣袖的制作相似，都是手臂下方有一条内缝，手臂后方有一条外缝。这些袖子在肩部没有衣褶，相对贴合手臂的长度（见图 11.5）。

独立式衬衫可以和下裙搭配，这些上衣通常领口较高，带有前文所述的收拢式衣袖。红色加里波第衬衫在 19 世纪 60 年代风靡一时（见图 11.10）。这种时尚上衣的灵感来自在朱塞佩·加里波第将军领导下为统一意大利而战的意大利士兵所穿的红衫（纽约公共图书馆数字馆藏）。

从 19 世纪 50 年代到 60 年代，裙摆的宽度一直在增加（有些裙子的周长可达12—15 英尺）。19 世纪 50 年代早期，裙子呈圆顶形。60 年代，裙子形状更像金字塔，臀部体积膨大。到了 60 年代末，蓬松的腰部开始收紧，裙子为多褶式而非收拢型，腰际线位于自然人体腰部位置的上方（见图 11.12）。裙子通常带有完整的内衬，或者为半衬里，抑或在下摆周围带有一圈衬里，以免裙子被弄脏。裙摆边缘增加了一圈穗带，对裙子有保护作用，防止它接触地面时产生磨损。一些裙子颜色十分素净，也没有任何装饰。其他的类型则在裙子下摆缝上两条或者多条荷叶边。将裙子分层也可以达到类似的效果，外面的每一层都比最里面的一层短，这样也可以形成荷叶边。装饰性的裙子是靠一排排细长的褶边或双层裙来实现的，最外面一层裙子通常比较膨大或者会往上翻卷。

普林赛斯公主裙（princess dress）是一种新兴的一体式风格服装，它的剪裁没有腰部接缝。较长的多褶裙部分从肩膀延伸到地面，通过这些褶皱部分的弧形切口，在腰部收紧。

为了保护衣物或者改变裙子外观，女性会穿上一些服饰配件，例如可以清洗的罩裙。带有精致刺绣的丝质罩裙主要出于装饰目的，并不具有实用性。前文所述的独立式衣领和衬袖通常为白色，可以清洗，带有蕾丝花边或者刺绣镶边。女式三角形薄披肩（Fichus），通常是由沿对角折叠成三角形的亚麻织物制成，将其填充在连衣裙上身较低的领口，交叉穿在身上并系在背后。"卡内祖上衣"是一个时尚术语，适用于各种配饰，包括女式三角形薄披肩、穿在连衣裙上身外面的薄纱外套（muslin jackets），以及女式颈部领巾。

PETERSON'S MAGAZINE, MARCH, 1862.

GARIBALDI DRESSES.

图 11.10　红色棉质加里波第衬衫是以众人喜爱的意大利将军朱塞佩·加里波第的名字命名的，他在统一意大利的军事行动中穿着类似的红色羊毛衫，将其作为制服的一部分。成年女性、女孩和男孩都可以穿这种衬衫。（图片来源：The New York Public Library Digital Collection）

女性晚间所穿的服装与日间所穿的服装有许多不同之处，基本上可以从颈部和衣袖的剪裁样式、使用的面料类型以及装饰的精致程度等方面进行区分。晚礼服通常为分开的两件式，也有一些是一件式的普林赛斯公主裙风格。

大部分晚礼服为露肩式领口，通常为一字型或者在胸口带有下倾弧度（即大圆领），带有较宽的宽圆花边领装饰（领口周围带有褶裥的织物带，见图11.11）。衣袖很短，为直筒式，通常被宽圆花边领所遮住。19世纪60年代末，一些无袖连衣裙上出现了可以系在肩上的肩带或缎带。双层裙可以通过将外面一层裙子往上翻卷或者使其变得膨大，来产生装饰效果。裙子上会带有假花、丝带、玫瑰花结或蕾丝花边装饰。19世纪60年代后期，晚礼服的线条轮廓与日间礼服的相似，都是在腰部收得更紧，腰际线更加上移，裙子在臀部处变得膨大突起。

图11.11　19世纪50年代的晚礼服与19世纪40年代末的晚礼服相似。在法国艺术家安格尔的这幅肖像画中，被描绘者穿着一件绸缎质地的长袍，表面富有光泽，并缀有蕾丝花边。她所戴的珠宝和所着的发型都是这个时期的典型样式，所穿裙子是用多层衬裙来支撑的。（图片来源：Buyenlarge/Getty Images）

◆ 户外服装

在户外，女性通常穿着带袖服装，要么是宽松外套，要么是修身外套，只是长短不同；另一种着装是无袖的宽松披风、斗篷和披肩（见图11.12a和11.12b）。

时尚杂志一般会给不同的风格的服装款式分别命名，这往往容易使术语混淆。流行服装的一些名称包括：

◎ 带袖外套：一种有袖的户外服装。

◎ 女式紧身上衣：一种有袖且修身的户外服装。

◎ 女式毛皮披风（pelisse-mantle）：一种双排扣的有袖宽松外套，带有较宽的平领和翻转的宽袖口。

◎ 披风（mantle）：一种到小腿附近的外套，正面收腰，臀部膨大；衣袖分两种，一种是宽松的长袖，一种是像披肩一样的宽松袖子，剪裁为披风的一部分。

◎ 披巾式斗篷：一种宽松的斗篷，长度几乎可以到裙子的下摆。

a   b

图11.12 图a为1863年的户外服装，不仅展示了披风，也有修身外套，外套下面的裙子宽松膨大。最右边是一件用毛皮装饰的披风，样式宽松。图b为裙夹，可以将裙子撑起，方法是将它们放在裙子下面，用扣钩将上面的纽扣圈住，固定在裙子的下摆上。拉动裙夹前面的一个凸舌，就可以将其抬高，这种方式和拉开现代百叶窗帘的手法十分相似。（图片来源：11.12a Guildhall Library & Art Gallery/Heritage Images/Getty Images; 11.12b The New York Public Library/Art Resource, NY）

◎ 陶尔玛服（talma-mantle）：一种带流苏风帽或平领的宽松斗篷。
◎ 女式圆形斗篷（rotonde）：一种和陶尔玛服相似，只是长度更短。
◎ 连帽长斗篷（burnous）：一种带有风帽的披风。
◎ 祖阿芙制服（Zouave）：一种短款的无领夹克，饰有穗带，通常穿在加里波第衬衫外面（见图11.10）。祖阿芙型女短上装源自阿尔及利亚军队的统一制服，他们当时作为法国军队的一部分进行战斗。在美国内战期间，一个名为"祖阿芙"的兵团代表北方出战，部分士兵采用的就是法国"祖阿芙"军队的制服。

◆ 发型和头饰

女性通常将头发中分，然后将头发绕在耳朵上，或是顺直，或呈波浪形，并在脑后绾成发髻或扎成辫子。发垫放在两侧的头发下面，可以让整个发型看起来更为蓬松。到了晚间，女性会将卷发拢在脖子后面。19世纪60年代，女性拢在背后的发量越来越多。人们也会根据需要利用假发来弥补自然头发的不足。在日间，头发通常被包裹在一张发网中，即所谓的"束发网"（snood，见图11.13）。这种装饰物通常是由彩色丝绸或雪尼尔花线制成。

一些年长或已婚的女士仍然戴着带有长飘带或丝带的日间薄纱帽。尽管人们仍然有戴帽子的习惯，但到了19世纪60年代，更为流行的是小型帽子，尤其是帽顶低平、宽檐边的帽子。其他流行的款式还有软边帽；样式类似于18世纪的牧羊女草帽、水手帽，还有馅饼式男帽（pork pie hat，为低矮的圆形帽顶，帽檐

图11.13 图为束发网的一种样式，扎的位置很低，一般在女性的后颈处。（图片来源：Fairchild Books）

较小且向一侧翻起）。在晚间，女性会戴着串珠发网、蕾丝花边方头巾，或者用鲜花或假花、水果造型饰品装饰的发饰，抑或珠宝发饰。非洲裔美国女性会搭配出独特的风格（见"全球联系"）。

◆ 鞋类

长筒袜为棉质或丝绸质地。白色是女性袜子的首选颜色，但她们也会穿彩色和格子式样的丝袜。

女性在白天穿的鞋子大多是方型鞋头和低跟样式的。有些款式的鞋子鞋尖上有玫瑰花结装饰。晚间所穿的鞋子是用白色小山羊皮革或缎子制作而成。19 世纪 60 年代，晚礼服鞋的颜色往往与礼服相配。靴子的长度在脚踝以上，鞋口上用鞋带、纽扣或松紧带系上。

◆ 配饰

手套通常较短，适合白天佩戴（运动时穿着的宽口长手套除外）。白手套常与晚礼服搭配，19 世纪 50 年代时为白色短手套，到 60 年代时手套长度变长，可及肘部。无指手套通常为蕾丝花边，白天或晚间都可佩戴。人们有时会为礼服制作美观的配饰，这样可以让礼服的造型更加多样（见图 11.14）。

瑞士腰带（Swiss Belt）是一种很受欢迎的配饰，腰带较宽，前面有一片三角形的装饰。

全球联系

在西部非洲，已婚女性在户外时会戴着类似头巾的发带。按照当地习俗，女性只能在家里把头发露给丈夫看。后来美国南部的女性奴隶将裹头巾的传统带到了当地。

起初，非裔美国人的发带就是一块样式简单的布，将它包裹在头上并系好。奴隶主将发带视为奴隶制的印记。但是被奴役的女性将头巾变成了抗议的象征。她们将大型美观的纺织品制作成精致的头饰，一丝不苟地系在头上，将其作为一种象征性的表达——"抗议个人身份和公共认同的缺失"。

《蓝色头巾女人的肖像》(*Portrait of a Woman in a Blue Turban*)，欧仁·德拉克洛瓦（Eugène Delacroix），约 1827 年，达拉斯艺术博物馆。（图片来源：The Eugene and Margaret McDermott Art Fund, Inc., in honor of Patricia McBride）

图11.14 到1868年，礼服的线条轮廓正在发生变化。腰际线上移，原本刚好贴合臀部的裙子逐渐变宽，并且在臀部加上了装饰物。礼服上面可以添加各式各样的配饰来改变其造型。（图片来源：Author's fashion plate）

◆ 珠宝

女性最常佩戴的珠宝是手镯、耳环、胸针和项链。流行的材料包括珊瑚、浮雕珠宝、（切割成凸面但未有琢面的）圆顶平底宝石、彩色玻璃和煤玉。

◆ 化妆品

使用化妆品在"贵妇名媛"看来是格调庸俗的，但时尚杂志确实经常会提供一些关于手工制作化妆品的建议，例如："将一汤匙杜松子酒倒入温水中，可以去除因劳累而产生的面部红肿。"与之前的几个世纪一样，也有江湖骗子声称他们可以让女人芳颜永驻，更有铺天盖地的广告大肆推广健康安全的化妆品。这些物品即使没有危害，也不会具备任何效果。

男性服饰

◆ 服装

在温暖的季节里，男性会穿着或长或短的棉质或亚麻质衬裤，贴近皮肤的一层衣物为相同质地的汗衫；到了冬季，有时也为羊毛质地。衬衫的剪裁样式与以前的款式相比没有较大变化，而衣领的尖端延伸到下巴处。由于脖颈处露出的衬衫前襟部分变少，日间所穿的衬衫不再有装饰性的横裥或褶边，但是晚礼服的正面大都带有刺绣或褶皱。大多数衬衫为白色，有些乡村或运动衬衫有多种颜色。衬衫衣领上会系着领带和领巾（见图 11.17）。

西装和以前一样，由外套、马甲（背心）和长裤组成。西装外套不再用扣子系上，而是开衫设计，将外套里面的马甲露出来（见图 11.17）。礼服（以前被称为燕尾服）的正面剪出一个较短的方形"切口"，背后为两条燕尾。虽然在 19 世纪 50 年代时，人们在白天和夜间的正式场合都会穿着燕尾服，但到了 19 世纪 60 年代，燕尾服已完全成为晚礼服着装。晚礼服通常为黑色，有些带有天鹅绒面翻领。

男式礼服大衣结构与前十年的相同，和整个人体躯干相贴合，下摆不会过于膨大。19 世纪 60 年代，男式礼服大衣的腰际线有所下降，腰线也不再清晰易辨。1855 年后，这些外套的长度变长，并且在接下来一段时期里长度一直在增加（见图 11.18）。

当时也有其他流行的外套款式。晨燕尾服（morning coat，也被称为骑马服或紧身大衣）从腰部开始逐渐向背后弯曲，这种弯曲的弧度在 19 世纪 60 年代变得不那么明显。袋型外套（Sack Jacket，在英国称为休闲夹克）是一种宽松舒适、没有腰线的夹克。这种外套正面笔直，背部中央有开衩，衣袖没有袖口，领子较小，并带有短翻领（见图 11.19）。

双排扣厚毛上衣（Reefer）或者领航外套（pea jacket）为样式宽松的双排扣外套，侧边有开衩，领子较小。两种着装皆可作为大衣。

日间所穿的马甲长度在人体腰部附近（见图 11.17）。马甲有单排扣和双排扣两种样式，后者带有较宽的翻领。到了晚间，男性会穿着长度更长的单排扣马甲。

脚背背带在 1850 年后消失了，但长裤为修身款，紧贴腿部。当时也出现了陀螺形的裤子，裤身上部较为宽大、形状往下逐渐缩小至脚踝。1860 年后，裤腿形状变宽了一些。日间所穿的裤子由条纹或格子织物制成。一些裤子款式的侧缝上还覆盖了各色织物条制

图 11.15 图为流行的手携配饰，包括手帕、尺寸适中的折扇和小型手筒。阳伞较小，呈圆顶状，通常为丝绸质地，内部有衬里。马车阳伞还带有折叠把手。（图片来源：Fairchild Books）

图 11.16 图为喜剧者的钱包，尺寸较小，但极富装饰性，既可以用来装硬币，也可以用来收纳其他的个人物品。（图片来源：Brooklyn Museum Costume Collection at The Metropolitan Museum of Art, Gift of the Brooklyn Museum, 2009; Gift of J. Townsend Russell, 1959/The Metropolitan Museum of Art）

成的带子。男性通常穿着吊袜带（英国称"吊裤带"），以此来固定长裤。还有另外一种裤子款式，即在裤腰后面做一个凸舌和搭扣，这样也可以起到固定的作用，而不再需要吊袜带。当时的人们普遍认为，女士将刺绣或针绣吊袜带作为礼物送给绅士是大家闺秀的做派。

1850 年后，出现了一种名叫"束膝灯笼裤"的新兴运动服装。之所以这样命名，是因为这种裤子与华盛顿·欧文（Washington Irving）所著的《纽约历史》中有关早期荷兰定居者服装的绘画有相似之处。这些裤子裤腿宽松，用一根带子绑住，并且在膝盖下用搭扣扣住。"束膝灯笼裤"这个词后来简称为"灯笼裤"。运动时穿着灯笼裤似乎源于人们之前的习惯，他们会穿修身的及膝马裤进行骑马、射击和打猎活动。

还有一些家中比较私密的衣物，比如用装饰性面料制成的晨袍，可以与睡帽搭配穿着；由天鹅

图 11.17 图为 19 世纪 50 年代男性所穿的燕尾服（图左）和男式礼服大衣（图右）。一般而言，男性日间所穿的外套和长裤颜色不一样。圆顶高礼帽是男士最流行的帽子款式。（图片来源：DEA /BIBLIOTECA AMBROSIANA /Getty Images）

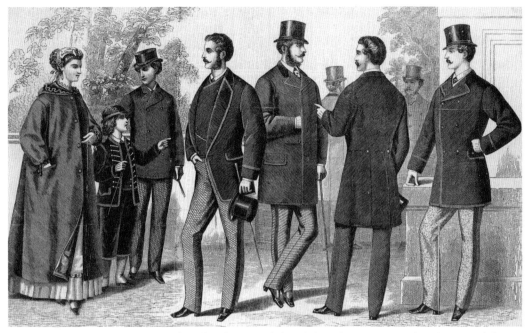

图 11.18　图为 1868 年的成年男子在户外所穿的各种外套和夹克。到了 19 世纪 60 年代末，男式外套不再为修身样式，圆顶高礼帽的高度也有所降低。左边第三位年轻人穿着一件领航外套，而左边第二个孩子穿着一条较短的马裤和一件似乎为天鹅绒质地的夹克，上面有穗带装饰。（图片来源：The New York Public Library/Art Resource, NY）

绒、山羊绒或其他装饰性面料制成的吸烟装（le smoking，和短夹克类似的宽松夹克），一般与小穗帽搭配。

◆ 户外服装

服装变得宽松舒适的趋势在大衣中体现得十分明显。有些大衣比较修身，腰间曲线明显，而另一些则较为宽松，没有明显的腰际线。组合式的斗篷外套样式宽松，带有披风状的或膨大的衣袖，或带有一个短斗篷（术语"男式宽外衣"仍旧用于指代大衣的一般类别，见图 11.18）。

以下为外套款式的其他名称：

◎ 软领长大衣：有单排扣和双排扣两种。

◎ 男礼服长大衣（frock overcoat）：与男式礼服大衣的剪裁线条一致，但是长度更长。

◎ 披肩式男外套（Inverness cape）：一种型号较大的宽松大衣，衣袖膨大，披风的长度在腕部附近。

图 11.19　图为 1850 年左右的一名男子，身穿一件双排扣上衣——19 世纪 40 年代末作为休闲装引入的宽松外套。（图片来源：Fashion Plate, c. 1850）

◎ 连肩式披风（raglan cape）：尽管人们这样称呼，但它是一种宽松大衣，衣袖结构比较新颖；它的衣袖并非连入圆形的缝衣袖窿里，而是从胳膊下面一直延伸到领口的斜线孔缝中连接起来。

除了以上所提的服装以外，还有品类繁多的带袖披风或斗篷。男性晚间所穿的是一件类似于女子陶尔玛服的斗篷。麦金托什防水外套一类的防水外套仍在使用。男性外出时也会在西装外面披上大披肩。在亚伯拉罕·林肯总统一些著名的照片中，他在户外也披着黑色披肩。

◆ 发型和头饰

男性的头发普遍很短，要么为卷发，要么呈波浪形。当时很流行蓄长而旺盛的络腮胡。八字须在 19 世纪 50 年代变得更为流行，到了 19 世纪 60 年代，须发整洁的造型已经过时（见图 11.17—11.19）。

圆顶高礼帽是头部饰物的主要样式（见图 11.19）。其他款式还包括幻醒帽（wide awake，阔檐，低帽顶，用毛毡或稻草制成）、运动服装帽、圆顶高帽（常礼帽），以及平顶窄边草帽。斯特森毡帽（Stetson hat）诞生于 1865 年，当时在美国西部旅行的约翰·斯特森（John B. Stetson）用海狸皮和兔皮为自己制作了一顶高筒阔檐毡帽，牛仔们采用了这种宽边帽，因为它不仅防水，帽顶还可以压缩，实用性很强。于是斯特森在回到新泽西后开始生产这种帽子。

◆ 鞋类

鞋子的主要类型包括系带鞋、半靴或短靴（都用松紧带、纽扣或系带将鞋子束紧）以及长靴。运动鞋类中增加了或短或长的护腿或专用的裤腿套（鞋罩）。

◆ 配饰

男性会拿着手杖和带装饰把手的雨伞，戴着手套。

◆ 珠宝

对于男性而言，珠宝局限于怀表、表链、领带别针、戒指以及各类装饰性纽扣和袖扣等。

儿童服饰

婴儿通常穿着长袍。从他们开始走路到五六岁，都会穿着短裙，男孩和女孩都是如此（见图 11.20）。婴儿在室内外都戴着帽子，这样可以防止头部的热量散失。许多婴儿

a   b

图 11.20　男孩和女孩（图 a）穿着相同样式的祖阿芙型女短上装，女孩搭配了一条有褶皱的裙子，男孩配了一条长裤。他们的皮靴长及脚踝。（图 b）一个小男孩仍旧穿着裙子，上身为白色衬衫，腰带和衣带用天鹅绒装饰，下装为蕾丝花边衬裤，搭配及膝长筒袜和踝靴。站在他旁边的那名男子穿着男式礼服大衣和浅色长裤。（图片来源：Photographs from the author's collection）

的帽子都十分美观，由棉或亚麻制成，并饰以精致的刺绣和蕾丝花边，还有一些是针织或钩编而成。

◆ 服装构成

女孩们的着装都是成年女性的款式，只是长度更短一些（见图 11.21 和 11.22）。随着女孩身体发育，裙子也在不断变长。4 岁时，女孩和男孩都穿着长度在膝盖以下的裙子。女孩在 16 岁时，裙子长度逐渐增加到脚踝以上两英寸。年龄较大的女孩还会用裙撑来支撑她们的裙子。白色灯笼裤仍旧有人在穿，直到这一时期结束才逐渐消失。

◆ 鞋类

孩子们通常穿着长及脚踝的靴子或拖鞋，配上条纹或浅色的长筒袜。

图 11.21　格子织物在成人和儿童中都很受欢迎。至于裙子，如图中的这两件，就是这一时期的典型风格。（图片来源：SSPL/Getty Images）

◆ 发型和发饰

男孩一般留短发，女孩经常在脸侧留着长卷发。男孩们戴的是开普帽、水手草帽、小型的无边平顶帽以及尺寸更小的男式帽子，女孩的帽子和成年女性的帽子样式十分相似。

◆ 男孩的服装构成：五六岁之后

男孩们过了穿裙子的年纪后，开始穿长裤或短裤，剪裁样式与成年男子的服装相似。束膝灯笼裤是男孩们所穿的一种特殊款式，膝盖以上裤型宽松，在膝盖处用一条带子收拢，并用纽扣或者搭扣扣紧（见图 11.22）。灯笼裤套装在裤子的基础上增加了一件短款无领夹克；年长一点的男孩还会增加一件背

图 11.22　参加户外活动的孩子们穿着相当考究的衣服。骑自行车的男孩们穿着短裤或长裤，搭配夹克和高筒靴。女孩们的裙子和成年女性的款式相同，腰际线略高，裙子背面比正面更加蓬松。裙子的长度存在细微差异，年长女孩的裙子比年轻女孩的略长。（图片来源：Children in the Park, from La Saison, Journal Illustre des Dames, May 1869[coloured engraving], Colin, H.[fl.1869]/Private Collection/Bridgeman Images）

服装版型概览图
克里诺林时期

女性服装：
19 世纪 50 年代—60 年代末连衣裙上身为修身款，衣袖的位置在肩部下垂的位置。腰际线在人体腰部附近。

男性服装：1850—1870 年
衬衫西服套装由西装外套（晚间为燕尾服，日间为男式礼服大衣）、马甲和长裤组成。现在更多人会穿袋型外套。

女性服装：1857 年后
圈环裙可以撑起膨大的带褶裙或者褶裥裙。起初，裙子的蓬松感集中在裙子四周，后来逐渐向臀部移动。

女性服装：
19 世纪 60 年代末裙子为多褶裙，腰际线更高，裙子的蓬松感集中在臀部。

心。水手服由长裤或短裤以及衬衫组成，衬衫为方形平领，前襟领口呈 V 形。水手服上衣的样式被称为"海军服"，源于"海军军校学员"一词。伊顿套装、束腰长上衣套装、夹克配长裤套装都与前一时期的款式相似。

户外服装大多是成年男性外套的迷你版本。游泳时所穿的服装是羊毛针织的运动套装。

章末概要

在克里诺林时期，法国时装之父查尔斯·沃斯在改革服装购买方面发挥了重要作用。沃斯的两个儿子在巴黎成立了巴黎高级时装公会，确立了巴黎在时尚创新领域的统治地位。

服装生产和购买方面的其他变化也始于这一阶段。在克里诺林时期，相比主要的线条轮廓变化而言，女性服装的时尚变化更多地集中在细节的变化上。不可否认，用裙撑支撑的裙子形状从圆顶形开始演变，后来更偏向金字塔形。人们认为这一时期的时尚可能是工业革命及技术所带来的。当然，如果没有钢铁工厂和缝纫机，那么社会各阶层的众多女性很难如此迅速地将裙撑作为自己的服装。因为钢铁工厂生产的钢铁能够用来制造裙撑，而缝纫机的出现能以相对较低的价格大规模完成裙撑的组装。

缝纫机的发明彻底改变了服装的制作方式，政治冲突则推动了这项新技术在美国的发展——当时处于南北战争中的士兵们急需大批量的制服。政治人物似乎也对服装产生了影响。法国欧仁妮皇后就因其着装风格而备受推崇。加里波第衬衫、祖阿芙制服和拉克兰袖（即连肩袖）则分别以意大利将军、法国兵团和英国克里米亚战争英雄的名字来命名，并且成为一种时尚。连肩袖是一种袖子的样式，接缝从上衣前后的手臂下方一直延伸到颈部，而不是直接和袖窿相连。

维多利亚女王虽然并非时尚界的革新者，但是她以身垂范，表明了她高度重视家庭生活的社会态度，并强化着装上的性别差异。女性被限制在裙撑的钢筋铁骨之中，而男性却在服装上获得了更多的舒适感和自由。宽松西服上衣是 19 世纪一种舒适的宽松夹克，也是当今男式运动夹克样式最为接近的前身。这种上衣刚出现便迅速为男性所接受，并自此成为他们衣橱中必不可少的服装。

克里诺林时期服装风格的遗产

"克里诺林"一词在 19 世纪 50 年代产生了新的定义，并且一直保留到今天。它是一种硬质面料，置于衬裙之中，可以将裙子撑起。裙撑在服装中得以使用之后，人们开始称这种裙撑为"克里诺林笼式裙撑"，最后又将这个词简称为"克里诺林"。如今，"克里诺林"一词可以指代任何硬质衬裙，无论它是否带有任何类型的裙撑。随着 1947 年"新风貌"（New Look）浪潮席卷而来，以及 20 世纪 80 年代末"迷你克里诺林"的再次亮相，克里诺林得以复兴。不论在什么年代，只要是婚纱带有膨大的长裙，就是克里诺林出现的时刻。请参见"现代影响"中有关裙撑夸张化使用的示例。

短裤本身是 18 世纪及膝马裤的派生物，自 19 世纪 60 年代推出以来便盛极一时，无论是成年男子还是小男孩，甚至

（图片来源：Shirlaine Forrest/WireImage/Getty Images）

女性，纷纷被这种服装所吸引。1849 年"淘金热"后，李维斯牛仔裤应运而生，并且作为一种工装已经度过了漫长岁月，但也经历过几度沉浮，变成过运动服和儿童的游戏服，最后成为几乎任何场合都可以穿着的时装。

主要服装术语

巴雷格沙罗（Barege）

布鲁姆套装（bloomer costume）

克里诺林笼式裙撑 / 克里诺林（cage crinoline/crinoline）

巴黎高级时装公会（Chambre Syndicale de la Couture Parisienne）

胸衣罩（corset cover）

粗斜纹棉（denim）

女式三角形薄披肩（fichus）

男礼服长大衣（frock overcoat）

加里波第衬衫（garibaldi blouse）

披肩式男外套（Inverness cape）

李维斯牛仔裤（Levi's）

披风（Mantle）

苯胺紫（Mauve）

宝塔袖（pagoda sleeves）

女式毛皮披风（pelisse-mantle）

普林赛斯公主裙（princess dress）

连肩式披风（raglan cape）

连肩袖（raglan sleeves）

双排扣厚毛上衣 / 领航外套（reefer/pea jacket）

女式圆形斗篷（rotonde）

袋型外套（sack jacket）

束发网（snood）

斯特森毡帽（Stetson hat）

瑞士腰带（Swiss belt）

陶尔玛服（talma-mantle）

土耳其裤（Turkish trousers）

幻醒帽（wide awake）

祖阿芙制服（Zouave）

问题讨论

1. 谈谈你对查尔斯·沃斯（及其儿子）在时尚创新方面对法国时装设计行业带来的影响。

2. 请问技术进步是如何影响克里诺林时期的服装的？这些进步带来了哪些方面的影响？

3. 请问女性服装和儿童服装是如何从克里诺林时期的军装中获得灵感的？请列举具体的方面和两者矛盾的地方。

4. 请说明阿米莉亚·布鲁姆的身份，并谈谈她与其想通过服装宣传来进行的事业，并指出她所作努力带来的影响。

5. 南北战争期间，南方女性是如何应对物资短缺的？她们为了跟上时尚又做出了哪些努力？

参考文献

Amneus, C. (2003) . *A separate sphere: Dressmakers in Cincinnati's golden age, 1877–1922*. Lubbock, TX: Texas Tech University Press.

Downey, L. (2016) . *Levi Strauss: The man who gave blue jeans to the world*. Amherst, MA: University of Massachusetts Press.

Foster, H. B. (2010) . Antebellum African Americans. In J. Eicher (Ed.) , *Encyclopedia of world dress and fashion* (Vol. 3, pp. 514–516) . New York, NY: Berg.

Godey's Lady's Book. (1854) . July.

Godey's Lady's Book. (1864) . November.

Groom, G. (2012) . The social network of fashion. *Impressionism, Fashion, & Modernity* (pp. 33-44) . New Haven, CT: Yale University Press.

Harper, I. H. (1898) . The life and work of Susan B. Anthony. Vol. 1, ch. 7. Quote retrieved fromhttp://quotes. dictionary.com/Women_are_in_bondage_their_clothes_are_a#XitcEiWmCTkHk6Hk.99

Hay, E. (1866) . Dress under difficulties; or, passages from the blockade experiences of rebel women. *Godey's Lady's Book,* July.

Hegermann-Lindencrone, L. (1912) . *In the courts of memory.* New York, NY: Harper.

Johns, M. J., & Farrell-Beck, J. (2001) . "Cut out the sleeves": Nineteenth-century U.S. women swimmers and their attire. *Dress, 28* (1) : 53–63.

Kidd, L. K. & Farrell-Beck, J. (1997) . Menstrual products patented in the United States, 1854-1921. *Dress, 24* (1) : 27–42.

Pointer, S. (2005) . *The artifice of beauty: A history and practical guide to perfumes and cosmetics.* United Kingdom: Sutton Publishing.

Sears, C. (2008) . All that glitters: Tran-sing California's gold rush migrations. *GLQ: A Journal in Lesbian and Gay Studies, 14* (2–3) : 383–402.

Shaw, M. & Bassett, L. Z. (2012) . *Homefront & battlefield: Quilts and context in the Civil War.* Lowell, MA: American Textile History Museum.

Sullivan, J. (2006) . *Jeans: A cultural history of an icon.* New York, NY: Gotham.Warner, P. C. (2001) . "It looks very nice indeed": Clothing in women's colleges, 1837–1897. Dress 28 (1) : 23–39.

第 12 章
巴斯尔时期及
19 世纪 90 年代

1870—1900 年

服装制造的起源及其对获得服装方式的影响

男性服装的细节变化

服装线条轮廓与女性贴身衣物之间的联系

流行艺术对该时期的服装产生的影响

女性越来越多参与体育运动对着装的影响

巴斯尔时期的名字来源于一种服装装置，它能让裙子的线条轮廓保持臀部膨大突出的形状。到了19世纪90年代，裙子不再具有这种极致的臀部丰满感，连衣裙上身发展出了"羊腿形"衣袖。19世纪的最后十年通常被称为"快乐的90年代"，在法国也被称为"美好年代"。这两个名字都带有一种快乐和幽默的意味。西方世界似乎正在从维多利亚时代严肃说教的氛围中脱离出来。女性开始成为劳动力，也会参加体育运动，尤其是自行车骑行。拉斐尔前派、美学运动和"新艺术风格"先后影响着服装的走向。

历史背景

巴斯尔裙开始流行时，维多利亚女王已经统治英国三十多年，并将在之后的三十年里依旧稳坐王位。虽然还保留着维多利亚时代的社会习俗，但人们的态度却发生了变化。作为王位继承人的威尔士亲王广受人们爱戴，维多利亚女王引领的时尚却已是明日黄花。威尔士亲王不愿受父母约束，喜欢自由，他最爱去的一个地方就是巴黎。在一些当时很流行的歌舞厅里，比如"红磨坊"，时常有舞蹈和歌曲表演。一家名为"女神游乐厅"的歌舞厅开业之后，一种名叫"脱衣舞"的新型娱乐形式蓬勃发展。1895年查尔斯·沃斯去世，但沃斯家族在他的两个儿子领导下仍旧存在，同时还有一些著名的设计家族，如杜塞（Doucet）家族、珍妮·帕昆（Jeanne Paquin）家族、卡洛姐妹和雷德芬家族。

美国南北战争结束后，国家的东西部通过铁路相互连接起来，越来越多的定居者开始向西部迁移。工业化和城镇化继续飞速发展，移民也纷至沓来，但是随之而来的还有一系列劳资冲突问题，这些问题通常是因为对劳动者的剥削和劳动者无法摆脱的贫困而引起的，但美国人仍然保持着乐观的生活态度。马克·吐温将这个时代称为"镀金时代"。内战之后，美国国内实现了长期和平，也开始了经济扩张，为许多美国人提供了改善经济状况的机会。

纽约市第一栋公寓大楼仿照巴黎的公寓楼结构，于1870年建造完成。随着住房需求的增加，城市中心区也在不断扩大。很快，这座公寓大楼就引得一众房屋建筑师纷纷效仿，包括那些声名狼藉、拥挤不堪的穷人公寓。

越来越多的美国女性开始进入劳动力市场。1890年，370.4万名女性选择外出从事各行各业的工作。到了1900年，职场女性的数字达到了531.9万。同一年，美国人口普查列出的303种职业中有295种职业雇了女性，包括农业、冶金业和医学领域。然而，女性主要从事的还是教育、家政与个人服务（护士、洗衣女工、女服务员）、簿记与会计、销售以及裁缝等职业。

到19世纪90年代，女性外出工作的趋势促使服装业的发展发生了转变，女性服装开始减轻自身重量。时尚杂志并不一定总能准确地反映这种趋势。但从一些照片中能看到，职业女性的裙子比杂志上显示的更短，装饰也相对较少。尽管服装更加简化，但是历史服装系列中的许多藏品让人更加确信它们依旧是经过了精心设计和繁复装饰的，因为大多数女性其实并没有保留她们的日常服装。日常服装更容易在邮购目录和该时期的照片中看到。

女性运动项目与服装

如果将体育运动定义为需要大量体力消耗的娱乐活动，那么直到 19 世纪，女性才真正参与到体育运动中来。的确，几个世纪以来，女性都将骑马作为一种娱乐消遣或者交通方式。她们也会滑冰和打槌球，但是直到 1870 年之后，女性才更加活跃地参与到各种运动之中，比如网球、高尔夫球、轮滑、徒步旅行，甚至登山等。她们也会在湖泊或海洋中"沐浴"，但她们中很少有人会进行真正的游泳运动。游泳和骑马都需要穿着特殊的服装，其他运动项目只需对日间的服装稍加修改即可。除了稍微把裙子剪短之外，参与网球、槌球、溜冰或高尔夫球运动的女性比较喜欢追随时下的潮流。但在自行车风靡一时之际，人们设计出了一种特殊的着装。

自 19 世纪 60 年代以来，健美操或体操一直是大部分女子神学院和女子大学课程中的一部分。在 19 世纪七八十年代，一些大学增加了诸如赛艇运动和棒球一类的团体运动。这些运动所需服装通常是家里自制或者由裁缝制作的。19 世纪 90 年代，女性开始在大学里参加篮球运动之后，体育制服也随之出现。到 20 世纪初，"运动套装"制服已经成为统一着装，个人不再单独穿自己的服装。原本的土耳其裤一直与带下摆的短裙或衬衫上衣搭配，而这些新制服比它们更具实用性。为了适应女性运动量的增加，人们将女短灯笼裤裁剪短，改成更为宽松的版型，做成短裙的样式，并将单独的衬衫底部用纽扣扣在短裙上。

自行车最早出现在 19 世纪初，但当时并没有真正引起公众的追捧。1876 年，在"费城美国独立百年博览会"上展出的一辆前轮高 5 英尺、后轮高 8 英寸的英国自行车，引起了制造商的注意。到 1885 年，已经有 5 万多名美国人开始骑自行车；到 1896 年，骑自行车的人数增加到 1000 万左右。

第一批骑自行车的女士穿着长裙优雅地蹬着车，裙内甚至还有巴斯尔臀垫。但在 19 世纪 90 年代，人们设计出的一种分衩式服装，即一种膨大的短裤，成为骑自行车时比较实用的着装。虽然实际上很少有女性会穿着短裤（即英国所称的"骑行女短裤"[rationals]），但这种款式的确标志着女性首次接受分衩式服装，对女性而言可谓是取得了不小的进步。一旦这些短裤成为某项运动的着装，其他的运动也会逐渐接受这种服装，比如登山。然而，直到 20 世纪 20 年代末，大量的女性才开始穿近似于男性长裤的服装。

纺织技术

纺织品生产技术在 19 世纪已经成熟，因此生产出的织物质量更好，往往也更便宜。动力织机取代了手摇织机，天然染料由于稳定性差、容易变质，也被稳定性更强的合成染料所取代。

纺织品采用了各种化学工艺。为了使丝绸面料更具有厚实感，人们采用了一种称为"加重法"（Weighting）的工艺技术，用化学盐来处理丝绸。但是，过大的自重会使得织物磨损得更快。增重服装源于 19 世纪 70 年代，当时加重法成为普遍运用的技术；而到 20 世纪 30 年代末，加重法就受到了法律的约束限制，因为许多增重服装都出现了裂口或者纱线磨损的情况。棉织物的性能可以通过丝光技术和氢氧化钠来处理改善，从而提高面料的强度、染料牢度以及光泽度。

成衣的生产

到 1879 年，大多数男性所穿的服装至少有一部分是从商店购买的。而在 19 世纪 60 年代，大多数女性可以购买的现成衣物几乎只有连衣裙上身、克里诺林裙撑、无边系带式女帽、斗篷和披肩等。普通的家庭主妇会把缝纫当作自己掌握的一项技能，而更为富裕的家庭则很容易雇佣到专门的女装裁缝。1870 年以后，更多女性进入劳动力市场，促使服装的制造和消费情况发生了变化，也促进了百货公司的发展。贴身衣物和妇女家常服是第一批在商店出售的女性服装。之后，裙子、套装和步行服装的广告接踵而至。19 世纪 90 年代，衬衫上衣和裙子的流行极大地推动了服装制造业的发展，到 1910 年，任何一种女性服装都可以买到现成的。

由于一系列技术的发展，大规模生产得以实现，而缝纫机的发明则是服装能够批量生产的重要因素之一。1863 年，裁缝埃比尼泽·巴特里克（Ebenezer Butterick）成功销售了一种特殊的纸样，并获得了专利。这种纸样的独特之处在于它可以标有不同的尺寸。在这种图案出现之前，女裁缝必须将时尚杂志上印刷的小型图案放大，并将它调至正确的尺寸大小。巴特里克的纱纸服装图案能够让尺寸标准化，这是成衣制作的必需品之一。

每件衣服都进行手工裁剪是一个相当耗时的工程。除非能找到加快这一步骤的方法，否则无法高效地进行大规模服装制造。世上首个能够同时切割大量图案布料的设备是一把长刀，它可以从上至下穿过桌子上的各个槽孔。这种设备一次可以裁掉 18 层布料。1872 年左右，一种蒸汽驱动的切割机得以引入，但这种设备是固定的，操作人员必须将布料放置在切割机上，因此使用过程十分复杂和不便。1890 年后，制造业开始使用电力，因此体积更小、效率更高的切割机就不断发展起来。第一批切割机可以同时切割 24 层布料，后来一些型号的机器可以同时切割的面料多达 100 层。

成衣业生产效率的提高，主要归功于计件工作的出现，工作时每个操作人员只需要完成生产过程中的某一个步骤即可。低价服装制造的一大特点就是依靠不同工人之间的分工协作，因此即便是新手也能获得足够的技能，负责服装制造过程的单个环节。

一些社会学因素也促进了服装业的发展。全职工作的女性越来越多，这意味着女性为自己和家人做服装的时间越来越少。与此同时，这也使得人们对工作制服的需求量增大。在一段时期内，大批移民进入美国寻找工作，其中许多人拥有出色的裁缝和制衣技能，而这段时期服装业得到较好发展。就连美国"人人生而平等"这样的社会理想也有助于人们逐渐接受成衣，因为成衣模糊了社会差异，淡化了以往着装上显而易见的原籍差别。西欧服装业发展与美国的毫无可比性，因为西欧不仅缺少移民作为劳动力，而且更明确的社会阶层结构使得人们无法轻易接受大规模生产的服装供应，一旦接受，除了最富有的人之外，其他所有人都可以穿着这些服装。即使在美国，富人也仍旧在巴黎购买服装，或者通过服装制造商和裁缝进行私人定制。

成衣的销售

百货公司最早出现在 19 世纪 60 年代，能够储备各式各样的商品，包括成衣和定做的服装。到了 19 世纪 90 年代，一些百货公司开始迎合女性购物者的需求，不仅创造了大量工作需求，还成为可供娱乐的场所，如伦敦的哈罗德（Harrods）百货公司和塞尔福里奇（Selfridges）百货公司、柏林的维特海姆（Wertheim）百货公司、巴黎的乐蓬马歇（Le Bon Marché）百货公司和春天（Printemps）百货集团，以及美国的沃纳梅克（Wannamaker）百货公司、梅西（Macy）百货公司和马歇尔·菲尔德（Marshall Field）百货公司等。至于无法亲自来城市购物的顾客，许多商场都会发布邮购目录。

1872 年，亚伦·蒙哥马利·沃德（Aaron Montgomery Ward）将准备好的一份商品目录寄给农民，向他们提供各类产品，告知他们可以通过邮寄的方式购买。蒙哥马利·沃德发明的邮购目录获得了成功，也启发其他公司纷纷开拓邮购业务。1893 年，西尔斯和罗巴克邮购公司（Sears, Roebuck and Co.）开始运营。

服装与视觉艺术

整个维多利亚时期的艺术明显具有折中主义的特点，融合了许多源自历史早期的风格。在建筑方面，哥特复兴和文艺复兴式风格便是这一趋势较为突出的例证。家具或室内设计中大多数影响较大的风格也基于早期的家具或建筑风格，复兴的风格不仅包括哥特式和文艺复兴时期风格，还有洛可可风格、路易十六风格和新希腊风格。

历史风格的复兴在女性服装中也体现得淋漓尽致，尤其是在 1870—1890 年间。一些女性服装下垂的衣袖与中世纪或文艺复兴时期的衣袖样式相似，一些服装的衣领是源于 16 世纪和 17 世纪早期的"美第奇"式衣领，还有许多裙子剪裁成波兰连衫裙，其灵感来自 18 世纪的服装。鞋子带有"路易"式鞋跟，是仿照路易十四在宫廷中所穿的高跟鞋制作而成；服装都有了时尚的名称，比如"玛丽·安托瓦内特"女式三角形薄披肩或"安妮·博林"女式紧身上衣。

此时，人们对传统和保守艺术的反对情绪开始酝酿。库尔贝和马奈等艺术家早在 19 世纪 60 年代就开始挑战传统绘画风格。印象派画家于 19 世纪 70 年代和 80 年代紧随其后，但是他们不仅受到传统沙龙中艺术家和评论家的批判，也遭到公众的反对。1874 年，这些画家的作品被法国官方沙龙——一个获得老牌艺术界认可的艺术作品展览——拒之门外。于是，他们另立门户，单独设立了一个名为"独立艺术家沙龙"（Salon des Indépendants）的展览，后来这个沙龙展成为每年一度的活动。到 19 世纪 90 年代，印象派画家终于赢得了大量民众的追捧，成为艺术界公认的领袖。印象派艺术对这一时期服装产生的直接影响微乎其微。然而，他们的绘画能够很好地展示时下的风尚（见图 12.1）。

唯美主义服饰

19 世纪八九十年代，一场与在英国尝试进行的艺术改革息息相关的服装改革运动着实对服装风格产生了一些影响。美国女权主义者所宣传的布鲁姆运动要求进行服装改革，主要也是基于女性对更为舒适方便的服装的需求。而 19 世纪后半叶的唯美主义服饰，则有着不同的哲学渊源。

唯美主义服饰起源于"拉斐尔前派运动"（Pre-Raphaelite Movement），一群艺术家开始反对 19 世纪 40 年代的英国艺术风格。他们的艺术主题取自中世纪和文艺复兴时期的故事。他们

图 12.1　1874 年，印象派艺术家举办的首次公开展览。文森特·梵·高在 19 世纪 80 年代来到巴黎参观了这些作品，并且改变了他之后的创作风格。（图片来源：VCG Wilson/Corbis via Getty Images）

不仅为模特们制作服装，而且团体中的女性也会穿着他们自己设计的服装。这些服装艺术虽然并非完全是真迹，但都是根据 19 世纪出版的服装史书籍中的图画来绘制的。19 世纪 50 年代日本向西方打开国门之后，日本风格也出现在拉斐尔前派的艺术之中。从 19 世纪 50 年代至 70 年代，接受拉斐尔前派服装的人群仅限于艺术家和少数其他人。到了 19 世纪八九十年代，这种服装开始受到艺术界"唯美主义运动"（aesthetic movement）拥护者的欢迎，该运动普及了拉斐尔前派的哲学，引起了画家、设计师、工匠、诗人和作家等群体的注意。之后，来自日本乃至亚洲的影响变得更为显著，尤其是在纺织品和其他装饰艺术领域。工艺美术运动脱胎于之前的唯美主义运动，它强烈反对机械化生产（见图 12.2）。诗人兼剧作家奥斯卡·王尔德是唯美主义的主要代表之一。在进行唯美主义主题的演讲时，王尔德有时会穿

图 12.2　英国作家兼艺术家威廉·莫里斯是工艺美术运动的领袖。图中这张壁纸是他设计的家用材料之一。（图片来源：© Historical Picture Archive/CORBIS/Corbis via Getty Images）

自己设计的唯美主义服饰：一套带及膝马裤和宽松夹克的天鹅绒套装，搭配飘逸的领带和质地柔软的宽领。

　　通常，女性的唯美主义服饰并非固定不变。衣袖一般是泡褶短袖或者羊腿式衣袖。服装的首选面料是亚洲的丝绸和英国的"利伯缇"（Liberty）手工印花，并且穿着时不再加上衬裙。1875 年，利伯缇布料店正式开业，拥有亚洲设计经验的店主亚瑟·莱曾比·利伯缇（Arthur Lasenby Liberty）很快就让他设计的产品成功大卖（见图 12.3）。

　　当时流行的裙子用巴斯尔臀垫来支撑，线条僵硬，而穿着唯美主义服饰的人群由于服装下垂显得外形慵懒，和前者形成了鲜明对比。这一时期的讽刺作家以嘲讽唯美主义者为乐，因为这些人的重点是"为艺术而艺术"。大多数有关唯美主义服饰的插图都来自乔治·杜·莫里耶（George du Maurier）的漫画，他的作品经常出现在英国幽默杂志《笨拙》上（见图 12.3）。吉尔伯特和沙利文在创作的歌剧《耐心》（Patience）中也对唯美主义者进行了调侃。事实上，歌剧的主角是以奥斯卡·王尔德为原型的。

图 12.3 图为 19 世纪 80 年代一对穿着唯美主义服饰的情侣。虽然这件连衣裙臀部有一些蓬起，但它并没有加上当时那种膨大的巴斯尔臀垫，而且裙子的衣袖也是直到 19 世纪 90 年代才出现在主流时尚中的款式。男士的围巾、带有柔软衣领的衬衫以及所蓄长发也是唯美主义服饰的一部分。（图片来源：Reprinted from Great drawings and illustrations from Punch: 1841 - 1901 [p. 31] by S. Appelbaum & R. Kelly [Eds.] [1981] with permission by Dover Publications, Inc.）

图 12.4 利伯缇手工印花中使用的丝绸通常是在业务繁忙的丝绸工厂生产的，比如图中的这家日本工厂。（图片来源：Universal History Archive/Universal Images Group via Getty Images）

新艺术运动

在 1890—1910 年间掀起的另一场欧洲艺术改革运动也对女性服装产生了一定影响。新艺术运动（Art Nouveau）是艺术家和工匠为了发展一种完全有别于早期艺术风格所进行的尝试。新艺术运动倡导者的目的是对维多利亚时期艺术和设计所奉行的折中主义表示强烈反对。

新艺术运动的设计风格突出表现弯曲有致的线条、灵动自然的艺术形式，以及持续不断的运动感。一些女性服装的线条轮廓，尤其是在 20 世纪的前十年，与新艺术运动中这些流动的线条遥相呼应。服装面料中，有些也能体现出自然的艺术形式，新艺术风格图案中的刺绣花样也经常应用于服装之中。珠宝、手提包的金属搭扣、帽子别针、阳伞和伞柄等样式通常都会受到新艺术运动的影响。

某种意义上，新艺术运动在 19 世纪和 20 世纪的艺术风格之间架起了一座桥梁。尽管新艺术派艺术家未能成功与传统风格彻底决裂，但这种强调艺术必须与以往传统脱节的美术哲学最终导致了艺术界的真正革命（与这场革命一同到来的还有第一次世界大战后的现代抽象艺术）。

服饰研究的信息来源

前文所述的服装来源——博物馆藏品、照片、艺术品和杂志，仍旧为我们提供了关于 19 世纪末服装的大部分信息。女性杂志上也能提供其他的服装信息，例如《女士家庭杂志》（*Ladies' Home Journal*）上的建议专栏，以及《时尚芭莎》（*Harper's Bazar*）上的广告。

这些时期的男女肖像有时会真实呈现服装的效果。尽管这数十年间活跃于大众视野的印象派画家并非都将注意力倾注在服装的细节上，但是许多展览已经证明，博物馆收藏的服装可以与印象派绘画中描绘的服装相互映衬。19 世纪末在纽约和伦敦举行的 18 世纪女性肖像展，引发了上流社会的女性模仿 18 世纪后期服装风格的潮流。

19 世纪八九十年代，手绘的时装版画逐渐消失，时尚杂志开始采用彩色印刷的技术。在杂志中，使用的绘图越来越少，而照片的出现频率越来越高，但是高质量的彩色照片直到 20 世纪 30 年代才问世。而在当时，杂志中需要的各种颜色都是从彩色图画复制得来的。时装插图通常以夸张的比例描绘，以呈现更为修长苗条的造型。甚至一些照片可能也是从一些特定的角度拍摄的。

巴斯尔时期服饰：1870—1890 年

女性通用服装

女性服装的束缚性极强，包括厚重的垂褶、长长的拖裾、笨重的裙撑，以及为了展示姣好身形而设计的紧身胸衣，这促使那些推动服装改革的群体不断采取行动。参见"时代评论 12.1"，从中可以了解一些服装改革支持者的观点。

在这个时期的大部分时间里，臀部膨大是女性服装的一大特点。为了让臀部保持这种丰满的状态，人们设计出了许多不同的装置，称为"巴斯尔臀垫"。

◆ 巴斯尔臀垫

最初，这种新流行的后臀翘起样式是用之前的克里诺林笼式裙撑进行支撑的，同时再加上巴斯尔臀垫。有些克里诺林裙撑的形状在臀部处更为膨大。随后，其他用巴斯尔臀垫支撑的装置也发展起来。这些装置样式繁多，从有弹性的软垫型裙撑到半圈状的钢制裙撑。

然而，在整个巴斯尔时期，这种后臀隆起的形状并不一致。根据不同的形状，这段时期可以细分为三个时段：

时代评论 12.1
时装对女性健康的影响

19世纪末20世纪初出版的杂志《竞技场》（The Arena）大力倡导女性服装改革。杂志中经常提及的一大担忧便是当代服装对女性健康的影响。

在1891年8月出版的《竞技场》杂志中，引用了阿巴·古尔德（Abba B. Gould）的观点，她提到了自身对《竞技场》将巴斯尔时期的裙子评为"长而厚重、容易致病的裙子"的看法，文章说道：

"不管我们怎么穿，它们也还是会让衣服的重量大幅增加，影响脚踝周围服装的整洁，过度堆叠导致身体下部温度过高，阻碍人的正常行动，并且还会引发事故。简言之，这些裙子不仅不舒服、不健康、不安全，甚至还会造成危险。"

在同一篇文章中，玛丽·利弗莫尔（Mary A. Livermore）还指出：

"年轻女孩的病弱可能是由各种原因造成的，但真正的原因是努力学习——即男女同校教育造成的。一方面，据说这种政策迫使女孩为了跟上同班男孩的进度而过度劳累；另一方面，男女同校为女生带来了超负荷的运动，或者处于特殊的生理期时缺乏休息和安静的环境。而从始至终，医生们一直对完全贴身的钢扣胸衣、笨重的曳地长裙、缠在身上的一圈圈带子、挤压双足使之变形的靴子，以及追求时尚的社会里纵情逐欲的风气保持沉默。"

医生艾米莉·布鲁斯（Emily Bruce）参加了该杂志关于服装改革的研讨会，她提出：

"比起紧身胸衣对身体所造成的损害，笨重长裙带来的危害要小得多。后者通过束缚裹缠下肢来妨碍女性的自由行走与优雅动作，这种长裙会从街上或其他地方卷走各种脏脏的东西带回家，在家人并不知情也并未同意的情况下，传递给每个家人。它让摧残身体的紧身胸衣不断压缩腰部，损害脊柱、臀部及腹部，让人体处于一种极其疲惫的状态，方便疾病入侵。"

1.1870—1878年：该时期通过摆弄裙子后面的垂褶，使裙子呈现出后臀膨大的效果（见图12.5和12.6）。

2.1878—1883年：该时期的主要样式是紧身连衣裙或插骨胸衣（cuirass bodice）；在紧窄的插骨胸衣流行的这段时期，隆起的部位下降到臀部以下，一个半圆形框架支撑着曳地长裙（见图12.7）。

3.1884—1890年：该时期的主要样式是体积巨大、质地僵硬的架状巴斯尔臀垫（见图12.8）。

图12.5 图左为1867年左右的裙子，表明从克里诺林时期晚期开始，隆起的部位向臀部移动；图右为1873年的裙子，展现了巴斯尔时期第一阶段的风格，因为臀部蓬起的程度不断加大，形成一种瀑布状。（图片来源：Putnam County Historical Society and Foundry School Museum）

图12.6 图为1874年的日间礼服。衣袖、连衣裙上身及拉长的巴斯克紧身胸衣都采用了褶皱和流苏装饰。（图片来源：Gift of The New York Historical Society, 1979; The Metropolitan Museum of Art）

◆ 服装

衬裤与早期相比变化不大。女式宽松内衣为棉质或亚麻质地，一般是圆颈短袖的样式，长度及膝。这种服装在该时期变得更具装饰性，脖颈处和衣袖上都增加了镶边饰物，在前襟开口的一侧通常也都带有装饰性的褶裥。

将女式宽松内衣和衬裤结合在一起的服装称为连裤衬衣（combination，见图12.9）。《戈迪的女士之书》中的一篇文章写道："这种结合了女式宽松内衣和衬裤的服装有很多优点，非常适合那些外出旅行、送洗衣物以及和寄宿的女性。即使在夏天，这种服装也足够凉爽。"这些衣服有些是针织的，有些是机织的。冬季时，人们更喜欢采用羊毛作为面料。1870年后，人们开始广泛接受连裤衬衣，可能是因为裙子本身已经十分贴身，所以人们希望穿在裙子下面的贴身衣物不再过于笨重。

紧身胸衣通常较长，呈弧形，是由鲸须、钢条或藤条支撑，如今勾勒出了丰满弯曲

图 12.7 从这些 1877 年间的连衣裙中，可以明显看出巴斯尔时期第二阶段的特点，裙子整体轮廓变得紧窄，臀部依旧隆起，这样可以从后臀延伸出一条长长的拖裙。图片出自 1877 年《德莫雷斯特每月杂志》（*Demorest's Monthly Magazine*）。（图片来源：Nawrocki/ClassicStock/Getty Images）

图 12.8 到了巴斯尔时期的最后一个阶段，这些 1885 年的服装已经恢复了臀部隆起的状态，巴斯尔臀垫的形状更加僵硬，后面不再加上拖裙。图为女性的城市服装，由库辛夫人设计，1885 年 6 月 14 日刊载于《时尚画刊》（*La Mode Illustree*）第 24 期的版画。（图片来源：DEA/ICAS94/Getty Images）

图 12.9 图为维多利亚针织厂有限公司一款名为"梅尔巴"（Melba）的连体内衣图示。（图片来源：The New York Public Library Digital Collection）

的胸围线，腰线紧窄，臀部曲线圆润。衬裙的蓬松程度随着裙子宽度的变化而变化，或膨大或窄小。

19 世纪 70 年代，出现了一种名叫"茶会礼服"的新服装。为了减轻收紧花边带来的压力，人们穿着茶会礼服的时候通常不穿紧身胸衣。茶会礼服一般宽松合身，带有长长的裙摆，线条相较于日间礼服或晚礼服更为柔软。据比森尼特（Bissonette）所说："茶会礼服这种服装就像是出色的变色龙，可以适应不同的环境和礼仪所需的正式程度，并且同一种服装可以有不同的穿搭方式。"淑女名媛和其他女性朋友在家里聚会时都会穿着茶会礼服。因为服装改革的支持者也青睐这种服装，故而茶会礼服有时也被称为"合理装"（rational）或"改革服装"（reform garments）。后来，更为大胆的女性会在公共场合也穿着茶会礼服。

当天梳妆完成前或就寝前所穿的其他寝衣类衣物包括裹身衣、梳妆长袍、梳发披风和早餐夹克。

在整个巴斯尔时期，由连衣裙上身和配套裙子组成的两件式连衣裙一直占据着主导地位。只有普林赛斯公主裙除外，它从肩到下摆为一片式剪裁，没有腰线接缝。为了符合人体曲线，贴合身体轮廓，公主裙的剪裁采用了许多垂直接缝和垂直捏褶（长形褶裥）设计。

下裙和衬衫虽然不像连衣裙那么常见，但也会经常有人穿。大多数为外罩式衬衫，剪裁宽松，腰间系着腰带。女性也会穿诺福克外套（Norfolk jacket，一种男士风格的外套），下身套一件下裙。普林赛斯公主裙有时会与单独的衬裙搭配在一起。将外面一层的衣物卷起或搭在臀部上后，这种风格又被称为波兰连衫公主裙。

巴斯尔时期的特色服装

◆ 日间礼服：1870—1878 年

连衣裙上身通常是修身的夹克类型，在正面或背面（或正背两面）有较短的巴斯克紧身胸衣（即腰部下方连衣裙上身的延伸部分），或者在背后的着装外加上较长的巴斯克紧身胸衣，做外套用。礼服领口较高，通常为闭襟式，呈方形或 V 形。开领通常用装饰性的领布或蕾丝褶边来进行填充。即使连衣裙上身的前襟裁剪得很低，背面的领口也会保持较高的位置。

日间礼服的衣袖紧贴手臂，袖口约位于手臂的四分之三处或者手腕附近。外套的衣袖也为紧身式，袖口的位置很低。此时，礼服的袖根位置更高，嵌入袖窿，不再为之前的落肩式。

下裙通常在颜色和面料上与连衣裙上身相匹配，除非和下裙搭配的是衬衫而非连衣裙上身。为了在身前产生围裙一样的效果，女性通常会披上一件外裙。下裙和长款巴斯克紧身胸衣都是用大量布料制成的，然后将这些布料以不同方式在下裙背后环绕打结或者做成褶裥。用这种方式可以达到臀部隆起的效果，最后再用巴斯尔臀垫来支撑。

◆ 晚礼服：1870—1878 年

许多女性会为每条裙子配上两件连衣裙上身：一件用于日间穿着，一件用于晚间穿着。由于晚礼服与日间礼服的线条轮廓相同，所以两者之间的主要区别在于晚礼服使用的面料更美观、装饰物品更加精致，以及两者衣袖和领口的裁剪样式不同。许多晚礼服都为落肩款，通常为无袖或者短袖；也有晚礼服的衣袖到肘部，袖口用褶裥装饰。礼服的领口为方形或 V 形，或者是较低的圆领。

◆ 日间礼服和晚礼服：1878—1883 年

由于巴斯尔臀垫的尺寸逐年减小，礼服的线条轮廓（见图 12.7）也在不断发生改变。这种变化最早发生在 1875 年，当时出现了插骨胸衣，这是一种长款夹克，正面收于一点，可以平滑地贴合在臀部上。这种剪裁要求臀部不能过于丰满，因此巴斯尔臀垫的隆起程度便逐渐降低。用于裙子上的装饰也变得更加不对称。

礼服的领口、衣袖和镶边饰物没有发生根本性变化。带有厚重拖裾的长裙平滑地贴合在臀部。礼服的装饰物都集中在下裙背面较低处。下裙用绑带紧紧地系在膝上，这限制了女性的动作，让她们只能迈着忸怩作态的小碎步。

◆ 日间礼服：1883—1890 年

巴斯尔臀垫再度回归，但与早期的款式不同，因为塑造出的丰满臀部更像是一种构造出的架子状的突出物（见图 12.8），而不像 1870—1878 年时的风格，那时用的是更为柔软的褶状构造。

最常见的连衣裙上身是修身夹克款，一般为巴斯克短衫、波兰连衫上衣或束腰衬衫（见图 12.10 及 "全球联系"）。

图 12.10　图为 19 世纪 80 年代的男性和女性。女性穿着夹克式连衣裙上身，带有延伸至腰部以下的巴斯克紧身衣和该时期最为流行的高领。她们的头发梳在头顶，垂在脖颈处。大多数男性都穿着男式礼服大衣。（图片来源：Courtesy of Huntington Historical Society, Huntington, NY）

图 12.11　图为成年女性和年轻女孩的户外服装。最右边的服装是一个土耳其式披风。（图片来源：Italian fashion magazine, November 1874）

全球联系

　　用于生产巴斯尔服装的缝纫机和服装构造技术在世界各地流行，与之比肩的还有欧美时装。图中所描绘的欧美服装是由日本宫廷女性缝制的。1854年，美国海军准将马修·佩里（Matthew Perry）动用海军力量胁迫日本签署条约，向美国开放港口，并允许美国与日本通商贸易。而在此之前，日本一直奉行"闭关锁国"的政策，关闭对西方贸易的港口。之后，欧美服装开始出现在日本艺术中，这表明：尽管传统的日本服装没有消失，但是西方服饰也在某些特殊场合成为一种时尚。

（图片来源：Gift of Lincoln Kirstein, 1959/The Metropolitan Museum of Art）

　　19世纪80年代，几乎所有的日间礼服都带有较高的修身领，并以鲸须为领撑。衣领通常有三种：一种是连衣裙上身的一部分，穿在夹克里面；一种是作为夹克的一部分；还有一种是作为裙子的一部分。一般来说，衣袖都紧贴手臂，大部分衣袖的长度都在手腕上方。早在1883年，一些衣袖在袖口处出现了泡褶短袖的样式。1889年，这种泡褶袖（也称为"抛袖"[kick-up]）样式变得越来越明显，在19世纪90年代，衣袖蓬松度达到顶峰。裙尾通常高出地面数英寸，只有很少一部分带有拖裾。

◆ 晚礼服：1883—1890年

　　晚礼服的线条轮廓与日间礼服相同，但是带有更多镶边饰物。有些礼服带有拖裾。舞会礼服的袖子很短，只堪堪盖住肩膀。到19世纪80年代末，一些晚礼服会用肩带代替袖子，肩带有宽有窄。而较为保守的女士所穿礼服衣袖在肘部附近。

◆ 户外服装

　　户外服装的种类不断增加。克里诺林时期的衣物很大部分是依赖斗篷和披风，而巴斯尔时期的服装轮廓则更容易收纳在外套或夹克之中。夹克背面紧贴身体，正面则较为宽松或修身，长度通常在腰部以下。有些夹克长可及膝。它们的裁剪是为适应特定年份的巴斯尔臀垫构造而设计的。衣袖通常为外套风格，袖口向后翻（见图 12.11）。

"女式紧身上衣""宽松女袍"和"女式皮衬里长外衣"都是描述各种外套类服装的术语，其中大多数长度在小腿附近，或长可及地。还有一种长款外套是阿尔斯特大衣（ulster），带有腰带，通常还带有可拆卸的披肩式披风或风帽。及地的软领长大衣通常带有天鹅绒衣领。

"多尔曼女大衣"（dolman）是一种形似外套的服装，并非完全合身，其长度从及臀到及地不等，但是衣袖的袖口极宽，同整个衣服（外套或斗篷）相融合。肩部紧贴身体的斗篷和披风，裁剪成的长度不一，其中有些背部贴身，而正面较为宽松。

◆ 体育运动服装

尽管女性逐渐对运动产生了兴趣，但是她们在参与网球、高尔夫球、游艇或散步这些运动时所穿的服装都是用巴斯尔臀垫和繁复的垂褶做成的。女性对这些娱乐消遣活动所做的唯一改变是把穿着的服装稍微剪短（见图 12.12）。

国际知名舞台演员莉莉·兰特里（Lillie Langtry）曾采用羊毛针织面料来制作网球服，于是羊毛针织面料做成的服饰风靡一时。兰特里出生于英国的泽西岛，故以"泽西百合"（Jersey Lily）闻名于世。因此，这种面料又被称为"泽西织物"（jersey fabric），而这个名字也沿用至今。

泳装由女短灯笼裤或长裤、外裙以及连衣裙上身构成。后来，长裤的长度缩短至膝盖，长筒袜盖住了双腿下部。再加上浴鞋或拖鞋，配上一顶泳帽，这套装束便齐全了。衣袖的尺寸不断减小，1885 年一些泳装甚至是无袖的。即使服装上经过了这些修改，女士们也几乎无法真正进行游泳，她们在水中的活动通常仅限于浅水区，在那里泼溅出一些水花（见图 12.13）。

图 12.12　图中展示的是 1890 年左右的溜冰者穿着街头溜冰服进行溜冰运动，然而女性却大多穿着比平时稍短的裙子当作街头溜冰服，并戴上手筒为双手取暖。（《滑冰》[Skating]，亨利·桑德海姆 [Sandham, Henry，1842—1912 年]，路易·普朗及合伙人公司 [L. Prang and Co.] 彩色平版印刷画，图片来源：Library of Congress, Washington DC, USA/Bridgeman Images）

◆ 发型与发饰

通常情况下，女性的头发从中间分开，脸旁的头发呈波浪卷，然后将之梳至脑后。刘海或卷曲的额前短发遮住了前额。在 19 世纪 70 年代早期，女性会将长发编成较大的辫子或盘成圆发

图 12.13 图为 1874 年德国出版物《集市》(Der Bazaar)中描绘的海边的女性和儿童群体。位于中间的三个人都身着泳装。(图片来源：DEA/ICAS94/Getty Images)

髻，或者任长长的发卷从脑后垂下。她们会大量使用假发。随着服装的线条轮廓变得越来越纤细，女性的头发也更倾向于束在头部，在颈背处盘成一个圆发髻或者发卷。1884年后，用鲸须做领撑的高领得到广泛使用，大多数女性都将脖子后的头发往上梳，高高地在头顶盘成圆发髻或者发卷。

到了 19 世纪 80 年代末，只有年长的女性还在室内戴着家居帽。带檐帽和无边系带式女帽的设计极其精致，饰有缎带、羽毛、蕾丝、花朵和荷叶边。如果女性将大量的波浪卷或发髻盘在脑后时，一般会将帽子向前挪，置于脑袋前面，或将帽子往后移，让它靠在发髻上。

随着发型越来越简化，带檐帽和无边系带式女帽会戴得越来越高，帽顶会扩大，无边女帽开始流行起来。在运动着装方面，低平顶、宽硬边的水手草帽成为一种流行时尚。

◆ 鞋类

长筒袜通常与裙子或鞋子的颜色相配。该时期刺绣和条纹图案十分流行。19 世纪70 年代，人们首选的晚间着装是侧边有彩色吊线边花纹（clocks，一种花样设计）的白色丝质长裤，而在 19 世纪 80 年代，黑色丝袜更受欢迎。

无论是鞋子还是靴子，主要的流行款式还是带有中高跟的尖头鞋。日间所穿的鞋子通常和裙子搭配，晚间所穿的拖鞋是用白色小山羊皮革或绸缎制作而成，通常在脚趾处镶有花朵或丝带装饰。与鞋子相比，靴子的时髦程度稍低，长度通常在小腿以下，用鞋带系紧，形状与鞋子相似。鞋面为帆布或鹿皮、鞋跟为橡胶底的运动鞋一般用于网球或者划船等运动，靴子则用于远足和滑冰。

◆ 配饰

手套的长度随衣袖长度的变化而变化，长手套一般与短袖搭配使用。晚礼服的手套长及肘部附近或者更长。虽然该时期也有一些较大的毛皮手筒，但大多数手筒尺寸都很小。

晚间流行的扇子样式有薄纱折扇，通常带有彩绘装饰或者镶嵌在龟壳或象牙棒上的大片鸵鸟羽毛。阳伞的尺寸很大，带有华丽的伞柄和长长的伞尖，并且缀有花边和缎带装饰。

◆ 珠宝

女性晚上使用的珠宝比白天多，流行的饰物包括手镯、耳饰（通常为小球状或圈状）、项链和用珠宝做的头饰。穿着日间礼服时，女性有时会佩戴胸针。

◆ 化妆品与美容

在讲究礼仪的中产阶级社会，胭脂和"化妆品"是不被接受的，但是可以使用面霜、美容皂、扑面粉和气味淡的香水。

1890—1900 年的服饰

女性服饰

◆ 服装

大多数贴身衣物都带有大量蕾丝、褶裥、刺绣等装饰。穿在身上最里侧的衣物由衬裤、女式宽松内衣或连体内衣构成。它们的样式与巴斯尔时期的服装相比，几乎没有变化。

虽然传统风格的紧身胸衣仍流行于世，但是该时期出现了一种新的紧身胸衣样式，它将腰部束缚得更紧，长度只堪堪遮住胸部。这种设计取消了之前为使胸部硬挺而做的胸托，这样做出的衣物可以让胸部保持丰满圆润的形状。法雷尔·贝克（Farrell-Beck）在一项有关美国胸罩历史的研究中指出，胸托早在 1863 年就获得了专利。两位学者表示，尽管早期的内衣设计旨在为当代的紧身胸衣提供一种"更为舒适健康的选择"，但它们显然并不具备理想中时尚的线条轮廓，也没有取得商业成功。然而，到了 19 世纪 90 年代，女性杂志上刊登出各种内衣的广告后，这些衣物的名称和样式变得

图12.14 两位拍照者为一对夫妻，身穿19世纪90年代的服饰，女子上身穿着羊腿袖连衣裙的上身，下面套着一条钟形裙；男子则穿着袋型外套，里面套着马甲，下身为一条与之相配的长裤。男子所蓄的八字胡在这十年里十分流行。（图片来源：Bettmann/Getty Images）

图12.15a 图为仿男式衬衫。19世纪90年代的年轻女子穿着极富装饰性的蕾丝镶边衬裙上衣和锦缎质地的下裙（图片来源：Courtesy of Huntington Historical Society, Huntington, NY）。

图12.15b 图为1894年样式简单的仿男式衬衫，除了羊腿袖的设计，其余部分的剪裁都很像男式衬衫。（图片来源：Reprinted from Victorian fashions and costumes from Harper's Bazaar: 1867–1898 by S. Blum [Ed.] with permission by Dover Publications, Inc.）

繁杂起来，有短款胸托、胸围带、胸围上衣、紧身内衣和古罗马内衣带等。这些服装都是胸罩的前身。

　　用来弥补身材缺陷的设计包括"丰胸材料"，是由柔韧的合成塑料制成的，还有一些是用布料做的，里面塞满了棉垫。卡罗琳·纽厄尔（Caroline Newell）是胸托的供应商之一，她在广告语中声称胸托可以"弥补所有身材缺陷"。以前被称为紧身胸衣的衣物现在叫"贴身背心"，通常会搭配一两条衬裙。

　　虽然巴斯尔臀垫并未完全消失，裙子的臀部仍旧堆叠了层层褶裥或衣褶，但19世纪90年代服装的总体轮廓可以概括为沙漏形。到了1895年，无论是日间礼服还是晚礼服，袖口都是宽大的样式。紧身胸衣将腰部勒得尽可能纤细，下裙向四周展开，呈钟形（见图12.14和12.15a）。

　　两件式连衣裙由带衬里和鲸须质地的连衣裙上身构成，长度通常在腰部附近，腰身呈圆形或者形状略尖。一些连衣裙带有短款巴斯克紧身胸衣，长度在腰部以下。肩部构造包括上衣抵肩以及宽度与肩持平的翻边，常带有褶裥或褶边装饰。

　　从19世纪80年代末开始，袖窿逐渐有了变大的趋势，而在这一时期，这种趋势仍在继续。到1893年，衣袖依旧在变大，到1895年衣袖变得巨大无比。羊腿袖从袖根到

图 12.16　图为 1895 年的定制服装，带有巨大的羊腿袖。钟形裙的臀部通常以褶皱或褶边的形式呈现出蓬起的效果。（图片来源：Courtesy Vincent R. Tortora）

肘部的位置都为膨大的泡褶，然后从肘部到手腕处衣袖收紧，或者从膨大的袖窿逐步往腕部收紧。其他衣袖则用质地更为柔软的面料制成，与手臂等长，并且从上至下都是蓬松的，在袖口处收紧。1897 年后，衣袖的尺寸普遍减小，但是小型的泡褶或肩膀处的肩襻仍可以让人联想到宽大的衣袖样式，衣袖的其余部分正在逐渐收紧。

大多数下裙都为多褶裙，平滑地贴合在臀部。有一些裙子在臀部处打褶或者蓬起。裙子的衣褶向四周展开，形成宽大的钟形。裙子里会用织物做内衬。有些裙子在下摆周围缀上亚麻或硬棉布质地的带子，用来增加裙子硬度。时尚杂志和服装历史学家经常谈及及地长裙。但是，根据实拍的职业女性照片发现，出于实用的目的，女性在工作或运动时更常穿离地面 3 至 4 英寸的裙子。

仿男式衬衫（shirtwaist）是一种衬衫的名字，经常简称为"衫裙"（waists）。这种服装的款式较多，一些带有羊腿袖、剪裁样式像男士衬衫，一些带有蕾丝花边、刺绣和褶边装饰。仿男式衬衫是日益壮大的美国成衣业最先制造出的产品之一。

艺术家有时可以刻画出特定时期的理想造型。查尔斯·达纳·吉布森（Charles Dana Gibson）的钢笔速写中所描绘的世纪之交的青年男女造型——吉布森女孩（Gibson girls）和吉布森男人（Gibson men），便是如此。美国各地的年轻人纷纷试图模仿这种造型。20 世纪 40 年代末，带有羊腿袖的仿男式衬衫迎来了复兴，这种服装被称为"吉布森女郎"衬衫。

定制服装（见图 12.16）指的是相衬的夹克和下裙，穿着时可以配上一件衬衫。这都是户外穿着的主流时尚。服装的风格各异，从模仿男士套装的完全修身款，到带有褶裥和蕾丝镶边的精心装饰款。然而，即使完全修身款，也带有时兴的巨大衣袖。由于这些服装是定制而不是裁缝制作的，因此命名为"定制服装"。

晚礼服的领口较低，一般为方形、圆形或 V 形。1893 年后，落肩款更为常见。这些礼服带有蓬松的衣袖，袖口在肘部以上，裙子通常较大，呈气球状。随着日间礼服的衣袖逐渐变小（约 1897 年），晚礼服的袖子也开始缩小为泡褶短袖。

晚礼服通常带有拖裾，且下裙的形状与日间连衣裙的相似（见图 12.17）。

◆ 户外服装

披风是最常见的户外服装。许多披风在肩部带有蓬起的泡褶，以适应裙子的宽大衣袖。披风的款式包括各种宽大披风，分为天鹅绒质地和饰以毛皮或煤玉串珠的长毛绒质地等。衣领为较高的立领，或者在衣领处镶有褶裥。这些外套可分为修身和宽松两种款式，袖子较大，长度不一，分为短款、长及臀部、长及小腿和及地款等。软领长大衣和阿尔斯特大衣仍旧流行。但是"宽松女袍"和"多尔曼女大衣"这两个词却逐渐不再使用了。

◆ 运动服装

时尚杂志建议将可以搭配修身夹克的短裤（英国又称"骑行女短裤"）作为自行车运动服（见图 12.18）。其中一些短裤的形状相丰满，以至于在一位女士从自行车上下来时，她的短裤看起来就像一条蓬松的裙子。其他骑行服装还有开衩裙或穿在短裤和衬衫外面的裙子。许多女性骑自行车时只是穿着仿男式衬衫、下裙或定制服装，她们会保持端庄的直立姿势，尽管看起来有些不自然。

19 世纪 90 年代的泳衣的实用性远逊色于巴斯尔时期的泳衣，后者更适合游泳，而且在构造上前者可能还更笨重，因为泳衣是按照当时裙子的线条轮廓来设计的，这样所包含的面料更多。因此，这一时期的泳衣通常带有长及肘部、宽大蓬松的衣

图 12.17　新艺术派的设计出现在 1890—1910 年间许多晚礼服中。比如图中这件，是 1898 年由"沃斯时装屋"设计的。（图片来源：Image copyright © The Metropolitan Museum of Art. Image source: Art Resource, NY）

图 12.18　图为 1894 年的天鹅绒质地的自行车服装。衣袖为羊腿式，是当时流行的女装款式。时尚杂志中用来描述这件服装的说明文字是"土耳其裤"，而非"女短灯笼裤"这个术语。（图片来源：S. Blum, ed., 1974. Victorian Fashions and Costumes from Harper's Bazaar: 1867−1898. New York: Dover）

袖，紧窄的腰线，以及长度在膝盖附近的钟形裙。这些泳衣都穿在同样长度的女短灯笼裤上，再配上及膝的深色长筒袜。有些泳衣是用束膝灯笼裤而不是裙子裁剪的，但即便如此，这些泳衣的样式也十分宽松。

◆ 发型和头饰

许多女性会在前额留着卷曲的刘海，然后把剩下的头发盘成一圈或缩成发卷置于头顶。"吉布森女孩"钟爱的发型是在脸畔各留一绺柔软的长波浪卷。头发会在前面梳成蓬巴杜发型（Pompadour），将耳朵露出来。

如今，帽子只有外出时才会戴上，尺寸从小号到中号不等，有些帽子没有檐边。帽子的镶边饰物逐渐上移，蕾丝、羽毛和缎带是最受青睐的装饰。无论是运动装还是工作装，女性的着装风格都和男士相同，包括费多拉帽和平顶硬草帽（straw boater）。平顶硬草帽是一种平檐帽，帽顶呈椭圆形。该时期很流行面纱。在晚间，女性会戴着羽毛、压发梳和珠宝饰物等发饰。

◆ 鞋类

女性日间会穿着棉质长筒袜，晚间穿着的是黑色或彩色丝质长袜。鞋子普遍带有略为圆润的鞋尖和中跟。靴子一般用鞋带或者纽扣系紧。

◆ 配饰

白天戴的手套较短，晚间手套则更长。手提式配饰与巴斯尔时期的相比变化不大。细长的毛皮围巾依旧受到大众欢迎。

◆ 珠宝

新艺术风格的设计带来的深远影响体现在许多珠宝饰物上。别在连衣裙上的怀表是当时非常时髦的配饰。

◆ 化妆品

虽然仅扑面粉和面霜是当时的女性可以接受的化妆品，但她们有时也会给这些化妆品中加入少许着色剂。

男性服饰

◆ 服装

男式衬裤通常由羊毛制成，但是夏天也会穿棉质针织裤。衬裤正面用纽扣系紧，背面带有一根抽绳，可以调节腰部松紧。穿在长裤里的衬裤一般长及脚踝，但是穿在运动

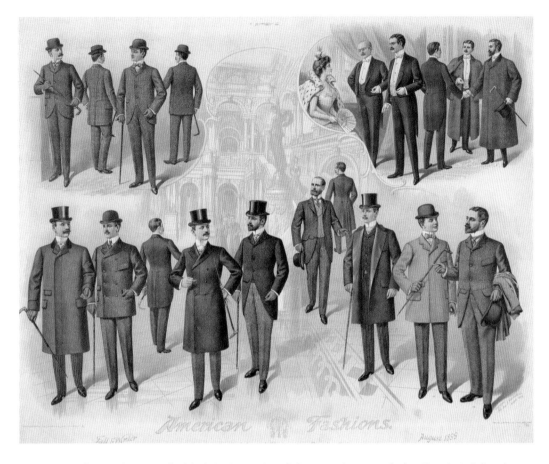

图 12.19　图中 1899 年的男性穿着各式各样的西装和外套。左上角的男性穿着正装和袋型外套。在右上角，男士们穿着燕尾服和正式的大衣参加晚宴。右下角中，稍微正式一些的正装都有腰缝。较短的户外夹克可搭配高筒帽或圆顶高帽。左下角的男士（从左到右）分别穿着软领长大衣、双排扣正装、男式礼服大衣和常礼服。（图片来源：Library of Congress Prints and Photographs Division Washington, D.C. 20540 USA http://hdl.loc.gov/loc.pnp/pp.print）

短裤下面的衬裤长度及膝。

　　汗衫也称为背心，通常为羊毛质地，但市面上也有一些是用更昂贵的丝绸制成的。汗衫长及臀部，为长袖样式，在前面用扣子系紧。

　　男性还可以购买连体内衣或者连衫裤（union suits），后者是将衬裤和汗衫融合为一件衣服。19 世纪 90 年代男性所穿的大部分服装示例可参见图 12.19。

　　T 恤衫（T-shirt）最开始是美西战争期间美国海军所穿的服装。它们的特点是圆领和短袖，原本是作为内衣穿在制服下面。

　　男式礼服大衣一直很流行，直到 19 世纪 90 年代末才被晨燕尾服取代，成为正式的日间穿着。晨燕尾服从腰部上方向后呈弯曲的弧度，这样可以露出马甲的底部。休闲大衣或袋型外套仍旧受到大众追捧（见图 12.14）。这些外套没有腰缝，正面为笔直剪裁或略微有弧度，有单排扣和双排扣两种样式。双排扣厚毛上衣的剪裁与之类似，通常是方形的，正面为双排扣，翻领和领口比袋型外套的稍大。1890年后，双排扣厚毛上衣不再用作西装外套，男性主要将其作为大衣穿。还有一种流行的外套款式是诺福克外套，一种腰间有系带的运动夹克。

在这段时期，长裤为直筒式，相当紧窄，日间所穿的长裤比晚间的裤子略宽。男性在打高尔夫、徒步旅行、打网球和射击时会穿灯笼裤，配上及膝长筒袜和结实的鞋子或高筒靴（护腿）。

在19世纪70年代和80年代早期，外套的系扣往往很高，因此套在里面的马甲变得不那么重要。马甲通常用与西装相同的面料制成，有些马甲带图案，通常为方格花、棋盘格和编织图案。到了19世纪90年代，外套通常是敞开着穿，随着里面的马甲变得越来越容易吸引人的视线，有些马甲采用了装饰性很强的面料。

白天所穿的正式衬衫前襟十分硬挺，1870年后的衬衫样式十分平整，而不再像之前一样带有褶边。从外套正面敞开的部分可以看到衬衫正面，而能够看到的范围每年都有所不同。僵硬的立领逐渐变高，19世纪90年代的衣领高接近3英寸。可拆卸的浆洗衣领和袖口在19世纪80年代很常见，以各种样式出现在人们视野中，衣领从直领到翻折领，不一而足。蝶形领结在当时很受欢迎。较长的领带都会打成蝶形领结，末端通常用装饰性的领扣固定。19世纪90年代还出现了彩色衬衫，其中大部分是条纹衬衫，但是一些彩色衬衫的衣领依旧是纯白色。

男性的晚礼服由燕尾服组成，燕尾长度大约在膝盖附近，燕尾底部略窄于头部。19世纪80年代，燕尾服的剪裁样式发生了一些变化，以往的缺口领不再使用，取而代之的是用缎面或其他丝绸面料制成的卷边连领。

晚间所穿的马甲通常与西装的其他部分相配，常为双排扣样式。正式的衬衫是白色的，通常为纯白色，前面有两个领扣。1889年后，一些礼服衬衫的前襟带有褶边。紧窄的衣领和窄型领结都是流行的晚间穿着。紧身的长裤颜色与外套相配，通常在外侧和侧缝处饰有穗带。

19世纪80年代，人们推出了一种新的礼服——短款西装外套。这种服装在美国被称为"塔士多礼服"（tuxedo，因起源于纽约的塔士多公园而得名），在英国则被称为"无尾礼服"（dinner jacket）。

◆ 户外服装

为了紧跟户外服装的潮流，男性必须关注它们的长度变化。户外服装在19世纪70年代较短，80年代较长，90年代变得更长。主要流行的款式为软领长大衣和男式礼服大衣样式的宽大衣（见图12.19）。披肩式男外套指的是一种呈宽大披风状的服装，可以遮盖住肩部和手臂，也可以指代一种披风（从正面看），能和后面的缝衣袖窿完美融合。这样一来，从正面看明显是披风样式，但从背面看，这种外套看起来就像传统的宽袖大衣。阿尔斯特大衣是一种长款外套，长度几乎在脚踝附近，腰带有两种，一整条和半条样式，有时还带有一个可拆卸的风帽或披风。

◆ 发型和头饰

一般来说，男性会将头发剪短，然后梳成侧分，偶尔也会中分。当时流行八字须，通常还会同时蓄着连鬓胡或者络腮胡，但是在这段时期，这种蓄胡的趋势却朝着剃须的方向发展。

大多数帽子样式都出现在早期。高筒帽是人们最喜欢的礼帽，可折叠的高筒帽也可作为看歌剧时的着装。晚间高筒帽是由黑色的丝质长毛绒制成。浅灰色、浅褐色和白色的帽子都在日间使用。其他款式还包括圆顶礼帽或圆顶高帽、费多拉帽（fedora，低矮的软帽，帽顶前后都有褶皱）、汉堡帽（homburgs，由费多拉帽演变而来，因威尔士亲王流行起来）以及多种多样的运动帽。

平顶硬草帽用去壳稻草制成，是运动时的着装。柯南·道尔笔下的"夏洛克·福尔摩斯"系列故事中的插图让猎鹿帽（deerstalker）风靡全球。这是一种棋盘格图案或粗花呢质地的男式帽子，前后都有帽檐，并且带有耳罩，可以用纽扣扣住，也可以系在帽顶上。

◆ 鞋类

漆皮鞋可作为日间和晚间的着装，在前面用鞋带系紧即可。其他的流行款式还有用于工作或狩猎的松紧带鞋和结实的高帮鞋，以及牛津鞋、帆布体操鞋和橡胶底牛皮运动鞋。

◆ 配饰

男性的配饰大多为手套和手杖一类的饰品。

图 12.20　图为 1879 年所绘马尔特·伯纳德（Marthe Bernard）的肖像画，作者为印象派画家奥古斯特·雷诺阿（Auguste Renoir）。女孩身穿一件黑色天鹅绒连衣裙，采用的蕾丝颜色、袖口样式和超低腰围都是这一时期女孩服装的典型特征。裙子背面的大蝴蝶结与成年女性连衣裙中常见的膨大臀部相呼应。（图片来源：Francis G. Mayer/Corbis/VCG via Getty Images）

◆ 珠宝

男性佩戴的珠宝饰品一般为领带别针、怀表、衬衫领扣和袖扣；如果佩戴其他的珠宝饰品，则被视为阳刚之气不够。

儿童服装

在整个 19 世纪，给儿童穿衣服的基本方式保持不变。男女婴儿和幼儿的穿着都很相似。

◆ 女孩服装构成

女孩们的服装在线条轮廓上与成年女性的相似，但长度较短。因此，在巴斯尔时期早期，这些服装都带有大型的巴斯尔臀垫。大约在 1880 年，当成年女性开始穿插骨胸衣式服饰时，女孩所穿的裙子从肩膀到下摆都是笔直剪裁，腰带位于下摆上方几英寸处（见图 12.20）。在巴斯尔臀垫再次增大的时期，年轻女孩也会穿上这种服饰。19 世纪 90 年代，宽大的羊腿袖也出现在女孩的服饰中（见图 12.21）。其他的服装样式还包括俄罗斯衬衫、苏格兰格子花纹装、刺绣连衣裙、围裙和水手装（见图 12.22）。

◆ 男孩服装构成

大约在 5 岁之后，男孩不再穿裙子，而是改穿长裤或短裤。到 1890 年，开始穿马裤的年龄已降至 3 岁左右。19 世纪 70 年代的男孩短裤变得更加贴身，类似于 18 世纪的及膝短裤。在 19 世纪 80 年代，这种短裤就像是及膝的短款长裤（见图 12.23）。

男孩的套装款式包括伊顿套装（如克里诺林时期的套装）、水手套装和束腰长上衣套装（下裙较窄，腰围略低于早期的款式）。

男孩穿的外套有双排扣厚毛大衣，剪裁类似于成年男子款式；布雷泽运动上衣（blazer），由条纹状或浅色法兰绒制成，较为宽松，带有贴袋，通常为运动着装；还有诺福克外套，尤其流行带有短裤的款式。衬衫通常带有硬挺的高领。男孩的外套都是成年男子外套的迷你版本。

◆ 男孩和女孩的服装

表 12.1 列出了 19 世纪末儿童服装过渡到成人服装的几个阶段。

图 12.21 图为 1900 年左右的内兹佩尔塞的女孩（美洲土著居民），她们所穿裙子的衣袖样式类似于成年女性的羊腿袖。（图片来源：Courtesy of Idaho State Historical Society. Photo 63.221.317 by E. Jane Gay）

图 12.23 图为穿着"小公子方特勒·罗伊套装"的男孩。虽然这个套装是用羊毛而非天鹅绒制成的，但是宽大的蕾丝宽圆花边领以及袖口、短裤、领结的样式和长发都是当时典型的造型。（图片来源：Courtesy Vincent R. Tortora）

图 12.22 图为约翰·辛格·萨金特（John Singer Sargent）于 1890 年绘制的乡间儿童，他们在连衣裙外面套着围裙，这是当时最常见的确保衣服不被弄脏的方式。（图片来源：Edwin Austin Abbey Memorial Collection/Yale University Library Art Gallery）

表 12.1 19 世纪末儿童服装过渡到成人服装的几个阶段

阶段	男孩穿着	女孩穿着
婴儿期	白色长裙	白色长裙
学步期	短款连衣裙	短款连衣裙
幼童期	连衣裙或束腰长上衣套装	短款连衣裙
学龄期	短款长裤套装	较长的连衣裙
青春期	长裤套装；不穿成人的正式服装	较长的连衣裙；没有暴露的正式晚礼服
成人期	正式服装	头发扎起来；裙子长及脚踝；露肩礼服成为正式晚礼服

注：此表为对育儿手册、礼仪典籍和相关建议的调查。

资料来源：Reprinted from Paoletti, J.（1983）. Clothes make the boy. Dress, 9（1）, 19.

◆ 唯美主义服饰的影响

唯美主义运动影响了儿童的穿着。凯特·格林纳威风格（Kate Greenaway styles）源于唯美主义运动中儿童书籍插画作家凯特·格林纳威的作品，画中的小女孩穿着帝政风格的服装。这种服装在 19 世纪八九十年代流行起来，并引发了诸多女孩服装的模仿。自此以后，凯特·格林纳威服装风格在儿童服装上周期性复兴，甚至影响了成年女性的服装风格。

"小公子方特勒·罗伊套装"包括一件长度在腰部略往下的天鹅绒束腰外衣，一条贴身的短裤，一根较宽的饰带，还有白色蕾丝宽边领。这套服装是根据同名儿童读物中的英雄所穿衣服而设计的（见图 12.23）。但事实上，真正穿小公子方特勒·罗伊套装的男孩相对较少。

◆ 发型和头饰

男孩们在穿裙子期间头发较长，在不用穿裙子之后会像成年男性一样把头发剪短。女孩们头发比较长，并且喜欢自然卷。大蝴蝶结在女孩中是一种流行的发饰。男孩们则戴着帽子。男孩和女孩都会戴水手帽和以成人帽为原型的其他款式。

丧服：1850—1900 年

穿着象征丧亲之痛的特殊服饰并非某一个时期独有的习俗。但在 19 世纪后半叶的社会习俗中，无论是和之前还是和之后的大多数时期相比，似乎都更强调严格遵守源远流长的哀悼礼仪。泰勒（Taylor）在一项关于丧服和丧葬习俗的拓展研究中指出，有几个重要因素造成 19 世纪时人们对礼制丧服的日益重视。

一个因素是中产阶级越来越倾向于模仿王室和上层阶级的举止和着装。1861年，维多利亚女王的丈夫阿尔伯特亲王去世后，女王不仅在服丧期内进行哀悼，而且余生都沉浸在悲痛之中。她以这样的方式为他人树立了榜样，因而备受瞩目。另一个重要因素是触手可及的时尚杂志经常发表有关正确悼念礼仪的文章，同时还会刊载名人的丧服。

丧葬习俗不仅规定了哀悼仪式的颜色和织物，还规定了哀悼的各个阶段，划分了社会等级。虽然男性只需要戴上黑色臂章就可以，但寡妇们必须在接下来的一年零一天里穿着丧服，进行沉痛哀悼。哀悼的最高礼仪中或处于哀悼最初时期的丧服包括黑纱裙、黑色配饰，甚至在某些情况下还包括黑色的贴身衣物。

哀悼用黑绉纱（mourning crape）是一种黑色丝绸织物，表面有起皱或不均匀的纹理。现代更喜欢将面料相似而颜色不同的织物写作"绉纱"（crepe），然而在19世纪，这种用于哀悼的织物常写作"黑纱"（crape）。寡妇在第二次服丧时需穿着丧服21个月（穿黑纱饰边的黑色丧服），普通服丧期时至少穿丧服3个月（黑纱饰边可以全部省去，穿黑色镶边的黑色衣服）。即使儿童也需穿着黑色丧服，或者是带有黑色镶边的白色丧服。

图12.24 图为维多利亚时代失去亲人的家属可能会佩戴的特殊珠宝，里面装有亲友的头发。维多利亚时代的丧服是有严格规定的。（图片来源：Gift of Mrs. Burdon W. Russell/Wadsworth Atheneum Museum Collection）

1910年之后，与哀悼相关的严格礼仪制度逐渐消失。对此，泰勒解释道：

毫无疑问，正是第一次世界大战那场残忍的屠杀导致了葬礼和哀悼礼仪的土崩瓦解。随着接连不断的战争，幸存下来的人们不得不面对无数鲜活生命的逝去，一代年轻人几乎消耗殆尽，留下来的孀妻弱子组成的队伍却日益庞大。数以百万计的女性都笼罩在黑纱之中，上至耄耋妇人，下至襁褓女婴，实在是闻者伤心，见者落泪。

服装版型概览图

巴斯尔时期和 19 世纪 90 年代

男性服装：1870—1900 年

着衬衫、领带、背心、外套和长裤。可供选择的大衣有男式礼服大衣、晨燕尾服、袋型外套和诺福克外套。

男性服装：约 1870—1900 年

着"塔士多礼服"——一种带有袋型外套的晚礼服，出现于 19 世纪 80 年代。

女性服装：1870—1878 年

大多是两件式连衣裙，带有紧身上衣，衣袖缝合在肩部。裙子臀部的蓬松感是用层层褶裥和垂褶堆叠而成，并用巴斯尔臀垫来支撑。

女性服装：1878—1883 年

巴斯尔样式逐渐销声匿迹，裙子的膨大部分下移。连衣裙上身变长，平滑贴合在臀部，然后在膝盖下变得宽松。

女性服装：1883—1890 年

巴斯尔臀垫以臀部上架子状的硬质结构复兴。裙子很少有拖裙。服装的细节还包括适合白天穿着的高立领和紧窄长袖。

女性服装：1890—1900 年

裙子臀部的衣褶取代了巴斯尔臀垫。裙子呈沙漏形，衣袖十分宽大，腰围较小，因此看起来呈倒锥形。

章末概要

19世纪末的重要主题包括纺织品和服装的生产和购买。由于社会经济发展和技术进步，于19世纪下半叶诞生的美国女性成衣行业，在该世纪末开始萌芽，成为影响女性时尚的决定性因素。正是由于成衣业发展，仿男式衬衫等时尚产品才能得以大规模生产和批量销售。越来越多的女性开始进入劳动力市场，这一点在随之出现的一些实用的服装款式中体现得尤为明显，比如定制服装和仿男式衬衫等。骑自行车时的女短灯笼裤、泳衣和运动服装表明，女性可以自由参加运动。

女性时尚变化的速度越来越快，男性服装风格却越来越固定，成衣业内的一些市场转变为时尚业，这预示着这种趋势将在20世纪继续发展。

1870—1900年间，女性的时尚风格经历了比以往任何一个相同跨度的时期都要迅速的一系列变化。这些变化是渐进的，每年都在发生。服装的线条轮廓从强调层层堆叠的巴斯尔样式，缩小到纤细的插骨胸衣，背面兼具装饰性的细部和拖裙，最后再次回到臀部丰满的样式——采用僵硬的结构但是为另一种巴斯尔样式。当巴斯尔样式过时后，便被19世纪90年代的沙漏形轮廓所取代。

在维多利亚时期的客厅，不仅有巴斯尔时期精致华丽的连衣裙，还有众多精致小摆设，而且服装也与家具和建筑一样，有复兴过去风格的趋势。随着新艺术运动的出现，服装风格也反映出同样的倾向。那些认同这一艺术理念的人都接受了唯美主义服装。随着19世纪的结束，新艺术运动的图案不仅出现在织物、珠宝和配饰中，女性服饰中发展起来的S形轮廓也能看出这些图案的影子。

与之相反的是，男性服装的线条轮廓几乎没有发生变化。男子衣橱里的服装一成不变，除了外套的长度、长裤或翻领的宽度等细节外，男性服装年复一年，没有明显的差异。

巴斯尔时期和19世纪90年代服装风格的遗产

自1890年以来，尽管最为膨大的巴斯尔样式没有真正被复兴，但是女裙突出丰满臀部的理念却恒久不变（见"现代影响"）。这种设计最常出现在晚礼服或婚纱中。20世纪90年代的人物造型甚至产生了自制版本的巴斯尔臀垫，一种称为"神奇屁股"（wonderbutt）的软垫紧身裤。

诺福克外套以其独特的剪裁不时出现在人们的视野。这种夹克最近在男性服装中的复兴是20世纪60年代末和70年代。

尽管19世纪90年代的羊腿袖与19世纪30年代的衣袖风格有着惊人的相似之处，但是融入了这些衣袖的衫裙上衣还是一种新鲜事物。源自衫裙上衣（通常被称为"吉布森女孩"的服装造型）的款式也经历了复兴。1947 年左右，衫裙上衣成为青少年所追逐的时尚，并在 20 世纪 80 年代后期再次流行起来，只是衣袖不再像之前那样蓬松。

主要服装术语

唯美主义运动（aesthetic movement）

吊线边花纹（clocks）

连裤内衣（combination）

插骨胸衣（cuirass bodice）

猎鹿帽（deerstalker cap）

多尔曼女大衣（dolman）

费多拉帽（fedora）

吉布森女孩（Gibson girls）

吉布森男人（Gibson men）

汉堡帽（homburg）

泽西织物（jersey fabric）

凯特·格林纳威风格（Kate Greenaway styles）

骑行女短裤（rationals）

晨燕尾服（morning coat）

哀悼用黑绉纱（mourning crape）

诺福克外套（Norfolk jacket）

拉斐尔前派运动（Pre-Raphaelite Movement）

仿男式衬衫 / 衫裙（shirtwaist/waist）

平顶硬草帽（straw boater）

定制服装（tailor-made）

茶会礼服（tea gown）

T 恤衫（T-shirt）

塔士多礼服（tuxedo）

阿尔斯特宽大衣（ulster）

连衫裤（union suits）

增重法（weighting）

现代影响

过去的风格不断复兴。巴斯尔裙经常出现在晚间或一些特殊场合。在一年一度的"纽约大都会艺术博物馆慈善舞会"红地毯入场仪式中，人们经常会看到一些夸张的服装设计。下面的照片拍摄于 2019 年在纽约大都会艺术博物馆举办的慈善晚会庆祝活动，活动主题为"坎普：时尚札记"。图中这位女演员名叫迪皮卡·帕杜科内（Deepika Padukone），她的裙子由扎克·波森（Zac Posen）设计，带有十分显眼的巴斯尔臀垫，上面缀着数百个 3D 打印的装饰图案。

（图片来源：Kevin Tachman/MG19/Getty Images for The Met Museum/Vogue）

问题讨论

1. 促使 19 世纪下半叶成衣产量增加的因素较多，请列举两三个。

2. 从克里诺林时期到巴斯尔时期，女性贴身衣物发生了诸多变化。请说明这些变化是如何导致每个时期服装轮廓变化的。

3. 请说明唯美主义运动是如何在艺术和服装两方面进行改革的。请指出一些直接或间接源自唯美主义运动的特殊服装物件，并解释这些物件的起源。

4. 1870—1900 年间，女性参与体育运动对女性服装风格有何影响？人们为一些特殊运动设计的运动服装可以达到何种效果？

参考文献

Amneus, C. (2003). *A separate sphere: Dressmakers in Cincinnati's golden age,* 1877–1922. Lubbock, TX: Texas Tech University Press.

Cunningham, P. A. (2003). *Reforming women's fashion, 1850–1920.* Kent, OH: The Kent State University Press.

Farrell-Beck, J., & Gau, C. (2002). *Uplift. The bra in America.* Philadelphia, PA: University of Pennsylvania Press.

Green, N. L. (2012). Jewish immigrants and the garment industry: A view from Paris. In G. M. Goldstein & E. E. Greenberg (Eds.), *A perfect fit: The garment industry and American Jewry 1860–1960* (pp. 22–28). Lubbock, TX: Texas Tech University Press. Groom, G. (2012). Impressionism, fashion, & modernity. Chicago, IL: The Art Institute of Chicago.

Paoletti, J. B. (2012). *Pink and blue: Telling the boys from the girls in America.* Bloomington, IN: Indiana University Press.

Parsons, J. L. (2018). The shirtwaist: Changing the commerce of fashion. *Fashion, Style, & Popular Culture, 5* (1): 7–23.

Tortora, P. G. (2015). *Dress, fashion, and technology: From prehistory to the present.* London: Bloomsbury. Paoletti, J. (1983). Clothes make the boy, 1860–1910. Dress, 9 (1), 16–20.

Taylor, L. (1983). *Mourning dress: A costume and social history.* London, UK: George Allen and Unwin.

第六部分

从 20 世纪到 21 世纪

	1900—1909 年	1910—1919 年	1920—1929 年	1930—1939 年	1940—1949 年	1950—1959 年
时尚与纺织品	国际妇女服装工人工会成立（1900 年） 俄国芭蕾舞团在巴黎演出（1909 年）	《女装日报》开始出版（1910 年） 纽约三角式衬衣厂发生火灾（1911 年） "灯罩效果"的设计师波雷特在服装中使用了蹒跚裙（hobble skirt，1912 年）	 美国商务部将人们称为"人造丝"的再生纤维素纤维命名为"人造纤维"（1924 年）	 电影《一夜风流》中克拉克·盖博没有穿背心的形象一经出现，背心的销量急剧下降（1934 年）	美国出台法规限制服装制造，要求定量供应皮革制品（1941 年） 克里斯汀·迪奥推出了"新风貌"服装系列（1947 年）	香奈儿时装屋重新开张（1954 年） 迪奥推出"A 字裙型"服装版型（1955 年） 伊夫·圣罗兰成为"迪奥之家"的设计师（1957 年）
政治与冲突	维多利亚女王逝世，爱德华七世继位（1901 年） 	第一次世界大战爆发（1914 年） 俄罗斯帝国爆发二月革命，推翻沙皇政府（1917 年） 大流感肆虐全球（1918 年）		富兰克林·德拉诺·罗斯福当选美国总统，"罗斯福新政"开始（1932 年） 希特勒在德国上台；美国禁酒令出台（1933 年）	日本偷袭珍珠港，美国加入二战（1941 年） 美国在日本广岛和长崎投放原子弹，日本投降（1945 年） 中华人民共和国成立（1949 年）	朝鲜战争爆发（1950 年） 越南战争爆发（1954 年） 美国最高法院宣布学校的种族隔离制度违宪（1954 年） 民权运动始于亚拉巴马州蒙哥马利的罢乘公交车运动（1955 年） 卡斯特罗在古巴掌权（1959 年）

1960—1969 年	1970—1979 年	1980—1989 年	1990—1999 年	2000-2009 年	2010 年至今
		戴安娜·斯宾塞夫人所穿婚纱的时尚元素得到大众效仿（1981 年） 日本设计师在巴黎国际成衣展上展示他们的作品（1983 年）		针对人口结构正在发生的变化，美国零售商采取对应策略（2000 年）	"黑人的命也是命"运动发起；T 恤衫和珠宝中都体现着时尚的含义（2012 年）
美国运动服装制造商将"摩登派"服饰引入国内市场（1965 年）			"迪奥之家"和纪梵希品牌选择英国设计师（1996 年）		2017 年，参加"女性大游行"的人都戴着粉色的"猫帽"（pussyhats）（2017 年）
	朋克摇滚风格兴起（1977 年）	克里斯汀·拉克鲁瓦开设高级时装屋（1987 年）		时尚博客成为时尚报刊的主要构成之一（2009 年）	
约翰·肯尼迪总统的妻子杰奎琳被尊崇为时尚偶像（1960 年）	肯特州立大学的四名学生在抗议美国入侵柬埔寨战争的活动中遭到枪击（1970 年）		德国人正式拆除柏林墙，庆祝冷战结束（1990 年）	恐怖主义分子在 9 月 11 日袭击美国（2001 年）	被称为"阿拉伯之春"的革命抗议浪潮席卷中东（2010 年）
柏林墙建立（1961 年）			恐怖主义分子制造世界贸易中心爆炸案（1993 年）俄克拉何马市联邦大楼爆炸案（1995 年）	中国成功举办奥运会（2008 年）	
美国国会通过《民权法案》（1965 年）					
约翰·肯尼迪总统遇刺（1963 年）；马丁·路德·金与参议员罗伯特·肯尼迪先后遇刺（1968 年）	越南战争结束（1975 年）				

	1900—1909 年	1910—1919 年	1920—1929 年	1930—1939 年	1940—1949 年	1950—1959 年
装饰与艺术	 巴黎举办万国博览会，各国的时装设计师展示自己的作品（1900年） 巴勃罗·毕加索的作品首次在巴黎展出（1901年） 美国第一部故事片《火车大劫案》上映（1903年）	弗农和艾琳·卡斯尔的双人舞蹈组合，成功在美国掀起了一股舞蹈热潮（1910年） 立体主义艺术家的作品在巴黎独立沙龙上展出（1911年） 包豪斯学校成为德国当代设计中心（1919年）	安德烈·布勒东发表《超现实主义宣言》，奠定超现实主义（Surrealism）运动的基础（1924年） 弗·司各特·菲茨杰拉德创作的《了不起的盖茨比》出版（1925年） 电影史上第一部有声电影《爵士歌王》上映（1927年）	电影中首次使用彩色工艺（1932年）		杰克·凯鲁亚克出版《在路上》，这部小说被称为"垮掉的一代"（Beatniks）的"遗嘱"（1957年）
经济与贸易	亨利·福特制造出第一辆 T 型福特汽车（1905年） 	一战对服装的色彩和某些布料的供应产生了影响（1914年）	商业电台开始向公众广播（1922年） 股市崩盘（1929年）	E.I. 杜邦·德内穆尔公司最早开始销售尼龙纤维（1938年）	二战后，由尼龙制成的产品再度进入市场（1947年）	二战结束后的时代，航空旅行飞速发展（1950年） 

1960—1969 年	1970—1979 年	1980—1989 年	1990—1999 年	2000-2009 年	2010 年至今
纽约现代艺术博物馆举办针对波普艺术（pop art）的专题研讨会（1962 年） 披头士乐队成功发行首支单曲（1963 年） 伍德斯托克音乐节推崇嬉皮士反主流文化（1969 年）		涂鸦作为一种艺术形式在 20 世纪 80 年代受到尊崇 图像处理软件（Adobe Photoshop）程序的开发允许用户对图像进行操作（1989 年）		依赖电脑特效的《指环王》《哈利·波特》等电影上映（2001 年） 谷歌宣布计划将 1500 万本书转换成可搜索的电子文件格式（2004 年） 一部关于气候变化的电影《难以忽视的真相》在国际上大受欢迎（2006 年）	美国大都会艺术博物馆举办了亚历山大·麦昆的回顾展（2010 年）
	日本设计师获得国际上的关注（1970 年） 赎罪日战争（阿以战争）爆发；石油禁运（1973 年）	日本设计师川久保丽和山本耀司在巴黎推出了首批时装系列（1981 年） 米哈伊尔·戈尔巴乔夫在苏联提出开放和经济改革计划（1985 年）	《北美自由贸易协定》正式成为法律（1993 年）	欧元硬币和纸币成为欧盟流通的标准货币（2002 年） 金融危机影响了美国乃至整个世界市场（2007 年）	纽约金融区开始占领华尔街抗议运动（2011 年） 孟加拉国制衣厂大楼坍塌引发人们对服装工厂工作环境不受保障的关注（2013 年） 超过一半的美国女性进入劳动力市场（2019 年）

	1900—1909 年	1910—1919 年	1920—1929 年	1930—1939 年	1940—1949 年	1950—1959 年
技术与理念	奥维尔·莱特和威尔伯·莱特在北卡罗来纳州的猫头鹰村首次成功飞行（1903年） 爱因斯坦提出相对论（1905年）	古德里奇首次使用"拉链"（zipper）一词，并于1925年将其注册为商标	查尔斯·林德伯格首次飞越大西洋（1927年）		维可牢尼龙搭扣问世（1948年）	聚酯纤维开始商业化（1953年） 苏联发射第一颗人造地球卫星"斯普特尼克1号"（1957年）
宗教与社会	美国人越来越依赖制成品，比如从百货公司购买的服装（1900年） 	由于一战伤亡惨重，丧服的使用越来越少（1914年）			二战期间，男性上战场打仗，女性开始进入原本为男性设置的工作岗位（1945年） 战后生活包括蓬勃发展的经济、婴儿潮和美国城镇化（1947年） 电视走进越来越多家庭（1948年）	冷战对政治乃至日常生活产生巨大影响（1950年）

1960—1969 年	1970—1979 年	1980—1989 年	1990—1999 年	2000-2009 年	2010 年至今
苏联首次将人类送入太空（1961 年） 蕾切尔·卡逊所著的《寂静的春天》出版（1962 年） "阿波罗二号"在月球着陆（1969 年）				美国电话电报公司推出手机短信业务（2000 年） 《时代》杂志将上网的"你"列为年度人物，因为用户编辑的在线内容呈爆炸式增长（2006 年） 苹果手机发布会举行（2007 年）	

1960—1969 年	1970—1979 年	1980—1989 年	1990—1999 年	2000-2009 年	2010 年至今
美国食品和药物管理局批准口服避孕药（1960 年） 贝蒂·弗里丹的《女性的奥秘》出版（1963 年） 美国全国妇女组织成立（1966 年）		移民人口增长为美国社会和时尚设计师带来影响（1980 年）	家居购物让消费者可以通过电视购物（1922 年） 李维·斯特劳斯公司零售出第一件通过计算机成像技术生产的定制合身服装（1994 年）	第一夫人米歇尔·奥巴马成为时尚偶像（2009 年）	

随着摄影技术的出现，当代服装的描绘方式不再仅限于素描、彩绘和雕塑。事实上，在摄影技术进步之后的一个世纪里，画家便摆脱了像摄影一般描绘真实世界的技法，逐渐从以印象派手法刻画世界过渡为更加抽象的手法。几百年前，画家们的作品可以展示服装的穿着方式，同时服装的线条、比例和装饰也能体现时代的艺术精神或时代思潮。在 20 世纪，很多艺术并没有提供和服装相关的信息，但我们仍然可以看到线条、比例以及纺织品设计等方面中视觉艺术与服装之间的联系。两者的相似之处在一些时期体现得淋漓尽致，比如新艺术运动时期和装饰艺术时代（见图 VI.1），但在其他时期，这种相似性则表现得更加微妙、隐晦，甚至粗略。

关于服装是否可以被视为一门艺术这个问题，如今一直是人们讨论的热点话题。而在几百年前，这甚至不在人们的考虑范围内。这个问题的提出，是在高级服装定制出现，以及时装设计师地位提升，并被誉为创造新颖独特风格的创意天才之后。如果可以接受这样一个想法——设计师是一个以服装为媒介进行创作的艺术家，那么不难得出一个结论：设计师与处于任意一个时期的其他艺术家一样，对时代思潮（时代精神）具有敏锐的洞察力，而设计师的创作也是对那个时代的反映。然而，设计师的创作必须满足一个条件，即设计的作品需具有可穿戴的特点。设计师经常借助时下的艺术、活动和媒体来获取设计灵感，他们的作品中也经常会出现这些事物的影子。

到了 1900 年，一些服装开始大规模生产，尤其是在美国。高级定制会提供原创款式，而这些款式经常被家庭缝纫业者、女装裁缝仿造。随着大规模生产的范围扩大，女装制造商也开始逐渐仿制这些款式。尽管美国设计师在第一次世界大战前后获得了一些认可，但是直到第二次世界大战时，他们才被时尚界和大众媒体广泛知晓或大肆宣传。

图 VI.1 新艺术运动影响了艺术、建筑、室内设计、建筑、纺织品和珠宝等领域。图中这枚女士别针是由勒内·拉利克（René Lalique）制作，他是法国最著名的新艺术运动艺术家之一。（图片来源：© The Calouste Gulbenkian Foundation/Scala/Art Resource, NY）

与此同时，德国占领巴黎后，那些与德国及其同盟作战的国家纷纷关闭了高级服装定制。

二战后，世界各国的设计中心如雨后春笋般涌现。时装必须与新兴的高档成衣设计师及客户一起成为万众瞩目的焦点。服装生产业始于 20 世纪 70 年代，并从 20 世纪 80 年代开始加速发展，并呈现出从较富裕的国家转移到欠发达国家的趋势。如今，虽然美国国内生产的服装占比很小，但是大多数进口服装的设计、开发和购买仍在美国境内进行。随着互联网和全球性商业的出现，21 世纪的购物行为正在从实体购物转向电子商务。虽然对大多数美国消费者来说，价格仍然是考虑购买服装的首选因素，但人们也可能会在消费能力范围内持续购物。

20 世纪时又出现了三种媒体源：电影、电视和互联网。到了 20 世纪 20 年代，城市和农村地区都可以播放电影。当电影中的男女主演穿着当代服装出现

图 VI.2　舞台演员和银幕明星弗雷德·阿斯泰尔（Fred Astaire）更喜欢量身定制的服装，他所穿的服装经常出现在最佳着装名单上。（图片来源：Edward Steichen/Condé Nast via Getty Images）

时，数百万人为之惊艳。虽然有些时尚趋势是因为在"电影"里出现之后才开始的，但电影中呈现的服装风格是跟随了当前的潮流，还是引领了这些潮流，目前还无法完全下定论（见图 VI.2）。如果一部电影的服装设计师利用服装来刻画一个角色，那么这个角色的服装不一定只是时下款式的复现。

以早期历史为背景的电影所展示的造型风格不一定完全可靠。即使服装的确是符合史实的，但是妆容和发型通常与影片所拍摄的历史时期风格没有太多相似之处，只能反映电影实际拍摄时期的风格。著名女演员要出演一部时代电影时，她可能会有自己的服装设计师，而设计师的任务只是表现出这位女星的魅力，而不是制作完全符合历史的服装。

电视剧作为当代服装的记录，会产生一些和电影相同的问题。然而，一些节目（如肥皂剧）的服装设计师通常是从服装店或制造商提供的款式中选择服装。因此，任何用于电视剧或电影拍摄的服装，在判断其信息来源前都应该经过仔细评估。人们应该尽可能确定这些服装是专为特定的影视剧设计，还是直接从成衣店购买的。

另一方面，一旦电影摄影技术向媒体开放，许多真实事件就可以通过镜头记录下来，准确地展现出真人所穿的服装。这些镜头可以从新闻短片中看到，纪录片中也会用到大量早期的电影素材。二战后，随着电视的出现，电影和视频材料的数量急剧增长。由于互联网的普及，未来研究服装历史的学者应该很容易确定自20世纪始人们在公共场合的穿着。设计师网站、时尚博客和社交媒体更是具备大量研究价值。但是这些网站也可能传播不实信息，因为很多重复利用的信息和图像经常没有确定来源或者经过准确核实。鉴于此，未来的服装史学者在研究服装史时，最好是和之前一样从大量主要来源和次要来源中挖掘信息。

问题思考

1. 请列出可供服装历史学家使用的众多信息来源，并说说这些来源各自的优点和局限性。
2. 请分别说明技术、政治和媒体对女性服装和男性服装的影响。
3. 请说出社会规范的变化是如何影响特定的时尚趋势的。

第 13 章
爱德华时代与
一战时期

1900—1920 年

1900—1920 年流行的服装名称和线条轮廓

技术发展和社会变化对女性服装风格的影响

独立时装设计师如何影响流行的服装风格

第一次世界大战直接影响服装风格的论据

儿童服装在这一时期变得更加实用

该时期的一些创新设计师，如保罗·波烈（Paul Poiret）、马里亚诺·福图尼（Mariano Fortuny）等，奠定了自身在高级定制时装领域的领袖地位。此时，女性更多地脱离于家庭，更充分地参与到工作领域，为选举权而战；在 20 世纪 20 年代结束时，她们付出的努力在美国取得了成功。技术进步使得成衣的大规模生产成为可能；此外，成衣的购买途径不仅包括大型百货公司，还包括邮购的方式。

历史背景

从 1900 年到 1920 年，社会、政治和技术方面发生了诸多变革，从根本上改变了大众的日常生活。电话、缆车和手推车等创新发明使通信和旅行变得更加便捷。随着人们对高等学校教育的热情高涨，教育机会扩大，加上工作日益多样化和复杂化等因素，越来越多的人选择样式更简单、更容易购买到的服装。到 20 世纪初，成衣几乎在所有市场都能买到，款式繁多，数量价格不一。成衣制造商大规模生产的成衣将"为某个人制造"的服装转变为"为平常人制造"的服装，再转变为"为每个人制造"的服装。时尚杂志大为流行，蒸汽和邮轮蓬勃发展，这将使得时尚理念的传播比以往任何时候都要迅速。漫天的时装营销和广告宣传，遍地大大小小的服装生产公司，也将加快时装变革的步伐。当时人们称为"伟大的战争"的第一次世界大战，将对我们如今的生活产生持久的影响。这些与服装有关的影响还包括整形手术、大规模生产的假体，以及毛衣、战壕外套（trench coat）和手表的创新。

作家们把美国第一次世界大战前的几年称为"美好的年代""自信的年代""乐观的年代"或者"天真的年代"。1900 年，美国总人口超过 7600 万，其中 40% 生活在城市地区。这些美国人中只有 4100 万是本土出生的，而每年有近 50 万新移民进入美国。这个国家正越来越依赖于一系列有用的设备，电话、打字机、自动收割机和缝纫机在大街小巷随处常见。许多美国人在家庭里都通了电。到了 1900 年，美国登记在册的汽车数量为 8000 辆。

女士可以在百货公司花 10 美元买一套定制服装，买一双鞋子只需 1.5 美元。上映的电影和电影明星都为服装做过推广。玛丽·皮克福德（Mary Pickford）、安妮特·凯勒曼（Annette Kellermann）等女演员，以及舞蹈家弗农（Vernon）和艾琳·卡斯尔（Irene Castle）都为时尚信息的传播做出了贡献，甚至创造了时尚潮流（见图 13.1）。明星的影响力为影迷杂志的发行奠定了基础。1901 年，在维多利亚女王统治大英帝国近 70 年后，她的儿子爱德华七世登上王位，让部分英国人在心中燃起了对新政的希望。爱德华成为国王后，英国便卷入了同南非的战争。

爱德华的名字通常用于 20 世纪的第一个十年——爱德华时代。爱德华七世在位期间，在社会生活和时尚方面采取了政策，而这两方面都是维多利亚守寡多年来一直缺乏重视的。

从1900年到第一次世界大战前夕，法国出现了一种赋予个人高度自由的政治制度。当时有大量的创造性艺术家和科学家在各自的领域取得丰硕成果。该时期的代表作家包括左拉、莫泊桑、阿纳托尔·法朗士、魏尔伦和马拉美等。莫奈、马奈、雷诺阿、德加、塞尚和高更都是那个时代的重要画家。

第一次世界大战

导致第一次世界大战爆发的一系列事件快速发酵，战争的打响猝不及防。奥匈帝国皇储斐迪南大公遇刺，成为战争的导火索。奥匈帝国政府坚称塞尔维亚人是此次暗杀事件的始作俑者，并以此为借口向塞尔维亚宣战。在俄国拒绝停止动员军队保卫塞尔

图13.1　为了和舞蹈搭档弗农更为融洽地表演，艾琳·卡斯尔对自己的衣服进行了改制，不仅减短了衣服的长度，还使用了柔软平滑的面料。在短发和不限制行动的服装流行之前，艾琳就已经成为这些时尚造型的缩影。（图片来源：Library of Congress/Corbis/VCG via Getty Images）

维亚后，德国向俄国宣战，并于两天后向俄国的盟友法国宣战。德国之所以采取这些行动，是因为他们的战争计划是先攻击法国，然后再攻击俄国。为了对法国发动进攻，德国军队穿过了比利时，而后者是得到欧洲列强承认的永久中立国。因此，英国作为法国和俄国的盟友也参与了保卫比利时的战争。

对美国人来说，战争是遥不可及的。街上的普通人虽然可能同情法国和英国的遭遇，对"比利时所受磨难"（德国入侵和占领了该中立国）感到震惊，但他们并不认为这与美国有关。但随着战争的持续，美国人的观点发生了转变，1917年4月2日，伍德罗·威尔逊总统对德国宣战。

截至1918年11月11日一战结束，总共1000多万士兵战死，2000多万人在战争中受伤。三大帝国的力量被严重削弱，西方文明从此改写。

一战对时尚的影响

第一次世界大战在多方面影响了1914—1918年间欧美的时尚。其中最明显的一点是，女性穿上了更舒适、更实用的衣服，这样可以更积极地参与到战争期间从男性那里

接手的各种工作。一战期间流行的裙子相对较短，长度在脚踝以上几英寸。这种裙子的下摆极宽，与1912年流行的蹒跚裙相比有了明显的变化。整条裙子的合身度都使人感到舒适。军事风格的影响在一些夹克和外套的剪裁上表现得很明显，这些服装都是按照军官的束腰外衣线条来制作的。

战争也对服装颜色和面料产生了影响。由于羊毛都用来制作士兵的制服，因此供应严重不足。一些用于染料制作的化学品稀缺，限制了亮色和深色在服装中的使用。这种短缺推动了国内染料、塑料、人造橡胶及合成纤维行业的发展，也为丝织厂和针织厂带来了前所未有的繁荣。"时代评论13.1"中描述了面料短缺带来的影响。

战争结束后，士兵们穿过的一些服装又继续在大众中流行。供给士兵的服装包括毛衣，习惯了这些舒适衣服的人会将它们作为一般的运动服。为了取暖，军队供给了一种无袖背心式服装，可以穿在制服里面。战后，这些服装作为剩余军用物资出售给大众。剩余物资商店在销售这些服装方面取得了成功，促使制造商们纷纷效仿，在同样的普通款式上增加了衣袖，制作了外套，也促成了户外服装——带纽扣夹克和拉链夹克的诞生。

另一种起源于一战时期的战后服装风格是战壕外套。这种防水外套最初的设计是用于英国军官的外套，由紧密编织的斜纹棉布制成，腰间系有腰带。后来，战壕外套成为男性雨衣的标准配置，几十年后也被女性采用。在第一次世界大战之前，大多数男性会携带怀表，悬挂的表链穿过背心的前襟。但在战争期间，许多军人为了方便起见开始佩戴手表，因此手表成了人们首选的钟表。

时尚的影响因素

除了第一次世界大战以外，其他对时尚产生影响的因素还包括法国高档服装定制和亚洲艺术等，以及一些重要的社会变化，如女性角色的转变等。

法国时装与保罗·波烈

进入新世纪的标志是在巴黎举办的大型博览会，即万国博览会。在其中一个展厅里，巴黎高级定制时装公司（该时代顶尖的时装公司）的成员展示了他们的设计。当时最重要的设计公司是杜塞、帕昆、鲁夫、切鲁特、卡洛姐妹、雷德芬和沃斯。

查尔斯·沃斯于1895年去世，由他的两个儿子加斯顿（Gaston）和让·菲利普（Jean Philippe）接手公司。20世纪初，加斯顿聘请了一位名叫保罗·波烈的年轻设计师。加斯顿在波烈的作品中看到了他认为服装风格中所需要的改变，但让·菲利普不同意。于是波烈离开了"沃斯时装屋"，几年后成立了自己的公司。在任何一个时尚时期，都可能会有一些设计师能够产生极大的影响力，他们的作品能够代表这个时代的精神，

时代评论 13.1
一战对纺织品供应的影响

第一次世界大战中断了纤维的供应。在 1918 年 3 月的《家庭经济学期刊》（*Journal of Home Economics*）上，密苏里大学家政学系的艾米·罗尔夫（Amy L. Rolfe）分析了战争对"今年和明年穿着"的影响。

很少有人意识到，我们的服装制造商可以购买到的纺织纤维数量非常有限，也没有人明白造成这种状况的原因……市场上供应的原毛太少，绝大多数原毛都被政府征用来制作士兵的制服和毯子了……

一战前，工厂使用的羊毛只有三分之二来自美国，其余三分之一均来自国外。现在除了从南美进口的货物之外，其余所有商品都是国内生产的，因为盟国可以从南美获取所需的一切。除了用于制服和毯子的布料外，还有数百万码单价为 3 美元的精纺布，这种被称为斜纹里子布和面布的布料不断用于大炮推进装药和炸药的套袋或者覆盖层。用作这种用途的每一片羊毛都被彻底销毁了……

该草案使得纺织厂大量引进纺纱工人，而新加入的工人必须经过培训才能熟练工作……

由于上述原因和其他种种缘由，明年的普通平民可用于穿着的羊毛似乎不可能太多……

棉花的情况几乎和羊毛的情况一样不容乐观，尽管美国因为种植了世界上一半以上的棉花而拥有一些优势。原棉的价格已经涨到了惊人的程度……

一门大炮需要一包棉花才能开火，大量棉花用在红十字会工作中使用的未漂白棉布和纱布，还有更大数量的棉花被政府征用来制作卡其布制服和帐篷……

用亚麻布代替短缺的布料更不可能。航空飞机的机翼需要数百万码亚麻布。造成亚麻布短缺的原因是，世界上许多亚麻都是在德国边境附近种植的，并且因为当地正在进行的战争而遭到践踏和破坏……

我们的大部分丝绸来自中国和日本，因此这种材料的供应应该不会受到战争的影响。在前线进行的一系列作战……可能导致所有可能获得的丝绸付之一炬。当"法国某地"的男孩被送往战壕时，他们会获得丝绸质地的贴身衣物。据说，丝绸可能具有抗气性，而且对伤口的刺激性也会比棉花小。

由于羊毛、棉花、亚麻和丝绸是常用于制作服装所需纤维的材料备选……我们美国人……必须尽自己的一份力量来维持纺织品的供应。制造商会在成衣制作中尽可能减少材料的使用，以这种方式来助我们一臂之力。裙子的轮廓将在令人舒适的范围内变窄，西装外套改为短款的单排扣样式，带有较小的翻领和领口。装饰性翻边、贴袋和腰带都不再使用。保守风格将成为时尚，因为人们会明白，无论他们今年买什么服装，都必须期望这些服装比以前能穿更久。

图 13.2 在波烈广为人知的设计中，服装都是带有外裙的裙子，能够营造出"灯罩效果"。图中服装的首个版本是波烈为妻子参加 "一千零一夜" 舞会而设计的，可穿在哈伦裤外面。而在图中展示的版本，是套在一条裙子外面，被称为"冰淇淋服"（sorbet），最早产生于 1911 年。（图片来源：Chicago History Museum/Getty Images）

于是他们便成为那个时代风格的焦点。波烈就是这样一个人物。他不仅是一位杰出的设计师，个性也非常鲜明，他的个人特质延续了他的传奇。

从 1903 年至第一次世界大战期间，波烈在巴黎时装界独占鳌头。他的顾客同意了他的所有要求，而他改变了他们的着装方式。他采取的第一个激进措施是废除紧身胸衣。虽然他制作的礼服宽松，可以覆盖全身，但他也让女性穿上裙边窄得几乎无法移动的蹒跚裙。他曾说："我解放了胸腔，束缚了双腿，但给了身体自由。"

波烈的主要天赋之一是能够挥洒自如地使用鲜明色彩。许多作家认为他设计的色彩和受亚洲影响的风格是源于一夜成名的俄国芭蕾舞团（舞团 1909 年席卷巴黎），以及艺术家莱昂·巴克斯特（Léon Bakst）为舞者设计的服装。但是波烈否认曾受到巴斯克特的影响，他表示，在芭蕾舞团到来之前，自己就已经开始使用鲜艳的颜色和带有强烈亚洲色彩的新风格。关于服装风格的由来，无论哪个说法是准确的，这两种风格都是相辅相成的，能够对当时流行的线条和颜色带来助益（见图 13.2）。

1912 年，波烈为一场名为《宣礼塔》（Le Minaret）的演出设计了服装。他让表演的女性穿上蹒跚裙，外面披上宽大的束腰外衣。因此，束腰外衣和蹒跚裙的搭配引领了时尚潮流。他的设计师之一自称为埃特（Erté），是一位艺术家，后来成为著名的时装插画家、舞台设计及女装设计师。埃特为《时尚芭莎》设计了数百个封面，他的插图还出现在《时尚》等其他时尚杂志上。

除了自身所创造的服装风格外，波烈在其他方面也是一个创新者。他带着一批时装模特出国旅行，展示自己的设计作品。他也是第一个出售香水的时装设计师，并以女儿的名字为香水命名。

在一战期间以及之后的一段时期，这种夸张、色彩鲜艳的风格让波烈的作品变得与众不同，他也从来没有对新的服装线条和外观进行过调整。尽管他的生意一直持续到 20 世纪 20 年代，但是生意的规模越来越小，也越来越不景气。最终他从公众视线中消失，于 1943 年逝世。

福图尼

波烈作为一位设计师，他的作品似乎与他所处时代有着独特的契合之处，而出生于西班牙的马里亚诺·福图尼·马德拉佐（Mariano Fortuny y Madrazo）是少数作品得以长久流传的设计师之一。他于 19 世纪 90 年代开始展出自己的作品，并穷其一生都在绘画。从 1906 年到 1949 年，福图尼设计出了许多服装和纺织品。在 1981 年福图尼的作品展览目录中，他的传记作者吉列尔莫·德奥斯马（Guillermo de Osma）写道：

> 福图尼设计的衣服和他的其他作品一样，完全打破了常规。他不是一个服装设计师，而是一个富有创意的服装艺术家。他像对待绘画一样构思织物的设计；他将颜色分层，利用光线和透明度的效果来绘制和修饰，创造出无法复制的纹理和和谐的色彩。

福图尼的设计借鉴了过往风格和非欧洲文化。其中最广为人知的是启发他设计出特尔菲晚礼服（Delphos gown）的古希腊风格——这可能是他知名度最高的设计风格，以及他许多纺织品设计中出现的文艺复兴和亚洲风格主题（见图 13.3）。目前还不清楚他是如何为希腊风格的长袍设计褶皱的。服装上的褶皱在干洗后会消失，所以他的客户会将衣服送回他的工作室进行清洗并重新包装。

图 13.3　福图尼设计的褶皱长袍通常采用明亮的纯色，而他的纹样织物则受到文艺复兴和亚洲设计的影响，色彩丰富，通常采用较深的颜色。（图片来源：Chicago History Museum/Getty Images）

福图尼的主要客户是舞者、女演员和富裕女性。他从来都不是流行时尚市场的一员（事实上，福图尼在很大程度上为具有影响力的时尚媒体所忽视），但波烈和其他设计师都十分了解并欣赏他的作品。博物馆仍旧会收藏他的作品，包括玛丽·麦克法登（Mary McFadden）在内的许多设计师，都认为福图尼对他们产生过影响。

表 13.1 列出了 1900—1920 年期间其他有影响力的设计师。

表 13.1 高级定制时装设计师（1900—1920 年）

设计师或创始人	时装屋及其开业时间	概况
玛丽·格伯(Marie Gerber)、玛丽·布特兰德（Marthe Bertrand）、雷吉娜·坦尼森 – 尚特雷尔（Régine Tennyson-Chantrell）和约瑟芬·克里蒙特（Joséphine Crimont）	卡洛姐妹时装屋，1895 年	由卡洛四姐妹创办的法国时装屋，1916—1927 年，它成为以 18 世纪的设计为灵感而闻名的服装制作公司之一。1937 年闭店
雅克·杜塞（Jacques Doucet）	杜塞时装屋，1895 年	作为沃斯的竞争对手，杜塞偏爱 18 世纪的风格和蕾丝设计
克里斯托夫·冯·德雷科尔（Christoff von Drécoll）	德雷科尔时装屋，1896 年	1900—1925 年间巴黎最负盛名的时装公司之一，以优雅线条的设计闻名于世，1963 年闭店
福图尼	福图尼时装屋，1906 年	以设计源于独特褶皱风格的面料为主，为追求独特的女性设计出永不过时的服装风格
珍妮·帕昆	帕昆时装屋，1891 年	主打皮草镶边的定制套装、皮草和晚礼服等，做工精细，1956 年闭店
约翰·雷德芬（John Redfern）	雷德芬时装屋，1881 年	总部位于伦敦，为维多利亚女王制作服装，1879 年为女演员莉莉·兰特里设计运动套装，1916 年为国际红十字会设计第一套女子制服，20 世纪 20 年代闭店

资料来源：From Tortora, P. G., & Keiser, S. J.(2013) . *The Fairchild books dictionary of fashion* (4th ed.) . New York, NY: Bloomsbury.

亚洲艺术风格

艺术运动和时尚潮流往往是紧密相关的。日本艺术对 19 世纪后半叶印象派画家和其他欧洲艺术家的影响可能源于 19 世纪 50 年代日本的贸易开放。女性服装上体现出的日本和中国带来的影响，特别是在 1907 年之后的数年，很可能来自 19 世纪末的美术和装饰艺术界的潮流。

全球联系

这件来自纽约大都会艺术博物馆的和服，是经常出口到西方、受到人们狂热追捧的典型带有日本特色的物品。这件和服的历史可以追溯到1870—1900年，由绉绸制成，带有刺绣、手绘防染印花和模板印制纹样。和服是日本文化的永恒象征。这种服饰是将几块长方形的布料拼接缝制而成的，为了避免浪费材料，和服的裁剪版型会尽量减小。一套完整的和服包括许多与和服的设计和颜色相协调的配饰。这些配饰通常能够彰显个人身份和社会地位。

（图片来源：Gift of Phillip H. Rubin, 2006/The Metropolitan Museum of Art）

服装与东亚风格的联系体现在诸多方面。和服作为休闲家居服，同时受到男性和女性欢迎（见"全球联系"）。女性服装的剪裁越来越不受限制。织物的设计和颜色受到了亚洲风格的影响，高级时装的设计也体现出亚洲的风格。从晨衣外套到午后男式礼服大衣，再到晚礼服，几乎每一种服装类型最终都会受到亚洲风格的影响。

美国女性不断变化的社会角色

在美国，尽管有更多的女性进入劳动力市场（1900年女性就业人数超过500万），但仍有不少人认为女性的天职就是待在家里操持家务。可以明显看出，随着女性的生活日益活跃，女性服装的款式也做出了让步。裙子的长度有所变短，衫裙上衣和下裙在大范围内使用。企业开始雇用越来越多的女性，尤其是女性打字员。

到了1920年，女性越来越具有冒险精神。她们开始开车，进入工作岗位的女性人数日益增长（女性就业人数在1910年超过700万人，在1920年超过800万人），并且她们会参与各种各样的运动，从骑自行车到游泳再到滑雪。这些积极的竞技运动所需的服装改变了当时的社会规范，改变了人们对过去所认同的女性在社会中扮演角色的看法。

汽车

汽车在美国社会中的作用是无可取代的，以至于人们很难想象它出现之前的生活曾

图13.4 这幅图表明，虽然坐在敞篷汽车里，扬起的灰尘会在衣服上留下印迹，但相较于深色或浅色的防尘罩衫，留在棕褐色罩衫上的尘泥更少（约1905年）。（图片来源：Kirk McKoy/Los Angeles Times via Getty Images）

是什么样子。1900年，汽车只是富人的玩具。在国民平均周薪为12美元时，汽车的价格超过3000美元。

起初，汽车主要用于体育运动。赛车是当时的一项社交活动。1905年，在第二届"范德比尔特杯"（Vanderbilt Cup）汽车比赛举办期间，曼哈顿的上层社会人士纷纷现身。报纸上的新闻描述了当时拥挤的人潮以及他们的服装。例如，一位女士穿着粗花呢质地的衣服，这是一个相当明智的选择；而另一位遗孀（或身份显贵的寡妇）身着"滴落珍珠"服装，还有一位女士戴着一顶堪斯保罗（Gainsborough）宽边大礼帽。

汽车司机完全不用担心该穿什么。一件长款的棉布或亚麻布质地防尘罩衫（duster）、一顶带面罩的帽子（高速时帽子向后反戴以防止被吹落）和护目镜成为男性惯用的汽车服装。女士们会戴上面纱（绿色是首选，因为它可以减少眩光），外套剪裁有时更为时尚，但像男式外套一样，完全覆盖了里面的服装。汽车是敞篷型的，而道路都是沙石铺砌，所以用服装术语"防尘罩衫"是十分恰当的（见图13.4）。

1908年，亨利·福特制造了世界上第一辆T型汽车，售价850美元。从此汽车不再是富人的玩具。到1918年末，美国人已经售出的T型福特汽车高达400多万辆，这标志着汽车时代的到来。

美国上流社会

尽管美国小镇上的普通女性与富人和社会知名人士没有直接联系，但她们很容易通过媒体，尤其是通过在全美销售的各类杂志，了解上流社会的日常生活。大约在世纪之交，美国大规模发行的杂志面向大众，价格低廉，种类繁多。由于这些杂志自带的广告效应越来越广，他们的成本一直保持在较低的范围。

在《时尚》和《时尚芭莎》等时尚杂志，以及《描绘者》（The Delineator）、《女性家庭杂志》（Ladies' Home Journal）和《麦考尔》（McCalls）等女性杂志上面，都载有大量有关时尚的信息，经常会刊印富人的照片和图画，以及他们的奇闻轶事。《时尚》杂志对社会知名人士的舞会和婚礼进行了详细的描述，文章中还经常附有新娘婚纱的素描。从这些照片、文章以及图画中，全美范围内具有时尚意识的女性都跟上了"社会"的最新时尚。通过数量日益庞大的款式目录，财力较为有限的女性能够，选择和流行款式类似但价格更为便宜的款型。

服装生产与购买

到 1920 年，美国成衣业规模不断扩大，成为一个发展成熟的行业。尽管一些女性仍旧选择自己缝制衣服，其他一些人选择光顾服装定制店和裁缝店，但是几乎所有美国人的衣柜里都会有现成衣物。美国成衣的大规模生产和销售模式始建于 20 世纪 20 年代，并在整个世纪里主导了美国中产阶级的服装消费行为（见图 13.6）。百货公司的商品琳琅满目，不乏时兴的新奇物品，而且不会强迫消费者购买，而是准备了试衣间，为消费者提供服装修改、退款和换货服务。

服饰研究的信息来源

该时期的服装、照片、杂志，以及各种各样的邮购目录和商店目录，随时都能毫不费力查阅到。除了这些途径之外，还有一种新的信息交流媒介：电影。时装秀和展览可以拍摄下来，作为新闻短片的一部

图 13.5 亨利·福特的 T 型车改变了美国人的生活，实现了人们旅行的梦想，并支撑起了许多相关行业的发展，如冶金业、玻璃制造业、橡胶业、皮革业和纺织品业等。在沙石路上行驶的敞篷汽车需要穿着专门的服装，而随着汽车类型逐步变为封闭式，路面改用柏油铺砌，这些服装也慢慢过时。（图片来源：Bettmann/Getty Images）

图 13.6 马歇尔·菲尔德公司是位于伊利诺伊州芝加哥的一家高档百货公司。这张图片出现的年代大约为 1907—1910 年，当时这家百货公司已经占据了整个街区，以州立大街、华盛顿大道、伦道夫街和芝加哥环路中的沃巴什大道为界。（图片来源：Universal History Archive/Universal Images Group via Getty Images）

分播放给大众。热播系列电影中的女主角通常都穿着时髦的服装。拍摄的时装秀和专题片展现了演员所穿的高级时装，而时事新闻短片则展示了普通人的各类服装。

1900—1920 年的服饰构成

1900—1920 年间，欧美女性的时尚以惊人的速度发生着变化。因此，对这一时期日间和晚间服装风格的考察，可以大概将女性服装发展分为以下几个阶段：

◎ 约 1900—1909 年：爱德华时代风格或强调 S 形轮廓的风格。

◎ 约 1909—1914 年：帝国风格复兴与蹒跚裙。

◎ 1914—1918 年：一战期间的风格。

◎ 1918—1919 年：战后风格。

女性服饰：1900—1908 年

◆ 服装

多褶边的装饰性衬裙和衬裤仍然很受欢迎。用象牙色、粉色或蓝色丝带穿过的金属环是各种内衣都会用上的流行装饰，褶边和蕾丝花边也是常用的镶边饰物。

人们对 19 世纪 90 年代的胸托进行了改造，使其更贴合新世纪服装的时尚轮廓。"胸罩"（brassiere）这个名字似乎最早出现在 1904 年，当时查尔斯·德贝沃伊斯公司（Charles R. DeBevoise Company）在推广旗下产品时使用了"胸罩"这个名字。第二年，加布丽埃勒·普瓦（Gabrielle Poix）申请了一项专利，她将自己的设计称为"胸罩"。自此，胸罩逐渐成为成年女性内衣的基本款式。

女性的连衣裙通常为一体式的，连衣裙上身和下裙在腰线处缝合在一起，但是也有一些连衣裙采用的是公主线结构（从肩部到下摆的剪裁中没有腰线接缝）。裙子的形状似乎都是呈 S 形曲线（见图 13.7）。经典款的连衣裙带有以鲸须为领撑的高领，以及蓬松如袋的上身——也被称为"普特鸽形线条"（pouter-pigeon silhouette，见图 13.8），以及正面平坦、背面突出浑圆臀部的下裙。

裙子在紧紧包住臀部后，底部呈喇叭状展开（见图 13.9）。

除了仿照男式衬衫做成的定制服装和衫裙款式外，那些强调褶边和繁复装饰的服装需要用到柔软的面料。服装上的装饰包括横裥、褶裥、镶嵌花边、装饰性彩带、蕾丝和刺绣等。比较流行的白色褶边连衣裙通常带有这种装饰，为棉质或亚麻质地，人们称之为"内衣式礼服"（lingerie dress），这可能是因为这种服装的面料和装饰与当时女性的贴身衣物或内衣非常相似（见图 13.8）。

图 13.7　进入新世纪之后，女性的主流轮廓为 S 形，胸部丰满，臀部圆润。高立领设计几乎普遍用于连衣裙。（图片来源：Author's fashion plate）

图 13.8　图为 1904 年的一位高中毕业生，她身穿一件蕾丝镶边、带有褶饰的白色礼服，礼服的领子是以鲸须为领撑的高领。（图片来源：Courtesy of Melissa Clark）

　　正是在 1900—1910 年的这十年里，为标准尺寸的孕妇装做宣传的广告出现了。在早期，女性自己或者女装裁缝会不断修改服装的尺寸，来她们适应不断增大的体型。而在这段时期，一些独立的零售店，如布莱安特（Bryant），开始为体型较大的女性提供服务。

　　连衣裙上身的构造往往相当复杂。丰胸式的剪裁几乎是通用的。以鲸须为领撑的高领是当时的主流，其他的衣领款式还有方形领、V 形领（分带领子或不带领子两种）或水手领。带褶的荷叶边被称为垂胸领饰（jabots），通常位于脖子前方。这十年的前五年，裙子的衣袖一般都很长，分为修身款和主教袖两种。主教袖一般在腋下（或袖窿）缝合，肘部以下呈现蓬松的效果，通常是在手腕处用布料填充或者做成袋状。这十年的后半段，裙子的衣袖逐渐变短（通常到小臂附近）。有些袖子末端宽大，要么用褶饰镶边，要么附在袖子下面。和服式衣袖则明显是受到了日本的影响。

　　裙子的形状是用拼片（goring）的方式制成的。在拼片时，可以使用多个镶边来塑造裙子的形状，因此镶边融合在一起时，在某些区域可以贴合身体的轮廓（通常在臀部上方），而其他区域则向外展开（通常朝向底部）。裙子从腰部到膝盖都较修身，但从膝

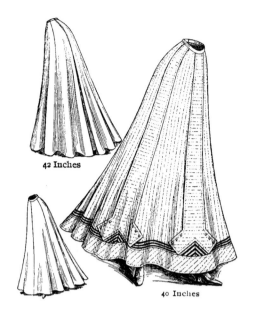

42 Inches

40 Inches

图 13.9　图为 1907 年的多褶裙版型，可以看出下裙的版型通常有不同的长度，从短到能露出鞋子至长到能及地，样式较多。（图片来源：McCall's® Image Courtesy of the McCall Pattern Company copyright © 2014）

盖开始就变得蓬松，并逐渐向裙摆方向散开。有些裙子的背面中心也带有褶皱。不同款式的裙子长度不同，有些裙子的下摆在离地几英寸处，而另外的裙子则带有拖裾（见图 13.9）。

以前被称为"定制服装"的衣服，如今都称为"女性套装"，是女性服装的重要组成部分。夹克的长度各不相同，从仅及腰部到臀部以下，各款式都有。短款的夹克通常比较修身，长款夹克则比较宽松，像麻袋一样。许多定制服装都模仿了男式夹克的剪裁样式。

单独的衬衫（仿男式衬衫）种类繁多，服装的特点与日间连衣裙的上身非常相似（见图 13.10）。邮购目录上刊登了各种裙子款式的广告，与之搭配的都是这些衬衫；广告中所描绘的裙子都带有褶裥、装饰性缝

图 13.10　大约 1901 年，在一次教堂郊游中，年轻的女士们穿着棉质连衣裙或女衫配下裙，年轻男子则穿着白衬衫并系蝴蝶结。几乎所有的女性都把头发梳成蓬巴杜发型。（图片来源：Courtesy of Almeda Brackbill Scheid）

线、装饰性穗带镶边以及褶边。

傍晚时分，家境较好的女性会穿着柔软宽松的茶会礼服。福图尼设计的礼服便通常做茶会礼服用。而收入较低的女性，在家里放松时会穿着宽松的一件式妇女家常服。

晚礼服与日间礼服的线条轮廓相同。晚间服装的领口一般较低，呈方形、圆形或 V 形。有些裙子的领口处会饰有蕾丝或薄纱围巾。带有褶裥的装饰性衣袖可以覆盖住上臂，也有增加了肩带的无袖款式。裙子通常比较宽松，长可及地。礼服前短后长，通常带有柔软的织物制成的拖裾，长长拖曳在地面。

◆ 户外服装

户外服装主要由斗篷和披风组成，通常带有高耸的（美第奇式）衣领和宽大的翻边。外套有修身和宽松两种，长度不一。有些外套背面合身，而正面较为宽松。披风在晚间的穿着中尤为流行。和服式外套明显受到了亚洲风格的影响。

◆ 发型和头饰

女性通常在脸畔留有大量蓬松的头发，并在脖子后面梳成一个假髻或者圆发髻。蓬巴杜发型是该时期一种重要的发型，在前额和脸部两侧都留有高耸的头发（见图 13.10）。1904 年，伦敦首次掀起了烫发的浪潮。

该时期流行的大型帽子样式包括无边女帽和阔檐宽边礼帽（picture hat，见图 13.7）。帽子上带有华丽的装饰，包括假花、蕾丝花边、搭扣、羽毛等。1905 年，《西尔斯和罗伯克》邮购目录上的某页展示了 75 种不同风格的鸵鸟羽毛装饰。人们为了获得羽毛来装饰帽子而大量屠杀鸟类，导致许多鸟类濒临灭绝。1906 年，英国的亚历山德拉王后（Queen Alexandra）试图以身作则，拒绝佩戴任何用野生鸟类羽毛做装饰的帽子。到 1920 年，一些国家开始禁止从他国进口大部分品种的羽毛。幸运的是，大约 1914 年之后，这种大型帽子逐渐过时。

女性晚间佩戴的发饰包括羽毛、珠宝发梳和被称为"朱丽叶帽"（Juliet cap）的小型的珍珠无檐便帽，它是以《罗密欧与朱丽叶》中女主人公的名字命名的。

图 13.11 图为 1900 年左右的戏服，它的剪裁和竹子刺绣纹样的灵感都是源于亚洲，后者从 19 世纪末到 20 世纪初逐步进入西方时尚界。（图片来源：Image copyright © The Metropolitan Museum of Art. Image source: Art Resource, NY）

◆ 鞋类

一般来说，女性在日间所穿长筒袜是用深色或素净的棉质莱尔线织物制成，正式场合则穿着丝质长筒袜。有些长筒袜还会带有彩色吊线边花纹（织入长筒袜中的图案）或蕾丝装饰。

鞋子一般为尖头鞋，轮廓纤细修长，鞋跟高 5—6.5 厘米，所呈现的弧度带有所谓的"路易风格"。靴子相较于鞋子而言不够时尚，但穿起来很显高，常用纽扣或者鞋带系紧。

◆ 配饰

在该时期主要的配饰中，有较大的扁形手筒、绒面革或皮革质地的日间手提包或饰以珠子的晚间手提包。蕾丝镶边阳伞或丝绸质地的阳伞会用流苏或花边装饰。样式更为简单、更为耐用的雨伞是用油绸制成的。在晚间，女性常常拿着长长的折叠布扇或鸵鸟羽扇。时下最流行的皮带呈三角形。瑞士腰带从 19 世纪 60 年代开始复兴。女性会在脖子上佩戴荷叶边领、长筒型羽毛披巾、丝带或领结。

◆ 珠宝

女性最常佩戴的珠宝配饰有搭扣、胸针、吊坠、短款项链、项圈、宝石项链和长款项链，以及吊坠耳环或单石耳环。珠宝通常根据新艺术主义风格制作而成（见图 VI.1）。市面上流行的珠宝饰品质量不一，价格也有高低之分。

女性服饰：1908—1914 年

◆ 服装

该时期女性所穿内衣的数量开始减少。大多数女性继续穿着紧身胸衣，尽管保罗·波烈曾声称他的设计可以让女性从这些服装中解放出来。新兴的胸罩与直筒型紧身胸衣搭配后，与复兴的帝政式服装线条十分相配。许多女性穿着蕾丝和刺绣装饰的连裤衬衣，而不是衬裤（通常称为短裤）和女式宽松内衣。1909 年后，更为

图 13.12　图为 1912 年左右帝政风格腰际线复兴之时，女性所穿的版型更为笔直紧窄的裙子。（图片来源：The Delineator, August 1912）

纤细的服装轮廓要求衬裙的版型更为紧窄。公主式衬裙将背心式上衣与衬裙结合，构成了一种单独的公主线剪裁的服装，因此受到大众欢迎。

女性所穿的服装很可能是一体式的，尽管下裙、衬衫和定制服装也已成为女性日间穿搭必不可少的元素。到了1909年，爱德华时代的S形曲线逐渐被一条更为笔直的线条所取代。蓬松如袋的连衣裙上身尺寸开始减小，腰线位置逐渐上移。下裙变得更为紧窄，裙长不断缩短。以鲸须做领撑的高领也慢慢过时。长期以来，这种衣领一直是女性服装的一部分，以至于神职人员开始对女性将脖子露出而感到愤怒，而健康专家则对女性健康表示担忧，他们认为这种衣领可能会导致患肺炎和肺结核的概率增加。

帝政风格复兴时期，人们采用的服装轮廓带有增高的腰际线，以及一些公认为起源于法兰西第一帝国时期的服装细节（见图13.12），其中包括军装领、褶裥花边、宽翻边以及翻领等。和大多数复兴的服装一样，这些细节只是大概基于19世纪早期的男性服装样式。亚洲风格的影响在一些款式的裁剪和悬垂性中体现得较为明显。

虽然爱德华时代的服装中仍然留存着一些褶边装饰的印记，但连衣裙上身的风格逐渐简化。许多服装都采用前扣收拢的方式。袖子往往是紧身款，长度在肘部以下或手腕处，袖口和袖筒的颜色对比鲜明。短款的和服式衣袖体现了日本风格带来的影响。

从1909年到1911年，笔直纤细的裙子一直占据着主导地位，但到了1912年左右，许多不同风格且构造更为精致的裙子开始流行（见图13.13）。然而，无论裙子是单层的还是多层的，脚踝周围的裙摆都保持着十分紧窄的形状。这些裙子还演变出了一种更极端的版本，称为"蹒跚裙"，穿着这样的裙子，女性几乎无法迈出完整的一步。有

图13.13　图为1914年密歇根州立大学的伽玛优等生姐妹会成员，从图中几乎可以看到所有时尚的裙子款式。其中包括紧身的蹒跚裙，有些款式比较素净，有些带有单层或多层的束腰外衣以及陀螺裙。（图片来源：Courtesy of Marilyn Guenther）

些裙子过于紧窄，必须在下摆开一条缝，女性才能挪步行走。

陀螺裙（Peg-top skirt）在该时期也很流行，隆起的部位集中在臀部，然后形状逐渐缩小。衬裙外面会套上一件束腰外衣。束腰外衣的形状多种多样，从细筒型到下摆宽松型，再到多层束腰裙的款式。波烈设计了许多十分具有异国情调的款式，包括尖塔束腰外衣（minaret tunic）——一种宽大的束腰外衣，是用骨架将裙子撑成一个完整的圆圈，套在最为紧窄的蹒跚裙外面。他还推出了哈伦服（harem skirt）——一种宽松版的土耳其裤，但并没有激起太大水花。

定制西装的外套长度在臀部以下，整体呈现出细长的线条（见图 13.14）。紧窄的下摆在侧面或正面有开衩。

按照男式服装剪裁的衫裙上衣加上领带和收紧的高领，通常与单独的下裙或定制套装搭配。

就晚间穿着而言，帝政风格的复兴和亚洲风格带来的影响都较为明显。大多数晚礼服都会将束腰外衣或几层薄纱覆盖在较重的织物上。拖裾很受女性的青睐。衣袖较短，

图 13.14　图为 1909 年 10 月《女性家庭杂志》上刊登的女性套装和外套广告，反映了当时新流行的更为纤细的线条，以及已经成为时尚的西服夹克。（图片来源：Printz–Biederman Co., 1909）

图 13.15　图为 1912 年左右的晚礼服，衣袖的剪裁略微带有日本风格，反映了亚洲风格对女性服装和黄色雪纺绸的普遍影响，这种雪纺绸带有珠饰和穗带镶边，是该时期晚礼服十分常用的材料。（图片来源：Isabel Shults Fund, 1981/The Metropolitan Museum of Art）

通常是和服风格，用薄纱制成，面料比裙子更为轻薄。镶边的装饰包括宽布带或饰带、金银刺绣镶边以及蕾丝、串珠和流苏等（见图 13.15）。

◆ 户外服装

日间穿着时，外套都可及地或者长度在小腿附近。有些外套为裹身式，在最左边收紧。晚间的外套更为宽松，臀部挺翘，通常带有披风式的袖子。有些女性在晚上也会穿着带有复杂褶饰的披风。

◆ 发型和头饰

该时期的头发不再像之前那样蓬松。波浪形的头发轻柔地环绕在脸侧，在脑后或者头顶挽成一个柔软的发卷。

大型帽子包括凸显高度的帽子、无边女帽或者翻边女帽。面纱也是一种流行的发饰。帽子上常装饰着假花、羽毛和丝带。时尚媒体注意到三角帽的复兴，认为这是督政府时期风格的一部分（实际上，三角帽并非是督政府时期或帝政时期佩戴的发饰，而是源于更早的时期）。

◆ 鞋类

和之前的时期相比没有发生根本性变化。

女性服饰：1914—1918 年

◆ 服装

胸罩这种服饰此时已十分普及，通常和紧身胸衣搭配穿着，长度在胸部以下。连裤女内衣（cami-knickers）是指将贴身背心与下裙结合在一起的组合服装，两者用纽扣在裤裆下系紧，这样可以形成衬裤。在下裙变短时，这种衣服尤其受到女性欢迎。样式更为宽大的裙子使得衬裙也更为蓬松。

与两件式裙装相比，一件式连衣裙始终更受女性的喜爱。外套连衣裙也是新潮的服饰，分为单排扣和双排扣两种样式，腰间系有腰带或者饰带。在战争年代，女性服装的轮廓逐渐变宽，裙长变得更短。1916 年，女装的裙摆距离地面 6 英寸；1917 年，裙摆距离地面 8 英寸或更多。在此期间，腰际线处于正常位置或比正常位置更高（见图 13.16）。

连衣裙上身的版型比较舒适，腰际线位置固定，通常带有宽松的腰带。领口往往呈 V 形或方形。有些领口处还镶有水手领。衣袖一般为修身的直筒型。裙子的样式宽松，通过打褶、拼片的方式或者饰以三角布来营造出蓬松的效果。

在战争时期，定制西装更为大众所接受，其中一些具有独特的军装外形。夹克一般为长款，腰带系在腰部或略高于人体腰部的位置（见图 13.17）。

图 13.16　图为 1915 年的麦考尔服装式样，展示了该时期出现的下摆较短的裙子，这种裙子舒适感更强。（图片来源：DEA/ICAS94/Getty Images）

图 13.17　图为第一次世界大战时期的套装，这种服装更加柔软、长度更短、更为实用，并且经常在颜色和样式上体现出军装风格。（图片来源：Paul Hartnett/PYMCA/Universal Images Group via Getty Images）

　　与裙子或套装搭配穿的衬衫，具有一些独特之处，包括袖子和上衣抵肩结合二为一，带有羊腿袖，衣领为美第奇式领或立领，前面的领口为开领、V 形领或圆领。1915 年后，从头部套入的针织毛衣（套衫 [pullover]）开始流行。套衫没有明显的腰围，在臀部系带，衣袖为长袖。设计师加布里埃·香奈儿（Gabrielle Chanel，艺名为"可可"）在 20 世纪 20 年代成为时装界举足轻重的人物，人们通常认为她是第一个在一战期间让女性对针织套衫毛衣感兴趣的人。

　　日间礼服和晚礼服的线条轮廓相似，但晚间穿着的腰围位置往往略高于人体自然腰部。裙子为宽松型，很多都带有数层褶边、飘动的布料镶边或长短不一的分层。颈部的低胸露肩领可能会镶满裸色或透明的织物。衣袖短到肘部。无袖连衣裙肩上只有细肩带。女性还会搭配一些时髦的装饰物，通常由串珠和金银刺绣制成（见图 13.18）。

◆ 户外服装

外套变得更加宽大，以适应更宽大的裙子。此时流行一种臀部蓬起的风格，其他风格则是整体宽松，但腰间松散地系着一条带子。长及小腿附近的外套在 1916 年及之后的一段时期十分流行。军事风格在一些外套中显而易见。

◆ 发型和头饰

在战争时期，女性头发更贴近面部，长度也更短。更多的女性开始尝试烫发。帽子的帽顶较高，但并非宽边，帽檐比战前时期的更小。帽子分为有帽檐和无帽檐两种，经常和面纱一起佩戴。

◆ 鞋类

日间穿着的长筒袜多为深色，晚间的一般为浅色。人造纤维（也称人造丝 [artificial silk]）长筒袜是作为丝绸的替代品而引入西方的。

鞋子的款式并没有发生根本性的变化，但随着裙摆位置上移，鞋子变得更加显眼。高跟纽扣鞋或带有鞋罩的鞋在寒冷的天气里可以保暖。

图 13.18　图为 1916 年左右的晚礼服。1915 年的晚礼服和日间礼服一样，比前几年长度更短、版型更宽松。晚间穿着经常用到蕾丝和轻薄面料。（图片来源：DEA/ICAS94/Getty Images）

◆ 化妆品

女性会使用爽肤品、面霜和化妆品，包括粉底、胭脂和眼线。美容领域创业者伊丽莎白·雅顿（Elizabeth Arden）和赫莲娜·鲁宾斯坦（Helena Rubinstein）曾在纽约的沙龙里提供化妆品。安妮·特尔博·马龙（Annie Turnbo Malone）和沃克夫人（C. J. Walker）提供了专为非裔美国女性设计的护肤品和护发产品。

女性服饰：1918—1920 年

战后时期实际上是从战时风格向 20 世纪 20 年代风格过渡的时期。到 1918 年，第一次世界大战对服装带来的影响是布料的供应缩减，服装轮廓再度变窄。1918—1919 年期间，窄边连衣裙的腰围相当宽大，形成了一种称为"桶形"的轮廓。战争结束后的

1919 年，时装设计师们又将裙子设计得更为紧窄，裙摆又逐渐下移到脚踝。服装的整个腰部都保持宽松的版型。这一时期的时装设计师珍妮·兰文是设计出宽松内衣式连衣裙的功臣，这种直筒式连衣裙在 20 世纪 20 年代风靡一时（见图 13.19）。

男性服饰

◆ 服装

羊毛是男性贴身衣物的主要面料，尽管棉花也逐渐在服装中得到应用。冬天一般选用质地较重的针织品，夏天则质地较轻。将衬裤和衬衣融为一体的连衫裤成为人们的新宠。夏季的衬裤裤腿较短，冬天则更长。

西装由夹克、背心和长裤组成，常搭配衬衫和领带，是专业人员和企业员工工作日的得体着装。工人们则穿着紧实的工作服。所有男性在重要的社交场合都会穿西装。在非正式的社交场合或闲暇时间，男人们会穿着各种运动夹克、长裤和衬衫。一些体育运动则需要穿着专门的服装，正式的晚间活动或日间活动也是如此。

除了夏季时会使用质地较轻的法兰绒和亚麻面料外，西装外套和长裤的颜色通常为深色，深蓝色羊毛哔叽是使用范围最广的面料。外套，无论是作为西装的一部分还是单独的一件衣服，在剪裁上都有一些变化。单排扣和双排扣西装都在市面上流通，各种款式在每年都会受到不同程度的欢迎。在 20 世纪早期，夹克和外套都为长款，纽扣系得很高，带有较小的翻领。这些服装整体宽松的剪裁让男性几乎呈现出"胸肌发达水桶腰"的造型（见图 13.20）。第一次世界大战期间，夹克和外

图 13.19　大约 20 世纪 10 年代末，成年女性的裙摆再次下移，时装开始呈现宽松的线条轮廓，并将成为 20 世纪 20 年代的服装特征。（图片来源：DEA/ICAS94/Getty Images）

图 13.20　图为 20 世纪初的一张照片，展示了职业高尔夫球手参与这项运动时的经典穿搭：西服配上帽子。（图片来源：Hulton Archive/Getty Images）

套的长度逐渐变短。服装的轮廓变窄；肩部位置不再加上厚厚的垫肩，肩部线条更加自然。

这一时期夹克的种类很多，包括男式礼服大衣（只有权贵在正式场合或者老年男性才会穿）和晨燕尾服（白天的正式场合仍会穿）等。在一战之前，晨燕尾服一直作为套装，与相配的外套和长裤或者颜色迥异的马甲和条纹裤搭配穿着。一战后，晨燕尾服的使用范围仅限于上层阶级或政治人物，他们将晨燕尾服作为婚礼、外交接待仪式或就职典礼上的正式礼服。男性仍然穿着三件式西装，版型在 20 世纪 20 年代有所缩小（见图 13.21）。正式场合需要戴上圆顶高礼帽；在稍显轻松的场合，男性可能会戴上圆顶高帽或汉堡帽。

袋型外套在 20 世纪成为男士的标准西装外套。这种服装可以在任何场合穿着，甚至可以作为运动夹克（sport jacket）出现在休闲场合。美国的男装裁缝将这些外套称为"袋型外套"，而英国人更喜欢"休闲夹克"（lounge coat）这个词。

图 13.21　图为 1912 年的三位男性。男性三件式西服（左）轮廓在 20 世纪 20 年代逐渐缩小。右边的软领长大衣仍然很受欢迎。（图片来源：The New York Public Library/Art Resource, NY）

背心通常也作为男士西装的一部分。进入新世纪后，背心就出现了浅色或其他颜色，但进入 1910 年以后，背心又基本上与所穿的西装相配。

当男性穿着外套和背心时，衬衫只在衣领、背心上方和袖子末端可见。一些衬衫，尤其是那些为正式场合而设计的衬衫，前襟都十分硬挺。他们所穿的衬衫中白色和彩色两种都有，还会饰有圆点花纹或条纹图案等（见图 13.22）。在 20 世纪头几年，衣领的设计都是僵硬的高领。领子的高度逐渐下移，分为硬领和软领两种。士兵所穿的衬衫衣领便比较软。一战后，男人们仍然更喜欢这类柔软一些的衬衫衣领，要么是衬衫的一部分，要么是可拆卸的。由于衣领和袖口可以更换，因此同一件衬衫能够穿上数日，给人一种所穿服饰是新衬衫的感觉。

领带有多种类型，包括蝶形领结，当时已经可以购买系好的领结。其他领带款式还有四步活结领带（four-in-hand ties）、如今的标准领带，以及阿司阔领带（ascot）——一种宽领带，穿戴的时候将一端绕过另一端，并用领带别针固定。

长裤通常在臀部周围较为宽松，臀部往下的部分则裁剪得更为紧窄。有些裤脚有翻

图13.22 20世纪，男性服装很少有多种颜色。第一次世界大战前，深蓝色细条纹西装多用于商务场合。而在闲暇和运动时，男性可以穿颜色更为鲜艳的衬衫。（图片来源：Hulton Archive/Getty Images）

边，有些则没有。一些长裤上可能还会带有明显的折痕。装饰性裤腰也受到越来越多人的喜欢。

男式晚礼服由燕尾服或塔士多礼服、配套的长裤和深色或白色的马甲组成。无尾礼服是塔士多风格的外套，版型宽大，通常为单排扣样式。燕尾服为双排扣设计，但穿着的时候不会将扣子系上，通常带有翻边领或缺口领和翻领。大多数晚礼服的翻领表面都为丝绸质地（见图13.23）。晚间穿的长裤和夹克相搭配，没有翻边，外面的接缝处有一两条穗带。

通常而言，礼服衬衫都有立领，并且会配上白色蝶形领结。衬衫一般用纽扣收紧。大约在1910年之后，衬衫的正面增加了褶饰和翼领。1915年以后，晚间穿着所用的黑色蝶形领结越来越为大众所接受。

◆ 户外服装

工人阶级男性通常穿着各种款式的毛衣：正面敞开的无领开衫毛衣、V领套衫和类似现代高领套衫的高领毛衣（见图13.24）。

在20世纪第二个十年，大衣的版型都比较宽松，这样可以适应男装的宽大轮廓，然后在20世纪20年代时，大衣变得更加修身。大衣的长度各不相同，有些接近脚踝长度，有些长度在膝盖以下的小腿中部，还有一些为短款。轻便大衣（topcoat）的长度在臀部附近。这种大衣是有钱人穿的，他们的经济能力足以购买多件大衣。以下为基本的大衣款式：

◎ 软领长大衣和连肩袖外套，在晚间穿着时会搭配天鹅绒领子。
◎ 阿尔斯特宽大衣，带有整条或半条腰带以及可拆卸的兜帽或斗篷。
◎ 披肩式大衣，带有单披肩或双披肩。
◎ 麦金托什防水外套，是几乎所有雨衣的统称（这项工艺设计是由于查尔斯·麦金托什创造性地在两层服装面料之间放置一层橡胶而获得专利，并且这种方法竟然得到广泛运用，可以在织物上涂抹防水涂层；而其他的防水涂层则是通过给织物上油来使其成为"油布雨衣"）。

图 13.23 图为 1909 年的男装。燕尾服和白色领带仍旧被视为正式着装，但塔士多礼服也很快成为晚礼服的重要款式。（图片来源：Buyenlarge/Getty Images）

图 13.24 图为刚步入新世纪的年轻男子，正穿着高领套衫和加衬短裤准备去玩橄榄球。（图片来源：© Minnesota Historical Society/CORBIS/Corbis via Getty Images）

◎ 战壕外套（第一次世界大战期间由托马斯·巴宝莉 [Thomas Burberry] 设计）是一种编织紧密的斜纹棉华达呢外套，配有腰带，经过化学工艺处理后可以防水。一战后，战壕外套成了平民的时尚穿着。

一战后，军事风格在户外穿着中体现得尤为明显。衣领呈军装风，为紧身高领，外套长度也变短了。其他的一些战后服装风格还包括皮草大衣。浣熊毛皮是人们驾车出游时极受欢迎的服饰。许多外套都带有毛皮衣领和毛皮衬里。

在这一时期初，夹克和休闲外套仅限于工人阶级男性，他们的服装通常为厚重灯芯绒、皮革、羊毛质地，或者由其他实用面料制成。有些夹克与特定职业有关，比如短夹克衫。一战后，人们越来越热衷于户外运动，因此休闲夹克最终被大众接受。

◆ 体育运动服装

从布雷泽运动上衣中可以看到现代运动夹克的前身，这种服装常与风格不搭的长裤一起穿着，曾用于网球、游艇等其他运动。关于运动上衣的起源，一篇报道称，

1837 年，维多利亚女王检阅皇家巡逻舰"布雷泽号"（HMS Blazer）的船员时，船长没有提前为他的士兵准备制服，所以让他们在迎接女王陛下时身穿深蓝色外套，配上闪亮的黄铜纽扣。据说女王后来便颁布法令，从今以后这种款式的夹克将被称命名为布雷泽运动上衣。也有一些其他消息来源称，"布雷泽运动上衣"这个名字来源于这些运动夹克"炽热的"（blazing）红色。诺福克外套是英国风格的系带夹克，适合高尔夫、自行车和徒步旅行等运动。短裤、长筒袜、结实的鞋子和带帽舌的软帽通常与这些夹克搭配穿着。

骑行服装不同于 19 世纪传统的晨燕尾服、马裤和靴子，将这些服装取而代之的是一种下摆呈喇叭状的夹克，搭配上骑马裤（jodhpurs）——小腿附近收紧、膝盖上方蓬松的长裤。骑马裤是对西方服饰产生跨文化影响的另一个例子，它原本起源于印度，被英国殖民者采用之后，逐渐传播到整个西方。

在英国，泳衣一般由一条衬裤组成，但对于美国男性而言，他们更倾向于穿着针织羊毛套装（由紧身的及膝马裤和短袖或无袖衬衫组成），或一件式的肩带泳装（裤腿较短的圆领无袖泳衣）。后来美国的泳衣发展出了一种更为保守的风格，因为男性可以和女性混浴，而不再是分开沐浴，1900 年以前的英国习俗也是如此。

开车时，有些男性会穿着运动外套和法兰绒长裤，然而，如果在衣服外面套上亚麻质地的防尘罩衫或皮革制成的车用外套会更具实用性。男性在驾驶过程中还会戴着护目镜和鸭舌帽，为了防止被风吹掉，鸭舌帽一般反戴。

◆ 休闲装和睡衣

家居的男性服装包括晨袍和吸烟装，其中一些带有绗缝翻领，由装饰性面料制成。许多男性仍有穿衬衫式长睡衣的习惯，但也有人穿着睡衣裤（pajamas）。

◆ 发型和头饰

一般而言，男性都为短发。战争使得络腮胡和八字须不再像之前那样流行，因为它们在战地很难保持清洁，并且还会受到防毒面具的干扰。

帽子样式与 19 世纪后半叶的样式基本相同，其中包括圆顶高礼帽（当时只适用于正式场合）、柔软的毡帽（也称"汉堡帽"或者"软毡帽"[trilby]）、圆顶高帽、休闲帽。在美国的一些区域，人们会戴着西式的斯特森毡帽。夏季时，男性会戴上手工编织的厄瓜多尔草帽，后来因为这些草帽从厄瓜多尔运到巴拿马港口销售，所以逐渐也称"巴拿马草帽"（Panama hats）。此外，他们还会使用平顶硬草帽，以及类似圆顶高帽或费多拉帽的亚麻帽。

◆ 鞋类

长筒袜通常是素净的颜色。有些带有部分条纹或多种颜色。长筒袜的袜尖常带有罗纹，并用弹性吊袜带支撑。

在 20 世纪早期，鞋子都带有长而尖的鞋头，可以用鞋带或纽扣系紧。许多鞋子的鞋帮较高，在脚踝以上。晚间时，黑色漆皮拖鞋十分常见。1910 年后，越来越多的人开始穿牛津鞋（矮跟系带鞋）。部分牛津鞋的鞋尖上带有穿孔设计，还有一些则为双色款式。夏季流行白色羊皮牛津鞋。结实的系带高跟鞋仍然是许多人日常穿着的首选。到了 1910 年末，圆头鞋或者平头鞋受到更多人的喜欢。

◆ 配饰
在汽车得到广泛使用之前，手杖一直很受欢迎。男性的其他配饰还有手套、手帕和围巾。

◆ 珠宝
珠宝的应用主要限于领带别针、衬衫饰扣、戒指和袖口链扣。由于一战时期作战需要使用手表，加上汽车进入更多人的生活中，手表越来越受到人们的欢迎。怀表给士兵和司机带来的不便更加反衬了手表的价值。

儿童服装

纵观历史，儿童服装都与成人服装有着明显的相似之处。在某些时期，特别是在 20 世纪，人们已经认识到儿童对实用服装的特殊需求。爱德华时代是儿童服装的过渡时期，服装的风格从强调装饰性变为重视实用性。

◆ 女孩服装
许多不同年龄的女孩都穿着白色、浅色或米色的内衣式礼服（实用性不强的款式之一），腰际线剪裁位置较低，在臀部周围。衣服的装饰包括刺绣、缩褶绣和蕾丝。其他连衣裙款式与成年女性的类似，腰际线更接近人体腰部位置，连衣裙上身为宽松的衬衫。

在学校，海军蓝哔叽很受女孩欢迎，水手服、水手帽和围裙也是她们喜爱的服装，她们会将围裙套在其他裙子外面，以起到保护作用（见图 13.25）。

1910 年左右流行的一种服装款式带有宽大的披肩领，腰线较低；衣袖在肘部以上的位置较为蓬松，然后从肘部到手腕处收紧。1910 年以后，人们公认为"最好"的服饰中白色样式越来越少，服装颜色更趋于多样化。

从 1914 年到 1917 年，服装的腰带一直垂得很低，可到大腿位置，为 20 世纪 20 年代兴起的轻佻风格奠定了基础（见图 13.26）。而在这整段时期，年轻女孩的裙子长度都在膝盖附近。对于更为年长的女孩来说，裙长更长，但仍然比较方便行走。

运动束腰外衣一般穿在衬衫外面，带有无袖上衣抵肩，领口为方领，带有宽松的褶裥连衣裙上身，并且腰间有束带，这种样式在之后的一段时期也很流行。

图 13.26 到了 1917 年，年轻女孩穿着五颜六色的连衣裙，尽管长度较短，但线条轮廓与成年女性的相似。不同款式的裙装，腰线的位置也有所不同，有略高于人体腰部的，也有到臀部以下的。（图片来源：Reprinted from *Women's and Children's Fashions of 1917: The Complete Perry, Dame, & Co. Catalog*, inside of back cover, with permission by Dover Publications, Inc. ）

图 13.25 1912 年的孩子们穿上了更具实用性的衣服。小男孩穿着短裤。女孩也倾向于在裙子外面套上围裙。当女孩步入花季妙龄时（图中下面一排右边），她们会穿上和成年女性一样的服装。（图片来源：McCall's® Image Courtesy of the McCall Pattern Company copyright © 2014 ）

◆ 男孩服装构成

1900—1910 年，大多数小男孩直到三四岁都穿着裙子。这些裙子的样式跟女孩子穿的一样。1910—1920 年，小男孩则可能更多穿的是连体裤，年龄稍大时则穿短裤。

◆ 服装

男孩们可以选择的服装有水手装、伊顿套装、诺福克外套和短款西装外套，有的带有腰带，有的则不带。小男孩会穿夹克配上运动短裤或短裤，大男孩则会配上长裤。

◆ 户外服装

在户外，男孩会穿长款开衫毛衣、高领套衫、诺福克外套或麦基诺厚呢外套（mackinaw）——一种长度及臀的运动夹克，由厚重的羊毛织成，图案与毛毯所用图案相似。

◆ 男孩和女孩服装构成

1914 年邮购目录中的服装新款包括为小男孩和女孩设计的针织上衣和打底裤，以及连脚睡衣。

◆ 鞋类

男孩和女孩都穿高帮系带鞋。女孩的穿着还包括脚背上有一条或多条绑带的平底拖鞋，以及脚踝有带的平底鞋。1900—1910 年，长筒袜往往为及膝长度。一战期间，女孩穿的长筒袜的长度缩短，男孩会穿着及膝的袜子和短裤。

章末概要

在 20 世纪前 20 年的风格中可以确定许多服装主题。女性服装时尚变化迅速，而男性服装的款式相对稳定。日常生活中的技术进步，让汽车随处可见。社会变革使得一战之前和战争期间的女性更多地进入劳动力市场，所有这些变化可能促使女性服装变得更短、更加宽松，也更为实用。纺织品和服装的生产和购买问题随着各类成衣的日益增多越来越引起人们的关注。零售商品的邮购目录能够为城市地区，甚至农村地区提供当下时尚的服装。

一些个人设计师会以历史和各地文化（如亚洲文化）为灵感，如保罗·波烈和福图尼，他们在时装界有着举足轻重的地位。一种新的交流媒介——电影的出现，不仅能够宣传时下的流行款式，作为一种服装来源也能为未来的历史学家提供更多服装信息。

第一次世界大战不仅对战时的风格产生了影响，当时的军事风格在男女服装的剪裁和颜色上都体现得十分明显，而且也影响了战后的服装设计。战壕外套、毛衣和手表等曾是军用服装的一部分，在战后也被纳为平民穿着。

爱德华时代风格和一战时期服装风格的遗产

爱德华时代风格的复兴许多都体现在男性服装上。英国国王爱德华七世曾引发了戴汉堡帽的热潮。1952 年，德怀特·艾森豪威尔总统在就职典礼上戴了一顶汉堡帽，再次将这种帽型带到大众视野。20 世纪 50 年代的英国青少年——"泰迪男孩"（Teddy Boys）采用了与爱德华时代男性风格相似的西服，这种窄形剪裁后来也成为主流男装。

20 世纪 60 年代的摩登风格仍旧以爱德华时代的时尚为灵感，到了 20 世纪 90 年代，摩登风格重新流行起来。20 世纪早期风格的映射也体现在 20 世纪 80 年代早期的白领条纹衬衫之中，这种衬衫再次成为当时的主流男装。

服装版型概览图

爱德华时代与一战时期

男性服装：1900—1920 年

夹克、背心和裤子套装，常与白色、彩色或花纹衬衫搭配。袋型外套是当时的主流，正式场合穿晨燕尾服。

男性服装：1900—1920 年

在一战之前，西服都是按照人体曲线整体剪裁。在战争期间和战后，服装轮廓变窄。诺福克外套是日间穿着，男式礼服大衣能够穿着的场合有限。

女性服装：1900—1908 年

裙子呈 S 形，胸部丰满，裙摆为喇叭状。大量使用褶边和蕾丝面料。许多女性穿两件式的定制服装套装。

女性服装：1909—1914 年

随着帝政风格的复兴，裙子的腰际线更高。裙子线条开始呈直线形。在脚踝处收紧的蹒跚裙十分流行。

女性服装：1914—1918 年

裙长变短，轮廓变宽。腰际线仍旧上移。军事风格对服装的影响显而易见。

女性服装：1918—1920 年

服装轮廓变窄，下裙变长。有些连衣裙呈桶形，腰部较宽，下摆收紧。宽松的服装线条开始出现。

爱德华时代的内衣式礼服，和带有刺绣和蕾丝镶边的褶裥衬衣（穿在内衣式礼服外面）也成为 20 世纪 80 年代的外衣和内衣的灵感来源。迄今为止最不寻常的一次时尚复兴是女性开始穿着特尔菲晚礼服，她们特意收集了福图尼在一战期间制作的原版服装。设计师玛丽·麦克法登因自身设计的 20 世纪 80 年代和 90 年代褶皱礼服而闻名于世，而这种礼服正源自福图尼风格。21 世纪的设计师仍旧会使用爱德华时代流行的带有褶边、柔和的女性造型（见"现代影响"）。

主要服装术语

阿司阔领带（ascot）

胸罩（brassiere）

连裤女内衣（cami-knickers）

特尔菲晚礼服（Delphos gown）

防尘罩衫（Duster）

四步活结领带（four-in-hand ties）

拼片（goring）

高级定制时装（haute coutre）

蹒跚裙（hobble skirt）

垂胸领饰（jabots）

骑马裤（jodhpurs）

朱丽叶帽（Juliet cap）

内衣式礼服（lingerie dress）

休闲外套（lounge coat）

麦基诺厚呢外套（mackinaw）

尖塔束腰外衣（minaret tunic）

巴拿马草帽（Panama hat）

陀螺裙（peg-top skirt）

宽边礼帽（picture hat）

蓬巴杜发型（Pompadour）

套衫（Pullover）

运动夹克（sport jacket）

定制服装（tailor-made）

（图片来源：Giannoni/WWD/© Conde Nast）

轻便大衣（topcoat）

战壕外套（trench coat）

裹身衣（wrappers）

问题讨论

1.1900—1918 年，女性的服装轮廓不断演变，请描述这一演变的过程，并留意你在这些变化中看到的早期服装的影响。

2.你认为服装中哪些方面的发展与汽车的日益普及有关？

3.受第一次世界大战影响的服装有哪些特定风格？为什么这些风格会受到战争的影响？

4.请介绍一下保罗·波烈，并说明他对时尚产生的影响体现在哪些方面。

5.福图尼的设计与同时代人的设计有何不同？

6.1900—1920 年，哪些社会因素会影响儿童服装的变化，从而反映出服装更强调实用性的趋势？

参考文献

Attaway, R. (1991) . The enduring blazer. *Yachting, 170* (4) , 60–65.

Blaszczyk, R. L. (2012) . *The color revolution.* Cambridge, MA: The MIT Press.

Davis, M. E. (2010) . *Ballet Russes style: Diaghilev's dancers and Paris fashion.* London: Reaktion Books, Ltd.

Farrell-Beck, J., & Gau, C. (2002) . *Uplift: The bra in America.* Philadelphia, PA: University of Pennsylvania Press.

Fortuny. (1981) . [Catalog of an exhibition at the Galleries at the Fashion Institute of Technology]. April 14 through July 11. New York, NY.

Keist, C. N. (2017) . "Stout women can now be stylish:" Stout women's fashions, 1910–1919, *Dress, 43* (2) : 99–117.

Kidwell, C. & Christman, M. (1974) . *Suiting everyone: The democratization of clothing in America.* Washington: The Smithsonian Institution Press.

Kim, H. J., & DeLong, M. (1992) . Sino-Japanism in western women's fashionable dress in *Harper's Bazaar,* 1890–1927. *Clothing and Textiles Research Journal, 11* (1) , 24–30.

Leach, W. (1993) . *Land of desire: Merchants, power, and the rise of a new American culture.* New York: Vintage Books.

Lord, W. (1965) . *The good years.* New York, NY: Bantam Books.

Lyman, M. (1972) . *Couture.* Garden City, NY: Doubleday.

Schorman, R. (2010) . The garment industry and retailing in the United States. In. P. G. Tortora, *Berg Encyclopedia of world dress and fashion, volume 3* (pp. 87–96) . Oxford, UK: Berg Publishers.

Tortora, P. G., & Keiser, S. J. (2013) . *The Fairchild books dictionary of fashion* (4th ed.) . New York, NY: Bloomsbury.

第 14 章
20 世纪 20 年代：
爵士时代

20 世纪 20 年代

影响时尚造型的政治变化和社会变化

受体育、汽车、电影和技术进步等影响的特定服饰

有影响力的设计师及其在时尚方面做出的主要贡献

时尚设计师从装饰艺术运动中借鉴的风格元素

儿童服装和之前的童装对比

随着第一次世界大战的结束，欧洲和美国都希望能够恢复正常秩序。从 1923 年到 1927 年，美国的商业蓬勃发展，主要的消费品销售包括汽车、收音机（商业广播自 1922 年起向公众开放）、人造纤维、香烟、冰箱、电话、化妆品和大量出售的各种电器设备等（见图 14.1）

20 世纪 20 年代，人们的生活发生了翻天覆地的变化。越来越多的女性可以念完高中上大学，进入职场，这是以往任何时候都无法与之相比的。1920 年，随着宪法第十九修正案的批准，美国女性获得了投票权。尽管许多州通过法案获得了新权，但一些州也通过歧视非裔美国人的法律，限制他们的自由和发展机遇。根据宪法第十八修正案，自 1920 年起，蒸馏、酿造和销售酒精饮料属于违法行为。但是仍有违法经营的地下酒吧——能够提供饮酒、就餐和跳舞服务的秘密俱乐部，它和许多其他非法经营的场所一样，取代了以前的酒馆。

此外，一些美国机构在 20 世纪 20 年代站稳了脚跟。其中一个就是连锁店。建立全美范围或地区性的连锁店有助于降低消费

图 14.1　收音机可以播放新闻和娱乐节目，包括喜剧、戏剧和体育节目等。家人和朋友每晚都聚在家里的收音机旁，一起收听节目。（图片来源：Bettmann/Getty Images）

图 14.2b　1934 年，埃尔哈特创立了一个时装品牌，在美国各地的 30 家百货公司销售，包括纽约的梅西百货公司和芝加哥的马歇尔·菲尔德百货公司。（b 和 c：In the permanent collection of the Textiles and Clothing Museum, College of Human Sciences, Iowa State University, Ames, Iowa, 4992）

图 14.2a　图为阿米莉亚·埃尔哈特，是第一位独自飞越大西洋的女性。（图片来源：Bettmann/Getty Images）

图 14.2c　螺旋桨式的拉链细节图。

品的价格，提高消费者的购买力。分期付款的购买方式也在该时期确立了稳固的地位。

1927 年，随着查尔斯·林德伯格（Charles A. Lindbergh）横渡大西洋的飞行取得了惊人成功，飞行的重要性也与日俱增。阿米莉亚·埃尔哈特（Amelia Earhart）的飞行记录和她那昙花一现的女性运动服系列引发了人们对飞行的更多关注。她的飞行服装在中等价位，但极具航空理念——带有用降落伞绳做成的领带或皮带，用滚珠轴承做成的皮带扣，以及螺旋桨翼形状的纽扣和拉链头等（见图 14.2）。

20 世纪 20 年代社会生活变革

一战结束之后，欧美的社会风气发生了巨大变化。这场战争不仅让人们开始怀疑他们为生活付出的努力是否应当，同时也使得其他激进的理念（如西格蒙德·弗洛伊德的性理论）和女性日益变化的社会角色，引起了道德观和价值观的革命（尤其是在年轻人之中）。在一战之前，人们认为"淑女"需要遵循一定的行为标准。她们不应该吸烟、喝酒，也不应该见年轻男子时无年长妇女陪伴。当然，年轻女子也只能亲吻她愿意托付终身的男孩。

被称为"新潮女郎"（flapper）或"假小子"（garçonne，源于一部同名戏剧，剧中女主角把头发剪短，穿着男性化的衣服）的女子，和她们的绰号一样，似乎摆脱了过去的一切束缚。她们吸烟喝酒，在停放的汽车里和人搂抱拥吻，跳着查尔斯顿舞（Charleston）直到深夜。她们的穿着与过去的女子迥然不同。约翰·霍尔德（John Held）在漫画中对她们进行了辛辣的讽刺，他所绘制的轻佻女子画像经常出现在《生活》（Life）杂志的封面（见图 14.3）。作家玛丽莲·霍恩（Marilyn Horn）称：

> 时尚对社会问题的敏感度成为一种标志，反映了当下的骚动和不安。服装式样上的巨大变化是其他领域发生变化的映射。

图 14.3　图为约翰·霍尔德所画的"新潮女郎"和"美男子"成为"燃烧的青春"和 20 世纪 20 年代风格的典型代表：男子身穿彩色菱形花纹套衫，女子卷起长袜，嘴唇涂着口红，脸颊抹着胭脂。（图片来源：John Held Jr., "The Petting Green," Life, March 3, 1927; Universal History Archive/Universal Images Group via Getty Images）

20 世纪 20 年代的女性服装成为霍恩所称"骚动和不安"的明显证据。除了法国大革命后短暂的一段时期外，女性的头发从未剪得这么短，也从未穿过肉色长裤。在这之前，长裤严格来说只是男性的服装（早期尝试为女性引入分衩服装时，出现了短灯笼裤，这种裤子的剪裁与男性裤子不同，最终也没有流行起来）。社会上的女性不会使用胭脂和唇彩。但在 20 世纪 20 年代，所有这些事情都变得司空见惯。这些都是女性着装上发生的明显变化，与女性社会角色的变化相呼应。参见"时代评论 14.1"，可以了解新潮女郎与 19 世纪 90 年代"新女性"的异同。

时代评论 14.1
永恒的女性：新潮女郎

"新女性"

在我上学期间，"新女性"（从 19 世纪 90 年代开始）指的就是那些不愿追随女性服装潮流、着装风格尽可能模仿男性的女子。谁会不记得那段时期的"新女性"如何带着鄙视的眼光看待那些天性喜爱颜色鲜艳、质地柔软服装的女子呢？如今出现的马格德琳·马克思（Magdeleine Marx，法国作家和女权主义者）为我们描述了她所认为 1920 年"新女性"典范的标准：她需要自给自足，经济独立，装扮自己的容颜，欣赏自己的美丽；她穿着女人味的衣服，与她遇到的每个男人调情。由此看来，"新女性"似乎就是和过去一般无二的女性……她只是在接受男人的那套道德标准……

资料来源：*The Fashion Art League of America Bulletin* (1921, March–April)，Volume 5, Number 3–4, p. 20.

时尚的影响因素

对时尚的影响体现在电影、体育运动、汽车和影响时尚的技术发展等方面。

电影

到了 20 世纪 20 年代，无声电影已经成为日常生活的一部分。除了提供消遣之外，电影还把男女演员的迷人画面传送到了美国的所有小镇。电影中描绘的生活不仅强化了人们的享乐主义态度，而且传播了城市的品位、服饰和生活方式。

电影明星成为时尚的引领者。鲁道夫·瓦伦蒂诺（Rudolph Valentino）是数百万美国女性的偶像，男性也纷纷模仿他那抹过发蜡的"漆皮头"造型。女演员琼·克劳福德（Joan Crawford）在她首部担任主角的电影中，化身为一名 20 世纪 20 年代快节奏生活的新潮女郎，后来全国各地的女性都模仿她的妆容、发型和服装。随着 1927 年有声片的出现，电影和电影中的明星比以往任何时候都更受欢迎，从而影响了这一时期的时尚。舞蹈家艾琳·卡斯尔是第一位拥有自己同名时装（艾琳·卡斯尔·科尔蒂切利时装）的电影明星。约瑟芬·贝克（Josephine Baker）是第一位出演动作片的非裔美国女性，由于弘扬了全球文化，她成为爵士时代的象征（见图 14.4）。电影服装设计师的作用也日益凸显。阿德里安（Adrian）是公认的首位电影服装设计师。在整个 20 世纪 20 年代（以及 20 世纪三四十年代），他都在为当代电影和时代影片设计服装，阿德里安这个名字成为高端时尚和人格魅力的代名词。

图 14.4　图为 1925 年出生于美国的法国舞蹈演员、歌手兼女演员约瑟芬·贝克。她身穿一条新潮女郎风的丝质连衣裙，裙上带有许多镶边；脖子上戴着长长的吊坠项链，搭配长款耳环。（图片来源：Estate of Emil Bieber/Klaus Niermann/Getty Images）

体育运动

观看和参加体育运动与电影一样，在第一次世界大战的流血动荡之后给美国公众带来了心灵的慰藉。棒球明星贝比·鲁斯（Babe Ruth）和卢·格里格（Lou Gehrig）、美式足球教练克努特·罗克尼（Knute Rockney）和拳击手杰克·邓普西（Jack Dempsey）等著名运动员的名字如雷贯耳，即使在 21 世纪他们也依旧是耳熟能详的英雄。战后的经济增长意味着人们有更多的娱乐时间和金钱用于观看体育比赛。20 世纪 20 年代体育赛事的观众人数打破了以往的所有纪录。由于有人无法亲自到场，便出现了电台转播，使得全国各地的球迷都能够收听整场比赛，而报纸上体育专栏的兴起也让其他人能够了解并跟上比赛进度。"体育的黄金时代"带来了塑造健康强壮的年轻体魄的理念，即使对非运动员也是如此。

该时期出现了一种新现象，即将女性视为体育界的领军人物。人们对观看体育比赛的浓厚兴趣必然会提升体育运动的参与度，而社会的繁荣发展使人们的参与变得更加容易。体育明星开始出现在电影中，因此，原本只能在照片中看到他们的观众可以通过电影了解这些明星。

自行车、滑冰、高尔夫和网球等活动越来越受到美国人的欢迎，制造商也不断生产更适合这些运动的服装。例如，时髦的高尔夫球手穿着宽松的裤子，长度刚好在膝盖以下，搭配带有图案的袜子。女子网球运动员穿着及膝短裙，有些甚至会穿着无袖白色上衣。

社会名流

20 世纪 20 年代通常被称为爵士时代，因为音乐完全渗透了这个时代。艾灵顿公爵（Duke Ellington）、路易斯·阿姆斯特朗（Louis Armstrong）和玛米·史密斯（Mamie Smith）等爵士艺术家将"哈莱姆文艺复兴"（Harlem Renaissance）时期的音乐和艺术传播到了整个国家。

欧洲王室以及咖啡公社亦对时尚产生了影响。在 20 世纪 20 年代（以及接下来的 30 年代），英国威尔士亲王——即后来人们所熟知的温莎公爵——以新的方式设计衣物的图案、颜色和纹理风格，并推广了专为狩猎等运动设计的服装。

汽车

自从汽车变成了实用的交通工具而不再是一项运动后，汽车驾驶专用的服装就消失在人们的视野里。随着女性开始频繁驾驶汽车，她们显然需要更短、更方便的裙子。

汽车的出现也可能是人们放弃阳伞或遮阳物的原因。女性无须长时间行走，阳伞在敞篷车上不实用，在封闭的车上用不着。汽车提升了手表的使用率（开车时手表比怀表更容易看），也让人们更偏爱小型的帽子。

汽车使工人能够居住在郊区而前往城市上班，也能将城市居住的个人和家庭带往农村，从而创造出新的娱乐机会。汽车在娱乐方面的使用价值使得休闲运动服日益普及。

影响时尚的技术发展

数个世纪以来，可用于服装的织物仅限于自然界中发现的织物。虽然部分区域的人也会使用当地特有的材料来制作服装，但西方社会更多使用四种天然纤维：棉布、亚麻布、丝绸和羊毛。早在 19 世纪 80 年代，法国的希拉尔·德·夏尔多内伯爵（Count Hilaire de Chardonnet）就利用纤维素制造了一种新纤维。这种被称为"人造丝"的纤维并没有迅速为大众所接受，因为它的光泽度过强，而且不耐清洗。后来经过不断改进，到 1924 年，美国国家零售业干货协会发明了"人造纤维"。第一次世界大战结束后，另一种人造纤维用作商业用途。这种纤维也被称为人造纤维，直到 20 世纪 50 年代才被单独命名为"醋酸纤维素"（acetate），以区别于人造纤维。在整个 20 世纪 20 年代，在 30 年代尤甚，人造纤维织物（包括醋酸纤维素）降低了女性服装的制作成本，推动了时尚变革的加速发展。

除了宽松不贴身的套衫外，其他的衣物都必须使用一些收紧合拢的设计。系带和纽扣一直是收拢服装的主要方式，直到 19 世纪才出现了各种各样的金属扣钩和扣眼。

芝加哥的惠特科姆·贾德森（Whitcomb L. Judson）于 1891 年发明了拉链。他将拉链的首个版本称为"钩锁"（clasp locker）。吉德昂·逊德巴克（Gideon Sundbäck）将这种拉链进行改进，继续制造无钩扣件（hookless fasteners），这种扣件可以用于紧身胸衣、手套、睡袋以及腰包等，但也是一种有缺陷的装置（经常会脱落）。20世纪20年代，古德里奇（B. F. Goodrich）购买了无钩扣件，用来将橡胶靴束紧。他首次使用了"拉链"（zipper）这个词，并于1925年将其注册为商标。拉链在20世纪30年代及之后的时期被广泛使用，而"拉链"也成为一个通用术语，适用于任何有齿的滑动扣件。

法国和美国的设计师

◆ 法国高级时装

法国高级时装作为女性服装风格的领袖，在时装界始终保持着领先地位。虽然时装总体而言都具有影响力，但在每个时期都有一些设计师脱颖而出。譬如波烈在爱德华时代晚期和一战前的设计师中占据了特殊地位，香奈儿的设计也代表了20世纪20年代的风格。

加布里埃·香奈儿在第一次世界大战时成为设计师。战争期间，她在海滨度假胜地多维尔开设了一家小商店，开始制作休闲针织夹克和套衫，并且获得了成功。她购买了水手夹克和男式套衫，并将它们与褶皱裙结合在一起，设计出了舒适而实用的衣服。不久之后，她就为自己的客户专门定制这些服装。

一战结束后，她回到巴黎，创办了一家沙龙——后来成为巴黎最有影响力的沙龙之一。人们认为正是她使得黝黑造型和时尚珠宝流传开来，但她真正的天赋在于设计出了样式简单的经典羊毛衫风格（见图14.5）。事实上，早在1926年，美国《时尚》杂志就将香奈儿设计的"小黑裙"比作福特汽车，表明它作为时尚基石的流行程度和具有的永恒价值。

玛德琳·薇欧奈（Madeleine Vionnet）13岁开始在一家裁缝店当学徒。她曾在当时的主要时装店卡洛姐妹时装屋工作，后来离开去了杜塞时装屋。她的设计简单朴素但剪裁精良，却不被杜塞所接受——在杜塞时装屋，精致奢华的服装才被称为时尚。所以她在一战的前几年选择离开，开始经营自己的商店。直到战争结束后，她才在

图14.5　图为1929年的加布里埃·香奈儿，她身穿带有自己签名的开衫套装，这是她设计的最佳款式之一。（图片来源：Sasha/Getty Images）

图 14.6 玛德琳·薇欧奈以精湛的手艺和运用斜裁法（一种特殊的设计工艺）设计服装的能力而闻名，这种设计方法利用了织物在身体上的悬垂性。图中的露背晚礼服是经典的高级时尚款正式礼服。（图片来源：Image copyright © The Metropolitan Museum of Art. Image source: Art Resource, NY）

20 世纪 20 年代初一鸣惊人，取得巨大成就。那时薇欧奈时装屋已经成为高级时装定制的一部分。她独特的天赋在于衣服的剪裁。她发明了斜裁（bias cut）的方法，一种利用布料的对角线裁剪衣服的技术。这种方法使得服装具有更大的弹性和悬垂性，从而突出了女性的身体曲线（见图 14.6）。

表 14.1 20 世纪二三十年代著名的时装设计师

设计师或创始人	时装屋及其开业时间	概况
哈蒂·卡内基（Hattie Carnegie, 1889—1956 年）	1923 年	拥有一家精品店，其中包括美国下一代的杰出人才
加布里埃·香奈儿（"可可"，1883—1971 年）	香奈儿时装屋，1914 年	以简单经典的设计为主
索尼娅·德劳内（Sonia Delaunay, 1885—1979 年）	1923 年	面料和时装设计师，以生动的绘画般几何图形设计闻名
阿利克斯·格蕾斯（Alix Grès, 1903—1993 年）	阿利克斯时装屋，1934 年	以高水平的工艺和柔和的悬垂设计为主
雅克·海姆（Jacques Heim, 1899—1967 年）	海姆时装屋，1923 年	制作精良的服装，反映了当下的时尚
珍妮·兰文（Jeanne Lanvin, 1967—1946 年）	兰文时装屋，1890 年开始制造女帽	强调更为华丽的设计，创造了"长袍风礼服"（robe de style），成为 20 世纪 20 年代流行的礼服裙
吕西安·勒隆（Lucien Lelong, 1889—1958 年）	吕西安·勒隆时装屋，1919 年	他本人并非设计师，但他的时装屋"以设计精美、品位高雅且耐穿的女性服装而闻名"，为他工作的设计师包括迪奥、巴尔曼和纪梵希等
路易·梅伦诺（Louise Melenot, 1878—1950 年）	路易·布朗格时装屋，1927 年	创新的设计包括不规则下摆、覆盖后颈的开领，以及布质兜帽
萨利·米尔格林（Sally Milgrim, 1898—1994 年）	米尔格林时装屋，1927 年	成衣设计师，专为女演员设计造型，经营着米尔格林百货公司

梅因·卢梭·布彻（Main Rousseau Bocher, 1890—1976年）	梅因布彻时装屋，1929年	美国人，1929年在巴黎开了一家沙龙，二战期间搬到了纽约；为温莎公爵夫人设计过婚纱
爱德华·莫利纽斯（Edward Molyneux, 1891—1974年）	莫利纽斯时装屋，1919年	服装以"文雅、优美、流畅"的线条闻名
让·巴杜（Jean Patou, 1887—1936年）	巴杜时装屋，1914年	"专为乡村俱乐部设计淑女般优雅简洁的服装"；1929年，他引领了裙长更长、强调自然腰围的服装时尚
罗伯特·皮盖特（Robert Piguet, 1901—1953年）	皮盖特时装屋，1933年	曾聘用过特约设计师，包括纪梵希和迪奥，他们说他"教授了设计简洁的优点"
尼娜·里奇（Nina Ricci, 1883—1970年）	尼娜·里奇时装屋，1932年；自1945年起不再进行服装设计，但时装屋继续与其他设计师合作	以"优雅，做工精细"为服装特色
马塞尔·罗哈斯（Marcel Rochas, 1902—1955年）	罗哈斯时装屋，1924年	服装重视色彩运用、装饰繁复，在服装面料和设计中具有"奇妙"创意
玛吉·鲁夫（Maggie Rouff, 1897—1971年）	鲁夫时装屋，1929年	"代表女性的高贵优雅"
艾尔萨·夏帕瑞丽（Elsa Schiaparelli, 1890—1973年）	运动服装店，1929年；夏帕瑞丽时装屋，1935年	原创设计，有着与众不同的设计天赋，永远能抓住大众的眼球
玛德琳·薇欧奈（1876—1975年）	薇欧奈时装屋，1912年	以斜裁法和非凡的工艺技巧闻名

资料来源：All quotes from Calasibetta, C. M. (1988). *The Fairchild dictionary of fashion* (2nd ed.). New York, NY: Fairchild Publications; and Stegemeyer, A. (1996). *Who's who in fashion* (3rd ed.). New York, NY: Fairchild Publications.

◆ 美国设计师

在美国，越来越多人开始强烈呼吁要做不依赖巴黎的服装设计。波道夫·古德曼（Bergdorf Goodman）和萨克斯第五大道（Saks Fifth Avenue）等精品百货公司以法国设计师商品和美国制造的服装为特色，但这些原产地为美国的服装并没有让美国设计师的名字被大众知晓。纽约大都会艺术博物馆、布鲁克林艺术博物馆和美国自然历史博物馆与女性服装业建立了关系，试图为设计师、制造商和广大时尚界提供一片发展的沃土。

在美国的工业中心纽约市，女性服装公司的数量在1900—1917年间增长了350%。到1920年，美国服装制造商已成为美国女性服装的主要生产商，尽管美国设计师的工作没有得到大众认可，但是一些设计师，如哈蒂·卡内基、萨利·米尔格林和杰伊·索普（Jay Thorpe），确实通过他们的创业公司获得了声誉。

图 14.7　图为带有装饰艺术图案的连衣裙，用人造纤维制成，产于美国塞拉尼斯公司（the Celanese Corporation of America）。（图片来源：Sasha/Getty Images）

装饰艺术对时尚的影响

　　"装饰艺术"一词来源于 1925 年在巴黎举行的"装饰艺术和现代工业博览会"（或称世界博览会）。这一术语指的是 20 世纪二三十年代产生的典型艺术。不仅包括埃及图案、玛雅文明和俄国芭蕾舞纹样，还有与现代艺术运动有关的设计，如立体主义、野兽派和表现主义以及自然理念，它们都成为服装设计的灵感。

　　装饰艺术带来的影响在 20 世纪 20 年代的时装中尤其显著。该时期许多服装的几何线条，以及织物印花、刺绣、珠饰和珠宝都与装饰艺术风格的线条相呼应（见图 14.7）。

服饰研究的信息来源

　　自 19 世纪末以来，时装杂志上开始出现时装照片。到了 20 世纪 20 年代，一些时尚摄影师试图增加照片的艺术效果。于是，一些时尚照片可能被称为时尚"艺术"照片，而其他的则被称为时尚"信息"照片。时尚艺术照片有时会导致观众无法最大程度获取所展示服装的细节信息。相反，时尚信息照片可以更清晰地显示服装的所有细节。

1920—1930 年的服饰构成

女性服饰

◆ 服装

　　根据邮购目录的描述，内衣的款式多种多样。其中包括胸罩，最开始使用的时候是让胸部变平，在 20 世纪第二个十年的后期开始将胸部抬高，塑造出当时的时尚造型。衬裤或短裤在 20 世纪 20 年代变为内裤（panties）。内裤长度较短，用纽扣或松紧带在腰间系紧，通常具有很强的装饰性。

　　连裤衬衣演变为另一种贴身背心和内裤结合的服装，并在不同时期有不同的名称，先后被称为"连裤女内衣""女式内衣"（step-ins）和"连衫衬裤"（teddies）。笔直剪裁的衬衫或宽松内衣改称为女式长衬裙（slip），与今天被称为"吊带裙"的服装样式类似。体型较大的女性会穿上紧身胸衣。这种胸衣是用骨架或者具有弹性的镶片制成，或两者兼而有之。从紧身胸衣上垂下来的吊袜带可以提起长袜，不穿紧身胸衣的女性则会系上吊袜腰带或吊袜带来支撑长袜。

胸部平坦、臀部紧窄是最为理想的身形。流行的服装轮廓都是笔直的线条，腰部没有凹陷。带有腰带的裙子常将腰带设计在臀部位置。大多数连衣裙都是单件的（见图14.8）。

在这段时期伊始，裙子都为长款，裙摆几乎延伸到脚踝附近。1922年，裙摆位置仍在下移，但在1924年之后逐渐上移。到1925年，裙摆离地面约8英寸。在1926—1927年间，裙摆距离地

图14.8　图为1922年的服装款式，反映了一种新兴的时尚轮廓：窄形剪裁，且腰际线下移。在战后时期，裙摆变长。（图片来源：GraphicaArtis/Getty Images）

面14到16英寸，有些裙长更短，甚至离地18英寸。裙长达到这个极值后，于1928—1929年间保持相对稳定，之后又开始增加。裙长增加的第一个明显表现是不均匀的裙摆剪裁，会在裙摆上增加镶边或者喇叭状、扇形或棱角衣片。到20世纪20年代末，裙子的长度已经大幅缩减（见图14.9）。

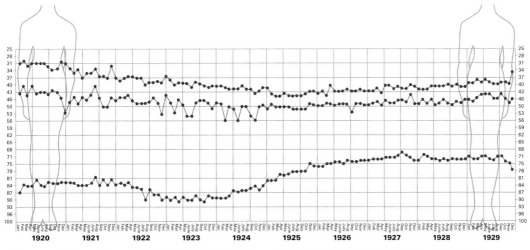

图14.9　图为20世纪20年代服装的平均腰围位置、臀部位置和下摆位置曲线图。（图片来源：From Richards, L. [1983]. The rise and fall of it all: The hemlines and hiplines of the 1920s. *Clothing and Textiles Research Journal*, 2[1], 47）

图 14.10 1915 年的裙子长度已经变得更短，仅仅在膝盖附近。长度在臀部的开衫式夹克常用于全套服装（夹克和裙装）或西装套装。女性会在短卷发上戴上钟形帽。（图片来源：© Amoret Tanner/Alamy）

在日间穿着中，一体式风格占主导地位。一些外套连衣裙采用从右往左交叉式系法。领口位置通常在喉部及其以下，有圆领、V 领、宽浅领或兜帽领等样式。圆领、高领和 V 领通常用领子或斜褶边装饰。带有衣袖的裙子通常为长袖。许多连衣裙都有长袖，或采用无袖设计。连衣裙上身样式简单，垂直剪裁，长度在臀部位置，有些带有刺绣装饰或者褶饰。下裙的裁剪比连衣裙上身更为复杂，通常采用斜裁法来营造趣味效果。裙子带有修饰服装边缘的褶边和裥饰，扇形的下摆和嵌入的三角形布片，带有手帕裙（handkerchief skirt）风格的镶边效果。

单独的衬衫和毛衣十分流行。两者都可作为舒适时尚的日间服装，而且可以和其他服装混合搭配，是经济实惠的选择。大多数毛衣和衬衫都是细长型，臀部位置较低，并采用笔直剪裁，一般穿在裙子外面，而非塞进裙子里面（见图 14.10）。水手领上衣或水手衬衫（通常为白色，带有水手前襟和领带，袖口为蓝色或红色）和农妇衫一样，受到大众欢迎。

定制的套装有相配的夹克和裙子，夹克长度在臀部或以下。风靡一时的香奈儿套装包括开衫式夹克和羊毛衫质地的裙子（见图 14.5）。带有腰带的套装中腰带的位置一般远低于人体腰部位置。一些套装采用的是从正面中部解开，在服装左侧系上的设计。收口位置较低的长翻领是一种时髦的造型。全套服装（Ensembles）指的是颜色款式相配的连衣裙和外套，或者是搭配好的下裙、外罩式衬衫和外套。

晚礼服的长度与日间礼服的长度相同，随着日间礼服的长度越来越短，晚礼服的长度也在不断缩减。一些晚礼服上衣通常为无袖设计，带有深 V 形或 U 形领口，用肩部的细肩带支撑整条裙子。晚礼服的下裙裁剪通常比日间裙子更为复杂，使用了飘逸镶边、褶皱装饰或裙子分层等设计。1919 年，法国设计师珍妮·兰文推出了一款蓬松的裙子，让人们回忆起克里诺林时期的风格。这种风格的晚礼服腰际线低垂，下裙蓬起，被称为"长袍风礼服"，也呈现出当时流行的管状轮廓，并且也是一种常见的婚纱风格（见图 14.11）。因为"长袍风礼服"并不十分贴身，所以各个阶段的女性，不论身型大小，都热衷于这种服装。加大码的女性服装也是按照总体轮廓制作，但通常会增加一些设计细

图 14.11b 图为 1928 年左右的一件宽松晚礼服，是按照当时典型的管状宽松内衣风格裁剪而成。它由路易·布朗格（Louise Boulanger）设计，珠饰雪纺面料是裙子的特色，搭配颜色相对的连衣裙上身和下裙，并在腰间配有一条饰带。（图片来源：Edward Steichen/Conde Nast via Getty Images）

图 14.11a 图中这件连衣裙是由珍妮·兰文设计，带有自创的"长袍风礼服"的宽大裙摆，呈现出与 20 世纪 20 年代一些服装轮廓互补的造型。（图片来源：Chicago History Museum/Getty Images）

节或者织物镶边，以使身材更显匀称。

　　珠饰是用来装饰晚礼服的一种普遍做法，有时串珠可以覆盖整件礼服（见图 14.11b）。时兴的面料包括雪纺绸、软缎和天鹅绒（"长袍风礼服"一般采用塔夫绸）。装饰艺术中的几何设计经常用作织物图案。该时期也出现了跨文化装饰图案，比如来自中国的花纹（见"全球联系"）。

全球联系

　　在 20 世纪 20 年代，服装，特别是受装饰艺术影响的服装，出现了很多中国元素，包括中国刺绣的纹样、中国风格的盘扣（frog closure）和中国文字。这件满族风格的丝绸锦缎外衣是 20 世纪初一个小男孩的。外衣的设计融合了许多象征期望和祝福的符号，这些符号被认为具有佑护作用：蝙蝠（发音中带"福"字）寓意幸福，舞狮或舞龙通常用于庆祝活动，"卍"字符代表着好运。正如马丁（Martin）和科达（Koda）指出的那样，

（图片来源：In the permanent collection of the Textiles and Clothing Museum, College of Human Sciences, Iowa State University,Ames, IA. 1042）

"东方的纺织、艺术、建筑及实用工具的理念，一次又一次地对西方文化做出了积极的贡献"。

图 14.12a 图为穿着不同紧身程度的皮革镶边外套的几位女性，头上戴着流行的钟形帽，再配上手提包和半高跟鞋，构成了全套服装。（图片来源：Seeberger Freres/General Photographic Agency/Getty Images）

图 14.12b 图为 1925 年一名身穿浣熊毛皮大衣的棍网球球迷，他手持约翰·霍普金斯大学（John Hopkins University）的横幅和棍网球棒。（图片来源：JHU Sheridan Libraries/Gado/Getty Images）

于 1922 年 11 月发现的埃及图坦卡蒙国王陵墓引发了"图坦卡蒙热潮"，并将"埃及狂热"推广到建筑、美术和装饰艺术以及时尚领域。从太阳崇拜到短卷发（bob）发型、涂染的指甲和烈焰红唇，再到色彩鲜艳的紧身连衣裙，时尚界和大众媒体从埃及文明根深蒂固的古老传统中寻找答案，试图解释 20 世纪 20 年代影响女性的无数社会变化。

◆ 户外服装

该时期最具特色的外套是在左臀位置收拢，通常用一个较大的装饰纽扣或数个小纽扣系紧。

年轻女性（和年轻男性）在开车或观看美式足球比赛时会穿着浣熊毛皮大衣（见图 14.12b）。毛皮和毛皮装饰的披风和披肩是较富裕群体中的普遍穿着。长款低腰毛衣作为运动服装也受到大众欢迎。

◆ 睡衣

睡衣由睡袍或睡衣裤组成，两者都呈较长的直线轮廓。

◆ 发型和头饰

20 世纪 20 年代的女性发型是时尚界更具革命性的发展之一。短发曾在帝政时期流行过，但除此以外，之前的其他时期女性都没有蓄短发的习俗。这种发型起初被视为一种激进的风格，到 1923 年已经成为公认的时尚，全美各地的大学女生都在唱着（以《铃儿响叮当》的旋律）："短卷发，短卷发，剪成短卷发。"屋盖式短发发型（shingle）是一种特别的短发，脑后的头发像男人的头发一样剪短，并且从上往下越来越窄。虽然最流行的短发是形状逐渐向颈背缩小，但也有很多不同的样式。有些女性把头发剪短后，前面留刘海，脸庞两侧和脑后的头发末端向下翻卷。其他人则效仿更为极端的伊顿发型（Eton crop），这种发型将头发剪得极短，几乎和男性的发式一样。弗雷德里克·刘易斯·艾伦（Frederick Lewis Allen）指出了短发在美国的广泛性："20 世纪 20 年代后期，20 多岁的女孩几乎普遍留着短卷发造型，在 30 多岁和 40 多岁的女性中也很常见，即便是 60 多岁的女性，留着这种发型的也绝非罕见。"

一些女性选择将短卷发梳直，另一些则做成马塞尔波浪（marcel wave），即一层一层的大波浪形卷发。许多时髦女性便以她们的发型闻名，比如露易丝·布鲁克斯（Louise Brooks）那几何线条般的短卷发造型。传统的无扣发卡被带有弹簧夹的扁平发卡取代。然而，到 1910 年结束时，女性开始再次将自己的头发留长，脑后开始出现小的发卷。当然，有些女性从来没有剪过头发，但即使长发的女性，通常也会将头发梳直或者做成波浪形置于脸畔，并在脖子后面紧紧盘成圆发髻。

由于这些女性都是短发，因此她们戴的帽子可以紧贴头部。随着短卷发成为流行的发型，一种将整个头包住的小型帽子也成为主流的帽子形式（见图 14.12a），即人们所称的"钟形帽（cloche）"。一般来说，钟形帽的帽檐较小，也有些帽檐大到可以翻折到脸庞周围。一些较大的夏季帽子带有宽大的下翻帽檐，几乎将脸庞完全遮住。贝雷帽在体育运动中很受欢迎。头带就是俗称的"头饰带"（headache band）。有些头带镶有珠宝，有些则饰以高高的羽毛，和头巾一样在晚间穿着时都很受欢迎（见图 14.13）。

◆ **鞋类**

短裙使得女性将更多注意力放在袜子上。在 20 世纪第二个十年早期，深色或白色的长筒袜仍在使用，但随着裙子长度变短，更多的是棕褐色或肉色长裤。更舒适奢侈的长裤是丝绸质地，但人造纤维作为更便宜的长裤原料得到广泛使用。约翰·霍尔德的漫画便描绘了该时期新潮女郎的服装，她们穿着卷到膝盖

图 14.13　图为《时尚》杂志封面上的一位女士，她戴着淡粉色的头巾，身穿一条长袖连衣裙，披着亮绿色衬里的披肩，手里拿着一个烟嘴。（图片来源：Helen Dryden/Conde Nast via Getty Images）

以下的长筒袜，搭配长度在膝盖以上的短裙，并在双膝上涂抹了胭脂。

女性的鞋跟高为 2—2.5 英寸，有尖头鞋和圆头鞋两种样式。常见的款式还有轻软舞鞋，一条带子从脚背穿过，或者数条 T 形带子从脚背沿着脚心方向往下延伸。

女性也会穿牛津鞋，尤其是在运动时。样式考究的晚间拖鞋是用布料或金色或者银色的皮革制成的。

俄罗斯风格的平头靴也是女性们的常见穿着。恶劣天气时她们会穿着套鞋，其他时候则穿着胶鞋，不仅有开口，走动的时候还会啪啪作响。于是，一些人认为"新潮女郎"（flapper）一词便起源于这种做法（尽管对其来源的说法不一）。

关于"新潮女郎"的来源，另一个说法是源于第一次世界大战后年轻女孩头发上戴的大蝴蝶结，会在脑后不断飞舞。大多数注有词语来源的词典中都指出，"flapper"一词最早来源于幼鸟拍打着的翅膀，这与"羽翼未丰"的十五六岁年轻人正在"努力振翅"形成了类比。在 20 世纪 20 年代之前，这个词已经用来指代年轻女孩，而这个词的用法可能因为 20 年代年轻女孩所穿的胶鞋而得到更多人的认可。到了 20 世纪 20 年代，"新潮女郎"便专门用来指代十几至二十多岁时尚的现代年轻女性。

女性运动服装的其他构成

◆ 运动服装

在整个 20 世纪 20 年代，女性参与体育运动的热情日益高涨。因此，女性在网球、游泳和滑雪等个人体育活动中都使用了特定的服装，而在观赏性体育运动和户外活动中，则穿着平时的日常服装（见图 14.5）。到 1928 年，这种服装被时尚杂志称为"观赏性运动风格"。到了 20 世纪 30 年代，服装业将这种新的服装类别正式确定为"运动服装"（sportswear）。

19 世纪 60 年代，服装改革者为推出女短灯笼裤和女性骑车时所穿的短裤所做的尝试基本失败，但除了这段时期，用于日间穿着的长裤在 20 世纪 20 年代之前几乎一直是男性所穿的服装。在 20 年代前期，波烈推出了哈伦服。这些分衩的裙子不同于男式长裤，也没有得到大范围传播。20 世纪 20 年代末，街上的女性开始将样式与男式长裤类似的服装作为休闲时的穿着。"便裤"（slacks）一词便是用来指代这些休闲服装的统称。沙滩睡衣是指带有配套上衣的宽松长裤，有两者分开的款式，也有缝合在一起的样式，可以作为休闲服装（见图 14.14）。有些人甚至还会戴着与之相配的大帽子。

作家拉德克利夫·霍尔（Radclyffe Hall）和哈莱姆文艺复兴时期的表演者格拉迪斯·宾利（Gladys Bentley）所穿的服装虽然主要为度假装和沙滩装，但她们也会穿着传统的男装，如塔士多礼服、西装和高筒礼帽。

白色衣服是打网球时的传统服装。网球裙长度有所缩短，甚至在日间连衣裙变长的时期，长度也在变短。

图 14.15　图为休闲运动装的三种样式。最左边的那个女人穿着一身无袖裙装，可能是要进行划船运动。中间的女子为一身海滩套装，包括裤子和与之相配的内衫、套衫和大帽子。最右边的女子穿着更为暴露的泳衣，戴着泳帽。（图片来源：In the permanent collection of the Textiles and Clothing Museum, College of Human Sciences, Iowa State University, Ames, Iowa）

图 14.14　图为颜色鲜艳的休闲睡衣和沙滩睡衣，它们是为数不多的女性能够穿的长裤（在这之前只有男性才能穿着）。（图片来源：Courtesy of Bedling Hemmingway Co.）

游泳的服装彻底发生了改变。20 世纪 20 年代早期出现了一种相当宽大的两件式束腰外衣和短裤，这是之前年代遗留下来的服装。后来短裤变得更短，袖窿变得宽大，领口位置也在下移，女性也会穿着一件式的肩带泳装。及膝长筒袜只在 20 世纪 20 年代的最初几年被使用。到 20 世纪 20 年代末，现代服装的概念已经确立，女性可以真正进行"游泳"运动而不是传统的"沐浴"（见图 14.15）。然而，第一批穿着更为暴露的肩带泳装的女性往往被认为穿着暴露、有伤风化，甚至因此被捕。

滑雪服由宽松长裤和毛衣组成。女性们在骑马时身穿骑马裤，脚上是高帮马靴，上衣为一件衬衫搭配粗花呢夹克。

◆ **配饰**

雨伞以实用性为主，而非时尚性，伞柄既有长柄也有短柄，颜色较为保守。阳伞几乎不再使用。20 世纪 20 年代，女性在晚间会携带用鸵鸟羽毛制成的扇子，但其后扇子的使用范围并不十分广泛。

手提包的大小规模不等，从较大的皮包到小巧的珠饰晚装手提包，后者几乎只能装下一张手帕和一支口红。在这些种类繁多的手提包中，每隔十年都会有一些特别时尚的商品脱颖而出。20 世纪 20 年代，一些时尚的晚装手提包是由锦缎、刺绣丝绸、玻璃珠、金属珠子或者金银色的丝网制成的，这些配饰都深受装饰艺术运动或埃及风格的影响。女性日间携带的手提包通常是用细带支撑的扁平状皮包。

◆ 珠宝

20 世纪 20 年代，珠宝的应用范围十分广泛，尤其是长长的悬挂式耳环，搭配上利落的短发和修长的脖颈，使女性显得十分美丽。许多胸针、手镯和较短的项链都是用装饰艺术的图案制作而成。长串的珍珠或珠子是当时流行的配饰。随着女性可以在大众视野下吸烟，烟盒和烟嘴成了她们必不可少的配件（见图 14.13）。

◆ 化妆品与美容

20 世纪 20 年代，化妆品逐渐（通常也称为美容品）成为女性时尚的一部分。在此之前，大多数使用化妆品的女性都是私下进行的，之后的年代，化妆品成为打造时尚造型的关键要素。

时尚女性会拔掉多余的眉部杂毛，使眉毛呈一条细线，然后用眉笔进行描抹晕染。色调亮丽的口红和唇膏深受女性喜爱。1915 年，人们发明了圆形金属管包装的口红。有些新潮女郎甚至在膝盖上涂抹胭脂口红。扑面粉可以打造出一种大多数时尚女性试图实现的几乎面具式的外观。

第一次世界大战中的残酷暴行促进了整形手术的进步，也提高了人们对整形手术的接受度。20 世纪 20 年代中，年轻人的理想便是通过手术或者非手术的方式隆鼻、丰胸、丰臀和缩腹，希望可以重塑和美化面部及身体。

男性服饰

20 世纪 20 年代，男性服装发生了细微的变化。在富人群体之中，英国裁缝名冠全球。英国裁缝之于男装，正如法国时装师之于女装。

随着年轻的威尔士亲王受到大众喜爱，英格兰的时尚影响力也得到提升。这位亲王因与美国名媛沃利斯·辛普森（Wallis Simpson）结婚而退位后被称为温莎公爵，他对服装表现出了非凡的兴趣，他所采用的着装风格必然会影响到整个男装行业（见图 14.16）。

袋型外套套装几乎在任何时期都是西装的主要构成部分。背心、长裤和夹克的颜色和面料相互匹配。只有家底殷实和身世显赫的男性仍然穿着晨燕尾服，而且仅限于非常正式的场合。至于那些衣橱里装满了各式各样衣服的人，夏天都会穿着白色西装。斯科特·菲茨杰拉德创作的小说人物杰伊·盖茨比在长岛举办了一场盛大的夏季派对，当时他所穿的一身白色西服，成为上流社会生活方式的象征。

◆ 服装

连体针织套装是较为保守男士的贴身衣物，衣袖分长袖和短袖，裤腿分长裤和短裤。其他贴身衣物皆为无袖样式，长度及膝或者在膝盖以上。

20世纪20年代的职业套装中最具特色的是夹克，不仅带有自然流畅的肩部线条和宽大的翻领，腰际线也十分明显。夹克采用单排扣或双排扣风格，衣袖较短，至少能露出半英寸的衬衫袖口（见图14.17）。20世纪20年代，裤腿逐渐变宽。裤腿加宽的这种改变可能是从英国牛津学院兴起的一种时尚。学校的着装规定禁止学生穿短裤上课。为了能够快速摆脱时兴的长裤而改穿短裤，学生们开始穿裤腿十分肥大的长裤，这样便于套在短裤外面。下课后，学生们会穿上牛津布袋裤（Oxford bags）。这种风格也流传到了其他年轻人当中，很快在美国也能看到直径32英寸的牛津布袋裤。尽管大多数男性从未穿过这种裤型，但是长裤的裤腿普遍变宽，剪裁也更加饱满。

图14.16　图为温莎公爵和他的兄弟肯特公爵。温莎公爵成为许多时尚的灵感来源，包括一体式图案，裤口的拉链设计（改变了传统的纽扣设计），以及晚间穿着的软领衬衫。（图片来源：Fox Photos/Hulton Royals Collection/Getty Images）

衬衫有白色和彩色两种，衣领较窄。有些衣领是用纽扣系在衬衫上的（一种新样式），也有一些衣领的设计是用领带别针固定在领带下，还有一些衣领的各个尖角被固定在领带下。巴里莫尔领（Barrymore collar，以演员约翰·巴里莫尔的名字命名）是一种长而尖的领型。四步活结领带、蝶形领结和阿司阔领带构成了该时期的领带系列。

高领针织衫（turtleneck jerseys）作为运动服装已经有三十年左右的历史。1924年，演员诺埃尔·科沃德（Noel Coward）开创了这种风格，并一度成为衬衫和领带的替代品。

燕尾服是为最正式的场合所准备的。在晚间，男性所穿的夹克通常是塔士多礼服样式，呈黑色或深蓝色（因威尔士亲王而广受欢迎，见图14.16）。塔士多礼服的衣领一般为丝绸质地的翻边领，或者缺口领。夹克的线条轮廓是按照日间职业套装的轮廓来制作的。20世纪20年代，男性更喜欢单排扣的样式；而自20世纪20年代末起，一些男性开始用宽腰带（cummerbund）——一种用宽大的褶裥织物制成腰带，取代了传统的马甲。晚间的长裤沿袭了日间长裤的线条（但没有裤子翻边），并在外缝线后添加了一条

图 14.17　图 a 为男性职业套装，图 b 为塔士多礼服，图 c 为马球大衣，图 d 为牛津鞋。（图片来源：Men's Wear Review）

穗带。在这整段时期，白色衬衫都和燕尾服搭配穿着，衬衫的前襟硬挺，用两颗衬衫饰扣收紧。20 世纪 20 年代末之后，搭配晚礼服的软面衬衫逐渐被大众接受。深色蝶形领结与无尾礼服搭配，白色蝶形领结则与燕尾服搭配。除了家境富裕的男性外，大多数男性都没有晚礼服，而是在需要时租用礼服。

◆ 户外服装

一般来说，户外服装和主流的夹克服装轮廓相似。外套的风格包括软领长大衣和连肩袖外套，分为前扣式和暗门襟扣合样式，后者用织物做成的门襟遮住纽扣。

20 世纪 20 年代，浣熊毛皮大衣在年轻的大学生群体中很受欢迎，并成为从大学成功毕业的学生标志（见图 14.12b）。负担不起这些外套的男性可能会集中他们的财力购买一件外套，然后相互分享。女性也会穿这种服装。休闲外套会采用粗花呢质地和带有人字形平行花纹的面料。

由棕褐色驼毛制成的马球大衣（polo coat）是英国马球队在美国进行表演赛时的穿着，于是这种服装风格在 20 世纪 30 年代以前一度风靡整个美国（见图 14.17c）。这种外套的经典剪裁是双排扣样式，以六颗纽扣收紧，背面带有一条饰带。驼毛大衣包括单排扣箱式大衣、束腰连肩袖大衣和带有腰带的无纽扣裹身大衣。战壕外套、油布雨衣和防水外套（样式仿照渔民在恶劣天气时使用的装备）被用作雨衣。

◆ 体育运动服装

毛衣在高尔夫等运动中很受欢迎（见图 14.18）。该时期五颜六色的毛衣图案都是模仿 20 世纪 20 年代威尔士亲王所穿的毛衣。20 世纪 20 年代开始流行高领套衫。

在网球比赛中，白色针织衬衫搭配白色法兰绒长裤的造型一直十分流行，直到20世纪30年代一些男性才开始用白色运动裤代替长裤。在网球场上，白色是规定的服装颜色。许多网球俱乐部禁止穿其他颜色衣服的人参赛。

拉克斯特针织网球衫（Lacoste knit tennis shirt）是1929年推出的一款运动衫，按照马球衫（polo shirt）的线条轮廓裁剪而成。这是被人们称为"鳄鱼"的著名球员瑞恩·拉克斯特（René Lacoste）设计的短袖针织棉衬衫，背面的后摆更长，所以在打网球时不会被拉出来。他以鳄鱼为商标，向大众推广这种衬衫。拉克斯特针织网球衫在当时很受欢迎，不仅用于网球运动装备，也用作普通的运动服。

20世纪20年代，一件式的泳衣会用肩带固定在肩上。或者也可以选择有袖或

图14.18　图为《纽约先驱论坛报》（*New York Herald-Tribune*）的体育专栏作家，他身着短裤，搭配毛衣和带图案的袜子。（图片来源：The Montifraulo Collection/Getty Images）

无袖的针织套衫搭配短款游泳裤。套衫有两种穿法，既可以穿在游泳裤外面，也可以塞进腰部有系带的游泳裤里。泳衣的上衣通常带有较为宽大的袖窿以及横穿袖窿的肩带，这样可以让泳衣保持舒适贴合在人体的状态。

滑雪运动在第一次世界大战后逐渐得到推广。在20世纪20年代，滑雪者通常穿着羊毛衫和宽大运动裤（plus fours）。

◆ 睡衣

睡衣裤在很大程度上取代了衬衫式长睡衣。睡衣裤有多种剪裁样式：在20世纪20年代，上衣都为长款，长度在臀部以下，通常为束腰款。俄罗斯风格带来的影响在20世纪20年代后期日益突出，上衣出现了立领款式，而且位置极靠左边。一些睡衣裤在前面用纽扣扣住，一些则为套头款式。长袍也有许多样式，从和服风格的丝绸质地到装饰华丽的法兰绒质地，都是在正面用纽扣扣上，再用带有凸纹的腰带系紧。

◆ 发型和头饰

在这整段时期，男性的头发都为短发。20世纪20年代，许多男性开始模仿电影明星鲁道夫·瓦伦蒂诺的造型，用油亮的染发剂和发油来打造自己的发型，最终让头发呈现出仿佛贴在头皮的效果。他们一般将脸上的胡子刮得干干净净。有些男性也会留着笔

尖型胡须。

帽子的样式变化不大。主要的款式仍然是费多拉帽（而且越来越流行）、圆顶高帽（逐渐变得过时）、汉堡帽、平顶硬草帽、巴拿马草帽，以及运动帽等。

◆ 鞋类

随着制造袜子的机器能够编织出绚丽的花纹图案，长筒袜的颜色变得更加丰富。

高跟鞋在 20 世纪 20 年代已经过时，牛津鞋成为主要款式（见图 14.17d）。夏天时男性会穿着白色和双色调的鞋子。

在这段时期，胶鞋、套鞋和橡胶靴几乎没有发生变化。套鞋正面用摁扣或拉链收紧。战争期间的鞋类还使用了合成橡胶材料。

◆ 配饰

男性使用的配饰相对较少，主要是手套、手帕、围巾、雨伞和手杖等。

珠宝饰品和以前一样，以功能性为主，常用于手表、领带别针、衬衫饰扣、袖扣和戒指等。

儿童服饰

◆ 女孩服装

蹒跚学步的孩子们常穿着宽松的、罩衫式的服装，脖子上通常带有上衣抵肩。许多还都带有相配的女短灯笼裤，在短裙下方露出一截。缩褶和刺绣是当时最受欢迎的装饰品。

20 世纪 20 年代，年轻女孩的衣服和成年人的一样，都为宽松款。约瑟夫·洛夫（Joseph Love）在纽约市建立了一家专门生产女孩服装的公司，后来成为该行业历史最悠久的童装公司之一，从 1921 年一直经营到 20 世纪 90 年代初。越来越多的消费者，尤其是外出工作的女性，乐意从商店里购买童装，而制造商也开始关注父母的需求，照顾到孩子们的审美和体能发展。

◆ 男孩服装

人们已经不再给小男孩穿裙子，他们会改穿连体裤套装或者运动短裤。小男孩穿蓝色衣服，小女孩穿粉色衣服的习俗似乎始于 20 世纪 20 年代左右的美国。在此之前，人们常认为红色是"男性化"的颜色，因而比起女孩，男孩更有可能穿上红色服装。虽然男孩的服装风格每隔十年便会产生一些细微的差异，但总体来说，男孩一般会在刚出生的头几年里穿着运动短裤，最后改穿长裤（见图 14.19）。

在 20 世纪 20 年代的正式场合，男孩穿着长款束腰夹克或诺福克外套。在每隔十年的服装变化中，男孩的外套都仿照了成年人衣物的线条轮廓。在 20 世纪 20 年代的日常穿着中，麦基诺厚呢外套仍然很受欢迎。人们也会穿着伐木工的工作服，这种夹克带有一条针织腰带，长度刚好在腰部以下。雨衣的制作会使用橡胶布或上油的光滑材料。年纪较小孩子可以穿着一件式的雪地服，年纪稍大的小孩则穿两件套的夹克和长裤。

图 14.19　照片中的三个孩子，一个男孩穿着水手式服装，一个女孩穿着外套，另一个女孩戴着钟形帽，她的裙子则展现了 20 世纪 20 年代的低腰线条轮廓。（图片来源：Bettmann/Getty Images）

◆ 睡衣

从 20 世纪 20 年代开始，幼儿的睡衣大多是连脚睡衣裤的样式，有时也称为"婴儿睡衣"（sleeper）。年龄较大的男孩几乎只穿睡衣裤，而女孩则穿睡衣裤或睡袍。

青少年服饰

人的发展阶段"青少年"（adolescence）的概念首次出现在 1904 年心理学家斯坦利·霍尔（G. Stanley Hall）的著作中，指的是 13—18 岁的年龄阶段。舒鲁姆

服装版型概览图

1920—1947 年

男性服装：职业套装，1927/1928 年

服装的主要构成元素仍然是衬衫、背心、外套和长裤。20 世纪 20 年代的长裤比之前略宽。

女性服装：裙装，1926 年经典款式

胸部扁平，腰部宽松，腰带在臀部位置。短裙长度在 1926—1927 年达到最短，到 1930 年又开始变长。在运动和户外时常穿运动长裤。

女孩服装：1926 年宽松样式，带有镶边

男孩服装：1926 年

运动服、短裤和毛衣等款式按照成年男性的服装样式剪裁，包括更为正式的双排扣外套款式。

（Schrum）在探索出现的少女文化时注意到，对青少年概念的大量营销始于 20 世纪 20 年代，并在 40 年代不断深入。为了证明这一观点，她指出，商店中出现了以青少年为中心的营销，衣物不仅有各种新的尺寸和款式，还使用了许多与之相关的广告术语，如"青年女士"（junior miss）、"高中商店"（high school shop）以及"高中女生联谊会"（sub-debs）等。

青春期女孩最主要的担忧之一是穿戴文胸的问题。文胸的销售主要面向发育中的女孩，她们选择穿上文胸的缘由主要是同龄人的压力。虽然服装行业也试图向少女推销腰带，但并没有多少人接受。参加高中舞会需要穿着正式的及地礼服。

章末概要

20 世纪 20 年代的女性服装融入了历史早期中很少出现的元素，成为女性角色发生变化的显著证据。人们接受了突破性的短裙、短发以及化妆品的使用，表明女性拒绝了数百年来约定俗成的女性着装模式，也拒绝了传统女性的行为模式，这些模式让她们在社会中只能发挥极为有限的作用。女性拥有选举权，禁酒令颁布，人们获得了更多接受教育和就业的机会——这些因素都造就了爵士时代的面貌。服装风格逐渐呈现出管状轮廓，开始偏男孩子气，与以前的时尚大相径庭。

由于对高级定制服装和美国成衣业的不同期望，巴黎和美国的个人设计师受到了不同的待遇。香奈儿和薇欧奈等设计师对时装界产生了巨大影响，美国时装业会不同程度地模仿他们的服装风格。装饰艺术运动的开展，以及埃及图坦卡蒙陵墓的发现使得当时服装和珠宝中开始运用几何形状的图案。技术的进步催生了新的纤维种类。人造纤维在整个 20 世纪 20 年代得到广泛使用，使得人们可以大量购买较为便宜的服装。

对于白领上班族和蓝领工人来说，服装的选择相对较少。前者仅限于一套带有背心、白色衬衫和领带的职业套装，后者则限于耐穿、可洗的工作服。然而，在休闲服装方面，男性能够从繁多的款式中随意挑选。儿童服装制造商越来越积极地吸引孩子们的目光，家长发现成衣也能提供他们想要的合身的服装，不仅具有良好的性能，而且会以理想的价格出售。

20 世纪 20 年代服装风格的遗产

20 世纪 20 年代的历史常常成为设计师灵感的来源，尤其是对 20 世纪 60 年代的年轻设计师而言，他们从之前的管状轮廓、短发发型和近似现代的性观念中寻找灵感（见"现代影响"）。20 世纪二三十年代的几次艺术展览将装饰艺术运动所体现的风格带到了大众视野；20 世纪 70 年代，装饰艺术图案再次成为人们关注的焦点。1976 年，

"图坦卡蒙宝藏"展览在六个城市巡回展出，引发的第二次"埃及狂热"席卷美国。演员伊丽莎白·泰勒（Elizabeth Taylor）、安迪·沃霍尔（Andy Warhol）和史蒂夫·马丁（Steve Martin）等都为之着迷。20世纪20年代的农妇衫、头饰带和领口围巾等特定款式在21世纪也很流行。

　　20世纪50年代，香奈儿重开时装店，再次供应自己标志性的开衫套装。经过后来的设计师重新设计后，这种服装仍旧受到大众的追捧。

主要服装术语

醋酸纤维素（Acetate）

阿德里安（Adrian）

装饰艺术（Art Deco）

巴里莫尔领（Barrymore collar）

斜裁（bias cut）

短卷发（bob）

女式内衣/连衫衬裤（step-ins/teddies）

钟形帽（Cloche）

宽腰带（cummerbund）

全套服装（ensemble）

伊顿发型（Eton crop）

新潮女郎（flapper）

手帕裙（handkerchief skirt）

头饰带（headache band）

无钩扣件（hookless fasteners）

马塞尔波浪（marcel wave）

牛津布袋裤（Oxford bag）

内裤（panties）

宽大运动裤（plus fours）

马球大衣（polo coat）

马球衫（polo shirt）

长袍风礼服（robe de style）

屋盖式短发发型（shingle）

便裤（slacks）

婴儿睡衣（sleeper）

女式长衬裙（slip）

高领针织衫（turtleneck jersey）

现代影响

　　随着宽松晚礼服的流行，20世纪20年代的服装剪裁和风格呈现出运动风，十分适合狐步舞和查尔斯顿舞。而这种风格通常会重新流行起来，比如下图中2009年的这件服装。再加上短发、悬挂式耳环和手包设计，都是在向20世纪20年代的服装致敬。

（图片来源：Giannoni /WWD /© Condé Nast）

问题讨论

1.20 世纪 20 年代，女性服装经历了巨大的变化，而男性服装的变化趋势则不甚明显。与男装领域更细微的变化相比，哪些社会事件导致女装的变化更快？

2. 1920—1930 年，有哪些特定的服装受到了电影、运动、汽车和科技等各方面的影响？

3. 请列出 20 世纪 20 年代有影响力的设计师名字，并举例说明他们各自在时尚界做出的主要贡献。

4. 20 世纪 20 年代的时装设计师借用了装饰艺术运动的哪些元素？这些艺术运动的哪些元素仍与当今社会息息相关？

5. 儿童服装中的哪些元素与成人服装相似？

参考文献

Allen, F. L. (1931) . *Only yesterday*. New York, NY: Harper and Row.

Bohleke, K. J. (2014) . Mummies are called upon to contribute to fashion: Pre-Tutankhamun Eqyptian revivalism in dress. *Dress, 40* (2) , 93-115.

Cosbey, S. (2008) . "Something Borrowed: Masculine Style in Women's Fashion." *In The Men's Fashion Reader*, edited by Andrew Reilly and Sarah Cosbey. New York: Fairchild Books, Inc., 18–32.

Friedel, R. (1996) . *Zipper: An exploration in novelty*. New York, NY: Norton.

Gordon, J. (2018) . Joseph Love, Inc: Building and branding a children's wear firm. *Dress, 44* (1) , 45-63.

Green, D. N. (2017) . The best known and best dressed woman in America: Irene Castle and silent film style. *Dress, 43* (2) , 77–98.

Harley, S. (2019, April 10) . African American women and the 19th Amendment. National Park Service. Retrieved from https://www.nps.gov/articles/african-american-women-and-the-nineteenth-amendment. htm

Horn, M. (1975) . *The second skin*. New York, NY: Houghton-Mifflin.

Keist, C. N., & Marcketti, S. B. (2013) . The new costumes of odd sizes: Plus-sized women's fashions, 1920–1929. *Clothing and Textiles Research Journal*, 31 (4) , 259–274.

Maglio, D. (2014) . Sportsmania and American men's undergarments: 1880-1930. *Dress, 40* (2) , 145–160.

Marcketti, S. B. & Parsons, J. L. (2007) . American fashions for American women: Early twentieth century efforts to develop an American fashion identity. *Dress, 34* (1) , 79–95.

Richards, L. (1983) . The rise and fall of it all: The hemlines and hiplines of the 1920's. *Clothing and Textiles Research Journal, 2* (l) , 42–48.

Schoeffler, O. E., & Gale, W. (1973) . *Esquire's encyclopedia of 20th century men's fashion*. New York, NY: McGraw-Hill.

Schrum, K. (2004) . *Some wore bobby sox: The emergence of teenage girls' culture 1920–1945*. New York, NY: Palgrave Macmillan.

Shin, J. (2018) . Sally Milgrim: A pioneer of American fashion, 1920-1935. *Dress, 44* (2) , 83–104.

第 15 章
20 世纪 30 年代：
大萧条时期

20 世纪 30 年代

影响 20 世纪 30 年代整体面貌的政治和社会变化

受电影、体育和科技进步影响而产生的特定服饰

法国和美国时装业在商业实践方面的差异

20 世纪 30 年代新出现的男性服装

20 世纪 30 年代流行的儿童服装款式

20 世纪 20 年代末，经济繁荣发展的泡沫开始破灭。大约 1927 年之后，企业发展开始衰退，但股市仍旧在上涨，甚至达到了精明的金融观察人士认为的危险程度。1929 年 10 月 29 日，股市崩盘。美国和欧洲陷入了如今被称为"大萧条"的时期。

失业成为普遍现象，影响了多达 25% 的成年人口。美国农民从未享受到 20 世纪 20 年代繁荣时期带来的福利，却在大萧条期间受到更为严重的影响。洪水和长达十年的沙尘暴等自然灾害，以及将巨大的尘云带到农村地区和城市的一系列风暴，彻底摧毁了美国中西部的农民。

在此期间，并非每个人都陷入贫穷。许多个人和家庭保留了他们的财富。于是，为了获取时尚新闻，女性转向《时尚》《时尚芭莎》，男性转向《时尚先生》（Esquire）杂志。八卦专栏的头条新闻让普通美国人了解了最新的名人轶事，而电影则为他们提供了精神慰藉。关于大萧条对时尚的影响（包括对富人的时尚影响）请参见"时代评论 15.1"。

而在欧洲，1933 年阿道夫·希特勒领导的纳粹政权上台。出生于奥地利的他作为纳粹头子，建立了独裁统治，德国因此成为经济大萧条的牺牲品。1939 年 9 月 1 日，德国入侵波兰，拉开了第二次世界大战的序幕。1941 年，日本天皇下令于 12 月 7 日偷袭珍珠港，美国被迫加入二战。

时代评论 15.1
大萧条对巴黎时尚的影响

1932 年 7 月 28 日，《纽约时报》（第 2 页第 6 栏）报道了大萧条对巴黎时尚的影响。

"巴黎社会受大萧条冲击，许多人身穿去年礼服"

美联社发布
巴黎。7 月 20 日（邮寄）

欧洲时髦人士正倍感大萧条压力

长期以来，巴黎大使馆举办的夏季社交晚会以华美的女性服装而闻名。而在今年的晚会上，许多人穿着去年的经典款，礼服上带有价值数十万美元的珠宝。这些珠宝仍是以前更为繁荣时期遗留下来的物品，而如今一件男式礼服大衣往往能以低价获得。

至于那些手头尚有盈余的富有女性，她们的着装也比去年更简单，因为她们如今觉得浮华招摇的服装会显得格调不高。

在正式的大使馆活动中，许多时髦的女性最青睐的是白色缎质礼服，因为它们可以搭配不同款式的珠宝、五颜六色的披肩和拖鞋。它们按照一些经典服装的线条剪裁而成，在过去两年中没有发生明显变化，这样穿着的时候不用担心会完全过时。

资料来源：Courtesy of the Associated Press.

时尚的影响因素

影响时尚的因素包括电影制作、新的服装类别（运动服装）以及技术进步。

电影

到 1930 年，美国总人口为 1.17 亿，其中有 9000 万到 1.1 亿的美国人每周都会去看电影。20 世纪 30 年代的许多电影都没有反映出大萧条时期黯淡的经济景象。女性穿着奢华的礼服，房间布置得精致华丽。在电影《情重身轻》（*Letty Lynton*）中，琼·克劳福德穿了一件十分引人注目的大褶袖连衣裙。服装设计师阿德里安通过褶边甚至垫肩设计，凸显了克劳福德挺括的肩部曲线，并引发了服装强化肩部设计的热潮。电影中的这条裙子引起了服装界的大量模仿，诸多零售店以各种价位售出了数百万件同款服装。

在银幕外，电影明星也对时尚产生了影响。葛丽塔·嘉宝（Greta Garbo）宽大肩膀所展示的自然美是那个时代女性理想中的美。女性纷纷模仿珍·哈露（Jean Harlow），把头发染成金色。玛琳·黛德丽（Marlene Dietrich）和凯瑟琳·赫本（Katharine Hepburn）那一身性感的男式着装引领了宽边软帽配长裤的男性化潮流（见图 15.10b）。成千上万的母亲把女儿的头发做成长卷发，就像著名童星秀兰·邓波儿（Shirley Temple）的发型一样。电影演员和影迷杂志中的演员服装是由行业领先的服装设计师阿德里安、霍华德·格里尔（Howard Greer）和特拉维斯·班通（Travis Banton）

图 15.1a　图中这件大袖连衣裙是琼·克劳福德在 1932 年的电影《情重身轻》中所穿服装。（图片来源：Hulton Archives/Getty Images）

图 15.1b　大褶袖连衣裙在公众中很受欢迎，并引发了许多人的模仿，包括 1934 年尚蒂伊举办的戴安娜大奖赛上这两位女性的穿着。（图片来源：Hulton Archive/Getty Images）

设计，后来数以百万计的剧院观众开始模仿他们的着装。"电影时尚""电影模式"和"银幕商店"等百货公司的部门会出售与明星服装相似的服装和配饰，毫不费力就能让人们接受好莱坞风格。

运动服装

随着体育运动的普及，运动服装变得更加重要。扩大户外娱乐的举措增加了人们对实用休闲服装的需求，并将"运动服装"确立为一项单独的服装类别。这种新型服装是休闲时的穿着，但不是专门用于某一项运动，它既是时尚词汇，也是一个商业术语。曾为好莱坞电影明星设计服装的加利福尼亚州，尤其擅长设计运动服装（见图 15.2）。

富有的美国人和欧洲人会在里维埃拉、棕榈泉、罗得岛新港等海外时尚度假胜地拍照留念。20 世纪 30 年代末，一些

图 15.2　英国女演员玛格丽特·琳赛（Margaret Lindsay）与华纳兄弟电影公司签订了长期合同，担任公司模特，在这张照片中，她穿着方格裙裤和柔软的毛衣夹克，并歪戴着一顶俏皮的帽子。（图片来源：Elmer Fryer/General Photographic Agency/Getty Images）

佳丽的初次亮相引发了公众的想象力，八卦专栏里刊载了大量关于亮相派对、交谊舞会和慈善舞会的新闻。少女布伦达·弗雷泽（Brenda Frazier）一举成名，带动了一种新的服装风格——无肩带晚礼服。

在本书中，"运动服装"（sportswear）指的是休闲时或非正式场合穿的男女服装，而"体育运动着装"（clothes for sports）则在体育运动服装的标题下进行讨论。

影响时尚的技术发展

第一种合成纤维"尼龙"是由合成的小分子聚合物制成的材料。1938 年，美国杜邦公司开始销售尼龙。1939 年的世界博览会上也展出了尼龙，并且很快就用于制作女性内衣和长袜。

到了 30 年代中期，拉链已经成为广为人知的装置，但并没有大范围使用。拉链制造商发起了一场运动，希望男裤和西服制造商在裤子前裆闭合处采用拉链设计。但是为了这一目标的实现他们付出了相当大的努力，幸亏得到了威尔士亲王及其弟弟约克公爵和第二个表弟的帮助，他们三人率先开始穿着拉链长裤。

在时装设计师将拉链纳入服装系列后，拉链在女性高级时装中的使用率得以提高。查尔斯·詹姆斯（Charles James）是第一位将拉链用作装饰元素的设计师，1933年，他将一条长长的拉链缠绕在自己的一件服装上。

1935年，夏帕瑞丽在她的设计中加入了彩色塑料拉链作为装饰元素。帕昆、莫利纽斯和皮盖特在1937年的时装系列中也使用了拉链。正如《生活》杂志的一位记者在1937年的文章《如今生活处处是拉链》（*Now Everything's Zippers*）中所评论的那样，"一夜之间……拉链已经成为一种公认的具有实用性的小物件，可以顺滑安全地将服装闭合收拢，是一种重要的时尚元素"。

法国高级时装

正如加布里埃·香奈儿的设计代表了20世纪20年代的服装风格，法国设计师玛德琳·薇欧奈的作品则体现了20世纪30年代早期的风格，艾尔萨·夏帕瑞丽的作品则成为20世纪30年代后期服装风格的代表。

1931年，加布里埃·香奈儿前往好莱坞为塞缪尔·戈德温制作公司设计服装。电影明星需要穿上最精致的服装，这已经成为一种惯例，即使这些服装穿不了一天的时间。香奈儿坚持认为，服装要适合剧中的动作，因此她有责任在电影服装上营造出一种以前没有过的真实感。香奈儿会让女演员提前六个月穿上新款时装，以弥补电影拍摄和上映之间的延迟。在整个20世纪30年代，香奈儿一直是世界顶尖的时装设计师，不仅能设计风格更为简单的夹克和裙子，还会设计女性化的浪漫日间服装和晚间礼服（见图15.3）。

20世纪30年代，玛德琳·薇欧奈的斜裁法风靡一时，成为最受欢迎的法国设计师之一（见图15.4）。她被比作建筑师或雕塑家，事实上，斜裁的设计容易让人想起古希腊的垂褶（见"全球联系"）。薇欧奈了解织物的材料特性，并通过裁剪和悬垂设计，创造出了简单优雅的风格，使得这些服装风格至今仍受到人们的赞赏。她于1939年退休，尽管她一直活到1975年，但之后再也没有回到时装界。

20世纪30年代，意大利设计师艾尔

图15.3 英国壁画师约瑟夫·玛丽亚·塞特（Josep Maria Sert）的妻子穿着香奈儿设计的白色亮片长裙，佩戴一条15股珊瑚项链。（图片来源：Andre Durst/Condé Nast via Getty Images）

　　萨·夏帕瑞丽在巴黎工作，开始用新奇的设计创作毛衣。她在戏剧表演艺术方面极有天赋（见图 15.5）。到了 20 世纪 30 年代末，她已经成为一位非常受欢迎的设计师，她重视色彩运用和非同一般的装饰效果，而这一点得到了广泛赞扬。除了率先在口袋和连衣裙上使用拉链作为彩色装饰外，夏帕瑞丽所做的其他创新还包括设计出了第一件配有相称的外套和下裙的晚礼服，并且可以与毛衣搭配。她与萨尔瓦多·达利（Salvador Dali）等艺术家合作，他们为她设计服装的面料。夏帕瑞丽天生具有让自己的作品赢得公众关注的本领。20 世纪 30 年代中期，夏帕瑞丽使用"鲜艳的粉色"（shocking pink）这个词语给亮粉色贴上了标签。她在二战爆发后来到美国，战争期间和战后在那里继续工作。

　　这一时期还有许多其他具有影响力的时装设计师。设计师梅因布彻出生于美国，20 世纪 20 年代前往巴黎做时装设计。1929 年，他在巴黎开了自己的时装店。他设计了沃利斯·辛普森（于 1937 年 6 月与温莎公爵结婚）的婚纱。二战爆发后，他离开巴黎回到纽约，继续时装设计，并按照法国高级时装定制的模式设计服装。20 世纪 30 年代，格蕾斯夫人以阿利克斯的名字设计服装，与薇欧奈的创作方式相似，她将衣服披在人体模型上，并设计出复杂的包裹式、悬披式和带有衣褶的服装。

　　在美国，时装设计师通常为成衣制造商工作。虽然大城市的许多高级百货商店都有定制的裁缝店，小城镇和城市也有一些当地的裁缝，但大多数美国女性选择在当地商店购买成衣。20 世纪 30 年代，越来越多的百货公司被划分为商场内部的商店，各部门按照价格（按预算定制）、根据销售的服装类型（运动服装、晚礼服、基础款）和目标市场（青少年、大学生、准妈妈、成熟女性等）进行划分。零售行业竞争加剧，梅西百货等商店会在炎热的夏天安装空调为店铺降温，设置华丽的橱窗，安排更多能吸引顾客的私人试衣间。随着零售商和制造商更加深入地进行合作，以便实现更为有效的营销，销

图 15.5 图为 1937—1938 年，夏帕瑞丽受到超现实主义艺术的影响而设计的帽子，形状很像一只高跟鞋。这顶帽子是为搭配黑色连衣裙和带有红唇刺绣的夹克而设计的，能让人联想到性感女星梅·韦斯特（Mae West）的嘴唇。（图片来源：ullstein bild/ullstein bild via Getty Images）

图 15.4 图为 1932 年玛德琳·薇欧奈所穿的丝绸绉纱质地晚礼服。（图片来源：Chicago History Museum/Getty Images）

售和管理人员的培训也得到加强。时尚机构和咨询公司，比如由托贝·科利尔·戴维斯（Tobé Collier Davis，1921 年创办托比调查报告公司，1937 年创立托比·科伯恩时尚职业学院）创立的公司，每天都会发布时尚趋势的信息，并将时尚造型师（fashion stylist）打造为一种职业。

1932 年，罗德与泰勒公司的副总裁多萝西·谢弗（Dorothy Shaver）发起了一场名为"美国风貌"的活动，旨在庆祝并积极促进美国设计师的发展，美国设计师从而迎来了发展的春天（见图 15.6）。这些设计师包括穆里尔·金（Muriel King）、克莱尔·波特（Clare Potter）和运动服装设计师维拉·麦克斯韦（Vera Maxwell）。

尽管巴黎仍为时尚之都，但许多美国设计师已经确立了自己的地位，其中包括伊丽莎白·霍斯（Elizabeth Hawes）。她是这一时期最具争议、最直言不讳的美国设计师之一。她在 1938 年出版的书《时尚是菠菜》（*Fashion is Spinach*）中谴责了时尚媒体对法国设计的迷恋，并倡导适合美国女性生活方式的服装。莉莉·达奇（Lilly Daché）出生于法国，但来到美国进行女帽设计。受到超现实主义的启发后，她制作的帽子往往没有采用对称设计，而是向一侧倾斜。克莱尔·麦卡德尔（Claire McCardell）和诺曼·诺雷

图 15.6 图中的艺术家多萝西·胡德（Dorothy Hood）正在与多萝西·谢弗（背对着镜头）交谈，站在旁边的三名女性是参与了"美国风貌"运动的时装模特。（图片来源：Nina Leen/Time Life Pictures/Getty Images）

图 15.7 图为霍斯特·霍斯特拍摄的一张标志性照片，照片中的模特坐在木凳上，从手臂向下看，穿着达利为梅因布彻设计的背部系带式紧身胸衣。（图片来源：Horst P. Horst/Conde Nast via Getty Images）

尔等设计师也将在 20 世纪 30 年代进入时装界，为哈蒂·卡内基等制造商或者零售商工作，并在十年后崭露头角。

超现实主义对时尚的影响

超现实主义，字面意思为"超越现实"，是受到弗洛伊德主义的影响，始于 20 世纪 20 年代的一场文学和艺术运动。意大利的乔治·德·奇里科（Giorgio de Chirico）、西班牙的萨尔瓦多·达利和法国的勒内·马格里特（René Magritte）等艺术家利用潜意识的想象力绘制出了非传统式场景及物体。到了 20 世纪 30 年代，在时装中已经可以看到超现实主义带来的影响。

艾尔萨·夏帕瑞丽和许多超现实主义艺术家来往亲密，在她 20 世纪 30 年代绘制的作品中，超现实主义产生的影响尤其明显。在服装或版画意想不到的地方出现的眼睛、嘴巴和手等身体部位，正是超现实主义在她作品中的体现。她所设计的一件透明硬纱连衣裙上绘有一只龙虾，制作的套装将纽扣做成蝴蝶或蝉的形状，将帽子设计为鞋子的形状（见图 15.5）。除了达利外，超现实主义作家、电影导演兼艺术家让·科克托也为夏帕瑞丽设计制作面料和刺绣图案。

20 世纪 30 年代的时尚摄影师经常使用超现实主义场景拍摄时装。因此，这些图像通常带有戏剧效果，能够提供的有关服装本身的信息有限。摄影师霍斯特·霍斯特（Horst P. Horst）于 1939 年拍摄的著名照片"梅因布彻紧身胸衣"就是时装摄影艺术的一个代表作（见图 15.7）。

在广告领域，随着快门速度较快的小型手持式相机的发展，跑步、运动和购物等动作能够用相机记录下来，不用再像过去数十年那样以更具舞台感和静态的姿势进行拍摄。这种新的摄影形式，以及彩色摄影技术的创新，可以用来"兜售梦想……把阳光洒落在帽子上卖给客户。向他们兜售梦想——乡村俱乐部和舞会的梦想，以及未来的愿景。毕竟，人们买东西不是为了拥有东西。他们是为了购买希望——希望你的商品能为他们做些什么。把这个希望卖给他们，你就不必担心商品卖不出去的问题"。

1930—1940 年的服饰构成

女性服饰

◆ 服装

与 20 世纪 20 年代的笔直线条不同，20 世纪 30 年代的内衣强调了人体的曲线，这时的胸罩剪裁是为了凸显丰满挺拔的胸部。紧身胸衣延伸至略高于腰部的位置。身材高大的女性仍旧穿着鲸须制成的僵硬的紧身胸衣，但体型较小的女性则穿着通过弹性面料拼接而成的紧身胸衣，更年长的女性仍旧穿着样式更为蓬松的衬裤或女短灯笼裤。女式长衬裙比较贴合人体躯干，裙子的剪裁更加宽松。价格较低的内衣由棉或人造纤维制成，更为昂贵的则采用丝绸面料。橡皮芯线（Lastex）由合成橡胶芯丝制成，外面覆盖着数层棉质、人造纤维或丝绸质地的材料，取代了原来的棉质紧身胸衣和金属骨架，常用于女性的内衣和泳衣（见图 15.8）。

男孩子气的风格在 20 年代末起开始改变，裙摆开始加长，腰带位置逐渐靠近自然腰际线。整个 20 世纪 30 年代，服装腰际线的位置一直在人体自然腰部附近。20 世纪 30 年代中期，服装设计的重点是通过袖子形状（如荷叶边）展现更宽的肩线，后来也开始使用垫肩。一件式连衣裙、下裙和衬衫，以及定制套装仍然是女性日间的主要穿着。20 世纪 30 年代的服装轮廓突出了女性身体的自然曲线。胸部、腰围和臀部通过服装的形状得以凸显（见图 15.9）。

裙摆的位置在 20 世纪 30 年代初期就开

图 15.8 图中的模特穿着瓦萨雷特（Vassarette）设计的一件式紧身裙，是用橡皮芯线制成。（图片来源：Toni Frissell/Condé Nast via Getty Images）

图 15.9　图为 1933 年的日间连衣裙，展示了 20 世纪 30 年代早期的修身线条、斜裁设计和引人注目的衣袖变化。（图片来源：*Women's Wear Daily*, spring 1933. Courtesy of Fairchild Publications, Inc.）

始下降。在前几年里，裙摆距离地面约 12 英寸，到 1932 年裙摆距地面的高度低至 10 英寸。事实上，一些高档时装的插图所展示的裙摆长度已经到脚踝了。到了 1935 年左右，裙子的长度又开始增加，到 20 世纪 30 年代末，裙子的长度再次变短，几乎在膝盖以下，距离地面 16 或 17 英寸。

　　日间穿着的领口一般都很高。在 20 世纪 30 年代的前五年里，兜帽衣领、披肩领子和质地柔软的饰面（蝴蝶结和前襟褶边等）占主导地位。后来，V 形领和带领连衣裙更受欢迎。上衣抵肩这种结构十分常见。衣袖样式包括长款宽松袖，这种衣袖会在袖口收拢成腕带。其他的衣袖款式都较短，很多都是披风式的。宽松的衣袖裁剪成连肩式衣袖，也称马扎尔袖或蝙蝠袖（batwing sleeve，见图 15.9）。在 20 世纪 30 年代末，短袖和蓬松的衣袖重新流行起来。

大多数裙子的剪裁都为多褶裙。有些裙子是将斜裁的布料嵌在覆盖臀部的裙腰上，做成修身但是带有喇叭状的样式。还有一些裙子是做成箱形褶裥或平行绉缝式，部分采用分层的束腰外衣结构。所有这些服装造型一直保持到该时期结束。20 世纪 30 年代末，裙子变得更加宽大。

在大萧条期间，一些女性，特别是美国农村地区的妇女，开始用饲料袋或者装糖、面粉和咖啡的购物袋来制作服装。从尿布到内衣再到连衣裙，所有的东西都是用这些袋子制作而成。为农村读者出版的杂志上印有描绘衣物的画页；高中的家庭经济课会使用家庭缝纫图案，以便创造出实用的时尚服装。

套装仍旧是女性衣橱中服装的基本构成之一。20 世纪 30 年代初，套装的线条比后期的线条更加柔软、更为灵活，这些线条明显模仿了男装轮廓，随处可见宽肩、缺口翻领、带有较长翻边的长裤（或裙子）设计，并且是由羊毛、法兰绒和格子布等男性服装面料制成（见图 15.10）。除了 20 世纪 30 年代早期的一些方形或箱式夹克外，套装都带有弯曲的弧度，可以紧密贴合腰部。套装分为单排扣和双排扣两种样式，有些腰间配

图 15.10a　与 20 世纪 30 年代后期的套装相比，30 年代早期的套装裙子更长，线条也更柔和。（图片来源：Eduardo Garcia Benito © 1932 Condé Nast Publications）

图 15.10b　图为派拉蒙影业的著名电影明星玛琳·迪特里希（Marlene Dietrich）。她头戴一项贝雷帽，手里拿着手套，身穿灰色的男式西装和高领套衫。（图片来源：Bettmann/Getty Images）

图 15.11 图为 20 世纪 30 年代中期至晚期的晚礼服和外套，是将丝绸绉纱以斜裁法制成。用以将外套收紧的金属拉链是一项之前在高级时装中从未见过的创新。（图片来源：Courtesy of Texas Fashion Collection, University of North Texas, Gift of Lou Ann Zellers）

有系带。在 20 世纪 30 年代早期，外套的长度较短，到了末期则变得更长。翻领造型在早期较宽，后期则呈窄长形。

晚礼服和日间礼服的长度明显不同。晚礼服通常可以及地。到了 20 世纪 30 年代末，人们仍在使用斜裁法（见图 15.11）。

用斜裁法制作的服装一般从肩膀覆盖到臀部，然后向外展开。晚礼服的其他典型样式包括背部剪裁低至腰部的露背长袍、吊带式无袖连衣裙，以及宽松的披风式衣袖或蓬松短袖款式。到了 20 世纪 30 年代末，更为常见的设计是减少服装的装饰和构造细节，采用更为粗犷的服装线条。无肩带礼服出现在 20 世纪 30 年代末的好莱坞电影中。这些连衣裙的上衣十分修身，并通过沿着内缝缝制的骨架进行固定。

◆ 户外服装

在 20 世纪 30 年代早期，许多外套的领口和肩部都带有装饰细节。宽大的衣领通常由毛皮制成。有些外套为羊腿袖造型。外套通常只用一个纽扣在左边扣紧。总体而言，服装的线条一直较为纤细，直到 20 世纪 30 年代后半叶，出现了更明显的箱式宽松外套，有些长度在小腿附近，有些长可及臀，还有一些是及地款式，都十分流行。

◆ 睡衣

女性一般穿着睡袍或者睡衣裤。

◆ 发型和头饰

在 20 世纪 30 年代早期，女性的头发相对较短，可以轻轻摆动，并且在颈背周围带有较短的向上翻的发卷。随着时间推移，时尚的发型变得越来越长。20 世纪 30 年代末，侍童式发型和将头发在头顶盘成卷发或辫子（即向上卷发型 [upsweep]，见图 15.12）的发型变得更为时尚。

20 世纪 30 年代初，帽子的尺寸都较小，形状各异，通常以一定角度向左侧或右侧、前部或后部倾斜（见图 15.10b）。仿男式贝雷帽、费多拉帽、仿水手帽，以及宽边帽随处可见。当女性将头发做成向上梳的发型时，配上较高的帽子或者带有面纱的小型帽便是十分时髦的穿搭。女帽商从包括中世纪在内的许多来源中找到了灵感，一些帽子在下巴的下方装饰有一条

图 15.12　图为女演员露西尔·鲍尔（Lucille Ball）、金格尔·罗杰斯（Ginger Rogers）和安·米勒（Ann Miller），她们在电影舞台上展示了 20 世纪 30 年代的向上卷发型。相比起不太正式、长度更短的日间花卉连衣裙，金格尔·罗杰斯穿着更为正式的晚礼服。（图片来源：John Springer Collection/CORBIS/Corbis via Getty Images）

类似云波头巾的围巾，并将它固定在耳朵或耳朵上方的帽子上。晚间着装中，帽子和发饰十分流行，尤其以头巾、装饰面纱、假花和丝带为主。束发网自内战时期以来首次回归时尚，这可能是 1933 年的《小妇人》和 1939 年的《乱世佳人》等电影流行带来的影响。

◆ 鞋类

鞋子的款式包括轻软舞鞋、牛津鞋及双色调鞋等。厚底鞋是鞋类设计师萨尔瓦托·费拉格慕（Salvatore Ferragamo）在 20 世纪 30 年代末推出的新款鞋。长筒袜是用丝绸或人造纤维制作而成，背面带有接缝。棉质和羊毛质地的长筒袜常用于运动服装。

◆ 运动服装

到了 20 世纪 30 年代，出现了一个新的服装类别——运动服装，代表了更休闲的生活方式，既可用于体育活动又可用于休闲场合。沙滩睡衣是一种带有配套上衣的宽松长裤套装，休闲活动时也可以继续穿着（见图 15.13）。便裤配上定制的仿男式衬衫和高领套衫，这种服装越来越成为人们休闲和非正式活动时的不二选择，兼具实用性和舒适性。

20 世纪 30 年代，《时尚》杂志刊登了一则广告，描述了两位穿着紧身牛仔裤的社会女性，这一造型被称为"西部牛仔风"（western chic），牛仔裤也曾一度成为时尚。青春期女孩开始将蓝色粗斜纹棉质地的男式工装牛仔裤作为休闲服装（见图 15.14）。

◆ 体育运动服装

20 世纪 30 年代，网球裙的上身是无袖无领的；下裙要么是短裙，要么是分体式裙裤；在进行网球运动时，女性也常穿短裤。高尔夫球运动不需要特别的服装，但粗花呢

图 15.13　到了 20 世纪 30 年代，运动服装已经成为女性衣橱里的重要组成部分。根据 1937 年 11 月 15 日《时尚》杂志的这篇专题文章的描述，运动服装包括一系列运动饰物和休闲用品。（图片来源：Vogue © 1937 Condé Nast Publications, Inc. ）

图 15.14　图为《时尚》杂志中的一幅插图，描绘了两名牧场上的女性，她们身穿蓝色牛仔裤，上身为法兰绒衬衫，头戴斯特森毡帽，脖子上的方围巾缠绕打结。（图片来源：Rene Bouet-Willaumez/Condé Nast via Getty Images ）

裙子搭配套衫这种服装一般更受欢迎。

　　带有吊带上衣或采用露背设计的泳衣开始流行起来。这些服装的线条与一些晚礼服的线条相似。泳衣通常由针织羊毛、人造纤维、醋酸纤维素和棉纤维制作而成。在 20 世纪 30 年代早期，人们一般采用橡皮芯线来制作具有弹性的泳衣，与其他面料相比，橡皮芯线做成的服装更加贴身，更不容易起皱。在该时期，两件式泳衣首次出现，分为胸罩款和吊带式上衣配短裤的款式。这些泳衣可以让女性在游泳时自由活动，让更多皮肤被晒黑，并且最后让腹部露出的款式得以普及。女性可以从各式各样的泳衣款式中进行选择，包括经常搭配纱笼的一体式泳衣，或是搭配短裤或裙式服装的两件式泳衣（见图 15.15 ）。

　　滑雪服一般由宽松的长裤和毛衣组成，在 20 世纪 30 年代及之后，还包括配套的夹克（见图 15.16 ）。

◆ 配饰

　　手提包往往是皮革质地，它的内部和提手都有纹理和图案设计。20 世纪 30 年代后期，柔软面料制成的挎肩包开始大量出现，这种包带有与之相配的皮革宽边提手。在这

图 15.15　图为一件式泳衣，表明更为宽大的泳装也是按照人体的自然腰际线剪裁而成，是更加凸显身材的日间穿着。选自《三人行》（*Trio of Striplings*），1934 年 1 月 1 日。（图片来源：Pierre Mourgue © 1934 Condé Nast Publications）

图 15.16　图为刊登在《时尚》杂志上的一张社论摄影，照片中一名模特坐在滑雪缆车上，身穿绿色衬衫和深蓝色华达呢运动裤，头上戴着头巾。（图片来源：Photo by Toni Frissell/Condé Nast via Getty Images）

一时期，女性都会戴着手套，即使在白天。长款的晚间手套出现了。手套通常与裙装、帽子或手提包的颜色或面料相配。和夹克与毛衣搭配的腰带做成了定制款。

◆ 珠宝

与 20 世纪 20 年代相比，该时期的珠宝首饰设计更为低调，与萧条的经济相呼应，包括珍珠短款项链和珠宝别针，后者一般成对放置在领口或领子上。耳环通常在晚间佩戴，许多时尚杂志显示，穿着日间服装进行展示的模特没有佩戴耳环。

◆ 化妆品和美容

电影造就了一批新的名人明星，其中包括设计出人物形象的化妆师。蜜丝佛陀（Max Factor）和他的同名产品成为家喻户晓的名字。在担任俄国芭蕾舞团的化妆师后，他开始了自己的职业生涯。他制作的粉底可以打造出平滑的哑光饰面效果。受电影明星的启发，人们发现纤细的拱形眉毛可以通过拔除余毛和凸显窄细线条的眉笔来实现。假睫毛、深红色的嘴唇和指甲在该时期十分流行。赫莲娜·鲁宾斯坦于 1939 年推出了史上第一款防水睫毛膏，但直到数年后才开始投入生产。

男性服饰

男性服装通常受到当时体育文化的影响，出现了更多种类的休闲服装。好莱坞的男主角也影响了该时期的服装风格。穿着别致服装的银幕男主角很可能开启一种新的潮流。偶像派男演员以穿衣品位和着装风格而闻名，他们经常向英国裁缝订购服装。

◆ 服装

20 世纪 30 年代出现了拳击短裤（boxer shorts）。这种服装风格的灵感源于职业拳击手所穿的短裤。30 年代的其他服装新款式还包括针织棉质地的运动衫（athletic shirts）——从肩带泳装的上衣改制而成，以及 1935 年获得专利的贴身针织短内裤。这些针织内裤的商标名"骑师短裤"（Jockey shorts）后来几乎成为这种男士内裤的通用名称。"三角内裤"于 20 世纪 30 年代中期引入西方（见图 15.17）。

在 1934 年的电影《一夜风流》（*It Happened One Night*）中，演员克拉克·盖博赤裸上身，并没有穿贴身背心。《时尚先生之 20 世纪男性时尚百科全书》（*Esquire's Encyclopedia of 20th Century Men's Fashion*）认为这部电影开创了一种不穿内衣的时尚，严重影响了内衣行业的发展。电影在服装方面产生影响的另一个体现是，华莱士·比里衬衫（Wallace Beery shirt）是一种罗纹针织汗衫，脖子前面的领口有一个开衩，上面带有纽扣，是同名的演员穿着的服装。如今，这种衬衫可能被称为亨利衫（henley shirt）。

20 世纪 30 年代，西装是由轻薄的精纺羊毛、华达呢和亚麻等流行面料制成的。人造纤维可以用来制作西装和其他服装。服装的款式多种多样，包括单排扣和双排扣样式，从非正式场合穿着的袋型外套到正式的塔士多礼服（见图 15.18）。

在威尔士亲王访问美国时穿了格子呢西装之后，这种西装变得更受欢迎，同时流行的还有细条纹西装和浅色的夏装。

图 15.17　图为 20 世纪 30 年代引入的三角内裤。（图片来源：HistoryExtra. com）

图 15.18 图中的男士们穿着各种各样的西装，包括单排扣宽大短款西装上衣、带有配套长裤或者条纹长裤的双排扣职业套装、双排扣马甲外套、正式常礼服和塔士多礼服。（图片来源：Bettmann/Getty Images）

夹克的肩部变得更宽，臀部位置也更加贴身。在这 20 世纪 30 年代后半叶，萨维尔街的裁缝们发明了一种英式褶裥套装（English drape suit），后来得到了威尔士亲王的采纳，并成为西服的主流剪裁款式。这种西装的剪裁是为了让人体感到更加舒适，触摸起来十分柔软，因为胸部和肩部采用了更多面料，所以有轻微的褶皱。

除了在年轻男性范围中流行的带有宽大高腰带和宽翻边长裤外，长裤变宽的趋势在 20 世纪 30 年代有所减缓。

从 1935 年至 1936 年开始，服装界发生了一项重大变化，制造商开始使用拉链来将服装收紧，而不再采用传统的纽扣设计。

人们普遍认为白色衬衫是更传统的衬衫，但也有其他颜色的条纹或格子衬衫。衣领的样式包括凸舌款式和纽扣系紧的样式。克拉克·盖博等电影演员所穿服装的衣领为加利福尼亚领（California collar），比 20 世纪 20 年代的巴里莫尔领更短，但是更宽。温莎领或敞角领，通常和更加宽大的温莎结搭配穿着。有些衣领也呈短而圆的形状。

20 世纪 30 年代后，人们开始穿着白色的晚礼服，尤其是夏装礼服。

◆ 户外服装

20 世纪 20 年代出现的许多服装款式在这一时期得以延续，例如马球大衣等，同时也增加了一些新的款式，例如英国警卫大衣（English guards' coat）——一种深蓝色宽翻领外套，背部带有倒褶裥和腰间饰带。拉链衬里（zip-in linings）是该时期服装中的创新设计，可以让寒冷天气时穿着的外套在温度更加暖和的时候也能使用。

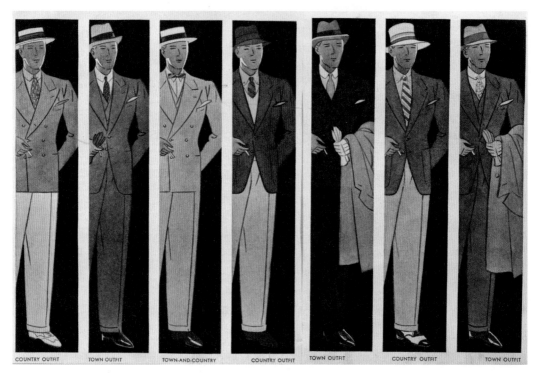

图 15.19　图为各种颜色的男式西装，既有单排扣样式也有双排扣样式，由长裤、马甲和外套组成，通常都搭配一顶费多拉帽。运动夹克的颜色常与长裤相对，可以搭配草帽或巴拿马草帽。（城镇与乡村的服装，来自《名利场》[*Vanity Fair*]，1931 年 4 月，彩色石刻画。图片来源：/Bibliotheque des Arts Decoratifs, Paris, France/Archives Charmet/Bridgeman Images）

日常外套的样式包括带针织腰带和袖口的短夹克、带兜帽的派克大衣（parka jacket，模仿因纽特人在寒冷天气时的穿着款式），以及伐木工人外套或麦基诺厚呢外套（由大量羊毛填充而成的紧实夹克）。富人则穿皮革夹克。

◆ 运动服装

运动服装的兴起也影响了男性服装的风格。运动夹克（sport jacket）或便装夹克（casual jacket）开始出现，这种夹克仿照西装外套的线条进行裁剪，不用搭配长裤，可以与颜色对比鲜明的织物长裤一起穿着（见图 15.19）。与普通西装夹克相比，运动夹克采用了更多种颜色以及更多面料，通常搭配颜色相配或者对比鲜明的背心、套衫或衬衫。有些夹克带有半条饰带，或者腰间系有一整条腰带。高尔夫球运动员采用了背部有褶皱的诺福克外套作为他们的服装。威尔士亲王使得粗花呢夹克受到大众欢迎。丛林夹克（Bush jacket）是一种褐色的短袖棉夹克，带有四个较大的翻边口袋，是仿照非洲猎人和考察者服装制成的款式，是 20 世纪 30 年代流行的休闲着装。

20 世纪 30 年代，长裤或运动短裤在某种程度上取代了之前的短裤。男式外穿短裤（Walking shorts）是以英国殖民地士兵的军装为原型设计的步行短裤，如今已被富人用作度假服装。这种短裤通常和及膝长筒袜相配。运动服装中的短裤有各种颜色和图案，包括方格图案、棋盘格图案和条纹图案等。

休闲衬衫与西装里穿的衬衫不同，是男性服装的一种新款式。它包括多种风格，如马球衫——一种采用翻领设计、颈部带有较小开衩并用纽扣系紧的针织衬衫。马球衫通常为短袖。这种风格起源于马球运动员的服装，但20世纪20年代及其后通常用于非正式场合的穿着。

在20世纪30年代及之后的一段时期，男性开始穿着网布质地的无扣低腰衫（dishrag shirt），这种衬衫最早出现在里维埃拉。男性也会穿着海魂衫（basque shirt）——一种宽大的圆领条纹衬衫，以及仿照威尔士亲王的穿着制成的深蓝色亚麻运动衫。在20世纪30年代末，男性常购买颜色鲜艳的牛仔衬衫（cowboy shirts），胸前带有以纽扣收紧的口袋，衣领带有尖角；西部衬衫（western shirt）则为纯羊毛、格子羊毛或华达呢质地，衬衫前面带有新月形的口袋（见图15.20）。

图15.20　图为1938年左右的美国乡村音乐歌手兼电影演员特克斯·里特（Tex Ritter），他身穿一件西部衬衫，配上领带和牛仔帽，手里抱着一把吉他。（图片来源：FPG/Getty Images）

◆ 体育运动服装

在20世纪30年代及其后一段时间，高尔夫球装主要由衬衫、毛衣或夹克与便裤或运动短裤组合而成（见图15.21）。

20世纪30年代的泳装上衣尺寸逐渐减小，直到最终男性上身不着一物（见图15.22）。

20世纪30年代，男性在滑雪时会穿着防风夹克，并配上在脚踝处收紧成弹性翻边的宽松长裤。

◆ 睡衣

睡衣裤在很大程度上取代了衬衫式睡衣。

图15.21　图为职业高尔夫球手鲍比·琼斯（Bobby Jones），他在1934年重返赛场时穿了一件配有短裤的毛衣。（图片来源：H. Armstrong Roberts/ClassicStock/Getty Images）

图 15.22 图中可以看出男女泳装的无袖上衣和超短裤之间的相似之处。（图片来源：Bettmann/Getty Images）

◆ 发型和头饰

20 世纪 30 年代，男性会把头发做成波浪卷，并梳成偏分。第一款电动剃须刀的问世可以让男性呈现出须发整洁的外观。年纪较大的男性才更有可能蓄须。

夏季的主要的帽型仍然是费多拉帽、汉堡帽、草帽和巴拿马草帽，其余时节主要戴运动帽。20 世纪 30 年代，馅饼式男帽——一种帽檐可以翻边的低冠软毡帽也开始用于运动服装。

◆ 鞋类

20 世纪 30 年代，菱形花纹、V 形图案和钻石图案的袜子十分流行。该时期出现了松紧式袜子，取代了原来的吊袜带。

20 世纪 20 年代，男式高跟鞋已经过时，牛津鞋成为主流款式。夏天主要穿白色和双色调的鞋子。20 世纪 30 年代出现了莫卡辛鞋，是根据挪威渔民所穿的鞋改制而成，也称为"乐福鞋"（weejuns）。当时的其他鞋类款式还包括凉鞋，夏天所穿布鞋、绉底鞋，以及长及脚踝的低帮鞋，分为用鞋带收紧（如查卡靴 [chukka boots]）或用环扣在脚踝系紧（如修士束带鞋 [monk's front]）。

◆ 配饰

男性使用的配饰相对较少，主要是手套、手帕、围巾、雨伞和手杖等。太阳镜最初是应美国陆军航空兵飞行员约翰·麦克雷迪（John Macready）中尉的要求制造的，他希望眼镜的镜片能够折射太阳光线。制造商博士伦公司继续向公众推销这种眼镜。

◆ 珠宝

和以前一样，珠宝主要用于功能性的饰品：手表、领带别针、衬衫饰扣、袖扣和戒指等。

儿童服装

◆ 女孩服装

电影也影响了儿童的穿着。西尔斯和罗伯克公司推出了秀兰·邓波儿系列时装，包括短裙、冬季雪地服和滑雪服，以及连衣裙和毛衣套装（以她在电影中所穿服装为灵感设计的）。

连衣裙的镶边采用简单的装饰元素，如刺绣和贴花，以及蕾丝边下摆（见图 15.23）。

在学校中常见的穿着是下裙配衬衫或毛衣。有些裙子带有肩带或吊带。在女性接受内裤之后，年轻女孩就将套衫、开衫、无袖毛衣和便裤作为运动服装。按照公主线剪裁的外套通常带有毛皮镶边领，颇受大众青睐欢迎。在寒冷的天气里，人们可以用打底裤来搭配礼服。

◆ 男孩服装

20 世纪 30 年代，马球衫常用于男孩的日常穿着。在整段时期，男孩们穿着各种类型的毛衣：开衫、套衫和无袖套衫等。20 世纪 20 年代以后，高领毛衣便不再流行。30 年代时，出现了新的长款箱式夹克；30 年代末，又出现了府绸夹克和防水派克服。

◆ 童装风格

随着男性开始穿着运动短裤和无袖汗衫，女性开始穿短内裤，这些服装也逐渐用于儿童着装。

从 20 世纪 30 年代开始到随后的几十年里，孩子们都将牛仔裤作为游戏装束和日常服装。但是老师们抱怨，牛仔裤后面口袋上的铆钉造成学校的木制座椅磨损，所以牛仔裤上不再有这种设计。

牛仔服、棒球运动员服和飞行员制服是典型的装扮服饰。宇航服的出现反映了诸如《巴克·罗杰斯》（*Buck Rogers*）等动画片和电影在大众中的受欢迎程度（见图 15.24）。女孩们可以穿护士制服，有时还可以穿女式牛仔裙或印第安人风格的连衣裙。

到了 20 世纪 30 年代末，防水织物取代了上油的雨衣面料。为了实现真正的防水效果，需要使用橡胶织物。男孩和女孩都会穿牛津鞋或马鞍鞋。

图 15.23　图为各种款式的连衣裙，从较短的款式到和年长女孩或成年女性类似的服装。（图片来源：The New York Public Library; The Miriam and Ira D. Wallach Division of Art, Prints and Photographs: Picture Collection）

图 15.24　图为 1935 年《西尔斯和罗伯克》邮购目录中的一页。这一时期的小男孩的兴趣可以从他们购买的服装上体现出来。（图片来源：Courtesy of Sears, Roebuck & Co）

青少年服装

20世纪30年代，青少年更喜欢穿衬衫搭配下裙，但有时也穿连衣裙。该时期的踝袜变得日益重要，尤其常与平底便鞋或马鞍鞋搭配。1936年，"短袜"（bobby sox）开始用于指代踝袜的服装术语。在大学男生中，短暂流行过一种叫"啤酒夹克"（beer jackets）的白色外套，常为画家所穿。

章末概要

经济大萧条严重阻碍了成衣行业的发展。人们最常在成衣百货公司购买服装。电影为人们提供了一个可以从大萧条的痛苦中解脱出来的好机会，电影明星及其服装设计师设计的造型引发了大众模仿。只需要换一顶帽子，抹上深红色口红，涂上鲜艳的指甲油，就可以打扮得像明星一样，既便宜又方便。

20世纪20年代的男孩子气造型逐渐被30年代更自然、更女性化的造型所取代。对于男性和女性来说，运动服装的重要性都与日俱增，因为越来越多的人有机会可以穿便裤、毛衣和单件服装。

艺术继续影响着时尚，超现实主义艺术家和设计师合作，创造出无与伦比的设计。这些设计元素中，最为是拉链的使用，拉链作为一种显眼的闭合装置，烙印在时尚特征之中。

20世纪30年代服装风格的遗产

现代影响

俏皮的贝雷帽与相衬的粗花呢夹克和带有自然腰际线的连衣裙搭配，这套服装显然借鉴了玛琳·迪特里希和凯瑟琳·赫本在20世纪30年代具有男子气概的造型。下图来自克里斯汀·迪奥2019年和2020年秋冬高级定制时装秀，是2019年7月1日巴黎时装周的一部分。

（图片来源：Peter White/Getty Images）

在对以往风格的不断挖掘中，时装设计师没有忽视20世纪30年代的服装风格。1967年，电影《邦妮和克莱德》（Bonnie and Clyde）中30年代风格的毛衣和贝雷帽受到大众追捧。而20世纪八九十年代的设计显然来自当时的斜裁风格，一些印花纺织品

服装版型概览图

20 世纪 30 年代

男性服装：英式褶裥套装，
1398 年

英式褶裥外套的肩部较
宽。男性会将运动夹克作
为便装。

女性服装：裙装，1933 年

该时期的女性服装剪裁比较
贴合人体曲线。腰际线再次
处于自然腰部位置。服装常
用斜裁法。下裙在 20 世纪初
较长，后来逐渐变短。

女孩的裙装，1938 年

款式多样，连衣裙采用简单的
装饰元素。

设计也采用了斜裁的方式。厚底鞋和肩部凸显的款式再次出现。20 世纪 70 年代时厚底
鞋的鞋底达到了前所未有的高度，然后在 90 年代再次变回原来的鞋底高度。无肩带礼
服在整个 20 世纪 40 年代一直很受欢迎，到 80 年代时使用了不需要内部结构的弹性面
料，并且再次流行起来。

进入 21 世纪，无肩带礼服经常出现在婚礼服装中。在将商品购物袋转变为服装的
过程中，人们发现了一种再利用的理念，这种理念在二战的受限时期，以及强调生态友
好理念的 20 世纪 70 年代，甚至今天都引起了再次讨论。最后，女性也会穿着传统的男
式服装，正如女星玛琳·迪特里希和凯瑟琳·赫本所推广的服装，也可以从 20 世纪 80
年代的"为成功而穿"（dress for success）运动中看出，而且在 21 世纪配套服装的流行
中也有所体现（见"现代影响"）。

主要服装术语

运动衫（athletic shirts）

蝙蝠袖（batwing sleeve）

啤酒夹克（beer jackets）

拳击短裤（boxer shorts）

丛林夹克（bush jacket）

加利福尼亚领（California collar）

牛仔衬衫（cowboy shirt）

查卡靴（chukka boots）

无扣低腰衫（dishrag shirt）

英式褶裥套装（English drape suit）

时尚造型师（Fashion stylist）   运动服装（sportswear）

亨利衫（henley shirt）   超现实主义（Surrealism）

骑师短裤（jockey shorts）   向上卷发型（upsweep）

橡皮芯线（Lastex）   男式外穿短裤（walking shorts）

梅因布彻（Mainbocher）   华莱士·比里衬衫（Wallace Beery shirt）

修士束带鞋（monk's front）   乐福鞋（Weejuns）

派克大衣（parka jacket）   西部衬衫（western shirt）

问题讨论

1. 对比 20 世纪 20 年代和 30 年代的经济环境，并说明服装风格的哪些差异可以归因于经济变化？

2. 20 世纪 30 年代的哪些社会事件影响了女性服装的变化？

3. 20 世纪 30 年代的哪些特定服饰受到了体育运动、上流社会、电影和科技的影响？

4. 说出两位有影响力的巴黎时装界设计师和美国设计师，并描述他们各自对时尚做出的主要贡献。

5. 在 20 世纪 30 年代，男士们穿的最新服装是什么？

参考文献

Friedel, R. (1994) . *Zipper*. New York, NY: Norton.

Garelick, R. K. (2014) . *Mademoiselle: Coco Chanel and the pulse of history*. New York: Random House.

Jones, L. A., & Park, S. (1993) . From feed bags to fashion. *Textile History, 24* (1) , 91–103.

Leach, W. (1993) . *Land of desire: Merchants, power, and the rise of a new American culture*. New York: Random House.

Marcketti, S. B., & Angstman, E. T. (2013) . The trend for mannish suits in the 1930s. *Dress, 39* (2) , 135–152.

Martin, R. (1987) . *Surrealism and fashion*. New York, NY: Rizzoli.

Scarborough, A. D. & Hunt-Hurst, P. (2014) . The making of an erogenous zone: The role of exotiscim, dance, and the movies in midriff exposure, 1900– 1946. *Dress, 40* (1) : 47–65.

Warner, Patricia C. (2005) . "The Americanization of fashion: Sportswear, the movies and the 1930s." In *Twentieth Century American Fashion,* 79–98. Edited by Linda Welters and Patricia A. Cunningham. Oxford: Berg, 2005.

Webber-Hanchett, T. (2003) . Dorothy Shaver: Promoter of the "American Look." *Dress, 30* (1) : 80–90.

第 16 章
20 世纪 40 年代：
二战和"新风貌"时期

20 世纪 40 年代

二战对男女服饰风格的影响

二战时期年轻人的服饰风格

战争年代与 1947 年"新风貌"服装轮廓的异同

加利福尼亚能够大批量生产运动服装的原因

政府限制禁令和二战是如何影响童装的使用价值和款式设计的

第二次世界大战

1939 年至 1945 年间，二战一直影响着美国人的生活。一战结束后，遭受重创的德国迎来阿道夫·希特勒的上台，他试图建立一个统治欧洲的德意志第三帝国。他的极权政府发动了一场针对 600 万犹太人、罗姆人（后被称为吉卜赛人）、非裔德国人和其他被认为是劣等民族或不道德的人的大屠杀。希特勒野心勃勃，与意大利、日本成立了轴心国集团，并通过入侵波兰拉开了第二次世界大战的序幕。起初，美国仍持观望态度，但为英国、法国（1940—1944 年被德国占领期间除外）等盟国提供了援助和资金。1941 年 12 月 7 日，日本偷袭了驻扎在珍珠港的太平洋舰队，于是美国正式参战，并组建了世界反法西斯联盟。1945 年日本投降，宣告第二次世界大战结束，但是整个美国的经济、社会和时尚等方面都受到了战争的影响。

因为美国并没有处于交战区，因此美国人没有经历其他国家在二战期间所遭受的家破人亡与流离失所。美国境内的人民参与战争更直接的方式是参军，共有 1500 万美国人服役。当时的稀缺商品——主要是食品和汽油——通过定量配给的方式为战争提供支持。被称为"L–85 法规"（L–85 Regulations）的指导方针从 1942 年 3 月 8 日开始生效，一直持续到 1946 年 10 月 30 日，这项规定限制了可用于服装的布料数量（见图 16.1）。

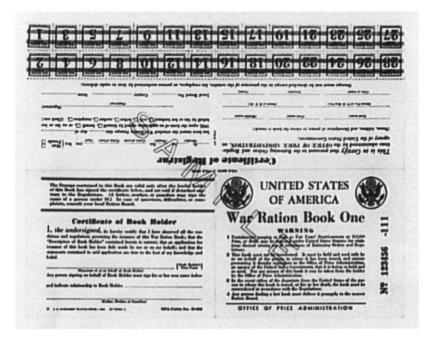

图 16.1 为了保留二战所需的物资和人力，美国战时生产委员会发布了关于外套（L–85 法规）和内衣（L–90 法规）款式的规定。从媒体中获取有关法规的报道后，一些时装设计师甚至使用了比要求更少的面料。（图片来源：Library of Congress Prints & Photographs Division Washington, DC 20540, http://hdl.loc.gov/loc.pnp/pp.print）

人们会通过减少长裤翻边、额外的口袋和双排扣西装的背心，以及减少裙摆宽度、男士裤子和西装夹克的长度等方式来节省面料。但是一些服装，如婚纱和丧服，却不受规定限制。女性还会"缝缝补补将就将就"，把过时的衣服和纺织残料回收，重新做成新衣服，以供自己和家人穿用。政府会向个人提供优惠券，每年最多可以购买三双鞋，但部分优惠券的出现绕过了法律规定。

"时代评论 16.1"中总结了法规对女性着装风格的限制。

为了支持同盟国，美国制造商开始生产枪支、船只和子弹等军用物资。随着大多数健全的男性应征入伍或应召入伍，女性开始进入工厂，从事以前由男性担任的工作，生产作战装备（见图16.2）。工厂中的女性在从事体力劳动时，会穿着工作服、便裤和头巾等专门服装。零售商会销售美容产品和工作服，鼓励

图 16.2　图为二战期间最令人难忘的女性爱国主义形象——铆钉女工萝西，后来她自愿加入红十字会并在军队服役。（图片来源：© CORBIS/Corbis via Getty Images）

女性展示爱国主义精神。二战结束后，许多女性遭到解雇，迪奥的"新风貌"潮流将开创 20 世纪 50 年代更女性化的造型，带来传统生活方式的回归。

在战争的影响下，经济出现了反弹，但像洗衣机这样耐用的民用商品却很少能买到。许多战前能够购买的布料都供应不足。1939 年，纽约世界博览会上出现了尼龙材料，并逐渐用于军事用途。

羊毛供应严重短缺。由于太平洋战争爆发，丝绸供应一度中断，天然橡胶更是无法用于民用领域。

1945 年，欧洲战场结束战争。敌对的军事行动停止后，卷入战争的国家纷纷开始重建满目疮痍的土地。虽然美国在二战期间国土未损，经济活力不减，但数百万家庭在这场战争中至少失去了一名男丁。入伍将士战后返家后，"婴儿潮"（baby boom）开始出现，家庭人口数量不断增加。随着加利福尼亚州人口激增，美国人口从南向北、从东向西迁移。加州之前的制造业和零售业推动了好莱坞电影业的发展，加州工业已经为运动服装制造——尤其是男性服装、运动装和沙滩装的生产奠定了坚实的物质基础。

L-85 一般限制令

1942年4月8日,《女装日报》(*Women's Wear Daily*) 发表了《L-85 一般限制令——对女性外衣和某些其他服装的限制》。以下是命令中的一些主要条例。

为了满足美国国防的物资需求,用于国防部、个人账户和出口的羊毛、丝绸、人造纤维、棉花和亚麻的供应全部出现了短缺;为了保障公共利益和促进国防事业发展,国家认为下列命令是必要且合理的。

(d) 一般例外情况:本法规的禁令和限制不适用于生产或销售用于以下用途的女性服装:

1. 尺寸范围从1到4的婴幼儿服装。

2. 新娘礼服。

3. 孕妇装。

4. 为因身高、体型或身体畸形而需要额外材料以保障裙子或夹克长度适宜以及裙摆或袖子宽度适宜的人员提供的服装。

5. 丧服。

6. 根据宗教规定或教派规则所需的长袍或法衣。

或为军队制造的服装。

(e) 一般限制令

1. 按单价可以购买两件以上的服装。

2. 所有多件服装,以及凡是含有可以单价出售的羊毛布料制成的多件服装。

3. 袖子上的法式袖口。

4. 双面材料的上衣抵肩。

5. 泡泡袖、多尔曼袖或羊腿袖。

6. 按照完整的横裥、翻领或褶裥裁剪下来的正常宽度或长度的织物,小的饰边除外。

7. 羊毛布料制成的内袋。

8. 带有衬里的羊毛服装上的羊毛贴袋。

9. 含有任何未经处理或再加工羊毛的衬布。

该命令还确定了成年女性和未成年少女的外套、日间和晚间礼服、套装、夹克、单独的下裙和裙裤、便裤和游乐装以及衬衫的具体限制,对少女和儿童的服装种类的限制,包括连衣裙、外套、雨衣、便裤和游乐装、雪地服和滑雪服,以及对护士制服和女佣制服的限制。命令所附表格中明确了裙子长度和周长以及夹克宽度的具体限制。一些重要的限制包括:

· 严禁带有"单独或附加的斗篷、兜帽、围巾、包或帽子"的外套。

· 严禁"单独配置或腰间带有宽度超过两英寸腰带"的日间或晚间礼服。

· 严禁"下摆宽度超过两英寸"的晚礼服、套装、下裙和裙裤。

· 严禁"带有斜裁式衣袖或长袖翻边"的夹克。

· 严禁"带翻边"的便裤。

时尚的影响因素

电影

二战期间的电影主题大多强调爱国主义。当时的电影中出现的英雄包括外表清秀的吉米·斯图尔特（Jimmy Stewart）、粗犷的个人主义者斯宾塞·特雷西（Spencer Tracy），以及温文尔雅的弗雷德·阿斯泰尔（Fred Astaire）和卡里·格兰特（Cary Grant）。玛琳·迪特里希、凯瑟琳·赫本和卡罗尔·伦巴德（Carole Lombard）也展示了时尚的发型和服饰穿戴。十几岁的女孩像琼·阿利森（June Allyson）一样留着侍童式发型，或者模仿维罗妮卡·莱克（Veronica Lake）的躲猫猫式发型，把一头波浪式头发卷在一侧，并遮住一只眼睛。电影公司的宣传部门印制了女演员贝蒂·格拉布尔（Betty Grable）穿着露背泳衣和高跟鞋的定妆照。在整个二战期间，美国人蜂拥而至观看各种电影。

在英国，诸如《百万同胞》（*Millions Like Us*）、《巾帼不让》（*The Gentle Sex*）和《两千妇女》（*Two Thousand Women*）之类的电影为大众提供了鼓舞人心的女性形象，并激励民众尽自己的力量赢得战争的胜利。

年轻人

青少年的社会经济地位在第二次世界大战期间开始发生变化。二战前，许多年轻人在进入青少年时期后不久就成为工薪阶层和劳动人口。但战后的社会经济变化使得许多年轻人依赖家庭的时间更长——在整个高中阶段甚至之后很长的一段时间，这使得青春期成为一个独立的发展阶段。青少年市场快速发展起来，而青少年时尚在服装行业也扮演着重要角色。像《十七岁》（*Seventeen*）这样的时尚杂志在青少年市场十分具有吸引力。

工人阶级居民区的青少年和年轻男子通常穿着佐特套装，这是从20世纪30年代流行的悬垂套装发展而来的服装（见图16.3）。佐特套装带有超大号的垫肩、宽大的翻领和高腰锥形束脚

图16.3　图中两个年轻人穿着佐特套装。（图片来源：Bettmann/Getty Images）

裤，后来成为美国黑人和拉丁裔青年的象征，并在爵士音乐家迪兹·吉莱斯皮（Dizzy Gillespie）和路易斯·阿姆斯特朗影响下广泛传播。就连女孩所穿的夹克也受到了这种套装的影响。

在二战时期，根据布料的定量配给规定，佐特套装是不符合爱国主义要求的。1943年，拉丁裔美国人和以白人为主的军人之间爆发了冲突。在双方的冲突中，军方强行从拉丁裔美国人身上脱下了佐特套装。由此引发了一场称为"佐特套装暴乱"的骚动，并逐渐蔓延到底特律、纽约和费城等城市，这可能是"美国历史上第一次时尚引发的大范围内乱"。

随着1944年的《退伍军人权利法案》（GI Bill）颁布，美国各高校的退伍军人数量激增。不管男女，他们都利用机会接受大学教育。《小姐》（Mademoiselle）杂志以"聪明的年轻女性"为目标读者，8月的每一期都会专门报道大学的内容，提供约会、时尚、健康和美容、职业、专业和大学派对等方面的建议。

法国高级时装定制

1940年6月到1944年8月期间，德国入侵并占领了巴黎。当时德国人试图将时装业转移到柏林或维也纳，但巴黎高级时装公会主席吕西安·勒隆成功地将其留在了巴黎，尽管它在很大程度上与世隔绝。德国占领期间，一些女装设计师离开法国或关闭了自己的企业，但许多人继续单打独斗。通过继续进行高端时装设计，时装业成功地保留了自己的技术和劳动力。然而战争结束后，考究精致的巴黎时装与受到限制和定量配给影响的战时造型格格不入。为了向世界宣告巴黎时装业已准备好再次在时装设计领域发挥领头羊的作用，同时也为战争难民筹集资金，巴黎高级时装公会组织了一场展览，以

图16.4　图为1944年的剧院时装展览（图左），当时在一个小型布景上展示了27英寸的人体模型（图右）。高级时装定制的最新时装巡回展览展示了四十多名法国时装设计师的作品，并为战争难民筹集了资金。（图片来源：Collection of Maryhill Museum of Art）

27 英寸高的微型人体模型为模特，展示了 40 多名法国顶尖时装师设计的服装、珠宝和鞋子。这种"剧院时装展览"（Thèatre de la Mode）模式后来传播到了整个欧美地区，并引起了美国时尚媒体的广泛报道（见图 16.4）。

在这段时期，巴黎最著名的设计师之一是克里斯汀·迪奥。迪奥在战前曾在纠察队任职，后来又在吕西安·勒隆时装屋工作（勒隆并非设计师，而是经营着一家以他的名字命名的机构）。1945 年，获得经济支持的迪奥建立了自己的企业。1947 年，迪奥之家创造了时尚史：他所引领的"新风貌"风格大获成功，迪奥之家成为最具影响力的高级时装屋之一。迪奥一直以来都是一位颇负盛名的设计师，直到 1957 年逝世。

美国设计师

由于国际媒体无法报道战争期间巴黎的时尚设计，一些有才华的美国设计师开始出现在《时尚》和《时尚芭莎》等各类杂志上。就某种程度而言，他们要与法国高级时装竞争几乎是不可能的。但是他们在时装界的地位一旦确立，这些设计师便能拥有大量的追随者，尽管美国时装业的运作与法国时装业截然不同。

在美国，时装设计师通常为成衣制造商工作。虽然大城市的许多高级百货商店都有定制的裁缝店，小城镇和城市也有一些当地的裁缝，但大多数美国女性都选择在当地商店购买成衣。

因此，美国时装设计师通常也为服装制造商工作。他们会在特定季节准备一套时装系列。大多数服装公司都能生产四季服装：春、夏、秋和冬季，有些公司还能提供度假时装系列。这些服装会在纽约向全美各地商店的消费者展示。至于低价的服装，销售人员会直接将样品带到商店。消费者可以从时装系列中订购商品。那些没有收到足够数量订单的服装设计将不会投入生产。

美国设计师大部分都在这种体系中运作。甚至 20 世纪三四十年代最昂贵的时装也是以这种方式生产的。盗版设计（design piracy）或未经授权抄袭其他设计师和制造商的作品，推动该行业进入快节奏的生产体系。

在这一时期的美国时装设计师中，一些杰出人物的表现令人惊艳。克莱尔·麦卡德尔是美国最具创意的设计师之一。《生活》杂志中颇具影响力的时尚编辑莎莉·柯克兰（Sally Kirkland）写道："许多人认为克莱尔·麦卡德尔是美国迄今为止最伟大的时尚设计师。她无疑是最有创意、最为独立的本土设计师。"

克莱尔·麦卡德尔于 1905 年出生在马里兰州的弗雷德里克市。她曾在帕森斯设计学院学习，并于 1931 年在巴黎为汤利·弗罗克斯公司创作了第一套个人时装系列。她一直在这家公司工作，直到 1938 年公司倒闭。她主要为汤利公司设计运动服装和休闲服。1940 年后，她开始以自己的名义进行服装设计。一开始，人们认为她的服装较为激进，很难销售出去，但是后来女性觉得她的设计舒适而讨人喜欢，于是她们开始求购

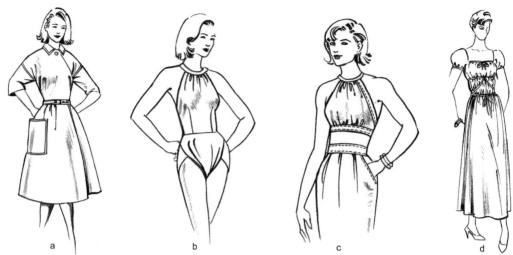

图 16.5　图为克莱尔·麦卡德尔在其职业生涯中开创的一些服装风格：图 a 为套衫，约 1942 年；图 b 为褶皱泳衣，约 1944 年；图 c 为铁路条纹牛仔布，正面采用开胸吊带式设计，背面为低背款式，约 1944 年；图 d 为系着细绳的帝政式连衣裙，约 1944 年。（图片来源：*Women's Wear Daily*, March 24, 1958. Courtesy of Fairchild Publications, Inc.）

图 16.6　图为美国设计师阿德里安于 1945 年设计的带有方形大垫肩的定制西装，这是他复杂服装设计的代表作，并以此闻名于世。（图片来源：Courtesy of Nan Duskin）

更多同款服装。

麦卡德尔的服装特色是样式简单、采用日常面料，强调实用性（见图 16.5）。人们普遍认为她开创了一些重要风格和特色设计，或者让这些设计流行起来，包括：可以进行搭配的单独衣物，这在当时是全新的理念；家事服（popover dress），一种专为忙碌女性设计的裹身风格；抽褶裙（dirndl skirts），受到奥地利西部和意大利北部农民风格的影响；修道服（monastic），采用斜裁法的宽松篷式连衣裙，腰带可以勾勒出身体的曲线轮廓，尽显优雅；采用五金制品收紧服装；连衣裙上带有的意大利面式或鞋带式领带；菱形印花泳衣；作为街头服装的芭蕾舞鞋（ballet slippers）；南美羊毛披巾（poncho）。麦卡德尔还推广了羊毛紧身裤，这种裤子在缺乏尼龙和丝袜的战争年代发挥着重要作用。1958 年，麦卡德尔死于癌症，终年 52 岁。

另一位著名的美国设计师是阿德里

全球联系

设计师蒂娜·莱瑟通常采用夏威夷和菲律宾的面料，甚至包括手工木版印花帆布。根据墨西哥的风格，她推出了一种带有亮片镶边的印花法兰绒夹克；从危地马拉服装获取灵感后，她设计出了无肩带连衣裙，是由手工制作的毯子制成。纱笼式连衣裙和裹身式连衣裙是她服装设计的重要组成部分。右图展示的是蜡染纱笼上的一个设计细节，它融合了印度尼西亚爪哇北海岸的苍鹭和其他鸟类、花卉和水生植物等。

（图片来源：Werner Forman/Universal Images Group/Getty Images）

安，他最早是以米高梅电影公司的设计师身份获得大众认可。1941 年，他在加利福尼亚州的比弗利山庄创办了自己的公司。由于无法接触到巴黎的时装设计，他认为美国的设计将变得更加重要。他的设计以注重细节而闻名，他主张"立体式"设计，在电影公司工作的经历让他发现需要从各个角度去考量女性的造型。阿德里安公司在整个 20 世纪 40 年代继续经营，在鸡尾酒会晚礼服、及地长裙和晚礼服设计方面取得了成功（见图 16.6）。阿德里安在完成音乐喜剧《亚瑟王庭》（*Camelot*）的服装设计之前，便于 1959 年去世。

出生于费城的蒂娜·莱瑟（Tina Leser）以运动服装和单件服装的设计为主，她的服装经常受到夏威夷（1935 年她在夏威夷开了一家商店，销售高质量的成衣）、墨西哥和南美国家风格（见"全球联系"）的影响。她和汤姆·布里甘斯（Tom Brigance）都以泳衣和其他海滩服装的设计而闻名。

另外两位在战时崭露头角的美国设计师是诺曼·诺雷尔（Norman Norell）和保利娜·特里格尔（Pauline Trigère）。诺雷尔在美国本土出生，特里格尔则是法国人，1937 年来到美国。尽管诺雷尔和特里格尔的服装设计在 20 世纪 50 年代更具影响力，但 40 年代他们就活跃在大众视野了（见图 16.7）。两人都曾为哈蒂·卡内基工作过一段时间，后来又成立了其他公司。

二战结束后，法国高级时装业重新开始运作，恢复了其作为国际时装设计中心的领先地位。美国设计师已经证明，他们能够创造有新意的原创风格，并在时装设计界成功占据了重要的一席之地。在认识到美国设计对于战后时期的重要性后，时尚杂志继续对美国设计师进行广泛报道，同时也会重点介绍巴黎设计。

图 16.7 虽然一提及"鲜艳的粉色"人们最容易联想到的是夏帕瑞丽，但美国设计师诺曼·诺雷尔也在 1941 年的设计中使用了这种颜色，以营造夸张的服装效果。（图片来源：Illustration by Eric. Courtesy of Vogue Copyright 1941 [renewed 1961] by Condé Nast Publications, Inc.）

休闲服的兴起在全美范围内掀起一阵潮流，但加利福尼亚州是休闲装的发展基地。洛杉矶的制造商垄断了度假装和好莱坞风格的市场。20 世纪 40 年代，男性运动服装行业是洛杉矶发展最快的行业，经济增长超过了该地区的国防开支。越来越多的工人选择穿着工作服和运动服装，并且这一趋势已经蔓延到工厂之外。

二战期间，由于太平洋地区采取了军事行动，洛杉矶的人口数量迅速增长。包括加利福尼亚州男装协会（MAGIC）在内的加利福尼亚贸易协会已蓄势待发，大力促进加利福尼亚州的发展，推广"加利福尼亚制造"的标签。1938 年，联邦法律规定每周 40 小时工作制，中产阶级的休闲时间增加，因此需要更多的新服装。

1940—1950 年的服饰构成

女性服饰

◆ 服装

在战争年代，时尚社论和商店广告都在引导女性理性消费。"L-85 法规"颁布之前的款式仍然可以购买，但节俭理念和得体举止成为时尚新闻的主要内容。服装能够从大型百货公司和较小的区域零售店购买，或者也可以由家庭自制。服装的图案制造商需要按照"L-85 法规"制作图案，一些面料、装饰物和针线带扣类很难找到，即使能找到，质量也不如战前生产得好。"缝缝补补将就将就"的做法具有爱国主义精神，因此农村地区的妇女继续使用商品购物袋或饲料袋来为整个家庭制作服装。虽然美国不像英国、德国那样出现物资的严重匮乏，但战时服装创造了新的风格，突出了裙子的纤细轮廓和设计的简洁质朴。

20世纪30年代柔和、女性化的一体式连衣裙风格一直延续到1941年左右，当时一种结构性更强的战时风格开始显现。方形、宽肩、修身裙和膝盖以下的长度代表了20世纪40年代的风格。当时流行的垫肩创造了一种呈倒三角形的外观。衬衫和单件服装因其功能的多样性而用处极广。毛衣在战争期间特别流行，因为它们可以与裙子、衬衫或夹克搭配。电影明星穿着紧身毛衣拍摄照片海报，被称为"穿紧身套衫的女郎"（sweater girls）。

1945年"L-85"限制令取消之后，服装的长度保持在膝盖以下，但刀形褶裙和打裥裙的宽度有所增加。

◆ 女性"新风貌"的风格特点

时装几乎不会在一夜之间改变，但在1947年，服装风格发生了异常迅速的转变。第二次世界大战结束后，西方国家逐渐从满目疮痍中恢复生机。二战结束之后一年多的时间里，时尚界没有发生巨大变化，直到法国设计师克里斯汀·迪奥在1947年的春季时装秀上推出了一系列与战时风格迥然不同的服装，后来逐渐被人们称为"新风貌"（见图16.8），这才引起了轰动。它很快被大众接受，并成为未来十年甚至更长一段时间的时装系列基础。

"新风貌"的主要风格元素及其带来的变化如下：

◎ 裙摆长度大幅增加。根据对"新风貌"出现前数月的时尚杂志进行的调查显示，当时服装表现出了一种趋势，即裙长更长。1947年春，许多

图16.8 图为1947年3月的迪奥"新风貌"系列套装。（图片来源：Joe Maher/Getty Images）

设计师也展示了更长的裙子，但对于前几年穿的裙子长度刚到膝盖以下的女性来说，这种变化可谓是激进的。虽然部分女性对长裙进行了一些抵制（美国的女性团体联合起来组建了"膝盖以下一点俱乐部"[Little Below the Knee Clubs]，并声称她们不会增加裙子长度），但这种潮流化似乎势不可当，不到一年长裙就得到广泛采用。

◎ 自20世纪30年代末以来，女性一直使用的方形软垫肩被带有圆形柔和曲线的肩线设计所取代（通过塑形垫肩来实现）。

◎ 许多设计都带有异常蓬松的下裙。迪奥的一个模特所穿的裙子使用了 25 码带有扇形褶皱的丝绸。

◎ 其他设计带有铅笔般纤细的下裙。

◎ 无论裙子是蓬松还是窄形剪裁，腰身都极为纤细，凸显了圆形的曲线。许多日间和晚间的裙子领口都很低，臀部的曲线十分明显。在长度及腰的巴斯克紧身胸衣式夹克中——长度在腰部以下的部分，巴斯克紧身胸衣进行了填充加固，形成饱满的圆形曲线。

"新风貌"的潮流一经确立，它所带来的影响立即渗透到了 20 世纪 50 年代大部分时期的女性服装设计中。

◆ 女性内衣

为了打造 20 世纪 40 年代的时尚造型，女性重新穿上了比 1920 年之前更为紧身的内衣。在尼龙材料和橡皮芯线相继投入使用之后，它们便成了服装制作的轻质基础材料。至于那些厚重的不易弯曲的材料，在不再作为民用用途以支持战争后，便成为女性的内衣制作材料，帮助女性呈现时尚造型。紧身胸衣，以及胸罩或文胸，紧身褡，包括紧身褡短裤可以塑造女性身材。

为了支撑"新风貌"的裙子，蓬松的衬裙成为必备材料。虽然也会使用硬挺的克里诺林短衬裙（当时的克里诺林裙撑指的是所有编织松散、尺寸较大的织物），但这些服装通常首选永久硬质尼龙平纹织物或网状物，因为它们不需太多保养，且重量较轻。窄形的裙子需要直筒形衬裙，而蓬松的裙子则需要在下摆周围饰有褶边的衬裙。

◆ 户外服装

20 世纪 40 年代的许多外套都带有宽大衣领和翻边、较为厚重的垫肩、连肩衣袖和多尔曼衣袖结构等特点。有些外套呈平直的方形。皮草大衣很受欢迎，随着在高薪的战时产业工作的美国人越来越富裕，更多的女性能负担得起皮草大衣。在战争年代，人们所穿的军用战壕外套便显而易见受到军事风格的影响。

图 16.9 在"新风貌"的基础上，人们会搭配各种各样的外套。这些外套一般为短款，或者下摆足够宽的长款，以适应当时较宽的裙子。（图片来源：© Vogue Magazine/Condé Nast Publications）

为了适应"新风貌"的服装款式，外套通常带有紧身的上身和蓬松的下身，或者从肩部裁剪出宽松的样式。大多数修身的外套都是按照公主线剪裁并增加腰带设计，宽松外套的裙子上装饰了很多亮片。袖子款式包括和服式和连肩式。有些服装会将袖口翻到手腕上方，然后搭配长款手套（见图16.9）。皮草大衣受到富裕女性的青睐。按照公主线剪裁的外套通常是用质地较轻的毛皮制成的。

◆ 睡衣

时装杂志和邮购目录上的广告大力宣传睡衣裤，还有各种各样薄纱质地和蓬松裙样式。睡衣裤仍然是一种流行的睡衣形式。

◆ 发型和头饰

在20世纪40年代，帽型往往较小，其中包括矮圆筒形女帽和小型的无边系带式女帽。许多女性选择不戴帽子，但要想被人认为穿着得体，帽子是必不可少的。在战时工厂工作的女性戴着头巾来盖住头发，用束发网或布料来将头发固定住，用方头巾保护头发不被机器夹住。向上卷发型仍然是一种流行的发型，女性会将中等长度的头发从两侧和颈背向上梳，然后将头发以发卷或蓬巴杜发型固定在头顶。

◆ 鞋类

"长筒袜"和"袜类"属于通用术语，指代从较长的薄纱长筒袜到脚踝长度的棉袜（通常称为短袜 [socks] 或翻口短袜 [anklets]）。女性将她们所穿的薄纱长筒袜称为尼龙长袜（nylons），因为这些长袜大多由尼龙制成。有些袜类带有接缝（更受欢迎），有些则为无缝。袜类的缝线通常用

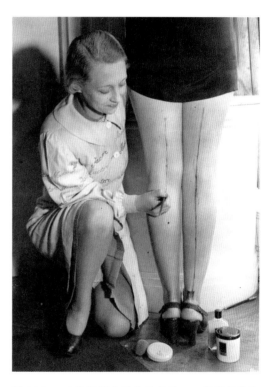

图16.10　二战期间由于袜子短缺，一位蜜丝佛陀品牌的美容师在一个女性的腿上画了一条线模仿长筒袜的接缝，给人一种穿了长筒袜的错觉。（图片来源：A R Tanner/Getty Images）

深色线缝合，脚跟处会用深色纱线加固，延伸到脚踝后部几英寸。十几岁的女孩经常穿踝袜，因此青春期的女孩被称为翻口短袜派（bobby-soxers）。战争期间，长筒袜面料短缺，使得女性开始在腿部涂上丝袜妆（leg makeup）来模仿长筒袜的颜色。有些人甚至模仿接缝在腿后部画了一条暗线（见图16.10）。

二战期间，皮鞋实行定量配给。每个成年人每年可以获得两双新鞋。布料制成的鞋

图 16.11 在这本《时尚》杂志的封面中所使用的亮粉色、高腰锥形长裤、向上卷发型和夹克让这种风格在 20 世纪 40 年代确立了稳固的地位。（图片来源：John Rawlings/Conde Nast via Getty Images）

子则不受此项限制，因此合成鞋底的布鞋很容易买到。

20 世纪 40 年代，圆头鞋、高跟鞋和露趾鞋、脚踝系带鞋、露跟鞋或凉鞋都是人们常穿的鞋类样式，同时也有不少人穿低跟平底鞋。

◆ 运动服装

休闲时间和非正式场合穿的休闲服装在该时期变得更加重要。运动长裤和便裤仍旧作为运动服装，适宜参与体育活动以及日常的社交活动（见图 16.11）。裙裤已成为另一种运动服装的选择。修身剪裁的服装，包括锥形宽松裤，需要搭配质地较硬的贴身衣物。

◆ 体育运动着装

女性参与体育运动的机会增加了。她们会在高尔夫球场上穿着运动短裤、长裤，或者裙子、毛衣等。棉质高尔夫裙在肩部添加了额外的褶皱面料，这样可以适应高尔夫球的挥杆动作。

美国时装设计师米尔德里德·奥里克（Mildred Orrick）和克莱尔·麦卡德尔将一体式弹性紧身衣融入了他们所设计的时装中。这些造型可能会成为更多体育运动（如滑雪）的基础穿搭（见图 16.12）。

网球俱乐部要求运动员穿白色球衣。女子网球套装一般会搭配短裙，但在公共球场上的球员可能会穿着普通的运动服装，包括彩色运动短裤和针织上衣。

图 16.12 图为 1949 年加利福尼亚州洛杉矶的一名女子，她身穿红色紧身滑雪服，上身为夹克，下身为紧窄的便裤，配上一双手套。（图片来源：Camerique/Getty Images）

全美女子职业棒球联赛（All-American Girls Professional Baseball League）由菲利普·瑞格利（Philip Wrigley）组织创立，他是芝加哥小熊队和箭牌口香糖公司的老板。该联盟于 1943—1954 年在美国中西部的城市进行运作。这个棒球联盟之所以创立，部分原因是男性运动员在二战中服役，而菲利普·瑞格利想让体育场得到充分利用。球员穿着女性化的裙式束腰外衣，目的是为了"让打棒球的女性更容易被公众接受"。

◆ 配饰

在 20 世纪 40 年代，肩带背包变得十分流行。手提包往往尺寸适中，通常带有小提手。

围巾是 20 世纪 40 年代中期的重要配饰之一，围巾的颜色通常与连衣裙的颜色对比鲜明。整个 40 年代，女性的脖子上都戴着毛皮围巾、长披肩和动物毛皮——通常动物的头和爪子会保留下来作为服装的装饰。

手套在很多场合都是作为配饰佩戴的，通常用棉和尼龙面料编织成不同重量、质地和颜色的手套，有时也会采用皮革制作而成。手套的款式多样，从短款到肘部长度不等，一般搭配无肩带晚礼服。

◆ 珠宝

20 世纪 40 年代向上卷发型促使人们对耳环越来越热衷，并且出现了许多体积较大的耳环。水晶这种饰品在晚间场合得到广泛使用。其他珠宝还包括用于衣领和翻领的胸针、短款项链和手镯等。

◆ 化妆品

女性喜欢色彩鲜艳的口红，并且会使用贴近自然肤色的脸部化妆品，睫毛上涂睫毛膏，眉毛用眉笔描画。当时人们认为购买和使用化妆品是向战争提供支持的"精神鼓舞"。

男性服饰

由于战时颁布了限制令以及许多男性常穿着制服，因此二战时期的男性着装相对稳定。20 世纪 40 年代末，男性更加倾向于穿着单独衣物。

◆ 服装

20 世纪 40 年代的战时限制令在一定程度上改变了英国悬垂剪裁的服装风格。为了节省当时短缺的羊毛织物，政府对可用于西装的织物数量进行了限制。美国战时生产委员会颁布了用于各种尺码的夹克和长裤内接缝的最大数量。三扣单排扣西服和双排扣西

图 16.13 图为 1942 年 6 月绘制的符合战时生产委员会关于男装规定的西服。限制令的内容包括：短款西装不得带有贴袋、腰带、开衩、褶皱、褶裥或上衣抵肩；双排扣西装不得带有背心；长裤上不得带有褶皱、横裥、重叠腰带或翻边。（图片来源：Courtesy of Fairchild Publications, Inc.）

图 16.14 尽管图中这件带有腰带的艾森豪威尔短款夹克最初是以德怀特·艾森豪威尔将军的名字命名，受到军事风格的影响，但它也是为女性制作的。（图片来源：V&A Images, London/Art Resource, NY）

服由配套的夹克和运动长裤组成。背心、贴袋、裤子翻边、裤子褶皱和重叠的腰带都被视为材料的浪费（见图 16.13）。1946 年，美国取消战时限制令之后，大多数裤子的裤腿都加上了翻边。

20 世纪 40 年代的服装风格明显受到军事风格的影响，包括领航外套（美国水手所穿的双排扣深色箱式大衣）和艾森豪威尔夹克（Eisenhower jacket）或战斗夹克（battle jacket，齐腰的短款衬衫式夹克，其下缘与同样面料制成的腰带相连，见图 16.14）。

衬衫往往带有宽翻领。棉织物这种面料长期以来一直是衬衫材料的首选，但随着尼龙再次被大众接受，一些衬衫也是由尼龙制成的。

人们认为加州风格是休闲服装进行创新后的产物，比如搭配颜色对比鲜明的运动长裤的布雷泽运动上衣。大约 1938 年，印染呈鲜艳颜色的夏威夷衬衫（Hawaiian shirt）进入主流时尚，夏威夷和南太平洋是二战时期作战的重要区域，因此这种衬衫变得越来越流行。衬衫通常用人造纤维制成，上面印有植物和岛屿图案（见图 16.15）。

拳击短裤、骑师式短裤、运动衫和 T 恤衫的样式基本保持不变，但生产这些服装所用的面料和颜色种类都有所增加。

二战结束后，尽管男装行业试图为男性推广一种不同的时尚造型，但是男装时尚没有发生与 1947 年女装风格彻底改变类似的变化。《时尚先生》是一种非常注重时尚的男性杂志，1948 年 10 月（"新风貌"出现一年后）为男性推出了"大胆款式"（Bold Look）一词。这并不是时尚的

根本改变，而是英国褶皱剪裁的延续，更强
调采用大胆的图案和颜色，尤其是配饰。

晚间穿着由塔士多礼服或无尾礼服构
成。燕尾服在当时很少见，只在非常正式的
场合才会穿着。晚间礼服的剪裁按照日间服
装流行的剪裁来设计。夏天会穿着白色的晚
礼服。

◆ 户外服装

战壕外套仍然很流行，同时还有格子
呢夹克等更具运动性的款式。

◆ 发型和头饰

第二次世界大战后，一些男性仍旧留
着和士兵一样的平头。将头顶上的头发修剪
平整，这种发型称为"平顶"（flat top）。

为市郊居民设计和用于休闲服装的运
动帽出现了。其中包括帽顶有明显折痕的登
山软帽——帽檐前低后翘的窄边帽，饰以一
根带有羽毛或小刷子装饰的绳带。开跑车的
男性会戴上一顶带帽舌的平顶帽，有些男性
也会戴着平顶窄边的圆形馅饼式男帽。

图 16.15　20 世纪 40 年代末，夏威夷衬衫在男装
市场上产生了巨大影响。（图片来源：Matthew
Cole/Shutterstock）

◆ 鞋类

合成纤维的出现使得统一尺寸的弹性长筒袜能够投入生产。这些袜类有多种款式。
长袜上会添加抗静电涂层，以防止合成织物制成的长裤粘在合成纤维质地的长筒袜上。

纯黑色、纯棕色、纯白色或双色调的鞋类很受欢迎。人们通常穿着牛津鞋、翼尖鞋、
平底便鞋和工作靴。

◆ 配饰

男性配饰仅限于功能性物品：手表、手帕、雨伞以及珠宝饰品等。

◆ 珠宝

和以前一样，珠宝主要用于功能性饰品：手表、领带别针、衬衫饰扣、袖扣和戒
指等。

儿童服装

与之前所有时期一样，二战时期的儿童风格展现了成人风格的许多元素。影响成人服装的社会文化变化和技术变革也反映在儿童服装的发展中。美国限制令的颁布，加上儿童服装更迭速度快、所需服装数量比成年人更多，造成了这一时期婴儿和儿童服装生产供应不足。

◆ 女孩服装

与20世纪40年代的成年女性服装风格相呼应的是，女孩的连衣裙采用了蓬松的裙子和修身的连衣裙上衣。连衣裙、带有衬衫的窄形短裙和针织套衫的设计都符合主流的服装轮廓。上衣最常见的款式是定制衬衫——通常带有彼得·潘圆边领、针织马球衫、T恤衫和其他针织上衣（见图16.16）。

图16.16　图中的双胞胎女孩穿着颜色相配的格子裙、毛衣和带有彼得·潘圆边领的衬衫。（图片来源：Camerique/Getty Images）

1944年，《西尔斯和罗伯克》邮购目录中展示了一系列年轻女孩穿的外套，包括公主线设计、带天鹅绒领子的单排扣软领长大衣、垂直剪裁的带贴袋的男孩外套，以及腰间带有系带的裹身大衣。遇到寒冷的天气，人们会用打底裤来搭配礼服。20世纪40年代末，墨西哥旅行夹克（Mexican tourist jackets）进入美国市场，在小女孩中掀起休闲好玩的时尚潮流。这种夹克的设计与运动夹克相似，带有传统的纺织图案，与墨西哥地域文化有关。

◆ 男孩服装

裙式衬衫通常与西装和夹克一起穿着。常见的休闲衬衫款式包括套头式针织T恤衫和正面有领子和带纽扣开衩的马球衫。在寒冷的天气里，男孩会穿梭织运动衫和格子法兰绒衬衫。在20世纪40年代末，男孩通常穿着带有上衣抵肩和袖口的西部衬衫，上衣抵肩和袖口的颜色与衬衫的主体部分形成鲜明对比。

20世纪30年代初，出现了内里带有绒毛的棉织套衫，到40年代这种服装被称为"长袖运动衫"（sweatshirt）。

二战结束后，人们不再在男孩青春期前几年里给他们穿上夹克和短裤。虽然带运动短裤的套装适合年纪非常小的男孩，但大多数男孩的套装都为运动长裤，与成年男性的套装相似。年纪较小的男孩穿着伊顿夹克；各个年龄段的男孩都会穿布雷泽运动上衣。20 世纪 40 年代初，出现了府绸夹克和防水派克大衣。在二战期间，男孩们穿着艾森豪威尔夹克。

◆ 童装风格

消费者通常为婴儿选择白色、粉色和蓝色服装，像红色和蓝色这样的深色似乎在年龄较大的孩子身上很常见，可能是因为这些颜色能穿的时间更长，而且会隐藏污渍。

时尚杂志向年轻男孩展示了"像爸爸一样"的服装，而女孩的服装则反映了母女以及姐妹的相似风格。

裙式外套是成年的男性和女性的经典款式的迷你版。可供选择的夹克种类繁多，包括纽扣式夹克和拉链式夹克，配有针织腰带和袖口，采用的面料从轻质府绸到皮革。兜帽派克大衣、箱式夹克、领航外套和麦尔登呢（一种质地密集的羊毛织物）牛角扣大衣（带有木质或塑料质地的"牛角扣"）也很受大众欢迎。

年龄较大的男孩几乎只穿睡衣裤，而女孩则穿睡衣裤或者睡袍。

◆ 青少年服装

青少年是美国社会的主要力量，因为他们人数众多，推动了音乐、舞蹈和电影等潮流。

到了 20 世纪 40 年代，处于青春期和大学时代的女孩把裙子和毛衣做成了名副其实的制服。在裙子和毛衣的基础上，他们增加了白色踝袜以及平底便鞋或马鞍鞋。最受欢迎的发型是侍童式发型（见图 16.17）。

在 20 世纪 40 年代中期，少女们穿着被戏称为"邋遢乔衫"（sloppy joes）宽松的大毛衣，或者将开衫毛衣向后反穿。

美国设计师艾米莉·威尔肯斯（Emily Wilkens）推出了"艾米莉·威尔肯斯年轻原创时装系列"，是第一位

图 16.17　图为典型的大学时代风格的裙子和毛衣。其中一名年轻女子正在向一名年轻男子展示一件美国普渡大学的长袖运动衫。摄于 1944 年。（图片来源：Fritz Goro/The LIFE Picture Collection via Getty Images）

专门为青少年设计高档时装的设计师。威尔肯斯为儿童服装带来了现代感，其设计以黑色的少女派对礼服为特色。

服装版型概览图

"新风貌"：统一时尚盛行

女性服装：
裙装与外套，1941 年
二战前的服装线条被战争"冻结"了，保持着长度更短、下裙更蓬松以及带有宽大垫肩造型。

男性服装：
1947—1950 年
战前的宽松肩线设计、双排扣西装、稍长的夹克和带翻边的长裤回归。

女性服装：
1947—1960 年
随着战争限制的结束，"新风貌"中出现了圆肩、窄腰和更长的裙子，要么线条非常蓬松，要么十分窄直。

男性服装：
20 世纪 40 年代
双排扣战壕外套，肩部带有肩章，上衣前襟有肩部风雪挡布，饰以腰带和袖带。

章末概要

　　第二次世界大战影响了美国社会的方方面面，其中就包括时尚领域。战时的限制令和爱国主义思想，在当时流行的宽肩夹克和修身裙中得到了体现。一些服装风格是以重要的军事人物命名的，比如艾森豪威尔夹克。夏威夷等受战争影响的地方也是重要的风格灵感来源。克里斯汀·迪奥于 1947 年推出的"新风貌"体现了女性时尚的急剧变化，标志着战后风格的开始，因此个人设计师的重要性显而易见。在接下来的十年里，女装的轮廓继续遵循迪奥在 1947 年确立的模式。在此期间，纺织品和服装的生产和购买受到时事政治的影响。由于巴黎被德国占领，美国设计师的影响力不断增加，受到时尚媒体的广泛赞誉。加利福尼亚州的运动服装行业对这一时期休闲风格的形成和男性服装的生产极为重要。

新风貌服装风格的遗产

　　宽肩这种战争时期的服装轮廓继续影响着时尚，尤其是 20 世纪 80 年代——女性商人会采用垫肩设计，使她们看起来更具男子气概。到了 21 世纪第二个十年，嘎嘎小姐（Lady Gaga）和蕾哈娜（Rihanna）等歌手穿着带有大垫肩的 20 世纪 80 年代风格夹克，许多年轻女性纷纷模仿她们的着装风格，因此这一款式又重新流行起来。束带夹克仍然是时尚的灵感来源（见"现代影响"）。

主要服装术语

全美女子职业棒球联赛（All-American Girls Professional Baseball League）
芭蕾舞鞋（ballet slippers）
战斗夹克（battle jacket）
翻口短袜派（bobby-soxers）
大胆款式（Bold Look）
盗版设计（design piracy）
抽褶裙（dirndl skirts）
平顶发型（flat top）
夏威夷衬衫（Hawaiian shirt）
L-85 法规（L-85 Regulations）
丝袜妆（leg makeup）
墨西哥旅行夹克（Mexican tourist jackets）
修道服（monastic）
尼龙长袜（nylons）
南美羊毛披巾（poncho）
家事服（popover dress）
邋遢乔衫（sloppy joes）
穿紧身套衫的女郎（sweater girls）
长袖运动衫（sweatshirt）
剧院时装展览（Thèatre de la Mode）
佐特套装（zoot suit）

现代影响

　　宽肩垫束带夹克容易让人想起 20 世纪 40 年代受到战争影响的服装风格。在 2019 年 9 月 30 日举办的巴黎时装周上，亚历山大·麦昆 2020 春夏女装秀是展出的一部分，下图中的模特是伊曼·哈曼（Imaan Hammam）。

（图片来源：Peter White/Getty Images）

问题讨论

1. 描述从 20 世纪 30 年代到二战期间女性服装轮廓的变化。

2. "新风貌"的几个主要风格特征是什么？"新风貌"与二战时期的款式相比有何异同？

3. 20 世纪 40 年代年轻人的服装风格是什么？

4. 请说明加利福尼亚州能够大量生产运动服装的几个重要原因。

5. 政府的限制令和第二次世界大战是如何影响儿童服装的使用价值和风格设计的？

参考文献

Arnold, K. (2019) . An analysis of the shoulder pad in female fashion. *Fashion, Style, and Popular Culture, 6* (1) : 31–47.

Banning, J., & Kuttruff, J. (2015) . Fashions from commodity bags: Case study of a rural seamstress in the mid-twentieth century. *Dress, 41* (1) : 21–25.

Farrell-Beck, J. & Gau, C. (1999) . *Uplift: The bra in America.* Philadelphia, PA: The University of Pennsylvania Press.

Handley, S. (1999) . *Nylon: The story of a fashion revolution. Baltimore*, MD: Johns Hopkins University Press.

Ibarra, R. L. & Strawn, S. (2016) . Make friends with Mexico: The Mexican tourist jacket. *Fashion, Style, and Popular Culture, 3* (1) : 7–20.

Kirkland, S. (1975) . *American fashion.* New York: Quadrangle/New York Times Book Co.

Matheson, E. J. (2015) . Young originals: Emily Wilkens and the teen sophisticate. Lubbock, TX: Texas Tech University Press.

Melvin, A. (2018) . The All-American Girls Professional Baseball League uniform. *Dress, 44* (2) : 119–132.

Mower, J. (2019) . Children's clothing in the United States, 1940 to 1945. *Dress, 45* (2) : 173–181.

Peiss, K. (2011) . *Zoot suit: The enigmatic career of an extreme style.* Philadelphia, PA: The University of Pennsylvania Press.

Scott, W. R. (2008) . California casual: Lifestyle marketing and men's leisurewear, 1930–1960. (In R. L. Blaszczyk *Producing Fashion*, pp. 169–186) . Philadelphia, PA: University of Pennsylvania Press.

Turner, N. (2019) . Costumes go to war: British propaganda films influence women to do their part. *Dress, 45* (2) : 153–171.

Walford, J. (2008) . *Forties Fashion.* New York: Thames & Hudson.

第 17 章
20 世纪 50 年代：
时尚统一化

20 世纪 50 年代

"新风貌"的主要特征

20 世纪 50 年代重要服装风格和流行的服装轮廓

纤维技术的变化对服装风格的影响

社会行为模式的变化对时尚潮流的影响

20 世纪 50 年代突出的年轻时尚特征

图 17.1 空中小姐成为成熟和魅力的代名词,众多航空公司对空姐的年龄、体重、身高和外貌标准做出明确规定,以寻找符合条件的理想年轻女性。

1947 年,二战结束后,巴黎时尚圈掀起一阵翻天覆地的新变化,媒体将其称为"新风貌"。这种风格主导着当时的时尚设计方向,直到 20 世纪 50 年代中期服装才开始出现一些轮廓变化。尽管巴黎仍是当时重要的时尚中心,但是随着其他设计中心的出现,服装的款式开始出现了全球化(globalization)趋势。许多衣服由尼龙、聚酯和丙烯酸等新潮的合成纤维织物制成。当时的电视媒介也为人们提供了另一种获得最新时尚资讯的平台。

图 17.2 太空竞赛激发了无数设计师的灵感,各种图案出现在服装上,包括这条 1957 年受人造卫星启发而设计的裙子(poodle skirt)。(图片来源:Mirrorpix/Mirrorpix via Getty Images)

历史背景

20 世纪 50 年代,世界的连接更加紧密。航空旅行得到飞速发展,新闻资讯传播几乎就在眨眼之间,国内外的经济交流日益频繁,这些变化都让时尚和其他信息的传播速度突飞猛进。

欧洲在第二次世界大战之后元气大伤,经济政治分化,欧洲帝国主义在中东和亚洲的统治也走向了终结。苏联成功发射了世界上第一颗人造卫星——斯普特尼克 1 号(Sputnik 1),迎来了政治、军事、技术和科学的新发展。这一事件标志着太空时代的开始,也拉开了美国和苏联之间"太空竞赛"的序幕(见图 17.2)。美国对外进行冷战,同时对内化解种族主义冲突,在民权运动中取得了进展。

东欧和西欧

战后的几年里,欧洲社会万象更新,人口井喷式增长。农村地区人口向城市大量迁徙。因此，欧洲新的社会经济中心开始转向城市，出现与美国文化相似的中产阶级，形成消费经济为导向的发展模式。此外，交通方式也升级换代。第二次世界大战之前，只有富裕的欧洲人才有能力购买汽车，大部分人都使用电车或自行车作为出行工具。然而到了 20 世纪 50 年代，汽车数量剧增到原来的两倍多，小型摩托车也变得更多了。由于公路系统有限，因此狭窄的老街道上很快就塞满了各式车辆。

美国

◆ 冷战升级

富兰克林·罗斯福去世之后，哈里·杜鲁门于 1945 年继任美国总统，他上任后的第一个决策就是向日本投放原子弹。1949 年，美国得知苏联制造出原子弹后大为震惊。杜鲁门出于对苏联进步神速的恐惧，下令开始研发热核武器——氢弹。1952 年，美国成功引爆了第一颗氢弹。1955 年，苏联也紧接着研制并引爆了第一颗氢弹。美苏两国就研发并控制核武器所有权展开激烈的军备竞赛。

1950 年 6 月，朝鲜战争爆发，直接激化了冷战的紧张局面。

◆ 麦卡锡主义

冷战的不断加剧让许多美国人怀疑国家陷入危险的原因，一些人将其归咎于共产主义阴谋。杜鲁门政府决定对联邦雇员下达忠诚调查令，以排除外国特工或共产主义者削弱国家力量的可能，调查后他们并没有发现任何共产主义阴谋。众议院非美活动调查委员会是另一个反共的政府组织，其成员对公民、公职人员甚至好莱坞电影从业人员发起了不忠和反动活动的指控，直接导致包括演员和编剧在内的 300 多名艺术家被列入黑名单或被剥夺了工作机会。

其中最有发言权的反共人士之一是一位臭名昭著的政客——来自威斯康星州的参议员约瑟夫·麦卡锡。他利用人们对共产主义阴谋的恐惧，发动多起无端指控，声称敌对特工就在国务院。在一系列史无前例的直播听证会上，麦卡锡的傲慢态度和种种谎言都被无情地揭穿，后来他的权力被极大地削弱。1954 年 12 月，参议院最终弹劾了麦卡锡，让他从此退出了美国政界。

◆ 战后生活

1944 年的美国退伍军人权利法案为第二次世界大战的退伍军人提供了包括教育津贴在内的大量福利，许多人在福利政策的扶持之下重返大学。布鲁克斯将战后不久入学的大学生和随后的那一代学生描述为：

他们勤奋、认真、不苟言笑，一心想着接受教育，但并不是为了学习知识而接受教育，而是因为在新兴的国家制度下，接受教育才能找到好工作，更快地为拥有经济保障。

随着上大学人数的激增，大学里的建筑也一栋栋拔地而起。

◆ 民权运动

在艾森豪威尔执政时期，美国社会以公民权利为主导发展。在之前的杜鲁门时期，国会拒绝了总统提出的民权立法。在"布朗诉托皮卡教育委员会"（Brown v. the Board of Education of Topeka）一案中，最高法院的一致裁决为此带来了突破性的进展。1954年5月17日，法院推翻了公共教育中的"隔离但平等"理论，认为隔离教育本质上是不平等的。一年后，最高法院下令学校起草公立学校取消种族隔离，并命令"以审慎的速度"采取行动。

美国南部各州纷纷采取行动，希望避免遵守最高法院下达的命令。1957年，阿肯色州小石城爆发了对法院裁决的反抗，当时非裔美国学生试图进入中央高中，但是却遭到一群暴徒的威胁。艾森豪威尔总统不得已派出国民警卫队恢复当地秩序，保护黑人学生。

当时，鲜少有非裔美国人模特能登上高级时装杂志。

然而，1945年发行的时尚杂志《乌木》（Ebony）却刊登了与非裔美国消费者的对话（见图17.3），还有许多关于民权的资讯和奢侈品广告。该杂志的一大特色便是乌木时装博览会，这是一个慈善性质的时装秀，以高级时装师及其设计作品为亮点，成为时尚社会变革和文化转型的催化剂。

图17.3　乌木时装博览会在美国各地巡回展示非裔美国模特参加高级时装风格的选美比赛。该展会的主角是这些正冉冉升起的非裔美国时装设计新星，包括B. 迈克尔（B. Michael）、斯蒂芬·布洛斯（Stephen Burrows）、帕特里克·凯利等。（图片来源：Vieilles Annonce/flickr）

时尚的影响因素

美国和西欧生活模式的不断变化也对服饰产生了影响。

"沉默的一代"迁向郊区

二战以后，许多女性离开职场，回归全职家庭主妇生活。许多新生儿的诞生为当时带来了一股婴儿潮。女性杂志开始强调家庭凝聚力，即使一些女性通过外出工作为家庭经济做出贡献，也仍然要把家庭放在第一位。

在艾森豪威尔政府时期，美国高速公路系统不断扩张，许多城市家庭选择搬迁到快速发展的城郊区域。洲际公路为家庭旅行提供了可能，而快餐店的出现也让人们享受到快捷的餐饮服务。露营成为流行的娱乐方式，因此住在郊区的美国人衣柜里休闲服饰的占比渐增，这一趋势随着时间的推移而加速发展。

新建的郊区改变了许多美国人的生活方式，其中包括郊区购物中心的兴起。它供应着市中心百货商店所没有提供的商品，后来这种购物中心进一步取代了百货商店，成为青少年常去的聚会地点。

年轻人

在英国，"泰迪男孩"为年轻人创造了一种独立时尚潮流，他们是一群来自英国工人阶级的青少年，所穿的服装极具爱德华时代的风格（以国王爱德华七世命名，1901—1910 年在位）。他们穿着宽松修长的夹克，肩部衬垫宽大，通常带有天鹅绒领子。裤子狭窄，裤子较短，露出颜色鲜艳的袜子（见图 17.4），此外，他们还将窄领带融入穿搭之中。20 世纪 50 年代，泰迪男孩常穿的宽大平底鞋被夸张的尖头皮鞋（winkle pickers）所取代。他们的头发也变长了，两边留有鬓角，头发后面剪成鸭尾状，因此被称为鸭屁股头（DA，"duck's ass"的缩写）。

"泰迪女孩"即追寻泰迪男孩风格的女性群体。她们在紧身高领黑色毛衣和黑色铅笔裙外披上灰色长夹克，用深色长袜来搭配超高跟尖头皮鞋。

如尖头鞋和发型等泰迪男孩引领的独特风格元素也逐渐渗透到主流时尚中。

泰迪男孩的风格只是时尚新风尚的开始，代表着某个未来时尚的部分特征。这种时尚是在一个大社会环境下，由一个年轻而不太富裕的小群体所创造和引领的风格变化。

在美国和欧洲，年轻男子纷纷模仿《欲望号街车》（*Streetcar Named Desire*）中的马龙·白兰度、1955 年《无因的反叛》（*Rebel without a Cause*）中的詹姆斯·迪恩（James Dean）和 1957 年《监狱风云》（*Jailhouse Rock*）中的"猫王"埃尔维斯·普雷斯利等

图 17.4　泰迪男孩穿着各种风格的衣服，包括长西装和窄领带。（图片来源：Trinity Mirror/Mirrorpix/Alamy Stock Photo）

叛逆风格的好莱坞明星。当时牛仔裤、白T恤、皮夹克和油光发亮的大背头都成为年轻人追捧的热点造型。

20世纪60年代，青年抗议运动兴起，该运动主要由50年代后期"垮掉的一代"（Beatniks）发起，起源于由作家杰克·凯鲁亚克（Jack Kerouac）、诗人艾伦·金斯堡（Allen Ginsber）和格雷戈里·科索（Gregory Corso）等人发起的文学运动。"垮掉的一代"着装打扮夸张怪诞，常常包括"胡须、马尾辫、运动鞋（sneakers）和农民衬衫"等元素。他们吸食毒品，信奉禅宗，愤世嫉俗。在法国存在主义者的影响下，他们开始穿着黑色服装，其中的典型服饰就是男式高领毛衣和贝雷帽，女式紧身衣、紧身裤和芭蕾舞鞋。1957年，奥黛丽·赫本在电影《甜姐儿》（*Funny Face*）中就穿上了这种风格的黑色高领毛衣、七分裤和芭蕾舞鞋。

青春期的女孩们为追赶时尚潮流，开始穿上毛茸茸的卧室拖鞋以及长卷毛狗圆裙。这种裙子是正圆形的毛毡裙，上面用

图 17.5　"垮掉的一代"男装主要受到法国存在主义者的影响，典型服装包括上图的深色衣服、高领毛衣、贝雷帽、凉鞋、山羊胡和八字胡。（图片来源：Courtesy of Fairchild）

图 17.6　并非所有的长卷毛狗都能幸运地成为长卷毛狗圆裙上的主角。（图片来源：Sharland/The LIFE Images Collection via Getty Images/Getty Images）

对比色的毛毡贴上了长卷毛狗（或其他图案，见图 17.6），狗的眼睛和衣领上均镶着莱茵石作为点缀。长卷毛狗圆裙通常与踝袜、双色马鞍鞋、白衬衫和脖子上系的小围巾搭配。这些时尚单品都在短时间内迅速走红，受到大众的追捧。

电视

大约在 1948 年，电视机开始向美国公众提供商业服务。但在那一年，只有 20 台电视节目供观众选择，全美安装电视的仅有 172 000 户家庭。根据 1950 年的人口普查报告显示，有 500 万个家庭已经拥有了电视机。电视作为传播时尚信息的媒介，对年轻人有着更显著的影响。电视推动了各式时尚风潮的出现，其中包括歌手帕特·布恩（Pat Boone）穿的白皮牛津鞋（white bucks），"猫王"的蓬巴杜发型，《日落大道 77 号》（ *77 Sunset Strip* ）中库克（Kookie）的光滑大背头，以及戴维·克罗基特（Davy Crockett）所戴的浣熊皮帽。

图 17.7　婴儿潮期间，许多国际服装设计师也设计了孕妇系列服装。从左到右分别是西班牙的米格尔·多里安（Miguel Dorian of Spain）、法国的纪梵希和英国的诺曼·哈特内尔（Norman Hartnell）在 1956 年设计的作品。（图片来源：Fairchild Publications, Inc.）

露西尔·鲍尔（Lucille Ball）出演情景喜剧《我爱露西》（ *I Love Lucy* ）时，同意将自己怀孕的事实融入故事情节中，因此孕妇装便成为服装界的一大焦点（见图 17.7）。但正如米尔班克（Milbank）所说：

> 在大多数情况下，早期的电视描绘了一种美化的家庭生活，当时最普遍的女性角色是典型的中产阶级家庭主妇。但那些希望跟随电视潮流的女性一般会将目光放在节目中歌手和演员所穿的舞会礼服和鸡尾酒会礼服上。

其他风靡一时的家庭剧还包括《唐娜·里德秀》（ *The Donna Reed Show* ）和《妙爸爸》（ *Father Knows Best* ）等。

国际化

战后时期，航空旅行的兴起为人们在各地往返提供了便捷途径。这种交通工具的成本相对较低，（与轮船旅行相比）速度更快，加之许多美国人的生活愈发富裕，更多人受到鼓舞选择出国旅行。1929 年，有多达 50 万的美国人曾经出国旅行。1958 年，出国旅行的美国人剧增至 139.8 万人，旅行费用总计约 20 亿美元。旅行者往往会从旅行目的地带回流行的纪念品，随着这股趋势的发展，美国人对进口商品的态度也变得更加包容。

对美国服装业的劳工和管理层而言，进口商品数量的稳定增长无疑是巨大的威胁。这些进口产品起初来自西欧，主打高端时装定位，售价相对高昂。西欧发达国家的广告和促销等手段进一步激发了美国对意大利、法国和英国时尚商品的需求。

高级时装设计通常融合了更多国际元素。尽管法国最初是女性时尚行业的翘楚，但是二战期间崛起的美国设计师，以及英国、意大利、爱尔兰和西班牙设计师的崛起让法国开始面临许多竞争和挑战。其中以皮包和配饰而闻名的意大利古驰（Gucci）公司突破重围，发展成一个享誉国际的大品牌。

面料革命

二战前，服装由有限的纤维制成，其中包括天然纤维（丝绸、羊毛、棉花和亚麻）和人造纤维（尼龙和醋酸纤维素）。尽管尼龙在战前就已经发明，但直到战后这种面料

图 17.8　合成纤维几乎适用于所有种类的服饰，从长卷毛狗裙下的衬垫到毛衣和外衣等。这种面料通常以"豪华和实用"为卖点进行销售。（图片来源：Stephen Colhoun/Condé Nast via Getty Images）

图 17.9　二战期间，尼龙面料专用于制作战争服饰。战后，尼龙从常见的袜类纤维面料变成了制作外衣的主力军。1951 年查尔斯·詹姆斯的晚礼服中使用的丝质雪纺、丝缎和尼龙雪纺都是以尼龙为原材料制作而成的。（图片来源：Digital Image. 1951 Museum Associates/LACMA. Licensed by Art Resource, NY）

才在大众服装中广泛使用，尼龙的成功销售进一步推动了其他合成纤维的生产。20世纪50年代，市场上销售的主要服装纤维（见图17.8）包括改性腈纶（1949年）、腈纶（1950年）、涤纶（1953年）、三醋酸纤维素（1954年）和氨纶（1959年）。

战后时期，大多数织物的特点之一是易于护理。随着休闲生活方式的发展，这些更方便保养的面料迅速获得了消费者的认可。旅行的普及带动了速干面料（drip-dry）的生产。20世纪50年代末，免烫面料（wash-and-wear）出现。这些新型合成面料一定程度上推动了长裙的流行，如图的裙身主要通过轻质坚硬的尼龙衬裙来支撑（见图17.9）。

美国消费者发现人造纤维，特别是混合纤维，难以识别且不易正确保养。因此，国会为了帮助消费者解决这些难题，于1960年通过了《纺织纤维产品识别法》。这项立法规定出售的纺织产品须附上标有纤维含量的标签。

高级时装的变化

自19世纪法国高级定制时装屋出现以来，经认定的会员设计师就成为主要时尚趋势的风向标。在战后时期，时装师的潜在客户和时尚媒体都会参加每个高级时装设计师所举办的时装秀。高级定制时装屋所展示和销售的服装被称为原创服饰。"原创"这个词并不意味着该服装是唯一的一件，而是特指在设计师的时装公司制作的服装。任何款式都会有一个以上的原创设计。这些原创服饰的定价虽然极其昂贵，但服装的制作费用也相当不菲。因此当时大多数法国高级时装店并不依靠高级时装业务盈利。相反，他们推出了如香水和配饰等辅助性产业，其生产的管理费用要比高级时装设计低得多。这些低成本的产品成为企业的主要盈利来源，以此继续支持高级时装业务的运转。

著名设计师

1939年，香奈儿在关闭商店后，直到1954年才重新开放她的工作室，并再次成为高级时装界的中坚力量。香奈儿套装由纯色或斜纹软呢面料制成，无领外套上镶有辫子和贴袋，搭配修长的裙子，极具品牌辨识度。香奈儿除了套装之外，还推出了手袋、香水、鞋子和服装首饰等配饰，取得了巨大的成功。

克里斯汀·迪奥是20世纪50年代最成功的设计师之一。1957年，年仅52岁的迪奥溘然长逝。他在去世之前对服装的下摆、腰线和胸线都进行了创新设计，引起了时尚媒体的密切关注和广泛讨论。其作品可以分为锯齿形（Zig-Zag）、A字型（A-line）、Y字型（Y-line）、V字型（V-line）和花朵型（Flower-line）。除了巴黎地区，迪奥还将其销售版图扩展到其他地区，在纽约建立了克里斯汀·迪奥公司。伦敦的服装批发公司将他的服装与美国的成衣设计师作品共同销售。迪奥还为以自己的名字命名的香水、口

图 17.10 克里斯汀·迪奥在 20 世纪 50 年代设计的浪漫服装风格，是对过去奢华时尚的一种复兴。（图片来源：Loomis Dean/The LIFE Picture Collection via Getty Images）

图 17.11 巴伦西亚加以服装剪裁和结构设计的精妙技术而闻名时装界。其品质在这套 1952 年的红色亚麻布套装中可见一斑。（图片来源：Horst P. Horst/Condé Nast via Getty Images）

红和尼龙袜登记许可证，将品牌定位为"中产阶级消费者都能负担的轻奢产品，以及全球女性都能穿上的巴黎高定时装"。

战后的另一位著名设计师是出生于西班牙的克里斯托瓦尔·巴伦西亚加（Cristobal Balenciaga）。1937 年，他在巴黎开设了第一家服装公司。战后回到巴黎时的他已然成为《时尚芭莎》编辑卡梅尔·斯诺（Carmel Snow）最爱的设计师，并常在杂志上介绍他的作品。巴伦西亚加有着大师级的掌控力，其作品常带有雕塑般的版型和轮廓，这让他的风格远远领先于同时代的设计师们（见图 17.11）。巴伦西亚加是 20 世纪 50 年代和 60 年代高级时装的领军人物，但却在 1968 年突然关闭了自己的公司，这出乎所有人的意料。

查尔斯·詹姆斯是与巴伦西亚加齐名的美国设计师。在纽约和巴黎旅行期间，他与许多传奇的高级时装设计师建立了密切联系。1939 年，他成立了时装定制屋——查尔斯·詹姆斯股份有限公司。他以雕塑般的杰作而闻名，创造了"四叶草"（fourleaf clover）和"蝴蝶"（butterfly）等晚礼服作品，它们都是由复杂的接缝、奢华的面料和错综的底层结构制作而成（见图 17.9）。

整个 20 世纪 50 年代到 60 年代初，高级时装仍然是推动时尚界发展的一股不竭动力。人们对高级时装的兴趣仍然高涨，战后时期也涌现了更多活跃的巴黎高级时装设计师。表 17.1 列出了 20 世纪 50 年代的主要法国设计师。

表 17.1 20 世纪 50 年代极具影响力的巴黎时装设计师

设计师	高级时装店和开业日期	主要特点
克里斯托瓦尔·巴伦西亚加（1895—1972 年）	巴黎世家（Balenciaga），1937 年	创新型设计师，对后来的时装设计产生巨大影响；二战时期的大师级设计师
皮耶·巴麦恩（Pierre Balmain，1914—1982 年）	宝曼（Balmain），1945 年	以可穿戴的日间经典服装和奢侈的晚礼服而闻名
马克·博汉（Marc Bohan，1926—2023 年）	1958—1989 年间担任克里斯汀·迪奥的首席设计师和艺术总监，之后担任诺曼·哈特内尔（Norman Hartnell）在英国成立的时装公司的时尚总监，直至 1992 年	高质量的做工和精致浪漫的服饰
皮尔·卡丹（Pierre Cardin，1922—2020 年）	卡丹（Cardin），1950 年	为 20 世纪五六十年代的女性创造了许多创意十足的产品，例如裸妆风、中性风和太空风等；1958 年开始设计男性服装
加布里埃·香奈儿（1883—1971 年）	香奈儿公司成立于 1914 年，在两次世界大战期间停止运营；1954 年发布了第一个战后时装系列；后来香奈儿家族在不同设计师的带领下发扬光大，其中最著名的设计师是卡尔·拉格斐（Karl Lagerfeld）	香奈儿的标志造型包括带有白色领口和袖口的羊毛针织衫、领航外套、喇叭裤、短卷发，以及与运动装搭配的华丽珠宝。此外，带金属链的绗缝手袋、用辫子装饰的无领夹克以及带黑色尖头的米色吊带鞋等设计都受到广泛模仿
克里斯汀·迪奥（1905—1957 年）	迪奥在 1947 年成立迪奥公司；他去世后，该品牌在其他设计师手下继续经营：伊夫·圣罗兰（Yves Saint Laurent）经营到 1960 年，马克·博汉到 1989 年，詹弗兰科·费雷到 1996 年，约翰·加利亚诺到 1997 年，拉夫·西蒙斯（Raf Simons）在 2012—2016 年间经营，玛丽亚·乔里·格拉西亚（Maria Chiuri Grazia）在 2016 年开始经营	该公司在 1947 年推出了春季系列，1954 年推出 H-line 系列，1955 年推出了 Y-line 系列
雅克·菲斯（Jacques Fath，1912—1954 年）	雅克·菲斯公司成立于 1937 年，于 1957 年关闭，后又在 1992 年重新开始运营；1997 年 3 月该公司被 EK 金融集团收购，现主要生产高级成衣（prêt-à-porter）系列；2002 年，雅克·菲斯公司被法国奢侈品时尚集团收购	服装风格优雅妩媚，极具女性特色

| 于贝尔·德·纪梵希（Hubert de Givenchy，1927—2018年） | 纪梵希在1952年成立公司，1988年将其转卖给路易·威登奢侈品集团，1995年宣布引退；公司有众多出名的设计师，其中最引人注目的是约翰·加利亚诺、亚历山大·麦昆和第一位女性艺术总监克莱尔·瓦特·凯勒（Clare Waight Keller） | "纪梵希时装以做工精良、剪裁精巧、面料精美而闻名时尚界" |

资料来源：Alford, H. P., & Stegemeyer, A.（2014）. *Who's who in fashion*（6th ed.）. New York, NY: Bloomsbury.

美国大众市场

在美国的运动服装市场上，设计师们开创最初的运动服版式。二战期间，巴黎的设计中心面临被缩减的可能性，这为美国设计师的蓬勃发展创造了空间。

其中，梅因布彻和查尔斯·詹姆斯等设计师选择为独家客户定制服装，而克莱尔·麦卡德尔、诺曼·诺雷尔、宝琳·特里杰尔、阿诺德·斯卡西（Arnold Scaasi）和詹姆斯·加拉诺斯（James Galanos）等设计师则为高价的成衣市场工作。这些优秀的设计师吸引了大量忠实追随者，其作品也对服装时尚影响巨大，并让纽约成为战后的服装设计中心。尽管许多设计师没有在历史上留下印记，但是他们都默默无闻地为服装品牌贡献了自己的力量。

美国的服装大众市场设计、制造并向全美零售商分销服装。

二战前，美国设计师主要从巴黎的时装设计师风格中汲取灵感，最初面向时尚富裕的精英阶层出售，其中也包括中等和较低价位的成衣。然而除了学习巴黎时装，具有创新精神的美国时装师也设计了新的服装风格，他们的作品定期在时尚发布会上进行展示。

美国的高价服装零售店购买设计师的原创作品并出售给顾客。由于进口关税，这些服装的价格往往非常昂贵。1958年，在费城的一家专卖店里，一套香奈儿原版服装的价格高达3500美元，这相当于当时一辆中等汽车的价格。

为了让全美女性都能接触到高级时装，纽约的奥尔巴克百货公司、梅西百货公司和亚历山大百货公司等各大商场开始购买原版时装师所设计的产品。他们会先和设计师沟通交流，然后进行相对忠实的翻制（line-for-line copies），最后以比远低于原版的价格出售。美国设计师和制造商会盗用法国和美国的设计，出售名为"X先生""Y先生"或"Z先生"的盗版服装。在盗版产业中，"X先生"代表迪奥，"Y先生"代表雅克·法特，"Z先生"则代表纪梵希。一些商家没有与原创设计者协商就进行复制生产，目的就是通过出售低价复制品来获利，这种复制的盗版产品在服装行业被称为"山寨货"（knock-off）。

时尚设计的新中心

战后，巴黎以外的一些时尚设计中心也变得越来越重要。当长途出行需要通过乘船或是乘坐低速飞机实现时，单一的时尚设计中心就显得更加重要。战后的喷气式飞机让全球交通更加方便快捷，时尚媒体能轻松报道全球不同地区秀场的实况。到 20 世纪 50 年代，佛罗伦萨、罗马和伦敦已经加入了巴黎和纽约的行列，成为重要的时尚设计中心。

男装的设计方面，还没有可与巴黎媲美的时尚中心，也没有可与那里的高级定制时装比肩的服装组织。早在 18 世纪，英国就以精细的裁缝技术而闻名。从二战结束到 20 世纪 60 年代初，男装和女装的设计中心都不断扩大。其中加利福尼亚州更是巩固了其作为夏季、度假和休闲服装设计中心的地位。

1950—1960 年的服饰构成

本章从"新风貌"风格和随后逐渐出现的柔和轻松风格这两个角度出发对时尚进行探讨。"时代评论 17.1"分享了《时尚》关于引进"新风貌"风格的报道。二战以后，时尚界每十年左右就会显现风格上的显著转变，因此一些主流时尚趋势通常以十年为单位轮番交替出现。

时代评论 17.1
"新风貌"系列

《时尚》在 1947 年对"新风貌"系列的评论：

假如由一位传奇的复合型设计师来打造理想的女性服饰，那么这位模特可能身穿离地面约 14 英寸长的裙子，裙摆上镶着带有衬垫加固的花瓣型装饰物，或者在钟形垫肩夹克下搭配一条直筒长裤。服装的腰部极为贴身，塑造如同穿上紧身衣和臀垫一般纤细曼妙的线条。肩部和手臂剪裁也十分修身。她会头戴一顶迷人但不呆板的宪兵帽。这种帽子带有宽帽檐，顶部装饰着穗花和花朵的头冠垂挂至帽檐。她可能身着紧身高领上衣或是低领套装，衣服上可能带有扇形的褶皱设计。最后毫无疑问，她一定会搭配上一双尖头的高跟歌剧舞鞋。

资料来源：Reprinted courtesy of Vogue magazine, April 1947, p. 137.

图 17.12 由媚登峰（Maidenform）公司推出的"子弹头胸罩"，以同心圆的螺旋形为特色，突出乳房的存在感。（图片来源：Underwood Archives/Getty Images）。

图 17.13 女演员玛丽莲·梦露（Marilyn Monroe）身穿无肩带的风流寡妇式内衣。（图片来源：Bettmann/Getty Images）

女性服饰

◆ 服装

这个时期的女性内衣为了兼顾新风貌时期轻柔的线条和穿着的舒适度，主要采用更新型的合成面料。如此一来，女性就能摆脱 20 世纪早期带骨架的蕾丝塑身衣，免受坚硬和痛苦穿着感的同时，还能勾勒出身体的曼妙曲线。内衣的最基本款式包括胸罩，肩带的作用在于提拉胸部（见图 17.12）。还有一种无肩带胸罩，通常穿在抹胸晚礼服里面，有只包裹胸部的短款，也有穿至腰部的长款，称为"风流寡妇"（a merry widow，见图 17.13）。这些内衣由合成材料和鲸须制成。直到 20 世纪 50 年代，这种鲸须才被弃用。然而"骨架"（boning）一词仍然沿用至今，用于描述类似鲸须形状，能够在内衣、无肩带晚礼服紧身胸衣或环形裙等流行服饰中起到支撑作用的材料。尽管骨架之间的间隙是由弹力材料或合成弹力网布连接，但是穿着这类塑性服装仍会有些许的不适感。

许多女性还会穿着束腰带（waist cinchers），通常带骨架或由弹性织物支撑，穿在身上可以将腰线缩小到所需的尺寸。早期带胸衣的服装现在一般名叫腰带或塑身衣（foundation garment）。它们通常延伸到腰线以上来缩小腰部，并由具有一定弹性的弹性板与较硬的、无弹性的织物板相结合制成。有的用拉链封口，有的则有足够的弹性，可以简单地拉至臀部。

该时期的标志性时尚就是日间服装两种截然不同的服装版型，当时兼有极为蓬松和狭窄轮廓的两种裙型。长窄裙的裙底带有开衩口，或是能让女性迈开步子走路的褶皱设计。而蓬松裙型主要通过收口、打褶、聚拢或以公主式裁剪服装实现的，往往没有腰线缝设计（见图 17.14）。

图 17.14　《时尚》，1951 年 5 月 15 日，给出了在乡间周末游玩的服装搭配建议。（图片来源：Vogue Magazine/Conde Nast Publications）

图 17.15 20 世纪 50 年代典型的西装款式，腰线处收紧，下接有形的装饰性短裙。下裙的裙摆要么十分丰满宽松，要么非常合身，需要在裙摆后部中央打褶或开衩，以便穿着者迈开步子走路。（图片来源：Serge Balkin © 1951 Condé Nast Publications）

领口一般分为平形、圆形或方形三种形状，或紧贴脖颈或开口较低的款式。许多礼服都设计为较小的（方形或圆形）彼得·潘领，宽大（方形或圆形）领，或者中国式的鸳鸯立领。

大多数袖子都较为贴身，其中最盛行的款式是刚好盖住肩膀的短盖肩袖、紧贴手臂的短袖、中袖和长袖，以及类似于男士衬衫的"衬衫袖"，但袖型更为丰满。

一些热门的连衣裙款式包括前边有扣子的公主裙、衬衫领连衣裙（shirtwaist dress）、大衣式长裙和夏季夹克裙——通常是无袖的小肩带或露肩上衣，外面搭配短夹克或博莱罗外套（bolero）。20 世纪 50 年代初的一些连衣裙还采用低腰线设计。

尽管宽摆长裙装有部分受众人群，但大多数人都倾向于穿窄裙装。这种裙装的外套紧贴腰线，延伸到腰部以下的位置，要么（在腰部下面附近）向外延伸成一个加硬的褶皱样式，要么在腰部以下几英寸处以一个圆形加硬的臀垫结束（见图 17.15）。西装领口的位置各不相同，但通常倾向于低领款式。领子的样式包括彼得·潘式、卷式、凹口式和披肩式。

◆ 孕妇装

孕妇装多为两件式的，宽松合身的上衣搭配带有弹力垫或开衩的裙装，以适应孕妇不断膨胀的身材（见图 17.7）。20 世纪四五十年代的婴儿潮，以及露西尔·鲍尔在《我爱露西》节目中公布其怀孕的消息，让人们将关注点转向了孕妇装。即便如此，广告中的孕妇装还是由没有怀孕的演员拍摄的。

◆ 其他服装

通常来说，日间礼服和晚间礼服的长度相当。与日间礼服长度相同的晚礼服长度称为芭蕾伶娜裙长（ballerina length），这类长度的礼服占多数。这种晚礼服通常在有酒精饮料供应的傍晚场合穿着，所以也称鸡尾酒礼服（cocktail dresses），其特点是更多采用塔夫绸和雪纺等装饰性面料。通常来说，日间礼服和晚间礼服的长度相当。巴黎的设计师们还展示了其他长裙，以及包括两种裙长的图样目录。新娘的礼服一般都是落地长裙。宽裙是晚装的首选，一些窄裙在臀部有精心设计的蓬松织物，称为鱼尾（下摆周围或后面的宽阔区域）。上衣多为带有骨架的无肩带款式。

20 世纪 50 年代，衬衫领连衣裙成为一种时尚标准，通常为前扣型收腰版式，袖子和领子款式各异。

◆ 户外服装

大衣的款式或为合身的上衣和宽松下裙的组合，或为从肩部开始完整地剪裁。

腰部以上的夹克称为短上衣（shorties or toppers），是和宽松裙子搭配的利器。此外，从肩部到下摆都很宽松的长夹克也广受欢迎。

◆ 运动服装

非正式场合穿着的运动服装在衣柜中的占比越来越大。其中，女式衬衫多沿着身体轮廓设计，带有凹陷或接缝，以便顺利地穿戴到胸部和肋骨，整体的剪裁类似于礼服的胸衣。毛衣的穿法多样，或塞进裙子，或系上腰带，版式贴合身体。许多毛衣通过将袖子和衣身缝制在一起，以此打造流畅的肩部线条。毛衣还衍生出许多变形，包括配套的开衫、套头衫、毛衣套装，带有珠子或亮片装饰（或两者皆有）的晚装毛衣，以及 20 世纪 50 年代的女式开襟衫（shrugs）。

该时期早期，短裤为长度在大腿以上的直筒款式。大约 1954 年，及膝的百慕大短裤（bermuda shorts）开始流行，直到 20 世纪 50 年代末，这种裤型完全取代了更短的裤型（见图 17.17）。这种裤子的裤筒狭窄，非常贴合腿部。此外，这个时期的裤型长度也十分多样，有长至脚踝的长裤、长到小腿的男仆裤，以及到小腿中部的"骑车裤"（pedal pushers）。广告撰稿人发挥他们的奇思妙想，为不同季节的裤子取了十分贴切而新颖的名字。

图 17.16 "新风貌"风格盛行之时，长款、短款以及到小腿中部的芭蕾伶娜裙长都十分流行。（图片来源：Henry Clarke © 1953 Condé Nast Publications）

图 17.17 百慕大短裤和窄长裤是 20 世纪 50 年代初的重要运动服装风格。（图片来源：Butterick® Image Courtesy of the McCall Pattern Company copyright © 2014）

◆ 其他体育运动着装

设计师雅克·海姆（Jacques Heim）在欧洲推出了一种薄薄的两件式泳衣，这种泳衣的尺寸极小，史无前例，他将这款泳衣命名为"原子"。但很快就出现了一个以号称比"原子"尺寸更小的比基尼（bikini）。法国工程师路易斯·雷德（Lous Réard）从当时正在进行原子试验的太平洋环礁中找到灵感，将其设计命名为"比基尼"，他希望他的作品能像这些核试验一样具有爆炸性。尽管比基尼在欧洲海滩盛行，但在美国女性之间却并不流行，她们仍旧穿着单件或两件式的泳衣，覆盖更多的身体。许多泳衣的底部剪裁类似短裤，也有其他像裙子结构的泳衣，少数是完整裤腿设计。制作泳衣最为流行的纤维要数棉花、尼龙和橡皮芯线（见图 17.18）。

宽松的便裤版型越来越窄，滑雪裤也是如此。自 1956 年起，滑雪裤改用弹力丝面料，变得更加贴合穿着者腿部。

紧密编织的尼龙风衣主要作为外套使用，滑雪服的颜色种类众多，随着美国的滑雪爱好者人数锐增，滑雪服的款式也更加多样。

◆ 睡衣

虽然睡衣仍然支持量身定做，但大体趋势向着宽松裙子和贴身上衣的搭配发展。时尚杂志和邮购目录中的广告突出展示睡衣款式，且有身着各种型号的模特可供参考。20 世纪

图 17.18a　20 世纪 50 年代的美国女性选择穿着剪裁适度的单件或两件式泳衣。（图片来源：Henry Clarke © 1955 Condé Nast Publications）

图 17.8b　相比之下，欧洲女性更倾向于穿着比基尼，这种两件式泳衣所用的面料比以前的任何泳衣都更少。（图片来源：Bettmann/Getty Images）。

50 年代末，淡色系睡衣逐渐被带有色彩斑斓的花卉和抽象图案的印花睡衣取代。

◆ 发型与头饰

"新风貌"时期，短发成为时尚潮流。直到 20 世纪 50 年代中期，随着 1955 年蓬松风格的出现，长发再一次获得时尚界的青睐，人们通过烫发和喷发实现蓬松发型的目的。但在永久卷发技术进步的背景下，人们需要更频繁的专业打理手法和高昂的费用来维护时尚造型。

除了在随意场合无须遵守戴帽子的礼仪外，其他场合帽子可谓必不可少。从小型帽到大型宽边画帽，帽子的尺寸也有多样选择。20 世纪 50 年代末期的帽子普遍较小，与头部紧密贴合。

◆ 鞋类

由于住在郊区的人数日趋增长，鞋类也开始向休闲风格发展，出现了如软皮鞋、乐福鞋、芭蕾舞鞋和帆布网球鞋等休闲鞋，统称为运动鞋。

20 世纪 50 年代中期，女式鞋头愈发变尖，鞋跟也逐渐变窄。于是出现了"细高跟"，这种高跟鞋的鞋跟中间钉有钢钉，以防止狭窄的鞋跟破裂。

◆ 配饰

手套是服装配饰的一种，可以应用于许多场合，主要由棉和尼龙通过针织制成，其重量、质地和颜色多种多样，也有皮革材质的手套。手套长度各异，长及肘部的款式通常与无肩带晚礼服一起搭配。

◆ 珠宝

流行的首饰包括短项链、手镯和耳环。用于装饰服装的珠宝包括水钻、彩色宝石和各种颜色的仿珍珠等。

◆ 化妆品

女性偏爱使用鲜红色的唇膏和自然肤色的粉底液，她们会涂抹睫毛膏，使用铅笔画眉。1952 年后的妆容不同于以往，更加突出强调眼部，女性开始在眼睛周围画上黑色眼线。大约在 1956 年，彩色眼影出现在各大时尚杂志上。此外，指甲油也增加了粉色和红色色调供顾客选择。

轮廓的转变：1954—1960 年

尽管大众抛弃"新风貌"风格，转向宽松服装的确切时间点仍不确定，但这种宽

图 17.19　迪奥和巴伦西亚加在其 1955 年的系列中都展出了宽松裙装。左为巴伦西亚加的长衫裙，右为迪奥推出的 A 字裙型。（图片来源：Vogue Magazine/CondéNast Publications）

松风格后来成为 20 世纪 60 年代风靡一时的主流风格。巴伦西亚加早在 1954 年就推出了宽松的连衣裙（他的西装从 1951 年开始向宽松风格转型），迪奥在 1955 年的系列中推出了 A 字型，但这种宽松的造型或衬衣风格在当时并没有立即引起公众的注意（见图 17.19）。到了 1957 年，大多数西装的外套都变短，长至腰部下方附近，整体宽松而合身。宽身束腰上衣（blouson）转向宽松（全背式）风格发展，裙子变得短而窄，大衣版型也趋于直筒型。此外，长发也成为潮流趋势，人们通常会将头发固定在脸颊两侧，打造出高而宽的发型。

　　到了 1958 年，女性开始购入宽松连衣裙，如衬衣式连衣裙（见图 17.20）或 A 字梯形裙（trapeze，见图 17.21），但还有许多人仍无法接受这种风格。即使到了 20 世纪 60 年代初，时尚杂志除了刊登宽松剪裁的新款式裙装外，仍继续展示"新风貌"风格的窄腰、全裙式轮廓的连衣裙。

男性服饰

　　20 世纪 40 年代末，服装宽肩版型有所变化。到了 50 年代，男性服装风格更是异彩纷呈。

◆ 服装

　　尽管拳击短裤、曲棍球型短裤、运动衫和 T 恤衫版型都基本保持不变，但是面料和颜色的种类有所增加。

图 17.20　1957 年末《女装日报》刊登了各种宽松的连衣裙样式。（图片来源：Fairchild Publications, Inc.）

图 17.21　1958 年，由伊夫·圣罗兰为迪奥设计的 A 字梯形裙。（图片来源：Chicago History Museum/ Getty Images）

20世纪50年代，爱德华时代风格盛行，对男性服饰产生巨大影响，主流男装从此摆脱了英式垂坠剪裁，其中最突出的便是泰迪男孩风格。他们的西装垫肩更薄，服装版型轮廓更窄。此外，单排扣西装开始流行起来（见图17.22），最受欢迎的颜色莫过于深灰色（又称为木炭色）。当时热门小说《穿着灰色法兰绒西服的男人》（*The Man in the Gray Flannel Suit*）改编的电影上映后，格里高利·派克（Gregory Peck）所饰角色穿的法兰绒西装便引起了时尚热潮，一度成为商务人士的标志性服装。因此，20世纪50年代有时也叫灰色法兰绒套装时代。

灰色法兰绒西装通常和衬衫搭配，粉红或浅蓝的衬衫内搭则能为沉闷的西装增添一抹亮色。这类衬衫一般带有小翻领，有的是前开襟纽扣式设计，有的搭配领带穿着，用领带夹夹住。彩色电视的普及推动了男士衬衫色彩的多元化。由于早期的电视机只有黑白两色，因此搭配商务西装的传统白衬衫就显得有些乏味。后来，衬衫制造商开始生产彩色衬衫来搭配西装。但是一些雇主拒绝采用彩色衬衫搭配商务套装，因此转变受到不少阻力。随着聚酯纤维的广泛运用，服装业也开始将其和棉花混合在一起，从而制成免熨烫衬衫。这种衬衫相较于全棉衬衫而言褶皱更少。

此外，马甲也有了各种鲜亮的颜色，主要穿着于非正式场合。

到20世纪50年代末，灰色法兰绒西装逐渐被淘汰，西装剪裁出现了一些新变化。时尚编辑称这种新西装为欧式西装（continental suit）。其特点在于更短的衣长、更贴身的版式和前襟的圆弧形下摆（见图17.23）。

图17.22　上图为20世纪50年代早期的特色设计，西装翻领较窄，采用单排扣剪裁（图片来源：Fairchild Publications, Inc.）。

燕尾服只穿着于非常正式的场合，其他场合极为少见。这种晚礼服沿用了日间礼服的流行剪裁。大约1950年，除了《时尚先生》杂志报道的名为法国蓝（French blue）的浅蓝色礼服之外，晚礼服的设计总体上看仍较为传统保守。

图17.23　1958年三种流行的西装款式。从左到右依次是大使式、大陆式和常春藤式。图片来自1958年11月4日的《每日新闻记录》（*Daily New Record*）。（图片来源：Fairchild Publications, Inc.）

◆ 户外服装

户外服装设计师用更修长狭窄的设计代替了流行于20世纪40年代末的大型宽肩版型外套。新设计的亮点在于自然随性的肩部线条和细长的服装剪裁。棕褐色的马球大衣、斜纹软呢、格子和小图案的织物大衣及斜纹袖大衣也属于同一种风格。到了20世纪50年代末，裹身式束腰大衣重返时尚舞台。

休闲外衣通常长及臀部或者腰部，面料轻质或立挺，有带衬里和无衬里两种形式，袖子分为装袖或插肩袖，有扣子或拉链两种闭合方式。休闲大衣的种类繁多，这也从侧面反映了人们对休闲活动的重视。

图17.24 当时流行的运动服装款式多样。从运动衫和针织衬衣（图中第一二排）到运动外套（图中第三四排），其中包括许多由人造纤维或混纺（或两者共同）制成的服装。（图片来源：Courtesy of Fairchild Publications, Inc.）。

◆ 运动服装

时尚推广者将大学生喜爱的服装风格称为常春藤联盟风格，这一风格对运动服装风格的形成产生了影响，让运动服装外套仍保留商务套装的剪裁。在灰色法兰绒套装时代，格子图案的便装外套风行一时。到20世纪50年代中期，便装外套的剪裁沿用了欧洲大陆西装的线条，用凸起的绳索或粗细不一的竹节纱来呈现鲜明的纹理。带有皮扣的灯芯绒外套，衣服上的图案分为棋格纹、密织的不规整格子花呢及印度马德拉斯格子呢三种，当时也十分流行（见图17.24及"全球联系"）。

20世纪50年代，运动裤大多为细长的直筒版型。其中常春藤风格的代表便是奇诺裤（chinos，一种用奇诺布料制作的卡其色斜纹棉质长裤），裤子后面带有小皮带或者装有纽扣来固定。这些裤子通常与纽扣衬衫和圆领毛衣相搭配。

◆ 其他体育运动着装

20世纪50年代初，游泳时人们常穿私人定制的裤子，其中（长至大腿中部的）中长拳击短裤更是潮流之选。到20世纪50年代末，人们穿的短裤类型更加丰富，有（长及膝盖的）百慕大短裤，更长一点（盖住膝盖）的牙买加短裤，以及量身定做的短裤。

◆ 睡衣

战后时期，人们偏爱两件式的休闲睡衣。

◆ 发型与头饰

大多数男性继续留着平头和平顶发型。与之形成强烈对比的是受到英国泰迪男孩和美国歌手"猫王"的启发而创造的长发发型。该发型的前部为蓬巴杜发型式卷发（将头发全部向上梳，在头顶固定成蓬松的圆弧形，露出整个脸部轮廓），后面的头发则梳成鸭子屁股的形状，左右两边的头发向下梳，集中在一点上，就如同鸭子屁股一般。年轻人通常喜欢留平头和鸭屁股头，而对于头发长到可以从额头向后梳的年长男性来说，他们会结合两种发型的特点，灵活选择适合自己的风格。

帽子的款式和战前的设计基本相同，费多拉帽是当时主要的男式头饰。1952年，德怀特·艾森豪威尔总统在他的就职典礼上没有选择传统的圆顶高礼帽，而是戴上了汉堡帽，这一举动再一次引发了汉堡帽潮流。夏季草帽沿用了联邦帽的剪裁线条，帽檐的尺寸也有所减小。冬季时期，窄边俄罗斯风格帽子在商人中广受欢迎，这种帽子用卷曲的阿斯特拉罕羔羊皮（Astrakhan）或者合成纤维织物制成，其中一些帽子带有耳罩，平时可以塞进帽子里，在特别寒冷的日子里翻折出来盖住耳朵，起到保暖作用。

大学生休闲制服通常会搭配白色牛津鞋。到20世纪50年代中期，进口的意大利鞋成为时髦人士的标配，常用于搭配礼服。

◆ 配饰

男性的服装配饰通常限于功能性物品，如手表、手帕、雨伞，以及戒指、袖扣和领带夹等珠宝。

儿童服装

儿童服装款式和此前所有时期一样，都一定程度上融合了成人服装款式的众多元素。此外，影响成人服装演变的社会文化事件和技术变革也反映在儿童服装的发展上。例如，20 世纪 50 年代的合成面料和合成混纺的免烫面料都在儿童服装中找到了现成的市场。这一时期，男孩所穿的格子马甲和小型灰色法兰绒套装大多是根据成年男性服饰打造的亲子装，而这一时期的大多数生产服装图案的公司也推出了适合做母女装的服装图案。这些服装侧面反映了 20 世纪 50 年代美国人对家庭凝聚力的重视。

◆ 婴儿及学前孩童服装

20 世纪 50 年代末以后，大至三号的婴儿长裤在裤脚和裆部周围都安有抓扣，这样无须脱下整件衣服就可以换下尿布。处于爬行阶段的孩童所穿的服装在膝盖处采用了加厚处理。

1 至 4 岁的小女孩通常穿宽松的低腰裙，男孩则穿连体衣或短裤。此外，男女孩童都会穿着长灯芯绒裤子或工装背带裤等服装。

◆ 鞋类

通过改变皮革类型、颜色和风格细节，制造商能将同一类型的鞋子做出不同样式来搭配礼服或休闲服。其中比较流行的款式有牛津鞋、布洛克鞋（一种在鞋头和侧缝带有穿孔花纹的牛津鞋）以及软皮鞋。

◆ 女孩服装

女孩所穿的连衣裙与 20 世纪四五十年代的成年女性风格的轮廓相呼应，通常有完整的裙子和合身上衣，公主线型、全圆裙和连衣裙都是当时主流的版型（见图 17.25）。

最常见的衬衫和上衣的款式多为贴身衬衫，包括彼得·潘圆领衬衫、针织马球衫、T 恤衫以及其他针织衫上衣等。

女孩的裤子沿用了成人的剪裁风格。在游玩或是运动时，女孩通常会穿短裤或裤子，包括及膝的百慕大短裤或男式外穿短裤、五分长的骑车裤和其他长度不同的裤子，裤子的名称都带有和女性服饰一样的时尚感。

女孩的发型倾向于短发或向后梳的马尾辫。

◆ 男孩服装

20 世纪 50 年代，男孩开始和青少年及年轻男子一样穿起了牛仔裤以及其他休闲裤，这一休闲服饰的风潮逐渐盛行。领带和有领口的衬衫后来多在正式场合穿着。

男孩的发型多为短发或平头。

◆ 童装风格

孩童的礼服大衣是成年男女经典大衣款式的缩小版。大衣外套的种类多样，闭合方

图 17.25 左图中的小女孩正穿着约瑟夫·洛夫公司（Joseph Love, Inc.）的服装。右图中裙子的艳红色与裙身的白边形成对比，赋予了裙子鲜活的生命力。该图为爱荷华州立大学纺织品服装博物馆的收藏品，编号3744b。（图片来源：Minor Gordon）

式主要有纽扣和拉链两种，还带有轻质府绸和皮革等多种面料制成的针织腰带和袖口。连帽派克大衣、箱形大衣、领航外套和带有木质或塑料牛角扣的梅尔顿（melton，一种密集的羊毛织物面料）大衣也成为潮流之选。

服装版型概览图

新风貌风格：时尚的统一化

| 男性服装：1950—1960年 | 男性服装：20世纪50年代 | 女性服装：1955—1960年 | 女性服装：1955—1960年 |

男性服装：
1950—1960年

整体服装线条较为纤细，以爱德华时代的泰迪男孩风格为主。西装通常用灰色羊毛法兰绒制作，随后开始出现一些彩色衬衫与之搭配。

男性服装：
20世纪50年代

长及腰部的皮夹克，通常为黑色，闭合方式为非对称居中的拉链。

女性服装：
1955—1960年

在巴黎出现了与过去截然不同的宽松服装版型，如梯形裙和A字裙等。

女性服装：
1955—1960年

A字型外套和连衣裙的套装搭配。

章末概要

由于搬迁到郊区的美国人日趋增多，人们的服装需求随生活方式而不断变化。青少年购买力日益增长，流行时尚应运而生。电视作为新的传播媒介推动了时尚信息的快速传播，而技术的进步也让大量新型纤维得以用于服装制造。

时尚主题在20世纪50年代风行一时。早在50年代中期，巴伦西亚加和迪奥等设计师将一些宽松的服装款式作为系列的部分设计进行展示，这标志着"新风貌"服装风格的开始，为时装界带去了第一次变革，引起巨大轰动。到20世纪50年代末，零售店开始售卖长度较短的铅笔裙，但是并没有取得成功，可能的原因是这种裙子的风格与当时流行的紧身裙型差异巨大，让顾客一时无法接受。但是正如那些在战后稳定社会下开始酝酿的社会变革一样，这些风格预示着下个十年中期会出现的全球服装风潮。

新风貌服装风格的遗产

现代影响

从20世纪末至21世纪，源自20世纪50年代的胸衣实现了潮流复兴。让·保罗·高缇耶（Jean Paul Gaultier）将当红名人和潮流服饰巧妙结合，于1990年为歌手麦当娜（Madonna）"金发雄心世界巡演"（The Blond Ambition World Tour）设计了胸衣式的连体服套装。在2014年春夏高级时装秀中，高缇耶还设计了一件可直接外穿的华丽胸衣（如下图），以此向歌舞表演者和蝴蝶致敬。

（图片来源：Peter White/Getty Images）

在20世纪80年代末和90年代的时装设计师所创造的新造型中，最引人注目的莫过于胸衣（corset）。虽然其新增了钉珠和其他装饰物，且重新命名为紧身胸衣（bustier），但是它的形状和结构都和电影《风流寡妇》中主角所呈现的新风貌服装极为相似（见"现代影响"）。这些风格继续在21世纪的高级时装中以不同的设计呈现。

主要服装术语

A字裙（A-line）
婴儿潮（baby boom）
芭蕾伶娜裙长（ballerina length）
比基尼（bikini）

宽身束腰上衣（blouson）
奇诺裤（chinos）
鸡尾酒礼服（cocktail dresses）
欧式西装（continental suit）

速干面料（drip-dry） 短上衣（shorties/toppers）
塑身衣（foundation garment） 女式开襟衫（shrugs）
灰色法兰绒套装（gray flannel suit） 运动鞋（sneakers）
山寨货（knock-off） 泰迪男孩（Teddy Boy）
翻制（line-for-line copies） 梯形裙（trapeze）
原创（original） 免烫面料（wash-and-wear）
骑车裤（pedal pushers） 束腰带（waist cinchers）
免烫织物（permanent press） 白皮牛津鞋（white bucks）
长卷毛狗圆裙（poodle skirt） 尖头皮鞋（winkle pickers）
衬衫领连衣裙（shirtwaist dress）

问题讨论

1. "新风貌"时期的主要风格特点是什么？"新风貌"与二战时期的风格相比有何不同？

2. 20世纪50年代初，影响服装风格的纺织技术发生了什么变化？这些变化是如何影响风格的？

3. 请描述电视在早期对时尚的影响。

4. 请描述从二战结束到1960年，男士西装风格的主要变化。

5. 社会行为的变化是如何影响这一时期的流行时尚的？

参考文献

Alford, H. P., & Stegemeyer, A. (2014) . *Who's who in fashion* (6th ed.) . New York, NY: Bloomsbury.

Bivins, J. L. & Adams, R. K. (2013) . *Inspiring beauty: 50 years of Ebony Fashion Fair*. Chicago, IL: Chicago History Museum.

Brooks, J. (1966) . *The great leap: The past twenty-five years in America.* New York, NY: Harper and Row.

Daugherity, B. J., & Bolton, C. C. (2008) . *With all deliberate speed: Implementing Brown v. Board of Education.* Fayetteville, Arkansas: University of Arkansas Press.

Erekosima, T. V., & Eicher, J. B. (1982) . Kalabari cut-thread and pulled-thread cloth. *African Arts,* 14 (2) , 48-51, 87.

Evenson, S. L. (2012) . Indian madras: From currency to identity. *Berg encyclopedia of world dress and fashion. Online exclusive* (Vol. 10) .

Handley, S. (1999) . *Nylon: The story of a fashion revolution.* Baltimore, MD: Johns Hopkins University Press.

Milbank, C. (1989) . *New York fashion: The evolution of American style.* New York, NY: Abrams.

Palmer, A. (2009) . *Dior.* London, UK: V&A Publishing.

Palmer, A. (2001) . *Couture & commerce: The transatlantic fashion trade in the 1950s.* Vancouver, BC: UBC Press.

Scott, W. R. (2008) . California casual: Lifestyle marketing and men's leisurewear, 1930-1960. (In R. L. *Blaszczyk Producing Fashion,* pp. 169–186) . Philadelphia, PA: University of Pennsylvania Press.

第 18 章
20 世纪 60 年代：
风格部落的出现

20 世纪 60 年代

女装版型与过去几十年的女装的异同点

不同风格部落的定义及其发展趋势

政治和社会运动对流行时尚的影响

太空探索和艺术在时装中的呈现形式

20 世纪 60 年代时装设计师的影响力

图 18.1 约翰·肯尼迪当选为美国最年轻的总统，但也是至今最早辞世的总统。上图是第一夫人杰奎琳在 1961 年参观雅典卫城所拍的照片，此装束是她经典风格的代表之一。从 1960 年到 1963 年，她的服装风格风靡一时，从短发束发造型、简约大方的大衣和西装，到高跟鞋和搭配的金链手袋都受到公众的广泛模仿。（图片来源：Bettmann/Getty images）

历史背景

20 世纪 60 年代的美国社会处于一片动荡和混乱之中，这种背景源自多方因素，包括对越南战争的抗议，为种族隔离和歧视的错误而做出的努力纠正，第二次女性主义浪潮的兴起，以及萌芽中的环保运动等。这些动荡的影响都清晰地反映在这一时期的时尚之中。

尽管民权运动、女权运动及环保活动都取得了巨大的进展，但是接连不断的抗议、冲突和暴力行径让人们失望不已，并开始担心社会运动的发展取向。

肯尼迪政府时期

1960 年，约翰·肯尼迪当选为美国总统，此后十年的美国与艾森豪威尔时代形成鲜明对比。肯尼迪总统承诺美国将在 1970 年之前登上月球，他确实说到做到了，让美国于 1969 年实现了第一次载人登月的壮举。肯尼迪和他的妻子、第一夫人杰奎琳·肯尼迪的服装风格受到广泛效仿（见图 18.1）。1963 年，肯尼迪总统被刺身亡，举世震惊。后来林登·约翰逊继任美国总统。

民权运动

尽管布朗诉教育委员会案裁定学校隔离属于违宪行为，但是直到 20 世纪 60 年代，许多学校和高等教育机构才开始陆续接受非裔美国学生，而且这些新录取的非裔美国学生往往还需要美国法警和国民警卫队人员的联合保护。例如，1962 年，约翰·肯尼迪总统为了确保第一位非洲裔美国学生詹姆斯·梅雷迪思（James Meredith）能够安全地进入密西西比大学学习，派出了大约 3 万名来自美国法警、国民警卫队和美国陆军的联邦士兵对他进行贴身保护。1963 年 8 月，超过 25 万名示威者聚集在首都华盛顿的国家广场上，聆听马丁·路德·金（Martin Luther King）振奋人心的演讲。他发出呼声："我梦想有一天，这个国家将会奋起，实现其立国信条的真谛：'我们认为这些真理不言而喻：人人生而平等。'"

在林登·约翰逊执政期间，民权运动成为美国生活中关注的焦点。在打破了冗长的议会辩论之后，约翰逊终于在 1964 年得以签署《民权法案》，明确禁止基于种族、肤色、宗教、性别或民族血统的歧视。这是美国国会有史以来影响最深远的民权法。另一部同等重要的法律是 1965 年通过的《投票权法案》，确保了每个美国人都拥有选举权。

由于仅靠民权立法仍旧无法改变美国居住区种族隔离和歧视的现状，因此 1965 年（洛杉矶）、1966 年（芝加哥、克利夫兰和其他 40 个城市）和 1967 年（纽瓦克和底特律）的夏天，美国各个城市都出现了种族抗议暴动。

到 20 世纪 60 年代中期，许多美国人对于马丁·路德·金的非暴力策略深感不满，社会上开始出现其他声音。其中最有发言权的当属马尔科姆·X（Malcolm X），他是美国黑人民权运动的领导人、牧师和黑人民族主义的支持者。1965 年在他被暗杀之后，畅销书《马尔科姆·X 的自传》（*The Autobiography of Malcolm X*）广泛普及了他的思想，并进一步激发了黑人权力运动。

1968 年 4 月 4 日，马丁·路德·金在美国田纳西州的孟菲斯被暗杀，民权运动失去了最有感召力的领导人，全世界都为他的离世而哀悼。随后，包括芝加哥和华盛顿在内的 60 多个美国城市发生了暴乱。

同年，理查德·米尔豪斯·尼克松当选美国总统。他曾试图撤销约翰逊政府期间颁布的民权立法，但无果而终。

随后，美国最高法院下令迅速解决学校中的种族隔离现象，在尼克松的第一个任期内，取消种族隔离的学校数量远多于肯尼迪 – 约翰逊政府时期。

越南战争

由于担心别的国家响应共产主义号召，肯尼迪总统下令向南越政府提供援助。肯尼迪去世后，约翰逊总统继续向越南派遣地面作战部队，以击退对美国军队的攻击。到 1965 年，美国实际上已经在越南开战（尽管国会从未宣战）。这场残酷的斗争很快引起了全国人民的强烈反对，许多美国大学校园里爆发了暴力反战示威活动。学生们公开焚烧他们的征兵卡，反战示威者甚至封锁了军队设施和征兵总部的入口。

· 大学生抗议活动：大学生抗议活动爆发于 60 年代中期，校园动乱吸引了更多的媒体报道，其中电视报道居多。反战抗议、示威和学生罢课浪潮在校园间不断蔓延和传播。《纽约时报》谈到了学生"对中产阶级生活的顺从、无聊和乏味的反抗"，学生开始呼吁在大学管理中拥有更大的发言权。

· 嬉皮士运动：青年人反抗成人社会价值观的另一种表现是嬉皮士运动，这场运动始于 1966 年。许多年轻人，特别是来自中产阶级家庭的年轻人，纷纷响应迷幻药物支持者蒂莫西·利里（Timothy Leary）的号召，选择"激发热情、内向探索、脱离体制"。

从加州旧金山的海特 – 阿什伯里区（Haight-Ashbury）开始，这场运动逐渐演变为一场助长药品使用的亚文化风气，并不断蔓延到全国。嬉皮士哲学强调爱与超脱教条社会的约束。1967 年复活节的那个星期天，一万多名年轻人聚集在纽约中央公园，他们不全是嬉皮士，但都来到这里为爱发声并致敬。同年 5 月 15 日，共 2500 名嬉皮士在费城发起了一个"人类大聚集"的集会，倡导和呼吁对每个人存在权利的尊重。

·女权主义运动：20 世纪 60 年代，随着许多美国女性开始质疑传统价值观，女权主义运动掀起了第二波高潮。1960 年，食品和药物管理局批准了口服避孕药的发行，这为女性节育提供了新的选择。1963 年，《女性的奥秘》（*Feminine Mystique*）出版问世，作者贝蒂·弗里丹（Betty Friedan）在书中描述了当代女性的普遍心理：尽管她们受过良好的大学教育，但是仍旧饱受挫折感的困扰，深陷无休止的家务和育儿的日常琐事中无法脱身。全国女性组织成立于 1966 年，随后推出了一项呼吁男女平等权利、平等机会和结束基于性别的歧视的项目。

·环境保护运动：1962 年，美国海洋生物学家蕾切尔·卡逊（Rachel Carson）出版《寂静的春天》（*The Silent Spring*）一书。该书让美国人开始意识到强力杀虫剂滴滴涕（DDT）的危险性，因为它杀死了大量鸟类、昆虫等野生动物。卡逊的书改变了美国人对环境的漠视态度，进而促进了环保运动的兴起。1970 年 4 月，美国庆祝了第一个地球日。

图 18.2　1971 年，日本时装设计师高田贤三正检查自己即将推出的时装系列的设计图。（图片来源：Christian/WWD/© Condé Nast）

时尚的影响因素

日本纺织品和设计师

日本所创造的经济发展模式为其他工业化国家赶超世界经济强国提供了发展方向。日本致力于发展生产成本更低、生产过程更加高效的新型技术，因此其产品以高质量和高性能标准而闻名世界。

日本人在纺织品方面开创了合成人造纤维的新技术。20 世纪 60 年代，日本本土生产的高质量天然纺织品和人造纺织品一直为欧美的服装公司所采用。但是由于工人工资和生产成本不断抬高，日本只好选择将其纺织品的生产转移到工资和成本较低的东南亚国家。

正是在这十年间，一些日本时装设计师获得了享誉国际的成就（见图 18.2）。当时大多数的设计师还留在日本工作，但年轻的高田贤三选择于 1965 年远渡重洋，来到法国巴黎大展身手，并在 1970 年开设了自己的时装店。

社会变化对时尚的影响

早在 20 世纪 60 年代之前，用服装来宣扬意识形态或彰显特定群体成员身份的思潮就已经兴起。纵观服装史，各个时期都出现了许多用服装来表明特定群体身份的做法。与之相反，故意避免穿戴时髦服装的人也不在少数，他们通过这种标新立异的穿着彰显自己和别人在宗教或意识形态信仰上（例如门诺派信徒、贵格会成员和清教徒），或者在艺术偏好上（美学家），抑或在政治上（法国大革命时期的无套裤汉）的不同。

20 世纪中期，亚文化服饰掀起一阵风潮，主要表现为 20 世纪 40 年代的佐特套装、50 年代英国的泰迪男孩以及美国 50 年代的"垮掉的一代"。这些风格大多起源于年轻人，他们经常成群结队地在街上聚集，因此这种时尚也被称为街头风格（street styles）。

作家泰德·波西莫斯（Ted Polhemus）在他 1994 年出版的《街头风格》一书中，给这些亚文化群体贴上了风格部落（style tribes）的标签。他说：

> 风格不仅仅是一种表面现象……所有风格图样所隐藏的想法和理想共同构建了一种（亚）文化。相似的外观蕴含着相似的思维。从这个意义上看，每一个风格部落的成员都存在着大量的共同点。

20 世纪 60 年代，年轻人，尤其是青少年认同某个特定群体，并试图通过服装将自己与主流文化区分开的趋势迅速传播开来。尽管街头风格的目的是为了表达与主流的不同，但这些反文化的时尚也为时尚界提供了养分，因为时尚界从来都不拒绝新想法的出现。下面是对几个具有影响力的风格部落的具体介绍。

摩登派

摩登派（mods）和摇滚青年（rockers）是 20 世纪 60 年代中期出现的英国年轻人团体。摇滚青年骑着摩托车，穿着黑色皮夹克，与摩登派争风吃醋。后者的时尚元素主要包括"优雅、长发、复古祖母眼镜和爱德华时代风格的装饰"。最后，在这场争夺英国年轻人时尚市场主导话语权的比赛中，摩登派获得了最终胜利，因此摇滚青年的影响力也就式微了。

图 18.3　上图的五位模特分别展示了 1966 年五个国家的特色服饰。左一的芬兰小姐身着带有北欧特色的芬兰纺织品牌玛丽麦高（Marinekko）棉绒装，左二的法国小姐穿着巴黎著名设计师埃曼纽勒·康恩（Emmanuelle Khanh）设计的裙装，中间的意大利小姐穿意大利著名时装品牌璞琪套装（Emilio Pucci），右二的英国小姐穿着英国时装设计师玛丽·奎恩特（Mary Quant）设计的迷你裙装，最右的瑞士小姐则身穿极具特色的日内瓦服装。（图片来源：Keystone-France/Gamma-Keystone via Getty Images）

摩登派的主要活动中心分布在伦敦的卡纳比街（Carnaby Street）和波多贝罗路（Portobello Road）。当时在流行音乐领域声名鹊起的披头士乐队也受到摩登派的影响，穿着类似风格的服装，此举也反向推动了摩登派风格的传播和流行。摩登时尚概念的核心思想之一就是男人和女人都有权穿上合适亮眼的服装（见图 18.3）。后来，美国运动服装制造商麦格雷戈（McGregor）也开始在美国生产和销售摩登风格的服装。

嬉皮士

与此同时，嬉皮士在美国的出现为时尚界带来一场风格的新浪潮。1967 年的嬉皮士聚会之后，媒体的广泛报道让人们渐渐熟悉了色彩斑斓、常以扎染为服装元素的嬉皮士服装。嬉皮士的男女都是长发，男性留着胡须、佩戴头巾和彩色念珠（一种佛教徒用的念珠），女人则穿着长衫或是款式浪漫的长裙。嬉皮士还会用在旧货店购买的旧衣服拼接成极具想象力的服装。到 1968 年，美国设计师肯·斯科特（Ken Scott）已经推出了这种创意服装的系列作品，其中就包括"嬉皮士－吉卜赛风"（hippie-gypsy look，见图 18.4）。

年轻人纷纷聚集到各种流行音乐会上狂欢。例如，仅在 1969 年 8 月，就有 20 万人参加了伍德斯托克音乐节（Woodstock Music）和艺术博览会（Art Fair）。他们中有些人佩戴的珠子、羽毛和头巾等服装元素被其他人模仿而逐渐流行起来。《新闻周刊》（Newsweek）这样描述伍德斯托克音乐节：

图 18.4a　图片前景部分的三个人穿着当时最为时髦的部落服装：五颜六色的印花服饰和装饰性项链是标志性物件。男性留着一头长发和浓密的胡须，有时头上还会绑上头巾。整体上看，他们的服装风格都色彩鲜明。（图片来源：Rolls Press/Popperfoto via Getty Images）

> 和寻常的流行音乐节不同，伍德斯托克音乐节不仅是一场音乐会，它更是一场部落聚会。在这里，年轻人畅所欲言，远离城市交际圈。他们嗑药、创作艺术、设计服装、展出工艺品，以及聆听革命歌曲。

还有一些社区的人参与了印度宗教大师领导下的神秘主义宗教。

此外，时尚界广受印度服饰风格影响的原因之一可能在于人们对印度宗教日益增加的兴趣。

摩登派和嬉皮士风格都强调男女的长发造型，并且男装的色彩元素和服装设计的想象力相比其他服装风格来说更丰富。这两种风格在青年人中流行开来，随后主流时尚也开始融合这些风格。从内衣到晚装的色彩和款式都变得丰富起来，《时尚先生》杂志将这种变化称之为一场男人的"孔雀革命"（Peacock Revolution）。

图 18.4b　上图为乔治·圣安杰洛（Giorgio di Sant'Angelo）设计的时尚礼服，其灵感源自嬉皮士风格服装。这种设计常称作"嬉皮士－吉卜赛风格"。（图片来源：Image copyright © The Metropolitan Museum of Art. Image source: Art Resource, NY）

反战示威者和牛仔裤的流行

20 世纪 60 年代，抗议体制的年轻人采用蓝色牛仔裤作为声援劳动人民的象征。在追溯牛仔裤作为一种象征的历史时，理查德·马丁（Richard Martin）和哈罗德·科达（Harold Koda）指出，早在 1950 年，牛仔裤就"与美国西部和剥夺特权相关"。在各种戏剧和 1955 年上映的电影《蓝色牛仔裤》（*Blue Denim*）中，牛仔裤总是与青春和叛逆相关联。20 世纪 60 年代，当牛仔裤成为年轻的反战抗议者的一种制服时，这种与反主流文化的联系在美国公众中得到了戏剧化的体现。年轻人开始使用牛仔裤作为自我表达的媒介。他们在牛仔裤上绣上图案，加上补丁，并涂鸦各种希望传达的信息。

不久之后，时尚界就把这些抗议服装作为热门时尚商品销售。到 1970 年，牛仔裤在国际市场上大获成功。在苏联及东欧国家旅行的美国年轻人表示，他们甚至可以用蓝色牛仔裤直接换取大量的当地商品。

女性运动

19 世纪的女权主义者认为女性服装限制了她们的自由，因此女性开始大力推行服装改革。20 世纪 60 年代的一些女权主义者也认为女性服装象征着一种性别压迫。

1968 年秋天，一些女权主义者在大西洋城的选美比赛场外示威并焚烧胸罩，以此表示她们希望女性从社会和身体的限制中解放出来的强烈愿望。她们抗议美国小姐比赛，认为这种比赛单一地物化了女性的美丽。

尽管多数女性没有放弃穿戴或直接烧毁胸罩，但是她们不再选择紧身胸衣，内衣的束缚性也大大降低。多数胸罩的版型不再那么僵硬死板，不像 20 世纪 50 年代那样通过剪裁和缝制来实现胸部最大程度的立挺效果，而是使用由针织合成纤维制作的胸衣，让穿戴者更加舒适。

一些出现在 20 世纪 60 年代末的时尚潮流象征着女性角色的变化，最为突出的现象便是年轻人开始接受中性风服装，比如牛仔裤、T 恤和裤装。这些服饰在 20 世纪 70 年代成为女性服装的重要组成部分（见图 18.5）。

图 18.5 上图为中性风服饰的例子，拍摄于 1968 年。（图片来源：Bettmann/Getty images）

民权运动

部分美国人的着装风格体现了他们对非洲服装的浓厚兴趣。他们常穿一种名为达西

奇套衫（dashikis，无领、宽大，带有和服
式袖子）的花色衬衫和土耳其式长衫。服
装多采用传统设计的纺织品制作，包括肯
特布（kente cloth，见"全球联系"）、泥
布（mud cloth，用发酵的泥巴制作图案的
布料）、扎染织物和漂亮的刺绣等。

关于发型，阿福罗头（afro，又叫非
洲头或爆炸头）巧妙地利用了非裔美国人
头发自然卷曲的特点（让富有弹性的小碎
卷蓬松后形成自然的圆弧形状），在 20 世
纪 60 年代末十分流行。首饰方面大多采
用传统设计，大部分从非洲进口，采用琥
珀、象牙和乌木等非洲本地的材料制成。

20 世纪 60 年代，非裔美国模特开始
出现在高级时装杂志上，后来报纸和杂志
上时装插图的种族多样性也日益增加。安
妮·科尔·洛威（Anne Cole Lowe）为杰
奎琳·布维尔设计了与约翰·肯尼迪结婚
时的婚纱，成为第一批进入时装设计高层
的非裔美国时装设计师（见图 18.6）。

图 18.6　杰奎琳·布维尔的婚纱以及伴娘礼服都
由安妮·科尔·洛威亲自设计。（图片来源：
Bachrach/Getty Images）

全球联系

肯特布是一种采用窄条织机织成的布料，外观精致复杂，
色彩斑斓。它由居住在加纳的阿散蒂人（Ashanti）和多哥的埃
维人（Ewe）制作，是西非最著名和珍贵的纺织品之一。男性
常用这种狭长的编织布当作长袍外套（如右图，一位加纳官员
手持法杖，身披多彩的肯特布，拍摄于 1964 年）。而女性多将
其作为上衣和下衣裹身穿着。肯特布是由 3 至 4 英寸的条状物
先在水平踏步织机上织成，然后缝合在一起，最后形成一块较
大的布。复杂的经线和纬线设计通常用名称来区分，每条都表
达了不同的谚语或思想、颜色、图案和设计的象征意义，因此
肯特布也成为文化遗产和地位成就的有力标志。自 20 世纪 60
年代以来，肯特布就在时尚界广泛使用。

（图片来源：ISSOUF SANOGO/AFP via Getty Images）

影响时尚的其他因素

关于媒体对时尚的影响，请见表 18.1。

表 18.1 媒体对时尚的影响

媒体	风格影响
电影	法国女演员碧姬·芭铎（Brigitte Bardot）：以其柔顺的长发和标志性的及膝长靴而闻名
电视	电视新闻报道了嬉皮士、反战抗议者及其独特的服装
流行音乐	披头士乐队：长发，伍德斯托克音乐节等流行的音乐会和节日表演时穿的摩登派风格服装

白宫

政治领袖往往会成为时尚风格的领袖。几个世纪以来的王室成员是这样，今天的政治领导人，特别是那些富有魅力的领导人更是如此。1961 年，当肯尼迪总统在就职典礼上选择免冠之后，男性对帽子的使用急剧减少。后来第一夫人杰奎琳·肯尼迪更是对时尚趋势影响深远，媒体从一开始就对她在肯尼迪就职舞会上的三种风格各异的礼服投以关注和报道（见图 18.7）。杰奎琳以其蓬松的发型、高雅俏皮的圆盆帽、修身的 A 字裙、宫廷风格晚礼服以及环绕式太阳镜而受到时尚界追捧，甚至当她不再是第一夫人之后的几年里，她仍然引领着时尚潮流。此外，美国总统福特、尼克松和卡特的家庭并没有对时尚产生显著影响。

太空时代

20 世纪 60 年代的一些时装反映了人们对日益强大的航空航天事业的浓厚兴趣。60 年代中期的时装设计直接或间接地反映了太空竞赛的盛况。服装设计师安德烈·库雷热（André Courrèges）于 1964 年推出了"太空时代系列"时装展。时装模特们戴着头盔，身穿白色和银色的靴子，服装线条"精确而简约"，服装版式为几何形状（见图 18.8）。

设计师使用的材料与为探索太空而不断研发的新技术材料类似。尽管尼龙搭扣早在 1948 年就已经问世，但直到阿波罗号宇航员们用它来固定笔、食品袋子和一些容易飘浮的设备之后，这种具有闭合功能的合成纤维纽带才得以广泛使用。帕科·拉巴纳（Paco Rabanne）使用金属环固定的方形塑料片制作裙子，用乙烯树脂制作雨衣和外衣。尽管有些极端的服饰风格没有被大众接受，但其中由简洁几何线条和形状制作的塑料首饰和配件还是成为常用的时尚元素。

图 18.7 来自美联社的设计图纸展示了杰奎琳·肯尼迪在 1961 年的就职庆典上穿的三件晚装。左一为奥列格·卡西尼（Oleg Cassini）设计的白色丝绸土耳其风礼服。中间为波道夫·古德曼设计的细长鞘形裙，上面的银色刺绣在白色雪纺天使缎丝绸罩衫下清晰可见。右一也是波道夫所设计的用于搭配长袍的披肩，由天使缎制成，上面覆盖三层白色雪纺，上面简单设计的立领用两个纽扣扣住。（图片来源：WWD/© Condé Nast）

美的艺术

20 世纪 60 年代见证了奥普艺术（Op art，光学艺术 [optical art] 的简称）和波普艺术（pop art, 流行艺术 [popular art] 的简称）在艺术节的诞生。波普艺术的特点在于对汽水罐和卡通人物等普通物品的艺术性美化（见图 18.9）。安迪·沃霍尔（Andy Warhol）是最著名的波普艺术家之一，他以时装插画师的身份开始了他的职业生涯。

1958 年，艺术评论家劳伦斯·阿洛韦（Lawrence Alloway）首次使用"流行艺术"一词，并用"流行的（为大众观众设计）、短暂的（短期内解决方案）、可消耗的（容易被遗忘）、低成本、大规模生产、年轻化（针对年轻人）、诙谐性感的、有噱头的、充

图 18.8 设计师皮尔·卡丹向太空计划致敬，其设计的迷你裙和大量撞色设计为时尚发展做出了贡献。（图片来源：Bill Ray/Life Magazine/The LIFE Picture Collection via Getty Images）

满魅力的和大买卖"等词定义这一艺术。奥普艺术主要利用几何图案的组合变化来创造视觉幻象，因此其设计很容易转化为面料，并运用于服装制作上（见图 18.10）。圣罗兰很擅长将大型的奥普艺术图样运用在服装上。

此外，随着 20 世纪初荷兰画家皮特·蒙德里安的绘画盛行，以其为灵感的时装设

图18.9 安迪·沃霍尔以金宝汤（souper dress）标签为原型创作的传奇性"金宝汤服"。该作品置于以环球影城的宣传广告"1968年的当红电影大亨"为灵感创作的裙子旁边。（图片来源：LOUISA GOULIAMAKI/AFP via Getty Images）

图18.10 许多受奥普艺术启发的织物大胆运用在各种设计上，包括上图利用黑白两色设计的时髦套装。（图片来源：Henry Clarke © 1955 Condé Nast Publications）

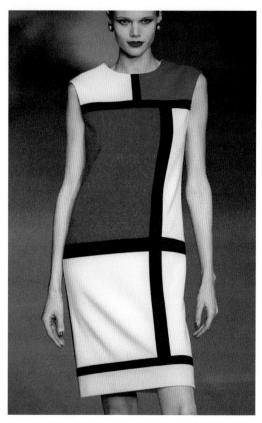

图18.11 超现实主义、立体主义和奥普艺术都影响了当时的服装时尚。这件伊夫·圣罗兰设计的服装利用了几何色块和黑色粗线条的组合，巧妙借鉴了荷兰抽象派画家皮特·蒙德里安的绘画风格。（图片来源：THIERRY ORBAN/Sygma via Getty Images）

计中出现了明显的几何线条。其中最著名的是圣罗兰在1965年推出的蒙德里安礼服，随后这种风格开始受到广泛模仿（见图18.11）。装饰派艺术和新艺术派的设计也实现了艺术复兴。

时装产业的变化

学者们对时尚变化的原因和过程一直争论不休。其中关于时尚变化原理接受最广泛的理论之一是时尚涓滴效应（trickle-down theory of fashion）。该理论认为时尚首先由社会上的富人引领，这些风格随后被较低的社会阶层所模仿。最高阶层的人看到他们发起的风格被社会地位较低的人模仿后，他们就会改变风格，再次促成新一轮模仿循环。

到了 20 世纪，庞大的时尚产业蓬勃发展，加速了服装的设计、制造和分配。除了那些拒绝现代时尚服装的赤贫者或亚文化群体以外，时装产业的崛起拓宽了所有的社会阶层获取时尚资源的途径。

时尚领域的日益多样化

20 世纪 60 年代，一些流行的风格似乎不是由富人引领，而是起源于穷人、风格部落或亚文化群体，例如美国的嬉皮士和英国的摩登派。有些人把这种现象称为时尚的自下而上理论，与时尚涓滴效应截然相反。

时尚变化的原因无疑要比上述两种理论更加复杂。甚至早在 20 世纪 20 年代，男女服装就开始了多样化的进程。过去的几个世纪里，时装可以相当容易地分为日常服装和特殊社交场合的服装。到了 20 世纪，男人和女人的衣橱发生变化，出现了运动休闲服装。后来随着越来越多的女性进入劳动力市场，工作服进入了人们视野。第二次世界大战前不久，心理学家定义了一个名为青春期的发展阶段，一些带有独特青春期特征的服装也应运而生。

二战后，时尚服饰产业宛如茁壮生长的树木主干，不断地生长出繁茂的枝干，各个枝干代表着不同的购买人群。直到 20 世纪 60 年代，仍然存在着一种明显占主导地位的时尚版型，影响着大多数类别的女性服装。例如 20 世纪 50 年代，在日装、晚装、休闲运动服、户外服饰甚至内衣中都能见到肩部线条自然的合身上衣或衬衫、窄腰线和饱满裙子的设计。20 世纪 60 年代的服装版型以宽松为特点，服装下摆通常较短，最短的裙子称为迷你裙。然而，随着现代生活日益复杂，影响因素更加多元，可供购买的选择更广泛，人们开始将服装作为展现他们非主流信念的一种途径。

遏制时尚变化的尝试

违反既定的着装规范往往会让个人或群体感到威胁，特别是当激进的新风格被那些质疑现有社会价值或试图挑战现状的群体采用时更是如此。20 世纪 60 年代在美国出现的时尚变化就让主流时尚感受到威胁。其中留着长发造型的青少年、穿着达西奇套衫留着爆炸头造型的非裔美国人、穿着裤装的女性和穿着迷你裙的女孩等，都对主流时尚权威发出了挑战。

穿着非主流风格的人往往更容易遭遇歧视。许多办公室经理明令禁止女性穿裤子上班，此外穿着裤装的女性还不被允许进入时尚餐厅。"时代评论 18.1"记载了 1966 年

时代评论 18.1
时尚餐厅拒绝裤装

1966 年 10 月 17 日发表于《女装日报》的《裤子与偏见》一文中，托尼·科索弗（Toni Kosover）披露了她在纽约市找一家允许女性穿着裤装进入的时尚餐厅时遇到的种种困难。

女性可以穿裤子，但是她们的行动范围极小。当你不能在殖民地餐厅（Colony）吃饭，不能在摩洛哥饭店（El Morocco）跳舞，甚至不能进入纽约的 21 餐厅（21 Club）时，女性还有什么权益可言呢？

我们尝试过，尽管令人痛苦，但我们还是不得不面对失败的事实。即使穿着维克多·乔里斯（Victor Joris）设计的简单优雅的黑色绉绸裤装，我们也还是被拦在门外。你能想象几乎整晚都被拒之门外的感受吗？这还只是在外表上的尝试。

多么可悲的事实！

多么不成熟的举动！

多么彻头彻尾的偏见！

这要从那天晚上我们在殖民地餐厅预订的晚餐说起。服务员吉恩·卡瓦列罗（Gene Cavallero）只是迅速地看了一眼裤装，便斩钉截铁地说：

"很抱歉，我们不能为你服务。"

"但我们预订了位置。"

"我很抱歉，但我们不能为任何穿裤子的女性服务。"

"即使我们坐在后面的桌子上也不行？"

"不，我很抱歉，如果我们这次破例，我们将不得不一直这样做。"

谁会收留我们？谁会愿意为我们提供一点法国美食？也许纽约"巴斯克海岸"法式餐厅（La Cote Basque）会更加了解现代女性的诉求……

雷蒙德礼貌地拒绝后说：

"我们不希望出任何差错。从来没有人试图穿着裤子来这里就餐，并不是说我们就不禁止穿着奇装异服的人。实话告诉你，只是我更喜欢不穿裤装的女人。"

于是我们又回到了夜色之中。

此时，我们愿意退而求其次，喝上一杯。也许圣瑞吉酒店（St. Regis）会接受我们，这听起来还是挺可行的。但是当我们穿过几乎空无一人的房间时，他们略带狐疑地看着我们。他们为我们提供服务，一切正常，房间很安静，但是我们早已饥肠辘辘……所以我们便开车去拉卡拉威餐厅（La Caravelle）……一进门，他们就用审视的目光看着我们。

一张桌子旁的男人笑了："哦！看啊，她居然穿着便裤。"

然后领班对我们说："厨房现在已经关门了。"

是真的关门了，还是因为这件裤装？"现在上菜有点太晚了，而且本馆的政策是不为穿裤子的女人服务的。"那人缓缓地说道……

在去丹吉尔餐厅之前，我们在 21 餐厅前停下观望，直到服务员加里站在我们面前双

> 手叉腰说"不"之前，我们甚至都没能踏进门店……
>
> 　　丹吉尔餐厅的情况也没有好转。安吉洛不得不和其他几个人商量。最后我们只好谎称我们正在进行电视报道……他们终于松口，同意给了我们一张桌子，位置正好距离大门一英寸远。"假如我们为你破例一次，以后大家就都穿着裤子来就餐了。这里饮料是免费的，但是请不要跳舞，也不要拍照……"
>
> 　　后来我们又去了黄指头餐厅（Yellowfingers）。在那里，穿着裤装的我们受到了热烈欢迎……
>
> 　　这说明了一个道理，那就是，如果人的个性和乐趣取代了地位的象征意义，那裤装才会有机会进入餐厅。

《女装日报》一名穿着裤装的女性记者试图进入曼哈顿的时尚餐厅时遭遇的不公待遇。不仅如此，留着长头发的男孩和穿迷你裙或裤子的女孩会被学校开除。留爆炸头的非裔美国女性会受到嘲弄和羞辱，一些雇主甚至坚持要求非洲裔女性戴着假发上班。随着法律的完善，大多数不合理的着装限制都被推翻了。到 70 年代初，"激进"的新风格成为主流时尚。

时尚设计的变化

20 世纪 60 年代，一批在迪奥和巴伦西亚加等人处受训的年轻设计师离开了这些成熟的高级时装店，开设了自己的时装公司。这些年轻设计师中最成功的莫过于伊夫·圣罗兰、皮尔·卡丹、安德烈·库雷热和伊曼纽尔·温加罗（Emanuel Ungaro）。

20 世纪 60 年代中期，在高级时装领域站稳脚跟后，大多数人都向成衣（或法国人称之为"prêt-à-porter"）方向发展。库雷热和圣罗兰都在当时设计了成衣系列。卡丹在 1957 年开设了一家男装精品店，并将他的设计专长也转向了其他各种产品。在此后的几年里，这种彻底的改变为美国时尚界提供了一个新的时尚理念来源。美国有影响力的时装设计师名单见表 18.2。

男装的设计师

直到 20 世纪 60 年代，国际知名的时装设计师一直在设计女装，而富裕的男士则更加青睐定制裁缝师的作品。某些品牌商品和特定的零售商因其商品的质量和经典造型而闻名。但是这种情况逐渐发生了变化，皮尔·卡丹在 1957 年开始为男性设计服装，设计师约翰·韦茨（John Weitz）随后（1965 年）开设了一家男性精品店。很快，其他人也加入了男装设计的队伍。自此，男装设计师的风格变得举足轻重，其服饰成为男装时尚的永久组成部分。

表 18.2　20 世纪 60 年代美国主要时装设计师

设计师	所属产业机构	主要特点
吉尔伯特·阿德里（Gilbert Adrian, 1903—1959 年）	首先以电影服装设计师而闻名；1941 年进入零售业；1953 年转向服装批发产业	以宽肩西装和多尔曼袖而闻名
哈蒂·卡内基（1889—1956 年）	哈蒂·卡内基公司，成立于 1918 年	长期为富人和名人设计定制服装和成衣，其风格影响了许多为她工作的美国设计师
莉莉·达奇（1904—1989 年）	行业领先的制衣师和服装设计师，1954 年增加了香水和化妆品系列产品，于 1969 年关闭	垂下的头巾、半帽、彩色头巾。
安妮·福格蒂（Anne Fogarty, 1919—1980 年）	1948—1957 年，在青年协会设计中心和玛戈特公司（Margot Inc.）工作，1957—1962 年，她成立安妮·福格蒂公司（Anne Fogarty Inc.）	创新了"纸娃娃"蓬裙式连衣裙，1951 年设计了窄腰全裙，后来因帝政式裙装的复兴而闻名
詹姆斯·加拉诺斯（1929—2016 年）	1951 年他在洛杉矶开设了自己的公司，1998 年关闭了公司并退休	以奢华的日夜全套服装而闻名；他曾为南希·里根（Nancy Reagan）设计了两套就职礼服；他被认为是最有创意的设计师之一
查尔斯·詹姆斯（1906—1978 年）	20 世纪 30 年代在伦敦和巴黎开设时尚沙龙，20 世纪四五十年代在纽约开设了定制业务	最具原创性的美国设计师，以奢华的舞会礼服和雕塑般的服装风格而闻名
蒂娜·莱泽（1910—1986 年）	1943—1952 年，为埃德温·福尔曼公司（Edwin H. Foreman, Inc.）设计服装，1952 年开办了自己的公司——蒂娜·莱瑟公司（Tina Leser Inc.）	以运动装闻名于世，受到来自墨西哥、海地、日本和印度等地的影响。常在裙子中使用羊绒
克莱尔·麦卡德尔（1906—1958 年）	除了在哈蒂·卡内基的工作室工作过两年外，她大部分时间是在为汤利·弗罗克斯公司工作	专门为职业女性设计实用的衣服，是所有美国设计师中最具创新性和创造力的设计师之一
莎莉·米尔格林（1891—1994 年）	著名的定制服装设计师，她和丈夫共同经营着米尔格林定制服装店，最后一家商店于 1990 年关闭	其设计以晚礼服著称，1933 年担任埃莉诺·罗斯福（Eleanor Roosevelt）的就职舞会礼服的设计师
诺曼·诺雷尔（1900—1972 年）	1928—1940 年间为哈蒂·卡内基工作，1940—1960 年成为特雷纳·诺雷尔（Traina Norell）的合伙人，成立了诺曼·诺雷尔公司（Norman Norell Inc.）	以精确的剪裁、简洁的线条、保守优雅的风格而著称；1958 年，成为第一位选入科蒂名人堂（Coty Hall of Fame）的设计师；1972 年去世前一直是美国时尚界的重要人物

莫莉·帕里斯（Mollie Parnis，1905—1992 年）	自 1939 年以来长期活跃于时尚界，她和丈夫共创了帕尼斯－利文斯顿（Parnis-Livingston）时装公司，后来又创建了莫莉·帕里斯（Mollie Parnis）公司，直到 1984 年才淡出时尚界	专门为 30 岁以上的富裕女性提供修身连衣裙和全套服装
克莱尔·波特（1903—1999 年）	20 世纪四五十年代以克莱尔·波特的名字工作，60 年代创立波特时装设计公司（Potter Designs Inc.）	以运动装设计、非正式和比较正式的晚装而闻名
阿黛尔·辛普森（Adele Simpson，1903—1995 年）	1949—1991 年经营着以自己名字命名的阿黛尔·辛普森公司	以设计带有精致印花图案和鲜艳色彩的女性化华服著称
古斯塔夫·塔塞尔（Gustave Tassell，1926—2014 年）	1956 年在洛杉矶开设了自己的公司。诺雷尔去世后，1972—1976 年为诺雷尔公司工作，之后继续经营自己的公司	以设计具有鲜明、简洁线条的精致简约服装而闻名
波琳·特里格尔（1912—2002 年）	曾为哈蒂·卡内基工作，1942 年开设了自己的设计公司，1993 年关店	时尚界受到高度重视的设计师，拥有广泛的授权（licensing）；经常使用不同寻常的面料和印花，以及复杂的剪裁
约翰·韦茨（1923—2002 年）	开始为美国奢侈品连锁百货公司罗德与泰勒（Lord & Taylor）设计运动装，1954 年获得设计许可，1964 年开设男装业务	最早同时设计男装和女装并开始为服装发放授权的设计师之一，以设计实用的运动服而闻名

资料来源：Calasibetta, C. M.（1984）. *The Fairchild dictionary of fashion*（2nd ed.）. New York, NY: Fairchild Publications;Alford, H. P. & Stegemeyer, A.（2014）. *Who's who in fashion*（6th ed.）. New York, NY: Fairchild Publications.

1960—1969 年的服饰构成

女性服饰

在 20 世纪 60 年代初期，服饰风格表现出一些不确定性。50 年代末，裙子已开始出现逐渐变短的趋势。最早的裙子版型为直筒或公主式，腰线宽松、裙摆为轻微的 A 字型。其中紧身裙正是直筒无袖公主线风格的典型例子。此外，帝政裙式的高腰线在当时也经历了短暂的复兴。

到 1964 年，"新风貌"风格逐渐向着轻松自然、不拘一格的路线发展。裙子发展到膝盖以上两英寸的长度，"迷你裙"就是形容这类长度的裙子，而"微型迷你裙"（micro-mini）一词则用于描述当时最短的短裙（见图 18.12）。

各种女性服装和女孩服装，从连衣裙到晚礼服和户外服装都是宽松版型。到20世纪60年代末，时尚界推出了及踝长裙和迷笛裙（midi skirt），这种裙子的长度大约在小腿中部。但是，这些新款式还未广泛传播开来，而且裙子向新长度和轮廓的转型往往需要几年的时间。

也正是在这一时期，裤子开始有了更多受众群体。人们不仅将其视作合适的休闲服装，而且几乎在所有场合均可穿着。蓝色牛仔裤流行于嬉皮士群体，后来为年轻群体所喜爱，最后主流时尚开始采用这一时尚单品；到了20世纪60年代末，几乎所有年龄段的男性和女性都穿上了牛仔裤。当时人们主要在工作和休闲场合穿着裤装。不久之后，时尚界又出现了其他类型的裤子，包括短裤、阔脚裤和热裤（hot pants，长度到大腿的极短的裤子）。

图18.12　迷你裙是短裙的一种。而微型迷你裙是比迷你裙更短的裙子，一般长至大腿根处，白天和晚上都可以穿。（图片来源：David McCabe © 1966 Condé Nast Publications）

◆ 服装

胸罩、内裤、衬裙和束腰带仍然是最常见的女性服饰。在这个十年的前半期，这些服装主要由纯色和较为朴素的印花制成。

后来，服装产业陆续出现了袜类和内衣的新款式。1960年左右，透明的尼龙连裤袜（Pantyhose）首次上市，成为用吊袜带或腰带固定的尼龙长袜的替代品（1961年美国西尔斯和罗巴克公司开始提供该商品的邮购目录）。这些服装的结构与舞蹈演员穿的不透明针织紧身衣相同，将内裤和长袜合二为一。随着裙子的设计逐渐变短，它们也成为不可或缺的穿搭单品。

20世纪60年代，时尚风格转向后，短裙的出现让内衣再次获得青睐，变得十分重要。其中宽腿短裤有时候可以作为短裙的替代。这个时期的内衣颜色鲜艳生动，印花多彩炫目。

后来由于新出现的服装将外衣和内衣结合起来，因此内衣、鞋类和外衣之间的分界就变得不那么明显了。一些服饰的设计直接从颈部延伸到脚趾，减少了对长裤的需求，这些服装包括以下几种。

· 紧身连裤袜：一种女式紧身针织弹性内衣。

· 紧身连衫裤：通常长至大腿根处，还有一些从肩膀延伸到脚趾。通常情况下，连体服的设计是将上半身作为上衣来穿，或者代替上衣来穿。一位时尚作家说，连体服成功地"取代了胸罩、内裤、束腰带、连裤袜和上衣或毛衣"。

多数这类服饰的前身都是低领紧身连衣裤，这种服饰起源于法国杂技演员朱尔斯·利奥塔德（Jules Leotard）。他在 19 世纪穿着一种两件式针织紧身衣（leotard）。舞蹈家和杂技演员都采用了这种服装，但在 1943 年克莱尔·麦卡德尔尝试推广紧身衣（但未果）之前，它从未成为时尚服饰的一部分。

一些女性选择不再佩戴胸罩，其他人则购买了透视的尼龙文胸，该设计由鲁迪·格恩赖希（Rudi Gernreich）于 1964 年提出，目的是满足众多女性对生产较为隐形内衣的诉求。此外，女性使用束腰带的频率也大大降低了。

与礼服相比，人们更早地接受了新的西装款式。到 20 世纪 50 年代末期，西装一般都采用宽松版型。60 年代出现的香奈儿开衫——无领镶边外套是当时较为重要的西装款式之一，袖子是四分之三长度设计，下面搭配有 A 字裙，通常领口有蝴蝶结领带，内搭的袖子比外套袖子稍长一点（见图18.13）。

20 世纪 50 年代末，第一件宽松连衣裙问世时，其特点是面料相当柔软，垂坠感很强。到了 60 年代中期，这种裙子线条变得更加立挺，服装线条更加清晰（见图 18.14）。这种将裙子与衣身相连的连衣裙当时还较为少见，一些较为醒目的连衣裙版型包括：

◎ 帝政裙式的高腰线。

◎ A 字型：连衣裙从颈部到下摆略微外扩。

图 18.13　上图为香奈儿的开衫式套装，由毛圈花式线面料制成，搭配黄金珠宝，成为 20 世纪 60 年代的经典款式，后来陆续出现了各种改版设计。（图片来源：Bettmann/Getty images）

图 18.14　20 世纪 60 年代中期的款式，长度在膝盖上方大腿中部，通常以硬挺的剪裁线条为特征。（图片来源：Bert Stern © 1968 Condé Nast Publications）

◎ 从肩部到下摆的直筒型宽松连衣裙。

◎ 从肩缝连接处直落到脚底的连衣裙。

◎ 裙摆缝有荷边装饰的宽松连衣裙。

尽管当时的女性比较保守，很少穿露膝的裙子，但是流行的裙装长度一般都在膝盖以上，大多数服装都是宽松版型，不带腰线。

此外，媒体还报道了一种新潮流时尚，一些人选择穿透明上衣或者不用穿内衣的裙子。这种时尚的追随者较少，没有蔓延到城市和国际大都市以外的地区。

1966 年，时装界兴起纸质连衣裙（paper dresses）的短暂风潮（见图 18.8）。斯科特纸业公司（Scott Paper Company）开始生产并推广纸质连衣裙。开始时制造商对生产纸质连衣裙并不感兴趣，但消费者对这一促销活动的热烈反响却超乎预料，于是其他制造商也很快接受了这一新潮流。此后，简约的 A 字型宽松风格线条和当时流行的生动多彩的印花为纸质连衣裙的设计提供了多种可能。然而，这种热潮终究是昙花一现。1968 年，人们意识到纸质裙会造成资源浪费，因此不再热烈追捧这类服装。

成套的裤子和外套在 20 世纪 60 年代中期以后才陆续推出，主要用于日间、商务和晚间穿着。廉价的裤装通常使用双层针织的聚酯纤维面料，而更昂贵裤子则使用羊毛双层针织面料。到 60 年代末，裤装的流行程度已经超过了裙装。在那个对裙子长度争议不断的时代，穿裤子可以有效解决这一争议。

晚礼服有长有短，短款似乎更受青睐。当修身款式不再流行，开始出现精心镶珠的上衣或罩衫和长裙搭配。直筒短裙，有些装饰着鲜艳的印花（见图 18.15），有些由金属织物制成，还有的用亮片、塑料钉子或珠子装饰。

20 世纪 60 年代末，长款晚装开始取代短款晚装。用装饰性面料制成的裤装和全长裤也适用于晚间场合，它们和柔软面料的宽腿裤被称为宽松女式长裤套装（palazzo pajamas）。宽松裤装和家居长袍的作用相同，不仅能够用于招呼客人的场合，也适用于正式场合（见图 18.16）。

图 18.15 这条 1965 年设计的短款鸡尾酒裙体现了 60 年代中期服装特有的鲜艳色彩。（图片来源：The Goldstein Museum of Design, University of Minnesota）

◆ 运动服装

裙子的版型逐渐转变，大多数倾向于 A 型裙，许多裙子没有腰带，采用贴边收腰。

20 世纪 60 年代初，窄腿的针织弹力裤与圆领上衣或针织上衣一起搭配穿着。单独的裙子和上衣不再像过去几十年那么重要，因为它们在很大程度上被裤子和针织上衣取代了。

各种类型的裤子，特别是牛仔裤，广受大众喜爱。

流行的毛衣款式包括紧身罗纹运动衫（poorboy sweater）和看起来像是缩水了的紧身罗纹针织服饰。由索尼娅·雷基尔（Sonia Rykiel）设计的这些款式在女演员奥黛丽·赫本和碧姬·芭铎等女明星中很受欢迎。开衫和套头毛衣套装以及马海毛（安哥拉山羊毛制成的）毛衣都是风靡一时的时尚单品。

图 18.16　上图为宽松女式套装，其独特的印花图案是由意大利设计师艾米里欧·普奇（Emilio Pucci）设计的。（图片来源：Henry Clarke © 1955 Condé Nast Publications）

◆ **户外服装**

大衣通常是宽松版型，肩部为圆形，更加贴合身体。一些大衣的底部略微收窄或者呈轻微 A 字型。直到 20 世纪末，大衣长度一直较短。

20 世纪 60 年代末，短款的斗篷和披风开始流行，用于制作雨衣的乙烯涂层面料也盛行起来。这种斗篷起源于南美洲，是由一块厚厚的羊毛布制成的衣服，上面有一条缝隙供头部穿过。

◆ **其他体育运动着装**

20 世纪大半个时期，考虑到了如游泳、网球、高尔夫和滑雪等运动的独特需求，运动着装开创了许多新款式。最为突出的便是泳衣的款式，从相对保守的两件式泳衣发展到布料更少的比基尼，这些泳衣逐渐为美国大众所接受。鲁迪·格恩赖希于 1964 年推出了一种无上装露胸泳衣，他称之为一点式比基尼（monokini，见图 18.17）。一些连体泳衣采用宽松的款式，与连衣裙的宽松风格相呼应。

随着滑雪群体的扩大，滑雪服在 20 世纪 60 年代中期开始出现鲜艳的颜色和印花设计。到 20 世纪 60 年代末，滑雪者开始穿上暖和的裤子和宽松的拉链式派克大衣。滑雪夹克和其他运动服中加入了合成材料和羽绒填充物，以此增加服饰的保暖性能。奥运会上运动员们的着装风格也对滑雪服产生了影响，奥运选手追求能提高运动速度的服装，因此他们穿上了流线型弹性针织滑雪裤。1968 年，奥运会滑雪运动员苏西·查菲（Susie Chaffee）身着光滑的银色连体服，从此拉开了弹力连体滑雪服的帷幕。

越野滑雪变得越发炙手可热，毛衣、轻型风衣、过膝袜和灯笼裤都是合适的服饰。

◆ 睡衣

20 世纪 50 年代末和 60 年代，睡衣的种类更加丰富。除了传统睡衣外还涌现了各种短款睡衣，以及各种颜色和面料的新设计。睡衣的款式包括从到脚踝到大腿长度的彩色尼龙睡衣，以及与配套内裤一起穿的短长袍和上衣。此外，保暖长袍特指那些由合成绒织物和绗缝尼龙或聚酯织物制成的睡衣。

◆ 发型与头饰

蓬松的发型成为 20 世纪 60 年代初的主流，这种造型主要是通过一种名叫倒梳的技术实现的，另一种方式是加上人造发片打造蓬松感（或者两种方法都使用）。到 20 世纪 60 年代中期，女孩和年轻女性的发型转向直发，而那些头发天生卷曲的女孩就会用电熨斗把头发拉直。

在 60 年代中期中，法国时装设计师安德烈·库雷热、皮尔·卡丹和英国设计师玛丽·奎恩特，将模特的头发剪成近乎几何的样式。英国发型师维达·沙宣（Vidal Sassoon）进一步推动几何剪法（geometric cut）成为长发的流行替代方案的进程。

由于生活方式的改变，越来越多的女性选择了不戴帽子。由于蓬松的发型，女性只能佩戴一些帽冠较大、帽檐较小或无帽檐的帽子（见图 18.18）。在 1961 年的总统就职典礼上，杰奎琳·肯尼迪戴了一顶由霍斯顿（Halston）设计的圆盆帽，这种风格后来受到众多女性的追捧。然而，帽子的潮流再也没有恢复到 1960 年以前的程度，此时帽子更多是作为寒冷天气下的实用单品，而不是作为一种时尚的配饰使用。

图 18.17 上图为"一点式比基尼"露胸泳衣，是鲁迪·格恩赖希于 1964 年为哈蒙针织品（Harmon Knitwear）设计的作品，他的设计风格天马行空，出乎大众的意料。（图片来源：*Women's Wear Daily*, December 10, 1969. Courtesy of Fairchild Publications）

◆ 鞋类

随着技术进步，能够平稳贴合腿部、没有褶皱或接缝的尼龙袜应时而生，无缝长筒袜开始流行起来，紧身连裤袜也广受好评。色彩丰富、带有纹理的长筒袜、连裤袜或紧身衣主要用于搭配短裙，长至膝盖的彩色短袜一般与迷你裙搭配。

裙子越来越短，鞋跟也越来越低。20 世纪 60 年代兴起了靴子的复古风潮，女性又开始像 20 世纪初和 19 世纪时那样在白天穿起了靴子。靴子最早出现在 20 世纪 60 年代初，靴子长度各异，从长及脚踝、与弹力裤一起穿的短靴到长至小腿高度的小腿靴（见图18.19）。这一时期靴子仍旧是基础鞋类的一部分，每年穿插一些设计上的不同变化。

图18.18　上图从左至右分别是蓬松式发型、高顶猎帽和圆盆帽的草稿线图。（图片来源：Fairchild Books）

◆ 配饰

在各种类型和形状的产品中，量身定做的小包，带圆柄或肩带的大包，以及肩包最为流行。主要材料包括皮革和塑料的仿制品、织物和稻草等。

◆ 珠宝

主流珠宝配件包括类似20世纪20年代佩戴的长串珍珠或其他珠子、色彩鲜艳的宝石项链、小或长的悬挂式耳环，以及种类繁多、价格不一的服装珠宝等。

自20世纪50年代末以来，打耳洞的女性数量逐渐增加。在青少年的带动下，这一趋势在60年代后期加速发展。

图18.19　1963年三种主要的靴子样式（图片来源：Fairchild Books）。

几何形状的彩色塑料首饰为女性服装增添了显眼的几何元素。在20世纪60年代后期，腕表、金色珠宝，特别是多条金链等大型装饰品的出现盖过了彩色珠子的光芒。

◆ 化妆品

对于美妆人士而言，1966年后的化妆趋势出现了变化。鲜红的唇膏被各种较浅、较淡的颜色所取代。睫毛膏、眼线和眼影的颜色更加多彩，从淡紫色到蓝色、绿色，甚至黄色都有。假睫毛也开始成为美妆界普遍使用的道具。

男性服饰

◆ 服装

男子的内衣还是先前的平口裤、针织内裤、运动衫和T恤衫，20世纪60年代末有了一些明显的变化，出现了各种颜色和小印花布制成的四角裤。

摩登服装取代了大陆式西装：英式风格成为主要的基调，西装肩部略微垫高，翻领更加宽大，衣角适度外翻，设计有侧边的双开衩或是后中部的单开衩，外套前部下摆为圆角设计。贴身剪裁的西服在这段时期仍有庞大的受众群体（见图18.20）。

图 18.20 澳大利亚的流行音乐组合比吉斯乐队（Bee Gees）的各个成员展示了 20 世纪 60 年代流行的不同风格、图案和颜色的男士西装。（图片来源：Keystone/Hulton Archive/Getty Images）

图 18.21 尼赫鲁外套，经常与链子、吊坠或其他款式的项链一起搭配。上图为旧金山海特 – 阿什伯里区的州议员威利·布朗（Willie Brown）在州议会上的照片。他穿着白色高领衬衫，外面搭配尼赫鲁外套，戴彩色念珠项链，面带微笑。（图片来源：Bettmann/Getty images）

男装受摩登派的影响，在颜色、质地和面料方面发生了巨大变化。

随后尼赫鲁外套（Nehru jacket）进入大众视野。这种服装以传统的印度外套为基础，单排纽扣延伸到颈部，连接领口处的立领。该服装的名字源自印度总理贾瓦哈拉尔·尼赫鲁（Jawaharlal Nehru）。在斯诺登勋爵（英国女王伊丽莎白二世妹妹玛格丽特公主的丈夫）穿上白色高领的尼赫鲁正式晚装后，其他男士也开始将尼赫鲁外套与高领衫一起搭配。即使在尼赫鲁外套不再风行之后，高领衬衫仍然是男装的重要时尚单品。

20 世纪 60 年代，一种顺应身体线条裁剪和缝制的衬衫大受欢迎，这种衬衫因而名为紧身衬衫（body shirts）。

◆ 运动服装

20 世纪 60 年代中期，窄口长裤逐渐为裤脚越发宽松的外翻喇叭裤所取代。它们紧贴躯干，裤子几乎没有褶皱。到 20 世纪 60 年代末，蓝色牛仔裤从工作服摇身一变成为时尚服饰。

运动外套仍仿照西装版式，其中主流风格包括 20 世纪 60 年代出现的聚酯纤维针织衫，60 年代末流行的猎装夹克（safari jacket）和诺福克外套。猎装夹克带有尖顶翻领、单排扣前襟、腰带和四个大圆筒口袋。

运动衬衫款式多种多样，随四季变化提供不同选择：气候温暖时，男性会穿上 T 恤衫或马球衫。天气凉爽时，高领毛衣、丝绒套衫和衬衫、提花图案的针织毛衣和长袖运动衫都是流行之选。

◆ 其他体育运动着装

20 世纪 60 年代，欧洲的海滩上开始出现一种小型的男士针织比基尼（欧洲人也将其称为男士低腰裤）。合成针织品以其速干和平滑的特性得以广泛应用于泳衣制造中。

滑雪服的款式每年都在变化，这段时期倾向于使用更加紧身的面料，以让穿着者对抗尽可能小的风阻。在越野滑雪中，男性和女性都会穿长裤和过膝长袜。

◆ 睡衣

两件式套装仍然是睡衣的主要形式。裤子有长有短，以鲜艳的纯色或印花图样装饰。

◆ 发型与头饰

20 世纪 60 年代，发型的长度发生了极大的改变，留长发成为年轻人对抗中产阶级价值观的手段。高中男生和大学年龄段的年轻人，或者希望对当代社会的某些方面发出个人抗议的老年男子纷纷留起了过肩长发。到该年代末期，中等长度的头发、胡须和鬓角成为社会各阶层都能接受的风格。通常，较长发型的影响力主要来自披头士乐队，在其影响下，热衷于追求时尚的男性开始青睐发型师而非理发师。

1961 年，约翰·肯尼迪在参加就职典礼时没有佩戴帽子。随后，帽子的销量便大幅下降，在男人的衣橱里的地位也大不如前。随着男性头发的变长，帽子就更无用武之地了。

◆ 鞋类

20 世纪 60 年代，高跟鞋和靴子为经典鞋型注入了新鲜血液，这是街头服饰自 20 世纪 30 年代以来的首次变化。到了 20 世纪 30 年代末期，大多数鞋子的头部都变得有些方形。厚底线首先出现在女鞋中，随后这种款式也得到男性，特别是年轻男性的喜爱。在嬉皮士群体穿上凉鞋之后，凉鞋便成为男装的主流时尚。

◆ 配饰

1967 年，拉尔夫·劳伦推出了 3 英寸宽的领带，立即风靡时尚界，此后领带款式多为宽大的设计，直到 20 世纪 70 年代末才重新变得细窄。拉尔夫·劳伦于 1967 年作为男式领带的设计师而崭露头角，随后他便进入男装设计领域。1971 年，他成功进军女装领域，最后甚至打入了家庭产品市场。尽管当时更多的设计师选择从女性设计进入男性设计领域，而非相反，劳伦仍然树立了一个典范，即成功的设计师更容易从一个领域进入另一个领域这一趋势。

◆ 珠宝

男子开始戴项链来搭配高领毛衣和衬衫，随后手镯和耳环也出现在男性穿搭中。究其本源，这一趋势源自佩戴珠子和其他装饰性珠宝的嬉皮士群体。

儿童服装

◆ 婴幼儿

这个年龄段的服装变化往往比更大孩童的服装变化要小。许多婴儿服装的基本款式仍旧保持经典风格，持续几十年不变。特别是为所谓的"祖母"市场（为孙辈购买的老年女性）所生产的款式，其中包括刺绣或缝制的连衣裙，或用棉纤维或棉与人造纤维混纺材料制作的淡色套装等。1960 年左右，婴儿的基本服装中涌现出弹力式、一体式、连袜毛巾布式服装，这些服装后来成为婴儿服装队伍的主力军。1960 年，一次性尿布问世。

鉴于儿童发展专家越发强调婴儿服饰不对身体造成束缚的重要性，孩童服装渐渐更加考虑到穿着的舒适和安全因素。因此大多数连衣裙倾向于从肩部垂下的宽松设计。男孩的上衣和裤子是一体式或两件套式，通常在腰部扣在一起。处于爬行阶段的婴儿穿的是灯芯绒整体式裤子，膝盖处带有加固设计，起到保护作用。

◆ 学龄前和学龄儿童服装

在这十年中，儿童服装也受到成人风格的影响，不可避免地呈现相同的发展趋势，儿童服装也反映当时的社会时事热点。1966 年 8 月 14 日，随着越南战争加剧，《纽约时报》的儿童时尚副刊上出现了带有军队风格的服装。60 年代末还融入了摩登派和嬉皮士风格。当时可清洗且只需轻微熨烫的面料是服装制作的首选，因此尼龙、聚酯、丙烯酸以及合成材料和棉的混合材料得以广泛使用。

◆ 女孩服装

20 世纪 60 年代初，当新风貌风格的女性裙子款式开始被宽松款式所取代时，女孩的裙子也逐渐转向宽松的设计。略带 A 字形、公主式剪裁的短裙转变为夏季连衣裙和冬季连衣裤。裙子长度缩短，末端远远高于膝盖。气候凉爽时，女孩们会穿上长袖紧身衣，颜色与裙子相配或形成强烈对比，服装质地多样。在向宽松风格过渡的时期，多数女孩的裙子版型或是直筒宽松且带有宽大荷叶边下摆的样式，或是从肩膀到下摆逐渐向外延展的 A 字型。当成年女性裙子推出长至脚踝的长度时，女孩的裙子也相应增长，这一变化在派对服装上表现尤为明显。

各种裤子的样式在这一时期百花齐放，60 年代的年轻女孩喜欢穿窄腿的弹性尼龙裤。她们更加注重服装的舒适性，因此无论在学校和还是娱乐时间，她们都会穿上蓝色牛仔裤和工装背带裤。此外，女孩还穿上了（上衣与裤子相配的）女衫裤套装，这也是儿童和成人服装风格相似的另一个表现。在早期，女孩穿裤子是为了玩耍的便利，而直到 20 世纪 60 年代末 70 年代初，在学校穿裤子的行为才变得普遍，这一时期成年女性也开始穿裤子上班。

20 世纪 60 年代初，青春期女孩之间兴起了一阵穿摇摆靴（Go-go boots）的时尚，这种靴子长及小腿，多为白色款式。

◆ 男孩服装构成

男孩的西装是男性西装的缩影，其中包括尼赫鲁风格西装和摩登派的西装，通常由聚酯纤维制成。针织 T 恤衫和马球衫，有时带有白色翻领，多数是明亮的横条纹（橄榄球衫）设计，是玩耍时的首选服装。男孩穿的衬衫与成年男子的衬衫一样，通常与外套搭配。

男性留长发的变化在很大程度上受到披头士乐队的影响。青春期的男孩很快就开始追随类似的风格，一些学校对于留长发的男孩会予以停课的处分。随着长发成为 20 世纪 60 年代后期的主流风格，所有年龄段的男孩都像男人一样，把头发留成各种长度。

章末概要

20 世纪 60 年代的美国社会动荡不安，民权运动、学生暴动、女性解放运动此起彼伏。美国对越南战争的升级遭到民众的强烈抗议，其对越南做出的军事承诺也影响着时尚的变化，因此与 50 年代的风格形成了鲜明的对比。女性的裙子变得比过往的任何时期都要短，长裤取代了裙子，出现在日间和晚间服装中。在近 200 年来，男性第一次留起了齐肩长发。男人们开始穿着比 19 世纪以前更加丰富多彩的商业和休闲服装。

那些研究服装与社会变革关系的学者指出，服装的剧烈变化往往伴随着社会的动荡。20 世纪 60 年代是一个动荡的时期，特别是美国。它似乎也是时尚态度发生激进变化的催化剂，不仅影响到后来的风格，而且在未来的几十年里，也会对时尚服装的起源、生产和销售系统造成深刻影响。

20 世纪 60 年代服装风格的遗产

迷你裙首次出现在 20 世纪 60 年代初，成为这一时期的主流裙型，在之后 80 年代中期再次复兴。当时它成为可供设计师选择的众多裙型之一。

1960—1969 年

男性服装：20 世纪 60 年代

男性穿着斜裁设计的窄身西装，风格保守，短发发型，配饰相比其他时期最少。

男性服装：1960—1970 年

颜色和图案上出现更多变化，形成了注重装饰的摩登风格。此外，高领衬衫和尼赫鲁风格西装成为另一种选择。

男女服装

嬉皮士风格的马甲、流苏、头巾、爱心珠十分流行。

女性服装：1960—1970

到了 60 年代中期，裙子变得非常短且宽松。香奈儿套装在时尚界取得了举足轻重的地位。街头风格也进入了时尚前沿。

男女服装

达西奇套衫象征非洲人民对其遗产的自豪感。

20 世纪 90 年代，时装设计师也将触角伸向了这十年，从摩登风格、奥普艺术和无袖 A 字型的转变中汲取灵感。喇叭阔腿裤在千禧年后回归。嬉皮士群体首次提出了如旧衣换新，借用民族图案、风格和面料等想法，又带动了新的时尚潮流（见"现代影响"）。

20 世纪 60 年代，牛仔裤并不是全新的风格，但得到了广泛推广，稳固了其在时尚界的突出地位，成为时尚界的主力军。20 世纪 90 年代，随着白领工作场所的休闲装盛行，牛仔裤的重要性更加凸显。

主要服装术语

阿福罗头（afro）

紧身衬衫（body shirts）

达西奇套衫（dashikis）

几何剪法（geometric cut）

摇摆靴（go-go boots）

热裤（hot pants）

肯特布（kente cloth）

两件式针织紧身衣（leotard）

微型迷你裙（micro-mini）

迷笛裙（midi skirt）

摩登派（mod）

尼赫鲁外套（Nehru jacket）

奥普艺术（op art）

松身装（palazzo pajamas）

连裤袜（pantyhose）

纸质裙（paper dress）

孔雀革命（Peacock Revolution）

南美羊毛披巾（poncho）

罗纹紧身运动衫（poorboy sweater）

波普艺术（pop art）

摇滚青年（rockers）

猎装夹克（safari jacket）

现代影响

在美国，扎染与 20 世纪 60 年代的嬉皮士文化密切相关。印度、中国、日本、印度尼西亚和尼日利亚使用的抗蚀剂扎染方法已有几百年甚至几千年的历史。

2019 年 1 月 17 日，法国巴黎时装周期间，一名模特在德赖斯·范诺顿 2019—2020 年的秋冬男装秀上的走秀图。（图片来源：Dominique Charriau/WireImage/Getty Images）

街头风格（street styles）

风格部落（style tribes）

时尚涓滴效应（trickle-down theory of fashion）

紧身服（unitard）

问题讨论

1. 男装风格的哪些总体趋势可以归因于摩登派和嬉皮士的影响?

2. 请描述牛仔裤是如何成为高级时尚品的。如何用牛仔裤来说明时尚变化的自下而上理论?

3. 20 世纪 60 年代民权运动期间,出现了哪些时尚风潮?许多非裔美国人接纳这些风格的原因是什么?这些风格在多大程度上成为主流时尚的一部分?

4. 女权运动对时尚有什么影响?请找出一些因女权运动而产生且流传至今的风格变化。

5. 20 世纪 60 年代的时装以什么方式反映政治、太空探索和艺术等方面的时事热点?

6. 在第 18 章所列的时装设计师中,你认为哪些人至今仍有拥有巨大影响力?为什么?

参考文献

Age of Aquarius: Woodstock Music and Art Fair. (1969,August 25) . *Newsweek*, 88.

Bivins, J. & R. K. Adams (Eds.) . (2013) . *Inspiring beauty.* Chicago, IL: Chicago History Museum.

Burns, R. D. & Siracusa, J. M. (2007) . *The A to Z of the Kennedy-Johnson era.* Lanham, MD: Scarecrow Press.

Fashions of the Times. (1971, August 29.) *New York Times,* 1.

Giddings, V. L. (1990) . Campus dress in the 1960's. In B. Starke et al. (Eds.) , *African American dress and adornment* (pp. 152–156) . Dubuque, IA: Kendall Hunt.

Kawamura, Y. (2004) . *The Japanese revolution in Paris fashion.* New York, NY: Berg.

King, M. L. (1963, August 28) . I have a dream…Retrieved from http://www.archives.gov/press/exhibits/dream-speech.pdf.

Klemesrud, J. (1970, September 4) . They like the way they looked—Others didn't. *New York Times,* 22.

Livingstone, M. (2009) . Pop art. Grove Art Online. http://www.oxfordartonline. com/subscriber/article/grove/art/T068691?q=pop+art&search=quick&pos=1&_start=1#firsthit

Martin, R., & Koda, H. (1989) . *Jocks and nerds: Men's style in the twentieth century.* New York, NY: Rizzoli.

McCloskey, J. (1970) . The men's fashion report: Aquarius rising. *Gentlemen's Quarterly, 4* (2) , 109.

Plumer, C. (1971) . *African textiles: An outline of handcrafted Sub-Saharan fabrics.* East Lansing, MI:Michigan State University.

Polhemus, T. (1994) . *Street Style.* New York, NY: Thames and Hudson.

Ross, D. H. (1998) . *Wrapped in pride: Ghanaian Kente and African American identity.* Los Angeles, CA:UCLA Fowler Museum of Cultural History.

Spiegel, I. (1965, June 26) . Jewish officials vexed by youths. *New York Times,* 17.

Takeda, S. S., Spilker, K. D., & Esguerra, C. M. (2016) .*Reigning men: Fashion in menswear, 1715–2015.* Munich, Germany: Prestel Publishing.

第 19 章
20 世纪 70 年代：
行动主义和时尚

20 世纪 70 年代

时事在时尚服装中的表现形式

环保运动对时装中纤维和面料使用的影响

劳动力市场女性数量的增加对服装的影响

20 世纪 70 年代男装变化

历史背景

20 世纪 70 年代是动荡的十年，通货膨胀、石油危机和尼克松"水门事件"都发生在这段时期。在时尚方面，休闲和随性风格占据了主导地位。民权和女权的进步，以及环境保护活动让人们更加意识到个人和社会行为对健康、财富和安全所造成的影响。

美国国内政治

理查德·尼克松总统试图掩盖白宫参与水门事件的丑闻未果，只能于 1974 年 8 月 9 日在弹劾的威胁下辞职。他的继任者杰拉尔德·福特不得不努力解决因油价飙涨了两倍多而备受冲击的经济低迷形势。佐治亚州前州长吉米·卡特在 1976 年的总统选举中胜出，在他的任期内发生了几件大事：1979 年以色列和埃及之间签署和平条约、举国推行能源保护计划以及在德黑兰解救美国人质计划。由于失业率居高不下，1978 年美国的通货膨胀率飙升 10%。此外，燃料的短缺迫使汽车在汽油泵前排起了长队。

能源

赎罪日战争爆发之后，石油输出国组织（the Organization of the Petroleum Exporting Countries，OPEC）对美国的石油运输实施了禁运，这一举措导致美国石油进口量骤降，价格增长近四倍。虽然这第一次燃料危机的影响相对短暂，但它唤醒了美国人对节约能源的需求。油价上涨导致了一些合成纤维成本上升。这是因为它们是由聚酯或其他石油衍生的化学品制成的。

1979 年，随着伊朗巴列维王朝的倒台，石油再次面临短缺，这直接导致美国多个街区的天然气供应出现问题。卡特总统在电视上穿着休闲毛衣，用炉边谈话的方式与公众对话，希望民众能支持他的新能源计划，他将其称为"道德上的战争"。此外，他还敦促美国人尽量减少家庭和办公室的暖气和空调使用强度。

公众对环境问题的关注也与日俱增。1970 年在《国家环境政策法》的监督下，美国成立了国家环境保护局（Environmental Protection Agency，EPA）。随后的各项立法也逐步解决了饮用水、核废料、有毒废物清理以及向海洋倾倒污水淤泥等重大问题。

美国家庭生活及女性地位的转变

20 世纪 70 年代见证了美国家庭的巨大变化。离婚率翻倍，而结婚率则在 1976 年下降到每 1000 人中仅有 10 对结婚的低水平。频繁的离婚与再婚催生了许多所谓的混合型家庭。传统婚姻的转变促使更多人未经法律允许就开始同居生活，因此越来越多的公众开始关注同居问题。

到 1976 年，只有 40% 的美国工作能提供足够的收入来支持一个核心家庭，因此更多的已婚女性开始求职。据估计，到 1976 年一半的美国女性进入职场，与男性占据的同等职位相比。但女性在职场待遇上饱受歧视，且晋升的机会也十分有限。

时尚的影响因素

能源危机与穿衣效应

那些在日间较低温度下生活工作的人往往会穿更多的衣服，包括方便穿脱的毛衣和夹克。这一时期的邮购目录也更多地展示温暖的睡衣、睡裤和长袍。

职场女性

数以百万计的女性逐渐进军职场，这无疑改变了时尚走向。商家注意到女性购物模式的转变，大多数职业女性选择在晚上或周末购物，为工作和娱乐场合购买合适的衣服。20 世纪 70 年代，随着越来越多的女性任职企业管理层，她们穿上了女版的商务套装：量身定做的外套和衬衫搭配中等长度的裙子。这些套装以"成功职场女性服饰"为卖点，吸引那些希望成功的女性购买。

仿造皮毛的兴起

环保主义者认识到狩猎和为发展而破坏栖息地的活动让一些野生动物受到威胁，濒临灭绝。其中美洲鳄、猎豹、老虎、雪豹和亚洲狮的皮毛被用于制作时尚服装和相关饰品。1973 年，美国通过了《濒危物种法》(*Endangered Species Act*)，旨在为这些动物提供保护。1975 年，国际协议启动，公众认识到使用野生动物的皮毛制作服装会对野生动物的生存造成威胁。随后，高绒毛合成织物的制造商利用公众认知开始推广仿造皮毛(fake fur)，声称其为真毛皮替代物，同时还对环境无害。

政治事件

政治事件以及政治人物同样能牵动时尚的风向。越南战争结束后，年轻的反战分子开始穿着牛仔裤，还出现了许多受到军装启发的服装。《新闻周刊》1971 年 7 月 12 日

图 19.1　1977—1978 年,西方服装风格深受中国服饰影响。上图为伊夫·圣罗兰设计的服装,他将带有中国风格的图案和对角式闭合设计融入西方连衣裙的设计中。(图片来源: Albert Watson/Condé Nast via Getty Images)

图 19.2　由创新设计师设计的可穿戴艺术原创作品在 1965—1975 年间第一次引起时尚界的重点关注,直到现在还代表着现代时尚的一个独特部分。图为罗伯特·希尔斯塔德(Robert Hillestad)原创设计的"庆典披肩 1 号"(Celebration Cape #1)。(图片来源: Photo by John Nollendorfs)

的一篇文章中描述了在法国圣特罗佩出现的"越南时尚",其中就包括融入了军队风格的服装。《纽约时报》在 1975 年也报道了人们对军装的浓厚兴趣。同年,男性时尚杂志《绅士季刊》(Gentlemen's Quarterly)刊登了带有美国海军风格的领航外套。

1972 年,当尼克松总统宣布他打算去中国访问时,中国风格的服饰立即在美国传播开来,从真实的中国服装到纺织品、配饰、设计图案以及对中国风格的改造等(见图 19.1)。

美的艺术

20 世纪 70 年代,博物馆大型展览的展出令设计师和公众无比兴奋。其中,20 世纪 20 年代发现的埃及法老图坦卡蒙的墓穴为许多设计师带去了许多灵感,成为埃及式设计的催化剂。20 世纪 70 年代中期,图坦卡蒙墓中珍宝的大型展览在伦敦开幕,随后在世界各地巡回展出。此后,又出现了古埃及衍生的珠宝、化妆品和一些其他的服装项目。

20 世纪 70 年代见证了可穿戴艺术(wearable art)的起源,即服装和纤维艺术的结合,它的前身可能是嬉皮士所穿戴的服装装饰。创作可穿戴艺术的艺术家往往结合了各种技术,如钩织、编织、刺绣、拼接、特殊的染色技术和画布绘画技术。因为使用羽毛、珠子等装饰以及层次和切割等技术,每件衣服都是一件独特的艺术作品(见图 19.2)。

图 19.3　尖角造型的粉色头发和带金属饰边的黑色皮夹克是 80 年代初朋克风格的主要特点（左），与当时比较保守的男装（右）形成了鲜明对比。（图片来源：Chris Steele-Perkins/Magnum Photos）

社会变化对时尚的影响

朋克风格

　　1977 年，朋克摇滚乐（punk rock music）的拥趸们开始穿着凌乱、宽松和破洞的衣服，力图通过服装来表现他们的疏离感。年轻男子一般穿黑色皮革，年轻女性则身穿黑色渔网袜搭配超短裙。服装的面料被故意做成有洞、有破损、有污渍的样子。服装的配饰包括作为耳环佩戴或穿过皮肤的别针和剃须刀刀片。朋克喜欢画上黑色的眼妆，将嘴唇涂成紫色，头发染成鲜艳的绿色、黄色或红色（见图 19.3）。

　　英国时装设计师赞德拉·罗德斯（Zandra Rhodes）迅速将朋克理念融入她 1977 年的时装系列，希望借此将朋克风格带给更多的人。维维安·韦斯特伍德（Vivienne Westwood）的性爱精品店还提供朋克风格服装以及恋物癖的收藏和捆绑装备。朋克风格从未主导过主流时尚，但即使在千禧年后，这种风格仍旧成为一些年轻人所追逐的时尚。

　　除了朋克，这一时期还充斥着大量的音乐风格。从包括大卫·鲍伊（David Bowie）在内的华丽摇滚乐队，到主宰俱乐部的迪斯科（disco），再到朋克音乐，每一种都影响着一种时尚审美。此外，音乐家乔尼·米切尔（Joni Mitchell）和雪儿（Cher）都是时尚的象征。

石墙暴动

1969 年 6 月 28 日，纽约爆发了石墙暴动（Stonewall Riots，又称石墙起义），当时的纽约市警察突袭了石墙旅馆，引发了酒吧顾客和附近居民的愤怒。这场暴动成为性少数群体维护权利的导火索，激发了一些性少数群体权益组织的成立，并引发了纽约、芝加哥和洛杉矶的游行抗议。20 世纪 70 年代，不同性取向获得的包容度更高，表现形式也更加明显。比如极具男性化的皮革和牛仔裤或极为女性化的天鹅绒都成为性取向的鲜明视觉标志。在一些社区，手帕的颜色和佩戴位置也成为这些群体谨慎地传达性取向的一种方式。

时尚设计的变化

标签和授权

20 世纪 70 年代末出现了标名牛仔裤（designer jeans），这指的是由知名设计师所设计生产的一种牛仔裤，裤子后面醒目地标记了设计师的名字，其价格几乎是普通牛仔裤的两倍。随着标名牛仔裤和其他标志的流行，服装外部的标签或标志成为各大品牌的主要卖点。由于标签在推广产品方面发挥着越来越大的作用，授权设计师的名字在各种产品上使用的做法也不断传播。设计师越发注重通过营销来提升自己的形象，并在广告上投入大量资金。但是由于设计师品牌的高价值往往能带来高收益，所以假冒设计师标签产品的情况也愈演愈烈。

美国时装设计师

许多美国时装设计师在 20 世纪 70 年代成为家喻户晓的存在。卡尔文·克莱恩（Calvin Klein）和拉尔夫·劳伦于 70 年代初启动了他们的女装业务。克莱恩通常使用自然色系的昂贵面料进行设计。1967 年，劳伦开创了保罗男装公司，专门设计价格昂贵且制作精良的领带。1971 年，劳伦为女性推出了精细剪裁的衬衫。此外，他还为电影设计服装，其中包括 1973 年的《了不起的盖茨比》和 1977 年的《安妮·霍尔》，两部电影都影响了对男装的改造和设计。罗伊·霍斯顿·弗罗维克（Roy Halston Frawick）专注于使用豪华面料设计出简约的服装，他还开创了使用超时代面料制作衬衫式裙子和长款外套的先河。斯蒂芬·布洛斯（Stephen Burrows）的设计采用了明亮的颜色和装饰，他在 1973 年著名的凡尔赛时装秀上展示了他的系列作品，赢得了国际声誉。

1970—1980 年的服饰构成

女性服饰

20 世纪 60 年代末期宽松直筒的短小服装轮廓在 70 年代初仍然流行。直到 1971 年 8 月，《纽约时报》宣布，女性有权穿任何长度的裙子，因此时尚界推出了全长式的及踝长裙和半长式的迷笛裙。但是这些裙子在 70 年代中期并没有立即流行开来，因为服装向新的长度和版式发展的过程往往需要几年时间（见图 19.4）。

"时代评论 19.1" 转载了《女装日报》和《华尔街日报》的节选，这些文字记录了 1969 年至 1973 年迷笛裙的发展历程。

到了 20 世纪 70 年代末，《纽约时报》指出 "长度已经不是问题的关键"，现在设计师关注的是 "什么最好看"。长裤成为裤装的一部分，用于休闲服和正式晚礼服的搭配。短裤和加高丘裤（gaucho pants）也是如此。一些年轻女性穿着极短的短裤，《女装日报》将其称之为热裤。时尚作家将这种轮廓描述为 "流畅型"，因为它为公众提供了一种更加方便和随意的穿搭选择。后来全民健身热潮兴起，瘦而修长和健美的身体成为女性美的理想标准。

◆ 服装

胸罩、内裤、短裤和连裤袜是最常见的女性内衣。在这段时期的前半段，它们主要以纯色布料制作，有简单的印花图样，后来更多生动而醒目的颜色和图样出现在服装上。女性还会在紧身裤和裙子下面穿上宽腿内裤。

胸罩主要由合成纤维制成，用于消除难看的接缝线。连裤袜设计成能在顶端束紧的样式，从而取代了腰带。

1973 年，时尚评论家提到了古典主义的复兴。大多数连衣裙都有腰带或有明确的腰线。服装线条柔和，通过紧身设计凸显身体轮廓（见图 19.5）。在这十年初期，

图 19.4　1971 年 9 月《女装日报》刊登的草图，显示了从迷你裙长度（最左边）到迷笛裙（中间）到及踝长裙长度（最右边）的区别。（图片来源：Courtesy of Fairchild Publications, Inc.）

时尚界对迷笛裙的推广和抵制

　　来自《女装日报》和《华尔街日报》的报道记录了对迷笛裙的推广和抵制。

《女装日报》，1969 年 7 月 7 日
关于服装的"下调"长度

下调服装长度是秋季时尚界的大新闻，巴黎这么说……罗马这么说……伦敦也这么说……

纽约亦是如此。

在过去的五年里，设计师们一直在尝试降低下摆的位置，从膝盖以下到脚踝的长度，包括迷笛裙和及踝长裙……还有和裤子或短裙搭配的大衣。

日间服饰的长度调整在纽约秋季系列中的接受度有限。伦敦方面说，迷笛裙对他们来说已经过时了……及踝长裙才是现在的主流。

几乎每个人都认为现在是新长度的时期。它是一种补充……另一种选择……当今时尚发展的另一个方面。

虽然现在是服装的下调时期，但它仍然需要像伊夫·圣罗兰这样的设计师做最后的定夺，从而设计出新的作品。

而这正是伊夫·圣罗兰在周一展示其高级时装系列时要做的。伊夫·圣罗兰已经在他的左岸男装秋季系列中推出了下调系列。现在他在高级时装中也进行长度的下调。这都体现了他对长度变化的支持。

《女装日报》，1970 年 1 月 14 日

纽约。现在离巴黎高级时装发布会开幕只有十天了。

每个人心中的大问题是——裙子的长度是什么样的？

但现在迷笛裙毫无疑问仍是热点所在，因为现在是它的时代，它最符合如今的潮流趋势。

《女装日报》，1970 年 2 月 2 日。
裙子下摆的战争在升级

下摆不同长度的两派目前正进行激烈交锋。

有一些人明白裙子正在走下坡路。

也有一些人开始处理下摆的长度。

几位设计师在夏季展示了短裙……有些买家买了短下摆服装。

两派人的裙子长度都有所增加。

但是他们却忽略了迷笛女裙的真正意义。

你不能将一条短裙增长几英寸就期望得到一个新的设计。重点是裙子的长度不在膝盖

附近。即使在迷笛裙最流行的时候，一些女性也从未动摇过对这种长度裙子的坚持。

下调到膝盖以下几英寸的裙子，或更长的裙子，仍然属于迷笛裙的范畴。

《女装日报》，1970 年 2 月 5 日
半长女裙使"第七大道"陷入困境

在纽约，据许多第七大道服装制造商称，半身长度的女裙造型所引起的问题远远超出它带来的答案。

商店主管和驻地办公室采购员对此充满了困惑和怀疑，以至于零售商在安排初夏业务时变得极其吝啬，而在春季订单上则又太过保守。

似乎每个人都在寻找时尚的正确方向，特别是春末和夏季的裙子长度，这种低迷使零售商和生产商都陷入了困境。

《华尔街日报》，1970 年 10 月 2 日
式微的迷笛风潮

零售商们满脸愁容："裙子的下摆越长，销量就越低。"

女性认为这种裙子显得她们懒惰、低俗且压抑。

但设计师认为它会流行起来，但只适合在办公场合穿着，否则便会惹人笑话。

《华尔街日报》新闻综述
请对时尚趋势保持沉默

我们已经准备和争论了好几个月的时间，终于到了开幕之夜。声名狼藉的半身裙，尽管饱受唾弃，但还是得到了大肆宣传，并终于在全国数千家精品店和百货店橱窗中，升起帘子，首次亮相了！

大摔一跤

没错，时尚迷们，这是明星自己发出的声音，进入市场时，她被自己的长下摆绊倒，摔了个大跟头。

据《华尔街日报》记者在全国各地采访，一些绝望的零售商述说了事情的经过。随着天气转凉，传统的秋季购物旺季已然过去了几个星期，各地的女性涌入全国的零售服装店——结果又一无所获地匆匆离开了。

资料来源：Articles from *Women's Wear Daily*, reprinted courtesy of *Women's Wear Daily*, Fairchild Publications. Article from the *Wall Street Journal*,reprinted by permission of the *Wall Street Journal*, . 1970, Dow Jones & Company, Inc. All Rights Reserved Worldwide.

尽管很多保守的女性所穿的裙子几乎不露出膝盖，但是这段时期的裙装长度大多都在膝盖之上。到了这十年中期，裙子长度增加，通常从腰部到下摆逐渐外翻，多数为宽松版型，且不带腰线。

日间长裙又名奶奶裙（granny dresses，一种宽松连衣裙），流行于 20 世纪 70 年代初的年轻人群体中。这种风格显然源自摩登派和嬉皮士风格。一些设计元素也会令人联想到早期的历史时期，另一些则剪裁简单，这种裙子的颈部、腰部和袖子都有弹性。

米色和中性色彩的天然纤维取代了 60 年代经常看到的色彩鲜艳的人造纤维。这种天然纤维触感柔软，极具垂感。许多采用针织制作而成，其中较为流行的款式包括：

◎ 从头顶直接穿过的连衣裙，腰部带有弹力绳或抽绳，上身部分带有轻微褶皱。

◎ 棉织裹身连衣裙，一种由设计师黛安·冯·芙丝汀宝（Diane von Furstenberg）所开创的风格，裙身用一条腰带系住。

图 19.5 黛安·冯·芙丝汀宝用印花针织品制成的连衣裙引领了 20 世纪 70 年代末的时尚风潮。（图片来源：Image copyright © The Metropolitan Museum of Art. Image source: Art Resource, NY）

除了极为保守的女性之外，裤装几乎成为所有女性衣橱里的主打产品。裤装的销售价格差异巨大，采用的面料主要包括针织或纹理聚酯和羊毛格子布，在工作和休闲时间作为运动装或者在正式的晚间场合穿着。由伊夫·圣罗兰在 20 世纪 70 年代还推出名为"吸烟装"的著名男士燕尾服套装，并继续影响着时尚界。

约翰·莫雷（John Molloy）在 1977 年出版的《为成功而打扮》（*Dress for Success*）一书中建议在企业界担任管理职务的女性不要穿裤装，而要穿女性版的商务套装：深色的贴身外套和裙子，搭配类似于男性衬衫的上衣。脖子上可以打上蝴蝶结，但是不建议佩戴太过男性化的领带（见图 19.6）。这种统一的外观也改变了服装行业，十大男装生产商中有七家增加了女装产品线。

由于迪斯科舞厅取代了精心设计的正式舞会和派对，晚间服装逐渐变得不像过去那么重要了。事实上，迪斯科舞厅的服装明显不再如从前那般正式：一些女性会穿上牛仔裤，就算是穿裙子或连衣裙也是长度及地，它们逐渐取代了 60 年代的迷你裙晚装。与日间服装一样，这些裙子的面料柔软，版型紧身，且通常是针织制作的（见图 19.7）。

图 19.6 面对那些希望在商界取得成功的女性，服装商人通常会推荐她们穿传统的定制西装，搭配带有软领带的上衣。（图片来源：Courtesy of Fairchild Publications, Inc.）

图 19.7 20 世纪 70 年代末，全长晚礼服再次回到大众视野，霍斯顿是当时最具影响力的设计师之一，他擅长使用这些丝绸或合成针织品制作贴身礼服。（图片来源：Helmut Newton © 1972 Condé Nast Publications）

◆ 运动服装

这个时期出现了各类流行的裤子（见图 19.8）。前期流行的款式被称为"低腰紧身裤"（hip huggers），有宽大的喇叭形或钟形裤腿，裤子包裹住臀部，并且通常在顶部设计了一个内贴边而非腰带。这些裤子顶端在臀部的位置，比人体构造的腰线要更低。

喇叭裤的喇叭底设计起源于水手制服的裤腿形状。设计宽腿裤的初衷是为了让男性在游泳时更方便脱掉衣服，拉下裤子时不会卡到鞋子上。到了 1978 年，大多数裤子都是设计成打褶或束成腰带的样式，裤子向脚踝处渐渐缩小，袖口或卷成脚踝长度。

图 19.8 图 a 为分别由冈特（左）和约翰·安东尼（右）设计的裤装，图 b 为长度向上延伸至小腿中部的"迷笛短裤"（左）和绒面革短裤配绒面革外套（右），图 c 为加乌乔牧羊人裤，图 d 为各种类型的热裤。

图 19.9 20 世纪 70 年代末期流行的毛衣款式中，出现了一种双件套装，即紧身套头毛衣和配套开衫的组合。安妮·克莱恩（Anne Klein）于 1973 年设计的这件毛衣为低领设计。（图片来源：Bob Stone © 1973 Condé Nast Publications）

20 世纪 70 年代，热裤成为当时的一个特色裤型。

牛仔裤几乎成为所有休闲服的标配，表明其受到几乎所有年龄段的人的喜爱，一些女孩和成年女性为了迎合当时风行的身体觉醒风潮，穿上了相当紧身的牛仔裤。年轻女性有时不得不躺在地上，才能将拉链拉上。

到了 70 年代中期及以后，裙子变得更加丰满，裙摆向外翻，并至少覆盖膝盖几英寸。此外，环绕身体的捆绑式裙子，以及由印度的多色织物斜裁而成的飘摆裙（swirl skirt），也是周期性推出的民族风格服饰的一部分。

紧而贴身的上衣让位于由许多直线条组成的较为宽松的款式。高领衫是当时最受欢迎的单穿上衣之一。那个时期人们热衷这种针织衫制成的紧身上衣，方便搭配裙子和裤子。年轻女性还经常穿着高领毛衣和与毛衣相配的紧身衣。

20 世纪 70 年代的大部分时间里，衬衣通常采用针织品等柔软面料制作。肩部线条顺着肩膀的自然曲线延伸。许多针织上衣的定位介于上衣和毛衣之间，分为短袖或长袖，由狭长的罗纹针织品制成。这些上衣十分合身，紧贴身体线条，在腰线下不远处结束。一些女性穿着男式衬衫和前襟带有扣子的衬衣，并将脖子处的扣子解开，以显示她们没有穿戴胸罩的曲线。包裹式的收口设计无论是在衬衫还是裙子中都十分流行。20 世纪 70 年代末 80 年代初，大而宽松的衬衫被随意地披在裤子或裙子外面，其中 1978 年上映的电影《安妮·霍尔》深刻地影响了当时的时尚界。这部电影不仅帮助普及了多层分体式服装的组合，包括前面提到的大衬衫与男式马甲的搭配，还普及了女性的裤装和女式男帽的穿搭。

1975 年，《时尚》杂志将毛衣列为衣橱的基础单品。圆领的毛衣通常穿在贴身衬衫外面，毛衣领口处露出衬衫的翻领。学院风格造型的亮点体现在设得兰羊毛衫（Shetland wool sweaters）上，除此之外，手工编织的毛衣大受欢迎。

长及大腿的开衫毛衣通常配有腰带，搭配裤子或裙子穿着。另一种流行的毛衣样式是毛衣两件套，有配套的开衫和天然纤维制成的系带套衫（见图 19.9）。毛衣尺寸越大，整体便越宽松。1977年，三宅一生首次将宽大的毛衣上衣与紧身裤进行搭配（见图19.10）。

◆ 户外服装

1970年左右，中长、迷你和全长的大衣纷纷出现（见图19.11）。一些制造商生产出带有横向拉链的大衣，允许穿着者在迷你、中长和全长的大衣长度之间来回变换。单排扣或双排扣的长大衣受到电影《日瓦戈医生》（*Doctor Zhivago*）的启发及20世纪初俄罗斯风格（见"全球联系"）的影响，开始出现搭配带状和喇叭状的长裙的潮流风向。

大衣的设计如同裙子一样，上半部分紧贴身体线条，在腰部以下逐渐外翻。当毛衣和裤装风格采用相同面料的领带时，领带式大衣，包括风衣雨衣，便开始流行。大多数大衣的长度低于膝盖。

随着人们对濒危动物保护意识的不断增强，人们开始穿上人造绒毛织物的仿制品。这种织物被称为仿造皮毛。绒毛衬里采用人造纤维制作，以增加保暖性。拉链式衬里设计仍然十分流行，特别适用于雨衣的设计。

20世纪70年代末，也许是受到中国加绒大衣或填充羽绒滑雪夹克的启发，羽绒或纤维填充的大衣在冬季服装中大受欢迎。餐馆报告说，他们为客人设置的衣帽间甚至容纳不下这些大衣。

◆ 其他体育运动着装

女性们穿上紧身衣（长期以来舞蹈演员的锻炼服装）进行有氧运动。丹斯金公司（Danskin）多年来一直在百货公司的袜类专柜销售这些服装。现在，体育用品商店也开始销售各种款式和颜色的紧身衣，它们可以和裙子搭配。关于紧身衣的术语并不十分明

图19.10　模特伊曼穿着长毛衣和贴身裤子。（图片来源：Bob Richardson/Conde Nast via Getty Images）

图19.11　20世纪70年代的全长大衣与时尚女性们不愿放弃的迷你裙共存了数年，当时流行将及膝长靴和迷你裙一起搭配。（图片来源：Bettmann/Getty Images）

确，在1979年3月的《时尚》杂志上，编辑指出，"body suit"（连体服）、"maillot"（一种连体的针织泳衣）和"leotard"（两件式针织紧身衣）这些术语是经常互换使用。

舞者通常会穿一种叫暖腿套（leg warmers）的宽松无脚长袜。暖腿套可以在锻炼时穿，也可以在外出时穿，一度成为年轻女性所追捧的时尚单品。

到20世纪70年代末，人们追求更加强健的体魄，开始了漫步、跑步等健身活动。制造商借此推出新的热身服、跑步和慢跑服装以及鞋子，特别是运动鞋系列，希望通过这些产品回应群众高涨的运动热情。服装制造商在代言、广告和电视广告中借助著名运动员的名声，在运动服的基础上推出各种其他衍生服装和鞋子款式。

1972年7月5日，在温布尔登网球比赛中，罗茜·卡萨尔斯（Rosie Casals）打破了在球场上穿白色衣服的传统。她穿着一件装饰有彩色饰边的网球裙登场（见图19.12）。这标志着一个时代的结束，彩色进服装进入了职业网球场。从这时起，网球俱乐部的要求从原先的白色网球服向着彩色镶边或彩色的网球服转变。网球成为一项热门运动，在富裕的郊区，经常可以看到女性穿着网球服去超市购物。

泳衣的款式也在不断变化，从1974年短期内流行的细绳比基尼到同年的帝政风格裙装泳衣。1975年，鲁迪·格恩赖希设计了丁字裤（thong），称其为"几乎无底布的泳衣"或"荣耀护裆布"，其剪裁在遮盖裆部的同时尽可能多地暴露出臀部。1976年前后，连体式泳衣开始风行。

图19.12 20世纪70年代，职业网球比赛中出现了彩色装饰品，业余选手的风格也变得更具装饰性。（图片来源：George Freston/Fox Photos/Getty Images）

越野滑雪变得越发的炙手可热，毛衣、轻型风衣、过膝袜和灯笼裤都是合适的服饰。到 1976 年，光滑合身的紧身服在滑雪场上很受欢迎。20 世纪 70 年代末，外观类似紧身服，在腰线处用拉链拆开的套装出现。1979 年，弹力脚踏裤和宽松大衣的搭配成为一种时尚。顶级时装设计师在 70 年代末开始设计滑雪服。适合下坡滑行的服装越来越丰富多彩，并随季节不断变化款式。

◆ 睡衣

虽然睡衣和睡裤都还有受众群体，但短款和长款睡裙占据主导地位。在 20 世纪 70 年代后期的冬天，当恒温器被调低以节省能源时，如棉质法兰绒、磨毛特里科布等更温暖的面料，以及像儿童穿的一体式睡衣获得了青睐。

长袍通常系着腰带，它们被剪成和服样式，或有缺口领或披肩领。

◆ 发型与头饰

电视和电影名流继续影响着头发和头饰的发展变化。长直发的风潮一直持续到 20 世纪 70 年代初。在这个年代末期，一些女性把头发梳成细密的卷发，这种风格在电影明星芭芭拉·史翠珊（Barbra Streisand）1977 年主演的电影《一个明星的诞生》（*A Star Is Born*）中出现过。到 20 世纪 70 年代末，阿福罗头变得更短，更加贴近头皮。整个西非、苏丹和非洲之角的人们都留起了玉米辫（cornrows，一种多辫发型），60 年代到 70 年代，一些非裔美国女性开始接受这种风格，将其作为对抗白人美容标准的一种方式。当白人女演员宝·黛丽（Bo Derek）在电影《十全十美》中把她的金发梳成玉米辫时，一些白人女性也开始采用这种造型。1976 年，奥运会奖牌获得者多萝西·哈米尔（Dorothy Hamill）在奥运会上展示了她的短发后，这种楔形发型（wedge）引发了全民热潮。在电视节目《霹雳娇娃》（*Charlie's Angels*）中，费拉·福赛特－马杰斯（Farrah Fawcett–Majors）以一头标志性的金发长发惊艳世人，并引领了 1977 年后的发型潮流。

虽然帽子并不是非常重要的时尚单品，但寒冷地区的人们还是会选择戴上贝雷帽或针织帽保暖。在 20 世纪 70 年代中期，头巾在时尚媒体上首次亮相。

◆ 鞋类

对大多数女性而言，连裤袜和紧身衣已经取代了长筒袜，为她们提供了各种颜色、质地和款式的选择。

20 世纪 70 年代初，各种鞋和靴子底部都增加了厚鞋底，高度从低到高，不尽相同。在厚鞋底流行的时候，木底的木屐特别受欢迎。到 20 世纪 70 年代中期，鞋头变得更加圆润，不再那么尖锐。

到了这个十年的后半期，带有舒适鞋跟的鞋子已经取代了笨重的厚鞋底，整体更加纤细优雅。除了鞋子，靴子仍是相当重要的鞋类一种。

◆ 配饰

每一个季度都会展出不同的流行配饰。时尚媒体发布会中常见的服饰配件有：窄长方形的手提包，较大的托特包，以及带着鲜明纹理的斜挎包。在这整个时期，女性都钟爱香奈儿最初设计的带有链条肩带的小型方形绗缝手提包。那些办公室的成功女性一般携带公文包而非手提包。人们强调天然材料的使用，所以真正的皮革配件能够引起他们的强烈兴趣。

◆ 珠宝

人们不仅对服装的天然材料有了兴趣，也逐渐开始研究黄金和宝石，特别是金项链、金丝环形耳环和钻石的克数，因此设计师艾尔莎·柏瑞蒂（Elsa Peretti）向大众推出了镶嵌着钻石的金项链。1973 年，蛇皮包覆的手镯成为一种时尚。1976 年，电子手表问世。1974 年蒙哥马利·沃德（Montgomery Ward）的圣诞目录中出现了一种可以自己动手操作的穿耳装置。

◆ 化妆品和美容

20 世纪 70 年代中期，出现了一种讽刺的现象，女性努力使用化妆品来打造自然的妆效。多数化妆品公司开发并销售完整的皮肤护理产品系列。发型的多样性也进一步增加了对固发产品的需求。到 20 世纪 70 年代末，口红的颜色越来越鲜亮，眼妆也变得更加明显。

图 19.13 到 20 世纪 70 年代，"孔雀革命"为男性服装提供了许多色彩斑斓的选择，供他们在休闲、娱乐以及更正式的场合穿着。（图片来源：John Alcorn/Condé Nast via Getty Images）

男性服饰

◆ 服装

男士内衣仍然包括拳击短裤、针织内裤、运动衫和 T 恤衫。1970 年，内衣品牌"骑师"（Jockey）制造商用全棉网布生产内裤，并继续用鲜艳的颜色生产男士超短内裤。

20 世纪 70 年代初的西服翻领还很宽，衣身为合身设计。制成的和羊毛纤维的双层针织面料都获得了广泛使用，长裤的底部倾向于外翻。西装有单排扣和双排扣之分，其中单排扣风格占主导地位。

20 世纪 70 年代后期，自 30 年代以来不再流行的带马甲的三件套西装又回归时尚圈。翻领变窄变长，男子的西装采用传统剪裁，双排扣设计，采用深色光滑面料制作。

男性时尚兴起后，媒体也对此加大宣传。20 世纪 60 年代兴起了男式服装的孔雀革命，并在 70 年代上半期达到顶峰（见图 19.13）。随着男装零售额的激增，一些著名的女装设计师也开始进入男装市场，皮尔·卡丹就是其中之一。

20 世纪 70 年代，毛衣变得相当贴身，长度多在腰线左右的地方。该年代末期，毛衣变得宽松了。然而，因为一些餐馆禁止没有领带的男性进入，所以许多男性仍然穿着有领衬衫（见图 19.14）。

20 世纪 70 年代早期，大量的合成针织品得以应用。服装领子大小不一，因此衬衫与西装领子的翻领宽度多成正比。条纹和印花衬衫在当时也很受欢迎。

此外，还有一种较为休闲的商务套装款式。上衣和裤子通常由相同的面料制成，无结构的上衣有类似衬衫的领子或不带领子。休闲装在整个 70 年代都不可忽视，但是十年过后休闲装还是走向了落寞的结局（见图 19.15）。

图 19.14 这两张照片展示了大卫·鲍伊（David Bowie）的潮流穿搭，上图他将几何图案、粗条纹或大胆的格子装饰的衬衫搭配 20 世纪 70 年代初流行的宽大夸张的领带。他以超越性别服装的界限而闻名时尚界，图中他的肩膀上还背着一个背包。

图 19.15 休闲服通常由聚酯纤维针织品制成，但其中不乏使用梭织物制成的服装，这种制作方法在 70 年代中期成为短期流行于男性中的一种时尚。（图片来源：AP Images; above: Courtesy of Fairchild Publications, Inc. ）

孔雀革命对燕尾服的影响深远，燕尾服的剪裁更加贴合身体，且颜色选择更多。其中深红色、绿色和棕色特别受到欢迎。在这些套装中，男士们穿的是前襟有褶皱的衬衫（见图 19.16）。值得注意的是，20 世纪 70 年代的晚装夹克和长裤并不总是匹配的。

图 19.16　20 世纪 70 年代的晚礼服，如图为歌手汤姆·琼斯（Tom Jones）所穿的燕尾服，其剪裁和荷叶边衬衫上都体现出摩登派的影响。（图片来源：CBS Photo Archive/Getty Images）

◆ 户外服装

女性的裙长变短，男性的外套亦是如此。20 世纪 60 年代后半期还产生了毛皮和皮革大衣以及毛领大衣。到 70 年代初，大衣推出了各种长度，与女性款式中的迷你、中长和全长的长度相仿。

休闲户外服包括来自得克萨斯的林登·约翰逊在担任总统期间穿着的西部服装、校园或体育场中常见的长至臀部以下的外套、骑自行车或摩托车时所穿的短夹克外套，以及填充羽绒或合成纤维的衍缝棉衣。

◆ 睡衣

睡衣的形式包括短裤和长裤，是鲜艳的纯色或有印花。20 世纪 70 年代末，当天鹅绒面料成为时尚时，男性穿起了天鹅绒长袍。

◆ 发型与头饰

直到 20 世纪 70 年代末，长发都是发型界的主流。之后，较短的发型又兴起了复古之风。70 年代初，短胡须被男性广泛接受。

◆ 鞋类

厚底鞋在年轻男子中很受欢迎，男性穿着方头鞋和靴子，在休闲活动和剧烈运动时则继续穿着运动鞋。

◆ 化妆品

随着发型变长，男性的护发产品范围也不断扩大。

◆ 运动服装

运动衫有多种样式，其类型随季节变化而变化：天气温暖时候，男子穿 T 恤和马球衫；天气凉爽时，高领毛衣、丝绒套衫和衬衫、提花图案的针织汗衫和长袖运动衫都是不错的选择。

◆ 其他体育运动着装

20世纪70年代，泳裤主要由弹性尼龙或棉制成的，长度较长，称为中长泳裤（swim jams）。随后，1972年的奥运会似乎影响了泳衣的风格，当美国奥运会金牌得主马克·斯皮茨（Mark Spitz）登上赛场之后，又带来了一股新的热潮。整个70年代，男性可选的泳衣包括平角裤和三角裤，以及以比赛为灵感所设计的游泳衣。

直到20世纪70年代初，白色一直是网球运动的主流。此后，男性和女性都更倾向于穿彩色网球服。

滑雪服的款式每年都在变化，这段时期倾向于使用更加紧身的面料，以让穿着者对抗尽可能小的风阻。在越野滑雪中，男性和女性都穿及膝长袜。

儿童服饰

◆ 学龄前和学龄儿童

1976年，加兰公司（Garan, Inc.）为中等价位的儿童服装设计了一种独特的营销策略。他们为两岁及两岁以上的儿童生产了带有动物标签的服装，称为"加兰童装"（Garanimals）。孩子们可以通过搭配来选择合适的服装。例如，标签上有猴子的上衣和标签上有猴子的裤子，或者狮子和狮子的配对等，这种促销活动一直到20世纪80年代初都十分成功。

◆ 女孩服装与发型

在20世纪70年代初，裤子比裙子的穿着率更高。女孩服饰的舒适性变得更加重要，无论是在学校上课还是做游戏，女孩们都会穿上牛仔裤和工装背带裤。此外，女孩们开始穿上裤装，女孩的裤子时尚是儿童和成人风格相似的另一个例子。在早期，女孩穿裤子是为了玩耍，而直到20世纪60年代末或70年代初，她们才普遍在学校穿裤子，在这一时期成年女性开始穿裤子上班。

女孩发型与成年女性的发型一样，包括长直发，对于非裔美国女孩来说，她们主要留着阿福罗头。

◆ 男孩服装

20世纪70年代，一些男孩会穿西装三件套，主要是爱德华时代式剪裁。运动外套通常是无领西装。年轻的男孩喜欢穿短裤，年长的男孩则穿长裤。

对男孩和女孩来说，最重要的时尚单品莫过于牛仔裤了。从20世纪60年代末

服装版型概览图

1970—1980 年

男性服装：20 世纪 70 年代
这个时期的男性仍有许多颜色和图案的服饰可供选择。此外还有更多传统的商务套装。休闲西装成为当时的一种休闲装。

男性服装：20 世纪 70 年代
这一时期的朋克风格包括黑色皮革和莫西干发型。

女性服装：20 世纪 70 年代
成功人士的着装包括西装、裤装和领带。随身包与腰带、鞋子和帽子相配。

女性服装：20 世纪 70 年代
到 70 年代中期，裙子加长，柔和的合身线条取代了原先的笔直短款风格。

女性服装：20 世纪 70 年代
丝质面料的裹身连衣裙是时尚主力。

到 70 年代中期，牛仔裤和其他裤子都是采用喇叭式开口的设计。此外，这个时期见证了文化衫和印有特许标志或其他艺术符号的服装逐渐变得重要并迅速得到青睐的过程。

◆ 户外服装

在户外服装中，较有特色的是那些由人造纤维绒织物制成的服装。男孩和女孩穿着棉绒或羽绒夹克、连帽长袖运动衫，以及乙烯基滑板雨衣。

章末概要

20 世纪 70 年代的政治动荡此起彼伏，其中包括如能源危机、石墙暴动、环保运动和持续的女权运动等，它们都对服装产生了深远的影响。从休闲服到喇叭裤，再到为成功而穿的服装，70 年代的服装展示了风格的多样性，以及个人选择优先于时尚产业的偏好。美国设计师相继崛起，英国设计师也展示了独特的朋克风格。

20 世纪 70 年代服装风格的遗产

20 世纪 70 年代的风格继续风行。休闲风格、设计师授权和大量设计师品牌标识的主导地位从未消失。70 年代时期喇叭裤的裤腿已经不那么宽了。到 21 世纪初，喇叭裤或靴筒裤开始流行。妇女家常服以及裤装的使用仍然是如今时尚的主旋律。20 世纪 70 年代的裤装在 20 世纪 90 年代和千禧年复兴，成为职业女性衣橱中的主打单品，牛仔裤的流行一直延续至今（见"现代影响"）。

现代影响

在 20 世纪 70 年代之前，牛仔裤主要作为工作服，几乎可以在任何场合穿着。时至今日，牛仔裤都还是时尚的代名词，几乎已经无处不在了。牛仔裤还可以和西装搭配用于更加正式的场合。

2019 年 1 月 18 日，法国巴黎时装周上，一名模特在渡边淳弥 2019—2020 秋冬男装秀场的走秀图。（图片来源：Estrop/Getty Images）

主要服装术语

玉米辫（cornrows）

标名牛仔裤（designer jeans）

仿造皮毛（fake fur）

奶奶裙（granny dresses）

低腰紧身裤（hip huggers）

暖腿套（leg warmers）

休闲服（leisure suit）

授权（licensing）

朋克风格（punk style）

中长泳裤（swim jams）

飘摆裙（swirl skirt）

丁字裤（thong）

可穿戴艺术（wearable art）

楔形发型（wedge）

问题讨论

1. 请列出 20 世纪 70 年代发生的三件时事，并描述它们对时尚的影响。

2. 20 世纪 70 年代的环保运动是如何影响纤维和织物在时装中的使用的？

3. 请描述当女性更多地进入劳动力市场对时尚趋势产生了哪些影响？

4. 请描述 20 世纪 70 年代男装的变化。

5. 请说出在本章所列的时装设计师中，你认为至今仍有影响力的人？

参考文献

Carter, J. (1977, April 18). Proposed Energy Policy.Retrieved from http://www.pbs.org/wgbh/americanexperience/features/primary-resources/carter-energy/.

Cowan, L. (1973, June). *Cowrie Lesbian Feminist, 1* (3).

Cunningham, P. A. (2005). Dressing for success: There-suiting of corporate American in the 1970s. InL. Welters & P. A. Cunningham, *Twentieth century American fashion,* (pp. 191–208). New York: Berg.

Fashions of the Times. (1971, August 29.) *New York Times,* 1.

Marcketti, S. B. & Farrell-Beck, J. (2008) 'Look like a lady; act like a man; work like a dog': Dressing for business success. *Dress, 35* (1): 49-69.Molloy, J. (1977). Dress for success. New York, NY: Wyden.

Morris, B. (1978, July 17). Designers talk about the shade of things to come. *New York Times,* D9.

Reilly, A. and Saethre E. J. (2014). The hankie code revisited: From function to fashion. *Critical Studies in Men's Fashion, 1* (1): 69–78.

Steele, V. (2013). *A queer history of fashion: From the closet to the catwalk.* New Haven, CT: Yale University Press.

第 20 章
20 世纪 80 年代：
变化的角色

20 世纪 80 年代

女性在社会和经济领域的角色对时尚的影响

20 世纪 80 年代的街头风格

日本设计师对 20 世纪 80 年代时尚潮流的影响

20 世纪 80 年代的男性时尚风格与前几十年时尚的异同

20 世纪 80 年代时装设计师的持久影响力

服饰的影响因素

环保主义

20 世纪六七十年代提出的环境保护问题在 20 世纪 80 年代继续得到人们的认识和重视。例如，动物权益保护活动家陆续开展了反对穿皮草运动。毛皮抗议者采取了各种激进的策略，比如用油漆喷洒穿着毛皮大衣的女性，这让人们对仿毛皮的合成绒毛纤维织物产生了浓厚兴趣。

垃圾填埋场处理旧衣物时，往往会遇到一些不能通过生物技术降解的合成织物，这也是环保主义者强调回收旧衣服的另一个原因。消费者会去二手服装店，但是他们通常是出于对古董服装的兴趣或以省钱为出发点而购物，而非对环境的真心关切。

图 20.1　高价位、高时尚的儿童服装通常采用与成人相似的风格元素。（图片来源：© Trinity Mirror/Mirrorpix/Alamy）

商业专家表示，因为气候变化正在减少季节间的明显温差，所以人们为不同季节置换不同衣物的体系已经瓦解了，这导致消费者停止购买特定季节的服装。一些主要的零售商聘请了气候学家来帮助他们制定服装的销售策略，以此确定前一季商品的销售时间。

美国家庭生活的改变

20 世纪 80 年代是婴儿潮一代的生育高峰期，由此带动了儿童服装销售量的锐增。80 年代初的经济状况主要反映在富裕阶层愿意花费大量金钱购置《新闻周刊》所称的儿童高级时装（kiddie couture）上，当时的一些成人服装设计师也开始为儿童生产系列服装（见图 20.1）。

女性角色的变化

20 世纪 80 年代，随着就任高薪职位的女性数量增加，升职速度加快，时尚媒体开始注意到了女性服装风格的两极分化。她们在工作时间穿着保守的、量身定做的服装，休闲时间则穿上迷人的、女性化的性感服装。男性和女性的商务服装，被称为"成功套装"，也叫职业套装（power suits，见图 20.2）。

男女服装在这个时期的界限并不绝对，可以互换——包括牛仔裤、量身定做的衬衫、T恤、长袖运动衫、毛衣、西装、跑步服和运动鞋等——许多人认为这是性别角色变化的体现。时尚媒体称这些商品为中性风服装（unisex clothing）。有的女性会在男装部门购置服装，尽管大多数制造商对男女服装的尺寸都进行了区分，甚至包括那些在视觉上完全相同的商品也是如此。随着女性在职业和生活方式选择上的巨变，人们对男女的社会角色有了更广泛的认识。因此，穿着传统异性服装的禁忌已被打破，要求男女服装有明显区别的社会规范也被削弱。

时尚产业的变化

一段时间以来，时尚界不能再对其顾客风格发号施令的想法不断壮大。20世纪80年代，时尚界的发展证实了这一主张。在20世纪70年代之前，时尚学者普遍认

图20.2　设计师约翰·莫雷是20世纪80年代最著名的"为成功而打扮"造型的推广者之一。他提出将深色布料西装、高领衬衫、普通高跟鞋搭配一个手提箱的建议得到大众的广泛欢迎。（图片来源：Chinsee /WWD /© Condé Nast Publications）

为，时尚潮流往往源自上流社会精英采用的风格，之后缓缓向着不太富裕的人渗透下去。通常情况下，引领时尚的富人本身就是高级时装设计师的赞助人。

最初，具有影响力的街头风格和发起这些风格的年轻风格部落的数量相对较少。但在接下来的几十年里，风格部落如雨后春笋般涌现。在维多利亚和阿尔伯特博物馆举办的街头风格时尚展览中，对这些团体的分析表明，几乎一半的团体是因为对某种音乐的兴趣而走到一起的，第二大兴趣则是体育。其他如种族、政治派别、生态兴趣和性取向等社会身份，也是各个群体联合起来的原因所在。随着人数的不断增加，成员们能够通过所穿的服装轻易认出对方。在复杂的相互联系演变中，时间的推移让一些新的风格部落从其他群体中发展出来。

时尚系统元素的变化

克瑞恩（Crane）描述了从20世纪80年代开始，时装的设计、生产和销售系统的

变化过程。她说，作为时尚灵感来源的高级定制时装已经被三大类风格所取代：奢侈时尚设计、工业时尚和街头风格。

在三大分类中，奢侈时尚的范畴包括高级时装的公司和一些极具创意的高身价成衣设计师。奢侈时尚并不局限于巴黎，在纽约、米兰、伦敦、东京和其他城市等时尚中心也随处可见。美国的奢侈时装极少有定制途径，主要通过服装预览会销售。这种展览在不同城市之间举行，富裕的客户会参加展览并试穿服装。设计师会利用主持预览会的宝贵机会来深化对市场需求和顾客期待的认识。在退休之前，美国设计师比尔·布拉斯（Bill Blass）就因他的小型私人展而闻名。

克瑞恩将工业时尚定义为两方面，"一方面是由制造商创造的时尚，他们向许多不同国家的类似社会群体销售类似的产品，另一方面是由局限于某个国家或大陆的小型公司创造的时尚"。拉尔夫·劳伦、丽诗·加邦（Liz Claiborne）和汤米·希尔费格（Tommy Hilfiger）等公司就属于这个类别。

街头风格指起源于风格部落的时尚风格。媒体的关注推广了那些似乎是自发产生或后来得到小团体采用的风格。例如，南布朗克斯区（South Bronx）等地的青少年穿着牛仔裤和阿迪达斯（Adidas）运动鞋进行街头表演。这些风格逐渐受到其他地区的年轻人模仿，在嘻哈音乐风行之后更是如此。正如特纳所言："服装是一种个人和团体的表演形式，青少年在其中将自己与外人区分开来，并确定自己既是个人又是更广泛文化的一部分。"

奢侈时尚、工业时尚和街头风格之间的关系是密不可分的。例如，源自东京街头时尚的想法可能会出现在巴黎高级时装秀的展台上，或出现在工业时尚公司生产的衣服上。

高级定制时装的作用

20 世纪 60 年代以前，巴黎高级定制服装无可争议地是定制服装的巅峰，其设计一度引领时尚潮流。但是这一地位在 20 世纪 60 年代的社会革命中受到了挑战，当时的"成衣"设计对时尚界产生了更大的影响力。时尚专家因此宣布了高级时装的死亡。莫里斯（Morris）总结了这种观点，他说："在迷你裙、T 恤和牛仔裤风行的时代，高级时装设计师仿佛铁匠一样过时了。"

虽然高级时装的影响力在 20 世纪 70 年代有所减弱，但是并没有完全消失。到 80 年代初，高级定制服装卷土重来。来自石油生产国的富裕女性成为能够负担得起高级定制服装的新客户群。然而，受限于穆斯林着装的规定，许多来自阿拉伯国家的女性只在家中穿戴这些高级定制服装。

在这期间，帕特里克·凯利（Patrick Kelly）当属闻名世界的高级时装设计师之一。他出生于美国，是成名于法国的著名非裔美籍时装设计师，擅长对细节的把控，喜欢将天马行空的错位纽扣、流苏、图案和印花融入设计中（见图 20.3）。1988 年，凯利成为

图 20.3 常驻巴黎的美国设计师帕特里克·凯利与他的模特合影。模特们身穿他设计的女装，包括各种面料的彩色连衣裙和套裙。（图片来源：Julio Donoso/Sygma via Getty Images）

图 20.5 在 1998 年的奥斯卡·德拉伦塔系列中可以看到各种流行风格的元素，如紧身剪裁、垫肩设计、透明面料和亮片等。（图片来源：Chinsee /WWD /© Condé Nast）

图 20.4 20 世纪八九十年代的南希·里根和戴安娜王妃以她们独具特色的穿衣风格而闻名。左边身着标志性红色服装的是南希·里根，右边身着白色裙装的是戴安娜王妃。（图片来源：Anwar Hussein/ Getty Images）

第一个被巴黎高级时装公会接纳的美国人。

里根总统时期的良好经济状况使富裕成为社会可接受的。奢华的服装，尤其是晚装，在时尚媒体中占据了突出的位置。此外，罗纳德·里根的妻子南希因其穿衣风格而备受推崇，但也因其奢侈的消费习惯和接受加拉诺斯、阿道尔夫（Adolfo）、比尔·布拉斯等美国设计界重量级人物捐赠的衣橱而受到批评（见图 20.4）。

设计师克里斯汀·拉克鲁瓦（Christian Lacroix）在 1987 年开设了一家新的高级时装店，奥斯卡·德拉伦塔（Oscar de la Renta）则推出了专用于晚装的奢华面料（见图 20.5）。尽管富裕阶层不断光顾高级定制时装，但是这一时期的高级定制时装设计师的重点也悄然发生了变化。在他们的秀场上，高级时装设计师并不试图与成衣店竞争，而是专注于更精致的服装设计上。

成衣

1980—1999 年期间，时尚界的诸多变化都源自成衣领域。

图 20.6　威利·史密斯和妹妹图基（Toukie）的合照，她是他的首席服装模特。（图片来源：Anthony Barboza/Getty Images）

◆ 美国

到 20 世纪 80 年代，美国人已经习惯于购买由美国和外国著名设计师设计的成衣，其中许多设计师都有自己的企业。威利·史密斯（Willi Smith）就是一个典型的例子，他在以自己的名字命名的公司推出了价格适中的产品（见图20.6）。百货公司按照设计师或制造商的名字来划分销售楼层。如此一来，顾客就可以很容易找到他们喜欢的时装公司的衣服。在这样的销售策略下，诸如盖璞（Gap）、美国超大型上市公司（The Limited）和塔尔伯茨女装专卖店（Talbots）等专业连锁店蓬勃发展。

20 世纪 80 年代，艾滋病的发现确认让时尚界备受震动。著名的时装设计师佩里·埃利斯（Perry Ellis）、霍斯顿和威利·史密斯均死于这种疾病。时尚界的许多名流，包括卡尔文·克莱恩和伊丽莎白·泰勒都为此举办了大型募捐活动，美国时装设计师协会也启动了艾滋病基金。

◆ 法国

成立于 20 世纪 60 年代的各大时装公司都在迅猛发展。许多公司和成熟的高级时装店建立了商业联系，由服装设计师设计产品系列。

获得特许经营的精品店在世界各地的城市销售这些成衣产品。制造商首先购买许可证，然后将这些高级时装的名称用于如手袋、珠宝和家用床单等各种物品。

此外还陆续出现了一些其他的设计师和公司，但是他们只创造成衣系列。每年在巴黎举行的两次时装秀备受时尚界瞩目，一些法国以外的公司也踊跃参加法国时装秀。法国公司也会参加其他国家的贸易展览。

◆ 意大利

意大利人继续在成衣和高级时装领域拥有杰出的代表，其中女装领域具有代表性的公司有拜吉奥提（Biagiotti）、詹弗兰科·费雷（Gianfranco Ferre）、范思哲（Versace）、科利扎（Krizia）、米索尼（Missoni）、杜嘉班纳、普拉达（Prada）和露丝安妮（Soprani）等公司；男装和女装领域的代表性品牌有乔治·阿玛尼（Giorgio Armani），皮草领域的芬迪（Fendi），以及皮革产品领域的菲拉格慕（Ferragamo）和古驰，都因设计精美、质量过硬、工艺精湛而在国际上享有盛名。

◆ 英国

20 世纪 80 年代的英国时尚界变得更加多元化。源自街头风格的非传统创新时尚理念，再次与经典融合，回归时尚界。英国王储的妻子戴安娜王妃和约克公爵夫人萨拉·弗格森（Sarah Ferguson）都赞助这些设计师，并帮助英国时装设计师吸引了更多时尚热度（见图 20.4）。

◆ 日本

日本时尚中心的地位逐渐突出，一些日本设计师在 1983 年的巴黎时装展上展示了他们的作品，其中一些已经在国际上获得一定的名声，而另一些作品的热度还没有享誉国际。多数日本设计和其他同时期的时尚完全不同，这立即激发了人们的兴趣和大量新闻媒体的报道。1984 年 5 月，《绅士季刊》（*Gentlemen's Quarterly*）指出："日本的时尚是与众不同的。这些衣服并不符合时尚标准，他们废除一般的时尚范式，以超大的、不同寻常的松散轮廓披挂在身上，服装的颜色几乎总是单色或黑色的。"

当时最著名的日本设计师有三宅一生、山本耀司、松田光弘和川久保玲。1977 年，森英惠成为第一个将高级时装系列带到巴黎展示的设计师。川久保玲和山本耀司紧随其后，于 1981 年在巴黎发布了他们的作品。

川久保玲称她的公司为"像个男孩"（Comme des Garçons），对于她以及其他创新者的设计，公众的反映不一，有的人对这种服装的"新浪潮"表示了热情的认可，也有人给这种深色的宽松服装贴上了"袋装女郎风格"的外号肆意嘲弄（见图 20.7）。

图 20.7　1983 年川久保玲在亨利·班德尔百货商城里为她的服装店开业做准备。川久保最初的设计几乎完全是灰色和黑色的色调，后来她在作品中加入了一些色彩。（图片来源：Iannaccone /WWD /© Condé Nast）

服装生产

在工业日益全球化的背景下，许多美国制造商选择将商品的组装转移到发展中国家。制造商还将生产线大批转移到海外，因为那里的工人工资远低于美国的水平。1983年，加勒比海盆地倡议计划（Caribbean Basin Initiative，CBI）启动，随后于2000年扩大，倡议允许来自中美洲和加勒比地区的免税商品进入美国销售。

海外生产改变了服装制造业的运营模式。在过去，公司只生产零售店买家订购的那些款式。如今在国外的生产体系下，早在制造商了解到最受欢迎的款式之前，订单就已经完成，因此顾客的喜好对于服装公司的生产至关重要。丽诗·加邦的一位代表解释道：

> 如果我们的生产线上只有一万件毛衣，而顾客想买五万件，我们就会面对供不应求的困境，进退两难。从另一方面看，如果大家都不喜欢这款毛衣，那我们就会有大麻烦了。

1984年，美国国会成立"用国货为荣"（The Crafted with Pride）委员会，旨在促进国内制造的纺织品和服装产业发展。然而，自由贸易协定仍在不断刺激着非美国产品的生产。

不断增长的青少年市场

婴儿潮一代继续影响着社会面貌，不过后来在20世纪60年代中期至80年代初出生的X一代，开始在市场上发挥巨大的力量。这个市场包括20世纪八九十年代"吞世代"（tweens，指年龄约7—14岁的青少年儿童）的新市场分支，这一消费群体在零售业中发挥着越来越重要的作用。然而，试图抓住这个市场并不容易。青少年的品位往往是善变的，而且是反复无常的。他们从名人（如说唱歌手和运动员）、杂志、电视（尤其是音乐电视[MTV]）、音乐和同龄人那里获得时尚信息。他们对品牌的忠诚度起伏不定，尽管与流行音乐明星有关的品牌表现良好。

标签的突出使用

到20世纪80年代，男装的设计师标签已经成为一个卖点。意大利风格，特别是乔治·阿玛尼风格受到了广泛的模仿。在20世纪80年代初期，日本设计师创造了自己的男装和女装时尚。所有商店都致力于销售如迪士尼等独立公司所授权的商品。许可证和商标对儿童服装相当重要，因此产业杂志每月都会刊登许可证商品的新闻。

时尚的影响因素

这一时期的时尚主要受到历史造型、社会团体和街头风格的共同影响。复古风格（retro）从过去的事物中获得灵感。许多 20 世纪 80 年代的设计师选择回顾过去的时尚，而非向前展望。米尔班克（Milbank）对复古服饰进行了细致的分类，其中包括 20 世纪 80 年代的裙撑和女式长衬裙，世纪之交出现的吊带衫和衬裙、长裙，爵士时代的垂腰连衣裙，大萧条时期的服装造型，二战时期的宽大肩膀服装，20 世纪 50 年代的半身裙、长裤和露肩肩带，以及 60 年代的荧光色鞘形连衣裙和迷你裙等。

社会群体

20 世纪 80 年代是时尚涓滴效应和自下而上效应的起源时期。

◆ 富裕群体

几个世纪以来，王室家族在时尚界一直有着巨大的影响力，他们捕捉公众的想象力，将浪漫元素融入服装之中。1981 年，英国查尔斯王子与戴安娜·斯宾塞的订婚典礼和婚礼，将戴安娜王妃推到了时尚的聚光灯下（见图 20.8）。她的婚纱仿制品立刻成为当时婚纱中的畅销品，整个 20 世纪 80 年代，媒体都对她的衣橱进行追踪报道。1986 年安德鲁王子与萨拉·弗格森结婚时，新娘穿了一件背部丰满的礼服，从此引领了这种婚纱的时尚潮流。

图 20.8　1981 年 7 月 29 日，查尔斯王子和戴安娜王妃举行了盛大婚礼。（图片来源：David Levenson/Getty Images）

1980 年罗纳德·里根当选为美国总统后，白宫的社交活动便成为展示奢华时装的舞台。与之前的杰奎琳·肯尼迪一样，南希·里根因其精致的时尚选择备受赞誉，但也因其奢侈的时装而饱受批评。

◆ 雅皮士和学院风

20 世纪 80 年代初，经济蓬勃发展，更多年轻人渴望获得社会经济的上层地位，也

图20.9 学院风的服装搭配。（图片来源：Niall McInerney, Photographer. © Bloomsbury Publishing Plc.）

图20.10 通过MTV的媒介，椒盐说唱组合等音乐团体将城市音乐趋势传播到美国乡村地区。（图片来源：Michael Putland/Getty Images）

有了更多实现目标的机会。直到1987年的股市崩盘，雅皮士（yuppies，形容法律和商业等领域工作的年轻且向上流动的专业人士的昵称）通过努力获取了巨大的财富。男性雅皮士常常穿着意大利双排扣职业套装上班，女性雅皮士则穿着类似的女式剪裁版本。

常春藤盟校中家境富裕的学生毕业后往往会成为雅皮士，模仿他们穿着的人们形成了学院风（preppy）风格。这个名字起源自那些在大学之前就读私立预备学校的学生。学院风的服装重点在于经典的斜纹软呢外套、保守的裙子或长裤、剪裁得体的衬衫或衬衣，以及高质量的皮革休闲鞋、牛津鞋或高跟鞋（见图20.9）。

◆ 非洲裔美国人风格

在一段时间里，20世纪60年代时走红的非洲风格在新闻中几乎销声匿迹。但在20世纪80年代，这种受到非洲风格影响的服饰重回大众视野，其推动力主要来自居住在城市内的年轻人，以及在音乐频道上看到的说唱音乐家。他们穿起了阿迪达斯运动鞋或不系鞋带的高帮鞋、极为宽大的T恤衫、环形金耳环和金链子等。艺术家"大爸爸凯恩"（Big Daddy Kane）、埃里克·B（Eric B）和拉基姆（Rakim）等人引领了褪色发型时尚，这种发型的两侧剪得很短、顶部留得很长，名字、文字或图案都可以作为时尚元素设计成发型。椒盐说唱组合（Salt N' Pepa）更是进一步推动了她们标志性的超大皮夹克，不对称发型，以及在帽子、珠宝和衣服上的非洲灵感图案等时尚的流行（见图20.10）。黑人意识有所觉醒，年轻人开始戴上受非洲启发的圆形平顶皇冠帽和融入非洲或西印度国家颜色的非洲地图皮革徽章。

脏辫（dreadlocks），指将长长的头发编织成大量长麻花辫，是牙买加的拉斯特法里教（Rastafarian，一个宗教派别）的雷鬼音乐家的发型。拉斯特法里教以外的一些年轻人也会采用这种风格。

◆ 身体穿孔

一些风格部落还融合一些其他特殊的服装要件，如身体穿孔、疤痕文身以及紧身衣（corsetry）。他们中的一些人自称现代原始人，并采用这些装饰作为对"传统民族"的一种致敬。

◆ 牛仔裤和牛仔布

牛仔裤仍是人们衣橱里的主打产品，甚至连高级时装设计师也使用牛仔布料设计服装。牛仔裤被用于制作夹克、裙子或者整个套装。对于那些喜欢旧款牛仔裤的人，纺织品制造商开发了染色和整理技术，制作出带有褪色效果或条纹外观和柔软质地的牛仔布织物。这些通过预洗、石洗或酸洗等手段处理的牛仔裤，又进一步细分为多种颜色（见图20.11）。

图 20.11　1987 年红极一时的英国流行歌唱组合梅尔和金姆（Mel and Kim）穿着酸洗牛仔裤，看看他们惊人的发量！（图片来源：Dave Hogan/Hulton Archive/Getty Images）

全球联系

图中为 19 世纪的缅甸耳塞，主要由绿色碧玉制成，卡兰人（Karan）将其置于耳洞中。如今缅甸的男性通常戴着带银套的耳塞，而女性则将耳塞敞开佩戴。全世界各地的人们都热衷于穿孔的做法。20世纪 80 年代，人体艺术装饰风潮的兴起，其根源来自一些特立独行的个人。他们从"全球超市"中挪用了一些做法，以表示对其他文化的声援或凸显自己的与众不同。

（图片来源：V&A Images, London /Art Resource, NY）

旧牛仔裤从膝盖处剪短，可以变成短裤。制造商从中看到了商机，将长裤处理后当成短裤出售。到 20 世纪 80 年代末，年轻人开始购买裤腿上有大面积横向破洞、毛边裤口的牛仔短裤（cut-offs）。1988 年，英国摇滚歌手乔治·迈克尔（George Michael）在一段音乐视频中穿了这种风格的裤子，进一步将其推广。与此同时，制造商注意到年轻人中流行穿着自己划破的旧牛仔裤，于是开始生产和销售破洞的长款牛仔裤。

这种现象正符合昆廷·贝尔（Quentin Bell）对地位象征的说明。社会科学家接受了"炫耀性消费"和"炫耀性休闲"象征财富这一观点。此外，贝尔还提出了第三种类型的地位——"炫耀性挥霍"（conspicuous outrage）。他认为，经济地位可以通过如此挥霍来证明购买者有钱投资于非功能性的东西，或者像破损的牛仔裤那样的东西，这都与人们所期待的新型高价服装相悖。

媒体

电影和电视继续影响着时尚发展，里面的人物着装能为时尚界带去灵感，甚至推动某些服饰的流行。具有时代背景的电影也让更多人关注复古时尚。表 20.1 提供了1980—1999 年间各种媒体对时尚影响的一些具体例子。

◆ 音乐团体

迈克尔·杰克逊、麦当娜、格雷斯·琼斯（Grace Jones）、安妮·伦诺克斯（Annie Lennox）等明星吸引了一群追随者模仿他们的穿衣风格。一些音乐团体配有自己的设计师，而其余的则雇用造型师，专门选购演出服装。还有一些表演者经常更换设计师，这样他们的造型就不会变得可预测。为表演者工作的设计师也为零售市场设计或经营自己的精品店。

在讨论音乐对时尚的影响时，康林（Conlin）指出："青少年的时尚潮流在很大程度上归功于音乐世界。孩子们从音乐会和视频中了解了一些时尚风格，并迅速将它们带到了街上。"这些风格的巨大多样性促成了许多时尚潮流的共存。

美的艺术

1963—1971 年间，在戴安娜·弗里兰（Diana Vreeland）担任《时尚》杂志主编之后，她进入纽约大都会艺术博物馆的服装学院参与相关工作。从 1972 年到 1985 年，弗里兰为 12 场展览担任艺术总监。其中"巴黎世家的世界""浪漫迷人的好莱坞设计"以及"俄罗斯服装的荣耀"等展览都广受好评。弗里兰能够将她独特的时尚营销风格运用到博物馆的画廊中，但相比于服装历史的准确性，她对服装能带来的感官体验更感兴趣。

表 20.1 20 世纪 80 年代媒体对时尚的影响

媒体	时期	风格影响力
电影	1981 年	《夺宝奇兵》（*Raiders of the Lost Ark*）让男士的斯泰森式帽子短暂流行起来
	1982 年	《创》（*Tron*）使用了最先进的计算机图形与真人表演相结合的呈现方式
	1983 年	《闪电舞》（*Flashdance*）使灰色长袖运动衫面料和宽松的上衣搭配暖腿套的穿法成为时尚
	1984 年	《神秘约会》（*Desperately Seeking Susan*）由麦当娜主演，她在剧中对蕾丝和头绳的使用增加了她的名气和时尚影响力
	1985 年	汤姆·克鲁斯主演的《壮志凌云》（*Top Gun*）掀起了短发和军装造型的时尚
	1986 年	《席德与南茜》（*Sid and Nancy*）是一部关于朋克摇滚明星的电影，吸引了更多对朋克风格感兴趣的观众
	1989 年	斯派克·李的电影《为所应为》（*Do the Right Thing*）激励了一代电影制作人
电视	1978 - 1991 年	《达拉斯》（*Dallas*）激发了人们对斯特森毡帽和西部服装的兴趣；设计师诺兰·米勒（Nolan Miller）强调垫肩设计
	1981 年	音乐电视频道播放音乐录像，这帮助巩固了人物形象和音乐家之间的关系；第一个播放的音乐视频是《录像杀死电台明星》（*Video Killed the Radio Star*）
	1984 - 1989 年	《迈阿密风云》（*Miami*）的明星唐·约翰逊（Don Johnson）在剧中胡子拉碴，不穿袜子，夹克松松垮垮地披在身上，还带着柔和的粉色墨镜的形象深入人心
		《王朝》（*Dynasty*）推出了以其名字命名的服装系列
音乐和音乐录像	20 世纪 80 年代	迈克尔·杰克逊的右手戴着一只亮片手套的做法引起了青少年的纷纷效仿；麦当娜以其性感的服装而闻名，其中包括露肩胸罩、撕裂的渔网袜、皮革和链子，此外，她还模仿过玛丽莲·梦露 20 世纪 50 年代的经典造型
	1983 年至今	来自纽约市皇后区霍利斯的美国嘻哈组合 Run DMC 等艺术家推广了全黑服装、阿迪达斯运动鞋、水桶帽和袋鼠帽
	1980 年至今	流行音乐风格（如嘻哈音乐、邋遢摇滚、雷鬼、说唱、情绪硬核化说唱或其他音乐团体）的追随者会模仿这些音乐家的穿着风格

　　复古时尚不仅是对从前时尚的复兴，还能从过去的艺术家如毕加索、委拉斯开兹和克里姆特，以及 20 世纪 30 年代的超现实主义和 60 年代的奥普艺术等艺术运动中汲取服装和纺织品的灵感。1984 年，威利·史密斯在他的设计中使用了纽约地铁上的涂鸦艺术，这表示当代艺术也对复古风潮有所影响。此外，以纤维和服装为媒介的艺术家继续设计着引人注目的可穿戴艺术品。

人口特征

怀特指出，人口结构的变化似乎对时装业的命运产生了负面影响。服装消费在1978年达到顶峰，当时婴儿潮一代，即在二战结束到1964年之间出生的大约7500万人，平均年龄处于15到32岁之间。但是自1978年以来，人们的服装支出不断下降，服务支出增加。

此外，随着女性年龄的增长，她们的身体也发生了变化。休闲服装需求量增加的趋势可能与人口统计学有关。婴儿潮一代是穿着牛仔裤和休闲服长大的，因此他们穿休闲服去工作的行为并不令人意外。

自1976年开始，过度肥胖的成年人数量锐增，儿童和青少年的肥胖率也呈现类似的上升趋势，所以设计师推出了大尺寸的服装来满足他们的需求。

高科技织物

弹力织物成为时尚界服装设计的主要元素（见图20.12）。从20世纪80年代末开始，许多高级时装和成衣系列中出现了贴身的针织紧身裤、连体紧身衣和贴身长裤。最终，经典服装的面料，如量身定做的衬衣和衬衫、西装外套、合身的裙子和裤子，都加入了弹性纱线，以确保服装更加合身舒适。

纺织技术的新进展也牵动着时尚的发展。市场上出现了抗污的特氟隆涂层织物，免熨烫织物的性能也得到了提高，可清洗的皮革也开始在市场上流通。一种名为莱赛尔（Lyocell）的新型人造纤维问世，这种布料相比其他材料更加环保。

图20.12 图中的美国女演员简·方达在健身期间，穿着紧身衣和暖腿套，青春洋溢。由哈里·朗东（Harry Langdon）于1985年左右在加利福尼亚拍摄。（图片来源：Paul Popper/Popperfoto via Getty Images/Getty Images）

健身狂潮

随着人们对健身的兴趣不断高涨，漫步、慢跑和运动服装销量也逐步攀升。在过去，一双运动鞋或球鞋就足以满足几乎所有种类的体育活动和休闲服搭配的需要。到了20世纪80年代，运动鞋的重要性已经不言而喻。1980年，一次纽约市的交通罢工让步行上班的女性开始穿上运动鞋，还戴上了更加正式的工作鞋，以便进工作室换上。罢工结束后，这种做法仍在继续，许多女性还会在上班期间穿着运动鞋。

市中心的年轻人将昂贵的运动鞋视作地位的象征。因此逐渐出现了运动鞋和其他高价服装被盗，年轻人因此被杀的可怕报道。当时很少有人将运动服专门用于体育活动，慢跑服便是其中一个典型例子。该套装包括由针织面料制成的带弹力腰带的裤子和配套的上衣组成，衣服是拉链或者套头设计，这种易穿戴且舒适的服装也可以当作休闲服，不仅为运动员所采用，也受到美国老年人和热爱运动的人的喜爱。

图 20.13　慢跑服最初是为运动员设计的，后来各种年龄和体型的男人、女人以及儿童都开始穿着，逐步成为一种舒适的休闲服装。（图片来源：PYMCA/Universal Images Group via Getty Images）

1980—1990 年的服饰构成

20 世纪八九十年代，几个设计流派的出现为时尚界注入活力。尽管这些设计可能没有完全吸引到普通消费者，但它们确实对其他设计师产生了影响。

女性服饰

在许多不同的时尚领域，一些变化趋势是有迹可循的。20 世纪 80 年代初就出现了变化的迹象，肩膀和袖子的设计都变大了，从白天的连衣裙到休闲的毛衣和晚礼服无不加上了垫肩（见图 20.14）。宽肩时尚一直持续到 90 年代初，之后肩部线条就转向了窄小而自然的风格。

健身热潮让人们开始关注自己的身体，内衣的塑形效果起到一部分作用，但是各种体育活动和良好的饮食习惯还是在塑造苗条的曲线上发挥着重要作用。紧身连衣裙主要由弹性纤维氨纶混纺制成（见图 20.15）。最常见的款式有极短的裙子和长至小腿以下的半长裙。此外，短裙和迷你裙重返舞台。直筒长裙带有长窄缝隙。直到 20 世纪 90 年代初，大部分的连衣裙、裙子和裤子都是紧身设计的。

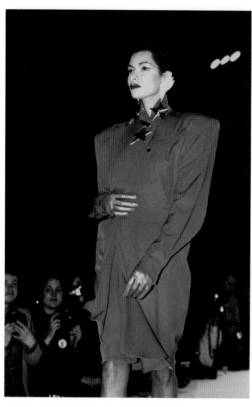 

图 20.14　20 世纪 80 年代初，设计师如蒂埃里·穆勒（Thierry Mugler）缩短了女装的长度，并增加了宽大夸张的垫肩。（图片来源：Niall McInerney, Photographer. © Bloomsbury Publishing Plc.）

图 20.15　20 世纪 80 年代中期及以后，用弹性纤维氨纶和其他纤维混合的织物制成的紧身短裙是可供选择的风格之一。（图片来源：Pierre Vauthey/Sygma/Sygma via Getty Images）

◆ 内衣

普通内衣仍有市场，但与此同属带有褶皱的女性化内衣卷土重来。其中全国性内衣连锁店"维多利亚的秘密"（Victoria's Secret）主要销售饰有五颜六色的蕾丝和丝带的内衣和睡衣，并大获成功。

有些上衣的款式设计成低领的露胸裁剪，因此产生了一批用于打造立挺胸型的胸罩。其他类似胸衣和吊带衫的内衣款式甚至可以当成外衣来穿。一些更保守的人会选择贴身吊带衫，这种内衣在透明的织物之下或服装的边缘隐约可见。

◆ 服装

尽管当时没有特定的裙子轮廓或长度占据主导地位，且面料的使用范围也非常广泛，但在面料的使用方面仍然呈现出几个明显的趋势。自二战结束后就逐渐过时的人造丝面料重返时尚前沿。花卉图案的人造纤维，令人不禁联想到 20 世纪 30 年代的面料，因此广受欢迎。印花人造丝连衣裙通常带有帝政腰线和前部的扣子设计。尽管许多人喜欢天然纤维而非合成纤维，但莱卡氨纶仍旧和其他纤维混纺一起用于制作弹性织物。此外，超细纤维（microfibers）主要用于制作丝绸质感的面料。

　　女性可以选择的服装风格也呈现多元化趋势，其中包括经典的衬衫领连衣裙、毛衣裙、T恤裙，以及用弹性面料制成的紧身短裙。定制西装和定制上衣是当时最适合商务女性的穿着，尽管到了20世纪80年代后期这些西装不再像从前那么统一，而是变得更加多样化，出现了无领和开衫式设计。裙子长度越来越短，但是职业女性却被告知不允许穿过短的裙子。到了1987年左右，裙子变得相当短，因此办公室女性所穿着的裙子长度仅"刚刚高于膝盖"。当裙子继续变短时，一些女性则改穿裤装，因此裤装在20世纪90年代强势回归。

　　1987年之后，乔治·阿玛尼推出了短裤套装（shorts suit），它由短裤和配套的量身定做的外套组成，是裙装的替代品（见图20.16）。卡尔·拉格斐于1982年之后担任香奈儿公司的设计师，并于80年代中期复兴了传统的香奈儿套装。拉格斐采用了香奈儿的基本方案，主要通过鲜艳的色彩及个性化的设计理念对服装进行了富有想象力的更新。大多数服装是为时装秀而非街头穿搭设计的。

◆ 晚礼服

　　法国高级时装的复兴浪潮不断，其所带来的最值得关注的设计之一莫过于晚礼服。这些设计也影响了成衣的正式服装。耀眼夺目的晚礼服与职业女性白天所穿的保守工作服形成鲜明对比。通常来说，晚礼服镶着大量闪亮的刺绣、亮片和串珠，大多颜色鲜艳，面料上还有生动的编织或印刷图案装饰。

　　1985年左右，克里斯汀·拉克鲁瓦为帕图（Patou）设计了名为"泡泡裙"（le pouf）的裙子（见图20.17）。它的裙摆宽大蓬松，外

图20.16　乔治·阿玛尼设计的短裤套装，是80年代后半期裙装的替代品。（图片来源：*Women's Wear Daily*, October 16, 1990. Courtesy of Fairchild Publications, Inc.）

图20.17　让·巴杜在1986年至1987年秋冬巴黎时装秀上展示的短款宽腰裙。（图片来源：Niall McInerney, Photographer. © Bloomsbury Publishing Plc.）

观轻盈飘逸，分为长款和短款两种款式。这种裙子一经问世就受到广泛追捧，尤其是短款很受欢迎。其他短款裙子还包括克里诺林迷你裙。到 20 世纪 80 年代末，宽裙晚装被紧身的短款晚装取代。这些晚礼服分为无肩带和小肩带两种，主要由弹性纤维制成。

◆ 户外服装

到 20 世纪 80 年代末，长款羽绒服被短款休闲羽绒服取代。真毛皮大衣和仿毛皮大衣很受欢迎，善待动物组织鼓励大家用后者代替前者。20 世纪 80 年代初，人们可能受到日本设计的启发，在贴身的连衣裙和西装外穿超大的外套，但到了 20 世纪 80 年代中期，许多外套都很整洁，不太宽松。到 20 世纪 80 年代末，人们开始穿较短的外套，尤其是搭配裤子的时候。

◆ 运动服装

裙裤，又名分衩裙，是流行于 20 世纪 80 年代的一种服装。在 20 世纪 80 年代末，氨纶用于制作弹力紧身衣或紧身裤。

有些紧身裤包裹整条腿和脚，有些则延伸到脚踝处，还有一些则到小腿中部或膝盖附近结束。如艾米里欧·普奇等设计师所设计的紧身裤会采用鲜艳的印花。紧身裤通常和宽松 T 恤、毛衣或迷你裙搭配。电影《闪电舞》让暖腿套大受欢迎，简·方达在她的家庭锻炼视频中也穿上了暖腿套。暖腿套既可以在锻炼时穿，也可以当成休闲装（见图 20.12）。

20 世纪 80 年代初，长袖运动衫成为重要的时尚单品。美国设计师诺玛·卡玛丽（Norma Kamali）从运动衫的针织面料中获得灵感，推出了一系列服装。其风格不仅包括传统的长袖运动衫设计，还延伸到裙子、连衣裙，甚至晚礼服等领域（见图 20.18）。

20 世纪 80 年代中期的女装衬衫款式多样，包括用于搭配商务西装的定制衬衫，以及顶部带有荷叶边装饰的立领衬衫和毛衣，它们的袖子带有一种 19 世纪 90 年代的吉卜赛女郎风格，向上卷起，蓬松得像一顶帽子。20 世纪 80 年代其他显著的风格包括宽肩设

图 20.18　诺玛·卡玛丽所设计的长袖运动衫面料十分流行，图中的超大高领衫（1981 年）可以作为裙子搭配。（图片来源：Paul Amato © 1981 Condé Nast Publications）

计的饱满衬衣，这些衬衣常作为搭配裤子或裙子的外衣。T 恤衫也有多种款式，包括基本的棉质 T 恤衫和带有精致面料和刺绣、亮片和珠子装饰的 T 恤衫。搭配西装的细码棉或丝质针织 T 恤则凸显了工作服和休闲服饰的区别。设计师凯瑟琳·哈姆尼特（Katherine Hamnett）首先提出了 T 恤标语的概念，用于在超大尺寸的衣服上传达政治和环保的信息。

80 年代早期和中期，毛衣上还出现了费尔岛（Fair Isle）图案和针织图样，但在这之后，毛衣更倾向于素色或有整体图案的设计。

图 20.19　由诺玛·卡玛丽设计的一种新型高腰泳衣，深深地影响了当时的泳衣风格。（图片来源：*Women's Wear Daily*, February 27, 1985. Courtesy of Fairchild Publications, Inc.）

◆ 其他体育运动着装

随着健身理念的全民普及，跑步服、热身服、慢跑服和运动服开始大量生产，成为街头休闲服和日常运动服。20 世纪 80 年代初，人们开始将运动短裤穿在紧身裤外面。氨纶混合的弹性面料主要用于生产色彩鲜艳的紧身衣、泳衣和各种滑雪服。

这个时期还出现了新的泳衣样式，设计者将臀部两侧剪出一个高的倒 V 字，几乎达到腰线（见图 20.19）。这种高侧边设计通常与泳衣前面或后面的深 V 相呼应。比基尼，包括那些以丁字裤为底裤的比基尼，仍是常见的泳装款式，此外传统的连体式套装也依旧流行。

奥运会滑雪运动员所穿的紧身连帽滑雪服，其色彩鲜艳的面料主要由高科技纤维制成，目的是最大限度减少风阻。休闲滑雪服吸收了其中的设计理念，大多选用明亮的荧光色来凸显时尚感，直到 20 世纪 80 年代末，更柔和的颜色才成为首选。

而在网球运动中，女性通常穿着白色的针织上衣，搭配白色或彩色的裙子或短裤。1985 年，安妮·怀特（Anne White）在温布尔登网球比赛的第一场中穿了一件紧身的白色连体衣，随后官方禁止了这种服装，因为网球当局认为这种衣服"不是传统的网球服装"。

◆ 睡衣

睡衣的选择众多，从包脚的一体式睡衣到带有饰边装饰的女性睡衣，面料从丝绸到磨毛尼龙平纹针织布不等。短的和长的 T 恤衫都可以作为睡衣。

睡袍包括长短款式的羊毛袍，由人造纤维制成的高绒毛袍或天鹅绒针织袍以及长或短的绗缝袍等。

◆ 发型与头饰

20 世纪 80 年代，发型成为时尚多样性的现实写照。发型长度有长有短，造型或饱满，或卷曲或毛躁，各种款式共存。到了 80 年代中期，想要尝试朋克风格的人可以使用可清洗的喷雾剂来给头发染色。到 80 年代末期，一些女性把头发留得很短，有时男人和女人（和孩子）都会留同样的发型。

从 20 世纪 80 年代中期开始，帽子的销售量每年以 15% 左右的速度上涨。与老年人相比，年轻人使用帽子的场景更多。帽子多用于头部保暖，而非时尚宣言。随着人们对于保护皮肤免受紫外线照射意识的提高，帽子也逐渐成为防晒措施的一种方式。此外，头发还有别的装饰方式。1985 年夏季出现了头带。80 年代末，头发上系花蝴蝶结也流行起来。1988 年，人们在头发上系上围巾或带有缎带或织物装饰的小松紧带。

◆ 鞋类

20 世纪 80 年代末，随着裙子越来越短，低跟鞋逐渐风行。在整个 80 年代，各种运动鞋主要用于运动和休闲。

许多年轻人穿着马汀医生（Doc Martens）系带靴，这种鞋最早是在 1946 年为医生克劳斯·马汀（Klaus Maertens）制造的。当滑雪伤了脚之后，马汀让人在他鞋底制作了气囊，以减轻他脚上的压力。1959 年，这种风格被授权给英国格瑞格斯公司（R. Griggs & Co.），直到 20 世纪六七十年代，朋克群体穿起这种鞋之后，才在时尚界第一次引起了关注。

连裤袜有不透明和透明两种。有些是带有图案的，有的串着珠子、亮片或其他装饰物。

◆ 配饰

20 世纪 80 年代的众多时尚配饰中，最引人注目的莫过于披肩和大围巾了，它们常用于披在大衣外面。1983 年，斯沃琪手表（Swatch watches）又成为一种时尚，并在随后的几年里一直保持热度。在箱包方面，一些女性使用一种类似旅行袋的小背包取代了手提包。

◆ 化妆品和美容

20 世纪 80 年代，原先在 70 年代的自然妆效被 80 年代更浓重的妆效取代。口红的颜色更深，通常在嘴唇的边缘还用唇线笔勾勒出唇形轮廓。为了拥有当时流行的丰满唇部，模特和其他女性热衷于向唇部注射硅胶。

相比晒黑的肤色，苍白的皮肤在当时更受欢迎。阳光直射和皮肤癌之间的联系可能是黑肤色逐渐不再流行的原因。

为了保持时尚的造型，诸如发型摩丝、凝胶和喷雾剂等各种护发产品大量涌现。

这时期的街头时尚主要聚焦在文身和身体穿孔上，他们通过这些手段将饰品永久装饰在身上。此外，如果不希望对自己的身体做永久性的改变，人们还可以购买肚脐和鼻环夹以及可水洗的文身贴纸。

男性服饰

20 世纪 60 年代所谓的孔雀革命致力于男装产业的改革上。自那时起，男人和女人一样，在服装选择上有了更多的选择，时尚的分支也在不断增加。尽管在 20 世纪 80 年代，商界仍需穿着传统的商业服装，但在社交场合和休闲活动中，男装有了更多的选择和自由度。

专卖店出售设计师的男装作品，还出现更多女装设计师开始为男装设计服装。80年代及以后，男装风格也为女装的工作和休闲服装提供了大量灵感。

◆ 服装

人们穿着同样的四角裤、内裤等内衣基本服饰，但在颜色和剪裁上有所创新。1984 年，经典内裤首次出现了彩色款式。20 世纪 80 年代，出于对徒步旅行和露营兴趣增加，人们很快就生产出了适用于寒冷天气的保暖内衣，材质众多，包括棉、羊毛、丝和聚丙烯，同时覆盖男装和女装款式。

意大利风格在当时逐渐盛行，对男式西装的轮廓也产生了影响，特征是西装肩部线条很宽但很修身。

除了西装变化之外，男子还可以购买各种颜色和图案的礼服衬衫。带白领的彩色或印花衬衫在当时特别受欢迎。领子的尺寸各不相同，其比例主要依照外套翻领的宽度比例变化。意大利设计师乔治·阿玛尼展示了他 20 世纪 80 年代的一些西装与 T 恤衫的搭配。

◆ 运动服装

较为流行的休闲服款式包括双排扣羊毛呢西装外套，特别是在 20 世纪 80 年代初天然纤维流行的时候。这些衣服通常穿在毛衣或织物马甲外面。80 年代的夏季，亚麻夹克以浅色或者亮色款式居多。

休闲服的裤子款式从牛仔裤到量身定做的便裤不等。除了传统的、保守的风格外，这个时期还出现了一些创新款式。80 年代初，一些裤子的底部变细，并在脚踝处用尼

图20.20 20世纪80年代初的男式运动上衣以宽肩为主，裤子通常在脚踝处用尼龙搭扣、拉链或封口签束紧。（图片来源：Daily News Record, June 22, 1981, courtesy of Fairchild Publications, Inc.）

图20.21 20世纪80年代末的晚装以宽大垫肩为特点。（图片来源：Daily News Record, February 6, 1989, Courtesy of Fairchild Publications, Inc.）

龙搭扣束紧（见图20.20）。到20世纪80年代后期，裤子前面打褶，设计宽松。

◆ 晚礼服

古典音乐家和其他舞台表演者或是婚礼上的司仪会穿着燕尾服，此外的几乎所有正式场合男式都穿无尾礼服。他们的穿着方式与日间西装有很大的不同（见图20.21），晚礼服的颜色多种多样，色彩丰富。

◆ 户外服装

商务和礼服大衣的下摆长度与女性的相似。大衣的版型与西装外套的版型相仿。

人们常穿的休闲户外服装包括皮革摩托车夹克，西式分体牛皮绒毛夹克（或仿造合成绒毛夹克），以及填充羽绒的背心和夹克衫，也有人穿派克大衣。

◆ 其他体育运动着装

游泳服装方面，男性有多种选择，包括极细丁字裤、比基尼、内裤和平底裤。20世纪80年代末以后，弹性面料广泛使用。冲浪运动让人们更加关注泳装，宽松和长款冲浪裤登上服装舞台。

由于漫步和跑步的风潮兴起，热身衣很快变成了热门的运动服装。健身短裤和运动裤主要用于田径运动和休闲场合。

20世纪80年代中期及以后，人们开始穿氨纶自行车短裤。环法自行车赛选手所穿的及膝短裤进一步确立了这种风格。

网球服装中的颜色变化更为明显。滑雪运动的风格每年都在变化，更加紧身，面料不断减少风阻。鲍勃·奥图姆（Bob Ottum）在1984年2月27日的《体育画报》（*Sports Illustrated*）上曾打趣道，当年的滑雪服款式十分贴身，以至于"只能让选手在起跑线上裸体排队，然后给他们喷漆的地步了"。越野滑雪仍然是当时的热门运动，比赛选手穿的是高科技合成纤维制成的短裤或紧身裤，而业余爱好者则穿羊毛或灯芯绒短裤和过膝长袜。

◆ 睡衣

最普遍的睡衣款式通常是高领套衫、V 领套衫，或衬衫领上衣配睡裤。有的睡袍采用无领和服款式，有的则为带披肩领款式。在 20 世纪 80 年代，出现了配套的毛圈长袍和短裤。

◆ 发型与头饰

在整个 20 世纪 80 年代，人们的发型有长有短，但短发占主导地位。

在运动场合，男性通常戴着帽子。随着婴儿潮一代中的男性老去，他们开始采用棒球帽来遮挡后退的发际线。他们之所以不接受其他传统帽子，可能和他们对过去的怀念有关。

斯泰森式帽子在以得克萨斯州为背景的电视节目《达拉斯》播放后经历了短暂的复兴。同样的情形出现在 20 世纪 80 年代初电影《夺宝奇兵》上映之后，扣边毡帽也曾红极一时。

嘻哈艺术家们推广了袋鼠帽和水桶帽。

◆ 鞋类

丝袜有各种各样的针织面料、颜色和图案可供选择。20 世纪 80 年代，电视剧《迈阿密风云》热播时期，男主角唐·约翰逊曾在剧中穿鞋而不穿袜子，这一举动引起了一些男人的模仿。当时的运动鞋种类繁多，贵贱不同，都占据重要市场地位。

此外，西式靴子和徒步旅行鞋也受到人们的喜爱，阿迪达斯、彪马（Puma）等品牌的运动鞋在城市地区占主导地位。然而，也有人也穿匡威（Converse）、凯兹（Keds）、耐克（Nike）以及其他一些不太知名的品牌鞋。在英国，运动鞋与牛仔裤、马球衫、运动服一起成为休闲风格的组成部分。

◆ 配饰

20 世纪 80 年代末，花卉领带风行，领带宽度增加，这一趋势一直发展到了 20 世纪 90 年代。

◆ 珠宝

尽管越来越多的男性佩戴金链子和耳环等珠宝首饰，但是商务着装建议手册上通常建议男性只佩戴代表自己母校或姓名缩写的结婚戒指或徽章，保守的皮表带手表，领带夹或别针及袖扣。

◆ 化妆品和美容

1987 年，全世界男性盥洗用品总支出高达 10 亿美元，其中香水和须后水的花销更是达到了近 5.6 亿美元，相比十年前翻了一倍。更多的男式肌肤护理产品也相继出现。许多男性在男女通用的美容院做造型而非去理发店简单地理发。

演员唐·约翰逊在《迈阿密风云》的造型中蓄了几天的胡须，很快时装模特、流行音乐家及追求时尚风潮的学生和能在工作场合留胡子的男性都开始留起了胡子。这种风格在 20 世纪 90 年代一直断断续续地延续着。

儿童服饰

这一时期的儿童服装，乃至一至三岁的婴幼儿服装，在轮廓、下摆长度和首选面料方面显著反映了成人的服装风格。当时只要出现新的成人服装款式，就会出现相应的儿童服装。

图 20.22 到了 20 世纪 80 年代，儿童服饰中传统的淡色系服装逐渐加入了生动多彩的多色设计。（图片来源：Oberto Gili/© 1989 Condé Nast Publications）

如音乐电视等电视频道和《芝麻街》等节目也对儿童服装产生了影响。儿童服装制造商购买了大量的卡通和漫画人物授权许可，将其运用于运动衫和运动鞋等各种服装上。大众对于这些授权服饰产品的兴趣逐年增长，导致体育和娱乐产业的标志在服装中无处不在。

几十年来，人们习惯于用柔粉色或浅色带有小型图样印花的服装来打扮婴幼儿。人们从过去的宝贵经验中得知，这些颜色和小孩子娇嫩的肤色最为相配，较小的图案更适合小孩的尺寸。直到 20 世纪 80 年代，儿童服饰的配饰出现重大转变，即使最年幼的儿童，也开始有了鲜艳的多色服装可选（见图 20.22）。从这时起，消费者可以为孩童购买亮色和柔色两种不同的服饰。

男孩女孩几乎在所有场合都穿着裤子，牛仔裤仍然大受欢迎。女孩所穿的紧身裤采用氨纶制作。十几岁的男孩偏向于穿宽大的嘻哈风裤子。

热身服不只在成人服装中的流行，它们也渗透到了儿童服装市场。如自行车裤等由氨纶制成的弹性运动服，以及专为户外运动人士制作的人造纤维绒毛织物都大为流行。这些面料有时候还用于制作保暖衣物的衬里或外层。

儿童泳衣也出现了类似成人的款式。20 世纪 80 年代，当女性的高腰泳衣问世时，小女孩的泳衣也开始出现这种剪裁。

◆ 女孩服装

到了 20 世纪 80 年代，儿童服饰中传统的淡色系服装逐渐加入了生动多彩的多色设计。女孩裙装下摆长度不一，从膝盖以上几英寸到过膝的长度应有尽有。到 20 世纪 80 年代末，一些连衣裙的长度低于膝盖几英寸，而其他裙子则相对较短。

其他受欢迎的服装还包括各种短裤和长裤，与大件 T 恤衫搭配的过膝或更长的紧身衣、跳伞服和慢跑服等。

◆ 男孩服装

体育活动对男孩服装的塑造起到关键的作用。其中较突出的是棒球运动员的夹克和帽子，橄榄球衫，以及由体育人物代言的各种时装等。后来，从帽子到夹克衫上都印上了各种运动的标志。20 世纪 80 年代，男性服装中的游猎风格、西部风格、休闲套装和天然面料等都推动了男孩服装的发展。

章末概要

从广义上看，时尚指的是许多人在短时间内共享的品位。20 世纪 80 年代涌现了大量的时尚潮流，如露肩长袖运动衫、弹力束发带和荧光色等十分流行的元素，但它们在接下来的十年里又走向衰弱。时事热点、媒体新闻以及和新兴时尚设计师都牵动着时尚的发展方向。例如，1980 年日本设计师所提出的创新设计、带动人们追求苗条身材的健身热潮，以及电影和电视演员在大银幕上的名人效应等。

此外，80 年代初经济蓬发，这让许多渴望获得高社会和经济地位的年轻人看到了希望。这一时期的影响主要包括粉丝对音乐家和王室成员的追捧。街头风格占据服装界的主导地位。健身热潮则不断刺激着人们参与跑步等锻炼之中，从而促进了各种运动服装销量的增长。尽管服装领域不尽相同，但仍有一些相同的变化趋势悄然出现。服装的肩膀和袖子都变大了，从白天的连衣裙到休闲的毛衣和晚礼服都增加了垫肩设计。对于普通群众而言，较为正式的礼服和休闲服或运动服之间的区别较小。

服装版型概览图
1970—1980 年

女性服装

影响主流时尚的趋势包括宽厚的垫肩和短裙。

男性服装

商务套装有宽大的垫肩和轻便剪裁的版型。

男性服装

健身热潮让运动装成为男士衣橱的重要组成部分。

男性拥有了更多色彩和装饰性服装的选择。

受到哥特摇滚启发而产生的哥特式造型，通常采用深色和紧身胸衣一般的紧身服装。

受嘻哈音乐启发而产生的带有嘻哈风格的大号衣服和运动鞋。

20世纪80年代服装风格的遗产

20世纪80年代的服装融合了许多其他时期的影响因素。比如二战时期的大垫肩、50年代的半身裙和露肩背心以及60年代荧光色的鞘形裙和迷你裙等。今天，人们采用服装来定义个性、兴趣和状态的想法已经在社会中根深蒂固。20世纪80年代风格的元素，宽大的垫肩，对健身和苗条身材的强调，甚至弹力束发带都在2010年强势回归。克里诺林裙偶尔也会回归时尚界，特别常见于T型台走秀中（见"现代影响"）。

主要服装术语

炫耀性挥霍（conspicuous outrage）
紧身衣（corsetry）
毛边裤口的牛仔短裤（cut-offs）
脏辫（dreadlocks）
儿童高级时装（kiddie couture）
泡泡裙（le pouf）
超细纤维（microfibers）
职业套装（power suits）
学院风（preppy）
复古风格（retro）
短裤套装（shorts suit）
中性风服装（unisex clothing）
雅皮士（yuppies）

现代影响

20世纪80年代的泡泡裙多为吊带款式。这位来自巴尔曼（Balmain）2019高级定制时装春夏成衣秀的模特，围着夸张的悬垂围巾，腰上系着宽大的金属腰带，佩戴着充满未来感的圆框黑色眼镜，头发则相应染成了银白色，整体呈现出一种"另类超脱"的风格。

（图片来源：Estrop/Getty Images）

问题讨论

1. 女性在社会和经济方面的角色变化如何影响这一时期的时尚？

2. 请举例说明哪些街头风格影响了20世纪80年代的时尚？

3. 20世纪80年代时尚界发生了哪些变化？日本的时装设计师是何时开始在国际上

崭露头角的？列出这些设计师作品的几个特点，并描述他们对当时和今天的时尚趋势的影响。

    4. 20 世纪 80 年代的风格在今天继续产生共鸣的原因是什么？

参考文献

Berkow, I. (1990, May 14) . The murders over the sneakers. *New York Times*, C6.

Conlin, J. (1989, April 20) . Gonna dress you up. *Rolling Stone,* 51.

Crane, D. (2000) . *Fashion and its social agendas.*Chicago, IL: University of Chicago Press.

Daria, I. (1990) . *The fashion cycle.* New York, NY: Simon & Schuster.

Finamore, M. T. (2010) . Vreeland, Diana. In V. Steele (Ed.) , *The Berg companion to fashion* (pp. 715–716) . Oxford, UK: Berg.

Inside fashion. (1984, May) . *Gentlemen's Quarterly*, 39.

Leinbach, D. (1990, March 4) . Trends in children's fashions (Part VI) . *New York Times*, 52.

Lord, S. (1987, June) . The masculine presence. *Vogue*, 187.

Milbank, C. (1989) . *New York fashion: The evolution of American style.* New York, NY: Abrams.

Morris, B. (1982, March 7) . The case for couture. *The New York Times Magazine*, 174.

Ogden, C. L., Carroll, M. D., Kit, B. K., & Flegal, K. M. (2014) . Prevalence of childhood and adult obesity in the United States, 2011–2012. JAMA, *311* (8) : 806–814.

Ottum, B. (1984, February 27) . Notable triumphs, wrong notes. *Sports Illustrated*, 23.

Pitts, V. (2003) . *In the flesh: The cultural politics of body modification.* New York, NY: Palgrave Macmillan.

Steele, V. (2013) . *A queer history of fashion: From the closet to the catwalk.* New Haven, CT: Yale University Press.

Turner, T. (2019) . *The sports shoe: A history from field to fashion.* New York: Bloomsbury.

Vale, V., & Juno, A. (1989) . *Modern primitives.* San Francisco, CA: Re/Search.

White, C. R. (1996, October 6) . As the way of all flesh goes south. *New York Times,* Section 4, 16.

第 21 章
20 世纪 90 年代:
时尚碎片化

20 世纪 90 年代

20 世纪 90 年代社会对时尚的影响

20 世纪 80 至 90 年代日本时装设计师审美观的异同

20 世纪 90 年代女性、男性和儿童的时尚趋势的相似性

20 世纪 90 年代服饰的休闲趋势

20 世纪 90 年代时装业的变化

图 21.1 比尔·克林顿总统和夫人希拉里·罗德姆·克林顿在白宫前种植山茱萸树，以此纪念俄克拉何马城联邦恐怖爆炸案中的受害者。（图片来源：Dirck Halstead/The LIFE Images Collection/Getty Images）

历史背景

计算机和互联网的兴起让 20 世纪 90 年代发生了翻天覆地的变化。这是一个由电脑驱动文化发展的时期，手机、电子邮件和其他技术的出现对个人和工作生活都产生了巨大影响。人们的时尚选择越来越多，拥有无数表达自己的方式。

美国国内政治

这个十年是从乔治·赫伯特·沃克·布什总统的任期开始的。尽管他曾承诺不增加税收，但却没能兑现诺言。这个时期较为重大的外交事件有美国入侵巴拿马，以及伊拉克入侵科威特而导致的海湾战争。不断上升的失业率和经济衰退的局面让阿肯色州州长、民主党人比尔·克林顿在 1992 年击败了布什，当选美国总统。1993 年，北美自由贸易协定（NAFTA）通过，由此降低了美国、加拿大和墨西哥之间的关税，标志着早期立法的胜利，该协议建立了世界上最大的自由贸易区。比尔·克林顿在其任期内实现经济繁荣发展、低失业率和低利率的成功局面，这些让他赢得了第二个任期。

1993 年 2 月 25 日，美国境内遭受了第一次恐怖袭击。纽约市世界贸易中心下一枚炸弹的引爆直接导致了 5 人死亡，1000 多人受伤。随后 1995 年 4 月 19 日，蒂莫西·麦克维（Timothy McVeigh）引爆的炸弹毁坏了俄克拉何马城的一座联邦大楼，造成 168 人死亡，其中包括许多儿童（见图 21.1）。

此外，校园暴力事件也让举国震惊，最严重的一起的是 1999 年 4 月 20 日发生在科罗拉多州利特尔顿的科伦拜恩高中，这起惨案导致 14 名学生和 1 名教师死亡。

能源与环境问题

许多科学家认为，20 世纪 90 年代被称为全球变暖的气候问题正不断加剧，这一问题的幕后黑手便是无节制的人类活动。自从科学家检测到南极上空的臭氧层消耗以及北极上空的一个小臭氧洞后，环境危机意识便越发深入人心。1990 年，美国国会通过了《清洁空气法》，旨在遏制对环境和美国人健康造成伤害的四大威胁：酸雨、城市空气污染、有毒空气排放和平流层臭氧消耗。

环保运动可能是人们偏爱天然纤维的原因。1990 年 3 月 25 日，《纽约时报》在头版发表了一篇报道，标题为"时尚界的绿色运动"，文章主要描述了制造商和设计师为环保事业做出的努力。

消费者对环保产品的支持让厂商开始培育和生产无须染色的天然彩色棉、无须使用杀虫剂的有机棉以及用植物、昆虫和矿物中的天然染料染色的织物（见图 21.2）。由回收的汽水瓶制成的聚酯纤维开始出现在各种产品中，如 T 恤衫、棒球帽和用于运动服和寒冷天气的绒毛织物等。

图 21.2 如图为 1996 年出现的编织棉质连衣裙，由 Foxfibre® 品牌生产的天然彩色棉花制成，这是其中的两种颜色。（图片来源：Courtesy of Ruth Huffman Designs, Dallas, TX）

日本的影响

到 20 世纪 90 年代，日本在汽车和电子产品方面的快速发展对美国形成了巨大威胁，这让美国生产商不得不翻新他们的工厂，削减工人工资，并引进包括机器人技术等高新科技。一些生产这些产品的美国工厂纷纷搬到了美国境外，希望寻找更便宜的劳动力。其中，许多公司将他们的服装制造业务转移到了环太平洋地区等地经营。

处于青春期的日本年轻人大多热衷于追随日本街头服装的最新潮流。日本漫画非常流行，漫画图书和动画影视非常发达：这两者调动更多日本年轻人参与到角色扮演

图 21.3 起源于日本的角色扮演活动在世界各地传播。图中一位在东京参加角色扮演活动的青年对着镜头摆着姿势。（图片来源：Kurita Kaku/Gamma-Rapho/Getty Images）

图 21.4 1994 年，日本设计师已经告别了他们第一次在时尚舞台亮相时的黑暗设计。三宅一生创造了图中的"飞碟连衣裙"，裙身采用色彩斑斓的褶皱聚酯材料。当不穿的时候，裙子还可以像手风琴一样折叠起来存放。（图片来源：Daniel SIMON/Gamma-Rapho via Getty Images）

全球联系

漫画和动画

历史学家认为，现代漫画的历史可以追溯到 20 世纪初。当时报纸上会印刷连载的漫画书和卡通画。20 世纪末，漫画和动画等平价娱乐形式逐渐在西方世界普及。专门研究日本当代文化的法国历史学家让·玛丽·布瓦苏（Jean Marie Bouissou）指出，作为一种"能带去纯粹快乐的商品"，漫画和动画"过度、冲突、不平衡和公开的性感等特性赋予它们一种独特的美感"。

（图片来源：MacWilliams, 2015/Frédéric Soltan/Corbis via Getty Images） （cosplay）中，其英文单词便是服装（costume）和游戏（play）两个词的组合，含义就是装扮成漫画和动画中的人物（见图21.3）。渐渐地其他国家也对这种活动感兴趣起来，因此角色扮演就这样传到了国外。随着时间的推移，这个词的意思特指打扮成一个角色或穿着某种服装（见"全球联系"）。

在整个20世纪90年代，日本时装设计师继续在男女服装设计的时尚舞台上大放异彩。许多公司在最初展示了极端的风格之后，逐渐变得更加保守和商业化。《每日新闻记录》报道说，许多日本设计师已经远离了特立独行的外观，转而采用更方便人们穿戴的设计理念。与此同时，像三宅一生和川久保玲这样的设计师继续创造着真正属于他们的个人风格（见图21.4）。

电子计算机

自第二次世界大战以来，计算机革命对美国人民生活的影响可谓空前绝后。计算机的使用范围相当广泛，不仅能为工程师设计汽车、建筑、飞机和纺织品等提供便利，还能帮助天文学家研究关于星系的理论。计算机在时装设计和制造中的广泛应用也帮助了设计师，让制造商面对风云变化的时尚趋势能快速做出反应，促进服装设计与生产。

计算机的出现让零售商实现商业快速反应（quick response），与制造商高效合作。快速反应起源于计算机系统名称，这种机制能够实现商品的快速订购、制造和交付货物。快速反应有赖于通用产品代码。这些条形码促进了商品生产者和销售者之间的沟通，最终让商品周转更加快速。

计算机还通过成像为零售商提供了创新的销售技术。消费者利用这种技术可以预览自己穿不同时装或留着不同发型的样子。这是大规模定制的一个例子，即以接近大规模生产的价格来生产个性化的商品，以此满足消费者的需求。1994年11月，李维斯公司出售了第一批通过计算机扫描生产的大规模定制服装。计算机软件将客户的身体测量数据传送到工厂，由机器人按照个人的准确尺寸切割图案，然后将服装组装起来。订单大约会在三周内完成。

互联网曾经只是一个不起眼的通信系统或计算机网络，主要供学术界和军事研究人员来使用。当美国人发现互联网的便捷之后，计算机的潜力便大大增加了。互联网作为一个重要的通信工具，成为时尚

图21.5　1993年7月1日，纽约市的一名男子边观看电视，边在线零售商QVC下单购物。在这个时期，个人电脑在企业、学校和家庭中成为必需品。（图片来源：Yvonne Hemsey/Getty Images）

信息的主要来源，为顾客提供了购买服装的机会。兰茨·恩德（Lands' End）是90年代中期最早进入"电子零售"的服装公司之一。计算机革命和互联网从根本上改变了企业、政府和行业的运作方式。个人可以通过传统的实体店、电视网络（如QVC和家庭购物网）或互联网网站购买服装（见图21.5）。

民族风造型

20世纪90年代，美国的拉美裔人口数量不断增长，达到了美国人口的12.5%。因此，许多零售商试图加大力度吸引更多的拉丁裔消费者。时装设计师试图将各种文化元素融入他们的服装设计之中，因此民族风格的影响悄然出现了。

艾滋病对时装的影响

艾滋病的肆虐对时尚界产生了破坏性影响。在20世纪90年代，顶级设计师以及那些不为公众所知的幕后时尚工作者大多死于艾滋病。

艾滋病的流行还加剧了该行业的经济问题。投资者不愿意为那些无法应对失去顶梁柱危机的公司提供支持。最终，金融界开始对由女性设计师领导的公司更加青睐，因为女性患上艾滋病的可能性相比男性要小。

出于艾滋病对商业的打击，时尚界一开始十分不愿意谈论艾滋病，但随后这种情况发生了变化。非营利性的设计工业基金会开始与艾滋病作斗争，提高人们的防范意识，并为向那些患上艾滋病的人提供治疗、服务和咨询的组织提供资金。另一个致力于提高人们防范意识的项目是艾滋病纪念被，它是当时最大的民间艺术作品，专门用于纪念那些死于该疾病的人（见图21.6）。

图21.6 "名字计划"（NAMES）项目的艾滋病纪念被包含50000块单独的板块，其条目来自世界各大洲近30个国家。（图片来源：Evan Agostini/Hulton Archive/Getty Images）

图 21.7 从这两套男式西装设计的差异中，我们可以看出设计师对时尚态度的对比。左边是阿玛尼喜欢的古典风格，而右边是高缇耶所设计的略带浮夸风格的三件套条纹西装。（图片来源：a, *Daily News Record*, September 1, 1996, courtesy of Fairchild Publications, Inc.; b, *Daily News Record*, September 15, 1994, courtesy of Fairchild Publications, Inc.）

时尚产业的变化

20 世纪 90 年代，时尚界的主要变化源自成衣部分。消费者可以选择的款式几乎数不胜数。

虽然时尚不再只推崇一种着装方式，但时装设计师对这种变化的反应却大相径庭。在设计方面主要形成了两个不同的思想流派。一类是古典主义者，另一类则认为时尚是可以供人们日常使用的娱乐（见图 21.7）。大多数服装设计师同时参与了高级时装和成衣的设计。

正如斯宾德勒（Spindler）所言："如今光顾高级时装店的客户已急剧减少，大多数人只把高级时装看作是推动高级时装店其他业务的引擎，这些业务包括成衣、香水和化妆许可证等。"一些经营奢侈时尚品设计的商业组织也经历了巨大变动，推动了时尚发

展。其中主要有两个重大转变，一是大型企业（企业集团）对高级时装和成衣公司的收购，二是服装的全球营销。在新的时尚世界里，对于一家设计公司来说，最重要的是保持关注度，因为这不仅有助于推广T型台上展示的服装，还有助于推广在全球销售的各种其他产品。在T型台上看到的更极端设计可以作为更实际大众服装的基础（见图21.8）。

图 21.8　T型台上的走秀服装几乎不会出现在大街上。比如这件来自1997年纪梵希高级时装系列的裙子。(图片来源: WWD /Conde Nast)

时装设计师

表 21.1 和表 21.2 列出了 20 世纪 90 年代的著名设计师。

服装贸易

服装销售方式已经变得如服装风格一样多样化。全美各地的城镇都出现了独具风格的服装专卖店，因此，许多百货公司将销售楼层建构成小型服装店，以如拉尔夫·劳伦或丽诗·加邦等个体设计师或公司的服装为特色进行销售（见图21.9）。由于美国消费者越来越多地从低价零售商（时尚服装折扣店）、工厂直销店、特定制造商的直销商场或新增的邮购店购买服装，因此百货公司的销售额大幅下降，折扣店所占的服装销售额比例急剧上升。价格中上的服装是由高端时装设计师创造的次要商品系列，其零售价格低于主要系列或签名系列。

复古服装

有时，购物者在服装转售店内购买旧版服装设计改造后的当代设计款式后，一波新的时尚潮流就此开始了。对于那些看重服装质量和精湛缝制工艺的顾客而言，他们更倾向于购买设计师设计的复古服装，并且愿意以超过 1000 美元的价格买入保存完好的二手旧服装。出售二手旧服装的商店种类多样，从昂贵的专卖店到低成本的旧货店不等。

活跃的二手牛仔裤海外市场形成。1994年8月《纽约时报》的一篇文章介绍了李维斯501号牛仔裤（501号是制造商在1890年给牛仔裤的批号）的交易情况。在日本，根据牛仔裤质量和类型的不同，一条1937年至1960年间生产的、状态良好的隐藏铆钉式二手501号李维斯牛仔裤售价居然高达2000美元。

服装销售的新途径

20世纪90年代，降价处理、折扣促销和工厂直销店的竞争，加上各种失误的融资和管理决策，让许多老牌且历史悠久的连锁百货公司接连倒闭，消失在激烈的市场竞争中。服装目录条目激增，电视购物频道和互联网也成为服装销售的新渠道。

图21.9 美国设计师如拉尔夫·劳伦、丽诗·加邦、佩里·埃利斯和卡尔文·克莱恩都是百货商店的特色品牌服饰。（图片来源：Niall McInerney, Photographer. © Bloomsbury Publishing Plc.）

尽管购买服装的渠道繁多，但是一些非常成功的设计师和制造商却在20世纪90年代末陷入了严重的财政困难。《华尔街日报》记者泰莉·艾金斯（Teri Agins）在《时尚的终结》（The end of fashion）中就记录了许多领先的时尚产业公司正在经历的种种困难。她指出，导致时尚行业变化的趋势有四：其一，女性对时尚服装的选择逐渐转向更适合自己生活和工作方式的服装；其二，男性和女性更倾向于穿着休闲装；其三，设计师品牌逐渐贬值；其四，一些设计师和制造商成功捕捉到目标客户在购买服装方面的意愿和期待。

表 21.1 世界著名设计师

设计师	设计方向	设计特点
意大利设计师		
乔治·阿玛尼（1934—）	成衣：1974 年设计男装系列，1975 年开始设计女装	以精细的剪裁、轻松舒适的设计而闻名商界；2000 年，在纽约的古根海姆艺术博物馆展出了他的作品回顾展
詹弗兰科·费雷（1945—2007 年）	成衣：1974 年成立了自己的公司	融合建筑学的背景和高标准的裁缝技术，其公司继续在意大利出售成衣
	高级时装：1989—1996 年担任迪奥的设计师	
杜嘉班纳（Dolce & Gabbana，即多梅尼科·多尔切 [Domenico Dolce，1958—] 和斯特凡诺－加巴纳 [Stefano Gabbana，1962—]）	成衣：1985 年开始专注于女装，1987 年增加了针织品系列，1989 年新增沙滩服装；1990 年推出男装，随后的 1994 年增加了名为"杜嘉班纳"（D&G）的低价系列男装	时尚界现代风格与浪漫历史元素相结合的典范
缪西娅·普拉达（Miuccia Prada，1950— ）	成衣：1989 年首次展示成衣系列，随后推出名为"Miu-Miu"的低价系列，以及相应的男装衣服和配件	"极其舒适""仿佛有生命一般"
詹尼·范思哲（Gianni Versace，1946—1997 年），多纳泰拉·范思哲（Donatella Versace，1956— ）	成衣：1979 年推出了第一个男装系列，随之新增了女装系列；自他 1997 年去世后，妹妹多纳泰拉开始担任该公司的风格和形象总监	以皮革和其他织物的创新设计而闻名；多娜泰拉的作品"采用了大胆印花和直率性感的设计风格"
法国设计师		
阿瑟丁·阿拉亚（1935—2017 年）	成衣：偶尔展出	以贴身的性感风格而闻名；20 世纪 80 年代初发起了这一趋势，是一位高度创新的设计师
让·保罗·高缇耶（1952— ）	成衣和高级时装：2003—2010 年间担任爱马仕的创意设计师	擅长非传统的、夸张的设计；2013—2014 年，在蒙特利尔艺术博物馆举办了"让·保罗·高缇耶的时尚世界：从街边到 T 型台"
尼古拉·格斯奎尔（Nicolas Ghesquière，1972— ）	高级时装：1997—2012 年担任巴黎世家的首席设计师；自 2013 年起担任路易·威登服装屋的创意总监	一位值得关注的年轻设计师，是一位十足的"先锋派的领袖"

克里斯汀·拉克鲁瓦（1951— ）	高级时装：1981—1987 年为帕图公司设计；1987—2009 年经营自己的时装屋；2013 年从夏帕瑞丽那里得到灵感，共展示了 18 件高级时装；2002—2005 年期间担任普契（Pucci）的创意总监并制作成衣	20 世纪 80 年代中期推出宽裙短礼服，其设计以戏剧风格著称
卡尔·拉格斐（1933—2019 年）	高级时装和成衣：从 1982 年开始为香奈儿设计作品，其间也有以他自己名义推出的服装	一位多才多艺的服装设计师，同时还为意大利公司芬迪（Fendi）公司设计皮草
蒂埃里·穆勒（1946—2022 年）	成衣：1973 年后主要为自己的品牌设计服装，公司于 2002 年关闭；同时他还是一位香水设计师；曾经为碧昂丝（Beyoncé）的世界巡回演唱会"双面碧昂丝"（I Am... Sasha Fierce）设计演出服装	以宽肩突出狭窄的腰部线条的设计而闻名；他的时尚理念常常打破常规，超乎人们想象
索尼娅·雷基尔（1930—2016 年）	成衣：1968 年开设了自己的服装专卖店；1992 年推出鞋子和配饰，2003 年开始经营以自己名字命名的时装屋	以毛衣式的设计而闻名，后来又增加了男装和童装
英国设计师		
侯赛因·查拉扬（Hussein Chalayan，1970— ）	成衣：在他的早期就赢得了各种奖项；职业生涯中，他在 2002 年增加了一个男装系列；曾为多家公司设计或担任艺术总监	他的展览因基于概念和主题而受到关注，反映了设计师对复杂想法的思考
约翰–加利亚诺（1960— ）	成衣：从业开始于 20 世纪 80 年代的伦敦；高级时装：1995 年，担任首席纪梵希的高级时装和成衣设计师；1996 年转到迪奥；2011 年因反犹太主义和种族主义言论而被迪奥解雇	最初以无拘无束的前卫风格而闻名，后来发展到以精湛的技术制作更复杂的服装
凯瑟琳·哈姆尼特（1947— ）	成衣：始于 1979 年	以印有政治标语的 T 恤和充满人文情怀的经营理念而闻名
斯蒂芬·琼斯（Stephen Jones，1957— ）	主营女帽制造，并于 1980 年成立米利纳（Milliner）品牌	擅长设计诙谐、离谱、大胆的帽子
斯特拉·麦卡特尼（1971— ）	成衣：毕业于中央圣马丁设计学院；1997 年担任蔻依（Chloe）的创意总监；2001 年推出了自己设计产品线；2005 年为海恩斯和莫里斯（H&M）设计系列服装；2009 年为盖璞童装（Gap Kids）和盖璞婴儿装（baby Gap）设计的服装产品首次亮相	以犀利的剪裁和性感的女性化服饰为标志性风格；设计的服装结合了感性和现代的双重优势

亚历山大·麦昆（1970—2010年）	成衣和伦敦高级时装：1996年成为纪梵希设计师加利亚诺的继任者；2001年，他离开了纪梵希，为自己的品牌设计服装。	以极具感染力的表演和线性剪裁而闻名
比利时和德国设计师		
马丁·马吉拉（Martin Margiela，1957— ）	成衣：自20世纪80年代开始设计成衣，1997年至2003年在爱马仕公司担任首席服装设计师，2012年与海恩斯和莫里斯公司合作	来自比利时的"时尚叛逆者"，擅长制作非传统的服装，以高超的裁缝技术而闻名，服装融入了"解构主义"风格，服装外边可以看到明显接缝
吉尔·桑达（Jil Sander，1943— ）	高级成衣；1973年首次推出自己的品牌系列；1999年，公司被普拉达收购；一年后离开了公司，并在2003—2004年及2012年重新回到公司；2009年，开始从事时尚咨询	来自德国的"极简主义"设计师，强调"不带装饰的设计理念""脱离常规的线条和剪裁方式"和极高的服装质量要求
德赖斯·范诺顿（1958— ）	最初主要设计男装，随后增加了女性和儿童服装；1991年，他在巴黎举行了首次男装成衣秀场，一年之后又推出女装系列；如今已在全球各个主要城市开设了品牌服装零售店	以"简单又复杂"的设计而闻名
日本设计师		
川久保玲（1942— ）	成衣：1975年在东京展出了成衣展，1981年在巴黎展出，公司被命名为"像个男孩"	80年代初在巴黎产生重大影响的日本设计师之一，设计出的服装通常是不对称的形状
高田贤三（1945—2020年）	成衣：20世纪70年代享誉巴黎时装界；1999年宣布退休，但其公司继续与新的设计师合作	"基于日本传统服装之上，以富有活力的质地和布料进行设计"
三宅一生（1938—2022年）	成衣：1970年在东京开设了自己的公司；1973年在巴黎学习后，首次在巴黎展出作品；1997年退休，但公司在其他设计师领导下继续经营	"将日本人的时尚态度融入异域风情的服装面料之中"
森英惠（1925—2022年）	高级时装和成衣：在中国享有良好的声誉；1977年，在巴黎展示高级时装系列；但是该公司受到日本经济衰退的影响，于2001年申请破产	她的设计特点在于使用"不同寻常的美丽布料""日本女性化印花图案……适合作为晚装和家居服使用"
山本耀司（1943— ）	成衣：1976年第一次在东京推出作品展，1981年在巴黎开展	20世纪80年代初在巴黎产生重大影响的日本设计师之一，他的设计融合了"日本的感性和传统"

资料来源：Tortora, P. G., & Keiser, S. J.（2013）*The Fairchild dictionary of fashion*（4th ed.）. New York, NY: Fairchild Publications;

Alford, H. P. & Stegemeyer, A.（2014）. *Who's who in fashion*（6th ed.）. New York, NY: Bloomsbury

表 21.2 著名的美国设计师

设计师	附属公司	突出特点
丽诗·加邦（1929—2007年）	1976年成立丽诗·加邦公司，1989年从该公司退休，该公司仍在继续运营	最初专注于运动装设计，后来又扩展到裙子和童装；其主要的设计理念是"简单但不复杂的混搭设计"，服装价格合理适中
肖恩·康布斯（1969—）	1998年创建了肖恩·约翰（Sean John）品牌	肖恩·康布斯是著名音乐家和音乐企业家，以面向青少年和年轻人的服装进入设计领域，从那时起到2003年，他获得了许多时尚奖项，大获成功
佩里·埃利斯（1940—1986年）	1978年，佩里·埃利斯运动服公司（Perry Ellis Sportswear）成立；1980年，佩里·埃利斯男装成立；该品牌在美国和国外收获众多许可	该品牌专注于设计以"年轻冒险、充满活力"为特点，使用天然织物制作的服装；此外还设计了各种各样的服装和家用纺织品
艾琳·费舍尔（Eileen Fisher, 1950—）	艾琳·费舍尔服装公司成立于1984年	致力于打造"舒适宽松的分离式服装，采用天然面料，注重质地而非图案，并且还关注公平贸易和可持续性问题"
汤姆·福特（Tom Ford, 1961—）	汤姆·福特在佩里·埃利斯服装公司以及其他服装公司工作后，于1990年带着之前所学的技能入职古驰公司；1999年担任伊夫·圣罗兰公司设计总监一职；福特在2003—2004年间离职，并于2005年推出了汤姆·福特品牌，主营男装、眼镜和美容产品	在古驰和圣罗兰公司，福特主要负责监督设计、产品开发、选择设计师和广告活动；他被认为是重振了古驰品牌的重要人物
卡罗莱纳·埃雷拉（Carolina Herrera, 1939—）	1981年成立公司；1984年为莱维安（Revillon）设计了第一个皮草系列，1996年推出名为"CH"的低价位成衣	主营私人客户的服装定做业务，以优雅服装风格著称，还设计了卡罗琳·肯尼迪的婚纱
汤米·希尔费格（1952—）	从零售业进入时装设计，1979年开始从事设计，1984年就以自己的品牌推出了作品展	从男装风格开始，并在说唱和嘻哈音乐人及其粉丝中获得了忠实的追随者；后来他又将业务扩展到女性、儿童和大尺寸服装上
马克·雅各布斯（1964—）	1986—1988年，管理自己的公司；1986—1983年，加入佩里·埃利斯公司；1994年后以自己的名字参展；1997—2013年，在路易·威登公司担任艺术总监	享有"设计神童"的美誉，以其高度原创的设计风格一时间名声大噪
贝西·约翰逊（Betsey Johnson, 1942—）	曾为不同的公司工作，后来与朋友一起开了一家服装专卖店，名叫"贝西、邦奇和妮妮"（Betsey, Bunky & Nini）；1978年，成立贝西·约翰逊公司	以"基本贝西"（Basic Betsey）而闻名的独特的原创风格，代表服装是"迷你、中长和最长长度的软绵绵、紧贴的T恤裙"
诺玛·卡玛丽（1945—）	1978年成立了名为"靠自己"（OMO, On My Own）的服装专卖店和公司	为各个价位和市场创新设计，特别是以泳装设计和运动衫面料制成的服装而闻名

唐娜·卡兰（Donna Karan，1948—）	在为安妮·克莱恩设计之后，成立了自己的公司，并在 1985 年展示了第一个独立的服装系列；此外，她还设计了配饰，在 1988 年推出了名为"唐可娜儿"（DKNY）的低价系列	她是 20 世纪 80 年代及之后产生巨大影响力的设计师，其为成功的职业女性设计的服装产生了特别的影响
迈克尔·考斯（Michael Kors，1959—）	开始为著名的纽约专卖店设计服装，后来开设了自己的成衣品牌，并在 1997 年开始为巴黎时装品牌思琳（Celine）设计服装；2003 年，他离开思琳专注于自己的品牌设计	荣获多项设计大奖。以"休闲时尚"风格而闻名
纳内特·莱波雷（Nanette Lepore，1958—）	公主娜娜公司成立于 1992 年	以"自由奔放"与色彩斑斓的服装为特点
玛丽·麦克法登（1938—2024 年）	1976 年成立了玛丽·麦克法登公司	善于使用不寻常的织物进行设计，容易让人联想到福图尼的精细褶皱和绗缝设计
艾萨克·米兹拉希（Isaac Mizrahi，1961—）	1985 年成立自己的公司之前，曾在佩里·埃利斯、杰弗里·班克斯（Jeffrey Banks）和卡尔文·克莱恩公司工作；1998 年，他关闭了公司，开始在电视台和剧院工作；2003 年他重返时装设计领域，主要为塔吉特公司（Target）做低价位产品	专门为女性提供豪华运动装，从 1990 年开始设计男性运动装；其设计极具创造性，使用各种大胆配色和面料，同时还兼具穿着的舒适度；1995 年的电影《拉链拉下来》（Unzipped）记录了他的创作过程
扎克·波森（1980—）	最初主营私人客户服装定制的工作；2002 年在纽约举行了第一次成衣秀，并广受欢迎；他为塔吉特公司设计了一个服装系列	专注于设计了具有精致感的年轻服装
拉尔夫·鲁奇（Ralph Rucci，1957—）	1994 年开设了查多·拉尔夫·鲁奇公司	2002 年应邀在巴黎高级时装公会展出作品，这是 60 多年来第一个以这种方式获得荣誉的美国人
威利·史密斯（1948—1987 年）	1978 年打造威利穿衣男士（WilliWear Men）品牌服饰	他在设计中引入了涂鸦元素
安娜·苏（1955—）	20 世纪 70 年代的造型师和设计师，拥有自己的产品线并于 1980 年上市；1991 年推出了第一场服装走秀	衣服被描述为"时髦和高级，浪漫和淫荡的混合体"；衣服的价格适中，属于年轻顾客购买的范围
谭燕玉（Vivienne Tam，1957—）	1982 年推出第一个服装系列，1993 年成立了谭燕玉服装公司	1995 年，她所设计的带有人物印花服装系列引起了时尚界的争议；2008 年，她为计算机巨头惠普公司设计了世界上第一台"虚拟数字离合器"的外观

资料来源：Tortora, P. G., & Keiser, S. J.（2013）*The Fairchild dictionary of fashion*（4th ed.）. New York, NY: Fairchild Publications; Alford, H. P. & Stegemeyer, A.（2014）. *Who's who in fashion*（6th ed.）. New York, NY: Bloomsbury.

时尚的影响因素

20 世纪 90 年代，各种各样的风格百花齐放，同时风行。

风格部落

起初，那些具有影响力的街头风格数量和由此发源的风格部落数量都相对较少。但是在接下来的几十年里，这些团体不断发展激增。到了 1999 年，消费者接受范围内的服装选择种类变多，从高级时装店到旧货店等销售渠道也不断扩大。斯蒂尔（Steele）指出，时尚达人（fashionistas）指的是某些时装设计师的富裕成年追随者，他们也可以被看作风格部落的成员。表 21.3 描述了 90 年代一些比较知名的风格部落，包括垃圾摇滚、嘻哈音乐和狂欢风。

表 21.3 风格部落及其对主流时尚的影响

风格部落	活跃时期	普遍着装特点	对大众时尚的影响
佐特套装	20 世纪 30 年代末至 40 年代初	长外套，高腰长裤搭配领结是多数年轻非裔美国人喜爱的佐特套装搭配	二战时发布的服装限制令导致其走向衰退，20 世纪 80 年代的一些音乐团体又让其走上时尚前沿
垮掉的一代	20 世纪 50 年代	"垮掉的一代"起源于诗人杰克·凯鲁亚克和他的朋友们；他们喜爱各种休闲服装，比如工作衬衫、长袖运动衫、牛仔裤等；后来，美国人追随法国存在主义者的偏好，开始穿着黑色的服装；女性穿着黑色紧身衣，下面搭配黑色短裙和芭蕾舞鞋；此外还有黑色针织衬衫或条纹针织衫也是常见的衣服；男性则会穿着黑色高领毛衣，留着小胡子，带着当时非常受欢迎的贝雷帽	在 1963 年，圣罗兰将"垮掉的一代"服装风格融入其设计之中；随后，拉尔夫·劳伦在 1993 年将其作为其设计的基础
泰迪男孩	20 世纪 50 年代	服装的风格元素类似于爱德华时代（1900—1910 年）的男式西装	后来，摩登派也采用了相似的男装设计
摩登派	20 世纪 60 年代至 70 年代初	摩登派也称为新爱德华一族	对 20 世纪 90 年代的设计师有深刻影响，包括为古驰品牌设计服装的汤姆·福特、马克·雅各布斯、安娜·苏、赫尔穆特·朗、詹尼·范思哲、拉尔夫·劳伦和卡尔文·克莱恩等
嬉皮士	20 世纪 60 年代	嬉皮士风格融入各种炫目的色彩元素和身体绘画艺术	1993 年杜嘉班纳系列中采用了极具嬉皮士风格的珠子、拼接布料、流苏和披肩；高田贤三和圣罗兰也开启了一轮嬉皮士复古风潮

光头党	20 世纪 70 年代	英国的光头党最开始源自牙买加音乐的粉丝群；他们剃着光头，搭配厚重的靴子以及从事体力劳动常穿的服装；而美国公众心目中的光头党中常常与种族主义、冲突和侵略联系在一起；其晚装常受到摩登派风格的影响	1976 年，光头党重回热潮；20 世纪 90 年代初"纯粹的光头党团体"恢复了光头党女性成员的服饰
拉斯特	20 世纪 70 年代	牙买加拉斯特法里教的信徒们穿着大号的针织衫，代表着埃塞俄比亚国旗颜色的红、金、绿衬衫，还梳着小辫子；这一独特风格由雷鬼音乐人传播开来，通常包括色彩鲜艳的紧身衣、华丽配饰和黄金首饰	20 世纪 90 年代及以后，许多非裔美国人和一些白人男女开始采用辫子发型；设计师法特·沃兹别克（Rifat Ozbek）于 1991 年将拉斯塔法里教的服饰作为其服装基础
迷惑摇滚	20 世纪 70 年代	大卫·鲍伊和其他音乐人穿着中性风格服装，这类服装带有华丽的装饰和面料，如羽毛披肩和厚底鞋等配饰，他们还在脸上画上夸张的妆容	迷惑摇滚音乐明星的粉丝们在参加音乐会时会模仿明星的穿着；这种风格最终又分化为新浪漫主义和哥特风
朋克一族	20 世纪 70 年代中后期及以后	起源于朋克摇滚音乐的粉丝，早期他们的穿着打扮创意十足，但是媒体对他们的穿着形成了刻板印象，认为他们只穿黑色的皮革和金属的破旧服装，常常将安全别针当作饰品，头发色彩艳丽	设计师维维安·韦斯特伍德为早期的朋克音乐人和他们的追随者设计了原创作品，后来在一部分年轻人中保留了时尚热度；1993 年，朋克风格复兴；90 年代中期，如设计师海尔姆特·朗（Helmut Lang）、蒂埃里·穆勒、约翰·加利亚诺、让·保罗·高缇耶和阿瑟丁·阿拉亚（Azzedine Alaïa）都深受朋克风格的影响
新浪漫主义者	20 世纪 70 年代末 80 年代初	这种风格源自过去历史时期理想化的优雅风格，主要体现在豪华面料的使用上	迷幻摇滚风格的一个分支，男士服装的某些装饰性元素与典型的新浪漫主义风格有些相似；维维安·韦斯特伍德在 1981 年发行的海盗系列中借鉴了新浪漫主义风格
哥特风	20 世纪 80 年代及之后	源自哥特小说和故事中的人物形象，其中吸血鬼常穿着黑色长袍和其他配饰；后来随着查尔斯·亚当斯和电视节目《亚当斯一家》（The Addams Family）的影响不断扩大，哥特风更加盛行；21 世纪出现的赛博哥特（Cybergoth）属于哥特风的一个分支	哥特风是迷幻摇滚和新浪漫主义的一个细分；约翰·加利亚诺在其 1992 年的系列中展示了哥特风格的服装；此外，这种风格还影响了高缇耶和古驰风格的塑造；赛博哥特的风格是基于未来主义和科幻小说的理念生成的，其中融入了各种 PVC 材料和恋物癖风格服装

学院风	1979 年以后	源自那些负有盛名的预科学校学生所穿戴的服装款式，其中包括短裤，法国鳄鱼牌马球衫、西装外套、D 型皮带以及甲板鞋	这种相对保守的风格得到了广泛喜爱，并迅速在年轻人中流行起来；1994 年，非裔美国模特泰森·贝克福德（Tyson Beckford）成为拉尔夫·劳伦旗下保罗品牌的代言人，这进一步带动了城市人群对学院风的采用
时尚恋物癖	20 世纪 80 年代到 90 年代初	这一服装理念源自对那些参与虐待性行为人群的刻板印象，这种风格以皮革、橡胶和乙烯基衣服、紧身胸衣以及细高跟鞋为主要特点	从一个地下团体发展而来，其中一些风格被纳入朋克风格，后来被纳入哥特风格；高缇耶、范思哲、穆格勒、阿莱雅和韦斯特伍德等设计师都将其作为灵感来源
垃圾摇滚	20 世纪 80 年代末到 90 年代初	垃圾摇滚风格服装起源于劳动者所穿的衣服（格子衬衫、T 恤衫、蓝色牛仔裤——休闲和不修边幅），在西雅图，音乐家、冲浪者都十分青睐这种独特的设计；垃圾摇滚的粉丝追随这种"做旧设计"，喜欢不规则形状的印花连衣裙、破洞牛仔裤、褪色的牛仔背心以及素色衬衫等	在佩里·埃利斯公司担任总设计师的马克·雅各布斯（Marc Jacobs）、安娜·苏（Anna Sui）和其他设计师在 1993 年左右开始使用这一风格
嘻哈风	20 世纪 80 年代末及之后	这种风格起源于南布朗克斯区街头，那里出现了一种名为霹雳舞的独舞风格，跳这种舞的男孩女孩们在英文里分别叫作"B-boys"和"fly girls"。这种风格与说唱紧密相关，男人们往往穿着宽松的裤子和足球或棒球衫、将棒球帽帽檐向后佩戴，搭配不系鞋带的马靴；他们的衣服通常很宽大，裤子松松垮垮地穿在腰线以下；此外，他们还会用一种镶有宝石的夹子来装饰他们的牙齿	受嘻哈音乐启发而形成的风格在年轻人中尤其流行，大多数年轻人都反戴着棒球帽或斗笠；汤米·希尔费格等设计师利用这些风格理念设计出许多优秀的作品，一些流行的嘻哈音乐人也逐渐开始设计和销售他们自己的服装系列
狂欢风	20 世纪 80 年代末和 90 年代	这种风格起源于巨大的舞蹈狂欢派对，通常举行在户外或室内的大空间里，摇头丸和这种狂欢派对常常相关联；舞蹈演员穿着带有笑脸的 T 恤，或者那些融入了扎染、迷幻印花、嬉皮士风格元素的服装；此外还包括各种功能性衣服：T 恤、短裤、运动鞋和棒球帽等	狂欢风格的出现影响了德国设计师沃尔特·范·贝伦东克（Walter Van Beirendonck）在 20 世纪 90 年代末的设计
赛博朋克	20 世纪 90 年代	这类服装使用了皮革、橡胶、聚氯乙烯和内嵌的硬件设备、电缆和线路板等元素	1992—1993 年，高缇耶将赛博朋克融入其服装系列

情绪摇滚	20世纪80年代及之后	21世纪初引起广泛关注的一种风格，特点为极其浓厚的个人情感；这种风格受到年轻男孩女孩的追随，体现在小脚裤、紧身T恤以及化妆风格上	有时这种风格被看成是一种流行而非时尚

资料来源：De la Haye, A., & Dingwall, C.（1996）. *Surfers, soulies, skinheads, & skaters*. Woodstock, NY: The Overlook Press. Polhemus, T.（1994）. Street style.

New York, NY: Thames and Hudson. Takamura Z.（1997）. *Roots of street style*. Tokyo, Japan: Graphic-Sha.

音乐团体

随着互联网的发展，即使那些生活在农村地区的歌迷也能轻松获得购买最喜欢的音乐家和其他歌迷所穿的服装的具体信息。一些音乐人由此开始涉足时装设计领域。拉塞尔·西蒙斯（Russell Simmons）推出服装品牌"大农场"（Phat Farm），饶舌歌手杰斯（Jay-z）推出服装品牌"洛卡薇尔"（ROCAWEAR），詹妮弗·洛佩兹（Jennifer Lopez）推出了"詹·洛"（J.Lo）系列，还有肖恩·康布斯（Sean Combs）以自己的名字创立的品牌赢得了众多男装时尚设计奖，这些都是最早出现的知名音乐家进入设计行业的例子。在男装方面取得成功后，康布斯又扩展了他的女装设计版图。自20世纪90年代末逐渐形成这样一种趋势，音乐人在发展出庞大的粉丝群后往往会尝试进入时尚界。他们还有一个额外的优势，即通过自己的表演来推广自己的设计。嘻哈音乐的粉丝则有更多的潮牌可选，其中包括"交叉色"（Cross Colors）、"卡尔·卡尼"（Karl Kani）、"虎步"（FUBU）和"犀牛"（Ecko Unlimited）。许多这些品牌的拥有者是非裔美国企业家。

在音乐家的启发下，许多年轻人开始在耳朵上穿多个耳洞。还有些人认为，在身体的其他部位（舌头、鼻子、嘴唇、肚脐、乳头和私密部位）添加首饰能够增加个人魅力。佩戴在这些部位的珠宝首饰又名身体首饰（body jewelry）。

模特

受到了很有影响力的时尚摄影师作品的启发，广告和时尚杂志中出现许多看起来憔悴苍白、头发蓬乱、眼圈肿大的模特。这一趋势也受到了许多名人滥用毒品的推动，媒体将其称为"海洛因时尚"（heroin chic），并最终成为这种时尚摄影风格的名称。

人们开始担心将海洛因时尚的模特提升到高级时尚的地位会鼓励年轻人服用毒品（见图21.10）。有人抗议说，使用吸毒的模特为易受影响的青少年树立了危险榜样，因为他们会对这些极其瘦弱的"超级模特"产生崇拜之情（见"时代评论21.1"）。

　　尽管时尚媒体宣传海洛因时尚的外观，但是超重和肥胖的成年人数量却仍在整个 90 年代期间继续上涨，儿童和青少年肥胖数量也有类似的增长。服装行业为超重的成人和儿童提供了大尺寸的服装，但这也让普通美国人觉得他们与杂志上的超瘦模特之间有着巨大的鸿沟，没有共同之处。

随性的生活方式

　　二战后，人口向郊区迁移的同时，休闲运动服装也在不断发展，这一趋势促进了美国人日常休闲着装的增加。20 世纪 60 年代的年轻人为了反抗体制的压迫而开始抗议，他们采用牛仔裤和其他休闲服装作为学校和娱乐服装。随着年龄的增长，他们继续穿着更多的休闲风格。需要人们盛装出席的正式场合越来越少。奥斯卡提名人莎朗·斯通（Sharon Stone）在 1996 年奥斯卡颁奖典礼上，选用盖璞 T 恤搭配阿玛尼大衣和华伦天奴（Valentino）短裙，进一步稳固了休闲风格在美国的地位。

图 21.10 模特凯特·摩丝（Kate Moss）是 20 世纪 90 年代中期"海洛因时尚"的典型代表。这种风格以苍白皮肤、黑眼圈和棱角分明的骨骼结构为主要特点。（图片来源：Rose Hartman/The LIFE Images Collection/Getty Images）

到 20 世纪 90 年代，一部分企业还规定其员工可以在"休闲星期五"（casual Friday）随意着装。1996 年，几乎 90% 的公司每周都至少有一个便装日。服装业的发言人认为，休闲装的发展趋势对尼龙袜业、领带公司和西装制造商构成了威胁。男式休闲装的销售见涨：从 1990 年到 1996 年，男式衬衫、毛衣和针织上衣的销售增长了 31%，而卡其裤、便裤、牛仔裤和高尔夫裤则增长了 36%（图 21.11）。公司和如银行等保守企业则继续要求其员工在办公室里遵从标准的着装礼仪。

休闲服装、运动服装和非运动服装之间的界限逐渐模糊不清（见图 21.12）。到了 20 世纪 90 年代中期，一些知名设计师开始设计运动服装系列，这让人们认识到了运动服装在时尚界的重要地位。

高科技织物

20 世纪 90 年代，高科技织物（high-tech fabrics）的独特性能让设计运动服成为可能。防水且透气的面料多用于跑步、骑自行车、露营和徒步旅行时穿的服装。由尼龙和聚酯制成的超细微纤维通常用于制作高性能、防水、柔软的面料，适用于滑雪服和其他活跃的户外运动。由天然或人造纤维和氨纶（一种高弹性合成纤维）混合制成的面料

图 21.11 在"休闲星期五"这天，男女员工都在办公室里随意着装。（图片来源：Photograph courtesy Levi Strauss & Co.）

图 21.12 这套 1993 年的丙烯酸超细纤维衬衫和裤子套装是人造超细纤维在运动服中的典型应用。(图片来源：Courtesy of Jack Mulqueen, manufacturer)

常常出现在泳衣、有氧运动紧身衣和紧身裤、自行车裤和滑雪服的制作中。

由天丝（Tencel）和其他牌子的莱赛尔纤维制成的服装已然上市。带有热敏颜料的超色 T 恤衫，一经面市就大受欢迎。一家日本公司展示了一件袖子里有电脑屏幕的夹克原型，这一技术为 21 世纪的可穿戴技术铺平了道路。

1990—2000 年的服饰构成

女性服饰

日本设计对时尚界的影响在黑、灰色的流行中可见一斑，而日本人典型的创新剪裁也反映在其他设计师的作品中。受日本时装设计师的启发，比利时设计师马丁·马吉拉后来成为最著名的解构主义者（deconstructionists）之一，他设计的衣服接缝通常显露在外面，衬里也成为外部的组成元素，有时布料的边缘也不加修饰，保持最初的风格（见图 21.13）。这些前卫的设计和日本设计一样，都以微妙的方式对主流设计产生了影响。到 20 世纪 90 年代后期，遵循极简主义（minimalist）的设计师掌握时尚趋势，这种风格偏爱中性或暗色调，往往不加装饰，线条简单流畅（见图 21.14）。

20 世纪 90 年代的风格越来越难以用任何一种时尚外观或是服装轮廓来下定义。每个人都可能会穿上同龄人广泛接受的风格。如果同龄人对当前的时尚潮流有一定的了解（如青少年、媒体明星或高级时装的狂热追随者），那么时尚的风格就会经历迅速的轮回。其他女性可能会年复一年地穿着同样的基本、经典款服装。而在一些特殊场合时才会穿上更时髦的款式，或者穿上下摆略微上下调整的服装。

图 21.13　图为比利时设计师马丁·马吉拉和安·迪穆拉米斯特（Ann Demeulemeester）的时装设计店，他们以创造出解构主义风格的服装而闻名。顾名思义，这种风格的服装的某些部分没有完成，或者看起来正在散开，而不是被拼接起来。（图片来源：Maurice Rougemont/Gamma-Rapho via Getty Images）

图 21.14　图为吉尔·桑达在 1993 年设计的极简主义服装。简单夹克配裤子，属于不多修饰、剪裁得当的设计。（图片来源：Streiber /WWD /© Condé Nast Publications）

◆ 内衣

20 世纪 90 年代，鉴于服装变得更加贴身，内衣的功能倾向于更多的支撑和塑形，由此产生了现代版的紧身胸衣，甚至是裙撑的替代品。后者是指加垫内裤，起到丰臀提臀的作用。透明面料制成的吊带衫依旧十分流行。

◆ 服装

女性的服装风格也多种多样。混搭和配套的服装在工作场合最受欢迎，因为它们能提供多种用途。20 世纪 90 年代初，裤子还很修长，随后才开始逐渐变宽。到 1994 年，一些裤子已经变得相当宽大，裤脚更是更大。在这十年结束时，平头裤已经广受欢迎，而打褶的全长裤仍在市场上占有一席之地。

年轻女性用精致、轻透的连衣裙搭配其他服装，而且穿上登山靴或结实的凉鞋，诸多元素有些不协调地结合在一起。此外，裙子与几乎全长的外套或大衣的协调搭配也很常见。由于工作服和娱乐服之间的区别不再分明，细码棉或丝质针织 T 恤开始和西装一起搭配着穿。

20 世纪 90 年代初，最流行的上衣款式之一是带有褶皱的大袖子白色上衣。有时，它与修长的黑色裤子搭配成为晚间服装。毛衣套装与 20 世纪 50 年代的相似，由一件套衫和配套开衫组成，更加昂贵的版本则由羊绒制成。这个时期的 T 恤衫和针织上衣都变成紧身款式，一直受到青睐的高领毛衣再次变得重要起来。

外套多为长款。女性往往会在里面穿上细长的短裙或裤子。过去几十年的孕妇装一直是宽松款式，但到了 20 世纪 90 年代末，孕妇装开始按照孕妇的身体曲线进行设计。

◆ 晚礼服

人们穿着款式各异的裙装，其中包括简单的绉绸面料连衣裙（见图 21.15a），还有全裙、短款、无肩带的晚装，以及蕾丝或精心装饰的胸衣。此外，还有合身的长款晚礼服，可能分为无肩带、无袖款式等，也有遮盖肩部或者侧边切口的设计。20 世纪 90 年代中期的礼服还会在背部设计一些值得注意的细节。20 世纪 90 年代末，纪梵希展示了新潮的串珠晚礼服（见图 21.15c）。这个时期，黑色仍然是晚装的流行颜色。

◆ 户外服装

在整个 90 年代，裹身大衣和风衣都十分流行（见图 21.16）。在 90 年代中期，"季节性"大衣的概念重返时尚界，香奈儿在 20 世纪 60 年代的设计得以广泛复制和应用。皮草变得更加轻便，颜色也更加靓丽鲜艳。

图 21.15b　华伦天奴 1993 年冬季高级定制时装系列中的镂空裸肩长裙。（图片来源：Niall McInerney, Photographer. © Bloomsbury Publishing Plc.）

图 21.15a　约翰·加利亚诺 1991 年春夏成衣系列中的短款镂空晚礼服。（图片来源：Niall McInerney, Photographer. © Bloomsbury Publishing Plc.）

图 21.15c　纪梵希 1998 年春夏高级定制系列，该服饰是基于 20 世纪 20 年代的珠饰礼服风格所设计的复古时装。（图片来源：Niall McInerney, Photographer. © Bloomsbury Publishing Plc.）

图 21.16 奥地利裔美国设计师海尔姆特·朗的 1997 年系列以风衣混合搭配其他服装为特色。（图片来源：Niall McInerney, Photographer. © Bloomsbury Publishing Plc.）

T恤衫从基本的棉质T恤衫转向更实用更精致面料、刺绣、亮片和珠饰装饰的版本。

◆ **体育运动着装**

在寒冷的天气里，合成羊毛织物制成的运动服为户外活动提供良好的保暖作用。此外，当时还使用回收的汽水瓶来制作涤纶原料，发挥了极大的生态优势。

20 世纪 90 年代末，背心式泳衣问世，这是一种带有背心和独立底裤的两件式泳衣。霍莉·布鲁巴赫（Holly Brubach）在《纽约客》（The New Yorker）中这样说道："那些在泳装和时尚方面达成共识的日子已然过去了。今天，所有的选择都同时存在。"

滑雪服装的风格也反映了复古时尚的发展趋势。20 世纪 60 年代和 70 年代的滑雪服重回市场，包括带有赛车条纹的紧身针织毛衣、绗缝羽绒服、喇叭形弹力裤和短而紧身的夹克衫。同时，还出现了一种将滑雪镜戴在头上的热潮。

◆ **发型与头饰**

20 世纪 90 年代，长直发又流行起来，20 世纪 60 年代的经典发型再次复兴。到了 90 年代末，发型趋于卷曲和饱满，整体变得蓬松自然，这种带有自然卷度的发型又名起床发。年轻女孩把头发在脑后的绑成马尾辫，故意留出几缕头发。随后名人开始剪短发之后，女性又纷纷追赶短发的潮流。

1992 年，比尔·克林顿当选美国总统后，一些女性开始戴上了与他夫人希拉里·克林顿类似的头带。

◆ **鞋类**

20 世纪 90 年代，鞋类产品更加丰富多样。多数风格为早期风格的复兴，其中包括楔形鞋或带有方形鞋跟的厚底鞋、细高跟鞋以及常见的黑白两色香槟鞋。20 世纪 90 年代，长靴经历了新一轮的复兴，出现了高筒靴到登山靴等重要款式。

连裤袜分为不透明款和透明款的，有的带有图案，有些则用珠子、亮片或其他物品装饰。到 20 世纪 90 年代中期，那些没有纹理或图案的不透明丝袜变得更受欢迎。

◆ 珠宝

小巧的单颗钻石耳钉和色彩鲜艳的服装首饰在这个时期非常流行。

人们戴着枝形吊灯式耳环（chandelier earrings），以及将养殖珍珠串在透明绳上制成的项链，这种项链让珍珠看起来就像铺在佩戴者的脖子上一般。此外，女性在白天和晚上都会戴上颈链和手镯。

◆ 配饰

20 世纪 90 年代及以后，绗缝皮革手袋仍然流行。后来一些类似旅行袋的小背包逐渐取代了手提包。随着手机的普及，手袋和商务箱包开始为其设计专门的隔层。普通围巾、大披肩式围巾、围脖，以及长袍都广泛运用于工作和休闲场合。

男性服饰

20 世纪 90 年代，着装政策的变化让商业场合出现了许多休闲装，分体式服装因此变得更加重要了。自第二次世界大战以来，用于运动的服装和休闲服之间的区别也不断缩小，甚至连礼服也变得更具运动风。

◆ 服装

拳击短裤、内裤和打底衫等基本服装仍旧流行，但在颜色和剪裁上出现了创新。

1990 年《时代》杂志的《商务套装的篝火》一文中提到，宽松的西服套装多年来一直是保守的美国男性可接受的中等价格范围的主打商务套装，但如今这种套装正在市场上"迅速消退"。法国和意大利西装的剪裁则更加柔和，且更加时尚（见图 21.17a）。到了 1996 年，西服的结构变得明显，一些意大利西服甚至加入了弹性纤维来突出身体的曲线（见图 21.17b）。

此外，服装的颜色种类也在不断增多。条纹衬衫开始搭配带有图案花纹的领带。在非正式的工作场合或休闲场所，男性主要穿着各种非正式衬衫和商务套装。西服套装也出现越来越明显的休闲风趋势，主要由当时流行的牛仔裤或棉质裤子和夹克组成（见图 21.18）。

20 世纪 90 年代的《绅士季刊》会定期展示裤子款式的横截面。所有这些裤子都带有褶缝，不过样式各异，多数都带有裤脚翻边。主要包括以下几种款式：

◎ 裤筒细长，到脚踝处收紧。

◎ 裤子从上至下到下摆都很宽。

◎ 工装裤（cargo pants），侧面配有大贴袋设计。

◎ 高腰裤，逐渐向下收紧至脚踝，整体呈现锥形。

图 21.17 （图 a)1996—1997 年阿玛尼外套的柔和风格与（图 b)1998—1999 年缪西娅·普拉达系列的纤细轮廓形成鲜明对比。

图 21.18 来自音乐组合"流亡者三人组"（Fugees）的普拉斯·米歇尔（Pras Michel）在设计师汤米·希尔费格 1999 年春季系列中穿了一件靛蓝色和白色的弹力棉套装，里边穿着一件丝网篮球服。（图片来源：Richard Drew/AP Images）

◎ 便裤，裤头带有吊带纽扣，裤脚没有翻边。

到 1996 年，裤子的褶皱几乎消失了，正装裤子变得更加紧身。然而，便裤则从嘻哈风格中获取灵感，形成一种更加丰满宽松的风格特征，臀部也变得更低（见图 21.19）。工装裤仍保持了流行趋势。

T 恤衫、梭织的短袖款式和马球针织衫仍是最基本的运动衫款式。此外背心也是常见的夏季服装之一。在凉爽的天气里，男人们会选择高领毛衣、天鹅绒套衫和衬衫、提花图案的针织毛衣和长袖运动衫。

◆ 晚礼服

到 20 世纪 90 年代中期，白色的晚宴外套出现在男性时尚杂志中。

◆ 户外服装

大衣的版型与西装外套相类似。波尔

希默斯（Polhemus）以肖特兄弟公司（Schott Bros Company）制造的黑色皮革佩费克托（Perfecto）摩托夹克为例，认为其是街头时尚涌现出的主流时尚的典范。自从1953年马龙·白兰度（Marlon Brando）在电影《野蛮人》（*The Wild One*）中穿上这种夹克后，它便由此成为叛逆青年的象征服装。渐渐地，在20世纪七八十年代，这些夹克成为更加大众化的服装，在摇滚音乐家的带领下得以进一步推广。到了20世纪八九十年代，这种夹克和皮背心开始出现在高级时装秀上，至此它向主流时尚的转变已经完成。

◆ 体育运动着装

1990年，世界知名内衣品牌"骑师"推出了一系列男士超短内裤。

健身短裤和运动裤广泛用于田径运动或作为休闲运动服。

1990年后，人们对单板滑雪的兴趣迅速增长。与滑雪者不同，单板滑雪者往往穿着宽松且隔热性能良好的服装。单板滑雪服多为两件式的，上下两件的颜色不同，且随季节变化，流行的色号也有所不同。

◆ 发型与头饰

20世纪90年代末的男士发型师使用护发产品打造立挺蓬松的男式发型。此外，当时流行的休闲造型主要有两种：修整干净的胡子或是精心修饰过的"五点式胡须阴影"。

◆ 鞋类

20世纪90年代的鞋子种类繁多，从翼尖鞋和双色鞋到结实的登山靴，以及各种各样的运动鞋。显而易见的是，休闲风格成为

图21.19　到20世纪90年代末，从汤米·希尔费格设计的款式中可以看出，马德拉斯运动夹克与色彩鲜艳的衬衫的组合让整体造型变得更加休闲轻松。（图片来源：Camerique/ClassicStock/Getty Images）

图21.20　如图，这个20世纪90年代出现的广告展示了当时十分流行的"无领带"休闲风格。（图片来源：Courtesy of Advertising Archives）

时尚焦点，因为有鞋业公司推出了"休闲星期五"的鞋子系列，休闲鞋和运动型牛津鞋的销售也不断增加。摇滚明星对于一些如驾驶鞋和泡沫鞋底、麂皮鞋带的牛津鞋等休闲鞋的流行都起到了推广作用。长筒袜也有了各式各样的针织面料、颜色和图案，为顾客提供了更多选择。

儿童服饰

儿童的着装风格越来越像个成熟的小大人，这也让更多的服装公司开始为各个年龄段的儿童制作高价、富有时尚感的服装系列，复古时尚打造了老少皆宜的时装潮流。1990 年，《纽约时报》注意到婴儿潮一代的父母喜欢给孩子穿上带有 20 世纪 60 年代风格的服装，而这种风格在成年人中也很流行。此外，童装产业杂志还指出，街头时尚风格和复古风格，特别是摩登派都是影响时尚的重要因素。

◆ 婴儿及学前孩童服装构成

20 世纪 90 年代，据零售商反馈，天气暖和时较受欢迎的婴儿服装要属连衣裙，而天气寒冷时，一体式连体衣则销量更高。婴儿泡泡服（bubbles）是紧身服的一种，主要使用额外的宽度来塑性，从而呈现泡泡的圆形效果，在婴儿和学步儿童服装中很流行。20 世纪 90 年代初，为学龄前儿童打造的公共电视节目中出现了一只名叫"巴尼"（Barney）的紫色恐龙，这个恐龙的图案也开始出现在学龄前儿童的服装上。

20 世纪 90 年代出现了幼儿尺寸的登山靴，还有流行运动鞋的小尺寸版本。

1953 年的《易燃织物法》（Flammable Fabrics Act）和随后的修正案要求 0—14 号的儿童睡衣应当达到某些易燃性标准。制造商为了制作出不易燃的织物面料，只能在生产中加入某些不易燃的人造纤维，或者在棉和棉混纺物表面喷上特殊的漆物进行处理。但是公众发现其中一种化学整理剂——三羟甲基氨基甲烷（TRIS）可能具有诱变性时，他们便开始怀疑阻燃漆雾的安全性。因此，一些家长开始购买宽松的棉质 T 恤或其他内衣当作孩子的睡衣。然而，这种宽松的服装要比紧身的睡衣更容易着火。因此，美国 1996 年对该立法进行了修改，不再对紧身的儿童睡衣加以监管，以此鼓励家长购买更安全的合身睡衣。此外，6 个月以下儿童的睡衣也被排除在该标准之外，其主要原因是这么小的孩子行动不便，根本无法接近火源。

◆ 学龄儿童服装

20 世纪 90 年代，许多美国学校为了避免使用和帮派色彩有关的服装所带来的冲突而要求学生遵守着装规定。但随着成人服装的逐渐中性化，儿童服饰也开始走向这一趋势。这一时期的服装多为针织服装，特别是那些由人造纤维或混合纤维制成的、易于洗涤的服装。鲜艳的彩色织物与大规模的印花、条纹和格子得到广泛运用，特别是在 20

世纪 90 年代后期这一趋势更为明显（见图 21.21）。

图 21.21　女孩和男孩们都穿着颜色鲜艳的衬衫和运动护具。（图片来源：Photo by Camerique/ClassicStock/Getty Images）

◆ 服装

20 世纪 90 年代，十几岁的青春期女孩开始追求叠穿的潮流。她们会把衬衫挂绑在裙子或裤子外边，马甲套在衬衫外边等。常见的款式包括长袖运动衫连衣裙、连衣裤和低腰裙等。许多用于正式场合的连衣裙都带有蕾丝或其他装饰性的衣领和饰物。夏季服装流行印花，冬季则流行天鹅绒。其他流行的单品还包括各种长裤和短裤，搭配大号 T 恤衫的长至膝盖或更长的紧身裤、跳伞服和慢跑服等。随着 20 世纪 90 年代男装的休闲化，男孩正装逐渐变化，主要体现在西装外套和牛仔裤或短裤上面。在嘻哈音乐的影响之下，男孩们大多穿上了宽大的服装款式。

20 世纪 60 年代的喇叭裤在 90 年代实现了潮流复兴，露脐装时尚的传播影响了学龄儿童的服装，而喇叭裤则继续发挥着重要作用。

如骑行裤等由氨纶制作的弹力运动服装及由人造纤维绒布制作的户外运动服都很受欢迎。有时，这些织物还用于制作保暖衣物的衬里或外层。

◆ 鞋类

20 世纪 90 年代最重要的鞋类要属靴子和运动鞋。此外，雨靴还出现了更多鲜艳的颜色。

◆ 配饰

男孩和女孩用背包装书上学。许多背包都带有特殊标识，而当地的时尚则影响了各类书包的受欢迎度。如果学校发生暴力事件时，那么学生就会被要求携带透明塑料背包，如此一来，包里的任何武器都将无处遁形。

20世纪90年代

女性：20世纪90年代及以后

许多面料中加入了氨纶使得服装变得更加贴身。肩部的设计相比之前要小一些。

女性：1995—1999年

这一时期出现了多种长度的裙子。

男性：20世纪90年代中期

西服的结构变得更加明显，布料中常常加入弹性纤维。

男性：20世纪90年代及以后

商务休闲装开始流行。

章末概要

这个时期的时尚受到全球的各种因素影响，其中包括各种战争和冲突，工装裤、短裤以及迷彩图案的持续使用也塑造着潮流趋势。日本流行文化还促进了漫画、动画和角色扮演或装扮的流行。

计算机革命和互联网发展从根本上改变了企业、政府和社会的运作方式，这也让时装制造、零售和消费发生了翻天覆地的变化。时尚行业的其他变化还包括大型企业（企业集团）对高级时装和成衣公司的收购以及全球营销。

这些变化都使消费者的服装选择变得极具多样性。延续前几十年的趋势，休闲服装、专业运动服和非专业运动服之间的区别逐渐模糊。20 世纪 90 年代的风格难以用任何一种外观或主要轮廓来确定。每个年龄段的人都会穿上同龄人之间流行的风格。

20 世纪 90 年代服装风格的遗产

20 世纪 90 年代，人们意识到多种

现代影响

1998 年，日本设计师川久保玲成立了个人工作室，开始为"像个男孩"品牌工作。2014 年，他推出了混合纹理和图案的成衣系列，令人联想到 20 世纪 90 年代的服装风格。图中的模特身着高领毛衣，外搭拼织面料夹克和短裤装。此外，川久保玲推出的中性风服装也是另一个受到 90 年代服装风格启发而设计。

（图片来源：Giannoni /WWD /© Condé Nast Publications）

风格同时流行具有极大的重要性，此外服装单品的混搭也十分流行（见"现代影响"）。人们即使在正式活动场合，也会穿着休闲风格的服装，直到 21 世纪这种趋势还不断发展。互联网对于一切与工作和娱乐有关的活动都至关重要。

主要服装术语

动画（anime）

身体首饰（body jewelry）

价格中上的服装（bridge lines）

婴儿泡泡服（bubbles）

休闲星期五（casual Friday）

枝形吊灯式耳环（chandelier earrings）

角色扮演（cosplay）

解构主义者（deconstructionists）

时尚达人（fashionista）

海洛因时尚（heroin chic）

高科技织物（high-tech fabrics）   商业快速反应（quick response）
漫画（manga）   天丝（Tencel）
大规模定制（mass customization）   复古服装（vintage clothing）
极简主义（minimalist）

问题讨论

1. 20 世纪 90 年代的时尚受到哪些社会事件的影响？

2. 从 20 世纪 80 年代到 90 年代，日本著名时装设计师的审美观有何变化？

3. 男装、女装和童装存在哪些相似之处？是什么促成了这些相似之处？

4. 请列出 20 世纪 90 年代更多的休闲趋势的元素。

5. 请描述 20 世纪 90 年代时装业的变化。

参考文献

Adler, J. (1995, February 20). Have we become a nation of slobs? *Newsweek*, 56.

Agins, T. (1999). *The end of fashion*. New York, NY: William Morrow.

Brubach, H. (1991, September 2). In fashion. *The New Yorker*, 72.

Chandler, R. M., & Chandler-Smith, N. (2005). Flava in ya gear: Transgressive politics and the influence of hip-hop on contemporary fashion. In L. Welters and P.A. Cunningham, *Twentieth-Century American Fashion* (pp. 229–254). New York, NY: Berg.

Cocks, J., & Fallon, K. J. (1990, November). The bonfire of the business suit. *Time*, 136 (22), 83.

Godfrey, D. (1989, September 6). U.S. buyers find mixed messages in Paris. *Daily News Record, 176* (19).

Hofmeister, S. (1994, August 22). Used American jeans power a thriving industry abroad. *New York Times*, 21.

Leinbach, D. (1990, March 4). Trends in children's fashions (Part VI). *New York Times*, 52.

MacWilliams, M. W. (2015). *Japanese visual culture: Explorations in the word of manga and anime*. New York, NY: Routledge.

Ogden, C. L., Carroll, M. D., Kit, B. K., & Flegal, K. M. (2014). Prevalence of childhood and adult obesity in the United States, 2011–2012. JAMA, *311* (8): 806–814.

Polhemus, T. (1994). *Street style*. New York, NY: Thames and Hudson.

Rifkin, G. (1994, November 8). Digital blue jeans pour data and legs into customized fit. *New York Times*, A1.

Schorman, R. (2010). The garment industry and retailing in the United States. In P. Tortora, *Berg Encyclopedia of World Dress and Fashion, Volume 3: The United States and Canada* (pp. 87–96). New York, NY: Berg Publishers.

Spindler, A. M. (1996, January 22). Investing in haute couture's lower-brow future. *New York Times*, D2.

Steele, V. (2000). Fashion: Yesterday, today, and tomorrow. In N. White & I. Griffiths (Eds.). *The Fashion Business* (pp. 7–20). New York, NY: Berg.

Steinhauer, J. (1997, April 9). What vanity and casual Fridays wrought. *New York Times*, A1.

第 22 章
21 世纪初：新千年

21 世纪初

人口结构变化对时尚产业的影响

互联网对时尚营销和消费者购物方式的影响

时事热点对服饰特定风格的影响

考察时尚的历史对未来职业的影响

历史背景

2001 年 9 月 11 日，美国遭遇的空前恐怖袭击事件对全社会产生了深远影响。随后，中东冲突进一步扰乱了国内和国际政治局面。在时尚领域，设计师和名人辈出，加之互联网博客和视频的影响力不断增加，让女性、男性和儿童服装的各种风格蓬勃发展。服装企业集团的建立和兼并增多，一些小众的生产商也大获成功。技术创新推动了纤维和面料性能的发展，同时设计师从 20 世纪的剪裁中找到了灵感。

2000 年总统竞选结束时，副总统艾伯特·戈尔在民众投票总数中遥遥领先，得克萨斯州的乔治·布什州长却在选举人团票中保持微弱领先的优势。因此全国选举的结果取决于佛罗里达州的最后投票。当时由于两位候选人的票数太过接近，因此佛罗里达州法律要求对选票进行重新计算。布什竞选团队对使用打卡机的地区票数统计的准确性提出质疑，并将此案上诉至美国最高法院。最后法院以五比四的多数判决认定布什胜诉，随后他顺利上任美国总统。2004 年 11 月 3 日，乔治·布什再次当选美国总统。

2005 年 8 月 29 日，卡特里娜飓风袭击了墨西哥湾沿岸的路易斯安那州、密西西比州和亚拉巴马州，这可能是美国有史以来遭遇的最严重的自然灾害。此次灾害摧毁了大范围地区的人民生活秩序，新奥尔良市的挡海堤坝崩溃后，近 50% 的地区被水淹没，人们对于联邦政府在此次救灾过程中的迟缓反映更是发出了强烈批评。

2006 年的中期选举中，民主党获得了对国会两院的控制权，结束了共和党近十年的持续控制。同时，持续的伊拉克战争让许多选民深感担忧。在民主党控制众议院之后，南希·佩洛西于 2006 年 11 月 16 日成为第一位当选的众议院女议长。

信贷泡沫的全盘崩溃让各大机构都降低了标准，因此更多的房屋借款人能够申请到次级贷款。据统计，仅从 2007 年 12 月到 2009 年 6 月，美国就经历了 18 个月的经济大衰退。在此期间，私人消费出现了近二十年来的首次下跌，失业率高达 9.5%。尽管经济困难层出不穷，但相应地，在全美的广告和社论中提到购疗法（即购买物品来改善情绪）的次数却有所增加。

2008 年，巴拉克·奥巴马当选美国第 44 任总统，这是他两届任期中的第一届。作为第一位当选该职位的非裔美国人，奥巴马总统通过了《平价医疗法案》(*Affordable Care Act*)，创造了新的历史。尽管饱受争议，但它仍然被美国最高法院裁定为一项符合宪法的医疗改革。

服饰的影响因素

米歇尔·奥巴马与美国

奥巴马总统的妻子米歇尔·奥巴马经常被拿来与杰奎琳·肯尼迪相比较，米歇尔一直支持新晋的美国设计师，并擅长将经典且前沿的服装风格进行搭配，如图是她对三股珍珠项链和无袖连衣裙的搭配（见图22.1）。

在 2009 年的就职典礼上，米歇尔·奥巴马穿着古巴裔美国设计师伊莎贝尔·托莱多（Isabel Toledo）设计的外套和裙子，戴着珠宝品牌克鲁（J.Crew）的手套。这种高级和平价的时尚混搭风格引起了大众的广泛模仿，并为奥巴马赢得了"日常风偶像"的称号。这一时期的著名设计师名单见表22.1。

图 22.1 2009 年，奥巴马夫人在总统就职晚宴上身穿吴季刚（Jason Wu）设计的白色单肩礼服，裙身装饰着白色碎花和施华洛世奇水晶。2012 年，巴拉克·奥巴马成功连任。2013 年，奥巴马夫人在就职舞会上穿了吴季刚所设计的红宝石色雪纺长袍。（图片来源：SAUL LOEB/AFP via Getty Images）

环保型纤维

进入 21 世纪后，世界对于气候变化的关注进一步增加，制造商也开始推广由环保型纤维制成的产品。一些如大麻纤维等环保纤维在种植过程中仅需少量杀虫剂并且具有可生物降解的特性，因而得到广泛宣传。其他如大豆丝纤维、玉米纤维和牛奶蛋白纤维等则是由天然材料再生而成。天丝纤维是由木屑再生的，与相类似的人造丝纤维相比，它的生产过程污染要小得多。制造商和零售商还经常吹捧竹子是一种"绿色"纤维。

2003 年，动物权利活动家举办了一场合成毛皮时装秀，希望鼓励女性穿上仿制而非真正的动物皮毛。尽管这些活动并没有完全消除时尚界对皮草的兴趣，但时尚设计师越来越多地转向了人造皮草和皮革面料（见图22.2）。技术的进步还改善了仿制品的外观和触感，其价格要明显低于动物产品。在美国，龟甲、象牙、鳄鱼皮等产品和其他列入濒危物种清单的产品被禁止进口，活珊瑚的销售和出口也受到了限制。

图 22.2　随着处理毛皮技术的发展，毛皮逐渐出现了新的颜色和纹理，特别是 2000 年以后更是如此。（图片来源：Fairchild Publications, Inc.）

图 22.3　21 世纪的美国服饰零售商特别注意到拉丁裔人口正日益增长的现象。其中明星珍妮弗·洛佩兹的服装系列和香水在如科尔百货和梅西百货等各种大型百货公司均有销售。（图片来源：KMazur/WireImage/Getty Images）

美国人口结构的变化

美国人口结构的变化对服装业产生了影响。美国人口逐渐多样化，大多数人来自墨西哥、南亚国家、东亚国家、加勒比地区和中美洲地区。此外，美国还是"地球上宗教最多样化的国家"，在美国、法国和英国，伊斯兰教是人数增长最快的宗教。

从服装到食品服务的零售商试图吸引更多不同类型的消费者。面对大量拉丁裔人口聚集的市场，一些如塔吉特和沃尔玛等大型零售商，选择双语标志和产品相组合，以适应墨西哥人、古巴人、波多黎各人和其他消费者的喜好。零售商还与名人合作以增加这一市场基础（见图 22.3）。例如，凯马特（Kmart）推出了以墨西哥流行歌手塔利亚（Thalia）命名的新时装系列，科尔百货（Kohl）则提供了以詹妮弗·洛佩兹和马克·安东尼（Marc Anthony）为主角的两大服装系列。包括梅西百货在内的其他零售商通过在《西班牙人》（*People en Español*）杂志、西班牙语电视网（Univision）的广播和电视台上推出电视广告向拉美族群进行产品推销。

表 22.1 著名的设计师（2000—2009 年）

设计师	设计方向	显著特色
阿尔图扎拉（Altuzzara，1983— ）	2008 年推出女性成衣系列；2014 年推出塔吉特系列服装	款式复杂但方便穿着
B. 迈克尔（B. Michael, 1957— ）	主营男女装成衣；1989 年开始进军帽子市场；1999 年从事高级时装设计	服装侧重合体剪裁和轮廓版型
莫罗·伯拉尼克（Manolo Blahnik, 1942— ）	鞋子设计师，产品在专卖店和伯拉尼克精品店销售	一位杰出的鞋子设计师，最广为人知的作品出现在 2006 年的电影《玛丽·安托瓦内特》（*Marie Antoinette*）和电视剧及 2008 年电影版《欲望都市》（*Sex and the City*）中
汤姆·布朗（Thom Browne, 1965— ）	2001 年推出汤姆·布朗品牌；2007 年与布克兄弟签约，开始为黑标（Black Fleece）联名系列设计高端中性系列；2011 年推出眼镜作品	狭长的西装，以格子图案装饰，和高腰裤或短裤搭配
托里·伯奇（Tory Burch, 1966— ）	主营女性成衣、手提包、鞋子、珠宝等设计；2004 年推出"托里·伯奇"品牌	在拉尔夫·劳伦看来，伯奇是"成功将自己的成衣风格市场化的典范"
萨拉·伯顿（Sarah Burton, 1974— ）	英国时装设计师，目前是时装品牌亚历山大·麦昆的创意总监	荣获 2011 年《时尚》英国时尚设计大奖年度设计师奖，曾担任剑桥公爵夫人凯特·米德尔顿（Kate Middleton）的婚纱设计师
郑杜里（Doo-Ri Chung，1973— ）	2001 年推出郑杜里成衣系列；2012 年停止该品牌，开始为克鲁和盖璞设计胶囊系列，随后将产品线卖给了巴尼斯纽约精品店（Barney's New York）等独家商店；2009 年推出了低价位产品线"格调下"（Under. Linge）	擅长设计紧身衣和低调色彩的袜子
阿尔伯·艾尔巴茨（Alber Elbaz, 1961— ）	曾担任杰弗里·比尼（Geoffrey Beene）的设计助理、姬龙雪（Guy Laroche）的设计师、圣罗兰左岸系列的首席女装设计师，2001 年曾担任浪凡（Lanvin）的创意总监	服装轮廓多为经典形状，采用亮眼的颜色和解构性的服装细节
帕翠莎·菲尔德（Patricia Field，1942— ）	知名服装设计师、造型师、时装设计师	担任《欲望都市》《穿普拉达的女魔头》（*The Devil Wears Prada*）和《丑女贝蒂》（*Ugly Betty*）的服装设计师

普拉巴·高隆（Prabal Gurung, 1980—）	2009 年推出自己的品牌，2013 年与塔吉特公司合作推出胶囊系列	他的目标是打造"让女性更美丽的服装，而不是追随最新的潮流"
克里斯托弗·凯恩（Christopher Kane, 1982—）	2006 年推出自己的品牌；2010 年扩展到男装；为"Topshop"品牌设计了三个胶囊系列，为"Versus"品牌设计了一个系列	以创造性和富有想象力的设计而闻名
纳伊·姆汗（Naeem Khan, 1958—）	曾经在霍斯顿做学徒；2003 年推出自己的服装系列	设计连衣裙、礼服和别致的分体式服装，服装反映了（印度）遗产、极具特色的手工刺绣
瑞德·克拉考夫（Reed Krakoff, 1996 年开始活跃）	1996 年加入蔻驰（Coach）；2013 年创建了自己的成衣、手袋和鞋子系列	专注于设计兼顾实用性和女性化的运动装
莫尼克·鲁里耶（Monique Lhuillier, 1971—）	1996 年成立了高档次的鲁里耶婚纱公司，2001 年将业务扩展到晚装，2003 年开始设计成衣	服装轮廓夸张之中带有一丝柔和，往往有多种织物纹理的交织共存
林能平（Phillip Lim, 1973—）	2005 年与商业伙伴周文一起推出了"菲利林"（phillip lim）系列	致力于设计"人们真正穿的衣服——漂亮、酷潮且别致，但是无须支付设计师品牌的高价"
克里斯提·鲁布托（Christian Louboutin, 1964—）	著名鞋子设计师，1992 年在巴黎首次开店	以纤细和尖头的轮廓和标志性的红色鞋底而闻名
"玛切萨"品牌（Marchesa, 设计师为乔治娜·查普曼[Georgina Chapman, 1976—] 和凯伦·克雷格 [Keren Craig, 1976—]）	两位英国设计师于 2004 年推出该品牌	"该品牌专门设计具有折中主义美学的高级时尚晚装"
塔库恩·帕尼克歌尔（Thakoon Panichgul, 1974—）	2004 年推出塔库恩成衣系列	受东方传统和城市风格遗产的影响
"普林"品牌（Preen, 设计师为贾斯汀·桑顿[Justin Thornton] 和西娅·布雷加兹 [Thea Bregazzi]）	1996 年，"普林"品牌创立	以简洁、流畅的线条和未来主义的优雅而闻名
"普罗恩萨·施罗"品牌（Proenza Schouler, 设计师为乐扎罗·赫南德斯[Lazaro Hernandez] 和杰克·麦考卢 [Jack McCollogh]）	2002 年，"普罗恩萨·施罗"品牌创立	该品牌致力于为成年女性设计经典轮廓，强调使用低调的颜色和富余的版型
加勒斯·普（Gareth Pugh, 1981—）	2005 年开始设计高级时装	将行为艺术视为一种时尚，当选英国时尚界的天才人物

翠西·瑞斯 （Tracy Reese， 1964— ）	主营运动服装设计；1987 年成立自己的公司，随后担任马加斯科尼公司（Magaschoni）的设计总监；后来成立翠西·瑞斯子午线公司（Tracy Reese Meridian）	具有超女性化特质的翠西·瑞斯和价格适中的普兰特（Plenty）是她的两大著名品牌；她擅长设计裙子，随后还将生产线扩展到化妆品、鞋子、手袋和家居用品
纳西索·罗德里格斯 （Narciso Rodriguez， 1961— ）	2003 年与商业伙伴尼古拉·瓜诺（Nicola Guarno）一起推出成衣系列，还担任过"罗比与妮基"（Robbi & Nikki）副线系列的设计师	以出色的剪裁和女性化的可穿戴设计而闻名
"The Row"品牌（奥尔森双胞胎姐妹阿什莉 [Ashley] 和玛丽 - 凯特·[Mary-Kate]）	品牌创立于 2006 年，现已扩大到眼镜和手袋产品设计上	致力于运用精美的面料，实现合体设计；2012 年，美国时装设计师协会将她们评为年度最佳女装设计师
约翰森·桑德斯（Jonathon Saunders，1977— ）	2003 年首次亮相	以其印花作品和熟练的传统丝印技术而闻名；2005 年获得苏格兰年度最佳时装设计师奖
拉夫·西蒙斯（1968— ）	比利时家具设计师；1995 年推出男装系列，2005—2012 年担任吉尔·桑达的创意总监，2012 年担任迪奥的艺术总监，负责高级定制时装、成衣和配饰的设计工作	强调现代服装的比例，以及新的面料和新技术的运用
里卡多·蒂希（Riccardo Tisci，1974— ）	2005 年就任纪梵希女装和高级定制时装的创意总监，2008 年就任纪梵希男装部门的男装和配饰设计师	以哥特式倾向和极简主义著称
菲利普·崔西（Philip Treacy，1967— ）	高级时装和成衣的制帽师	痴迷于超现实主义的主题，2005 年为威尔士王子和卡米拉·帕克·鲍尔斯（Camila Parker Bowles）的婚礼设计帽子
伊莎贝尔·托莱多（1961—2019 年）	1985 年展示了首批设计	"一个凡事'亲力亲为'的设计师，其服装具有一种前卫的吸引力"
艾里斯·范·荷本（Iris van Herpen，1984— ）	2007 年推出高级时装品牌，2014 年从事成衣设计	范·荷本的 3D 打印礼服成功入选了《时代》杂志 2011 年五十大发明之一
亚历山大·王（Alexander Wang，1984— ）	2007 年推出亚历山大·王成衣品牌	以"模特私服风"作品而闻名，它们通常是经典舒适但又不乏时尚感的混搭服装

资料来源：Alford, H. P., & Stegemeyer, A.（2010）. *Who's who in fashion*（5th ed.）. New York, NY: Fairchild Publications;Tortora, P. G., & Keiser, S. J.（2014）. *Who's who in fashion*（4th ed.）. New York, NY: Fairchild Publications.

图 22.4 在伦敦的 2014 年大码时尚周末秀场上，身着各类服饰的模特正在后台待场。（图片来源：Andrew Cowie/AFP/ Getty Images）

2006 年，总人数 2400 万的婴儿潮一代年龄超过了 50 岁，婴儿潮一代占据总人口的 27.5%。自 1978 年以来，人们在服装上的支出下降，在服务方面的支出则反向增加。此外，随着女性年龄的增长，她们的身体也发生了变化。休闲服装趋势可能也与人口统计学有关。婴儿潮一代是穿着牛仔裤和休闲服长大的。他们乐于穿上休闲服装去工作也是合情合理。

据《女装日报》报道，自 2005 年以来，美国的平均衣服尺寸已从 12 号增长到 14 号。尽管"永远 21"（Forever 21）、H&M 和安泰勒（Ann Taylor）等精选商店已发布了大尺码服装，但大尺码市场仍旧仅占女装行业总收入的 18%。为此，许多大码零售商为了促进大码服装的销量做出了许多努力，包括举办纽约的大码时尚周末（为期六天，以时装表演和购物活动为主）和伦敦的超大码时尚周末等活动（见图 22.4）。

2006 年，几位年轻巴西时装模特因厌食症不治而亡的消息传开后，大众对于使用超瘦模特的反抗浪潮进一步发展。过分瘦弱的模特被禁止参加西班牙最有影响力的时装秀。虽然也有其他表态支持西班牙此次行动的声音，但是影响力仍旧有限，在 21 世纪使用极瘦的时装模特仍是一种常态。

数字革命

计算机和互联网革命深刻地改变了商业、政府和工业的运作方式。

网上购物逐渐成为零售商的重要销售渠道。人们不再对无法触摸到商品而产生担忧，因为消费者开始意识到居家购物的好处，他们无须长途跋涉，还能接触到任意较远的品牌和商店。进入 21 世纪，虚拟网站为追求时尚提供了宝贵场所。这些网站参与者可以设置不同的场景和虚拟人物（avatars），类似于电脑游戏的操作。这些虚拟环境为顾客提供机会挑选或是设计服装，从而增强时尚参与感。现实世界的时尚产业很快就意识到，这种虚拟网络世界具有帮助投放广告、散布信息和建立潜在客户群的巨大潜力。唐娜·卡兰和谭燕玉等设计师以及其他零售商纷纷建立网上商店，顾客可以从店内购买服装，让虚拟人物穿上。同时还出现了一些时装设计比赛，最终获胜的设计就能够投入生产，并在现实商店内销售。

时尚博客是专门用于发表意见、想法、照片和链接其他网站的个人网页，如今它正逐渐成为时尚信息传播的重要载体。《纽约时报》风格版作家埃里克·威尔逊（Eric Wilson）在描述一位13岁的博主坐在马克·雅各布斯秀场前排的场面时这样写道："时尚博主已经从边缘座位如此迅速地坐到了前排。面对此情此景，编辑们长期坚持的社会准则——重视地位和经验而不是对外展示野心或享受——实际上已经被完全抹杀了。"时尚的创造者、推广者和销售者会定期发布博客，这一媒介已经成为时尚媒体的主流组成部分（见图22.5）。参见"时代评论22.1"，了解时尚博主在时界界飞速崛起的故事。

社交网站（Social networking site）又名社交媒体（social media），为用户提供了独特的个人"空间"，从而让他们可以与其他人联系。YouTube创建于2005年，致力于为购物者提供一种分享他们的采购经历，或美容方式和时尚采购方法的渠道，这些分享者中有许多得到了设计师和品牌的赞助。

图22.5 时尚博客已经成为时尚媒体的主流组成部分，图为《幸运》（*Lucky*）杂志举办的多日时尚和美容博客会议。（图片来源：Bryan Bedder/ Getty Images for Lucky Magazine）

笔记本在手，旅行我有：博主登上时尚前线

澳大利亚日报《时代》发表的这篇文章讨论了时尚博主的崛起。

曾几何时，时尚秀场的前排位置都是留给高级时尚编辑、全球时尚买手和各种抢眼名流的，但如今的澳大利亚时装周上，一种新的时尚权力群体开始加入前排座位——博主。

活动主办方 IMG 时尚公司斥巨资邀请各个"精英"博主前往悉尼。"我们邀请他们中的一些人来到这里，希望让大家一同谈论澳大利亚的时尚。"澳大利亚时装周的创始人西蒙·洛克（Simon Lock）说，"当你关注的博主在展会结束后的几小时甚至几分钟内就上网发布评论，与全球数十万甚至数百万人交流，那为什么不干脆把他们请过来讨论呢？"

"布莱恩男孩"（Bryanboy）是坐在前排的国际博主之——过去他曾是马尼拉的网络开发人员，如今摇身一变，成了张扬时尚的博主。他的博客每天能够吸引高达 18 万名访客。布莱恩男孩以诙谐的时尚评论而闻名，因此在时尚博客界备受尊敬，《纽约邮报》最近将他选为"网络上最热门的九大名人"之一，高调的美国设计师马克·雅可布斯甚至以他的名字命名了一款手提包。

布莱恩男孩认为，博客最突出的力量在于它能够以极快的速度向全球受众提供未经审查、未经编辑的时尚评论。"我认为读者之所以信任我们，是因为他们知道我们没有既得利益，"他说，"我们没有像杂志那样的编辑或广告商，这让他们对我们更加信任。"

《吉西报告》（JC Report）时尚杂志的杰森·坎贝尔（Jason Campbell）说，博主在全球时装秀上的存在感越来越强。他说："潮流风向必然影响着博主和在线出版商的运作方式。要明白，人们想知道现在发生了什么，而不是在一个月后的杂志上。这些问题关乎人的及时满足，我们就致力于向全球受众提供这种服务。"

网上零售商的买家也首次受邀参加活动，成为 IMG 时尚的客人。洛克说："随着消费者对网上购物的信心增强，这些网上零售商已经成为一支真正的力量。他们正在销售一些澳大利亚品牌，我们希望他们能管理更多的品牌，并将他们推广给世界各地的购物者。"

资料来源：The Age,（2008, May 4）. Retrieved from www.theage.com.au/lifestyle/fashion/have- laptop-will-travel-bloggers-arrive-on-fashions-frontrow-20080504-ge71dm.html

时尚系统元素的变化

全球时尚产业由世界各地的设计师、制造商、销售商和零售商的合作组成。在 21 世纪，时尚产业的主要特点在于产品生命周期短，消费者需求不稳定，产品种类多，供应链复杂等。

设计

设计过程深受巴黎、米兰和纽约等城市的系列作品以及贸易展的影响。一些设计师利用时尚咨询服务来分析和预测街头潮流的流行。也许对大型零售商而言计算机辅助设计（CAD）系统等技术是最重要的，因为它们有助于减少制作图案的时间，并能对设计进行电子存储，以便日后进行修改。产品生命周期管理等软件改善了整个供应链的沟通，从而最终缩短了生产周期。

生产

2008 年，美国的服装和纺织业都明显遭受了重大经济打击。许多服装生产商选择成本较低的亚洲和拉丁美洲的离岸生产设施。为了应对外国竞争，一些美国制造商开始剥削工人，尤其是那些海外移民，一些人甚至在美国大都市地区的血汗工厂里打工。抗议者呼吁社会关注外国工人的极端工作条件和低工资水平，特别是那些销售高价值商品的公司。

21 世纪的服装生产飞速发展。快时尚巨头 Zara 和 H&M 仅用 14 天就能翻新店内服装全线产品，而竞争对手却要花费整整 90 天才能做到。这些店铺之所以能够实现销售额的增长，是因为锚定了正确的目标群体，即那些紧跟时尚趋势但不愿意花高价购买最新时装的互联网消费者。塔吉特等公司零售商模仿了 H&M "店中店" 的经营战略，通过限量供应潮流款式来测试市场喜好。

时尚产业的变化

到了 2000 年，消费者在服装方面有了更多选择。顾客可以从互联网零售商、高级时装店到旧货店等各种渠道购买服装。时尚行业具有高度的不可预测性，因此十分危险，仅仅通过简单地复制顶级设计师的新趋势已经无法推动时尚行业的发展。相反，制造商倾向于把重点放在小众或专业市场上，以特定的地理区域、年龄、社会阶层、种族或生活方式的人为目标顾客。

多渠道零售

根据美国人口普查局的数据，近 75% 的美国家庭已经接入互联网。电子商务的交易量逐年增长，其中网上购物的主要类别分为服装和配饰。自由的退货政策，低价甚至免费的运输价格，以及如图片缩放等导购工具降低了消费者仅靠视觉而非亲身体验导致的网购失误风险。互联网在塑造和加速时尚周期方面功不可没。诸如兰兹角（Lands'End）等老牌实体公司在网上服装销售中占据主导地位，多渠道零售（multichannel retailing）或实体店、网站和目录的整合对零售机构来说已经变得越来越重要。

复古服装

2002 年，专业制造商开辟了做旧牛仔裤的生产线。新牛仔裤仿照真正的旧牛仔裤上所有的磨损点、撕裂点、修补点和污点进行设计，每条售价在 150—200 美元之间。这些"新的复古牛仔裤"的销售约占牛仔裤市场的 3%，但像盖璞这样的大众市场零售商很快就开始以低于 50 美元的价格销售破损的牛仔裤。

不断增长的青少年市场

到 2000 年，青少年市场和儿童市场很明显地出现了一个新的细分市场——吞世代，其在零售业中的地位越来越重要。1995 年，有 4000 家专门针对青少年的商店。到 2003 年，这个数字锐增至约 10 万家。青少年市场"在规模和直接消费能力方面呈现爆炸性增长"。然而，这个市场却没有想象中容易控制，因为青少年的品位往往是反复无常的。他们从名人（如说唱歌手和运动员）、杂志、电视、音乐和同龄人那里获得时尚信息，尽管与流行音乐明星有关的品牌表现良好，但是他们对于品牌的忠诚度却起伏不定，价格是青少年市场中很重要的一个因素。

主流时尚潮流的发源

克瑞恩（Crane）有效地总结了新千年时尚变得多样化的原因和方法。"不同的风格有不同的受众，这个时代对于穿什么没有精确的规定，对于代表当代文化的时尚理想也尚未形成一致的看法"。2000 年的时尚风格是吸收了摩登派、朋克、迷你裙和奥普艺术以及过去五十年的其他风格发展而来的。政治、艺术和技术进步持续不断地为时尚作出贡献，并受到时尚发展的反作用力。

时事热点

时事热点往往会激发特定的时尚或穿衣习惯。2001 年 9 月 11 日的恐怖事件对时尚的影响主要体现在经济方面。人们对服装的需求急剧下降，这导致许多制造商不得不裁减大量的工人。为了刺激这个行业，美国时装设计师委员会和《时尚》杂志发起了"为美国而时尚"运动。这些努力在一定程度上帮助了美国在短期内实现经济复苏。

这场悲剧也激发了一些特定的时尚风格。饰有美国国旗的服装随处可见，这也是体现大众爱国主义的一种手段。随着美国介入中东战争，军事影响出现在平民服装中。工装裤成为年轻人的一种时尚，风衣和作战夹克开始出现在巴黎的T型台上。工装裤等衣物大多由装饰有迷彩图案的面料制成。起初，这些印花是以传统的迷彩混合色（褐色、棕色、绿色和灰色）制作的，到了2003年及以后，它们开始出现一些鲜艳颜色的混合色，甚至包括儿童服装也出现这种趋势，但这些图案并不是和作战服装一样为了融入自然风景而设计的（见图22.6）。

这场在9月11日爆发的对美国本土的袭击以及激进伊斯兰教恐怖分子制造的冲突让一些美国人开始对穿着传统伊斯兰教服装的人保持一种谨慎态度。那些既想保持时尚感又不违背宗教教义的穆斯林女性创造性地将潮流风格与符

图22.6　背心、大衣和裤子的迷彩图案更偏向实用性，如果像詹巴蒂斯塔·瓦利（Giambattista Valli）那样使用鲜艳的颜色和有吸引力的细节进行设计，那么迷彩就会成为一种高级时尚。（图片来源：Giannoni /WWD /© Condé Nast）

合其宗教信仰的服装相结合。其中名叫"希贾布"（hijab）的伊斯兰头巾便是虔诚的穆斯林女性将二者结合的产物之一（见图22.7）。

一种名为"卡非耶头巾"（kaffiyeh）的黑白头巾一直为已故的巴勒斯坦前领导人亚西尔·阿拉法特和他的同胞所佩戴，多年来这种服饰一直是一些美国人声援巴勒斯坦的象征。

2007年，城市地区的一些年轻女性开始在脖子上戴上围巾，这一举动引发了政治争议。许多接受采访的年轻女性并不明白其中的政治含义。《纽约时报》引用了一位女士的话，她说："我对中东地区发生的事情不太了解，我认为这（头巾）属于个人审美的范畴。"由于对头巾的争议，许多本来只是将其视为新时尚潮流的人选择了放弃。

在许多历史时期，人们都穿着服装来抗议政治和社会环境。但是到了21世纪，人们很难再用服装对当前的体制表达抗议。由于广泛接受的着装规范逐渐消失，过去用于

图 22.7 在雅加达时装周期间，一名模特戴着汉妮·哈南托（Hannie Hananto）设计的希贾布。（图片来源：Robertus Pudyanto/Getty Images）

图 22.8 信息 T 恤衫可以用幽默的方式传递重要（和不太重要）的信息。

抗议的服装便失去了冲击或恐吓的能力，而唯一能够真正传达信息的方法便是穿上印有清晰字句的 T 恤（见图 22.8 及"全球联系"）。

政治领袖和名人

名人和政治领袖延续 20 世纪初的影响力，他们的时尚选择仍然备受推崇和关注。他们所做的时尚声明往往会对时尚界产生一定影响。例如，当第一夫人米歇尔·奥巴马穿着克鲁品牌的套装出现在《今夜秀》（*Tonight Show*）节目上时，该零售商网站上的流量明显增加，这套衣服也立即销售一空。梅西百货的时尚总监妮可·菲舍利斯（Nicole Fischelis）评论说，米歇尔·奥巴马所喜欢的亮色羊毛衫、无袖套裙和铅笔裙是该店最畅销的商品之一。布鲁明戴尔（Bloomingdale）的时尚总监斯蒂芬妮·所罗门（Stephanie Solomon）认为，第一夫人对服装的选择"影响着每一个进入展厅的买家的决定"。

赫蒙族（Hmong）裔美国人原本来自亚洲东南部，保持着悠久的刺绣和纺织工艺传统。在20世纪70年代，当时成千上万的赫蒙族人因为在越南战争期间与美国军队结盟而住进了难民营。赫蒙族女性由此创造了赫蒙族故事布，常使用刺绣、贴花和反向贴花装饰，描绘了战前赫蒙族的田园生活、赫蒙族的传说和被迫移民的悲惨故事。故事布通过图画的方式讲述重要的故事和历史信息。

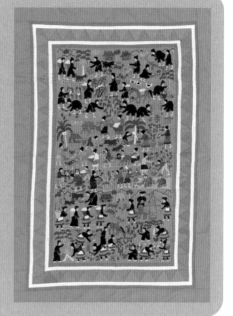

赫蒙族手工缝制的东南亚大陆故事布地图，老挝（出品商身份不明），2016年，藏于美国国会图书馆。（图片来源：John Parra/ Getty Images for petiteParade）

图 22.9　麦当娜与女儿卢尔德斯（Lourdes）一起推出她的"物质女孩"（Material Girl）系列。名人经常利用自己的名气来推销他们的商品。（图片来源：Bryan Bedder/Getty Images）

名人往往比政治家所做的时尚选择更加大胆，因此他们也会左右时尚的选择，特别是那些年轻人的选择。音乐艺人、电影和电视明星以及职业运动员因其个人和职业风格选择而受到密切关注。一些人，如科洛·塞维尼（Chloe Sevigny）等女演员和嘎嘎小姐那样的音乐人往往能够成为时装公司的灵感来源。其他人则化身某个品牌的付费代言人，如莎拉·杰西卡·帕克（Sarah Jessica Parker）为加尼尔（Garnier）和盖璞代言。还有一些包括前儿童电视明星奥尔森双胞胎姐妹阿什莉和玛丽·凯特，以及前辣妹组合的维多利亚·贝克汉姆（Victoria Beckham）等人都成功地化名气为时尚品牌（见图 22.9）。时尚杂志从使用模特到使用名人的模式转变是当时的编辑安娜·温图尔（Anna Wintour）推动的，这也从侧面表明名人对时尚的重要性。表 22.2 提供了新千年期间各种媒体对时尚产生影响的一些具体事例。

表 22.2 媒体对时尚的影响（2000—2009 年）

媒体	时期	风格影响
电视	2003—2007 年	《粉雄救兵》（*Queer Eye for the Straight Guy*）是"一档以男性时装、家居装饰、仪容装扮和文化底蕴为角度，探求男性发展的电视节目"
	2003—2013 年	《千万别穿这个》（*What Not to Wear*）是一档素人穿搭改造节目，激发了人们对造型职业师的兴趣
	2004—2013 年	时尚设计真人秀节目《天桥骄子》（*Project Runway*）为观众展示了时尚设计的过程
	2007—	《广告狂人》（*Mad Men*）是以 20 世纪 60 年代的一家广告公司为背景的电视剧，推动复古时尚的发展，剧中的花裙子和修身西装都广受欢迎；随后时尚品牌"香蕉共和国"（Banana Republic）推出与该剧同名的胶囊服装系列
	2007—	真人秀节目，如《与卡戴珊姐妹同行》（*Keeping Up with the Kardashians*）和《泽西海岸》（*Jersey Shore*），都影响了人们对发型和暴露服装的选择
	2007—2012 年	《绯闻女孩》（*Gossip Girl*）让学院风和学院派服装重回年轻市场，其中包括西装外套、马球衫、多色菱形花纹的服饰等
互联网	2002—	互联网，包括电子商务、时尚博客、社交媒体都影响着时尚的设计、营销和推广
电影	2000 年	在《艾琳·布罗科维奇》（*Erin Brockovich*）中，女演员朱莉娅·罗伯茨（Julia Roberts）穿着一种特殊设计的胸罩，能够让平胸女性显露出自然的胸形和若隐若现的乳沟
	2001 年	《红磨坊》（*Moulin Rouge*）带动了蕾丝、爱德华时代的服装和胸衣的时尚潮流
	2001—2011 年	《哈利·波特》（*Harry Potter*）一书以及后来根据该书改编的八部电影促使青少年眼镜销售的激增
	2006 年	电影版《指环王》（*Lord of the Rings*）让许多影迷开始留起和剧中主角相同的发型，穿戴那些以中世纪为灵感的时装和珠宝
	2006 年	《穿普拉达的女魔头》改编自 2003 年的同名小说，其作者是《时尚》主编的前助理安娜·温图尔
	2008 年和2010 年	电影版《欲望都市》和《欲望都市 2》中的时装得到影迷们的强烈喜爱
	2009 年	纪录片《九月号》（*The September Issue*）呈现了《时尚》制作的幕后花絮
流行音乐及视频	2000 年后	更多的音乐家和流行歌手开始进入时尚界，其中包括格温·斯蒂芬尼（Gwen Stefani，2003 年）、杰西卡·辛普森（Jessica Simpson, 2006 年）、碧昂丝（2006 年）、维多利亚·贝克汉姆（2008 年）、麦当娜（2010 年）等人
	2000 年后	（例如嘻哈、乡村、雷鬼、独立流行音乐 [indie-pop] 等）流行音乐风格的追随者们往往会追随这些音乐人的穿着风格
	2000 年后	碧昂丝、埃米纳姆（Eminem）、蕾哈娜和麦莉·赛勒斯（Miley Cyrus）等个别音乐艺人因其充满时尚感的造型而备受瞩目
	2000 年后	服装公司设计的服装，从外衣到运动服，提供了有 MP3 专用口袋和供耳机线穿过的孔隙

技术进步

随着新千年的到来，面料技术和服装的种类都不断增加。在《时尚技术》（*Fashionable Technology*）一书中，西摩（Seymourss）将结合了技术的服装项目划分为两类，一类是用于高级时尚的项目，另一类是用于如健康和保健等功能性的项目。

技术领域的广泛发展不断刺激着新风格的产生，如阿玛尼、普拉达、卡沃利（Cavalli）和杜嘉班纳等知名的时装设计师，开始将手机作为他们时装系列的一部分。

随着电子产品的进步，纺织工程师可以将太阳能电池板安装在外衣上，这些电池板可以储存能量为手机充电。有远见的设计师侯塞因·卡拉扬（Hussein Chalayan）已经预见到了这种现象："时尚界的观众并不真正了解技术，但他们很快就会了解到。"

体育运动和运动服

人们将运动服专门用于体育活动。2008年，阿迪达斯和彪马等高端运动服装制造商开始推广由斯特拉·麦卡特尼、山本耀司和亚历山大·麦昆等知名设计师推出的全系列运动服装，包括从配件到鞋类等各种产品。《每日新闻报道》（*daily news report*）等行业报纸表明，各种运动服设计正影响着当前活跃的运动服市场，消费者运动服能满足健身房、远足以及休闲社交的多种场所的活动需求。即使需要更正式服装的职业和场合，也经常可以看到受运动装启发的面料和服装款式。

2000—2010 年的服饰构成

女性服饰

20世纪90年代初的许多趋势一直持续到那十年的后半期乃至21世纪初。20世纪90年代的风格难以用任何一种外观或主要的轮廓来定义。每个人都可能会穿上同龄群体都普遍接受的风格。如果同龄人具有高时尚敏感度（如青少年、媒体明星或高级时装的狂热追随者等），那么时尚的款式变更频率也会随之更高。而对于女性群体而言，她们可能会年复一年地穿着一些基本的经典款式，在一些特殊场合穿上时髦的服装，服装的下摆长度也会逐年变化。从千禧年之交开始，时尚的种类越来越多，顾客几乎可以在这些服装中找到他们想要的任何变化。如果一种裙子的长度不符合他们的口味，购物者还会有别的选择，或者改变服装风格以找到他们想要的外观。

◆ 服装

女装的发展反映了该行业风格的碎片化趋势，具体表现便是种类日益繁多的女装款式。总体上看，女装趋势呈现多元分层发展，主要通过紧身裤与西装外套等服装搭配，以及不同的颜色、纹理和图案的碰撞来实现。这一时期的一些印花设计仍是时尚的风向标，例如迷彩、模拟动物皮毛的印花以及色彩鲜艳的条纹等。从裙子到大衣等服装广泛运用了皮毛和皮革设计。此外，亚洲服饰的影响也逐渐显现出来，主要表现在带状衣领、像中国旗袍一样剪裁的连衣裙和夹克，以及精美的刺绣等。

复古风格继续盛行。2007 年，时尚作家们发现一些"淑女式"礼服中暗藏着 20 世纪 50 年代的服饰风格。2008 年出现的娃娃裙（Baby-doll）和梯形裙也让人联想到杰奎琳·肯尼迪担任第一夫人时的服装风格。此外，20 世纪 40 年代的裤装和 50 年代的高腰裤也开始回归。这些风格并不是对过去的完全复制，而是通过对新面料的处理和对剪裁的修改来进一步更新。高级时装设计师也尝试从过去寻找灵感，向波提切利等画家或是巴伦西亚加等经典设计师借鉴学习，或对法兰西第一帝国等历史时期的服装风格进行研究，以获取设计的灵感。

图 22.10a　这一件华伦天奴设计的和服体现了当时人们对东亚服饰的兴趣。（图片来源：Giannoni / WWD /© Condé Nast）

图 22.10b　20 世纪 60 年代的高端嬉皮士风格可让色彩鲜艳的柔软织物得以广泛应用。（图片来源：Centano /WWD /© Condé Nast）

◆ 日间服装

2005 年，"波希米亚风"（boho）已然形成并存在数年。该词来源于波希米亚，指的是对 20 世纪 60 年代高端的、受嬉皮士群体影响的服装风格的一种复兴。鲜艳的色彩、柔软的面料和各种图案面料的组合塑造了这一风格（见图 22.10b）。

除了纽扣衬衫和针织上衣外，还有农民风格、带有荷叶边和褶皱装饰的女性化衬衫。当时流行的领口样式是漏斗领，外观类似于高领，但要更加宽一些。上衣被剪成戏称为"殴打老婆者"（wifebeaters）的男式运动衫样式，这是一种无领无袖的背心，如此取名是因为马龙·白兰度在话剧及电影《欲望号街车》中饰演的充满暴力的工人阶级丈夫曾穿过这种衣服。

裙子的长度也有多种选择：有些是 A 字型，有些是紧身迷你短裙，有些是修长的铅笔裙，拉丁风格的荷叶边裙也很受欢迎。

裤子也和裙子一样表现出相当大的差异性。从 20 世纪 60 年代开始恢复的喇叭裤常常设计成低腰款式。其他风格还包括氨纶面料的紧身裤，腿部裁剪得体的便装裤，以及 2003 年出现的下摆处有系带的裤子。卡普里裤（capri pants，见图 22.11a）成为衣

图 22.11 高级时装设计师并不局限于奢华的礼服，他们还设计了运动装和休闲装的款式。其中包括图 a 卡普里裤（迪奥 2008 年春季度假区系列，图片来源：Aquino /WWD /© Condé Nast）和图 b 工装裤（"奇妙孩童"品牌 [Wunderkind] 在 2009 年春季推出的服装系列，图片来源：Giannoni /WWD /© Condé Nast）

图 22.12 工装裤的口袋为携带移动设备提供了极大的便利。常见的手持设备主要有手机、音乐播放器（iPod）和其他的无线通信设备。苹果公司推出的苹果手机 iPhone 就属于其中的手机类。这些能够拨打电话、发送短信、拍照和搜索互联网的设备在大众生活中无处不在。（图片来源：Stesh/Shutterstock）

图 22.13 服装的搭配和款式突出孕妇日益隆起的肚子。（图片来源：AnikaNes/Shutterstock）

柜里的必备品。在这段时期，特别是在伊拉克战争爆发之后，工装裤和作战裤（combat shorts）都由迷彩印花或纯色面料制成（见图 22.11b）。这些裤子和短裤上的大口袋很受欢迎，部分原因是它们为手机提供了方便的装存空间，而手机又是人们生活中的必备品（见图 22.12）。牛仔裤继续流行，既可用于休闲服，一些人甚至将其当作商务服穿着。

随着这十年的发展，短裙、裙子或长至臀部的上衣常用来和牛仔裤、针织氨纶紧身裤、轻薄的无脚紧身裤或连裤袜相搭配。在当时，即便是孕妇装也倾向于贴身设计，有些还带有帝政风格的高腰线设计，以突出孕妇的孕肚（见图 22.13）。

◆ 晚间服装

长裙和短裙是常见的晚装，露背、露肩和单肩等特定风格的造型在 21 世纪初很受欢迎。有的裙子的设计没有完全裸露肩膀，而采用了单边吊带款式（见图 22.14）。

大约从 2009 年开始，"伸展台租衣网"（Rent the Runway）等网站允许顾客在有限的时间内租用顶级设计师的服装，这种模式为需要出席特殊场合的顾客提供了一种更经济的方式来展现时尚。

◆ 户外服装

女性的商务套装通常是量身定做的长度从臀下到超过膝盖的大衣款式。深蓝色和黑色的领航外套和双排扣大衣都很受欢迎，雨天常穿的风衣也是如此。许多羽绒服的帽子上都带有一圈人造皮毛，这种款式也很受大众喜爱。非正式场合的服装中牛仔夹克脱颖而出，

图 22.14 单肩礼服造型：图 a 为 2005 年哈莉·贝瑞（Halle Berry）穿着范思哲单肩吊带礼服参加活动（图片来源：Frazer Harrison/Getty Images）；图 b 为 2003 年珍妮弗·洛佩兹穿着华伦天奴单披肩礼服出席活动。（图片来源：J. Vespa/Wire Image/Getty Images）

摩托车夹克和战机夹克亦是如此。外套的风格也能反映出其他服装特有的复古造型。

◆ 运动服装

运动服装不再专门为某项特定运动做出改变，而是越来越多受到更多常见运动的影响。

21 世纪的日常活动中，人们会穿着曾经去健身房运动才穿的衣服。女性常将光滑的弹性瑜伽裤与背心搭配穿着，并在羊毛大衣和羊绒衫之间叠穿一件可以吸湿排汗的拉链式夹克。

◆ 体育运动着装

女性参与体育活动的热情在 21 世纪达到了历史最高点，因此媒体对女性篮球和足球的报道也相应增加。此外，耐克、阿迪达斯、安德玛（Under Armour）和乐斯菲斯（North Face）等各大运动服装品牌也为业余运动爱好者提供了各种技术装备支持。众多公司花费巨资进行研究和开发，创造出尼龙和聚酯制作的轻型服装，它们有助于运动时让皮肤保持干爽，这种具有防潮和防风功能的服装在户外运动中很受欢迎。

2008 年北京奥运会前夕，高科技泳衣在奥运会赛事中的获准使用引发了各界的争议，一位研究人员认为这种泳衣相当于"技术兴奋剂"。制造商速比涛（Speedo）生产了一种由极轻材料制成的泳衣。这种被称为"鲨鱼皮"（LZR Racer Suit）的全身泳衣可以压缩身体，排斥水的阻力，并让皮肤迅速干燥。它的接缝是黏合的，而非缝制的。据称，这种泳衣能减少水中 10% 的阻力。在最初发行的版本中，由于其成本远远超过 500

图 22.15　穆斯林时装设计师阿海达·萨内蒂（Aheda Zanetti，左）在她位于悉尼的商店里为澳大利亚模特麦加·拉阿拉（Mecca Laalaa，右）穿着的布基尼（burquini）进行调整。（图片来源：ANOEK DE GROOT/AFP via Getty Images）

美元，因此销售对象仅限于参加奥运会等重大赛事的运动员。

对于非专业比赛游泳者而言，可选的款式更多，从系带式比基尼到抹胸式泳衣，再到孕妇穿的全遮盖式套装，款式众多，任其挑选。氯丁橡胶制成的水肺高性能泳装，颜色多样，获得许多潜水爱好者的喜爱。

此外，诸如兰兹角等公司还提供带有"塑性和增强"功能的泳衣套装，拥有设计专利的腹部控制内板和褶皱的前部可以抚平不必要的凸起。背心式泳衣仍然是一个可行的选择，对于那些不希望大面积暴露身体的女性而言，遮盖式泳衣和游泳衫也能发挥相似的作用。身型较为庞大的女性可以选择连体式和比基尼式泳衣。"布基尼"（burqini）最初是在 2006 年为穆斯林救生员设计的，由"罩袍"（burqa）和"比基尼"（bikini）两个词巧妙相结合，是一种带有头罩的全身泳装（见图 22.15）。

◆ 内衣和睡衣

贴身衣物包括胸罩、内裤和塑身衣。一种舒适、带有弹性的微纤维面料的问世，为内衣、睡衣、睡袍和家居服注入了新鲜血液。

家居服主要有弹力裤和 T 恤组成，以其外观的得体整齐的特性，逐渐成为居家之外也能穿的跨界产品。内衣可以在"维多利亚的秘密"等专卖店购买，如巴厘岛（Bali）、卡尔文·克莱恩和媚登峰等顶级品牌则多在百货公司销售。邮购目录和网上零售渠道也为顾客提供了一个额外的购买机会。

除了传统的比基尼、高开衩和内裤之外，21 世纪中期的内衣款式集中于男孩式内裤和时尚风格的内衣上。紧身服装下的无缝内衣让整体造型更加简洁干净。萨拉·布莱克里（Sara Blakely）于 2000 年创立了"斯班克斯"（Spanx）内衣公司，并在 2010 年将业务扩展到男装，公司主营无脚裤袜和塑身衣等内衣。在内衣方面，浪漫和性感的蕾丝和荷叶边的外观占主导地位。然而，多数女性更加重视舒适性而非性感程度，因此她们更多地选择睡衣套装、睡袍和睡衫等。

◆ 鞋类

当时的鞋子种类，包括运动鞋、舒适的正装鞋、高跟鞋和细高跟鞋。其中细高跟鞋受到电视剧《欲望都市》中凯莉·布拉德肖（Carrie Bradshaw）这个角色穿搭的影响。

锥形跟鞋主要出现在正装凉鞋、露趾高跟鞋和靴子的设计中。此外，在人字拖的热潮之下，各大设计师都为人字拖增加了从低到高的鞋跟，也有一些加上了楔形鞋跟。许多高跟鞋带有脚踝带或吊带，楔形高跟鞋从 2006 年左右就开始流行。

无跟鞋包括无后跟或低后跟的木屐和高跟拖鞋两种。许多类型的无跟鞋（平底鞋）都有鲜艳的颜色，包括了休闲鞋、芭蕾舞鞋和软皮鞋等样式。2002 年，科罗拉多州博尔德市的制造商首次将名为"卡洛驰"（Crocs）的防水防滑鞋作为划船鞋销售，该鞋的前部带有透气孔，鞋子后跟带有吊带。

这种风格迅速走红，到 2003 年就已风靡全美，男人、女人和儿童都把它作为一种休闲、舒适的鞋子来穿。乌格公司（Ugg Company）生产的皮草内里雪地靴在 21 世纪非常流行，并出现了许多仿制品，此外还出现了高筒平底款和短筒高跟款鞋子。

一些公司发展新技术，试图追求更加舒适的鞋子风格，但是结果喜忧参半。2006 年推出的五指鞋（Vibram）主张让人们以更自然、更健康的方式来穿鞋。

◆ 配饰

到 21 世纪，腰带已经成为一个重要的配件，往往用金属钉子或链条进行大量的装饰，还有精心设计的皮带扣镶嵌在皮带之上。

长期以来，羊绒是制作豪华针织品和编织品的原料。帕什米纳山羊绒（Pashmina）就是羊绒的一种，它产自克什米尔地区，山羊绒也因此得名。使用色彩鲜艳的优质羊绒制成的帕什米纳披肩在推广后变成了精英地位的象征。进入 21 世纪初，帕什米纳披肩开始融入大众时尚，大城市的街头小贩兜售许多所谓的帕什米纳披肩，但实际上是由普通羊毛甚至是人造丙烯酸纤维制成的。

手提包方面，手机隔层的设计已成为必要部分，这也是电子技术设备普及使用的具体证据。鲜艳的颜色、水钻和时尚图案的盖子能很好地保护设备，并让手机也化身珠宝饰品。某些经典手袋的原装版本成为一种身份的象征，如爱马仕柏金包（Hermès Birkin）和格蕾丝·凯利包（Grace Kelly）等。

反之，如果是假冒的版本则会被廉价出售。古驰品牌为了向商场和直销中心进一步扩张市场，开始大量供应手袋和钱包配件，几乎无处不在。每一季的时尚作家都会就"身份手包"展开讨论。每季度的具体款式和尺寸都各不相同，从小巧玲珑到体积庞大，每年都在变化。

◆ 珠宝

珠宝从细线上的钻石或珍珠项链到如枝形吊灯式耳环一类夸张夺目的"金饰"，种类繁多，应有尽有。形状类似手镯的时尚手表也随处可见。越来越多女性进入职场工作，她们开始采购自己的珠宝作为饰品和价值投资品。人们担心较新的钻石，即所谓的血腥钻石或冲突钻石（blood/conflict diamond），可能被用来资助非洲的内战，所以情侣们更倾向于选择祖传戒指作为订婚戒指。

◆ 发型与头饰

波浪形和直发造型在此时十分流行。为了满足人们希望增加头发长度的需求，美容院、网上和商场的售货亭都会提供接发服务。2008 年左右，名人维多利亚·贝克汉姆和凯蒂·霍尔姆斯（Katie Holmes）的毕业发型得到了人们的喜爱。歌手蕾哈娜的发型时髦多变，从精灵剪到鱼尾辫再到不对称的发型的变化让她一度成为大众焦点。职业女性更喜欢自然的或至少看起来自然的色调，这让她们的头发从头到尾都散发着光泽。摇滚歌手奥兹（Ozzy）的女儿、2010 年首播的《时尚警察》（Fashion Police）的联合主持人凯莉·奥斯本（Kelly Osbourne）等名人都对紫色和灰色等柔和色彩情有独钟，这一潮流甚至在年轻女性身上也开始显现出来。20 世纪 90 年代在牛仔裤上流行的渐变色风格，也开始在女性的头发上出现了（见图 22.16）。

当时的发饰主要有适合年轻女性的棒球帽和适合寒冷天气的针织帽、羊毛帽和软冠帽。头巾在 21 世纪再次流行起来，电视剧《绯闻女孩》中布莱尔·沃尔多夫（Blair Waldorf）所扮演的角色更是让头巾成为全球热门单品，甚至前第一夫人、国务卿希拉里·克林顿也戴上了头巾。头巾的布料有针织的，也有镶满了珠宝装饰物的，可以戴在前额，也可以戴在头上，更像是一个包头巾。

图 22.16　歌手克里斯蒂娜·阿奎莱拉（Christina Aguilera）表演时的波浪形混色头发炫彩夺目，这也可能是通过接发实现的。（图片来源：Photo by Kevin Winter/ABC/ImageDirect/Getty Images）

◆ 化妆品

这个时期的女性继续用化妆品来改善容貌。她们还会涂抹各种非处方药膏，接受注射肉毒杆菌毒素等皮肤医学治疗，以此消除皱纹，让自己看起来更加年轻。此外，随着人们了解到紫外线对皮肤的有害影响和防晒配方的改进，越来越多的女性通过选择使用自晒乳液来晒黑自己的肤色。

男性服饰

自 20 世纪 90 年代末开始，男性服装的发展更加注重合身性，倾向于打造更加修身的服装轮廓。至少根据媒体的报道，21 世纪的男性开始注重打扮，并购买适合自己的衣服。尽管部分男性一直都十分关注自己的外表，但在千禧年针对男性消费者的产品和广告数量明显呈增加趋势。

◆ 服装

基础款的四角裤、内裤和内衣等服装继续出现在日常生活之中。巴宝莉的格子图案一度非常流行，甚至用于一些男士四角裤的腰带上。

2000 年左右开始流行将深色系的衬衫与浅色系的领带及同色系的图案相搭配。此时亚洲服装的影响因素在男士翻领衬衫上得以体现，带有条纹和印花图案的衬衫都是鲜明的亚洲特色。2007 年至 2008 年，细条纹再次流行起来。

西装普遍倾向于深色色系，剪裁修长，前襟配有三个或两个纽扣（见图 22.17）。在夏季，男士们可以穿未经熨烫的看起来有些皱巴巴的亚麻西装。2007 年，学院风复兴。接近 2008 年时，西装的剪裁变得更加休闲。到 2010 年，据报告显示，尽管休闲装的外观可能仍然是男性的首选风格，但时尚趋势决定了正装男士风格即将回归，这种风格也是成功的一种代表。男人们对专门为容纳音乐播放器、手机和数码相机等电子装备而设计的服装表现出极大的兴趣。

◆ 运动服装

连帽衫（hoodie）是很受欢迎的一种运动服装，它们通常带有运动或品牌的标志（见图 22.18）。连帽衫的重量和样式多种多样，包括轻便的马甲针织衫和羊毛衬里的夹克等。

基本的运动衫款式仍然是 T 恤衫、马球衫和短袖梭织衫。许多 T 恤和长袖运动衫上都有或文字短语或运动标志的装饰。

在运动服方面，尼龙运动夹克、裤子和短裤都很流行。对于专业运动员而言，他们更青睐能够迅速排汗和压缩身体的面料。

◆ 晚礼服

正装包括传统的黑色燕尾服，修身成为现代时尚外观的关键词。对于不太正式的活动，斜纹软呢和人字形图案的西装和运动套装都是不错的选择。

◆ 发型与头饰

各种各样的发型都很流行。可能是受军队的影响，极短的头发和剃光头随处可见。

图 22.17　2009 年很流行这种修身的三件套西装，这种套装在 2014 年再次兴起。（图片来源：Aquino /WWD /© Condé Nast）

图 22.18　说唱歌手李尔·韦恩（Lil Wayne）在加州好莱坞的柯达剧院外进行表演，他穿着超大的连帽衫和牛仔裤。（图片来源：Photo by Steve Granitz/WireImage/Getty Images）

图 22.19　图中男子身穿红白运动夹克、直筒低腰长裤，脚穿明亮彩色的运动鞋，头戴一顶卡车帽，还留着一缕整齐的胡子。（图片来源：GONZALO/Bauer-Griffin/GC Images）

棒球帽仍旧很流行。此外，一种被称为卡车帽（trucker's cap）的棒球帽变体也很受大众的喜爱。帽冠前部为泡沫板衬垫，其余部分为网状（见图 22.19）。

年轻的男子和男孩会模仿一些其他发型。如短发，或是受贾斯汀·比伯（Justin Bieber）影响的长侧发，抑或是足球明星大卫·贝克汉姆（David Beckham）的莫西干发型。

◆ 鞋类

运动鞋继续呈现多样化发展，出现了包括明亮色和霓虹色的多种颜色。搭配职业装时，男性可以选择经典的皮革牛津鞋、麂皮半靴和懒人鞋。而搭配休闲装时，他们通常会穿上皮革、布和合成材料制成的拖鞋、滑板和船鞋。

◆ 配饰

2007 年，关于男性时尚的文章宣称，在显得不那么重要的时期过后，领带又重新流行起来，且多为低调而偏窄的款式。

这个时期的男性文身变得更加普遍，经常从他们的衬衫领子后面或袖子下面露出来。

◆ 珠宝

男性经常会佩戴的饰品有戒指和手表。穿商务装时，领夹和领带夹是必不可少的饰品。当然，手镯、项链和耳环也受到一部分人的喜爱。然而，风格专栏作家建议，男性饰品应当将低调作为准则。在 20 世纪 90 年代末和 21 世纪初，由兰斯·阿姆斯特朗（Lance Armstrong）的"活得坚强"（Live Strong）癌症基金会首次推广的橡胶腕带几乎风靡全球。从 20 世纪 80 年代开始，更多的说唱明星戴上了全口金属"牙钻"，或者在牙齿上镶嵌珠宝。不过这种潮流只是汇集在主要城市和名人文化圈子之间，还远未普及。

◆ 化妆品和美容

一些男人开始模仿专业运动员剃光头和留山羊胡。2000 年以后，男性的面部毛发仍旧显眼。部分男人留起了小胡子，有时还留着山羊胡和"灵魂须"（soul patch，即嘴唇下面中央的一小块胡须，或者是圆胡须，这是一种小胡子与圆形的山羊胡子相结合的胡子形状）。在这段时期，包括头发定型霜和皮肤护理产品在内的美容辅助用品开始大量涌现。

儿童服装

2003 年 11 月，产业杂志强调，儿童服装应当展现真实的城市风格（即工装风格、T恤、大而宽松的礼服衬衫和夹克），应当像为成人制作服装一样行动起来。因此，儿童服装在许多方面开始模仿起成人的休闲风格，出现了牛仔裤、短裤、T恤和棒球帽等服装（见图22.20）。

◆ 婴儿及学前孩童服装

到了千禧年，制造阻燃织物的技术得以进步。因此，制造商们开始生产符合美国消费品安全委员会规定的更具有时尚感的睡衣款式。内衣和T恤衫，特别是男孩的，多以蜘蛛侠、蝙蝠侠和其他超级英雄人物进行设计。

图 22.20　儿童服装包括许多在成人休闲服装中能看到的样式。男孩和女孩的服装色彩都普遍多姿多彩。（图片来源：作者收藏，2010 年，由 Ian Lin 提供）

◆ 学龄儿童：影响男孩和女孩的时尚趋势

2003 年，歌手布兰妮·斯皮尔斯（Britney Spears）的走红让不少青少年粉丝跟风穿着性感和超短的衣服，因此一些学校开始实行着装规定，要求裙子不能短于规定的长度（例如膝盖以上 4 英寸），或者禁止穿筒状上衣或有细肩带的上衣。然而，这让一些学校遇到了来自家长和学生对着装规范和校服的抵制。

以《美国女孩》（American Girl）系列图书中的人物为原型的玩偶风行全球。2003 年，因为该公司在市场上推出了外形相似的服装，女孩们甚至可以穿得像她们的玩偶一样。2008 年，零售商塔吉特公司推出另一个流行系列服装"漂亮的南希"（Fancy Nancy），开始了新一轮的销售。

女孩的泳装包括比基尼、背心，甚至还有内置漂浮装置的泳装。男孩则倾向于穿长裤，通常带有鲜艳的颜色或印花。人们逐渐意识到过度暴露在阳光下会引发健康问题，因此制造商开始推广泳衣。

青少年和大学生的潮流包括低腰牛仔裤，迷你裙配紧身裤，天鹅绒拉链长袖运动衫和裤子的搭配，以及超大的眼镜等。

◆ 鞋类

到 2000 年，出现了鞋底嵌有轮子的鞋子，人们称之为轮子鞋。可拆卸的轮子使孩子可以像穿着旱冰鞋一样在街上滑行。一些学校发现这种鞋十分危险，因此禁止学生在上学期间穿着。此外，其他鞋类还包括运动鞋、拖鞋、踝靴和牛津鞋。"新泰莱"（Stride-Rite）、"凯兹""锐步幼童"（Weebok，由锐步 [Reebok] 拥有）和"幼童大学"（Toddler University）是儿童鞋的主要品牌。

服装版型概览图
主流时尚风格 2000—2010 年

连衣短裙和牛仔长裤的搭配在 2007 年左右流行起来。

作为外衣穿的内衣款式，流行于 2000—2008 年期间。

休闲女装风格的典型服装是配套的天鹅绒和丝绒运动服。

休闲的男装款式包括工装裤和连帽衫。

更加正式的男士款式包括塔士多礼服和两件式西装。

牛仔布料广泛应用于该时期从头到脚的各种服装。

章末概要

　　时事热点、媒体新闻和新兴时尚设计师的影响层出不穷。政治和社会冲突也带来了改变，其中包括了 2001 年 9 月 11 日的恐怖袭击发生后美国国旗在服装上的广泛使用和第一夫人米歇尔·奥巴马的个人风格影响等。生态经济的大衰退事件更是牵动了个人在服装上的支出，同时也激发了人们对二手服装、混搭和匹配风格以及适合现有衣柜购物趋势概念的兴趣。技术发展在这一时期表现得相当明显，服装功能的不断创新让大众明白，服装的价值在于它们的功能，而不仅仅是其美学。互联网在获取和推广服装方面作用之强大可谓空前，且具有无限的潜能。

21 世纪服装风格的遗产

　　在 21 世纪，服装的许多方面都延续了 20 世纪 90 年代的复古时尚。米歇尔·奥巴马的时尚风格是对另一位第一夫人杰奎琳·肯尼迪着装风格的复兴（见"现代影响"）。技术，特别是用于促进时尚行业的交流和消费的技术，只会为青少年带去更多的时尚热度。

主要服装术语

虚拟人物（avatars）

血腥钻石 / 冲突钻石（blood/conflict diamond）

波希米亚风（boho）

布基尼（burqini）

卡普里裤（capri pants）

工装裤（cargo pants）

作战裤（combat shorts）

卡洛驰（Crocs）

卡非耶头巾（kaffiyeh）

希贾布（hijab）

套衫（hoodie）

多渠道零售（multichannel retailing）

帕什米纳山羊绒（pashmina）

社交网络（social networking site）

现代影响

　　米歇尔·奥巴马的风格经常被拿来与杰奎琳·肯尼迪相比。她们相似之处在于一致的穿着风格，她们都会穿无袖连衣裙，佩戴三串珍珠项链，以及穿带彼得·潘领的休闲时尚毛衣。此外，两人都对美国设计师给予了巨大支持。

（图片来源：Dan Kitwood/Getty Images）

（图片来源：Hank Walker/The LIFE Picture Collection via Getty Images）

社会媒体（social media）　　　　　　卡车帽（trucker's cap）
灵魂须（soul patch）　　　　　　　　背心（wifebeater）

问题讨论

　　1. 请描述不断变化的人口统计学对时装业的影响。

　　2. 互联网，特别是时尚博客、虚拟人物和社交媒体如何改变了向消费者推销时尚的方式以及消费者购买时尚的方式？

　　3. 时事热点对时尚的影响。请列出至少三个发生在 2000 年左右的事件，并详细说明这些事件如何影响了特定风格的采用。

　　4. 技术对我们的生活方式产生了深刻的影响。请说说技术是如何影响你的？

参考文献

Akou, H. M. (2013) . A brief history of the burqini:Confessions and controversies. *Dress, 39* (1) , 25–35.

Beckett, K. (2014, May 15) . What women buy when they treat themselves. *New York Times.*

Betts, K. (2011) . *Everyday icon: Michelle Obama and the power of style.* New York, NY: Potter Style.

Bunn, A. (2002, December 1) . Not fade away. *New York Times Magazine, 60.*

Crane, D. (2000) . *Fashion and its social agendas.* Chicago, IL: University of Chicago Press.

Eck, D. L. (2001) . *A new religious America: How a "Christian country" has become the world's most religiously diverse nation.* New York, NY: HarperSanFrancisco.

Fortunati, L. (2010) . Wearing technology. In J.Eicher (Ed.) , *Encyclopedia of World Dress and Fashion,* http://www.bergfashionlibrary.com/page/encyclopedia/-berg-encyclopedia-of-world-dress-andfashion.

Gibson, P. C. (2012) . *Fashion and celebrity culture.* New York, NY: Bloomsbury Academic.

Givlin, R. (2002, April 19) . From bellbottoms and beads to casual Friday protest apparel. *Washington Post,* p.C01.

Gregory, S. (2009, May 6) . Can Michelle Obama save fashion retailing? Time. Retrieved from http://content.time.com/time/business/article/0,8599,1895631,00. html.

Harris, E. A. (2014, February 1) . Retailers ask: Where did teenagers go? *New York Times,* B1.

Hubbard, B., & Gladstone, R. (2013, August 15) . Arab Spring countries find peace is harder than revolution. *New York Times,* A11.

Kim, K. (2007, February 11) . where some see fashion,others see politics. *New York Times.*

Pasquarelli, A. (2012, May 14) . Fashion gets fast.*Crain's.*

Pham, M-H. T. (2011) . The right to fashion in the age of terrorism. *Signs, 36* (2) , 385–410.

Quinn, B. (2002) . *Techno fashion.* New York, NY: Berg.

Ribitzky, R. (2001, October 23) . Fashion designers try to draw shoppers. *ABC News.*

Rozhon, T. （2003, February 9）. The race to think like a teenager. *New York Times,* Section 3, 1.

Sensoy, O. & DiAngelo, R. （2017）. *Is everyone really equal?* （2nd ed）. New York, NY: Teachers College Press.

Seymour, L. （2007, April 22） . Tweens "r" shoppers. *New York Times,* NJ8.

Seymour, S. （2009） . Fashionable technology. Vienna: Springer Vienna Architecture.

Tortora, P. G. （2015） . *Dress, fashion and technology: From prehistory to present.* New York, NY: Bloomsbury.

U.S. Bureau of Labor Statistics. （2012a） . Fashion. Retrieved from http://www.bls.gov/spotlight/2012/fashion/#.

U.S. Bureau of Labor Statistics. （2012b） . The recession of 2007–2009. Retrieved from http://www.bls.gov/spotlight/2012/recession/pdf/recession_bls_spotlight.pdf.

Wilson, E. （2009, December 27） . Bloggers crashed fashion's front row. *New York Times,* ST1.

第 23 章
21 世纪 10 年代：
现代时期

21 世纪 10 年代

两大社会运动及其对时尚的影响

人口结构的变化对时尚产业的影响

慢时尚和快时尚之间的差异

时尚历史对自身职业发展的重要性

历史背景

在这一时期，美国总统巴拉克·奥巴马开启了他的第二个任期。在其任期内，《平价医疗法案》的签署成功将医疗服务扩展到数百万美国人，这也标志着国内政策的重大变化。经过近十年的较量，制造"9·11"恐怖袭击事件的基地组织主谋奥萨玛·本·拉登（Osama bin Laden）终于被美军击毙。但此间仍有一些悲剧无法避免，特别是桑迪·胡克小学（Sandy Hook Elementary School）枪击事件，导致了 20 名儿童和 6 名成人死亡。

图 23.1　纽约市举行的 2019 年春夏纽约时装周上，模特阿利斯·威尔逊（Aleece Wilson）身穿印有"黑人的命也是命"标语的衬衫。（图片来源：Melodie Jeng/Getty Images）

2016 年，共和党商人、电视真人秀主持人唐纳德·特朗普（Donald Trump）在大选中战胜民主党提名的前总统夫人希拉里·克林顿，成功当选美国总统，尽管他失去了美国民众选票中的多数，但仍旧赢得了选举人团选票的支持。特朗普打破传统，成为第一位在"推特"平台上亲自回应批评的总统，他主动接受社交媒体，积极地分享自己的观点、政策，甚至白宫的人事变动。

社交媒体的重要性

2012 年，非裔美国青年特雷沃恩·马丁（Trayvon Martin）被杀，随后开枪的警察乔治·齐默曼（George Zimmerman）却被无罪释放，这一判决直接引发了"黑人的命也是命"（Black Lives Matter）运动。该运动最初以线上社区的形式兴起，旨在帮助打击全球的反黑人种族主义。随后，它得到了国际舆论、社会以及大众媒体的持续报道。其活动口号逐渐出现在各种 T 恤、夹克和珠宝上（见图 23.1）。

同样诞生于社交媒体的有"我也是"（MeToo）运动，旨在提高人们对性侵犯和性骚扰幸存者的认识，并增加对受害者的支持。这些词条在媒体的广泛报道和讨论下变得家喻户晓。

中东各地的抗议者在见识到社交媒体的力量之后，纷纷开始在社交媒体上大声反抗自己所面临的压迫性条件（见图 23.2），这场名为"阿拉伯之春"的觉醒运动让突尼斯、埃及、利比亚和也门的领导人被迫下台。此外，巴林和叙利亚等地也爆发了民间起义和

艾姆斯公共图书馆展出描绘黑人生活困境的艺术作品

形式之底

本周，艾姆斯公共图书馆见证了时尚和行动主义的结合，名为"黑人的生命也很重要：时尚，为自由王国而战"的艺术展在那里举行。此次项目由爱荷华州立大学的时尚与研究实验室及服装、营销和酒店管理系共同主办。该活动的主题源自该校"高级选修 499X"（AESHM 499X）课程"黑人生活问题的解放和时尚"中的一部分。

凯莉·雷迪－贝斯特（Kelly Reddy-Best）是负责该项目服装、商品和设计的助理教授，她说："报名参加该课程的学生都高度关注有色人种学生的反抗运动、关注时尚外观以及身体与之协调的方式。学生们将寻找自己研究的问题并找到答案，同时制作一张 38—46 英寸的海报，每个人都需要会结合文字和视觉效果来概述他们的研究。"

如此一来，参与课程的学生们就都需要参加一个由时尚、政治和行动主义组成的研究项目。最开始提出这个课程设计的是一名本科生研究助理布兰登·斯宾塞（Brandon Spencer），他希望能通过和雷迪－贝斯特合作来开设一门探究时尚与黑人身份、社会反抗运动之间关系的课程。

对于如何表达时尚文化与黑人政治运动、个人经历和种族歧视关系的话题，六位策展人有着不同的想法。

参加活动的学生通过探讨黑人社区的重要抗议活动，从而向教师、学生和艾姆斯社区传播相关知识。

许多学生的项目都谈及特雷沃恩·马丁被杀案。马丁是一个年仅 17 岁的男孩，2012 年他在商店购买了一袋糖果后，遭到警察乔治·齐默曼的枪杀。齐默曼声称他的行为是自卫，因为马丁所穿的深色连帽衫让他十分可疑。2013 年，齐默曼被判无罪释放。

马丁的情况引起了社会媒体和黑人社区的注意，他们强烈要求实现社会公正，停止种族歧视。这成为由奥帕尔·托梅蒂（Opal Tometi）和帕特里西·库洛斯（Patrisee Cullors）发起"黑人的命也是命"运动的导火索。几年后，黑人社区内发生的警察暴力事件次数仍旧居高不下，迈克尔·布朗（Michael Brown）遇害事件之后，人们开始制作印有"举起手来，不要开枪"等字样的 T 恤衫。

活动管理专业的大三学生埃里卡·罗索（Erika Rossow）也是此次项目的策展人之一，他深入讨论了"黑人的命也是命"运动对于黑人社区的时尚潮流与穿搭外观的影响。

罗索说："历史的发展存在着因果关系，并在当今社会的知识体系中不断重演，从奴隶贸易到马丁·路德·金，再到特雷冯·马丁和迈克尔·布朗，这些手无寸铁的非裔美国人被残忍杀害的历史还在不断上演。现在正是需要改变的时候了，这种改变的意愿从未如此强烈，而'黑人的命也是命'这一运动正是这种改变的一种，从吉姆·克罗法（Jim Crow law）到布朗……再到'黑人的命也是命'运动。我们所需的变革正在到来，但速度还不够快。"

服装销售和设计专业的新生凯拉·罗尤（Kaila Loew）之前和不了解"黑人的命也是命"运动重要性的学生打过交道，所以这次她决定亲自行动，探究和讨论黑人人权运动对于不被社会大众接受的黑人社区的重要性。

罗尤说："本研究发现那些通过正规教育了解社会运动根源的学生，他们对于黑人所面临的持续而全面压迫的现状，以及像'黑人的命也是命'这样的运动产生的原因都建立了批判性的视角和想法。如果我们开设并从事（非裔美国人）研究，并将其纳入我们的学校课程，我们就可以努力实现'黑人的命也是命'运动的目标，并减少黑人和其他人种之间的差距。"

除了"黑人的命也是命"运动的影响这一主题之外，展览还讨论了黑人女性与自身外貌的和解、黑人女性所遭受的校园霸凌等现实问题。

德斯提尼·威廉姆斯（Destiny Williams）是一名服装营销与设计专业的大三学生，她对黑人女性保护性发型的重要性以及黑人女性烫发和压发背后的意义展开了探讨。

威廉姆斯说："黑人女性的保护性发型能够让头发免受温度过高带来的损伤和变形，从而保持自然的卷发造型，因此对他们来说，每月做一次头发是很正常的频率。黑人女性和头发有一种天然的联系，并为此深感自豪。因此，当人们随意触摸她们的头发或做出恶评时，她们会感到很脆弱。"

威廉姆斯还说道，黑人女性之所以开始烫发和压发，多是为了适应社会对人们在工作场合的仪容仪表要求。许多黑人被禁止留自然卷发，因为这样会带给别人不专业的印象。德斯提尼还在招待会上详述了这种现象与"服装盛会"之间的关系。

"马丁·路德·金的整个运动是就是一场另类的服装盛宴。在这里，你必须得到认证，我们经常需要尽可能地聚集起来，因为你会为了融入他们而迫使自己……民权运动最开始的宗旨是变得尽可能的白刃化，我并不认为这种想法是不好的，我明白他们只是想融入，他们非常希望得到白人的尊重，以至于他们会说：'你知道吗，这就是为什么他们优秀的原因。'"

此外，威廉姆斯还分享了面对真实的自己并和自然卷发和解的心路历程，她过去总是习惯去美容院拉直或是烫发。起初她难以适应这种感觉，因为这不是大多数黑人女性习惯的日常生活方式。

"我从2016年左右开始这种新生活，"威廉姆斯说，"我在高三的时候做了个大胆的决定，那便是剪掉我所有的头发。当时的我想的是，'我需要从现在开始改变'。事实证明，我很喜欢这种改变，我喜欢每个人与真实的自己和解的态度，我认为黑人女性自然的卷发很美丽。"

还有其他三位策展人也参加了这次活动，他们分别是安娜·奥雷斯坎宁（Ana Orescanin）、格蕾丝·科勒（Grace Koehler）和德斯汀·帕利摩尔（Destinee Palimore），他们都是来自服装营销与设计专业的学生。

资料来源：By Dai'Tynn Coppage-Walker, dai'tynn.coppage-walker@iowastatedaily.com Dec 12, 2019

抗议活动。在美国，抗议者响应"占领华尔街"（Occupywallstreet）运动推文，集体声讨在最富有的 1% 和其余 99% 之间存在的社会和经济收入的巨大差异。

尽管不是所有运动都能推动时尚发展，但仍有少数取得了成功。2017 年的女性游行对时尚造成了影响，特别是在手工制作方面。在最初的游行中，家庭编织者和钩编者

图 23.2 不同年龄、阶层和宗教的女性都参加了"阿拉伯之春"的抗议活动。（图片来源：Khalil Mazraawi/AFP/Getty Images）

创造了 100 万顶粉红色的猫帽，他们亲自制作并佩戴这些猫帽，以抗议特朗普总统的不当言论（见图 23.3）。但不久之后，一些批评者指出这些帽子忽略了性少数群体（LGBQT），并且是以欧洲风格为中心进行颜色选择的。

图 23.3 在 2017/2018 秋冬米兰时装周期间，时装设计师安吉拉·米索尼（Angela Missoni）在米索尼成衣时装秀上走秀，她本人和模特都戴着粉红色猫帽。（图片来源：Victor VIRGILE/Gamma-Rapho via Getty Images）

服饰的影响因素

美国家庭生活的改变

截至 2019 年，美国已有 58% 的女性进入职场。职场母亲占家里有孩子的女性数量的近四分之三。作为家庭唯一或主要经济来源的女性人数激增，从 1960 年的 11% 激增到 2015 年的 42%。尽管女性职业发展卓有成效，但是美国劳工统计局（2018 年）的报告指出，男女的工资差距仍然存在，职业女性的工资只有男性的 81%。

在 2016—2017 届毕业生中，女性获得了一半以上的学士学位和博士学位，以及近 60% 的硕士学位。或许是因为女性的劳动参与率及受教育水平的提高，美国人口的出生率不断下滑，并在 2018 年创下了历史新低。

图 23.4 同性婚姻的准入促进了婚庆行业的发展，上图是为了同性伴侣专门定制的蛋糕顶部装饰物，象征着人们对同性婚礼的庆祝。（图片来源：Nigel Roddis/Getty Images）

2004 年，美国马萨诸塞州成为第一个将同性婚姻合法化的州，传统家庭的面貌发生了历史性的变化（见图 23.4）。到 2013 年，美国最高法院裁定，禁止联邦政府承认同性婚姻的 1996 年《婚姻保护法》不符合宪法规定。公众对于同性恋婚姻的支持率急剧增加，例如奥巴马总统曾公开宣布支持同性婚姻合法化，这是美国总统首次支持同性恋婚姻的声明。2015 年，美国最高法院在欧伯格菲诉霍吉斯案（Obergefell v. Hodges）中做出历史性裁决，宣布同性婚姻在美国所有 50 个州全部合法。

美国人口结构的变化

美国人口继续变得更加多样化。"Z 一代"，即 1996—2015 年出生的人，成为美国历史上种族和民族最多样化的一代，因为 6—21 岁的人中大多数（52%）都是非拉丁裔白人。美国拉丁裔人口的消费能力极为惊人，令人难以忽视：2012 年，他们共计消费了 1.2 万亿美元，比世界上除 13 个大国之外所有国家的国民生产总值都要多。

随着多样性的增加，一些公司和名人延续了过去文化挪用（cultural appropriation）的行为。文化挪用指的是"挪用另一种文化的审美观念或物质元素，而不回报利润或荣誉的行为"。从金·卡戴珊（Kim Kardashian）到麦当娜和麦莉·赛勒斯等艺人，都一定程度上挪用了黑人、亚洲和美洲原住民的服饰元素，包括玉米辫、和服及头饰等，但是却无视这些身份的文化复杂性和多样性。

婴儿潮一代因其人数优势主导了美国文化长达几十年。到 2029 年，超过 20% 的美国人口将超过 65 岁。随着预期寿命的延长，婴儿潮一代也将继续对美国经济发展施加强大的影响力。

尽管在美国，服装平均尺码是 14 号，但服装业仍然将 12 号以上的衣服称为大码服装，这无疑激发了公众的争论和愤怒。公开讨伐这种言论的是时装模特阿什利·格雷厄姆（Ashley Graham）和泰拉·班克斯（Tyra Banks），她们认为"大码"这个词是带有一种孤立的消极意味，将她们与大多数美国女性对立开来（见图 23.5）。

大码服装领域可谓是增长最快的在线时尚市场之一，有些零售商抓住机遇，扩大服装产品线，而另一些则故步自封，最终错失了良机。2014 年，设计师伊莎贝尔·托莱多（Isabel Toledo）为大码零售商莱恩·布莱安特（Lane Bryant）推出了一个全新系列。关于她第一次设计的大码女装，托莱多评论说："也许目前，这个服装类别尚未得到那么多的关注，但一切都在改变。热衷时尚的所有类型女性都是我们伟大的客户。"事实上，曾风靡全球的内衣店"维多利亚的秘密"，如今也因其长年使用极瘦的模特而饱受批评，歌手蕾哈娜推出的"野性芬提"（Savage x Fenty）内衣展采用了不同身材、患有不同障碍和性少数群体等多样化的模特而登上了头条。事实上，当晚展台上还有一位怀孕的模特斯力克·伍兹（Slick Woods），她仅着乳贴和蕾丝内衣走秀，并在当晚生下了孩子！

时尚产业的变化

在 2000 年初，低价且使用周期短的时装占据市场的主导地位。服装的年零售额从 1992 年的 1201 亿美元激增到 2013 年的 2445 亿美元。像 H&M 这样的快时尚公司开始大肆生产商品，一些消费者购买了数百件衣服，但是只穿了一次就将其处理掉。虽然快时尚仍在蓬勃发展，但是消费者开始对巴宝莉、耐克和 H&M 等公司蓄意烧

图 23.5　图（从左到右）为模特埃里卡·莫阿拉（Erica Moala）、模特兼设计师阿什利·格雷厄姆和模特安娜·克雷洛娃（Anna Krylova）在梅西百货的格雷厄姆大码内衣系列发布会上的造型。

（图片来源：Gabe Ginsberg/Getty Images）

图 23.6 造成 1134 人死亡的拉纳广场（Rana Plaza）大楼倒塌事件中，幸存者及受害者亲属要求这些公司为服装工人提供安全保障等劳动权利。作为孟加拉国经济支柱的服装产业，每年创造的价值超过 200 亿美元。（图片来源：Zakir Hossain Chowdhury /Barcro via Getty Images）

毁退货而不是重新销售的行为感到愤怒。2013 年，孟加拉国的建筑倒塌事件造成 1134 名服装工人死亡，也引起了公众的批判（见图 23.6）。

随着千禧一代逐渐成长，青年人进一步意识到气候变化带来的危害性，因此人们加深了对可持续使用服装的认识。除了购买可负担得起的服装品牌之外，购买二手衣物也成为一种时尚且对环境负责的购物方式，一些公司会以原价的一小部分出售二手的设计师作品。

消费模式

如今大多数纺织品和服装的生产成本极低，且不具有长期投资的价值，因此被视作一次性商品。设计师、零售商和制造商也面临着持续不断的压力，他们需要在现有的时尚理念中挖掘新想法，制造新设计。尽管现在仍有消费者继续为时尚产业买单，多数企业也支持这种过度消费模式，但还有一些大众消费者的反应正在获得关注。

慢时尚的出现是对快时尚流行趋势的一种反击。慢时尚注重了解材料的来源以确保服装制作的安全性和服装维护的环保性，巴塔哥尼亚（Patagonia）和艾琳·费舍尔等公司都致力于实现服装的可持续发展。虽然最初的价位比塔吉特等公司的商品要高，但这些可持续发展的公司设计了能够长久使用的商品，并提供慷慨的退货政策，甚至还有售后维修服务。

零售业

包括里昂比恩、斯佩里（Sperry）、李维斯和匡威在内的老牌服装重新受到大众的喜爱，但是其他零售商乃至一些商场都无奈地破产倒闭，其主要原因在于网购发展迅猛，并逐步取代了实体购物，这成为各代人和各收入阶层的购物常态。贸易集团（Business Industry）称其为"零售业的启示"，在这股网购浪潮中，一些像"有限公司"（The Limited，1963—2017年）、"金宝贝"（Gymboree，1976—2019年）和"连衣裙仓库公司"（Dress Barn，1962—2020年）等历史悠久的商店都纷纷关门了。

虽然一些商店已经关闭，诸如潘尼百货（JCPenney）和柯尔百货（Kohl's）等低价系列的零售商也公布了糟糕的财务业绩，但由于购买打折商品已不再被污名化，因此"专业零售"（TJX）公司得以快速成长。这家公司收购了麦克斯折扣店（TJ Maxx）、马歇尔百货（Marshalls）、家庭用品店（HomeGoods）和谢拉交易站（Sierra Trading Post）等多家公司，以其快速轮换产品并销售当季商品的运作模式而大获成功。奢侈品零售商诺德斯特姆（Nordstrom）和萨克斯（Saks）也大幅增加了他们的低价清仓店"莱克折扣"（The Rack）和"萨克斯第五大道折扣网"（Saks Off Fifth）。此外，在过去的十年里，直销商场的数量也在不断增长，开设的地区也不再局限于"荒郊野外"。

据估计，2019年全球电子商务的产业值高达3.5万亿美元，同比增长了20.7%。亚马逊网站在很大程度推动了电子商务的增长，同时为消费者在购物体验和当日交付方面的便利性设立了门槛。由于顾客开始担心在亚马逊上购买到假冒伪劣产品，如耐克等零售商决定致力于产品直销模式的发展。

大大小小的品牌、企业家、时尚博主和普通消费者都在使用社交媒体，这也改变了时尚的设计、消费和报道方式。越来越多的设计师和零售商开始利用复杂的前沿技术与消费者沟通，并推广他们的商品（见图23.7）。有些设计师只注重服装呈现的二维效果，而不考虑触觉甚至质量结构问题。设计师亚历山大·王评论说，在设计服装系列时，还会考虑到它们在网站图片上所呈现的效果图。由于社交媒体的快节奏和普及性，时装设计的副本或仿制品有时几乎和T型台或颁奖典礼的首演同时出现在大众面前。

图23.7　香奈儿在参加2014年超市时装秀之前就在脸书和推特上发布了香奈儿购物中心的邀请函。（图片来源：Giannoni /WWD /©Condé Nast）

时尚信息的传播

随着 21 世纪通信技术的飞速发展，各种想法得以在世界各个地区传播。例如，源于东京街头的时尚想法可能会在巴黎高级时装秀场上得以实现，或出现在制造公司生产的衣服系列中。在描述互联网对消费者消费习惯的重要影响时，分析家马修·麦克林托克（Matthew McClintock）这样说道：

> 十年前，（消费者）购买的是时尚公司的总裁认为在九个月内将会流行的精选商品。而今天……你可能会在网上发现很酷的（衣服），并在两天内就能购买到手了。

互联网让大量的"普通人"能够在时尚界发出自己的声音。十多年前，博主们通过他们的博客来分享自己的时尚观点和品位，逐渐让这个行业变得民主化，他们继续写作并获得了一定的追随者。时尚影响者（fashion influencers）如今经常在"照片墙"（Instagram）上发帖，并参加时装秀获得报酬，穿上某些设计师和品牌的服装，为这些时尚品牌"代言"。潮流的民主化使特定的时尚风格逐渐扩散。《幸运》（*Lucky*）杂志的网站主编劳伦·谢尔曼（Lauren Sherman）曾经埋怨，"现在个人风格更加突出，随着'天桥骄子'（Project Runway）、'全美超模'（America's Next Top Model）和极具个人风格的博客不断涌现，每个人都觉得他们能够判断当下的潮流趋势……衣服就像配料"。

主流时尚潮流的发源：2010—2019 年

政治领袖和名人

剑桥公爵夫人与米歇尔·奥巴马一样，有着相似的受欢迎程度，并对时尚界产生了积极的影响，让更多的英国时尚设计师打入美国市场。2011 年，凯特·米德尔顿与威廉王子（Prince William）的婚礼上，穿着由亚历山大·麦昆创意总监萨拉·伯顿（Sarah Burton）设计的裙子。这条裙子和来自英国设计师珍妮·帕克汉（Jenny Packham）、罗兰·穆雷（Roland Mouret）的时尚作品得到大量复制，这也是"凯特效应"在时尚销售方面的成功体现（见图 23.8）。当美国出生的女演员梅根·马克尔（Meghan Markle）嫁给哈里王子（Prince Harry）后，她作为苏塞克斯（Sussex）公爵夫人的服装搭配和对女权主义和性少数群体权利的支持，给英国王室增添了一抹现代性的色彩。

图 23.8 剑桥公爵夫人和苏塞克斯公爵夫人的衣着选择受到大众的广泛模仿。（图片来源：Mumby/Indigo/Getty Images）

图 23.9 英国设计师亚历山大·麦昆经常使用传统的刺绣、花边制作和金属加工技术来创造现代化风格的设计。（图片来源：Image copyright © The Metropolitan Museum of Art. Image source: Art Resource, NY）

艺术

文身在现代以前多局限于行为艺术。但如今文身变得像涂鸦一般，得到了更多人的接受和喜爱，艺术与时尚结合的领域更是如此。著名的艺术机构巴黎布朗利博物馆2014 年举办了"文身师，文身者——文身历史文化展"。如今美国人的文身要比以往任何时代的人都要多，成年人文身占比从 2003 年的 16% 增加到 2012 年的 21%，再到2016 年的 29%，文身占比呈现逐年增加的趋势。

过去，在艺术博物馆举办时尚展览是一种罕见的事情，现如今这种展览已变得十分普遍了。亚历山大·麦昆于 2010 年过世后，美国纽约大都会艺术博物馆为了致敬他对时尚发展做出的非凡贡献，特别开设了他的作品展览（见图 23.9）。其他博物馆也有为不同设计师开设的时尚回顾展，其中包括布鲁克林博物馆的"让·保罗·高缇耶的时尚世界：从人行道到 T 型台"以及费城艺术博物馆的"帕特里克·凯利——T 型台之爱"。一些博物馆会围绕着一个主题、地理位置或特定的风格进行展示，比如英国维多利亚和阿尔伯特博物馆的"意大利的时尚魅力：1945—2014 年"或日本京都博物馆展出的"未来之美：日本时尚的再创新传统"。

图 23.10 在克里斯汀·斯里亚诺（Christian Siriano）2020 年春夏成衣时装秀上，一位模特穿着别致的配套裤装走上 T 型台。（图片来源：Victor VIRGILE/Gamma-Rapho via Getty Images）

2010—2019 年的服饰构成

女性服饰

◆ 服装

20 世纪 80 年代，如聚酯或尼龙等合成纤维产量为 1400 万吨，而今天产量已经攀升至 7100 万吨。这些合成纤维大部分用于服装制作，包括连裤袜、睡衣和运动裤等多种类型，也用于制作如地毯等家居用品。棉花和羊毛等天然纤维以其排汗和保暖特性而长期用于服装制作之中。

21 世纪 10 年代，零售商能够同时为顾客提供多个年代的流行时装。20 世纪 30 年代流行的铅笔裙和开衫毛衣，60 年代风行的长及脚踝的修身裤，80 年代绚丽的霓虹色系服装，以及 90 年代的时尚裤装都在这个时期同时出现（见图 23.10）。

如今，移动互联网技术在生活中随处可见，工装裤为手机留有口袋，还有为手机设计的珠宝手机袋。无线耳机是时尚潮流和技术便利相结合的产物，三 D 打印和激光切割技术也见证了技术的进步与发展（见图 23.11）。

图 23.11 图为艾里斯·范·荷本使用三维打印技术创造的裙子。她还与女鞋公司"联合裸感"（United Nude）的创始人雷姆·库哈斯（Rem D. Koolhaas）、3D 打印巨头斯特塔西（Stratasys）合作，并在 2013 年的"狂野之心"（Wilderness Embodied）系列展上展示了这双如同将树根盘绕所制作的鞋子。艾里斯·范·荷本认为这种技术是工匠精神和新型技术的成功结合。（图片来源：Giannoni /WWD /©Condé Nast）

◆ 晚礼服

晚礼服风格开始转向突出身材曲线的紧身镂空款式，并在红地毯上占主导地位（见图 23.12）。喜欢宽松造型的女性则会选择带有雪纺层、透明披肩和女式开襟衫的礼服。

◆ 运动服装

原本为运动设计的服装仍然广泛用于一些非运动场合。随着健身、瑜伽的普及，以及全年无休的真人秀节目对人们生活的各个层面（工作、娱乐、爱情，甚至生存问题）的轮番放送，运动休闲装（athleisure）变得更加流行，广泛运用于各种休闲、工作和运动场合（见图 23.13）。多数适合工作的运动休闲服都加入了如氨纶等弹性纤维。

"露露乐蒙"（Lululemon）等运动品牌不断引领运动休闲装产业的发展。这家公司所设计的服装包括不会刺伤皮肤的平整缝制技术，不易脱落的厚实腰带，以及允许自由运动的裆部夹层。盖璞、维多利亚的秘密、纪梵希等公司都推出了运动休闲装系列。

图 23.12　2014 年，运动员汤姆·布雷迪（Tom Brady）和模特吉赛尔·邦辰（Gisele Bundchen）穿着巴黎世家设计的晚礼服。（图片来源：Falk/WWD/© Condé Nast Publications）

图 23.13　拍摄于 2014 年春季的唐可娜儿秀场，西装外套、花纹毛衣、便裤和棒球帽相互搭配，这是街头服饰和运动的相互碰撞。（图片来源：John Parra/Getty Images for Funkshion Productions）

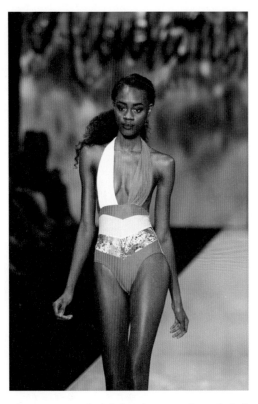

图 23.14　2014 年的泳装融合了 20 世纪 30 年代的吊带风格、60 年代的撞色元素以及 80 年代的高腰剪裁。（图片来源：Sean Drakes/LatinContent/Getty Images）

◆ 其他体育运动着装

那些为专业运动员服装所做的技术改进往往转化并融入进非专业人员的设计之中。比如滑雪公司伯顿（Burton）受美国航空航天局制服的启发，为美国单板滑雪队设计了新型滑雪服。露露乐蒙推出的沙滩排球服装也是个例证。2011 年推出的鲨鱼皮泳衣是通过三维三件套模式来制作的，主要用于个人定制泳衣领域。这些公司利用这些技术进行服装创作和测试，包括 3D 打印和注射成型技术，以及在运动员活动时使用 3D 激光扫描技术，帮助检验服装是否适合于穿戴者。

对于非专业比赛游泳者而言，他们可选的款式更多，从系带式比基尼到抹胸式泳衣，再到全遮盖式套装，款式众多。氯丁橡胶潜水装是高性能泳衣的代表，有沉稳的黑色以及鲜活的亮色可供选择。受到日间服装的启发，一些泳衣套装还融入了网眼、霓虹色和复古风格元素。

◆ 鞋类

现代鞋类更加丰富多元，包括运动鞋、舒适的礼服鞋、高跟鞋和细高跟鞋等。但是一些公司却因为对外宣称虚假的鞋子功能而陷入法律和财务困境。运动鞋品牌斯凯奇（Skecher）旗下推出了一款塑形鞋，称其能够帮助穿鞋者锻炼腿部肌肉。2012 年，因美国联邦贸易委员会就该产品宣传中毫无根据的"减肥、强身和健美"功效达提出诉讼，斯凯奇支付了 4000 万美元，该品牌还曾卷入过其他严重伤害的诉讼当中。此外，跑鞋品牌"霍伽"（Hoka）和巴黎世家等公司相继推出了厚底运动鞋，这种外观厚重的鞋子开始逐渐流行。

◆ 配饰

女性的手提包有大有小，尺寸不一。2012 年，设计师瑞秋·曼苏尔（Rachel Mansure）和弗洛里亚纳·加夫里尔（Floriana Gavriel）推出的方形水桶包都广受好评。到 2018 年，设计师西蒙娜·波特·雅克穆（Simone Porte Jacquemu）所设计的小包小到甚至装不下一部苹果手机。

◆ 珠宝

珠宝首饰和服装一样追随着百搭的时尚态度，出现了各种款式，其中包括让珍珠看起来如同漂浮在脖子上一般的隐形珍珠项链、珍珠短链，以及分层设计的链子等（见图 23.15）。

◆ 发型与头饰

年轻群体比较青睐层次分明的短卷发或尾部较长的发型，还有渐变的平整层次能够衬托脸型的发型。较为成熟的女性也喜欢这些发型，还有更短且容易打理的发型。发型的增多也促进了护发产品的研发，干性香波在中和气味、增加发量和吸收油脂方面有着不凡的表现，因此受众面越来越广。

◆ 化妆品

时尚媒体和美妆博客都突出眉毛的完美线条，还常使用化妆品来塑造脸部轮廓，勾勒出最佳的面部特点。皮肤护理产品也不断升级，并承诺有抗皱、抗衰老和令肌肤光泽的功效。

图 23.15　2020 年春夏巴黎时装周期间，这位参会者身穿香奈儿套装，搭配多层项链和超大眼镜，时尚动人。（图片来源：Hanna Lassen/Getty Images）

虽然涂抹指甲已经流行了近一个世纪，但是在 21 世纪 10 年代，人们对美甲艺术迸发出更大的热情，凝胶抛光剂、3D 美甲艺术和不需要抛光的指甲贴花等技术都取得了巨大的进步。

男性服饰

◆ 服装

到 2010 年，据报告显示，尽管休闲装的外观可能仍然是男性的首选风格，但时尚趋势决定了正装男士风格即将回归，这种风格也是成功的一种代表。男士们对专门设计了音乐播放器、手机和数码相机等电子装备收纳处的服装表现出极大的兴趣。

牛仔裤在休闲装中长盛不衰，它在正装活动中出现的频率也越来越高，特别是与西装外套和纽扣衬衫的搭配更是如此。带有凹凸不平外观的深色水洗牛仔裤在时尚界特别受欢迎，但是这种额外的水洗和裤面修饰也提高了裤子的价格。

图 23.16　2020 年春夏巴黎男装周期间的伯尔鲁帝（Berluti）时装秀上，图中的模特身穿蓝色套装，内搭流行色衬衫，裤子上充满（拉链等）时尚的设计细节。（图片来源：Victor VIRGILE/Gamma-Rapho via Getty Images）

◆ 运动服装

基本的运动衫款式仍然是 T 恤衫、马球衫和短袖梭织衫。许多 T 恤和长袖运动衫上都有或文字短语或运动标志的装饰。

在运动服方面，尼龙运动夹克、裤子和短裤都很流行。对于专业运动员而言，他们更青睐能够迅速排汗和塑型的面料。运动品牌公司出品的休闲服都很受欢迎。

◆ 发型与头饰

许多年轻男子继续留着有层次的短发或者平头发型。此外，"男式发髻"的风潮也持续了一段时间。从 2005 年开始，为了提高癌症防范意识，一些男性延续了"11 月不刮胡子"的传统。现在，男性美容产品的数量大大超越了传统产品数量，实现飞跃式上涨，涵盖各种类型的产品，从最初的剃刀和除臭剂，发展到如今的抗衰老护肤品，甚至男性化妆品等。

◆ 鞋类

穿职业装的男性一般会选择经典的皮革牛津鞋、麂皮半靴和懒汉鞋。穿休闲装时，皮革、布或者合成材料制成的拖鞋、板鞋和船鞋都是不会出错的选择。运动鞋仍然是健身房、工作甚至一些正式场合的首选。

儿童服饰

◆ 婴儿及学前孩童服装

婴儿和学龄前儿童的服装如同成人服装一样，向着可持续服装转型，包括毯子、睡衣和

图 23.17　意大利品牌 D 二次方（Dsquared2）的创始人是双胞胎兄弟迪恩·卡登（Dean Caten）和丹·卡登（Dan Caten）。他们展示了男女牛仔裤的变形造型，将各种面料进行混搭，图中纽扣衬衫、彩色毛衣和羊毛猎装夹克的搭配别具一格。

有机棉制成的服装。除了最年幼的婴儿，所有的孩童都穿上了成人衣服的缩小版，从运动鞋到西装，再到牛仔裤和裙子等各种款式一应俱全。

◆ 学龄儿童：影响男孩和女孩的时尚趋势

儿童服装的发展跟随成人服装的变化而变化，开始强调穿着的舒适感和耐用性。盖璞、老海军（Old Navy）、绮童堡（Children's Place）和安德玛等品牌推出的内衣、紧身裤、运动裤、毛衣等服装都成为时下流行的童装（见图23.18）。

图23.18　明亮的霓虹色以及运动队和大学的标志广受青睐。（图片来源：作者收藏）

由于社会对性少数群体的接受程度越来越高，童装也开始回应这一趋势，让最年幼的孩童也可以不被刻板性别的穿搭所限制，这一点得到了社会的广泛认可。

◆ 鞋类

儿童通常穿运动鞋、凉鞋、拖鞋和靴子，款式和品牌与成人相似，汤姆（TOM）、科恩（Keens）和阿迪达斯都是较为出名的品牌。

修长的小脚裤和紧身裤搭配多层次的上衣和夹克衫。

20 世纪 60 年代后半期推出的裤装仍然是许多女性衣橱里的主打产品。

自 20 世纪 60 年代起与鞘形裙或铅笔裙搭配的开襟毛衣重回市场。

一些穆斯林女性戴希贾布，穿较为保守的服装。

三件套西装是更为正式的男式西装类型。

章末概要

在这个时期，不同年龄、社会或经济阶层、种族、职业、娱乐偏好和音乐品位的人都穿着类似的服装。特定时尚潮流从一个群体传播到另一个群体。时尚媒体和个人博客等其他媒体的出现进一步促进了时尚的传播。

21世纪的前十年，时尚服饰如同一条不断前进的河流，这条河流细分为许多狭窄的渠道。尽管这些河道不断地分开又汇集，但是中间的主河道却在持续不断地前进着（见"现代影响"）。

随着新千年的到来，哲学家、社会学家、经济学家、艺术史学家、历史学家以及其他与设计、服装和纺织品有关联的人都开始涌入时尚市场，通过书籍和报道发表自己的想法和建议，让该领域的研究和参与度达到了前所未有的成熟。

主要服装术语

运动休闲装（athleisure）
文化挪用（cultural appropriation）
时尚影响者（fashion influencers）
猫帽（pussyhats）

问题讨论

1. 这个时代的社会运动如何影响了时尚？请列出社会运动及相关的服装趋势。
2. 请描述不断变化的人口结构对时尚行业的影响。
3. 慢时尚和快时尚的差异在服装生产和购物中的表现形式是什么？

参考文献

Bye, E. (2020). Sustainability must drive design. In S. B. Marcketti & E. Karpova (Eds.), *The dangers of fashion: From ethical to sustainable solutions* (pp. 19–34). Oxford: Bloomsbury Visual Arts.

Colby, S. L., & Ortman, J. M. (2015). Projections of the size and composition of the U.S. population: 2014 to 2060. *Current Population Reports.* Washington, DC: U.S. Census Bureau. Eicher, J. B., Evenson, S. L., & Lutz, H. A. (2000). *The visible self: Global perspectives on dress, culture and society* (2nd Ed.). New York, NY: Fairchild Publications.

Fry, R., Parker, K. (2018, November 13). Early benchmarks show 'post- millennials' on track to be most diverse, best-educated generation, yet. Pew Research Center.Retrieved from https://www.pewsocialtrends.org/2018/11/15/early- benchmarksshow-post-millennials-on-track-to-be-most-diversebest-educated-generation-yet/

现代影响

　　"过去皆是序章","太阳底下无新事",和消费者一样,时尚界从来都不能免俗,过去的东西对 21 世纪的时尚设计师也有着巨大的吸引力,激发着他们的想象力。该书六个部分的每一部分都有现代影响的内容。

第一部分:由艾莉·萨博(Elie Saab)设计的单肩托加式礼服代表了古代世界的服装。

(图片来源: Giannoni /WWD /© Condé Nast)

第二部分:由朱利安·福尔尼(Julien Fournie)设计的造型,曾经为十字军战士或修士所穿的长袍、斗篷和头巾让人联想到中世纪时期。

(图片来源: Victor Boyko/Getty Images)

第三部分：如果文艺复兴时期的意大利女性穿上乔治·霍贝卡（George Hobeika）设计的带有珠宝装饰和金边的流线型长袍，必然会十分自在。

（图片来源：Kristy Sparow/Getty Images）

第四部分：17世纪初，围脖主要用于衬托穿着者的脸部。此后，设计师们在女装上重新采用了围脖的设计，其中包括艾里斯·范·荷本设计的这个系列，图中的围脖是服装的一部分。

（图片来源：Victor VIRGILE/Gamma-Rapho via Getty Images）

第五部分：让·保罗·高缇耶设计的套装。这件燕尾服和继19世纪初期摒弃骑马裤之后发展出的长裤，是19世纪初期到中期的绅士常见的搭配。

（图片来源：Giannoni /WWD /© Condé Nast）

第六部分：可可·香奈儿的影响在结构感十足的夹克外套中得以尽数展现，和紧身裤的搭配也相得益彰。

（图片来源：Kristy Sparow/WireImage）

Green, D. N., & Kaiser, S. B. (2020) . Taking offense: A discussion of fashion, appropriation, and cultural insensitivity. In S. B. Marcketti & E. Karpova (Eds.) , *The dangers of fashion: From ethical to sustainable solutions* (pp. 143–165) . Oxford: Bloomsbury Visual Arts.

Hawley, J., & Karpova, E. E. (2020) . Disposing fashion: From the ugly.....In S. B. Marcketti & E. E. Karpova (Eds.) , *The dangers of fashion: From ethical to sustainable solutions* (pp. 143–165) . Oxford: Bloomsbury Visual Arts.

Harris, E. A. (2014, February 1) . Retailers ask: Where did teenagers go? *New York Times,* B1.

Hubbard, B., & Gladstone, R. (2013, August 15) . Arab Spring countries find peace is harder than revolution. *New York Times,* A11.

Humphreys, J. M. (2013) . *Multicultural economy.* Athens, GA: Selig Center for Economic Growth, University of Georgia.

Lennon, S. J., Johnson, K. K. P. (2019) . 'Tattoos as a form of dress: A review (2000–18) ', *Fashion, Style & Popular Culture,* 6:2, pp. 197–224.

Maynard, M. (2010) . Globalization and dress. In J.Eicher (Ed.) , *Berg encyclopedia of world dress and fashion.* Oxford, UK: Berg.

Newcomb, A. (2019, December 19) . After a decade of e-commerce, convenience just isn't enough. *Fortune.*

Newcomb, T. (2016, May 6) . How Lululemon's high-tech lab designs Olympic uniforms for Rio. *Sport's Illustrated.*

Randall, E. (2013, May 8) . Tattooing makes transition from cult to fine art. New York Times.

Russo, G. (2019, August 27) . It is time to retire the term plus-size? *Glamour.*

Schneier, M. (2014, April 10) . Fashion in the age of instagram. *New York Times,* E4.

Shapiro, B. (2014, March 27) . Isabel Toledo and Lane Bryant see a plus in collaboration. *New York Times,* E6.

Sherman, L. (2014) . For the activewear market: There's no way but up. The Business of Fashion. Retrieved from http://www.businessoffashion.com/2014/01/activewear-lululemon- nike-hm-sweaty -betty.html.

Bureau of Labor Statistics (2018) . U.S. Department of Labor, The Economics Daily, Women had higher median earnings than men in relatively few occupations in 2018. Retrieved from https://www.bls.gov/opub/ted/2019/women-had-highermedian- earnings-than-men-in-relatively-fewoccupations- in-2018.htm

https://www.bls.gov/opub/ted/2019/women-had-highermedian- earnings-than-men -in-relatively-fewoccupations-in-2018.htm

Wahba, P. (2019, December 19) . How the 2010s changed retail forever. *Fortune.*

Wayne, T. (2013, January 6) . What will induce nostalgia in 2033? *New York Times,* ST1.

Wilson, C. (2018, April 18) . Why the word "athleisure" is completely misunderstood. *Forbes.*

术语表GLOSSARY

由于篇幅有限，我们无法记录每一位杰出的时装设计师，读者可以本书第六部分中的设计师表格，了解更多详细信息。

A

A 字裙（A-line）：一种于 20 世纪五六十年代推出的连衣裙或裙子的样式，顶部紧身，从臀部开始扩大至下摆，形似拉丁字母大写 A。

阿波罗结（à la Chinoise）：浪漫主义时期的女性发型，女性将后边和侧边的头发拉到头顶打结，并卷起额头和太阳穴附近的头发。

提图斯发型（à la Titus）：法国帝政时期的女性短发发型，与古罗马皇帝提图斯（Titus）半身像上的发型类似。

断头台发型（à la Victime）：法国帝政时期的女性短发发型，类似于当时将被送上断头台的妇女的发型。

阿波拉斗篷（abolla）：一个由折叠的长方形制成的斗篷。古罗马时期的军官扣戴在右肩上，与普通士兵区分开来。

醋酸纤维素（acetate）：由（如木屑等）纤维素制造的纤维的通用类别，其特点是手感顺滑，光泽度高。

阿德里安（Adrian Adolph Greenberg）：著名时装设计师，他在 20 世纪 20 年代（以及三四十年代）为电影设计服装，后来这个名字成为高级时装与魅力的代名词。

唯美主义运动（Aesthetic Movement）：前拉斐尔学派哲学的普及运动（见拉斐尔前派），吸引了大批画家、设计师、手工艺人、诗人和作家参与其中。

阿腓舍饰针（afiche）：中世纪早期的一种圆形胸针，用于扣住外衣（outer tunic）、布里奥外衣（bliaut）或无侧边外套（surcote）的顶端。

阿福罗头（afro）：一种在 20 世纪 60 年代首先由非裔美国人采用的发型，其特点在于富有弹性的小碎卷蓬松后形成的自然形状。

金属饰针（aiguillettes）：用来作为紧固件的小的、镶有宝石的金属针。

白麻布长袍（alb）：中世纪早期牧师穿的白色长衫，袖子狭长，留有领口缝隙，由皮带系着。

全美女子职业棒球联赛（All-American Girls Professional Baseball League）：活跃于 1943—1954 年，该联赛在美国中西部城市举办，当时男性球员在二战中服役，而组织者希望能维持体育场的正常运营，一定程度上促成了联赛的举办，比赛时全体球员都穿着女性化的制服。

教会披巾（amice）：带有两条长带的亚麻白布条，系在神父肩膀上形成领子，在中世纪早期做弥撒的牧师会佩戴。

阿米克特斯罩袍（amictus）：一种"包裹"身体的罗马服饰，其他直接"穿戴"的服饰称作因德图斯衬衣（indutus）。

护身符（amulet）：佩戴在脖子周围的护身符。

揭纱（anakalypteria）：古希腊掀起新娘面纱的仪式。

英国狂（Anglomania）：指在 18 世纪对英国事物产生狂热崇拜的法国人。

动画（anime）：指日本的动画片制作业。

新艺术运动（Art Nouveau）：在18世纪末19世纪初，艺术家和工匠们尝试发起创造一种完全不同于早期艺术形式风格的运动，其特点是呈现蜿蜒曲折的线条、扭曲的自然形式和画面的运动感。

人造牛皮靴（artificial calves）：直接和连裤袜相连或穿在小腿上的衬垫，多为18世纪70年代及之后希望让小腿更有型的男性穿戴。

人造丝（artificial silk）：1925年前用于描述人造纤维和醋酸纤维素的术语。

阿司阔领带（ascot）：两端较宽的领带，一端绕在另一端上，用领带夹固定住。

运动休闲装（athleisure）：为运动而设计的服装，也可在非运动场合穿着。

运动衫（athletic shirts）：20世纪30年代及以后穿的针织棉布制成的衣服。

B

婴儿潮（baby boom）：二战结束后许多美国女性离开职场，当上全职太太，导致生育率激增。

巴拉格尼斗篷（Balagny cloaks）：17世纪的圆形斗篷，通常挂在肩膀的一边，用一根穿过宽领的绳子固定。

芭蕾伶娜裙长（ballerina length）：裙子下摆长度到小腿中部。

巴尔迪厄斯带（balteus）：古罗马长袍中右臂下的部分被拉高，顶部被扭曲成一种腰带状，这种腰带没有缝制翁宝结（umbo）。

风笛袖（bagpipe sleeve）：中世纪晚期使用的袖子样式，从肩部开始加宽，形成一个完整的、悬挂在紧身袖口下面的袋子。

宽长袍（banyan）：自18世纪起，男性在室内外穿的面料舒适、版型宽松的装饰性长袍。

女式亚麻头饰（barbette）：中世纪早期的一种妇女头饰，由一块亚麻布组成，从太阳穴延伸到下巴下，再延伸到头部的另一侧，用饰带固定。

巴雷格沙罗（barege）：一种华丽的丝绸和羊毛混纺面料，面料相对透明、触感轻盈，在19世纪广受欢迎。

巴洛克风格（Baroque style）：出现自16世纪末至18世纪中叶的艺术风格，主要强调奢华的装饰，自由流畅的线条，以及平面曲面相结合的艺术形式。

贝斯底裙（bases）：半身短裙，民用服装中与夹克（jacket）或和男紧身上衣（doublet）一起穿，军用服装中穿在盔甲上；裙身由带有衬里的加硬三角形布料制成，直到16世纪中期还流行于平民服饰之中，在军用服饰的流行期更长。

巴斯克紧身胸衣（basque）：延伸至腰线以下部分的女性紧身上衣，出现在17世纪，之后在19和20世纪成为女性服饰的一大特点。

海魂衫（basque shirt）：20世纪30年代流行的条纹宽圆领衬衫。

战斗夹克（battle jacket）：二战时穿的束腰陆军夹克，前胸有两个胸袋，配有合身的腰带和开襟用拉链，又名艾森豪威尔夹克（Eisenhower jacket）。

蝙蝠袖（batwing sleeve）：长袖剪裁，袖窿较深，几乎延伸到腰部，手腕收口较紧，整体形成一个像蝙蝠翅膀一样的外观，是多尔曼袖（dolman sleeve）的变体。

巴佛蕾遮阳荷叶边（bavolet）：帽子后颈部的荷叶布边，用于脖子的防晒。

贝叶挂毯（Bayeux Tapestry）：流行于11世纪末刺绣壁挂，是有关中世纪盔甲外观的最重要的信息来源之一，主要描绘了1066年发生的黑斯廷斯战役。

珠网罩裙（beadnet dress）：古埃及妇女的一种罩衣，是由珠子串成的网状裙子。

垮掉的一代（beatniks）：20世纪50年代后半期首次出现的社会群体，服饰以奇装异服和个性发型为特征，包括胡须、马尾辫和黑色衣服，特别是男性的高领毛衣和贝雷帽，女性的紧身衣、紧身裤和芭蕾舞鞋。

蜂巢形帽（beehive-shaped hat）：意大利妇女的一种独特头饰风格，头饰形状大而圆，佩戴起来类似头巾。

啤酒夹克（beer jackets）：20世纪30年代在大学男生中短暂流行的白色的画家外套。

本赞特装饰（benzant）：放在胸部前襟的一排垂直的装饰性胸针，或用黄金印制的宝石装饰品。

牧羊女草帽（bergere）：18世纪的大型平顶草帽，帽冠低，帽檐宽，带有可以系在下巴的帽绳。

宽圆花边领（bertha）：宽而深的斗篷式衣领，置于女性礼服或衬衫的领口处。

斜裁（bias cut）：一种向布的对角线方向裁剪衣服的技术，具有更高的延展性和良好的垂坠感。

翻边双角帽（bicorne）：18世纪一种新月形的帽子，前后两边的帽檐互相压着，在两边形成尖角，因此服装历史学家将其命名为翻边双角帽。

比晶童帽（biggin）：类似于中世纪头巾帽的儿童帽。

比基尼（bikini）：两片式泳衣，由设计师雅克·海姆在1946年推出，取名的灵感来源于当时的原子弹测试基地比基尼环礁（Bikini Island），是首件"比原子还小"的泳装。

连帽斗篷（birrus/burrus）：一种类似于现代连帽披风的斗篷，剪裁完整，带有一个领口可以将头伸进去，流行于古罗马时期。

主教袖（bishop sleeve）：肩部有一排垂直褶皱，下接柔软、饱满的袖子，在手腕处收束成合身的袖口，从1840年到爱德华时代之前一直很流行；现在指袖子收束在臂裆（臂孔），袖子延伸至的肘部以下，在腰部呈现膨胀的袋装织物设计。

布雷泽运动上衣（blazer）：在19世纪指的是纯色或条纹样式的单排扣运动夹克，现在指双排扣、多种颜色、口袋类型多样的运动夹克，通常和对比色系裤子搭配。

紧身束腰外衣（bliaut）：12世纪时穿的紧身连体衣。

布里奥紧身连衣裙（bliaut gironé）：一种上半身与裙子相连的紧身服饰，12世纪时男女穿的款式。

血腥钻石或冲突钻石（blood/conflict diamond）：可以资助非洲内战的较新钻石。

布鲁姆套装（Bloomer costume）：穿在长裤外面的全包式过膝长裙，得名于女权主义者艾米莉亚·布鲁姆，她大力倡导和推荐该服装风格。

宽身束腰上衣（blouson）：衣长到腰部的宽松且合身的外套。

短卷发（bob）：20世纪20年代的俚语，指有刘海或露出额头的短齐发，也可指剪头发。

梭编蕾丝（bobbin lace）：起源于16世纪后半期的一种复杂的纺织品，通过将亚麻布、丝绸或棉布缠绕或打结，用线夹在线轴上制作；也可以称作枕头花边，因为在其生产过程，花边是用插在枕头上的针来固定的。

翻口短袜派（bobby-soxers）：俚语，特指20世纪40年代追随波比袜和马鞍鞋等时尚潮流的青少年。

身体首饰（body jewelry）：具有高度装饰性、可以在身体上钻孔的配件，包括精心设计的金属首饰和装饰性链条，可以佩戴在躯体、面部和头部，套在丝袜或衣服上，20世纪90年代开始流行。

紧身衬衫（body shirts）：通过塑造侧缝使之与身体线条相吻合的男士衬衫，在20世纪60年代初推出。

连体紧身衣（body stockings）：女性穿的长身针织弹力内衣，在20世纪60年代初推出。

连体服（body suit）：女性的长身针织弹性内衣，长度通常到小腿上部，穿着时露出上半部分作为上衣。

波希米亚风（boho）：该词源自"bohemian"一词，是21世纪初期的一种服装风格，其特点是色彩鲜明、材质柔软，并且结合多种图案面料，一定程度上是对20世纪60年代高档嬉皮士服装的复兴。

大胆款式（bold look）：1948年10月为男性推出的术语。该词没有对时尚界产生根本性冲击，而是对英国悬垂式剪裁的继承和延续，其特点是更加强调衬衫和配饰与西装之间的协调。

短亚麻纤维填充物（bombast）：由羊毛、马鬃、短亚麻纤维制成的填充物，称为粗麻纤维或麸皮，在16世纪用于填充桶形连裤裤和长裤。

红帽子（bonnet rouge）：一种红色的软毛农民帽，是法国大革命的象征。

靴筒式袖口（boot cuffs）：西装大衣袖子上的宽袖口，向后折叠时达到肘部，在18世纪初流行。

自下而上的时尚理论（bottom-up theory of fashion）：该观点认为，时尚的变化源自大龄或较富裕的个人对年轻、不富裕或来自反文化的群体或个人风格的采纳，另见时尚涓滴效应（trickle-down theory of fashion）。

碗状短发（bowl crop）：中世纪晚期使用的发型，头顶看起来像一个倒置的碗。

圆顶礼帽（bowler）：英国人对19世纪四五十年代及以后帽子的称呼，帽身面料较硬、帽冠呈圆形碗状，有一个狭窄的帽檐，在美国被称为"圆顶高帽"（derby）。

箱式大衣（box coat）：见马车大衣（curricle coat）。

拳击短裤（boxer shorts）：20世纪30年代受职业拳击手的影响而流行的短裤。

宽松亚麻内裤（braies）：由宽松的亚麻布马裤组成的内衣，流行于10世纪和11世纪，通常在腰部用皮带固定。

胸罩（brassiere）：用于支撑成年女性乳房的基本款内衣，胸罩在19世纪90年代得以改进，为20世纪初期的时尚款式奠基；尽管胸罩结构的具体细节在不同时期有所改变，但是该术语仍保留使用至今。

马裤（breeches）：泛指男子为遮盖身体下部而穿的款式各异的裤型，最早出现于中世纪时期。

副线系列（bridge lines）：高端时装设计师设计的次要商品系列，其零售价格低于主打或署名系列。

婴儿泡泡服（bubbles）：20世纪90年代流行的婴幼儿连体服。用额外的宽度来塑性，使其呈现泡泡的圆形效果。

布拉坠饰（bulla）：用金、银、铜或皮革制成的小盒，在古罗马时期用于为出生的男孩驱魔辟邪，通常在取名时佩戴在婴儿的脖子上。

臀围撑垫（bum roll）：放在腰部的软垫卷，以便使腰部以下的裙摆更宽大美观，流行于16世纪末。

连帽长斗篷（burnous）：一种兜帽占衣长大约四分之三的大披风。19世纪初流行的妇女服装，其名称和样式源自生活在中东沙漠的阿拉伯人所穿的服装。

布基尼（burquini）：穆斯林妇女穿的浴衣，覆盖全身，只露出脸部，通常包括长至膝盖的长袖外衣、外罩长裤和头巾。

丛林夹克（bush jacket）：短袖棕褐色棉质夹克，有四个大的扇形口袋，模仿非洲猎人和探险家的衣服款式。

插骨（busk）：用一块长的扁平木头或鲸须制成的装置，在16世纪初用于插入紧身胸衣前的套管，有助于改善穿着者的姿态。

巴斯尔臀垫（bustle）：浪漫主义时期，指妇女穿的小件羽绒或棉布垫，通常系在后腰处来撑开裙子；巴斯尔时期，指的是为饱满的裙子后面添加的一定数量的支撑物；1870—1878年，指通过调整裙子后面的布幔而形成饱满的垫子；1878—1883年，插骨胸衣的使用使身体饱满度下降到臀部以下部分，这时臀垫进化为半圆形的架子，作用是支撑裙裾；1884—1890年，大而坚硬的平架臀垫得以广泛使用。

C

克里诺林笼式裙撑（cage crinoline）：一种箍裙，一种用于撑开妇女裙子的装置。

折篷式女兜帽（calash/calech）：18世纪的一种丝绸兜帽，大到足以遮住头发，由半环状鲸须或拱形藤条加固，有间隔地缝在罩子上，以便不压坏头发，不戴时可以折叠放平。

加利福尼亚领（California collar）：20世纪30年代的衬衫领，相较于20世纪20年代的巴里莫尔领（Barrymore collar）更短、更宽。

卡尔文·克莱恩（Calvin Klein）：20世纪70年代家喻户晓的美国时装设计师，他开创了女装业务，主要用自然色系的昂贵面料进行设计。

贴身背心（camisole）：见胸衣罩（corset cover）。

连裤女内衣（cami-knickers）：背心式内衣和内裤的组合，20世纪20年代的妇女内衣款式，也称为（先把腿伸入然后拉起来穿的）女式内衣（step-ins）或连衫衬裤（teddies）。

卡米契亚衬衫（camicia）：意大利语，包括男士衬衫和女士衬衣。

卡内祖上衣（canezou）：一种穿在紧身上衣外面的无袖小外套，版式类似女士狭长披肩（pelerine）；到克里诺林时期，它成为一个描述服装配件的术语，包括女式三角形薄披肩（fichus）、穿在上衣外面的薄纱外套（muslin jackets）和紧身胸衣的颈部领布。

紧身半截裤（canions）：16世纪末由男子穿着的裤装，从桶形连袜裤的末端延伸到膝盖或略低于膝盖，与马裤的颜色相同或对比强烈，或在底部单独固定在桶形连袜裤上。

宽靴饰边（canons）：17世纪中期，马裤底部附有的完整宽大的褶边。

卡波坦帽（capotain/copotain）：17世纪初男人和女人戴的高冠、窄边、略带圆锥形的帽子，也叫塔糖帽（sugar loaf hat）。

卡波特带褶女帽（capote）：19世纪初妇女戴的一种有软布冠和硬帽檐的帽子。

卡普里裤（capri pants）：女性穿的紧身裤，裤长占腿的四分之三，最早出现于20世纪末，21世纪重新流行起来。

卡拉科夹克（caraçao）：一种长及大腿的合身女式夹克，没有腰线，腰部以下呈喇叭状，流行于18世纪末期。

工装裤（cargo pants）：带有大型口袋的裤子，其弯曲部分延伸到腰部，形成一个环，通过该环拉动皮带，流行于20世纪末21世纪初。

卡曼纽拉夹克（carmagnole）：一种短的、深色的羊毛或织布外套，长及臀部，背部丰满，剪裁类似于罩衫；在法国大革命时期，这种外套作为"无裤"风格的一部分，在督政府时期风靡一时。

马车礼服（carriage dress）：浪漫主义时期的女装，乘坐马车时穿着，其设计符合当代风格，常用毛皮修饰。

马车阳伞（carriage parasol）：浪漫主义和克里诺林时期的阳伞，带有折叠的手柄。

婴儿罩衣（carrying frocks）：17世纪时给还无法走路的婴儿所穿的长袍。

开索克外衣（cassocks/casaques）：17世纪初的一种男式长袍，袖子宽大饱满，全身宽松，袍子末端至大腿或以下。

卡萨昆短上衣（casaquin）：长至大腿长的合身的女性外套，没有腰线缝，衣摆在腰部以下扩大，流行于18世纪早期至中期。

休闲星期五（casual Friday）：由企业或行业确立的工作日，当天员工可以穿便装上班；多数公司选定星期五，该规定最早开始于20世纪末。

礼袍（ceremonial robe）：通常是国家官员和律师所穿的全长礼服，通常穿在男士紧身上衣和紧身裤之上，作为第三层的外套，通常带有悬袖。

鲜兹女外衣（chainse）：12世纪上层社会妇女穿的一种独特的外衣，由可清洗的长亚麻布材料制成，隐约带有褶皱。

巴黎高级时装公会（Chambre Syndicale de la Couture Parisienne）：一个仍然活跃在法国高级时装界的服装设计师组织。

枝形吊灯式耳环（chandelier earrings）：大型吊坠式耳环。

折叠三角帽（chapeau bras）：男子佩戴的平顶三角帽，帽边对称翘起或呈月牙形，专门用于腋下携带，流行于19世纪初期。

沙普仑头巾（chaperon）：中世纪的一种合体的男士兜帽，后面有一个长长的、悬空的装饰布，称为尾状长飘带（liripipe），也被称为科尔内垂布（Cornette）。

查尔斯·弗雷德里克·沃斯（Charles Frederick Worth）：移民到巴黎的英国人，他在19世纪50年代一跃成为享有国际声誉的女装设计师，并创立了后来的高级时装（haute couture）。

查尔斯·詹姆斯（Charles James）：一位被认为与巴伦西亚加齐名的美国设计师，他在1939年建立了自己的定制公司——查尔斯·詹姆斯公司；他以其雕塑般的杰作而闻名，如"四叶草"（fourleaf clover）和

"蝴蝶"（butterfly）晚礼服，这些作品用复杂的接缝、奢华的面料和复杂的底层结构制作而成。

十字褡（chasuble）：从罗马的半圆羊毛斗篷（paenula）演变来的服饰，随后被平信徒放弃；直到中世纪早期，神职人员继续穿着，并将长袍的两侧剪短以允许手臂自由活动。

腰链（chatelaine）：妇女佩戴在腰间的装饰性链条，悬挂着剪刀、顶针、纽扣钩等有用的物品，流行于19世纪。

肖斯护腿甲（chausses）：由（相互交错的金属环组成的）盔甲制成的护腿装甲，为中世纪早期的男子所穿。

女式宽松内衣（chemise）：一种宽松的亚麻布女性贴身内衣。版式与男人的内衣类似，不过剪得比较长，最早出现在中世纪早期。

宽松连衫裙（chemise à la reine）：18世纪的白色棉布长袍，类似于当时的女士女式宽松内衣，但与之不同的是，这种有腰线剪裁，下面是一柔软而归拢的裙子。

领布（chemisette）：用于填充日常服饰领口空白的内衣，也称为装饰衣领（tucker）。

软领长大衣（chesterfield）：一种单排扣或双排扣的男式大衣，没有腰线缝，背后有开口，没有侧褶，通常搭配一个天鹅绒领子，流行于19世纪中期之后。

发髻（chignon）：将头发盘在颈部后面的一种样式。

奇诺裤（chinos）：可清洗的男士运动裤，由耐用的、密织的卡其色奇诺布制成，最早出现于20世纪50年代。

轧光印花棉布（chintz）：17世纪时从印度进口的手绘布或印花布，有些布料会进行轧光整理；现在一般指任何印花或染色的棉混纺布。

希顿（chiton）：古希腊男女所穿的外衣，由一个长方形的织物包住身体，在肩部用一个多利亚式（Doric）希顿或海伦斯蒂式（Helenistiic）希顿别针扣住，还有的用多个爱奥尼亚式（Ionic）希顿别针固定。

带褶外衣（chlamydon）：是古希腊时期的方形外衣（diplax）的一种更为复杂形式，其中织物被打褶成一个织物带。

男式优质短斗篷（chlamys）：长方形的皮革或羊毛斗篷，别在右肩或左肩上；古希腊男子在外衣外面穿戴，特别是在旅行时还能作为毯子使用。

编织束腰外衣（chlanis）：古希腊新娘送给新郎的手工编织的外衣，以此展示她对编织的熟练程度。

软木高底鞋（chopines）：文艺复兴时期流行于意大利和西欧的一种女式厚底鞋，其中威尼斯地区的鞋跟特别高。

克里斯汀·迪奥（Christian Dior）：最著名的巴黎设计师之一，他的新风貌风格取得了巨大的成功，使迪奥家族成为高级时装界最具影响力的品牌之一。

环形饰物（circlets）：中世纪早期富裕妇女所佩戴的黄金头饰。

克莱尔·麦卡德尔（Claire McCardell）：美国设计师，是她所在时代最具创新精神的设计师之一；她的服装风格因为太过激进而难有销路，但当女性发现她的设计舒适好搭配时，她们便开始追随更多的同类设计。

克拉维斯饰带（clavus）：宽大的紫色带子，从下摆垂直延伸到罗马参议员外衣的肩膀上，自共和时代开始流行。后来指任何装饰外衣的带子。

吊线边花纹（clocks）：19世纪70年代及之后，白丝袜侧面装饰的织绣花纹。

木屐（clogs）：在中世纪、巴洛克和洛可可时期流行的鞋类风格，在60到70年代流行至今；一般带有凸起的鞋底。

封闭式披风（closed mantles）：中世纪早期男子的服装，由一段带缝隙的织物组成，可从头部穿起。

棍辫式假发（club wig）：18世纪的一种男士假发风格，一条辫子（头发后面一小撮头发或小辫子）被盘起，从而形成一个环形的头发。

板甲服（coat of plates）：14 世纪和 15 世纪出现的坚实军用盔甲，衣服主干由布或皮衣组成，内嵌有金属板加固。

鸡尾酒礼服（cocktail dresses）：以晚间供应酒精饮料的时间而命名的礼服，主要由塔夫绸（taffeta）和雪纺（chiffons）等更具装饰性的面料制成。

兜裆布（codpiece）：一种兜布袋，缝在裤子裆部的适当部位以容纳男性生殖器，方便男人解手，使用刺绣花边装饰，首次出现在中世纪后期；随着填充物的增加，它成为男子服装的一个明显特征，直到 17 世纪时不再使用。

压发帽（coif）：12 世纪时男子的帽子，可以系在下巴下面，形状类似于现代的婴儿帽；之后除了神职和医学等职业服装还在沿用外，这种帽型逐渐消失；在 16 世纪初指妇女的白色亚麻布或更多装饰性织物的帽子，帽子耳朵下面有延伸部分，覆盖在脸的侧面。

作战裤（combat shorts）：长至大腿的短裤，前面带有两个非常大的口袋，男女均可穿着，最早出现在 20 世纪末。

连裤衬衣（combination）：一种女性内衣，将胸罩和内裤合二为一，流行于 19 世纪中期。

克莫德头饰（commode）：见芳坦鸠头饰（fontange）。

海螺壳饰纱（conch，法语为"conque"）：16 世纪末妇女所戴的薄纱状装饰，全长从肩膀到地面，像斗篷一样戴在肩膀上。

炫耀性消费（conspicuous consumption）：通过购买能展示佩戴者财富的物品来炫耀财富的行为，经济学家、社会学家托斯丹·凡布伦在其 1899 年出版的《有闲阶层论》一书中创造了这一术语。

炫耀性休闲（conspicuous leisure）：通过穿戴华丽的服装来炫耀财富，穿戴上这种服装就很难做任何琐碎的工作，《有闲阶层论》中创造了该术语。

炫耀性挥霍（conspicuous outrage）：经济地位可以通过购买相当离谱的东西来证明，显示买方有钱花费在非功能性的东西上，昆廷·贝尔在其 1973 年出版的《论人类的服饰》（*On Human Finery*）一书中创造了这一术语。

欧式西装（continental suit）：20 世纪 50 年代末的男式西装，短而贴身，前部为圆角前摆。

蔻普披风（cope）：中世纪早期的一种厚重的披风，由神职人员在游行时穿戴。

科尔内垂布（cornette）：见尾状长飘带（liripipe）。

玉米辫（cornrows）：将头发贴着头皮编成多个小辫子的一种非洲传统编发方式，在 20 世纪 70 年代主要为女性发型，后来演变为男女的通用发型。

无袖胸甲（corselet）：一种无袖的、主要起装饰性作用的盔甲，由中世纪和新王国时期的古埃及男子使用，盔甲通常是无肩带的，或者使用小带子悬挂在肩上。

紧身胸衣（corset）：中世纪晚期时指男子使用的圆形斗篷，扣在右肩上，以方便右臂自由活动，或用链条或丝带绑在身体中间；到 17 世纪，这个词指的是形状像紧身上衣的布料，它通常是用鲸须加固，将前胸后背绑在一起，可以作为内衣或外套用；也见插骨（busk）和紧身褡（stays）；之后的时期，随着胸衣结构和形状的改变，它主要作为束身衣使用，让穿着者拥有时尚的贵族身材。

胸衣罩（corset cover）：在克里诺林时期指前部带有纽扣、长度及腰的短袖，贴合身材，也被称为贴身背心（camisole）。

紧身衣（corsetry）：将紧身胸衣作为衣服元素的一种服饰。

角色扮演（cosplay）：日本术语，指装扮成日本漫画和动画中的人物，由服装（costume）和扮演（play）两个词组合而成。

哥萨克裤（cossacks）：19 世纪初男子穿的锥形长裤，裤子上有双带，以双带套住脚掌固定。

无侧边外套（surcote）：法语中的外衣，服装历史学家在写 13 世纪之后的内容时，相较于"tunic"，他们更多地使用"surcote"。

柯特阿迪外衣（cote-hardie）：14 世纪男女使用的外衣或其变体设计，在法国指男子在户外穿着的有袖服装，在英国指男子穿在棉衣外的外衣，有一个突出的、长至肘部的袖子，下垂着或长或短的衣襟，而女性的柯特阿迪外衣是带有挂袖的合身长袍。

牛仔衬衫（cowboy shirt）：20世纪30年代末的一种流行款式，以鲜艳的颜色和面料购买，带有纽扣式口袋；到19世纪，受美国西部地区衬衫的影响，逐渐演变为可翻折领口设计，前面有口袋，前后有一个V字形的衣襟，通常用对比强烈的面料制成，有时搭配领巾或领带。

头巾式兜帽（cowl）：原本是中世纪早期修士的兜帽，或是连在外衣上，或是单独的长袍，后来成为平信徒服装的一部分。

裂纹鞋（crackowe）：中世纪时使用的一种细长的、夸张的尖头鞋，也叫普廉尖鞋（poulaine）。

克拉瓦特饰巾（cravat）：最早的用法是在17世纪末，男子不带领子，戴的类似于围巾的大块布料；后来，饰巾作为各种形状的领巾或领带的同义词使用。

克里斯托瓦尔·巴伦西亚加（Cristobal Balenciaga）：二战后时期的主要设计师，他的作品往往展示出雕塑般的服装版式，风格另类超前，是20世纪五六十年代高级时装设计的中坚力量。

卡洛驰（Crocs）：一种防水防滑、带有孔隙的鞋子，后面有鞋跟带，最早出现在21世纪初。

十字军东征（Crusades）：11世纪，欧洲列强在教皇乌尔班二世的敦促下发动了针对中东地区的多次战争行为，称为十字军东征，目的是从穆斯林手中解放基督教世界的圣地，这一系列战争给欧洲带来了跨文化的影响。

盔甲（cuirass）：在古希腊使用的紧身、成型的盔甲，包裹士兵们的身体并起到保护作用。

插骨胸衣（cuirass bodice）：19世纪70年代中期出现的一种极度紧身的插骨女式日装上衣，衣身向下延伸到臀部，从而打造动人的身体曲线。

文化挪用（cultural appropriation）：挪用另一种文化的审美观念或物质元素，而不回报利润或荣誉的行为。

马车大衣（curricle coat）：大而宽松的大衣，肩部带有一个或多个披肩，流行于19世纪40年代。

毛边裤口的牛仔短裤（cut-offs）：将牛仔裤从膝盖处减去后作为短裤穿的，这种裤型最早出现在20世纪80年代，在男女服饰中十分流行。

D

剪边法（dagging）：中世纪晚期使用的装饰，服装的边缘被切割成尖形或方形的扇贝状。

主教法衣（dalmatic）：古罗马时期的外衣，从公元2世纪到5世纪流行，衣身比早期的外衣更厚实，衣袖长而宽大。

奶油小生（dandy）：指过分喜欢和过分关注服装的人。

达西奇套衫（dashikis）：一种传统的无领非洲服装，衬衫宽大，袖子为和服样式；在20世纪60年代民权运动期间，它首次作为一种时尚服装出现在美国。

戴维斯·托贝·科利尔（Davis Tobé Collier）：他创立了时尚机构和咨询业务，每天提供关于时尚潮流新闻，并创造了"时尚造型师"这一职业。

家居帽（day cap）：19世纪初人们在室内戴的薄纱或蕾丝小帽。

外出服（day dress）：穿着于19世纪后半叶，适合散步和购物，也叫散步服（walking dress）或逛街服（promenade dress）。

解构主义者（deconstructionists）：指20世纪90年代的设计师，他们利用服装结构的元素，并以不寻常的方式将它们组合在一起，例如将接缝放在外面，或对面料边缘不做任何修整或处理。

猎鹿帽（deerstalker cap）：格子或斜纹软呢男帽，前后都有遮阳板，耳塞可以扣上或绑在头顶上，流行于19世纪70年代。

特尔菲晚礼服（Delphos gown）：一种褶皱的长袍，其正面和背面是系在一起的，而非从侧面缝制的，让人联想到古希腊的礼服，目前褶皱的实现方法还不得而知。设计师马里亚诺·福图尼因此设计在1909年获得设计专利。

半羊腿袖（demi-gigot sleeve）：袖子从肩到肘延伸，从肘到腕贴合，通常在手腕上有一个延伸部分，流行于 19 世纪初。

粗斜纹棉（denim）：坚固耐用的斜纹织物，传统上用靛蓝色或棕色的纵向纱线和白色的横向纱线织成，用于制作运动服、工作服、裤子和夹克，偶尔也用于打造高级时尚产品。

圆顶高帽（derby）：美国术语，这种帽子面料较硬、帽冠为圆形碗状、帽檐较窄，也见圆顶礼帽（bowler）。

盗版设计（design piracy）：指未经授权就复制其他设计师和制造商产品的行为，这种行为推动了该行业进入快节奏生产系统的速度。

标名牛仔裤（designer jeans）：这种牛仔裤的价格几乎是普通牛仔裤的两倍，裤子后面突出设计师的名字，最早出现在 20 世纪 70 年代末期。

冕（diadem）：戴在头上的冠冕，上面常装饰着鲜花、金属或抛光的石头。

女式方形外衣（diplax）：古希腊妇女穿的小长方形织物，特别是在爱奥尼亚式希顿（Ionic chiton）上，其垂坠方式与大长袍（himation）基本相同。

抽褶裙（dirndl skirt）：女式紧腰宽裙，腰部收紧，下摆展开，从而达到更好的蓬松效果，有时与紧身胸衣搭配；这种裙子流行于在 20 世纪 40 年代，设计借鉴蒂罗尔农民裙装（起源于奥地利和巴伐利亚的阿尔卑斯山，现在仍有人穿）。

无扣低腰衫（dishrag shirt）：20 世纪 30 年代及以后出现的服饰，由花边网眼纱制成，首次出现在里维埃拉（Riviera）。

同料同色西服（ditto suit）：18 世纪的男装，其中裤子、夹克、马甲，有时还有帽子，都是用同一种布料制作的。

多尔曼女大衣（dolman）：19 世纪 80 年代时指一种从臀部到地面长度的半合身女装，其形状像大衣，带有宽底的袖子作为衣身的一部分；20 世纪三四十年代，作为一种流行的女装袖子设计重新进入市场。

多利亚式希顿（Doric chiton）：见希顿（chiton）。

女式紧身长袍（Doric peplos）：希腊早期的外衣形式，紧贴身体，在肩部在两边用大别针将衣服的背面和正面固定在一起，从希腊古风时期到公元前 550 年左右盛行。

男紧身上衣（doublet）：最初指的是中世纪晚期男子穿的贴身无袖服装，前面有衬垫；随后，在意大利文艺复兴时期和巴洛克时期，男子服饰在结构上出现的变化更为广泛；另见棉夹衣（pourpoint）和基蓬衫（gipon）。

手工提花织机（draw loom）：来自中国的特殊织机，主要用于生产精细的图纹丝织品，中世纪晚期在意大利使用；直到 1600 年，凡是织有复杂图案的丝织品都会使用这种织机。

长衬裤（drawers）：16 世纪英国人对内衣的称呼，由宽松亚麻内裤（Braies）或马裤（Breeches）演变而来。

丝绸帽（drawn bonnet）：19 世纪初的一种帽子，由金属、鲸须或藤条制成的同心圆框支撑，并用丝绸覆盖。

脏辫（dreadlocks）：由长发编成的许多长长的麻花，在头上随意散开，20 世纪 70 年代首次出现在美国。

晨袍（dressing gown）：通常长及脚踝，裁剪成饱满的喇叭裙，用羊毛、棉花或丝绸的装饰性花缎或锦缎等面料制成，有些还有配套的马甲，叫宽长袍（banyan）。

速干（drip-dry）：易于护理的面料，无须熨烫。

鼓式裙撑（Drum farthingale）：见法式裙撑（French farthingale）。

鸭嘴鞋（duckbills）：16 世纪的宽大男鞋，其装饰包括从开口处拉出的蓬松织物，鞋型类似于鸭嘴。

防尘罩衫（duster）：最早出现在 20 世纪初，由亚麻制成的男女通用的汽车防尘大衣。

<h1 style="text-align:center">E</h1>

艾森豪威尔夹克（Eisenhower jacket）：见战斗夹克（battle jacket）。

艾尔萨·夏帕瑞丽（Elsa Schiaparelli）：意大利设计师，以戏剧性的夸张设计和不寻常的装饰效果而闻名，是最早使用拉链作为彩色装饰品的设计师之一。

多层蕾丝袖口（engageants）：法国术语，指两层或三层蕾丝或透明织物褶边制成的袖口，在 18 世纪和克里诺林时期指可拆卸的蕾丝或薄纱内袖。

英式褶裥套装（English drape suit）：20 世纪 30 年代西装的主要剪裁。这种风格在胸部和肩部有轻微的垂坠感或皱褶，整体风格随性柔和。

全套服装（ensembles）：匹配的连衣裙和大衣，或匹配的裙子、罩衫和大衣。

梯状蝴蝶结饰带（eschelles）：18 世纪后佩戴在腹部前的丝带。

伊顿发型（Eton Crop）：20 世纪 20 年代的一种女性发型，其特点是线条锐利密集，偏男性化。

伊顿套装（Eton suit）：浪漫主义时期及之后的男孩套装，源自英国伊顿学校的制服；套装包括一件短至腰部的单排扣外套，衣身前部为正方形，宽翻领，领口下翻，还配有一条领带、一件背心（或马甲）和一条裤子。

荷鲁斯之眼（eye of Horus）：在古埃及，荷鲁斯之眼是人眼的风格化象征，代表月亮。

<h1 style="text-align:center">F</h1>

褪色发型（fade）：由非裔美国青年创造的一种男士发型。这种发型头发两边剪得很短，上面留得很长。头皮上可以剃出名字、文字或图案，最早出现于 20 世纪 80 年代。

仿造皮毛（fake fur）：长绒毛合成织物，在 20 世纪 70 年代首次作为真毛皮的环保替代品推出。

宽下摆（fall）：18 世纪男子马裤或长裤的前部开口，有一个扣在腰带中央的方形盖子。

男式大翻领（falling band）：17 世纪初，附在男士衬衫上的一个大而平的翻领，后来被制作成一个单独的领子。

假臀垫（false rump）：18 世纪末，一种系在腰部后面的垫子，作用是支撑妇女裙子的丰满度，主要用软木或其他轻型缓冲材料填充。

时尚（fashion）：一种社会文化现象，指大多数人对某种特定的风格产生了共同的偏好，通常这种偏好的持续时间短，随后被另一种风格所取代。

时尚娃娃（fashion baby）：用于展示最新时尚产品的娃娃，流行于 18 世纪。

时尚影响者（fashion influencers）：利用互联网在时尚界发出自己声音的普通人。

时尚达人（fashionistas）：指 21 世纪初某些时装设计师的富裕追随者。

时尚造型师（fashion stylist）：向个人提供服装风格建议的时尚顾问，服务的对象通常是名人和媒体人士，他们还会在大众媒体上提供关于流行风格的最新消息。

费多拉帽（fedora）：帽身浅而柔软的绅士帽，帽冠前后都有折痕，首次出现在 20 世纪二三十年代。

费梅尔饰针（fermail）：中世纪早期的一种圆形胸针，用于扣住外衣的顶部。

费隆妮叶额饰（ferroniere）：穿过额头的带有金属或珍珠的链子或带子，珠宝装饰位于额头中央，流行于 15 世纪末的女性群体中。

封建制度（feudal system）：出于保护需要而形成的制度，领主通过授予骑士土地的形式来维持兵力以换取军事服务，这一行为被称为封地；随着封地而来的是农奴，他们为领主和骑士耕种土地。

土耳其毡帽（fez）：现代阿拉伯传统的帽子，形状像一个截顶的圆锥体。多为亚洲西南部或非洲北部人民佩戴，也叫塔布什帽（tarbush）。

扣针（fibula）：古罗马用于固定衣服的别针。

三角形披肩式领子（fichu pelerine）：浪漫主义时期狭长披风的一种变体，它增加了两块宽大饰条或衣襟，从衣服的前面垂下，穿过腰带固定。

女式三角形薄披肩（fichus）：通常由亚麻织物制成，向对角线折叠成三角形，戴在衣服的下领口，十字围绕并在后面打结。

填充衣领（filler）：见领布（chemisette）。

头带（fillet）：最初出现在美索不达米亚，后来在古代世界广泛应用；12世纪，头带恢复使用，变成立体的亚麻带，如同王冠，面纱可以从上面垂下，持续流行至14世纪。

缝衣缝（fitchets）：中世纪早期较为宽大的户外服装上的缝隙，人们可以将手放在里面取暖，或摸到腰缝下挂在服装腰带上的钱包。

橘色新婚面纱（flammeum）：古罗马的新娘面纱，用于遮住新娘的上半部脸。

新潮女郎（flapper）：用于描述20世纪20年代的时髦现代青年女子，她们蔑视早期社会对女性的约束。

平顶发型（flat top）：20世纪50年代的发型，通常为男性发型，头发的顶端被剃平。

芳坦鸠头饰（fontange）：一种精心设计的高大头饰结构，将妇女的头发高高地固定在头顶上，前面由三层或四层蕾丝制成，后面有层层叠叠的荷叶褶和蝴蝶结，流行于18世纪末期，该头饰在英国和美洲被称为"克莫德头饰"（commode）。

塑身衣（foundation garment）：见束腰（girdle）。

四步活结领带（four-in-hand ties）：如今标准打法的领带。

法式圆盆帽（French bonnet）：16世纪的帽子样式，男女通用，帽形类似枕头，帽檐上翻，有些款式的帽檐上带有装饰性的镂空部分。

法式裙撑（French farthingale）：用于塑造女性落地长裙形状的内部结构。裙撑由直径相同的钢制或藤制辐条组成，从腰带最上方的环扣下来，这种裙撑也被称为轮式裙撑（wheel farthingale）或鼓式裙撑（Drum farthingale）。

壁画（frescos）：最早出现在古代石头上的壁画，用于装饰建筑物的墙壁和天花板；目前已知最早的壁画可追溯到公元前1500年，此后一直存在于艺术创作活动中。

饰网（fret）：中世纪晚期女性使用的发网或无边帽，由金网或织物制成，采用镂空的格子设计，有时用珠宝装饰。

佛若克外衣（frock）：用来指多个时期代女性连衣裙的总称。

男式礼服大衣（frock coat）：18世纪的男士大衣，相比传统礼服大衣更加宽松、衣身更短，带有平坦的下翻领；适用于乡村服装，后来也作为正式服装使用。

佛若克大衣（frock overcoat）：和礼服大衣的剪裁相同，不过衣身更长。

大礼服（full dress）：最正式的晚礼服。

缩呢（fulling）：羊毛织物经水洗和缩水后产生紧密织品的过程。

披肩假发（full-bottomed wig）：18世纪的特大号男士中分假发，头发卷成小香肠形状。

拱形（gabled）：头巾形状的一种，北方文艺复兴时期妇女的亚麻布头套形状，属于英国风格，形状像一个尖拱门。

加布里埃•香奈儿（Gabrielle Chanel/"CoCo"）：20世纪最有影响力的设计师之一，她天赋异禀，创新设计出简单、经典的羊毛衫款式，其中"小黑裙"经典而不过时，成为时尚界的基本单品。

护腿（gaiters）：见绑腿（leg bandages）和鞋罩（spats）。

宽大马裤（galligaskins）：16世纪和17世纪时流行的宽大裤袜或马裤。

长筒橡胶套鞋（galosh）：巴洛克和洛可可时期出现的一种平底套鞋，带有鞋头起到固定作用，19世纪

40 年代末专门套在鞋外的橡胶鞋套问世。

软铠甲（gambeson）：14 世纪的一种骑士软垫底衣。

假小子（garçonne）：源于一部同名戏剧，剧中女主角剪短了头发，穿上了男人的衣服——这个绰号意味着摆脱了过去的一切束缚。

加德科斯外衣 / 加德科普斯外衣（gardecorps/gardcors）：中世纪早期的一种男子户外服装，有完整的无带外衣、头巾、长而饱满的吊带袖，穿时手臂穿过肘部以上缝口。

加里波第衬衫（Garibaldi blouse）：19 世纪 60 年代妇女和年轻男女穿的红色高领美利奴羊毛衫。全袖在手腕处收拢，带有一个小领子；其名源自广受爱戴的意大利将军朱塞佩·加里波第（General Giuseppe Garibaldi），他在统一意大利的军事行动中穿了一件类似的红色衬衫。

男子带披肩袖长外衣（garnache）：中世纪早期的一种带有披肩袖的男子长外衣，通常有毛皮衬里或领子，腋下两侧敞开。

X 一代（generation X/Gen X）：20 世纪 60 年代到 80 年代初出生的人，他们在婴儿潮一代之后出生，有时被认为缺乏人生方向，心怀不满。

几何剪法（geometric cut）：维达·沙宣在 20 世纪 60 年代设计的发型，线条粗犷，呈几何形状。

吉布森女孩和吉布森男人（Gibson girls and Gibson men）：艺术家查尔斯·达纳·吉布森在 20 世纪 90 年代所描绘的当代的理想年轻男女形象。

折叠式大礼帽（gibus hat）：浪漫主义时期流行的可折叠的男式高帽。通常在晚上佩戴，帽子内部装有一个弹簧，方便将帽子折叠放平，夹在胳膊下。

紧身短马甲式胸衣（gilet corsage）：浪漫主义时期的一种女性前扣式外套，仿照男性马甲制作而成。

基蓬衫（gipon）：见棉夹衣（pourpoint）和男紧身上衣（doublet）。

束腰（girdle）：中世纪早期指一种镶有珠宝的腰带，这个词在 20 世纪指的是女性穿的一种内衣，旨在塑造下半身或腿部线条，包括无弹性的织物板，有的带有吊袜带，又称为塑身衣（foundation garment）。

全球化（globalization）：区域经济、社会和文化通过遍布全球的通信和贸易网络实现一体化的过程。

摇摆靴（go-go boots）：20 世纪 60 年代年轻女孩穿的长至小腿的白色长靴。

行走罩衣（going frocks）：17 世纪时会走路的小孩子穿的短裙。

戈尔斯三角形布（gores）：见拼片（goring）。

拼片（goring）：制作拼片裙子的过程。通过使用布片（称为三角布 [gores]）缝制在一起，贴合身体，特别是臀部曲线，通常长度过膝，自然向底部延展。

长袍（gown）：不同时期的定义略有不同，一般是指完全覆盖上身和下身的裙装，长至脚踝或地板，男女通穿；文艺复兴时期之后，除了法律、宗教或高等教育领域外，一般形容女性服饰，特别是正式场合的服装。

奶奶裙（granny dresses）：20 世纪 70 年代的日间长裙，源自摩登和嬉皮风格。

灰色法兰绒套装（gray flannel suit）：20 世纪 50 年代流行的为成功商务人士设计的法兰绒西装。

厚重长大衣（greatcoat）：大衣的总称，单排扣或双排扣设计，通常长至脚踝，领子较深，有翻领和不翻领款式。

胫甲（greaves）：在古希腊和古罗马指的是小腿皮革或金属护腿，后来指的是保护小腿的盔甲。

意大利套装（guardaroba）：意大利文艺复兴时期的套装，由三件衣服组成——两层室内服装和一层户外斗篷。

西班牙公主裙撑（guardinfante）：法式裙撑在西班牙的变体；尽管在 17 世纪第二个十年之后，裙撑在欧洲其他地方已经过时，但是到 17 世纪中期它还是在富有的西班牙妇女之间流行起来；裙撑宽大，腰线以下的裙子长而宽，延伸到裙子的顶部，上衣肩线水平，袖子蓬松斜裁，袖口紧收。

行会（guild）：工匠组成的联盟或联合会的总称，目的是规范工匠的数量，制定质量标准和工资，改善工作的条件，最早出现在 11 世纪。

三角形衬料（gusset）：插入服装剪裁中的钻石形或三角形织物，能够为服装提供更宽的开口，让衣服更加舒适合身。

妇女内宅（gynaeceum）：古罗马工场，妇女（主要是奴隶）在其中进行纺织、染色和纺织品加工等工作。

吉卜赛帽（gypsy hat）：法国督政府执政及帝政时期的女式帽子，帽冠较低，帽檐宽度适中且围有一圈丝带，戴上后可以在下巴系带固定。

H

女骑装（habit）：女性骑马服或量身定做的服装。

女骑装衬衫（habit shirt）：督政府时期妇女穿的衬衫，作为低领口下的填充物。

霍斯顿（Halston）：率先使用超麂皮面料制作衬衫裙和长外套的设计师，专注于将奢华面料进行简单剪裁的设计。

手帕裙（handkerchief skirt）：20世纪20年代出现，裙子的下摆被剪成点状，就像用手帕做的一样。

短鳞甲（haubergeon）：中世纪晚期骑士穿在袍子上的短衣。

锁子铠（hauberk/byrnie）：中世纪早期及膝长衫，前面开衩，骑马时穿。

高级时装（haute couture）：法国企业在设计师的公司里设计和制作定制的服装，见查尔斯·弗雷德里克·沃斯。

夏威夷衬衫（Hawaiian shirt）：印有彩色夏威夷花纹或其他当地设计图样的男士运动衬衫，带有翻领，于20世纪30年代末首次流行。

伊丽莎白·霍斯（Elizabeth Hawes）：她是20世纪30年代最有发言权的美国设计师和时尚作家之一，大力支持美国时装设计师的发展。

头饰带（headache band）：20世纪20年代的头带，镶有珠宝或附有高大羽毛的头带，流行在晚间佩戴。

头巾（head rail）：从中世纪到16世纪所流行的垂坠女用头巾，用不同的布料和颜色制成。

美洲豪猪发型（hedgehog）：18世纪末的一种女性发型，形状类似于刺猬的皮毛，头发在脸上卷得很宽，长长的头发垂脖颈在后面。

海伦斯蒂式希顿（Helenistic chiton）：见希顿（chiton）。

亨利衫（henley shirt）：一种罗纹针织打底衫，在颈部前面有一个扣子通风口，最早出现在20世纪30年代，见华莱士·比里衬衫（Wallace Beery shirt）。

指甲花染料（henna）：来自同名植物的橙色染料，古埃及人用它来染指甲。

尖塔垂纱女帽（hennin）：勃艮第妇女在14世纪末穿戴的一种高大、夸张的尖形高帽。

纹章（heraldic devices）：中世纪使用的与贵族及其家族有关的特殊图案和符号。

赫拉克勒斯结（Hercules knot）：古希腊时期新娘所系的双结腰带，在新婚之夜解开。

带软兜帽外套（herigaut）：13世纪的男装，衣服帽子长而宽，肩部以下有一条缝，手臂可以穿过，留下长而完整的袖子挂在后面，女性也可以穿。

海洛因时尚（heroin chic）：用于形容20世纪八九十年代时尚广告和杂志摄影的风格，这种类型的模特通常身材瘦弱，面色惨白，造型散漫，带着重重的黑眼圈，外形类似吸毒患者。

高腰连衣裙（high stomacher dress）：19世纪初的一种结构复杂的连衣裙，上衣只缝在裙子的后面，侧面的前缝留到腰部以下几英寸，裙子腰部前面有一条带子或绳子；上衣通常有一对缝在胸前的襟布，用于支撑胸部；外衣像披肩一样覆盖在胸前，用系带系在短打底衫上或用扣子扣上。

高科技织物（high-tech fabrics）：20世纪八九十年代首次使用，指具有特殊性能和特点的人造纤维生产的织物（如防水、强度、拉伸、耐热性）。

希贾布（hijab）：遵从伊斯兰教义的穆斯林妇女所戴的头巾，如今融合了温和的现代风格，得到广泛接受。

大长袍（himation）：古希腊男子使用的包裹身体的大长方形织物，类似于美索不达米亚的包裹性披肩，通常披在左肩和右臂下。

低腰紧身裤（hip huggers）：一种低腰裤的款式，起点在腰线以下，通常将腰带置于臀部，首次流行于20世纪60年代中期。

蹒跚裙（hobble skirt）：大约从1912年开始流行的女性裙子，臀部呈圆形，并逐渐缩小到脚踝，以至于行走受阻。

荷璐扣长袍（holoku）：一种宽松的全长连衣裙，带有高领和长袖，从衣服过肩上落下；在19世纪初传教士为超重的卡拉卡瓦王太后（Queen Dowager Kalakaua）改变了他们的服装风格后，成为夏威夷服装的传统部分。

汉堡帽（homburg）：男士帽子，由相当硬的毛毡制成，有一个狭窄的卷起的帽檐，帽冠上有一个纵向的折痕，在19世纪末开始流行，随后不时地复兴潮流。

连帽衫（hoodie）：合身而长及腰部的开衫毛衣，带有连帽，最早出现于20世纪末。

无钩扣件（hookless fasteners）：20世纪初发明的拉链装置，应用于紧身衣、手套、睡袋、钱袋和烟草袋中。

裙撑（hoops）：金属、藤条、铁丝等材料制成的结构，用于撑开妇女的裙子，箍的形状根据当时流行的轮廓而变化，另见篮式裙撑（panniers）。

袜类（hose）：在不同时期有不同的长度和用途的长裤。

热裤（hot pants）：俚语，指20世纪70年代初的女性短裤，通常由豪华织物和皮革制成，与彩色紧身衣和花哨的上衣搭配，可以当作晚装和城市出街装穿着。

豪西外衣/豪斯外衣（houce/house）一种宽裙大衣，有披肩袖，颈部有两个平坦的舌形翻领，在中世纪晚期使用；法国的男子带披肩袖长外衣是其变形。

奥布兰袍（Houppelande）：起源于中世纪晚期穿在棉夹衣上的男士大衣，后来成为一种大众服装；随后妇女也开始穿着，套在肩上，衣服下面加宽成深的、管状褶皱，通过皮带固定。

奥布兰中长外衣（houppelande à mi-jambe）：出现于14世纪的男子奥布兰袍的中半身款。

胡克服（huke）：中世纪晚期上层阶级男子服装，形状很像无袖圆领斗篷式上衣，肩部封闭，两侧敞开。短款前面有一条缝，便于骑马；长款的则没有缝隙，用于步行。

轻骑兵前部衣角（Hussar front）：马甲的长度增加，在前襟形成了一个尖角，流行于19世纪40年代。

I

蠢人袖（imbecile/idiot sleeve）：从肩膀到手腕极其饱满，到袖口直接收束，流行于19世纪20年代和30年代。这种袖的结构类似于当时用于禁锢疯子的约束衣上的袖子而得名。

奇装男子（Incroyables）：指穿衣风格十分极端的人，他们穿着宽松的马甲、过紧的马裤，戴着围巾或领带，领口遮住了大部分的下巴。

印度睡袍（Indian gown）：见宽长袍（banyan）。

必需品（indispensables）：见收口网格包（reticules）。

因德图斯衬衣（indutus）：见阿米克特斯罩袍（amictus）。

披肩式男外套（Inverness cape）：一种大而宽松的男士全袖大衣，披肩的长度在手腕处结束，流行于克里诺林时期。

爱奥尼亚式希顿（Ionic chiton）：见希顿（chiton）。

J

垂胸领饰（jabots）：骆驼绒或花边的褶皱，放置在妇女衣服的颈部前面，流行于爱德华时代。

夹克靴（jack boots）：用厚重的皮革制成的高而硬的男士靴子，流行于17世纪后期。

夹克（jacket）：最初在中世纪晚期与柯特阿迪外衣（cote-hardie）交替使用的术语，虽然夹克与裤袜而非长裤搭配，但它有着和现代西装外套相似的功能。

珍珠饰品（Jeanette）：一个由珍珠组成的十字架或心形，挂在妇女的一小绺头发上或脖间的天鹅绒丝带，在19世纪30年代很流行。

坎肩（jerkin）：出现于1500年后的英国，与"夹克"（jacket）同义。

泽西织物（jersey fabric）：一种用于运动服的羊毛针织面料。

骑师短裤（Jockey shorts）：一种针织内裤的商标。

骑马裤（jodhpurs）：长至脚踝的紧身长裤，裤子末端收紧；最初在19世纪后半叶的英国占领期间从印度焦特布尔市进口，后来开始流行用于军装；1940年后，主要用于骑马场合。

朱丽叶帽（Juliet cap）：爱德华时代在晚间或与婚礼面纱一起佩戴的小头盖，由厚实的织物（有时全部由珍珠、珠宝或金属链）制成。

无插骨紧身胸衣（jump）：适用于18世纪妇女在家中穿着的宽松无骨的紧身衣，以缓解紧身胸衣的束缚。

扎斯特科普外衣（justacorp）：见瑟尔图特外衣（surtout）。

K

卡非耶头巾（kaffiyeh）：已故巴勒斯坦前领导人亚西尔·阿拉法特及其同胞经常佩戴的一种黑白头巾，21世纪初，一些美国男女在没有意识到其政治含义之时在城市地区佩戴了这种头巾。

流苏束腰外衣（kalasiris/calasiris）：古埃及的流苏外衣，有时被不准确地描述为长而紧身的鞘形礼服。

凯特·格林纳威风格（Kate Greenaway styles）：凯特·格林纳威是美学运动中的儿童读物插画家，这种风格是根据其创作的插图而设计的儿童服装；典型服饰是用印有花朵的轻质织物制成，服装突出高腰线，通常带有蓬松的袖子和用窄褶边修饰的及踝长裙，佩戴时搭配丝质腰带，外穿的衬裤、茉柏罩帽（mob cap）或宽边帽（poke bonnets）。

羊毛裙（Kaunakes）：公元前3500年至前2500年男女通穿的、用羊毛或类似羊毛的材料制成的裙子。

肯特布（Kente cloth）：加纳的邦韦尔的阿散蒂人在狭窄的条形织机上制作的五颜六色、复杂精致的图案；这种布料价格昂贵，十分珍贵，在20世纪60年代的民权运动中首次在美国黑人服饰中流行起来。

儿童高级时装（kiddie couture）：由知名设计师为儿童生产昂贵的服装，最早出现在20世纪末。

束膝灯笼裤/灯笼裤（knickerbockers/knickers）：1850年后首次出现的男士运动服装，裤型饱满宽松，向下聚集成裤带，扣在膝盖下方，青春期前的男孩也会穿；这种裤子一直流行到20世纪40年代，简称为"短裤"（knickers）；现代人偶尔会穿，主要作为田径运动服或运动服。

灯笼裤（knickers）：见束膝灯笼裤（knickerbockers）。

山寨货（knock-off）：通过使用低价部件抄袭贵价产品而制成的仿制品，因此能够以低价出售。

眼圈粉（kohl）：古埃及妇女用来装饰眼睛的黑色化妆品，由铅的硫化物方铅矿制成。

L

L-85法规（L-85 regulations）：二战期间美国为了限制服装用布数量而制定的准则，该准则取消了裤子袖口、额外的口袋和双排扣西装的背心，并通过限制裙子下摆的宽度、男士裤子和西装外套的长度来节省布料。

圆边长形斗篷（lacerna）：公元3世纪时古罗马出现的长方形斗篷，下摆呈圆角，带有兜帽。

饰带（lacing）：类似于绑鞋带的一种缝合衣服的手段，方法是在织物的开口处来回穿插名为蕾丝的饰带。

拉克斯特衫（Lacoste® shirt）：20世纪20年代推出的国际商标，广泛用于服装以及其他商品上。最初是指巴黎拉科斯特股份有限公司（La Chemise Lacoste）生产的针织衬衫，在左前方有一个小鳄鱼标志。

半圆斗篷（Laena）：3世纪古罗马的一种斗篷，由环形布折叠成半圆形披在肩上，并在前面夹住。

垂襞（lappet）：衣服或头饰上长长的、装饰性的花边或织布。

橡皮芯线（Lastex）：在服饰界是指一种由纱线制成的织物，其内芯是由另一种纤维覆盖的橡胶，用于织成合身和无皱的织物，在20世纪30年代经常用于泳衣的制作。

拉契特鞋带（latchets）：18世纪使用的鞋带，从两边穿过鞋舌。

泡泡裙（le pouf）：一种宽大蓬松、外观轻盈的裙子，1985年左右推出了短款和长款两种款式，是克里斯汀·拉克鲁瓦为帕图设计的服装。

引导绳（leading strings）：17世纪时用于帮助儿童在学习走路时保持直立的短绳索，在儿童学会走路之后还要使用两年左右以帮助辅助儿童的运动。

绑腿（leg bandages）：男人紧紧绑在小腿上的亚麻布或羊毛条，一般穿在长筒袜上或单独穿，被认为是长裤的前身。

脚饰带（leglet）：绑在腿上的半截长裤，在浪漫主义时期穿在裙子下面。

丝袜妆（leg makeup）：二战时期的妇女将自己的腿涂成模拟长筒袜的颜色，并在腿的后面画一条黑线以模仿接缝，以弥补战争期间长筒袜面料短缺的问题。

羊腿形袖（leg-of-mutton sleeve）：流行于19世纪30年代和90年代的袖子，肩部饱满，逐渐缩小到手腕处，最后形成一个合身的袖口，又名羊腿袖（gigot sleeve）。

暖腿套（leg warmers）：首次出现在20世纪70年代的时尚单品，覆盖腿部的针织制品，从脚踝延伸到膝盖或以上。

两件式针织紧身衣（leotard）：最初是19世纪的舞者和杂技演员的表演服饰，20世纪60年代成为时尚服装的一部分。

白貂皮（lettice）：中世纪晚期使用的饰物和衬里，由貂皮或类似貂皮的毛皮制成，专供贵族妇女使用。

李维斯牛仔裤（Levi's）：厚实耐穿的贴身工作裤，由李维·斯特劳斯在淘金热时期制作的，当时主要出售给矿工；裤子最初由重型帆布制成，后来用靛蓝染成的牛仔布制成。李维斯牛仔裤逐渐成为男女皆可穿着的经典裤子，也叫牛仔裤或蓝色牛仔裤。

授权（licensing）：图像或设计的所有者（许可人）向制造商（被许可人）出售其使用权，作为交换，后者继续向拥有原始图像或设计权利的许可人支付使用费的过程。

莉莉·达奇（Lilly Daché）：法国女帽设计师，因为在美国受到超现实主义的启发，她常将将帽子做成不对称、向一边倾斜的形状。

翻制（line-for-line copies）：美国人对巴黎和意大利高级时装复制，美国商店独有的服装生产方式，是20世纪50年代的一种流行做法。

内衣式礼服（lingerie dress）：爱德华时代的内衣裙，是一种白色、带褶皱的棉布或亚麻布连衣裙，其装饰包括裥、褶、嵌入式蕾丝、实用织物带、蕾丝和刺绣等。

尾状长飘带（liripipe）：沙普仑头巾（chaperon）的长垂襟，也叫科尔内垂布（Cornette）。

小公子方特勒·罗伊套装（Little Lord Fauntleroy suit）：一套由天鹅绒外衣组成的儿童套装，其长度略短于腰部，配有紧身天鹅绒短裤，宽腰带，以及宽大的白色蕾丝衣领。

利弗略制服（livery）：中世纪晚期贵族仆人的服装，也是宫廷官员和王后或公爵夫人侍女的服装，通常由国王、公爵和封建领主分发，最后发展成一种仆人的特殊制服。

荷鲁斯之锁（lock of Horus）：埃及法老子女的独特发型，一绺头发留在头部左侧，也叫青春之锁。

青春之锁（lock of youth）：见荷鲁斯之锁（look of Horus）。

镶宝石长披巾（lorum）：镶满宝石的狭长围巾，是拜占庭帝国皇帝官方徽章的一部分，可能是从带有折叠带的罗马长袍演变而来的。

休闲外套（lounge coat）：爱德华时代一种宽松舒适的男士外套，通常没有腰线，前襟笔直，后背中央由通风口，袖子不带袖口，有一个短翻领的小领子。

爱情锁（love lock）：17 世纪中叶的男性发型，长长的一绺卷曲的头发，从颈后绕到胸前。

M

马卡鲁尼俱乐部成员（macaroni）：指 18 世纪的一类英国年轻人，纨绔子弟，他们以穿戴色彩鲜艳的丝绸、最新剪裁的蕾丝边大衣、时尚的假发和帽子而闻名；这个词源于马卡鲁尼俱乐部（Macaroni Club），该俱乐部由那些对欧洲大陆文化感兴趣的人组成。

麦基诺厚呢外套（mackinaw）：一种长及臀部的运动夹克，上面的图案由厚重的羊毛织成，类似于毯子上的图案，在爱德华时代受到年轻男孩的欢迎。

格雷斯夫人（Madame Grès）：20 世纪 30 年代以阿利克斯·巴顿（Alix Barton）的名字设计服装；格雷斯夫人和维奥内（Vionnet）的设计理念一致，选择将布料垂坠在模特身上，通过利用错综复杂的包裹、悬垂和褶皱方式，创作出贴合身体曲线的裙子。

麦金托什防水外套（mackintosh）：橡胶制成的防水大衣，剪裁得短而宽松，首次出现于浪漫主义时期并一直得以使用，后来成为英国雨衣的同义词。

玛德琳·薇欧奈（Madeleine Vionnet）：法国设计师，因发明了斜裁而闻名，曾在卡洛姐妹和杜塞时装屋工作。

马扎尔袖（magyar sleeve）：手臂下方形状非常饱满的袖子，在手腕处逐渐变细，紧密贴合，最早出现于中世纪早期。

锁子甲（mail）：由互锁的金属环制成的护甲，最早使用于中世纪早期。

梅因布彻（Mainbocher）：美国时装设计师，在 20 世纪 20 年代前往巴黎担任时尚编辑，并开设了自己的高级时装店，最终在战争期间返回美国；他为华里丝·辛普森（Wallis Simpson，于 1937 年 6 月与温莎公爵结婚）设计的婚纱成为时尚界的壮举。

曼丘洛装饰袖（mancherons）：非常短的套袖，类似于大肩章，由浪漫主义时期的女性穿戴。

漫画（manga）："卡通"（cartoon）的日本同义词，漫画引领日本年轻人参与到角色扮演之中，或者像漫画人物一样穿戴；后来这种活动传播到了日本以外，随着时间的推移，角色扮演就带有了装扮成任何人物的含义。

披头纱巾（mantilla）：一种大的、长方形的、精细蕾丝面纱，17 世纪时西班牙妇女首先用它来遮盖头发，是中世纪时期妇女所穿披风的缩小版。

披风（mantle）：历史上各种宽松的无袖斗篷或披风，包括封闭式、开放式、双层和冬季披风。

曼图亚裙（mantua/manteau）：17 世纪末 18 世纪初的妇女长袍，从肩膀到下摆独立剪裁，穿在紧身胸衣和底裙上面。

马塞尔波浪（marcel wave）：人为使用加热的卷发器在女性头发上打造的波浪发型，由法国美发师马塞尔（Marcel）在 1907 年首创，并在 20 世纪 20 年代得到推广。

玛丽袖（marie sleeve）：袖长至手腕，但每隔一段距离用丝带或带子绑住，浪漫主义时期在女性中流行。

大规模定制（mass customization）：以接近大规模生产的价格生产个性化商品，以满足消费者的需求。

苯胺紫（mauve）：1856 年第一种合成的煤焦油染料所产生的颜色的名称。

及踝长裙（maxi）：用于指日间长及脚踝的裙子，在 20 世纪 60 年代末受到妇女的欢迎，是时装界对迷你裙出现的反应。

美第奇衣领（Medici collar）：敞开式围脖，如同领子和围脖的合成物，高高地立在脑后，前面形成一个宽大的方形领口；以 16 世纪法国美第奇王后凯瑟琳和玛丽命名，在她们的统治时期，这种风格很受欢迎，后来这种风格在 18 世纪和 19 世纪再次流行起来。

时髦女郎（Merveilleuses）：指督政府时期着装风格奢华精致至极的女性，她们穿着长长的裙裾，最漂亮的面料，领口在某些极端情况下被剪到腰际，还佩戴巨大的、夸张的曲棍球式帽子。

墨西哥旅行夹克（Mexican tourist jackets）：版式类似于运动夹克的外套，衣服上绣有和墨西哥有关的传统纺织图案；在20世纪40年代末，作为适合小女孩的休闲俏皮的服饰风格进入美国市场。

超细纤维（microfibers）：每根长丝的尺寸为10旦尼尔或更细的人造长丝纤维。

迷笛裙（Midi Skirt）：中等长度的裙子，最早出现在20世纪60年代。

尖塔束腰外衣（minaret tunic）：一种宽大的外衣，带有骨架，能将裙子撑出饱满的裙型，穿在狭窄的蹒跚裙上，由保罗·波烈为爱德华时代的女性设计。

极简主义（minimalist）：20世纪90年代末极具影响力的设计师所推崇的服装风格，偏中性或暗色调的，很少使用装饰品，擅于使用线条。

迷你裙（miniskirt/micro mini）：20世纪60年代首次提出的术语，用于描述膝盖以上4至12英寸的短裙。

杂色服（mi-parti/parti-colored）：中世纪晚期的男女服装，通过将不同颜色的布料拼接在一起作为装饰。

露指手套（mitts/mittens）：手套的一种，覆盖手掌和手背，但不覆盖手指，最早出现在浪漫主义时期。

茉柏罩帽（mob cap）：18世纪初女性戴的一种室内帽子，帽子后面有高而膨大的帽冠，宽而平的帽檐环绕着脸部。

莫卡辛软皮鞋（moccasins）：美国原住民所穿的鞋类，鞋底结实，鞋面柔软，最初用鹿皮或驼鹿皮制作，后来经定居者改造后出现多种设计，成为一种经典的鞋类样式。

摩登派（mods）：指20世纪60年代中期英国年轻团体，他们认为男女都有穿戴上英俊潇洒的衣服、复古老奶奶眼镜等爱德华时代服饰的权利；他们的理念在被披头士乐队追随后，获得了国际关注。

莫带斯特外罩裙（modeste）：指女装的外裙，在17世纪中期使用。

修道服（monastic）：由设计师克莱尔·麦卡德尔设计的一种斜裁式帐篷连衣裙，系上腰带后衣服能凸显身材的优雅曲线，流行于20世纪四五十年代。

媒染剂（mordant）：用于固定织物中染色的颜色，使其不褪色的物质。

晨燕尾服（morning coat）：19世纪60年代的男式大衣，也叫骑马服（riding coat）或紧身大衣（newmarket coat），衣尾从腰部逐渐向后延伸。

哀悼用黑绉纱（mourning crape）：一种黑色的丝织品，表面带有褶皱或不平整的纹理，作为19世纪末"初丧"服装的一部分，寡妇们要穿一年零一天；现代拼法为"crepe"，指由紧密缠绕的纱线织成的织物，与"哀悼用黑绉纱"（mourning crape）不是同一织物。

儿童小手帕（muckinder）：17世纪的一种手帕，夹在婴儿或幼儿的衣服前面，像今天的围嘴或围裙一样使用。

穆勒鞋（mules）：露背拖鞋，在18世纪特别受女性欢迎。

多渠道零售（multichannel retailing）：对实体店、网站和商品目录的整合销售手段，对零售机构越来越重要。

麦斯林纱（muslin）：来自孟加拉极为精细的棉布，尽管价格昂贵，但因为它的柔软性和悬垂性仍在18世纪末19世纪初大受欢迎，后来将不那么精细的平纹棉布或棉混纺织物也称为摩苏尔薄纱（muslin）。

布衣热（muslin fever）：形容肺炎和其他呼吸道感染疾病，这些疾病是因为帝国时期穿轻质薄纱礼服的时尚而造成的。

N

尼赫鲁外套（Nehru jacket）：略微紧身的单排扣外套，常年只有一个颜色，在20世纪60年代末推出，其名来源于印度总理贾瓦哈拉尔·尼赫鲁。

尼姆头巾（nemes headdress）：埃及统治者换位时所佩戴的头饰，结构类似于围巾，完全覆盖头部，横跨太阳穴，垂到耳朵后面的肩膀上，后面中央有一条象征着狮子的长尾巴。

超膝袜（nether stocks）：16 世纪开始出现的男士袜子，长筒袜的下半部分与上半部分被缝在一起。

新风貌（New Look）：二战后向着新方向发展的巴黎时尚；克里斯汀·迪奥（Christian Dior）在 1947 年的春季秀上推出了这种新时尚，与战时的风格大相径庭，其特点是裙子长度大幅变短，裙摆极为丰满或如铅笔般纤细，衣服的肩部线条圆润，腰线细小而收拢；多数衣服由新流行的如尼龙、聚酯和丙烯酸等"易护理"的合成纺织面料制成；这种风格在 20 世纪 50 年代中期之前一直主导着时尚设计。

紧身大衣（newmarket coat）：浪漫主义时期的一种男式大衣，从腰部以上逐渐向背部倾斜。

诺曼·诺雷尔（Norman Norell）：战时开始崭露头角的美国设计师，直到 20 世纪 50 年代仍有影响力，他以精确的裁剪而闻名时尚界。

诺福克外套（Norfolk jacket）：巴斯尔时期出现的一种系腰带、长及臀部的男式夹克，从肩部到下摆有两个箱形褶，前后都有；后来女性也开始穿这种外套。

尼龙（nylon）：联邦贸易委员会（FTC）为一种由称为聚酰胺的长链化学品组成的人造纤维建立的通用纤维类别。

尼龙长袜（nylons）：由尼龙制成的长而透明的丝袜。

奥普艺术（Op art/optical art）：通过大量的几何图案创造视觉幻觉，能轻易地呈现在织物上面。

宽马裤（open breeches）：16 世纪末，男子穿着的宽大饱满的马裤样式，用来遮盖身体的下半部。

开放式披风（open mantles）：一块布料制成的服装，紧扣在一边的肩膀上，最早使用于 10 世纪。

白色亚麻手帕（orarium）：古罗马使用的白色亚麻布手帕，比白麻布手帕略大，是当时身份等级的象征；在帝国后期，上层阶级的妇女将其整齐打褶横放在左肩或前臂上。

原创（original）：在高级时装店设计和制作的服装，但不一定是一类服饰中的唯一设计。

刺绣饰带（orphrey）：Y 形的刺绣带，从两边肩部绕过，在袍子的后面和前面形成一条垂直线，主要由中世纪神职人员使用。

牛津布袋裤（Oxford bags）：裤腿很宽的男士长裤，流行于 20 世纪 20 年代，是在英国牛津大学学生服装的风格基础上设计的。

半圆羊毛斗篷（Paenula）：古罗马的一种半圆形的厚重羊毛斗篷，前面能合上，带有头巾。

侍童式发型（pageboy）：披肩或者更短的直发，两侧和后面的头发向内平滑卷起，流行于 20 世纪 30 年代末。

宝塔袖（pagoda sleeves）：克里诺林时期的一种袖型，肩部狭窄，末端突然扩大成一个宽口，有时前面短后面长。

两片式胸衣（pair of bodys）：16 世纪的紧身胸衣，被切割成两部分，用花边或带子固定在前后。

佩斯利细毛披巾（paisley shawl）：19 世纪苏格兰佩斯利镇制造的披肩，模仿印度流行的山羊绒或克什米尔披肩，使用成本较低的羊毛和丝绸，印有印度特色的巴旦（boteh）印花，由于该图案与佩斯利披肩有关，该印花现在被称为"佩斯利"（paisley），也见山羊绒披肩（cashmere shawls）。

睡衣裤（pajamas）：男女都可以穿的一件或两件式套装，最初是出现在爱德华时代，是专门为睡觉而设计的服装；到 20 世纪 30 年代，女性在家里或海滩的休闲服，是女性穿裤子的场景之一，而从前只有男性才能穿着裤子。

松身装（palazzo pajamas）：妇女的长宽睡衣或裙裤，有丰满的喇叭腿和收紧的腰部，20 世纪 60 年代末 70 年代初作为休闲服或晚礼服穿着。

女式紧身上衣（paletot）：浪漫主义时期的一种女性户外服装，长度约到膝盖，有三层披肩和手臂的衩口，这个单词也指男式过膝大衣。

女式罩袍（palla）：古罗马使用的一种妇女披肩，类似于托加袍，随意地披在肩上，或像面纱一样披在头上。

披肩带（pallium）：由古希腊的大长袍（himation）演变而来，古罗马时期形状为宽大的长方形，披在肩上，在胸前交叉垂放，并用腰带固定；在拜占庭帝国时期又名镶宝石长披巾（lorum），由一条狭长的、镶有大量珠宝的围巾组成，成为皇帝的官方标志物之一。

男式紧身上衣（paltock）：指从16世纪初开始流行的男士紧身上衣，下身搭配长裤袜。

古罗马将军用大斗篷（paludamentum）：类似于希腊白色或紫色的男式优质短斗篷（chlamys），由古罗马的皇帝或将军穿着；后为方形大斗篷，拜占庭帝国时期的男女所穿着的斗篷，用一个镶有宝石的胸针固定在右肩上。

巴拿马草帽（Panama hat）：在厄瓜多尔用巴拿马草制成的精细、昂贵的稻草手工编织的帽子，在爱德华时代很受男性欢迎，以其在销往美国、欧洲和亚洲之前被运往的巴拿马港口命名。

杂色方格布（panes）：放在衬里上的窄布条，二者形成强烈对比，以此来装饰服装，在文艺复兴时期特别流行。

篮式裙撑（panniers）：金属、藤条、铁丝等材料制成的裙撑，在18世纪用于扩大妇女连衣裙臀部两侧的裙边。

白色灯笼裤（pantalettes）：直筒白色长裤，在下摆处镶有一排花边或褶裥，在1809年前后短时间内成为时尚；不过，从浪漫主义时期到克里诺林时期结束，年轻女孩都将这种长裤穿在连衣裙下面。

窄裤（Pantaloons）：从腰部到脚踝一体裁剪的长裤，在后来不同时期，它被裁剪成紧贴腿部或裤腿更丰满的设计；在19世纪，"窄裤"和"长裤"（trousers）这两个词有时可以互换使用。

内裤（panties）：20世纪20年代首次使用的术语，指妇女和儿童穿在外衣下面的服装，覆盖在腰部以下的躯体。

软拖鞋（pantofles）：女式无跟拖鞋或穆勒鞋（mules），流行于17世纪。

连裤袜（Pantyhose）：1960年左右首次上市的袜类产品，是尼龙长筒袜的替代品；连裤袜是由带有纹理的透明尼龙纱线制成的，采用紧身衣的设计，将长筒袜和内裤剪成一体。

纸质连衣裙（paper dresses）：用各类一次性纸或无纺布制成的裙子，是1968年兴起的一股潮流。

带袖外套（pardessus）：浪漫主义时期的一个术语，指有明确腰围和袖子、衣长为全身二分之一到四分之三的户外服装。

派克大衣（parka jacket）：宽松的拉链式连帽夹克，有时用真正的或合成的毛皮修饰；最初由因纽特人穿着，在20世纪30年代作为冬季运动服引入，后来的式样还增加了敞开式设计。

帕什米纳山羊绒（pashmina）：山羊绒（cashmere）的同义词，20世纪90年代及之后用于形容优质的山羊绒服装。

贴片（patches）：17世纪时用于贴在脸上的小织物，用于遮盖皮肤瑕疵。

帕特里克·凯利（Patrick Kelly）：20世纪80年代著名的高级时装设计师之一，他是第一位被巴黎高级时装公会接纳的美国人，一个在法国成名的著名非裔美国人设计师；其作品的特点是注重细节和对错位纽扣、流苏和各种图案的奇妙设计。

木底鞋（pattens）：18世纪的套鞋，可以防止潮湿和泥泞的表面。形状类似于木屐；由相匹配的或其他织物制成，带有坚固的皮底，内置足弓，以及横跨脚背、用于固定鞋子的鞋带；劳动者穿的不那么时髦的版本是用金属底和皮革紧固件制成的，另见软木高底鞋（chopines）。

保罗·波烈（Paul Poiret）：极具影响力的法国设计师，他的作品抓住了时代的精神，成为那个时代风格的焦点；他以擅长使用鲜艳颜色和深受亚洲风格的影响而闻名时尚界，创造了蹒跚裙、尖塔长衫和哈雷姆裙等佳作。

领航外套（pea jacket）：宽松的双排扣外套，两边侧开，带有小领子，在克里诺林时期也作为大衣穿着，也叫双排扣厚毛上衣（reefer）。

孔雀革命（Peacock Revolution）：描述 20 世纪 60 年代男装的巨大变化，从传统服装到更宽松、更有创意、丰富多彩的非传统风格服饰，包括高领针织衬衫、尼赫鲁夹克、喇叭裤、爱德华夹克及其他服装。

腹垫（peascod belly）：1570 年以前流行的紧身衣，前部凸出，模仿孔雀膨大的胸部。

皮卡迪尔垂布（pecadil）：一排小正方形布片，一般缝制在紧身上衣的腰线下，流行于 16 世纪下半叶。

胸前饰品（pectoral）：古时候男性女性使用的装饰性项链，这种装饰品的特色是以半宝石和宝石作为装饰品，如红玉髓、青金石、长石和绿松石，还带有各种宗教符号。

骑车裤（pedal pushers）：膝下直筒裤，裤口腿上翻，二战期间流行的骑自行车服饰。

陀螺裙（peg-top skirt）：爱德华时代的一种裙子，裙身在腰线处利用缝合褶、碎褶或未压褶的小褶在腰部打造饱满的裙身，之后从臀部开始向内变细，在下摆处变得很窄。

细长披肩（pelerine）：宽大的、像斗篷一样的披巾延伸到肩膀上，再向下穿过胸部，流行于浪漫主义时期。

细长披肩式斗篷（pelerine-mantlet）：一种带有狭长披肩的斗篷，长度远超过肘部，有长而宽的前襟，穿在腰带上，流行于在浪漫主义时期。

女式皮衬里长外衣（pelisse）：19 世纪的服装，类似于现代的大衣，一般是全长的，带有典型的帝政风格服装轮廓。

女式毛皮披风（pelisse-mantle）：一种双排扣、有袖子的宽松大衣，带有宽大的平领和反转袖口，穿着于克里诺林时期。

女式皮衬里长裙（pelisse-robe）：由长袍大衣改制的日间连衣裙，前面用丝带蝴蝶结或隐蔽的钩眼扣住，大约出现在 1817—1840 年。

三角形缠腰布（perizoma）：古希腊人和伊特鲁里亚人所穿的一种合身的遮羞布，其覆盖面积与现代运动内裤基本相同。

免烫织物（permanent press）：20 世纪 60 年代出现的易于打理的织物，主要是棉与涤纶及一些羊毛混合的织物组成，经过一些特殊处理使其更容易洗涤，因此很少或不需要熨烫。

佩坦勒尔外衣（pet en l'air）：18 世纪的一种长至臀部的短上衣，通常和碎褶单裙搭配。

锥顶阔边帽（petasos）：古希腊人戴的宽边毡帽，在夏天遮阳或防止雨淋。

衬裙（petticoat）：16 世纪一种与裙子一起穿的底裙，让裙身形成一种类似沙漏的整体轮廓；后来有时是作为底裙内穿，有时也可以外穿。

衬裙式马裤（petticoat breeches）：一种裙子或分体式裙子，其剪裁非常饱满，给人以短裙的感觉，17 世纪时男子穿的裙装。

弗里吉亚软帽（Phrygian bonnet）：在古希腊时期所戴的无边帽，有一个向前倾的高垫顶。

宽边礼帽（picture hat）：带有大帽檐的稻草帽，在爱德华时代很受女性欢迎。

窄边毡帽（pilos）：窄边或无边的尖顶帽子，古希腊男女都会穿戴。

连胸围裙（pinafore）：17 世纪，类似围裙的连胸围裙取代了围嘴，这个词源自将这种衣服系在儿童长袍的前面的做法；19 世纪末到 20 世纪，年轻女孩也会在裙子前面穿这种围裙。

垂饰片居家帽（pinner）：从 18 世纪起出现的圆形棉布或亚麻布帽，边缘有单层或双层流苏，通常平戴在女士头上。

胸饰片（placard）：见胸饰（plastron）。

胸饰（plastron）：法语，指带有圆形下缘的胸饰片（placard），是外衣的一部分，它与环绕臀部宽带子相连，垂挂在裙子上，穿着于中世纪末期。

鼓腮物（plumpers）：一种用于面部的小蜡球，使脸部轮廓圆润饱满，符合审美，流行于 17 世纪末。

宽大运动裤（plus fours）：20 世纪 20 年代的宽松短裤（比一般短裤长四英寸）。

针点（points）：中世纪晚期花边或领带末端的金属小片或金属点。

马球大衣（polo coat）：棕褐色骆驼毛制成的外套，因英国马球队在美国进行热身赛时穿着而流行开来，直到 20 世纪 30 年代都还一直流行。

马球衫（polo shirt）：带有翻领的针织衬衫，颈部有短小的扣子，起源于马球运动员的服装，但在 20 世纪 20 年代及以后被普遍采用为非正式服装。

波兰式连衫裙（polonaise）：流行于 1770—1785 年的一种套裙或衬裙，通过缝在裙子上的带子和裙撑来支撑裙子，使裙身蓬起，后来该术语被广泛用于指任何膨大或垂在下层的套裙。

香盒（pomander）：16 世纪时使用的挂在妇女腰带上的珠宝盒子。

香丸（pomander balls）：17 世纪时使用的香水小球，装在香盒内，形状可能类似苹果。

蓬巴杜发型（Pompadour）：18 世纪中期的一种发型，头发在前面和两侧围绕脸部高高竖起，以国王路易十五的情妇蓬巴杜夫人（Madame de Pompadour）命名。

南美羊毛披巾（poncho）：最初在南美洲穿着的一种服装，由一块厚厚的羊毛布制成，上面有一条衩口供头部穿过。

长卷毛狗圆裙（poodle skirt）：20 世纪 40 年代末 50 年代初在青少年中非常流行的圆裙，通常由毛毡制成，饰有贴花的长卷毛狗图案，在 20 世纪末作为年轻女孩的一种服饰风格而复兴。

罗纹紧身运动衫（poorboy sweater）：20 世纪六七十年代的紧身罗纹针织毛衣，看起来好像缩水了一样。

波普艺术（pop art）：流行艺术的简称，20 世纪 60 年代出现在艺术界，其特点是美化普通物品，如汽水罐和卡通人物。

家事服（popover dress）：为忙碌的女性准备的裹身式连衣裙。

馅饼式男帽（pork pie hat）：帽子带有低矮圆顶和一侧翻起的帽檐，流行于 19 世纪 60 年代。

普廉尖鞋（poulaine）：见裂纹鞋（crackowe）。

棉夹衣（pourpoint）：起源于军装的紧身无袖服装，前面有衬垫，14 至 17 世纪的男士服装，也叫男紧身上衣（doublet）或基蓬衫（gipon）。

防粉末围裹式外套（powdering jacket）：在给假发上粉时，为了防止衣服溅上粉末而穿的外套。

职业套装（power suits）：20 世纪 80 年代末和 90 年代的术语，指男人或女人在职场穿着的量身定做的西装。

拉斐尔前派运动（Pre-Raphaelite Movement）：由一些维多利亚时期的画家发起的艺术运动，主题来自中世纪和文艺复兴时期的故事；当他们为模特绘制服装时，妇女的服装多为日常服饰。

学院风（preppy）：20 世纪 80 年代的风格，强调经典的花呢西装外套、保守的裙子或长裤、量身定做的衬衫或衬衣，以及高质量的皮革休闲鞋、牛津鞋或高跟鞋；这种风格指在私立学校上学的富裕学生，他们通常会继续在常春藤大学深造，后来成为雅皮士。

成衣（prêt-à-porter）：法国成衣的术语；20 世纪 60 年代中期，曾在迪奥和巴伦西亚加等人手下受训的年轻设计师（如伊夫·圣罗兰、皮尔·卡丹、安德烈·库雷热和伊曼纽尔·温加罗等）在高级时装界站稳脚跟后，开设了自己的机构，并向成衣方向扩展。

普林赛斯公主裙（princess dress）：克里诺林时期的一种连体式长裙，没有腰线缝，而是用长而带褶的拼布从肩膀延伸到地板。

逛街服（promenade dress）：见外出服（day dress）。

布丁帽（pudding）：17 世纪学走路的幼儿佩戴的一种特殊的软垫帽。

泡褶（puffs）：中世纪服装上的装饰物，通过在最外层织物上的开口拉出少量的颜色对比鲜明的里层衣物而形成。

套衫（pullover）：套头针织毛衣，1915 年后开始流行于男女服饰中。

朋克风格（punk style）：起源于 20 世纪 70 年代的一种夸张的戏剧性造型，包括撕裂衫、皮革服装和极端的发型。

猫帽（pussyhats）：在 2017 年妇女游行期间制作并佩戴的帽子，目的是为了反对特朗普总统的不当言论，短时间内对时尚界产生了直接的影响。

包买制（putting-out system）：中世纪晚期纺织业所推广的制度，商人作为纺织工人的中间人，先向工人出售纤维，后买回成品布，接着再卖给布工，之后再买回；商人接着安排染色，然后将染色完成的布料卖给代理商，由代理商在中世纪的交易会上销售。

Q

发辫（queue）：头部后面的锁头辫或马尾辫，在 18 世纪中期特别流行，是男子假发的一部分。

商业快速反应（quick response）：20 世纪 90 年代创建的基于计算机系统，允许快速订购、制造和交付货物的系统。

小型单柄视镜（quizzing glasses）：安装在手柄上的放大镜，戴在脖子上，流行于 19 世纪初。

R

连肩式披风（raglan cape）：一种具有创新袖型结构的大衣，在克里诺林时期很流行。

连肩袖（raglan sleeves）：袖子样式，接缝从手臂下方到颈部以斜向线连接，而非镶嵌在袖窿中。

拉尔夫·劳伦（Ralph Lauren）：20 世纪 70 年代成为家喻户晓的美国时装设计师；他首先开展了女装业务，后来成立了保罗（Polo）男装公司，专门设计昂贵的、做工精良的领带；20 世纪 70 年代初，他又为女性推出了精细剪裁的衬衫。

骑行女短裤（rationals）：19 世纪 90 年代妇女骑自行车时穿的全褶式绢布裤子。

人造纤维（rayon）：从短棉纤维或木屑中再生的人造纤维素的通用纤维名称。

骑装式女外衣（redingote dress）：18 世纪起源于英国的大衣，带有宽大的翻领。

双排扣厚毛上衣（reefer）：见领航外套（pea jacket）。

收口网格包（reticules）：顶部带有抽绳的小手袋，流行于帝政时期，是当时的一种必需品。

复古风格（retro）：20 世纪末创造的术语，指过去的时尚重新在当代复兴。

翻边衣饰（revers）：中世纪晚期使用的翻领，将上衣向后翻转，露出胸前的 V 字形底面，是当时这种翻领的服饰术语。

莱茵伯爵裤（rhinegraves）：见衬裙式马裤（petticoat breeches）。

童年丝带（ribbons of childhood）：与狭窄如细绳般领带相比更加宽大的丝带或织物，17 世纪时缝在儿童礼服的肩部。

服丧披肩（rincinium）：古罗马女性服丧时代替女式罩袍穿的一种披肩，可能是深色，但是没有其确切形式。

英式礼服（robe à l'Anglaise）：18 世纪的一种前后贴身剪裁的连衣裙。

法式礼服（robe à la Française）：18 世纪的一种前面合身，后面采用饱满褶皱装饰的裙子。

长袍风礼服（robe de style）：一种腰线下垂、裙摆丰满的晚礼服，大范围替代了之前流行的筒型裙，一种常见的婚纱款式，因为它不是那么紧身，所以适合几乎所有年龄和体型的人。

洛克服（roc）：中世纪晚期较为少见的宽松长袍，似乎最常出现在佛兰德斯和德国的绘画作品中，上衣采用圆领剪裁，在前胸和后背中央有层层叠叠的碎褶或褶裥。

摇滚青年（rockers）：20 世纪 50 年代末出现的与英国年轻硬汉风格有关的装扮，融合了冲锋队服和摩托车手服的元素。

洛可可风格（Rococo style）：1720—1770 年取代了巴洛克风格的一种风格，是对更沉重、更有活力的巴洛克风格表现方式的完善；这种风格以 S 型和 C 型曲线、描边、卷轴以及对中国、古典甚至哥特式线条的精妙借鉴为标志，比巴洛克风格更加小巧精致。

罗帕长袍（ropa）：16 世纪起源于西班牙的服装，是一种无袖的外袍或外衣，通常带有两种类型的袖子——短而蓬松的袖子或顶部蓬松、其余部分紧身的长袖，可能源于中东风格。

女式圆形斗篷（rotonde）：在克里诺林时期流行的较短版本的陶尔玛服（talma-mantle）。

圆形饰物（roundels）：放在外衣上作为装饰品的圆形图案。

圆礼服（round gown）：18 世纪晚期的日间礼服，前面没有露出衬裙的开口。

圆边帽（round hat）：骑马时戴的帽子，现在被称为圆顶高礼帽（top hat）。

褶裥饰边（ruchings）：在 19 世纪特别流行的褶皱或碎褶状布条装饰物。

轮状皱领（ruff）：16 世纪下半叶和 17 世纪前几十年间使用的宽大独立的衣领，通常由花边制成，并通过淀粉浆衣技术进行固定。

S

袋型外套（sack jacket）：一种宽松、舒适的男士夹克，没有腰线，前襟笔直，后背开衩，袖子没有外翻，带有外翻的短领口；该服饰起源于浪漫主义时期，在克里诺林时期及之后流行，是现代运动夹克的前身。

宽松女袍 / 巴坦特宽松袍 / 沃朗特宽松袍 / 无袖宽袍（Sacque/battante/volante/innocente）：18 世纪从肩部下垂到地面的无腰带长袍。

佩普罗斯圣袍（sacred peplos）：带有华丽图案的长袍，古希腊时期人们游行至神庙，最后将之穿在希腊女神雅典娜的雕像上。

猎装夹克（safari jacket）：20 世纪 60 年代末和 70 年代出现的夹克，带有尖顶翻领，单排扣前襟，配有腰带和四个大圆筒口袋。

古罗马军大衣（sagum）：由单层厚羊毛制成的斗篷，一般为红色，古罗马的普通士兵和市民在战争时会穿着。

凉鞋（sandalis）：见索莱阿鞋（solae）。

无套裤者（sans culottes）：字面意思是"没有马裤"，是法国大革命期间穿长裤（与平民有关）而不穿马裤（与贵族有关）革命者的绰号。

桑顿领巾（santon）：浪漫主义时期的女性在襞襟上佩戴的丝质领巾。

圣甲虫（scarab）：古埃及的流行图案，代表着太阳神和重生。

疤痕文身（scarification）：在皮肤上划伤、蚀刻、烧伤或烙上图案、图片或文字的身体修饰。

缠腰布（schenti）：在整个古埃及历史上都是男性的主要服装，其长度、宽度和合身程度因不同的时期和人的身份地位不同而不同。

衬裙（secret）：17 世纪女性裙子的最底下一层。

装饰徽章（segmentae）：方形或圆形的徽章，佩戴在中世纪早期外衣的不同区域。

蚕丝业（sericulture）：丝绸生产的行业，包括蚕的繁殖、饲养和喂养，据说是 6 世纪由两名修士从中国带到西欧的。

圆袖（set-in sleeve）：臂根围与衣身相缝的袖子，是受中世纪晚期军事服装影响的一种特色设计。

《十七岁》杂志（Seventeen）：20 世纪 50 年代推出的杂志，吸引了越来越多的青少年，市场不断扩大。

披肩式斗篷（shawl-mantle）：浪漫主义时期的一种女用宽松斗篷，几乎长至裙摆处。

紧身连衣裙（sheath dress）：古埃及的一种贴身妇女服装，由管状织布组成，从胸部上方或下方开始，结束于小腿或脚踝处，可能有一或两条带子将裙子固定在肩部，这个词在现代指一种沿身体剪裁的紧身裙子。

屋盖式短发发型（shingle）：20 世纪 20 年代的一种特别短的女性发型，后面的头发被剪得像男式发型一样细短。

仿男式衬衫 / 衫裙（shirtwaist/waist）：一种女性上衣，样式仿造男式衬衫，前面有纽扣，领子合身剪裁，有时与黑色领带一起穿，在 19 世纪 90 年代十分重要，在后来又复兴起来。

衬衫领连衣裙（shirtwaist dress）：20 世纪 50 年代的一种时尚标准，通常在前面扣上类似于传统的男式有领衬衫的扣子，腰部合身，有各种袖子和领子的样式。

短衫（short gown）：18 世纪的一种服装，类似于宽松的夹克或罩衫，工人阶级和农村妇女的服饰，通常与裙子一起穿。

短上衣（shorties/toppers）：20 世纪 50 年代推出的长度到腰部以上的夹克，是为了适应宽大的裙子而设计的服装。

短裤套装（shorts suit）：20 世纪 80 年代的一种女装，由短裤和配套的外套组成，是裙装的替代服。

女式开襟衫（shrugs）：20 世纪 50 年代的波尔洛式开衫（Bolero-like cardigans）。

沉默的一代（Silent Generation）：出生于二战及朝鲜战争后的一代年轻人。

垂褶口（sinus）：通过折叠托加袍形成的一种松散褶皱，可当作口袋是使用。

肋形童装（skeleton suit）：18 世纪和 19 世纪初，七八岁以上的男孩所穿的服饰，包括直筒长裤，和边缘带有褶皱的宽领白色衬衫搭配，在衬衫外面还搭配一件外套。这种外套或是成人所穿外套的简化版，或是剪到腰部的双排扣外衣。

便裤（slacks）：指宽松的休闲裤，而非西装裤。

防护外底（slap soles）：只在前部而非后跟处连接到高跟鞋的平底，是 17 世纪早期一些鞋类的特征。

切缝（slashes）：织物上的切口，通过这些切缝可以拉出颜色对比鲜明的里层织物，在文艺复兴时期特别流行。

婴儿睡衣（sleeper）：连脚的幼儿睡衣。

女式长衬裙（slip）：20 世纪 20 年代发展起来的内衣，由妇女和女孩穿着，从胸部以上开始，通常用肩带固定，长度与外穿的上衣相比有长有短。

邋遢乔衫（sloppy joes）：20 世纪 40 年代中期青少年所穿的大而宽松的套衫。

宽腿短裤（slops）：从狭窄的腰部逐渐向大腿中部集中的丰满度倾斜的马裤样式，也叫宽大马裤（galligaskins），从 16 世纪到 19 世纪用于指膝盖处很宽的马裤。

司马克罩衫（smock）：男子长及膝盖、宽松的家纺长袍，18 世纪时由农民穿着，最初被称为司马克长罩衫（smock frock）。

司马克长罩衫（smock frock）：见司马克罩衫（smock）。

缩褶绣（Smocking）：18 世纪的装饰性针法，用于将聚集在一起的布料固定在一起，主要在蜂窝状的设计中固定交替的褶皱。

运动鞋（sneakers）：帆布网球鞋。

束发网（snood）：作为发套佩戴的网，通常由彩色丝绸或雪尼尔制成，流行于克里诺林时期和二战时期。

索卡斯鞋（soccus）：古罗马时期穿的长达脚踝的拖鞋。

社交媒体（social media）：为用户提供自己独特"空间"的在线网络平台，人们在此相互联系，也称为社交网站（social networking site）。

社交网站（social networking site）：见社交媒体（social media）。

索莱阿鞋（solae）：古罗马人所穿的简单形式的凉鞋，由一个木制鞋底用绳索或皮带固定而成，也叫凉鞋（sandalis）。

灵魂须（soul patch）：嘴唇下面正中的一小块胡须。

西班牙式裙撑（Spanish farthingale/verdugale）：由鲸须、藤条或钢圈构成的服装，尺寸从腰部到地面逐渐变大，并缝在衬裙或底裙中，为喇叭形的圆锥形裙子提供支撑，首次出现在 16 世纪中期。

鞋罩（spats）：18 世纪及以后，从膝盖以下某处延伸到鞋顶的独立保护罩，在户外穿结实的鞋子时，为保护腿部而穿，也被称为裤腿套（spatterdashers）或护腿（gaiters）。

斯宾塞外套（spencer）：19 世纪男人和女人都穿的长至腰线的短外套，款式分为有袖和无袖，颜色通常与服装的其他部分形成对比。

运动夹克（sport jacket）：传统的量身定做的外套，用花呢、格子或素色织物制成，商务和普通穿着中通常与对比色的裤子一起穿；当这些外套刚开发出来时，美国裁缝称其为休闲外套或麻袋外套，英国人更喜欢用"便装夹克"（casual jacket）这个名称。

运动服装（sportswear）：最初用于网球、高尔夫、骑自行车、滑冰、游艇和打猎的服装，现在是休闲装的代名词。

紧身带（staybands）：17世纪时，将厚实的绳索或棉被紧紧地绑在儿童身体上，可能是为了防止脐疝或促进直立的姿势，也叫卷绷带（rollers）或襁褓（swaddling bands）。

紧身褡（stays）：英国人对"紧身胸衣"（corset）的称呼。

司坦克领巾（steinkirk）：18世纪的一种领带样式，领带拉过扣眼，松散地缠绕在一起。

月牙状头饰（stephane）：古希腊的新娘皇冠。

斯蒂芬·布洛斯（Stephen Burrows）：一位善于使用鲜艳的颜色和装饰的设计师，他在1973年著名的凡尔赛时装展上展示了他的系列作品，获得巨大的国际声誉。

斯特森毡帽（Stetson hat）：由约翰·B.斯特森（John B. Stetson）于19世纪中期在美国西部旅行后设计的帽子，是一种宽边高冠的毡帽，由海狸和兔子皮制成；牛仔们开始戴这种实用、防水、宽边、耐压的帽子，斯特森后来回到新泽西后便开始大量生产这种帽子。

斯托克领巾（stock）：18世纪中期使用的亚麻布方块，折叠后形成高高的颈带，用扣布加固，并在颈后系上。

斯托拉女衫（stola）：为古罗马自由的已婚妇女保留的服装，象征其地位，学者们对其服饰结构有不同意见。

圣带（stole）：中世纪早期，神职人员在做弥撒时穿在肩上的长而窄的马甲条；督政府时期之后，指方形或长方形的披肩；在现代时尚中，一般指任何材料制成的、穿在肩上的狭长披肩。

三角女胸衣（stomacher）：16世纪首先由男子穿的服装，在英国也被称为男式紧身上衣（paltock），后来用于妇女的紧身胸衣和连衣裙；衣服前面剪成一个深V形，在V形下面插入对比色内衣或腹带，延伸到腰部或腰部以下，可以在前面系上或绑上单独的腹带以改变衣服的外观。

石墙暴动（Stonewall Riots）：发生在20世纪60年代末的一次起义，当时纽约市警察突袭了石墙旅馆，引发了酒吧顾客和附近居民的愤怒，该事件成为激怒性少数群体维护权利的导火索，导致了一些性少数群体权益组织的建立，并引发了在纽约、芝加哥和洛杉矶游行活动；20世纪70年代，不同的性取向得到更加广泛接受，该群体也越来越多活跃在社会上。

直板鞋底（straight soles）：为左脚或右脚制作的没有塑形的鞋类。

平顶硬草帽（straw boater）：男式平顶平檐帽，有一个椭圆形的帽冠，女性在运动时或工作时也会戴，最早出现于19世纪末。

街头风格（street styles）：20世纪创造的术语，用于描述青少年的反文化服饰，如佐特套装（zoot suit）以及泰迪男孩（Teddy Boys）和"垮掉的一代"所穿的服装。尽管街头风格旨在表明与主流不同，但这些时尚也为时尚界提供了新的想法。

古罗马内衣带（strophium）：在古罗马使用的女性内衣带，用于支撑乳房。

风格部落（style tribes）：遵循与主流时尚不同风格的群体，出现在20世纪六七十年代。

古罗马男用缠腰布（subligar）：中产阶级和上层社会男子的遮羞布内衣，也是古罗马奴隶的工作服。

古罗马女用缠腰布（subligaria）：古罗马女性的遮羞布内衣，古罗马缠腰布的女用款式。

白麻布手帕（sudarium）：在古罗马用于擦拭汗水，遮住脸部，或用于捂嘴以防止疾病。

塔糖帽（sugar loaf hat）：见卡波坦帽（capotain）。

禁奢令（sumptuary laws）：颁布于文艺复兴时期的意大利，是旨在限制某些社会或经济阶层拥有和使用奢侈品的法律，经常适用于服装及其装饰品，但该法律很少被遵守或强制执行。

撑领架（supportasse）：16世纪时用于支撑宽大襞襟的支撑物。

超现实主义（Surrealism）：始于20世纪20年代，受到弗洛伊德主义影响而兴起的一种文学和艺术运动，艺术家利用潜意识的想象力，画出非传统的场景和物体，到了20世纪30年代，超现实主义的影响已经扩大到时尚界。

瑟尔图特外衣（surtout）：17世纪末的服装，衣服带有合身的直袖，袖口向后翻，前部有扣子，长度完全覆盖马裤和马甲，也叫扎斯特科普外衣（justacorp）。

襁褓（swaddling bands）：缠在婴儿身上的布带，目的是为了防止儿童的四肢变形；直到19世纪，整个欧洲和北美都有这样的做法，也被称为紧身带或卷绷带。

穿紧身套衫的女郎（sweater girls）：指为拍出漂亮的照片而穿着紧身衣拍照的电影明星。

长袖运动衫（sweatshirt）：带绒毛的棉质针织套衫或带拉链的长袖针织衫，由罗纹针织圆领、袖口和腰带组成；有时带有连帽，经常与配套的运动裤一起穿，最早出现在20世纪70年代。

中长泳裤（swim jams）：20世纪70年代的泳裤，由弹性尼龙或棉制成，长度较长。

飘摆裙（swirl skirt）：由通常从印度进口的斜裁的多色织物制成的裙子，流行于20世纪70年代。

瑞士腰带（Swiss belt）：在克里诺林时期流行的一种宽腰带，有时包围着肋骨，经常以类似于农民胸衣的方式系在前面。

轻便长袍（synthesis）：罗马男子在晚宴上所穿的轻型服装，而不是托加长袍，这是因为长袍太重，穿起来很累赘，让古罗马人吃饭的时候很不方便。

T

T恤衫（T-shirt）：原型是白色的针织内衣，美西战争期间的男子将其作为士兵制服下的内衣，具有圆领和套袖的特点，最终在20世纪50年代左右发展成一般的运动休闲服装。

圆领斗篷式上衣（tabard）：最初是一件短袖或无袖的宽松服装，在中世纪早期由修士和下层男子穿着，有时只在手臂下一段距离处通过缝合或用织物固定；在后来的几个世纪中，这种服装成为军装的一部分或贵族家庭中仆人的服装。

大方形织物（tablion）：颜色对比强烈的大方形装饰织物，佩戴于拜占庭帝国时期的斗篷胸前的开口处边缘处。

燕尾布（tailclouts）：英语中的尿布，也叫尿布（nappies）。

定制服装（tailor-made）：19世纪90年代的女性服装，在早晨或乡村穿着，通常是由女服定制师而非裁缝师制作的外套和裙子套装。

陶尔玛服（talma-mantle）：克里诺林时期流行的一种带流苏兜帽或平领的披风。

塔布什帽（tarbush）：形状像截顶的圆锥体的无边高帽，类似于土耳其毡帽，在亚洲西南部或非洲北部佩戴。

茶会礼服（tea gown）：1877年至20世纪初女性所穿的非正式待客长礼服，颜色较淡，通常由薄羊毛或丝绸制成，礼服款式宽松，不用穿着胸衣。

连衫衬裤（teddies）：20世纪20年代的直裁服装，将吊带衫与短裤，或长背心与内裤缝制在一起，在下摆处的前后都有一条宽带子，每条裤腿都有一个单独的开衩，现在指的是一种前后低胸剪裁的紧身短衣，裤腿为高腰开口。

泰迪男孩（Teddy Boys）：20世纪50年代英国工人阶级的青少年，他们采用的男装风格带有爱德华时代的服装风格，穿着多种样式的长夹克，有高翻领、袖口、马甲及合身剪裁的窄裤。

天丝（Tencel）：再生纤维素纤维，采用比人造丝更环保的工艺制成。

羊毛头（tête de mouton）：18世纪妇女的发型，由紧密的卷发打造。

剧院时装展览（Thèatre de la Mode）：1944年巴黎高级时装公会组织的展览，让迷你人偶模特在一个微型布景上展出，呈现高级时装的最新时尚风貌，不仅展示了40多位法国服装设计师的作品，而且还为战争救济筹集了资金。

丁字裤（thong）：设计于 1975 年，被描述为"几乎无底的泳衣"或"荣耀护裆"，其剪裁是为了尽可能多地露出臀部，同时覆盖裆部，是现在最常见的内衣剪裁。

蒂娜·莱瑟（Tina Leser）：出生于费城的时装设计师，主要设计运动装和分离式泳衣，服装风格受到美国夏威夷岛、墨西哥和南美国家的影响，作品主要以泳装和其他海滩服装而闻名。

女式长披肩（tippet）：18 世纪的狭长毛皮巾或羽毛巾，像现代的披肩一样披在肩膀上。

托加袍（toga）：象征古罗马公民身份的半圆形披风，由成年男子和拥有自由身份的儿童穿着。

古罗马候选官吏白色托加袍（toga candida）：古罗马官员候选人所穿的浅色长袍，是"候选人"（candidate）一词的词源。

古罗马金色刺绣红紫托加袍（toga picta）：镶有金色刺绣的紫色长袍，在一些特殊的场合分配给古罗马的胜利将军或其他在某些方面表现突出的人。

古罗马紫红绲边白托加袍（toga praetexta）：古罗马贵族的儿子（16 岁前）和女儿（12 岁前）以及成年行政官和大祭司穿的紫边长袍。

古罗马黑或茶色服丧托加袍（toga pulla）：黑色或深色的长袍，据说在古罗马是服丧时所穿的服饰。

古罗马素白托加袍（toga pura）：普通的白色、无装饰的羊毛长袍，古罗马普通男性公民在 16 岁以后穿着。

古罗马多色条纹托加袍（toga trabea）：多色的条纹长袍，古罗马的预言家（预言未来的宗教官员）或重要官员的衣着。

古罗马成年托加袍（toga virilis）：普通的白色、无装饰的羊毛长袍，古罗马普通男性公民在 16 岁以后穿着。

汤姆·布里甘斯（Tom Brigance）：著名的泳装及其他海滩服装设计师。

秃顶发型（tonsure）：中世纪早期祭司所独有的发型。

轻便大衣（topcoat）：一种轻质外衣。

圆顶高礼帽（top hat）：用闪亮的丝绸或海狸布制成的男子高帽，帽檐狭窄；18 世纪末首次发展为男子骑马服的一部分，是督政府时期最重要的帽子样式，在 19 世纪后的正式场合中仍然如此。

无边女帽（toque）：19 世纪初特别流行的无边高帽。

前卷曲假发（toupee）：18 世纪法国的术语，指将头发从前额向后梳，形成一个略微隆起的卷，在英语中也称为刘海（foretop）。

梯形裙（trapeze）：肩部狭窄下摆宽大的宽松连衣裙，形状像金字塔，于 20 世纪 50 年代末推出。

战壕外套（trench coat）：棉质斜纹布制成的防水大衣，搭配腰带穿着，第一次世界大战后成为男性的标准服装，几十年后女性也穿这种服饰。

时尚涓滴效应（trickle-down theory of fashion）：这种理论主张时尚的变化是由上层社会采用新的和创新的风格，然后由下层社会模仿这些风格而产生的，另见时尚的自下而上时尚理论（bottom-up theory of fashion）。

翻边三角帽（tricorne）：服装历史学家创造的术语，是鸡冠帽的一种变体，将帽檐翻起形成三个等距的帽峰，一个处在帽子中间，流行于 18 世纪。

保利娜·特里格尔（Pauline Trigère）：法国设计师，20 世纪 30 年代末来到美国，四五十年代活跃于美国时尚界；在她创造自己的产业之前，曾为哈蒂·卡内基（Hattie Carnegie）工作过一段时间。

卡车帽（trucker's cap）：棒球帽的一种，在帽冠前部为泡沫板衬垫，其余部分为网状。

桶形连袜裤（trunk hose）：16 世纪中叶男子所穿的一种马裤，与上空袜相连，裤子的大小不一，有的宽大，有的带有衬垫，有的紧小，与紧身长袜一起穿。

装饰衣领（tucker）：见领布（chemisettes）。

束腰外衣（tunic）：剪裁简单的单件服装，通常是 T 型，带有头部和手臂的开口，衣服足够长，能够覆盖躯干；现代的女士服装中通常是指穿在裤子或裙子外面的、至少长至臀部的上衣。

束腰长上衣套装（tunic suit）：19世纪的一种外套，剪裁贴合腰部，下面搭配一条完整的碎褶或打褶的裙子，长度到膝盖处；衣服前面带扣子，和宽腰带搭配，通常与长裤一起穿；一些为3—6岁的小男孩设计的套装版本将长衫外套与流苏的白色短裤相搭配。

穆斯林头巾（turban）：通常这种男式头饰包括一条亚麻、棉或丝的长围巾，绕在小帽子上或直接绕在头上；更现代的女式版本是用贴身的帽子材料绕在帽子的内部，或做成男女用头巾样子的帽子。

土耳其裤（Turkish trousers）：腿部丰满的裤子，在脚踝处收紧；穿在短裙下，形成"布鲁姆"套装风格，这是由美国女权主义者在19世纪末创造的，她们认为当时的服装束缚且不实用，所以通过创造这种风格的服饰进行改革，并以艾米莉亚·布鲁姆（Amelia Bloomer）命名——她大力支持这种服装风格，并在自己1851年编辑的杂志中大加赞扬，还穿着这种服装进行演讲。

高领针织衫（turtleneck jersey）：1924年，演员诺埃尔·科沃德（Noel Coward）开创了这种风格，并将其作为衬衫和领带的替代品，在当时的一段时间内广受欢迎，20世纪60年代及以后再次流行起来。

托托鲁斯盘辫发型（tutulus）：伊特鲁里亚人戴的高冠小檐帽，在古罗马时期指的是一种特殊的发型，头发被拉到头顶，并用羊毛头带扎起，以此来显示家族的地位。

塔士多礼服（tuxedo）：男士半正式晚装，是袖子长度到指尖的外套。最初多为深色或白色夏季外套，但现在出现了其他各种颜色，可能起源于19世纪末纽约的塔士多。

吞世代（tweens）：2000年左右出现的儿童市场的一个新领域，年龄通常为7—14岁。

U

阿尔斯特宽大衣（ulster）：19世纪末的一种衣长几乎及踝的男装或女装大衣，有全腰带或半腰带，有时还带有可拆卸的兜帽或披风。

翁宝结（umbo）：将托加长袍侧边的部分垂褶拉到前面形成的口袋，能够固定长袍的帷幔，后来似乎成为一个装饰性的元素。

连衫裤（union suits）：19世纪末男女所穿的套装，将开襟汗衫和衬裤连在一起的服装。

中性风服装（unisex clothing）：20世纪80年代末首次推出的男女通用的服饰。

紧身服（unitard）：将紧身衣和紧身裤合二为一的连体衣，最早由法国杂技表演者朱尔斯·莱奥塔（Jules Léotard）穿着，他使之闻名于服装界。

上层袜（upper stocks）：16世纪时，男子长筒袜的一部分与上层袜缝在一起，最终呈现出一种独立的服装外观，并且比下部长筒袜剪得更丰满。

向上梳发型（upsweep）：20世纪40年代流行的女性发型，将中等长度的头发从两侧和颈部向上梳理，然后在头顶固定成卷发或蓬巴杜发型。

圣蛇像（uraeus）：神圣的眼镜蛇，在古埃及是王权的象征。

威尼斯式马裤（Venetians）：16世纪末的紧身马裤，裤腿的顶部宽大，到膝盖逐渐缩小。

拱形裙撑（verdugale/verdugado）：见西班牙式裙撑（Spanish farthingale）。

背心（vest）：最初是英国国王查理二世在1666年采用的服装的一部分，包括一件长及膝盖的外衣和一件同样长度的马甲，遮住了下面的马裤。在随后的几个世纪中，背心与（剪裁各不相同的）外衣、有袖或无袖（长短不一的）马甲和马裤的组合，成为男子的基本服装；在当代时尚中指的是一种无袖服装，前面有扣子，通常穿在衬衫或上衣外面，如果是三件套的一部分，则穿在外衣里面。

复古服装（vintage clothing）：20世纪末创造的术语，指在百货公司或专卖店翻新和销售的另一时尚时期的服装和配件。

藕节袖（virago sleeves）：流行于17世纪的时尚袖子，袖子被分成一个个蓬松的小袖节。

羊毛发带（vitta，复数 vittae）：古罗马的女主人用来绑头发的羊毛带。

维维安·韦斯特伍德（Vivienne Westwood）：英国设计师，其性爱精品店提供各种朋克风格服饰以及恋物癖和捆绑装备。

束腰带（waist cinchers）：带骨的或弹性的织物，能将腰线缩小到所需的尺寸。

散步服（walking dress）：见外出服（day dress）。

男式外穿短裤（walking shorts）：长度刚刚超过膝盖的短裤，该设计基于英国殖民地士兵的军事服装，20 世纪 30 年代被富裕阶层采用为度假服，20 世纪 50 年代恢复为男女的一般运动服，也叫百慕大短裤（Bermuda shorts）。

华莱士·比里衬衫（Wallace Beery shirt）：样式类似于亨利衫（henley shirt），20 世纪 30 年代因演员华莱士·比里（Wallace Beery）的穿着而流行。

免烫面料（wash-and-wear）：易于护理的面料，不需要熨烫，最早在 20 世纪 50 年代末开发。

华托背（Watteau back）：19 世纪的一个术语，指的是宽松的、带有褶皱的后背风格，18 世纪被称为英式礼服。

锥形香蜡（wax cone）：用香蜡做成的圆筒，通常放在客人的头上，当蜡融化并流到他们的假发上时，空气就带有香味。

可穿戴艺术（wearable art）：始于 20 世纪 70 年代作为一种独特的艺术作品而创作的服装；纤维艺术家通过结合各种技术手段，如钩织、手工编织和剪裁，以及运用羽毛、珠子和丝带，创作出这种艺术。

楔形发型（wedge）：这种发型的特点是颈部以上前面和两侧的头发长度一致，颈部以下的头发逐渐变短，贴合脖子，耳朵中间呈方形；非正式的发型还带有较短的刘海，这种发型是在 1976 年奥运会奖牌获得者多萝西·哈米尔（Dorothy Hamill）展示后开始流行的。

增重法（weighting）：用金属盐处理丝质织物，使其更有质感的一种工艺，首次使用于 19 世纪 70 年代末；由于过度增重会损坏织物，因此立法在 20 世纪 30 年代末对丝织品增重的程度做了限制。

西部衬衫（western shirt）：20 世纪 30 年代末的一种流行款式，由纯色或格子的羊毛或格子纱制成，前面带有新月形口袋。

轮式裙撑（wheel farthingale）：见法式裙撑（French farthingale）。

女式花边大翻领（whisk）：17 世纪末的亚麻布宽圆花边领或带子。

白皮牛津鞋（white bucks）：白鹿皮鞋，20 世纪 50 年代因为电视推广而流行。

幻醒帽（wide awake）：一种低冠宽檐的帽子，用毛毡或稻草制成，在克里诺林时期很流行。

"殴打老婆者"（wifebeaters）：剪裁类似男士运动衫的上衣，无领无袖背心，马龙·白兰度在戏剧和电影《欲望号街车》中扮演一个十分暴力的工人阶级丈夫时的穿着。

修女披巾（wimple）：中世纪早期覆盖在脖子上的细白亚麻布或丝绸围巾，中间部分置于下巴下，两端拉起并固定在耳朵上方或太阳穴处，一般与面纱一起佩戴。

尖头皮鞋（winkle pickers）：夸张的尖头男鞋，自 20 世纪 50 年代开始在泰迪男孩中流行。

冬季披风（winter mantles）：从中世纪早期开始，用于户外穿着的毛皮衬里斗篷。

菘蓝（woad）：一种中世纪使用的易得的天然蓝色染料。

裹身衣（wrappers）：经济条件较差的妇女在家中闲时穿的宽松连体服装。

Y

雅皮士（yuppies）：20 世纪 80 年代的昵称，用于形容在法律和商业等工作领域年轻上进的专业人士；男性雅皮士穿着意大利的双排扣商务套装上班，女性雅皮士也穿着类似的女式剪裁套装。

Z

赞德拉·罗德斯（Zhandra Rhodes）：英国时装设计师，她推广了朋克风格。

拉链（zipper）：B.F. 古德里奇在 20 世纪 20 年代首次大规模生产的一种齿状滑动扣件，作为形容词时用于描述以拉链为突出特征的服装。

佐特套装（zoot suit）：一种夸张的宽松西服套装（sack suit），其上身为长外套，有极为夸张的垫肩和宽大的翻领，下身为宽大的锥形长裤；这种套装起源于 20 世纪 40 年代纽约哈莱姆区的街道和舞厅，后来在全美各地迅速传播；1943 年，拉丁裔美国人和军人之间爆发了冲突，并被称为"佐特套装暴动"（zoot suit riots）。

祖阿芙制服（Zouave）：无领短外套，用编带修饰，在克里诺林时期经常穿在加里波第衬衫（Garibaldi shirt）外面。

参考书目 BIBLIOGRAPHY

字典、百科全书、参考资料和调查报告

Alford, H. P., & Stegemeyer, A.（2014）. *Who's who in fashion.* New York, NY: Fairchild Books.

Anawalt, P. R.（2007）. *The worldwide history of dress.* New York, NY: Thames and Hudson.

Arnold, J.（2005）. *Patterns of fashion*（Vol. 1: 1660–1860, Vol. 2:1860–1940）. New York, NY: Drama Books.

Bivins, J. & R. K. Adams（Eds.）.（2013）. *Inspiring beauty: 50 years of Ebony Fashion Fair.* Chicago, IL: Chicago History Museum.

Boucher, E.（1987）. *20,000 years of fashion.* London, UK: Thames and Hudson.

Bradfield, N.（1997）. *Historical costumes of England, 1066–1968.* Hollywood, CA: Quite Specific Media.

Breward, C.（1995）. *The culture of fashion: A new history of fash- ionable dress.* New York, NY: St. Martin's Press.

Buxbaum, G.（2006）. *Icons of fashion.* New York, NY: Prestel.

Cole, D. J., & Diehl, N.（2015）. *The history of modern fashion: From 1850.* London, UK: Laurence King Publishing.

Crane, D.（2000）. *Fashion and its social agendas.* Chicago, IL: University of Chicago Press.

Cumming, V., Cunnington, C. W., & Cunnington, P. E.（2017）. *The dictionary of fashion history*（2nd ed）. New York, NY: Bloomsbury.

Davenport, M.（1948）. *The book of costume*（Vols. 1–2）. New York, NY: Crown.

Davies, S.（1995）. *Costume language: A dictionary of dress terms.* New York, NY: Drama Books.

Eicher, J.（Ed.）.（2010）. *Berg encycledia of world dress and fash-ion*（Vols. 1–10）. Oxford, UK: Berg Publishers.

Gleba, M., & Nosch, M.（2007）. *Dressing the past.* New York, NY: Oxford University Press.

Greene, N.（2014）. *Wearable prints, 1760–1860.* Kent, OH: The Kent State University Press.

Laver, J.（1985）. *Costume and fashion: A concise history.* New York, NY: Thames and Hudson.

Marcketti, S. B. & Karpova, E. E.（2020）. *The dangers of fash-ion: From ethical to sustainable solutions.* Oxford: Bloomsbury Visual Arts.

O'Hara-Callan, G.（1998）. *The Thames and Hudson dictionary of fashion and fashion designers.* London, UK: Thames and Hudson.

Payne, B., Winakor, G., & Farrell-Beck, J.（1992）. *History of cos-tume.* New York, NY: Addison-Wesley.

Ribeiro, A., & Cumming, V.（1990）. *The visual history of costume.* New York, NY: Drama Books.

Steele, V.（Ed.）.（2005）. *Encyclopedia of clothing and fashion*（Vols.1–3）. New York, NY: Thomson Gale.

Steele, V. (Ed.). (2010). *The Berg companion to fashion.* New York, NY: Berg.

Steele, V. (2013). *A queer history of fashion: From the closet to the catwalk.* New Haven, CT: Yale University Press.

Tortora, P., & Kaiser, S. (2014). *Fairchild's dictionary of fashion* (4th ed.). New York, NY: Fairchild.

Vincent, S. (2016). *A cultural history of dress and fashion* (Volumes 1-6). New York, NY: Bloomsbury.

Waugh, N. (1968). *The cut of women's clothes, 1600–1930.* New York, NY: Theatre Arts Books.

Welters, L. & Lillethun, A. (2018). *Fashion history: A global view.* New York, NY: Bloomsbury.

美国和加拿大服装

Farrell-Beck, J., & Parsons, J. (2007). *20th century dress in the United States.* New York, NY: Fairchild Books.

Leach, W. (1993). *Land of desire: Merchants, power, and the rise of a new American culture.* New York: Random House.

Milbank, C. R. (1989). New York fashion: The evolution of Ameri- can style. New York, NY: Harry N. Abrams.

Modesty to mod: *Dress and undress in Canada, 1780–1967.* (1967). Toronto, Canada: Royal Ontario Museum.

Routh, C. (1993). *In style: 100 years of Canadian women's fashion.* Toronto, Canada: Stoddart.

Tortora, P. (2010). *Berg Encyclopedia of World Dress and Fashion, Volume 3: The United States and Canada.* New York, NY: Berg Publishers.

Welters, L. & Cunningham, P. (2005). *Twentieth Century American Fashion.* Oxford: Berg.

儿童服装

Brooke, I. (2003). *English children's costume: 1775–1920.* Mine-ola, NY: Dover.

Ewing, E. (1977). *History of children's costume.* London, UK: B. T.Batsford.

Huggett, J. & Mikhaila, N. (2013). *The Tudor child: Clothing and culture 1485–1625.* Hollywood, CA: Quite Specific Media.

Moore, D. L. (1953). *The child in fashion.* London, UK: B. T. Batsford.

Paoletti, J. G. (2012). *Pink and blue.* Bloomington, IN: Indiana University Press.

Sichel, M. (1990). *History of children's costumes.* Oxford, UK: Chel-sea House.

男性服装

Amies, H. (2009). *Englishman's suit.* London, UK: Quartet Books.

Chenoune, F. (1993). *A history of men's fashion.* Paris, France: Flammarion.

DeMarly, D. (1985). *Fashion for men: An illustrated history.* New York, NY: Holmes & Meier.

Gavenas, M. L. (2008). *The Fairchild encyclopedia of menswear.* New York, NY: Fairchild Publications, Inc.

Herald, J. (1997). *Men's fashion in the twentieth century.* London, UK: Chrysalis Books.

Hochswender, W. & Gross, K. J. (1993). *The golden age of fashion from Esquire.* New York, NY: Rizzoli.

Kuchta, D. (2002). *The three-piece suit and modern masculinity: England, 1550–1850.* Berkeley, CA:

University of California Press.

Martin, R., & Koda, H.（1989）. *Jocks and nerds: Men's style in the twentieth century.* New York, NY: Rizzoli.

McNeil, P., & Karaminas, V.（2009）. *The men's fashion reader.* New York, NY: Bloomsbury.

Takeda, S. S., Spilker, K. D., & Esguerra, C. M.（2016）. *Reign-ing men: Fashion in menswear, 1715–2015.* Munich, Germany: Prestel Publishing.

Waugh, N.（1964）. *The cut of men's clothes, 1600–1900.* London, UK: Faber and Faber.

Zakim, M.（2003）. *Ready-made democracy: History of men's dress in the American republic: 1760–1860.* Chicago, IL: University of Chicago Press.

特殊配饰

Armstrong, N. J.（1974）. *A collector's history of fans.* New York, NY:Crown.

de Castelbajac, K.（1995）. *The face of the century: 100 years of makeup and style.* New York, NY: Rizzoli.

Ewing, E.（1982）. *Fur in dress.* London, UK: B. T. Batsford.

Peiss, K.（1998）. *Hope in a jar: The making of America's beauty culture.* New York, NY: Henry Holt, Metropolitan Books.

Pointer, S.（2005）. *The artifice of beauty: A history and practical guide to perfume and cosmetics.* Brimscombe Port, Stroud, UK: Sutton Publishing Limited.

Shields, J.（1988）. *All that glitters: The glory of costume jewelry.* New York, NY: Rizzoli.

Tait, H.（2007）. *7,000 Years of Jewellery.* UK: British Museum Press.

Tortora, P.（2003）. *The Fairchild encyclopedia of fashion accesso-ries.* New York, NY: Fairchild Publications, Inc.

鞋类

Rexford, N. E.（2000）. *Women's shoes in America, 1795–1930.*Kent, OH: Kent State University Press.

Ricci, S., & Maeder, E.（1992）. *Salvatore Ferragamo: The art of the shoe, 1896–1960.* New York, NY: Rizzoli.

Riello, G., & McNeil, P.（2006）. *Shoes.* Oxford, UK: Berg.

Turner, T.（2019）. *The sports shoe: A history from field to fashion.* London, UK: Bloomsbury Visual Arts.

帽子及头饰

Biddle-Perry, G.（2018）. *A cultural history of hair*（Volumes 1–6）. London, UK: Bloomsbury.

Vincent, S. J.（2018）. *Hair: An illustrated history.* London, UK: Bloomsbury Visual Arts.

Wilcox, R. T.（2008）. *The mode in hat and headdresses: A historical survey.* Mineolo, NY: Dover Book.

内衣

Carter, A.（1992）. *Underwear: The fashion history.* New York, NY:Drama Books.

Ewing, E.（1990）. *Underwear: A history.* New York, NY: Drama Books.

Farrell-Beck, J., & Gau, C.（2002）. *Uplift: The bra in America.* Philadelphia, PA: University of Pennsylvania Press.

Steele, V.（2001）. *The corset: A cultural history.* New Haven, CT: Yale University Press.

特殊场合服装

Mackay-Smith, A., Druesdow, J. R., & Ryder, T.（1984）. *Man and the horse: An illustration of equestrian apparel.* New York, NY: Metropolitan Museum of Art.

Poli, D. D.（1997a）. *Beachwear and bathing costume.* New York, NY: Drama Publishers.

Poli, D. D.（1997b）. *Maternity fashion.* New York, NY: Drama Publishers.

Taylor, L.（1983）. *Mourning dress: A costume and social history.* Boston, MA: Allen and Unwin.

Zimmerman, C. S.（1985）. *The bride's book: A pictorial history of American bridal gowns.* New York, NY: Arbor House.

舞台和银幕上的服装历史

Bailey, M. J.（1982）. *Those glorious, glamour years: The great Hol-lywood costume designs of the thirties.* Secaucus, NJ: Citadel.

De Marly, D.（1982）. *Costume on the stage.* New York, NY: Barnes and Noble.

Jorgensen, J.（2010）. *Edith Head: The fifty-year career of Holly-wood's greatest costume designer.* Philadelphia, PA: Running Press Adult.

Landis, D. N.（2013）. *Hollywood costume.* New York, NY: Harry Abrams.

La Vine, W. R.（1982）. *In a glamorous fashion: The fabulous years of Hollywood costume design.* New York, NY: Scribners.

McConathy, D., with Vreeland, D.（1976）. *Hollywood costume.* New York, NY: Abrams.

有关服装史和相关研究的期刊

Clothing and Textiles Research Journal. Journal of the Interna-tional Textile and Apparel Association

Costume. Journal of the Costume Society（Britain）

Dress. Journal of the Costume Society of America Fashion, Style, & Popular Culture

Fashion Theory. Journal of Dress, Body, and Culture Textile History

CIBA Review（no longer published）

时尚杂志和报纸的时尚资讯

Ackermann's Repository of the Arts. London, UK: 1890–1929

Almanach des Modes. Paris, France: 1814–1822

La Belle Assemblée or Bell's Court and Fashionable Magazine. London, UK: 1806–1818

The Business of Fashion. New York, NY: 2007–present

Cabinet des Modes. Paris, France: 1785–1789

Daily News Record. New York, NY: 1892–2008

Delineator. New York, NY: 1873–1937

Demorest's Monthly Magazine. New York, NY: 1865–1899

Ebony. Chicago: 1945 to present

Elle. Paris, France: 1945 to present

Esquire. New York, NY: 1933 to present

Essence. New York, NY: 1970 to present

Fortune. New York, NY: 1930 to present

La Galerie des Modes. Paris, France: 1778–1787

The Gallery of Fashion. London, UK: 1794–1803

The New York Times. New York, NY: 1861–present

Gentleman's Quarterly（*GQ*）. New York, NY: 1957 to present

Glamour. New York, NY: 1939 to present

Godey's Lady's Book. Philadelphia, PA: 1830–1898

Harper's Bazaar. New York, NY: 1867 to present

Journal des Dames et des Modes. Paris, France: 1797–1839

Le Journal des Demoiselles. Paris, France: 1833–1904

L'Officiel de la Couture et de la Mode de Paris. Paris, France: 1921 to present

M. New York, NY: 1983–1992

Mademoiselle. New York, NY: 1935–2001

Menswear. New York, NY: 1890–1983

Mirabella. New York, NY: 1989–2000

Les Modes Parisiennes. Paris, France: 1843–1875

Peterson's Magazine. Philadelphia, PA: 1837–1898

Petit Courrier des Dames. Paris, France: 1822–1865

Sir. Amsterdam, Netherlands: 1936 to present

Vanity Fair. New York, NY: 1913–1936 and 1983 to present

Vogue. New York, NY: 1892 to present

W. New York, NY: 1971 to present

Women's Wear Daily. New York, NY: 1910 to present

致 谢 ACKNOWLEDGMENTS

没有人能够仅凭自己的研究就全然了解历史服饰的方方面面，即便终其一生研究也难以达成这一目的。幸运的是，有许多人专门研究某些国家或某时期的服饰，他们的研究成果十分宝贵。因此更重要的是，除了在附注中引用或在参考书目中列出之外，还应对一些资料的来源给予特别鸣谢。对本书介绍的某个历史时期感兴趣的读者不妨查阅这些资料，进一步了解细节。

伊丽莎白·巴伯关于史前纺织品的著作中既产出了最新的学术成果，也发表了独到的结论，对该领域的研究做出极大贡献。关于古代世界服饰的资料，布鲁姆斯伯里出版社的《服饰与时尚文化史》（*A Cultural History of Dress and Fashion*）也提供了极大的帮助。玛格丽特·斯科特和萨拉·格蕾丝·海勒的著作对了解时尚变迁的背景也非常有帮助。

关于 20 世纪的男装研究，《20 世纪男性时装百科全书》（*Esquire Encyclopedia of 20th Century Men's Fashion*）是迄今为止所能找到的最有用的资料来源，其中有大量直接引自时尚媒体的详细信息，还附有各个时期的大量插图。关于 20 世纪的女装，迄今为止最全面的参考文献可能是《Vogue 20 世纪时尚史》（*Vogue History of 20th Century Fashion*）。霍利·普莱斯·阿尔福德和安妮·斯泰格迈耶合著的第六版《时装名人录》（*Who's Who in Fashion*）为时装设计师的信息提供了宝贵的参考资料。

许多学者都探讨过自 20 世纪至 21 世纪时尚所经历的许多复杂变化。非常感谢众多时尚期刊的作者、编辑和副主编，这些期刊包括《美国服装学会期刊》（*The Journal of the Costume Society of America*）、《服装与纺织品研究期刊》（*Clothing and Textiles Research Journal*）以及《时尚、风格与大众文化期刊》（*Journal of Fashion, Style, and Popular Culture*）等，感谢他们出版了严谨的服饰史研究成果。近年来，时装和时装设计等相关主题的书籍出版商激增。质量上乘的书籍太多，所以我们无法一一列举，但布鲁姆斯伯里出版社、肯特州立大学出版社出版的 CSA 系列、因特莱特出版社和伯格出版社的书籍在本次修订中做出了最大贡献。

除了以上书籍，我们还要感谢从第一版到本版都给予我们特别帮助的图书馆：纽约大都会艺术博物馆服装学院图书馆、纽约市皮尔庞特·摩根图书馆、纽约公共图书馆研究图书馆、皇后学院图书馆、华盛顿港公共图书馆、时装技术学院图书馆、弗吉尼亚大学奥尔德曼图书馆和达顿工商管理研究生院图书馆、杰斐逊·麦迪逊地区图书馆夏洛茨维尔分馆、威斯特彻斯特公共图书馆系统以及威斯特彻斯特社区学院图书馆、爱荷华州立大学图书馆和爱荷华州安肯尼的柯肯达尔公共图书馆。

在此也特别感谢一些业界人士。首先感谢本书作者菲利斯·托托拉，正是她的优秀笔力以及她所拥有的人文关怀、远见卓识和严谨的学术作风，本书方得以付梓。特别感谢马尔凯蒂家族，尤其是迈克、黛西、德雷克、克拉克、库珀和布鲁巴赫家族，泰德和马加雷特，感谢他们在全书修订过程中的鼎力支持。

诚挚感谢博物馆和历史学会对我们再版其收藏图像的许可，感谢辛辛那提艺术博物馆、克利夫兰艺术博物馆、亨廷顿历史学会、保罗·盖蒂博物馆、洛杉矶艺术博物馆、伦敦大学学院皮特里埃及考古博物馆、密苏里大学大都会艺术博物馆、北得克萨斯大学，伟兹沃尔斯博物馆馆藏，伍斯特美术馆，耶鲁大学图书馆、美术馆。感谢纽约公共图书馆为研究人员保留了优质图片库。感谢多佛出版社一直以来对我们再版其藏书图像所提供的无私帮助。

我们无法一一列举在各方面为我们提供了帮助的同事和朋友的名字，但需要郑重感谢国际纺织和服装协会、美国服装协会和美国纺织协会，他们为新的研究报告和与世界各地的同行交流提供了诸多便利，非常感谢能有机会了解最新的学术研究。

同时，我们也要感谢本书前几版的读者用户，他们为本书的修订提供了有益建议。感谢佐治亚大学的帕特里夏·亨特·赫斯特、大都会社区学院的谢丽尔·法南·莱比锡、康奈尔大学的丹妮丝·妮可·格林、伊利诺伊州立大学的詹妮弗·班宁、中央密歇根大学的迈克尔·马普和詹妮弗·莫尔、爱荷华州立大学的凯利·雷迪·贝斯特、詹妮弗·戈登、尤兰达·桑德斯和维多利亚·范·沃里斯，以及美国布拉德利大学的卡门·基斯特，感谢他们一直以来为本书提供的合理建议。特别感谢苏珊·莱萨尔和珍妮特·菲茨帕特里克在图像和服装方面对爱荷华州立大学纺织品和服装博物馆提供的帮助和建议。出版商方的审稿人也提供了大力支持，特此致谢：

加州大学戴维斯分校：苏珊·阿维拉

西南大学：克里·贝克特尔

南卡罗来纳大学：玛丽安·比克尔

北肯塔基大学：罗尼·张伯伦

纽约大学：南希·迪尔

奥斯汀社区学院：凡妮莎·法罗

圣玛丽大学：苏珊·乔德里

拉马尔大学：珍妮丝·金蒙斯

俄克拉何马州中央大学：达琳·克纳斯

宾厄姆顿大学：安德里亚·兰奇·塞亚拉

布莱顿大学：夏洛特·尼克拉斯博士

林登伍德大学：查胡安娜·V.特拉维克博士

在此也要感谢参与线上调查并就本书前几版提供了宝贵意见的导师,本书得以出版,得益于他们深谙其学生的需求。

本书撰写离不开仙童出版社工作人员的大力支持。感谢收购编辑艾米丽·苏利里;高级开发编辑科里·卡恩;艺术开发编辑伊迪·温伯格。感谢他们对本书的厚爱,感谢他们的专业知识和洞察力对本书的帮助。特别感谢伊迪在全书修订过程中发人深省的建议、持久的耐心和非凡的幽默感。另外还要感谢为本项目提供支持的编辑实习生——莎拉·麦凯布、埃文·菲什伯恩和苏荣阳。

最后感谢爱荷华州立大学卓越学习与教学中心、服装、活动和酒店管理部以及纺织品和服装博物馆的所有人员和机构。

出 品 人：许　永
出版统筹：林园林
责任编辑：吴福顺
特邀编辑：张春馨
封面设计：海　云
内文制作：万　雪
印制总监：蒋　波
发行总监：田峰峥

发　　行：北京创美汇品图书有限公司
发行热线：010-59799930
投稿信箱：cmsdbj@163.com

创美工厂
官方微博

创美工厂
微信公众号

小美读书会
公众号

小美读书会
读者群